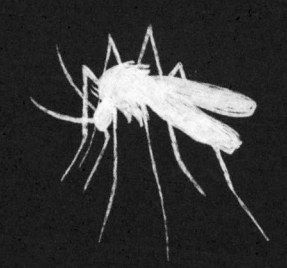

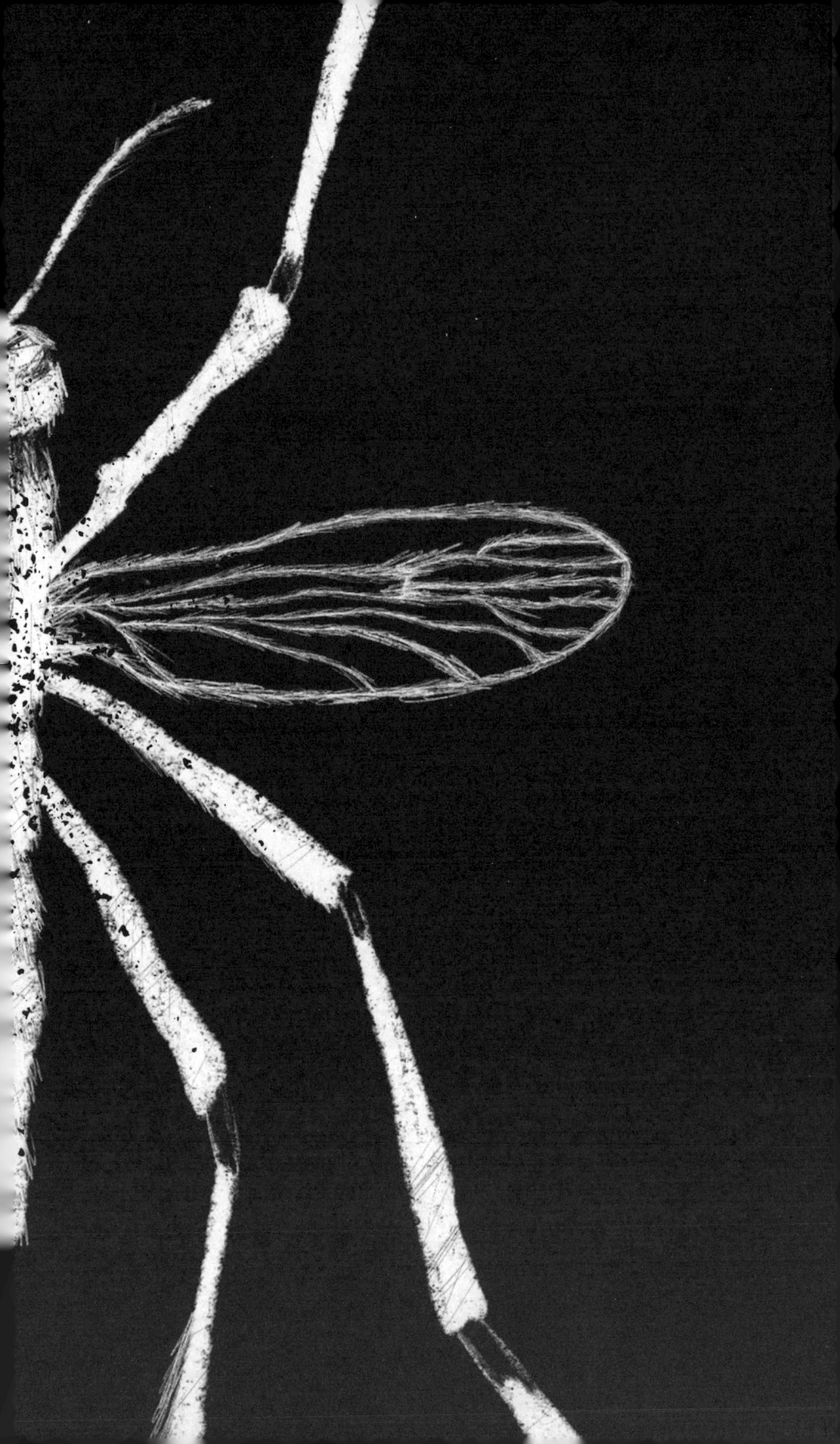

O MOSQUITO

a incrível história DO MAIOR PREDADOR DA HUMANIDADE

TIMOTHY C. WINEGARD

Tradução de Leonardo Alves

intrínseca

Copyright © 2019 by Timothy C. Winegard

Todos os direitos reservados. Nenhuma parte deste livro pode ser utilizada ou reproduzida sob quaisquer meios existentes sem autorização por escrito dos editores. Esta edição foi publicada mediante acordo com Dutton, um selo do Penguin Publishing Group, uma divisão da Penguin Random House LLC.

TÍTULO ORIGINAL
The Mosquito: A Human History of Our Deadliest Predator

PREPARAÇÃO
Eduardo Rosal

REVISÃO
Eduardo Carneiro

PROJETO GRÁFICO, ILUSTRAÇÕES E DESIGN DE CAPA
Larissa Fernandez Carvalho
Leticia Fernandez Carvalho

DIAGRAMAÇÃO
Ilustrarte Design e Produção Editorial

CIP-BRASIL. CATALOGAÇÃO NA PUBLICAÇÃO
SINDICATO NACIONAL DOS EDITORES DE LIVROS, RJ

W736m

    Winegard, Timothy C.
    O mosquito : a incrível história do maior predador da humanidade / Timothy C. Winegard; tradução Leonardo Alves. - 1. ed. - Rio de Janeiro: Intrínseca, 2022.
    608 p. ; 23 cm.

    Tradução de: The mosquito : a human history of our deadliest predator
    Inclui índice
    ISBN 978-65-5560-510-5

    1. Mosquitos - Ecologia - História. 2. Ecologia humana. I. Alves, Leonardo. II. Título.

22-75507   CDD: 595.772
                                                                                             CDU: 595.771

Meri Gleice Rodrigues de Souza - Bibliotecária - CRB-7/6439

[2022]
Todos os direitos desta edição reservados à
EDITORA INTRÍNSECA LTDA.
Rua Marquês de São Vicente, 99, 6º andar
22451-041 — Gávea
Rio de Janeiro — RJ
Tel./Fax: (21) 3206-7400
www.intrinseca.com.br

*Para meus pais, Charles e Marian,
que em meus anos de formação me encheram
de conhecimento, viagens, curiosidade e amor.*

SUMÁRIO

10 **INTRODUÇÃO**

17 **CAPÍTULO 1**
Gêmeos tóxicos: o mosquito e suas doenças

45 **CAPÍTULO 2**
Sobrevivência do mais apto: demônios da febre, bolas de futebol e zagueiros falciformes

77 **CAPÍTULO 3**
General Anófeles: de Atenas a Alexandre

105 **CAPÍTULO 4**
Legiões de mosquitos: ascensão e queda do Império Romano

134 **CAPÍTULO 5**
Mosquitos não arrependidos: crises de fé e as Cruzadas

164 **CAPÍTULO 6**
Hordas de mosquitos: Gêngis Khan e o Império Mongol

178 **CAPÍTULO 7**
Intercâmbio Colombiano: os mosquitos e a aldeia global

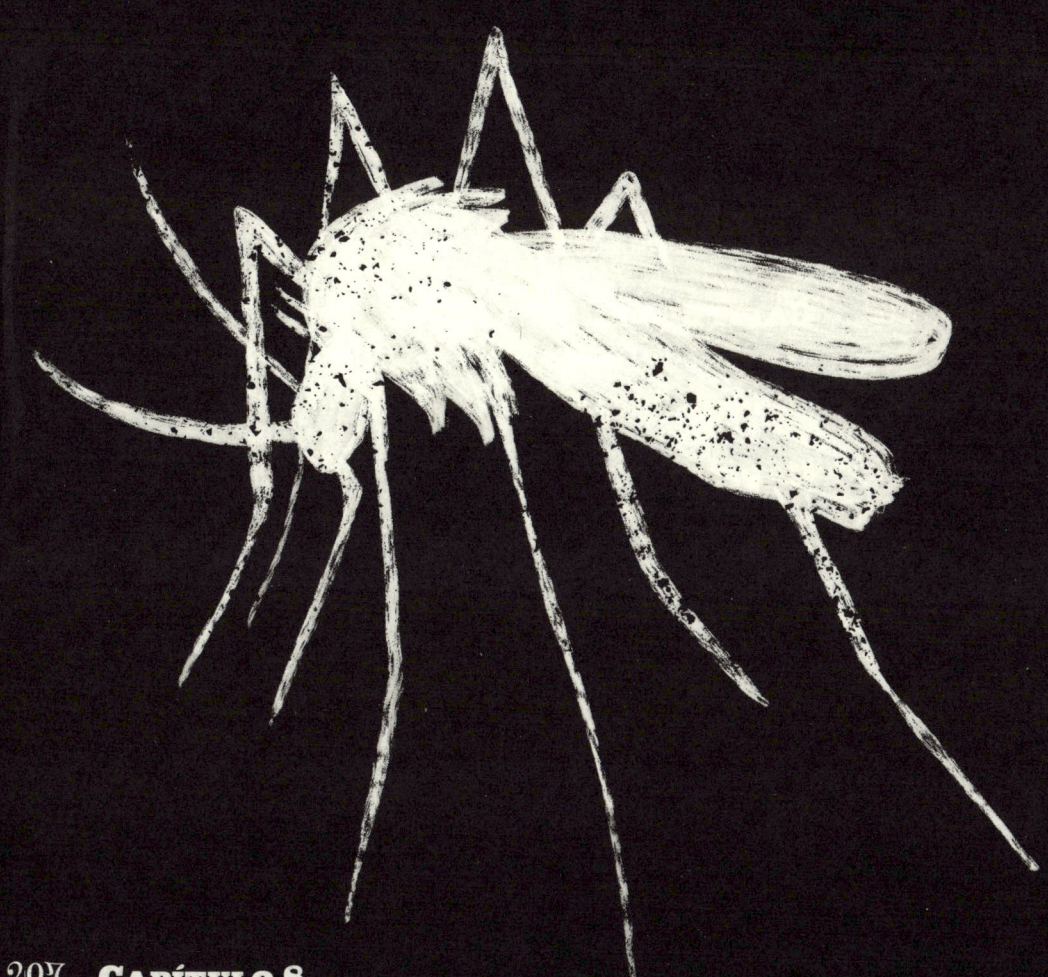

207 Capítulo 8
Conquistadores acidentais: a escravidão africana e a anexação das Américas pelo mosquito

232 Capítulo 9
Aclimação: ambientes de mosquitos, mitologias e as origens da América

266 Capítulo 10
Patifes em uma nação: o mosquito e a criação da Grã-Bretanha

292 Capítulo 11
A forja das doenças: guerras coloniais e a Nova Ordem Mundial

316 Capítulo 12
Picadas inalienáveis: a Revolução Americana

338 **Capítulo 13**
Mosquitos mercenários: as guerras de independência e a formação das Américas

360 **Capítulo 14**
Mosquitos do Destino Manifesto: o algodão, a escravidão, o México e o Sul da América

378 **Capítulo 15**
Anjos sinistros da nossa natureza: a Guerra de Secessão

417 **Capítulo 16**
Mosquito desmascarado: doenças e imperialismo

451 **Capítulo 17**
Esta é Ann: ela está morrendo de vontade de conhecê-lo: a Segunda Guerra Mundial, Dr. Seuss e o DDT

488 **Capítulo 18**
Primaveras silenciosas e supermicróbios: a Renascença dos mosquitos

509 **Capítulo 19**
O mosquito moderno e suas doenças: às portas da extinção?

537 **Conclusão**

544 **Agradecimentos**

549 **Bibliografia selecionada**

568 **Notas**

579 **Índice**

INTRODUÇÃO

Estamos em guerra
COM O MOSQUITO

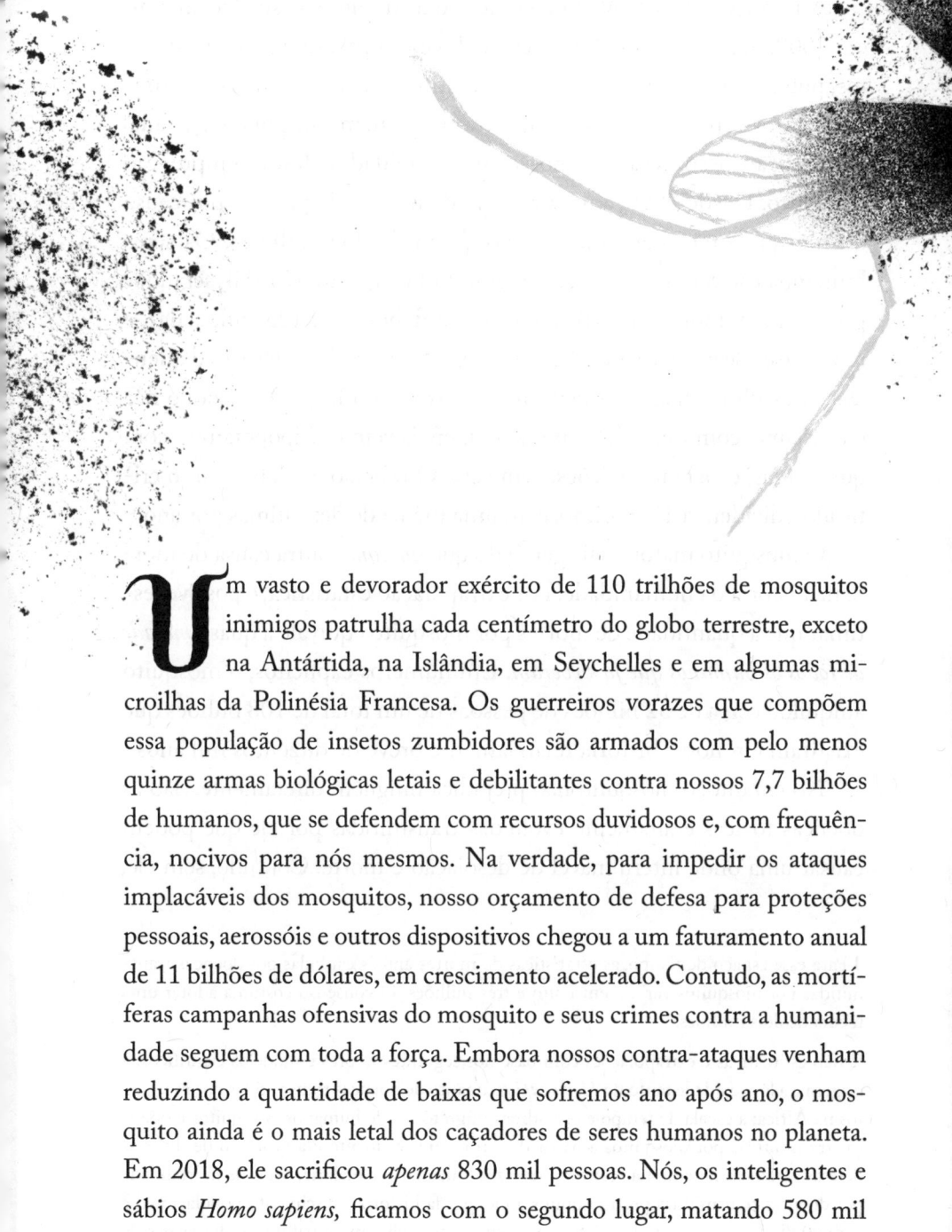

Um vasto e devorador exército de 110 trilhões de mosquitos inimigos patrulha cada centímetro do globo terrestre, exceto na Antártida, na Islândia, em Seychelles e em algumas microilhas da Polinésia Francesa. Os guerreiros vorazes que compõem essa população de insetos zumbidores são armados com pelo menos quinze armas biológicas letais e debilitantes contra nossos 7,7 bilhões de humanos, que se defendem com recursos duvidosos e, com frequência, nocivos para nós mesmos. Na verdade, para impedir os ataques implacáveis dos mosquitos, nosso orçamento de defesa para proteções pessoais, aerossóis e outros dispositivos chegou a um faturamento anual de 11 bilhões de dólares, em crescimento acelerado. Contudo, as mortíferas campanhas ofensivas do mosquito e seus crimes contra a humanidade seguem com toda a força. Embora nossos contra-ataques venham reduzindo a quantidade de baixas que sofremos ano após ano, o mosquito ainda é o mais letal dos caçadores de seres humanos no planeta. Em 2018, ele sacrificou *apenas* 830 mil pessoas. Nós, os inteligentes e sábios *Homo sapiens,* ficamos com o segundo lugar, matando 580 mil membros da nossa própria espécie.

A Fundação Bill & Melinda Gates, que, desde seu estabelecimento em 2000, dedicou quase 4 bilhões de dólares à pesquisa sobre mosquitos, publica um relatório anual que identifica os animais mais mortíferos para os seres humanos. A disputa não é nem um pouco acirrada. O campeão peso pesado, e nosso maior predador desde sempre, é o mosquito. Desde 2000, a média anual de mortes de pessoas por causa do mosquito tem permanecido em torno de dois milhões. Os seres humanos estão em um distante segundo lugar, com 475 mil, seguidos por cobras (cinquenta mil), cachorros e flebótomos (25 mil, cada), a mosca-tsé-tsé e o barbeiro (dez mil, cada). Os matadores ferozes das lendas e dos filmes aparecem bem mais abaixo nessa lista. O crocodilo fica em décimo, com mil mortes por ano. Depois vêm os hipopótamos, com quinhentas, e elefantes e leões, com cem. O tubarão e o lobo, muito criticados, dividem a 15ª posição, com uma média de dez vítimas por ano.[1]

O mosquito matou mais gente do que *qualquer* outra causa de morte na história da humanidade. Por extrapolação estatística, é possível estimar que a quantidade de mortes por mosquito equivale a quase *metade de todos os humanos que já viveram*. Em números explícitos, o mosquito aniquilou cerca de 52 bilhões de pessoas de um total de 108 bilhões que existiram em nossa história relativamente breve de duzentos mil anos.[2]

No entanto, o mosquito não prejudica ninguém diretamente. São as doenças tóxicas e altamente evoluídas transmitidas por ele que podem causar uma onda interminável de desolação e morte. Contudo, sem ele,

---

[1] Para esse espaço de tempo, as estatísticas de mortes anuais causadas por doenças transmitidas por mosquitos variam entre um e três milhões. O consenso costuma adotar uma média de dois milhões.

[2] São estimativas e extrapolações com base nos seguintes fatores e modelos científicos: a origem e a longevidade tanto do *Homo sapiens* quanto de doenças transmitidas por mosquitos na África; a escala de tempo e os padrões migratórios de humanos, mosquitos e doenças transmitidas por mosquitos a partir da África; o surgimento e a evolução de diversas defesas genéticas hereditárias contra diferentes linhagens de malária; taxas de mortalidade por doenças transmitidas por mosquitos ao longo da história; crescimento populacional e demografia humana; períodos históricos de mudanças climáticas naturais e flutuações da temperatura global; e outras considerações e componentes relevantes.

esses patógenos sinistros não poderiam ser transmitidos ou vetorizados para humanos nem continuar seu ciclo de contaminação. Na verdade, não fosse por ele, essas doenças jamais existiriam. Não existe uma sem o outro. O nefasto mosquito, com o tamanho e o peso de uma semente de uva, seria tão inofensivo quanto uma formiga ou uma mosca genérica, e você não estaria lendo este livro. Afinal, o domínio dele sobre a morte seria eliminado da história e eu não teria nenhuma informação dramática e impressionante para oferecer. Reserve um momento para imaginar um mundo sem mosquitos mortíferos, ou até sem qualquer espécie de mosquito. Nossa história e o mundo que conhecemos, ou que achamos conhecer, seriam completamente irreconhecíveis. Poderíamos estar vivendo em um planeta estranho de uma galáxia muito, muito distante.

Na condição de executor máximo de nosso extermínio, o mosquito atuou continuamente ao longo da história como ceifador de almas, destruidor de populações humanas e o maior causador de transformações históricas. Ele desempenhou um papel mais crucial para moldar a nossa história do que qualquer outra espécie animal com que dividimos nossa aldeia global. Nestas páginas sangrentas e infestadas de doenças, você embarcará em uma jornada cronológica atormentada por mosquitos ao longo dos meandros de nossa história comunal. Karl Marx reconheceu em 1852 que "os homens criam sua própria história, mas não podem criá-la como bem querem". Foi o persistente e insaciável mosquito quem manipulou e determinou nosso destino. "Talvez seja um golpe cruel contra o *amour-propre* de nossa espécie", escreve o aclamado J. R. McNeill, professor de história da Universidade de Georgetown, "imaginar que mosquitos insignificantes e vírus acéfalos são capazes de moldar nossos assuntos internacionais. Mas são." Tendemos a esquecer que a história não é artefato da inevitabilidade.

Por toda essa questão corre um tema em comum: a inter-relação entre guerra, política, viagem, comércio e as mudanças no clima natural e na forma como a humanidade utiliza a terra. O mosquito não existe em um vácuo, e sua dominação global foi criada para corresponder tanto a acontecimentos históricos naturais quanto aos sociais. A jornada relativamente breve da humanidade, desde nossos primeiros passos dentro e fora da África até nossas estradas históricas globais, é o resultado de um matrimônio coevolutivo da sociedade com a natureza. Nós, na condição de humanos, desempenhamos um papel importante na disseminação de doenças transmitidas por mosquitos com migrações (involuntárias ou não), densidades e pressões populacionais. Historicamente, a domesticação de plantas e animais (que são repositórios de doenças), avanços agrícolas, desmatamentos, mudanças climáticas (naturais ou artificiais) e movimentações globais resultantes de guerra, comércio ou viagens, tudo isso contribuiu na produção das ecologias ideais para a proliferação de doenças transmitidas por mosquitos.

Contudo, para historiadores, jornalistas e a memória recente, epidemias e enfermidades parecem um assunto insosso em comparação com guerras, conquistas e super-homens nacionais, que geralmente são líderes militares lendários. A literatura foi contaminada pelo ato de atribuir a sina de impérios e nações, o resultado de guerras cruciais e o direcionamento de fatos históricos a governantes individuais a generais específicos, ou às questões mais sofisticadas do empenho humano, como a política, a religião e a economia. O mosquito foi relegado à posição de espectador irrelevante, em vez de ser tratado como uma força ativa nos processos contínuos da civilização. Com isso, foi difamado por essa exclusão caluniosa da influência e do impacto persistentes que ele produz nos rumos da história. Os mosquitos e as doenças que acompanharam mercadores, viajantes, soldados e colonizadores pelo mundo todo foram muito mais letais que qualquer arma ou artifício inventado pelo homem. Com sua fúria incontida, o mosquito tem emboscado a humanidade desde sempre, e assim cravou sua marca indelével na ordem mundial contemporânea.

Mosquitos mercenários formaram exércitos epidêmicos e transpuseram campos de batalha em todo o planeta, e em muitos momentos coube a eles o poder de decidir guerras revolucionárias. Repetidas vezes, este inseto devastou os maiores exércitos de cada geração. Parafraseando o aclamado escritor Jared Diamond, os livros sem conta sobre história militar e a interminável algazarra hollywoodiana que glorifica generais famosos distorcem a verdade humilhante: doenças transmitidas por mosquitos mataram muito mais do que contingentes, artefatos ou o raciocínio dos generais mais inteligentes. Convém lembrar, conforme navegamos pelas trincheiras e percorremos os teatros de guerra ao longo da história, que um soldado doente é mais prejudicial para o aparato militar do que um morto. Ele não só precisa ser substituído, como também continua consumindo recursos valiosos. Durante nossa existência conflituosa, doenças transmitidas por mosquitos foram prolíficas como obstáculos e assassinas no campo de batalha.

Nosso sistema imunológico é calibrado cuidadosamente para nossos ambientes locais. Nossa curiosidade, ambição, criatividade, arrogância e franca agressividade lançaram micróbios no turbilhão global dos acontecimentos históricos. Os mosquitos não respeitam fronteiras nacionais — com ou sem muro. Exércitos em marcha, exploradores inquisitivos e colonizadores ávidos por terra (junto com seus escravizados africanos), por um lado, levaram doenças novas a terras distantes, mas, por outro, também foram flagelados pelos microrganismos das regiões desconhecidas que pretendiam conquistar. Conforme o mosquito transformava o panorama da civilização, os humanos foram obrigados a reagir à penetrante projeção universal do poder dele. Afinal, a verdade, inconveniente como um zumbido no ouvido, é que, mais do que qualquer outro participante externo, o mosquito fez com que os fatos da história da humanidade criassem nossa realidade atual.

Acho que é possível afirmar com segurança que a maioria dos leitores deste livro tem algo em comum — um ódio genuíno por mosquitos. Estapear mosquitos é um passatempo universal desde o surgimento da humanidade. Com o passar dos milênios, desde nossa evolução ancestral dos hominídeos na África até os dias de hoje, existimos em um confronto insuperável de vida ou morte contra o nada simples mosquito. Nessa batalha desigual, nós não tínhamos a menor chance. Graças a adaptações evolutivas, nosso arqui-inimigo obstinado e letal frustrou repetidamente nossos esforços de eliminá-lo e continua com sua voracidade interminável e seu invicto reinado de terror. O mosquito persiste como destruidor de mundos, como proeminente e global matador de seres humanos.

Nossa guerra contra o mosquito é *a* guerra do nosso mundo.

CAPÍTULO I

Gêmeos tóxicos:
O MOSQUITO
e suas doenças

Trata-se de um dos sons mais reconhecíveis e irritantes da Terra há 190 milhões de anos — o zumbido baixo de um mosquito. Depois de um longo dia de caminhadas com sua família ou amigos, você volta para o acampamento e toma um banho rápido, senta-se na cadeira, abre uma cerveja gelada e dá um longo e satisfeito suspiro. Contudo, antes de se deliciar com o primeiro gole, você escuta aquele som bastante familiar que indica a aproximação ambiciosa de seus iminentes atormentadores.

É fim de tarde, o momento preferido do inseto para se alimentar. Embora você tenha escutado o zumbido, sem ser percebido ele pousa delicadamente em seu tornozelo, já que costuma picar mais perto do chão. É sempre o mosquito fêmea, aliás. Em dez segundos, ele sutilmente realiza uma sondagem e um reconhecimento de sua pele, em busca de algum vaso sanguíneo de qualidade. Com o traseiro erguido, ele firma a alça de mira e aponta seis agulhas sofisticadas. Insere duas lâminas mandibulares serrilhadas (muito parecidas com uma faca elétrica de duas lâminas móveis que sobem e descem) e corta sua pele, enquanto outras duas agulhas retratoras abrem caminho para a probóscide, uma seringa hipodérmica que emerge do envoltório protetor. Com esse canudo, ele começa a sugar de três a cinco miligramas de sangue e imediatamente excreta a água e condensa os 20% de conteúdo proteico. Enquanto isso, a sexta agulha injeta saliva, que contém um anticoagulante para evitar que seu sangue seque no local da picada.[1] Isso reduz o tempo da refeição, diminuindo a probabilidade de você sentir a penetração e esmagá-lo no seu tornozelo.[2] O anticoagulante produz uma reação alérgica, deixando, como presente de despedida, um calombo e uma coceira. A picada do mosquito é um ritual complexo e inovador necessário para que ele se reproduza. Ele precisa do sangue para formar e nutrir seus ovos.[3]

Por favor, não se sinta especial, não se considere uma pessoa escolhida. Ele pica qualquer um. É apenas a natureza inerente ao bicho. Não há verdade alguma nos mitos persistentes de que mosquitos preferem mulheres a homens, de que preferem pessoas de cabelo loiro ou ruivo a quem tem cabelo mais escuro, ou de que peles mais escuras ou grossas são um escudo melhor contra suas picadas. No entanto, é verdade que ele tem preferências e se banqueteia mais em uns que em outros.

Parece que ele aprecia mais a safra do tipo sanguíneo O do que os tipos A, B ou AB. Pessoas com tipo O são picadas duas vezes mais do que quem tem sangue tipo A, e o tipo B fica em algum ponto intermediário. A Disney/Pixar deve ter pesquisado bastante quando incluiu um mosquito embriagado que pedia um "Bloody Mary, O-Positivo" no filme *Vida de Inseto*, de 1998. Quem tem pele com níveis natural-

---

[1] Por esse motivo, mosquitos não transmitem HIV nem qualquer outro vírus transmissível pelo sangue. O mosquito só injeta saliva, que não contém nem tem como conter HIV, por um tubo específico diferente do que é usado para sugar o sangue. Nenhum sangue é transmitido durante a picada.

[2] Estudos recentes sugerem que, como mecanismo de defesa, mosquitos do gênero *Aedes* podem ser treinados para evitar interações desagradáveis, como tapas, por até 24 horas, diminuindo a chance de repetição de alvos.

[3] Este vídeo incrível de três minutos da PBS Deep Look fornece uma imagem bem de perto e uma explicação para como os mosquitos se alimentam: https://www.youtube.com/watch?v=rD8SmacBUcU. Vale a pena assistir.

mente mais altos de certas substâncias químicas, como ácido lático, em especial, também parece mais atraente. A partir dessas substâncias, o mosquito pode analisar que tipo de sangue você possui. São as mesmas substâncias que determinam a concentração de bactérias na pele e o odor corporal específico do indivíduo. Embora outras pessoas possam ficar incomodadas, e talvez você também, nesse caso é bom ter um cheiro acre pungente, pois isso aumenta a quantidade de bactérias na pele, o que nos deixa menos interessantes para os mosquitos. Preocupar-se com a higiene não significa uma proteção perfeita, exceto com o chulé, que emite um tipo de bactéria (a mesma que cura e endurece certos queijos) que atua como afrodisíaco para mosquitos. Eles também são instigados por desodorantes, perfumes, sabonetes e outras fragrâncias artificiais.

Para muitos, pode parecer uma injustiça, e o motivo ainda é um mistério, mas eles também têm afinidade por apreciadores de cerveja. Roupas de cores vivas também não são uma opção sensata, já que eles usam tanto a visão quanto o olfato para caçar — e este depende principalmente da quantidade de dióxido de carbono exalada pelo alvo em potencial. Então, quanto mais você se debate, bufa e arfa, mais mosquitos são atraídos e mais risco você corre. Eles conseguem sentir o cheiro de dióxido de carbono a mais de sessenta metros de distância. Ao praticar exercícios, por exemplo, você emite mais dióxido de carbono, tanto pela frequência da respiração quanto pelo volume. Você também sua, o que libera aquelas substâncias químicas apetitosas, principalmente ácido lático, que atrai o mosquito. Por fim, a temperatura do seu corpo aumenta, o que é um fator térmico facilmente identificável por sua pequenina nêmesis. Em média, mulheres grávidas sofrem duas vezes mais picadas, pois expiram 20% mais dióxido de carbono e têm uma temperatura corporal ligeiramente mais alta. Como veremos, isso é ruim para a mãe e o feto no que diz respeito à infecção por zika e malária.

Por favor, não corte ainda os chuveiros, os desodorantes e os exercícios físicos, nem se prive das adoradas cervejas ou das camisetas coloridas. Infelizmente, 85% dos fatores que atraem mosquitos estão embutidos em sua placa de circuitos genéticos, seja o tipo sanguíneo, sejam os níveis naturais de bactérias, sejam as substâncias químicas, seja o dióxido de carbono, seja o metabolismo, seja o fedor. No fim das contas, ele vai obter sangue em qualquer alvo que estiver exposto.

Ao contrário das fêmeas, os mosquitos machos não picam. O mundo deles gira em torno de duas coisas: néctar e sexo. Como outros insetos voadores, quando estão prontos para copular, os mosquitos machos se concentram em torno de alguma saliência proeminente, que pode incluir chaminés, antenas, árvores ou pessoas. Muitos de nós resmungam e se debatem de insatisfação quando uma nuvem persistente de bichos zumbidores resolve nos cercar, acompanhando-nos por todo canto e recusando-se a se dispersar. Esse fenômeno não é paranoia sua nem coisa da sua imaginação. Sinta-se lisonjeado. Os mosquitos machos lhe deram a honra de ser um "referencial de enxame". Há imagens de enxames de mosquitos que se elevavam a uma altitude de mais de trezentos metros e pareciam um tornado. Enquanto os machos confiantes teimam em voar em torno da sua cabeça, as fêmeas entram na nuvem em busca de um par adequado. Embora os machos copulem com frequência durante a vida, uma dose de esperma basta para a fêmea produzir várias ninhadas. Ela armazena o esperma e o distribui gradativamente a cada conjunto de ovos. O breve momento de paixão forneceu um dos dois componentes necessários para a procriação. O único ingrediente que falta é o seu sangue.

Voltando à cena do acampamento, ao terminar sua caminhada você vai para o chuveiro, onde se lambuza de sabonete e xampu. Depois de se enxugar, você aplica uma dose generosa de desodorante para então vestir seu short. É tardinha, hora do jantar para o mosquito *Anopheles* (e, a propósito, acabei de me sentar na cadeira mais afastada de você). Depois de copular em uma nuvem frenética de pretendentes cheios de disposição, a fêmea aproveita a deixa e extrai algumas gotas do seu sangue.

Ela ingere uma porção de sangue que equivale a três vezes o peso do próprio corpo e logo em seguida voa para a primeira superfície vertical que encontra e, com a ajuda da gravidade, continua evacuando água do sangue que tirou de você. Durante os próximos dias, ela vai usar esse sangue concentrado para maturar seus ovos. Ela então deposita cerca de duzentos ovos flutuantes na superfície de uma poça d'água pequena que se formou em uma latinha amassada de cerveja que passou despercebida na faxina que você e o seu grupo fizeram antes de ir embora. Ela sempre põe os ovos na água, mas não precisa de muita. Uma poça ou um córrego, ou até um pouco de água acumulada no fundo de algum recipiente velho, um pneu, um brinquedo de quintal — qualquer um deles serve. Certas espécies de mosquito demandam tipos específicos de água — doce, salgada ou salobra (uma mistura) —, enquanto para outras qualquer água dá para o gasto.

Nossa fêmea vai continuar distribuindo picadas e ovos ao longo de sua breve vida, que pode durar, em média, de uma a três semanas até uma longevidade máxima e incomum de cinco meses. Mesmo sendo capaz de voar até três quilômetros, ela, como a maioria dos mosquitos, raramente se afasta mais de quatrocentos metros do seu local de nascimento. Ainda que possa levar alguns dias a mais em climas frios, quando a temperatura é alta os ovos produzem minhocas aquáticas (crianças) depois de dois ou três dias. Vasculhando a água em busca de comida, elas logo se transformam em lagartas invertidas em forma de vírgula (adolescentes), que respiram através de duas "trombetas" que se projetam a partir do traseiro exposto na água. Alguns dias depois, um invólucro protetor se rompe e os mosquitos adultos saudáveis saem voando, incluindo uma nova geração de fêmeas súcubas ansiosas para se alimentar em você de novo. Esse processo impressionante de maturação até o estágio adulto leva cerca de uma semana.

A repetição desse ciclo de vida vem acontecendo de forma ininterrupta no planeta Terra desde que apareceram os primeiros mosquitos modernos. Pesquisas sugerem que mosquitos idênticos aos que existem hoje surgiram há 190 milhões de anos. O âmbar, que em essência é seiva vegetal ou resina petrificada, representa a joia da coroa dos insetos fossilizados, pois captura detalhes ínfimos como teias, ovos e as entranhas completamente intactas do cadáver sepultado. Os dois mosquitos fossilizados mais antigos de que se tem notícia são os preservados em âmbares que se encontram no Canadá e em Mianmar, datados de 105 a oitenta milhões de anos. Embora o panorama global que esses vampiros originais exploravam seja irreconhecível para nós hoje, o mosquito continua igual.

Nosso planeta era muito diferente do que habitamos atualmente, assim como a maioria dos animais que residiam aqui. Se dermos um passeio pela evolução da vida na Terra, veremos com uma clareza chocante a associação perniciosa entre insetos e doenças. Os primeiros seres vivos a surgir foram as bactérias unicelulares, pouco após a criação do planeta, há cerca de 4,5 bilhões de anos. Emergindo de um caldeirão cheio de gases e uma gosma oceânica primordial, elas logo se estabeleceram, formando uma biomassa 25 vezes maior do que todas as outras plantas e criaturas animais, e constituíram a base para o petróleo e demais combustíveis fósseis. Ao longo de um dia, uma única bactéria pode produzir uma cultura de mais de quatro sextilhões (21 zeros), mais do que toda a vida no planeta. Elas são o ingrediente básico para toda a vida na Terra. Conforme as especificações se iniciavam, as bactérias, células individuais e assexuadas, precisaram se adaptar e descobriram que era mais seguro e favorável fixar residência em outras criaturas hospedeiras. A quantidade de bactérias no corpo humano é cem vezes maior do que a de células humanas. Em geral, esses relacionamentos simbióticos costumam beneficiar tanto o hospedeiro quanto os penetras bacterianos.

É a mistura de combinações danosas que cria problemas. Atualmente, já foram identificados mais de um milhão de micróbios, mas apenas 1.400 têm potencial para prejudicar o ser humano.[4] Por exemplo, 350 mililitros (o volume de uma lata de refrigerante) da toxina produzida pela bactéria que causa botulismo já bastam para matar todas as pessoas do mundo. E então chegaram os vírus, seguidos de perto pelos

---

[4] Estima-se que existam cerca de um trilhão de espécies de micróbios em nosso planeta, o que significa que ainda falta descobrirmos 99,999%.

parasitas, e ambos imitaram os costumes habitacionais do antecessor bacteriano, introduzindo combinações poderosas que causam doenças e morte. A única responsabilidade paterna desses micróbios é a reprodução... e... mais reprodução.[5] Bactérias, vírus e parasitas, junto com vermes e fungos, provocaram infortúnios imensuráveis e moldaram os rumos da história da humanidade. Por que esses patógenos evoluíram para exterminar seus hospedeiros?

Se pudermos ignorar nosso ponto de vista por um instante, veremos que esses micróbios viajaram pela estrada da seleção natural do mesmo jeito que nós. É por isso que eles ainda nos deixam doentes e é tão difícil erradicá-los. Você talvez ache estranho: o ato de matar o próprio hospedeiro parece nocivo e prejudicial para o próprio parasita. A doença nos mata, sim, mas os sintomas da doença são a maneira com que o micróbio nos obriga a ajudá-lo a se disseminar e reproduzir. Se pararmos para pensar, é um método incrivelmente genial. Normalmente, os germes garantem o contágio e a replicação *antes* de matarem o hospedeiro.

Alguns, como a bactéria salmonela e diversos vermes, esperam até serem ingeridos; ou seja, até um animal comer outro animal. Existe uma ampla variedade de micróbios transmitidos pelas fezes ou pela água, como os da giardíase, da cólera, da febre tifoide, da disenteria e da hepatite. Outros, incluindo os vírus do resfriado, da gastroenterite e da gripe, são transmitidos pela tosse ou por espirros. Alguns, como o da varíola, são de transmissão direta ou indireta através de lesões, feridas abertas, objetos contaminados ou tosses. Os meus preferidos, falando

---

[5] Ao contrário das bactérias, vírus não são células — são um conjunto de moléculas e material genético. Vírus não são considerados "seres vivos" porque não dispõem de três propriedades fundamentais associadas a organismos vivos. Os vírus não são capazes de se reproduzir sem o auxílio de uma célula hospedeira. Eles se apoderam do equipamento reprodutivo da célula hospedeira e o utilizam para "copiar" seu próprio código genético viral. Os vírus também não conseguem se multiplicar por divisão celular. Por fim, eles não possuem qualquer forma de metabolismo, o que significa que não precisam de energia para sobreviver. Considerando a necessidade absoluta de usar algum hospedeiro para se reproduzir, os vírus afetam praticamente todos os seres vivos da Terra.

rigorosamente em termos evolutivos, é claro, são os que, em segredo, garantem sua reprodução enquanto cuidamos intimamente da nossa! Inclui-se aí toda a gama de micróbios que provocam doenças sexualmente transmissíveis. Muitos patógenos sinistros são passados da mãe para o feto no útero.

Outros, que produzem tifo, peste bubônica, doença de Chagas, tripanossomíase (doença do sono africana) e o catálogo de doenças que este livro explora, pegam carona de graça em um vetor (um organismo transmissor de doenças), como pulgas, ácaros, moscas, carrapatos e nosso querido mosquito. Para maximizar a chance de sobrevivência, muitos germes combinam mais de um método. O conjunto diversificado de sintomas, ou modos de transferência, formado pelos microrganismos é uma seleção evolutiva astuta para favorecer a procriação e garantir a existência da espécie deles. Esses germes lutam pela própria sobrevivência, assim como nós, e se mantêm um passo evolutivo à nossa frente à medida que continuam se transformando e se alterando para contornar nossos melhores métodos de extermínio.

Os dinossauros, cuja extensa progênie existiu entre 230 e 65 milhões de anos atrás, dominou a Terra por um período estarrecedor de 165 milhões de anos. Mas eles não eram os únicos habitantes do planeta. Os insetos e suas doenças estavam aqui antes, durante e depois do reinado dos dinossauros. Os insetos surgiram há cerca de 350 milhões de anos e logo atraíram um exército tóxico de doenças, criando uma aliança mortífera inédita. Não demorou até os mosquitos e os flebótomos jurássicos se equipararem com essas armas biológicas de destruição em massa. Conforme bactérias, vírus e parasitas seguiam evoluindo, discreta e habilmente, seus hábitos domiciliares se expandiram para incluir toda uma Arca de Noé de abrigos animais. De acordo com a clássica seleção darwiniana, uma quantidade maior de hospedeiros aumenta a probabilidade de sobrevivência e procriação.

Sem se deixar intimidar pelos dinossauros colossais, agressivas hordas de mosquitos passaram a caçá-los. "Essas infecções transmitidas por insetos, em conjunto com os parasitas já bem estabelecidos, superaram a capacidade do sistema imunológico dos dinossauros", postulam os paleobiólogos George e Roberta Poinar no livro *What Bugged the Dinosaurs?* [O que incomodou os dinossauros?]. "Com suas armas letais, os insetos e suas picadas eram os predadores máximos da cadeia alimentar e podiam transformar o destino dos dinossauros, tal como hoje podem moldar o nosso mundo." Milhões de anos atrás, assim como hoje, os mosquitos insaciáveis davam um jeito de garantir seu lanche sanguinolento — esse combo feliz de zumbido e picada ainda é o mesmo.

Os dinossauros de pele fina, equivalentes aos camaleões e monstros-de-gila modernos (ambos portadores de diversas doenças transmitidas por mosquitos), eram presas ideais para os pequenos e discretos pernilongos. Até as feras mais cascudas teriam sido vulneráveis, já que a pele entre as escamas grossas de ceratina (como nossas unhas) em dinossauros com placas escamosas e a pele das espécies com penas eram um alvo fácil. Em suma, eram todos suscetíveis, assim como hoje em dia são todos os pássaros, mamíferos, répteis e anfíbios.

Pense nas nossas estações repletas de mosquito, ou em suas batalhas pessoais, geralmente longas, contra esses inimigos obstinados. Cobrimos nossa pele, encharcamos o corpo de repelente, acendemos velas de citronela e incensos aromáticos, sentamos perto do fogo, estapeamos e sacudimos os braços, fortificamos nossa base com redes, telas e barracas. Contudo, por mais que tentemos, o mosquito sempre encontra uma fresta em nossa armadura e morde nosso calcanhar de aquiles. Ele não desistirá de seu direito claro e inalienável de procriar com nosso sangue. Ele atacará aquela área exposta, atravessará nossas roupas e superará nossos esforços para bloquear seus avanços implacáveis e impedir o banquete comemorativo. Nossa única diferença em relação aos dinossauros é que eles não tinham como se defender.[6]

---

[6] A ciência especula se as costas dos dinossauros eram equipadas com pele dobrável e retrátil, como nossos modernos elefantes rugosos. Quando uma nuvem de mosquitos pousa na pele esticada de um elefante, ela se contrai de repente em uma série de ondas, feito um acordeão, esmagando os insetos desprevenidos. Como os elefantes não conseguem alcançar as costas com o rabo ou a tromba, essa engenhosa adaptação evolutiva resolve o problema.

Devido à umidade das condições tropicais da época dos dinossauros, os mosquitos provavelmente se reproduziam e atuavam o ano inteiro, o que contribuía para o tamanho e a potência de seus contingentes. Especialistas comparam esse cenário com o da nuvem de mosquitos que se forma na região ártica do Canadá. "No Ártico não existem muitos animais para eles picarem, então, quando finalmente encontram algum, ficam ferozes", diz a dra. Lauren Culler, entomóloga do Institute of Arctic Studies de Dartmouth. "São incansáveis. Não param. A vítima pode acabar totalmente coberta em questão de segundos." Quanto mais tempo as renas e os caribus passam fugindo das nuvens de mosquitos, menos tempo dedicam a se alimentar, migrar ou socializar, o que provoca uma queda significativa na população desses animais. Nuvens famintas são capazes de sugar literalmente todo o sangue de um caribu jovem a um ritmo de nove mil picadas por minuto, ou, para comparar, elas poderiam sugar metade do sangue de um adulto humano em apenas duas horas!

Espécimes de mosquito presos em âmbar contêm sangue de dinossauros que foram infectados com diversas doenças transmitidas pelo inseto, entre elas a malária, uma precursora da febre amarela, assim como vermes semelhantes aos que hoje provocam dirofilariose em cachorros e elefantíase em seres humanos. Afinal, no livro *O parque dos dinossauros*, de Michael Crichton, sangue e DNA de dinossauros são extraídos a partir do intestino de mosquitos presos em âmbar. Uma tecnologia semelhante ao sistema CRISPR desenvolveu geneticamente novos dinossauros vivos, criando uma lucrativa versão pré-histórica de safári africano. Só falta um pequeno detalhe, ainda que importante, nessa trama — o mosquito exibido na adaptação hollywoodiana de Steven Spielberg, em 1993, é uma das poucas espécies que *não* precisam de sangue para se reproduzir!

Muitas das doenças transmitidas por mosquitos que afligem seres humanos e animais hoje em dia já existiam na época dos dinossauros e assolaram populações inteiras com uma precisão letal. Um vaso sanguíneo de tiranossauro revelou sinais inconfundíveis de malária e verminoses, também identificados em coprólitos (excremento fossilizado de dinossauros) de inúmeras espécies. Os mosquitos atuais transmitem 29 variações de malária para répteis, embora esses animais não apresentem ou não sofram com os sintomas, devido ao fato de já terem desenvolvido uma imunidade a essa doença antiga. Já os dinossauros não contavam com esse escudo, pois, naqueles tempos, a malária era uma novata, tendo acabado de entrar para o time de doenças que vinham sendo transmitidas por mosquitos havia cerca de 130 milhões de anos. "Quando a malária transmitida por artrópodes era uma doença relativamente nova", postulam os Poinar, "os efeitos nos dinossauros devem ter sido devastadores até que se desenvolvesse algum nível de imunidade [...]. Os organismos maláricos já haviam evoluído seu complicado ciclo de vida." Recentemente, quando algumas dessas doenças foram injetadas em camaleões, todo o grupo de indivíduos testados morreu. Embora muitas dessas doenças não costumem ser letais, elas deviam ser debilitantes na época, assim como são hoje. Os dinossauros ficariam incapacitados, enfermos ou letárgicos, vulneráveis a ataques e presa fácil para carnívoros.

A história não é compartimentada em caixas bem identificadas, pois os acontecimentos não ocorrem de forma isolada. Eles existem em um espectro amplo, e todos se influenciam e se moldam mutuamente. São raros os episódios históricos que se desenvolvem a partir de uma única base. A maioria é produto de um emaranhado de influências e relações complexas de causa e efeito inseridas em uma narrativa histórica maior. Com o mosquito e suas doenças, não é diferente.

Vejamos, por exemplo, nosso modelo de colapso dos dinossauros. Ainda que a teoria da extinção dos dinossauros por causa de doenças tenha ganhado embalo e credibilidade ao longo dos últimos dez anos, ela não substitui ou supera o modelo comum e antigo de colapso pelo impacto de um meteorito. Diversos domínios da ciência fornecem uma grande quantidade de indícios e dados que sugerem o fato de que, há 65,5 milhões de anos, um impacto profundo formou uma cratera do tamanho do estado de Vermont a oeste de Cancún, onde hoje fica a turística península de Yucatán.

Entretanto, os dinossauros já estavam passando por um declínio drástico. Estima-se que àquela altura até 70% das espécies regionais já estivessem extintas ou em risco. O impacto do asteroide, com o inverno nuclear subsequente e as mudanças climáticas cataclísmicas, foi o golpe de misericórdia que acelerou o desaparecimento inevitável. O nível do mar e a temperatura despencaram, e a capacidade do planeta de sustentar a vida foi gravemente abalada. "Nem catastrofistas nem gradualistas podem ignorar a probabilidade de que doenças", concluem os Poinar, "especialmente as transmitidas por insetos minúsculos, tenham desempenhado um papel importante no extermínio dos dinossauros." Muito antes do surgimento do *Homo sapiens* moderno, o mosquito já estava espalhando o caos e alterando consideravelmente os rumos da vida na Terra. Com a ajuda dele na eliminação daqueles dinossauros predadores máximos, os mamíferos, entre eles nossos ancestrais hominídeos diretos, evoluíram e se desenvolveram.

O desaparecimento relativamente súbito dos dinossauros permitiu que os poucos sobreviventes, enfraquecidos mas decididos, se erguessem das cinzas para refazer a vida em um inferno escuro e impiedoso de incêndios florestais, terremotos, vulcões e chuva ácida. Esse panorama apocalíptico era patrulhado por legiões de mosquitos em busca de calor. Depois do impacto do asteroide, animais menores, muitos equipados com visão noturna, prosperaram. Eles consumiam menos comida, não tinham um paladar criterioso, contavam com mais opções de abrigo contra o calor das chamas e não precisavam temer pela própria segurança. Os mamíferos e os insetos representam dois dos grupos mais adaptáveis que sobreviveram, prosperaram e acabaram gerando uma variedade de espécies novas. Além deles, destacam-se as aves bicudas, os únicos animais ainda vivos hoje em dia que, segundo se acredita, são descendentes diretos dos dinossauros. Graças a essa árvore genealógica contínua, as aves abrigaram e disseminaram diversas doenças transmitidas por mosquito para uma imensa gama de espécies animais. As aves ainda são um dos principais portadores de diversas viroses transmitidas por mosquito, incluindo a febre do Nilo

Ocidental e várias formas de encefalite. Foi nesse redemoinho de renascimento, regeneração e expansão evolutiva que começou a guerra entre a humanidade e o mosquito.

Os dinossauros sucumbiram, mas os bichos que contribuíram para sua aniquilação perduraram e injetaram morte e doença na humanidade, durante toda a nossa história. Eles são os sobreviventes máximos. Os insetos ainda são o catálogo mais prolífico e diversificado de criaturas do planeta, constituindo 57% de todos os organismos vivos e chocantes 76% de todo o reino animal. Em comparação com os mamíferos, que representam ínfimos 0,35% das espécies, esses índices amplificam o impacto geral da hegemonia dos insetos. Eles logo se tornaram refúgio e perfeitos hospedeiros para bactérias, vírus e parasitas. A imensidão e diversidade populacional de insetos proporcionava a esses microrganismos uma chance maior de preservar a própria existência.

A transmissão natural de doenças entre animais e humanos é chamada de zoonose ("doença animal", em grego). Hoje, 75% de todas as doenças humanas são zoonoses, e esse número está aumentando. O grupo que passou pelo aumento mais acentuado ao longo dos últimos cinquenta anos é o dos arbovírus, que são os vírus transmitidos por vetores artrópodes como carrapatos, pernilongos e mosquitos. Em 1930, eram conhecidos apenas seis vírus dessa categoria que causavam doenças em seres humanos, das quais a mais letal era, de longe, a febre amarela. Atualmente, esse número subiu para 505. Muitos vírus mais antigos foram identificados formalmente, e alguns novos, como o do Nilo Ocidental e o da zika, fizeram a transição dos hospedeiros animais para os humanos por intermédio de um vetor de inseto — neste caso, os mosquitos.

Considerando as semelhanças genéticas e a origem comum que temos com nossos primos, os macacos, 20% das nossas doenças também os afligem e foram transferidas deles por vetores diversos, incluindo o mosquito. Esse inseto e suas doenças nos perseguiram por toda a nossa árvore genealógica com hábil precisão darwiniana. Através da análise de alguns fósseis podemos deduzir que uma forma do parasita da malária, que surgiu pela primeira vez em aves há 130 milhões de anos, assolou nossos ancestrais humanos primordiais há apenas seis a oito milhões de anos. Foi exatamente nessa época que os primeiros hominídeos e os chimpanzés, nossos parentes mais próximos, com 96% do DNA idêntico ao nosso, tiveram um último ancestral em comum e que a linha humanoide se afastou da dos macacos grandes.[7]

O parasita primordial da malária acompanhou de perto as duas linhas evolutivas e hoje é partilhado por humanos e todos os macacos grandes. Na verdade, existe uma teoria de que nossa linha hominídea perdeu gradualmente a pelagem espessa para combater o calor das savanas africanas e para conseguir achar e eliminar com mais facilidade quaisquer parasitas e insetos. "A malária, a doença infecciosa humana mais antiga e cumulativamente mais mortífera, entrou em nossa história desde o primeiro momento", destaca o historiador James Webb, em *Humanity's Burden* [Fardo da humanidade], com uma descrição abrangente da enfermidade. "A malária, portanto, é uma aflição ao mesmo tempo antiga e moderna. Por mais longa que seja sua trajetória, existem poucos rastros. Ela nos contaminou nos primórdios de nossa história, muito antes de sermos capazes de documentar nossas experiências. Até mesmo nos últimos milênios, ela raramente se expressou nos diversos registros de nosso passado, permanecendo uma doença comum demais para chamar muita atenção. Em outros momentos, epidemias de malária se alastraram violentamente pelo panorama da história mundial, deixando para trás morte e destruição." O dr. W. D. Tiggert, um malariologista do Walter Reed Army Medical Center, reclamou que "a malária, como o clima, parece ter existido desde sempre junto com a raça humana, e, como Mark Twain disse do clima, parece que foi feito muito pouco em relação ao assunto". Em comparação com os mosqui-

---

[7] Hoje, seres humanos e chimpanzés partilham 99,4% de DNA fundamental não sinônimo ou "funcionalmente importante", e nossa proximidade é dez vezes maior que a entre ratos e camundongos. Devido a essa semelhança genética, alguns cientistas chegaram a postular que as duas espécies existentes de chimpanzé (o bonobo e o chimpanzé-comum) pertencem ao gênero *Homo*, ocupado atualmente apenas pelos humanos modernos.

tos e a malária, o *Homo sapiens* acabou de subir no bonde darwiniano. É consenso a ideia de que nossa ascensão rápida como *Homo sapiens* moderno começou há apenas cerca de duzentos mil anos.[8] De qualquer forma, somos uma espécie relativamente nova.

Para compreender a influência extensa e sub-reptícia do mosquito na história da humanidade, precisamos entender o inseto propriamente dito e as doenças que ele transmite. Não sou entomólogo, malariologista nem médico especializado em doenças tropicais. Tampouco sou um dos inúmeros heróis desconhecidos que combatem nas trincheiras da constante guerra médica e científica contra os mosquitos. Sou historiador. Deixarei as explicações científicas complexas sobre o mosquito e seus patógenos aos cuidados desses especialistas. Nas palavras do entomólogo dr. Andrew Spielman, "a fim de enfrentar as ameaças à saúde que vêm se agravando em muitos recantos do mundo, precisamos conhecer o mosquito e identificar claramente seu lugar na natureza. E, mais importante, temos de compreender muitos aspectos de nossa relação com esse inseto minúsculo e onipresente e enxergar nossa longa peleja histórica para coexistir neste planeta". No entanto, para entender melhor o restante desta nossa história, precisamos saber o que estamos enfrentando. Resumindo *A arte da guerra*, o atemporal tratado que o general chinês Sun Tzu compôs no século V a.C.: "Conheça o seu inimigo."

De acordo com uma ortodoxa afirmação atribuída erroneamente a Charles Darwin, "não é a espécie mais forte que sobrevive, nem é a mais inteligente que sobrevive; é a que melhor se adapta a mudanças".[9] Qualquer que seja sua origem, o mosquito e suas doenças, sobretudo os parasitas da malária, são o exemplo máximo dessa afirmação. Eles são os mestres da adaptação evolutiva. Os mosquitos são capazes de evoluir e se adaptar rapidamente, em poucas gerações, às

---

[8] Em respeito ao paradigma do aclamado historiador Alfred W. Crosby, estas e outras datas citadas são alvo de discrepâncias e controvérsias. Para os propósitos deste livro, vamos nos concentrar em cronologia e tempo relativo, não em datas absolutas.

[9] Essa frase, muito citada, não aparece em nenhum dos textos, diários ou cartas publicadas de Darwin.

transformações de seu entorno. Durante os ataques aéreos de 1940-1941, por exemplo, conforme as bombas alemãs caíam sobre Londres, populações isoladas de mosquitos do gênero *Culex* ficaram confinadas nos abrigos subterrâneos do sistema de metrô, junto com os tenazes cidadãos londrinos. Esses mosquitos logo se adaptaram para caçar camundongos, ratos e humanos, em vez de pássaros, e agora são uma espécie diferente de suas contrapartes que permaneceram na superfície.[10] Esses mosquitos subterrâneos fizeram em menos de um século o que teria levado milhares de anos de evolução. "Daqui a outros cem anos", brinca Richard Jones, ex-presidente da British Entomological and Natural History Society, "pode ser que os mosquitos da Circle Line, da Metropolitan Line e da Jubilee Line do metrô londrino pertençam a espécies diferentes."

Embora tenha uma capacidade milagrosa de adaptação, o mosquito é também uma criatura puramente narcisista. Ele diverge de outros insetos no sentido de não realizar nenhuma polinização significativa, não arejar o solo, não consumir dejetos. Ao contrário do que o senso comum imagina, o mosquito não serve nem como fonte indispensável de alimento para outros animais. Não possui qualquer propósito além de propagar a própria espécie e, talvez, matar seres humanos. Na condição de predador máximo da nossa odisseia, parece que a função dele no relacionamento conosco é agir como contrapeso para o crescimento populacional descontrolado da humanidade.

Em 1798, o sacerdote e pensador inglês Thomas Malthus publicou seu revolucionário *Ensaio sobre a população*, no qual expôs suas ideias sobre economia política e demografia. Ele defendia que, quando uma população animal tivesse excedido os recursos disponíveis, catástrofes ou barreiras naturais, como secas, fome, guerras e doenças, imporiam uma redução populacional de volta a números sustentáveis e restabeleceriam um equilíbrio saudável. O argumento pessimista de Malthus é que:

---

[10] O *Mosquito*, um caça-bombardeiro britânico, entrou em serviço no fim de 1941, pouco depois da Batalha da Inglaterra.

Os vícios da humanidade são representantes ativos e competentes da grande mortalidade da população. São os precursores do vasto exército da destruição e, em geral, cuidam de concluir o terrível trabalho. Mas, se fracassarem nessa guerra de extermínio, temporadas de enfermidades, epidemias, pestilências e pragas avançam em colunas implacáveis e eliminam milhares e dezenas de milhares. Caso o sucesso permaneça incompleto, uma gigantesca e inevitável fome se sucede na retaguarda.

Eis o papel do mosquito, como o principal controle malthusiano para a natalidade humana, nessa tétrica visão apocalíptica. Esse domínio inconteste sobre a morte é causado majoritariamente por apenas dois agressores, sem qualquer consequência para eles — mosquitos dos gêneros *Anopheles* e *Aedes*. Os protagonistas desses dois grupos estão presentes em todo o catálogo de mais de quinze doenças transmitidas por mosquitos.

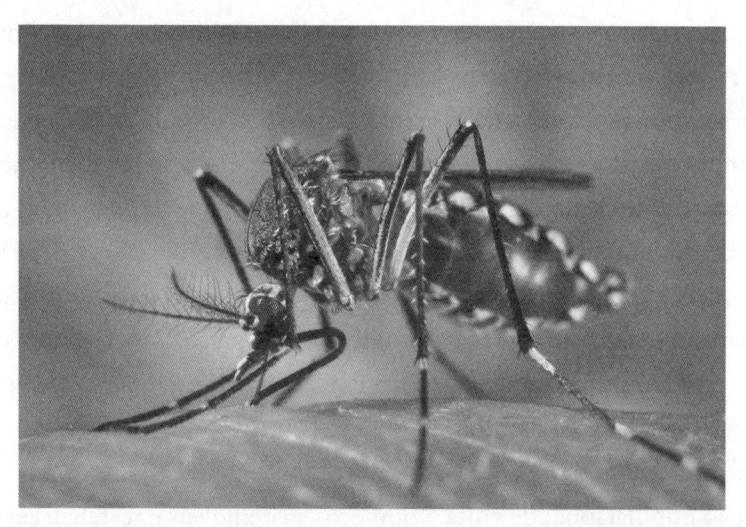

Nosso inimigo *Aedes*: Uma fêmea do mosquito *Aedes*, aqui adquirindo sangue de uma vítima humana. Os mosquitos do gênero *Aedes* transmitem todo um rol de doenças, incluindo os vírus que causam febre amarela, dengue, chikungunya, febre do Nilo Ocidental, zika e diversas encefalites (*James Gathany/Public Health Image Library-CDC*).

Nosso inimigo *Anopheles*: Uma fêmea do mosquito *Anopheles*, adquirindo sangue de uma vítima humana com sua probóscide em ação. Repare na gotícula que está sendo secretada para condensar o conteúdo proteico do sangue em seu abdome. Os mosquitos do gênero *Anopheles* são os únicos vetores dos cinco tipos de plasmódio que causam a malária humana (*James Gathany/Public Health Image Library-CDC*).

Ao longo de toda a nossa existência, os gêmeos tóxicos da malária e da febre amarela foram os agentes predominantes da nossa morte e das nossas transformações históricas. Além disso, desempenharão em grande medida o papel de antagonistas na extensa guerra cronológica entre a humanidade e o mosquito. "Nem sempre é fácil se lembrar da importância da febre amarela e da malária. Os mosquitos e os patógenos não publicaram livros de memórias nem manifestos. Antes de 1900, o conhecimento vigente a respeito de doenças e da saúde não reconhecia a atuação deles, e ninguém compreendia a plena dimensão de sua importância", defende J. R. McNeill. "Depois, os historiadores, vivendo os anos dourados da saúde, em geral nem sequer reconheciam sua importância [...]. Mas os mosquitos e os patógenos estavam lá [...] e produziram efeitos sobre a humanidade que podem ser percebidos em arquivos e memórias."

No entanto, a malária e a febre amarela são só duas das quinze doenças que os mosquitos impõem à humanidade. As outras treze doenças forneceram o elenco de apoio à nossa narrativa. Podemos organizar em três categorias os patógenos transmitidos por mosquitos: vírus, vermes e protozoários.

Os mais abundantes são os vírus da febre amarela, da dengue, da chikungunya, da febre do Mayaro, da febre do Nilo Ocidental, da zika e de diversas encefalites, incluindo a de Saint Louis, a equina e a japonesa. Ainda que sejam debilitantes, essas doenças — salvo a febre amarela — não costumam provocar muitas mortes. As febres do Nilo Ocidental, do Mayaro e a zika são inclusões relativamente novas no catálogo de doenças transmitidas por mosquitos. Afora a febre amarela, não existe vacina para elas, mas, na maioria das vezes, os sobreviventes são contemplados com imunidade para o resto da vida. Como esses vírus têm um parentesco próximo, partilham alguns sintomas, como febre, dor de cabeça, vômito, erupções cutâneas e dores musculares e nas articulações. Esses sintomas geralmente começam três a dez dias após o contágio pela picada de um mosquito. A imensa maioria dos infectados se recupera em até uma semana. Ainda que sejam extremamente raros, alguns casos podem resultar em morte por febre hemorrágica viral e inflamação cerebral (encefalite). Idosos e jovens, mulheres grávidas e pessoas com doenças crônicas constituem desproporcionalmente a maior parcela das vítimas fatais dessas viroses, todas disseminadas sobretudo pelo mosquito *Aedes*. Embora elas tenham presença global, o índice de contágio mais alto ocorre na África.

O topo da categoria dos vírus é ocupado pela febre amarela, que em muitas ocasiões amplificou e acompanhou a malária endêmica. Ela é uma assassina talentosa, perseguindo humanos na África há cerca de três mil anos. Até pouco tempo atrás, esse vírus era um agente transformador da história global. Esse inimigo ataca adultos saudáveis e que se encontram no auge da vida. Apesar da descoberta de uma vacina eficaz em 1937, todo ano ainda morrem de febre amarela entre trinta mil e cinquenta mil pessoas, e 95% dessas fatalidades acontecem na África. Para cerca dos 75% de casos de febre amarela, os sintomas são semelhantes aos de seus primos virais já mencionados e costumam durar de três a quatro dias. Os azarados 25%, após um dia de trégua, entram em uma segunda fase tóxica da doença, que inclui delírios febris, icterícia provocada por danos ao fígado, fortes dores abdominais, diarreia e hemorragia na boca, no nariz e nos ouvidos. A corrosão interna do trato gastrointestinal e dos rins provoca vômito de bílis e sangue, que apresenta consistência e cor de borra de café — inspirando um dos nomes em espanhol da febre amarela: *vómito negro* [vômito preto] —, seguido de coma e morte. Esta, que geralmente ocorre duas semanas depois dos primeiros sintomas, bem poderia ser o último desejo desesperado de muitas vítimas.

Essa descrição oferece um retrato tenebroso, mas também representa o absoluto terror que a febre amarela provocou em populações preocupadas e inquietas de todo o mundo, especialmente nas colônias europeias do Novo Mundo. O primeiro surto definitivo nas Américas ocorreu em 1647, quando o vírus desembarcou com escravizados africanos e mosquitos fugitivos.[11] Deve ter sido insuportável a incerteza quanto ao lugar e ao momento em que a *"Yellow Jack"* [Jack Amarelo], nome que os ingleses deram para a doença, atacaria de novo. Embora sua taxa de letalidade fosse em média de 25%, dependendo da cepa e das condições epidêmicas, não era incomum que chegasse a 50%. Alguns surtos no Caribe alcançaram uma taxa de 85%. Histórias tenebrosas sobre navios fantasmas, como o *Holandês Voador*, são baseadas em relatos genuínos; às vezes, tripulações inteiras sucumbiam à febre amarela, e os navios ficavam à deriva por meses até serem encontrados. Marinheiros que subiam a bordo eram recebidos apenas pelo miasma de morte e por esqueletos, sem qualquer pista quanto ao que teria causado aquilo. Para a sorte dos sobreviventes, que ficavam incapacitados por semanas, a febre amarela ataca uma única vez. Quem consegue vencer a guerra contra o vírus leva como prêmio a imunidade vitalícia. Embora a den-

---

11 Pesquisadores ainda debatem quando teria sido a inserção da febre amarela nas Américas, e alguns sugerem que já havia surtos em 1616.

gue, supostamente surgida há dois mil anos em macacos da África ou da Ásia (ou ambos), seja muito mais branda que a prima febre amarela, os dois vírus podem oferecer imunização cruzada limitada ou parcial.

Disseminada por mosquitos dos gêneros *Aedes*, *Anopheles* e *Culex*, a única representante da categoria dos vermes é a filariose, conhecida popularmente como elefantíase. Os vermes invadem e obstruem o sistema linfático, causando um acúmulo de fluidos que resulta em inchaços extremos nas extremidades inferiores e nos genitais, além de, em muitos casos, provocar cegueira. Sacos escrotais imensos, maiores até do que uma bola de praia grande, não são raros. Em mulheres, os lábios genitais podem se tornar quase grotescos. Embora a medicina moderna proporcione tratamento barato para essa doença estigmatizante, infelizmente a filariose ainda aflige 120 milhões de pessoas todo ano, sobretudo em regiões tropicais na África e no Sudeste Asiático.

Estigma: Esta gravura de um livro inglês de medicina de 1614 exibe uma mulher com os sintomas inconfundíveis da filariose ou "elefantíase" (*Diomedia/ Wellcome Library*).

A malária é a única na categoria dos protozoários. Em 1883, o biólogo escocês Henry Drummond chamou esses parasitas de "infração das leis da Evolução e o maior crime contra a humanidade". A malária é *o* flagelo insuperável da raça humana. Hoje em dia, todo ano são quase trezentos milhões de desafortunados que contraem malária pela picada de um mosquito *Anopheles*, o mesmíssimo que picou seu tornozelo e roubou seu sangue quando você estava acampando. Sem que você faça a menor ideia do que está acontecendo, o parasita da malária entra no seu sangue e dispara até seu fígado, onde poderá descansar e se recuperar, enquanto prepara os planos para o ataque reprodutivo contra seu corpo. Depois do acampamento, você volta para casa coçando como um louco suas picadas de mosquito enquanto o parasita da malária hiberna no seu fígado. A intensidade da doença e a probabilidade da sua morte vão depender da cepa de malária que você contraiu.

É possível ser infectado por mais de uma espécie ao mesmo tempo, embora essa batalha geralmente seja vencida pela cepa mais letal. Todas elas são causadas por setenta das 480 espécies do mosquito *Anopheles* infrator. Existem mais de 450 tipos distintos de parasitas da malária acossando animais no mundo inteiro, e cinco afetam os seres humanos. Três tipos — *knowlesi*, *ovale* e *malariae* — não só são extremamente raros, como também apresentam uma taxa de mortalidade relativamente baixa. O *knowlesi* fez o salto zoonótico recentemente a partir de espécies de macaco do Sudeste Asiático, e os incomuns *ovale* e *malariae* agora são quase exclusivos da África Ocidental. Em seu caso, podemos descartar essas três espécies, o que nos deixa com as duas candidatas mais perigosas e disseminadas na guerra pela hegemonia sobre sua saúde e sua vida — *vivax* e *falciparum*.

O parasita da malária aninhado em seu fígado passará por um ciclo impressionante de sete etapas. Ele precisa de vários hospedeiros para sobreviver e procriar — o mosquito e um batalhão de vetores secundários: humanos, macacos, ratos, morcegos, coelhos, porcos-espinhos, esquilos, um bando de pássaros, um mundo de anfíbios e répteis e inúmeros outros. Infelizmente, o hospedeiro é você.

Após aquela fatídica picada, esse canalha vai sofrer mutações e se reproduzir dentro do seu fígado por uma ou duas semanas, e nesse tempo você não vai exibir sintoma algum. Um exército tóxico dessa nova forma do parasita então irromperá do fígado e invadirá seu sangue. Os parasitas se prendem às suas hemácias, penetram rapidamente as defesas externas e se esbaldam com a hemoglobina no interior. Dentro da célula vermelha, eles passam por outra mutação e mais um ciclo reprodutivo. As hemácias inchadas acabam se arrebentando, espalhando tanto uma forma duplicada, que segue para atacar hemácias novas, quanto uma forma "assexuada" nova, que fica flutuando tranquilamente pela corrente sanguínea, à espera de mosquitos transportadores. O parasita é um metamorfo, e é justamente por causa dessa flexibilidade genética que é tão difícil erradicá-lo ou contê-lo com medicamentos ou vacinas.

Você agora está gravemente enfermo, tomado por calafrios que vão aumentando em um ritmo ordenado, seguidos de uma febre intensa que chega a 41 graus. Esse episódio cíclico devastador de malária pegou você de jeito e o deixou à mercê do parasita. Prostrado e agonizando, sobre lençóis encharcados de suor, você treme e balbucia, xinga e geme. Olha para baixo e percebe que seu baço e seu fígado estão visivelmente inchados, sua pele foi tingida pela pátina amarelada da icterícia e você vomita de vez em quando. Sua febre, capaz de derreter cérebros, vai aumentar a intervalos certeiros a cada onda nova de hemácias rompidas e invadidas pelos parasitas. A febre então diminui enquanto o parasita se alimenta e se reproduz dentro das células novas.

O parasita usa sinais sofisticados para coordenar suas atividades, e esse ciclo todo segue um calendário muito rigoroso. A nova forma assexuada transmite um sinal químico de "venha me picar" em seu sangue, aumentando consideravelmente a probabilidade de um mosquito vir recolhê-lo em um humano infectado e concluir o ciclo reprodutivo. Dentro do estômago do mosquito, essas células sofrem mais uma mutação, assumindo então variedades masculinas e femininas. Elas logo copulam, gerando descendentes ciliados, que saem da barriga do mosquito e passam para as glândulas salivares. Dentro dessas glândulas, o astuto parasita da malária manipula o inseto para picar com mais frequência, suprimindo a produção do anticoagulante para minimizar a absorção de sangue durante cada picada. Isso obriga o mosquito a fazer ataques mais frequentes para adquirir a quantidade necessária de sangue. Com isso, o parasita da malária potencializa a rapidez e o alcance de sua transferência, procriação e sobrevivência. A malária é um exemplo impressionante de adaptação evolutiva.

Foi essa configuração salival do parasita que aquele mosquito maldito transferiu para você durante seu acampamento há mais de duas semanas. Mas resta a dúvida: qual tipo de malária incapacitou você com sintomas recorrentes arrasadores? Se for a temida *falciparum*, você pode até conseguir se recuperar, mas talvez entre em uma segunda fase da doença, chamada malária cerebral ou grave. Nesse caso, em um ou dois dias, você sofrerá convulsões, entrará em coma e morrerá. A taxa de letalidade da *falciparum* depende de cepa, local e diversos outros fatores, mas, de qualquer forma, paira entre 25% e 50% dos infectados. Das pessoas que sobrevivem à malária cerebral, cerca de 25% sofrem sequelas neurológicas permanentes, como cegueira, perda da capacidade de fala, séria dificuldade de aprendizado ou paralisia dos membros. A malária mata uma pessoa a cada trinta segundos. Lamentavelmente, 75% dos mortos são crianças com menos de cinco anos. A *falciparum* é um vampiro que assassina em série, responsável por 90% das mortes por malária, e a África hoje concentra 85% de todas as vítimas fatais. Diferentemente da febre amarela, a malária visa aos jovens e às pessoas com baixa imunidade. Ocorre também uma incidência desproporcional em mulheres grávidas.

Nessa história desagradável, se você tiver tido a sorte de contrair a *vivax*, provavelmente não vai morrer. A *vivax* é a forma mais comum de malária, especialmente fora da África, responsável por 80% de todos os casos da doença, mas não costuma ser letal. A taxa de mortalidade fica em torno de 5% na África e é menor ainda, entre 1% e 2%, no resto do mundo.

É quase impossível descrever a escala da devastação que o mosquito *Anopheles* pode provocar. Até hoje, é difícil compreender o horror da malária. Então é praticamente inconcebível imaginar essa doença no contexto da história, quando não se conheciam as causas e não havia tratamento. Um malariologista do começo do século XX, J. A. Sinton, admitiu que a doença "constitui uma das causas mais importantes de problemas econômicos, ocasionando pobreza, diminuindo a quantidade e a qualidade dos alimentos disponíveis, reduzindo o nível físico e intelectual de uma nação e comprometendo em todos os sentidos o crescimento da prosperidade e o desenvolvimento econômico". Junte-se a essa descrição os efeitos físicos, emocionais e psicológicos provocados por uma mortalidade tão colossal. Atualmente, estima-se que a malária endêmica custe à África cerca de 30 a 40 bilhões de dólares em perdas comerciais. O crescimento econômico em países afetados pela malária é de 1,3% a 2,5% menor do que a média global ajustada. Em termos cumulativos, levando-se em conta a era moderna após a Segunda Guerra Mundial, isso corresponde a um total de 35% de redução no Produto Interno Bruto (PIB), em comparação com o que teria sido caso não houvesse malária. A malária contamina e mutila a economia.

Felizmente, você deu sorte e conseguiu se recuperar do seu contato com a malária *vivax* em um mês. Lamento informar, porém, que seu sofrimento provavelmente não acabou. A *falciparum* e a *knowlesi* não causam recaídas. Para esses tipos, a reincidência da infecção exige uma segunda picada comunicável de um mosquito da malária. Contudo, regimentos de parasitas dos outros três tipos da doença, incluindo a *vivax*, permanecem escondidos no fígado e podem gerar diversas recaídas por até vinte anos. Um veterano inglês da Segunda Guerra Mundial teve uma retomada da malária 45 anos depois de ter sido infectado em 1942, durante a campanha na Birmânia (atual Mianmar). No seu caso, o calendário da *vivax* geralmente dura de um a três anos. No entanto, sempre é possível você ser reinfectado por outra picada de mosquito.

A temperatura é um elemento importante tanto para a reprodução do mosquito quanto para o ciclo vital da malária. Considerando a relação simbiótica dos dois, eles também são afetados pelo clima. Quando a temperatura cai, demora mais para os ovos do mosquito se desenvolverem e eclodirem. Os mosquitos têm sangue frio e, ao contrário dos mamíferos, não são capazes de regular a temperatura do próprio corpo. Eles não conseguem sobreviver em ambientes com temperatura abaixo de dez graus. Geralmente, o auge da saúde e do desempenho dos mosquitos é quando a temperatura é superior a 23 graus. E eles morrem assados sob um calor direto de quarenta graus. Em zonas temperadas, não tropicais, isso faz com que os mosquitos sejam criaturas sazonais cujo ciclo de reprodução e alimentação ocorre entre a primavera e o outono. Embora nunca chegue a sair para o mundo, o parasita da malária precisa lidar tanto com a vida breve dos mosquitos quanto com as condições de temperatura para poder se replicar. A cronologia da reprodução da malária depende da temperatura do sangue frio do mosquito, que por sua vez depende da temperatura do ambiente externo. Quanto mais frio o mosquito estiver, mais vagarosa fica a reprodução da malária, até chegar a um limite. Quando a temperatura está entre quinze e vinte graus (dependendo do tipo de malária), o ciclo reprodutivo do parasita pode levar até um mês, mais do que o tempo de vida médio dos mosquitos. Assim, eles morrem muito antes e levam a malária junto.

No seu caso, você poderia ter evitado todo esse martírio sanguinolento se tivesse escolhido passar as férias em um lugar frio ou absurdamente quente, ou se não tivesse ido para a floresta em plena estação de atividade do mosquito (na maioria das zonas temperadas), ou seja, entre o fim da primavera e o começo do outono. Ou você podia também ter desistido de sair para acampar.

Em suma, climas mais quentes podem manter populações de mosquito durante todo o ano, promovendo a circulação *endêmica* (crônica e constante) de suas doenças. Temperaturas atipicamente altas causadas por fenômenos como El Niño ou La Niña podem produzir *epidemias* sazonais (um surto repentino que assola uma população por algum tempo, até desaparecer) de doenças transmitidas por mosquitos em regiões onde eles não ocorrem ou não duram. Intervalos de aquecimento global produzido por causas naturais ou artificiais também permitem que o mosquito e suas doenças ampliem seu alcance topográfico. Com o aumento das temperaturas, espécies portadoras de doenças, geralmente confiadas a regiões mais quentes e altitudes mais baixas, se alastram para outras áreas e lugares mais elevados.

Os dinossauros não conseguiram sobreviver às mudanças climáticas causadas pela queda de um asteroide, nem conseguiram evoluir rápido o bastante para resistir à devastação das doenças transmitidas por mosquitos. O minúsculo mosquito ajudou a preparar o terreno para a destruição dos dinossauros, facilitando a era evolutiva dos mamíferos, dos nossos ancestrais hominídeos e, com o tempo, do *Homo sapiens* moderno. Como sobrevivente, ele também estabeleceu as condições para seu salto histórico rumo à hegemonia global. Contudo, ao contrário dos dinossauros, os seres humanos evoluíram e desenvolveram habilidades de contra-ataque. Uma apressada seleção natural permitiu que armaduras imunológicas genéticas contra o mosquito fossem transmitidas ao longo da árvore genealógica do *Homo sapiens*. Nosso DNA apresenta esses lembretes genéticos para não esquecermos a longa guerra mortífera que nossos antepassados travaram pela sobrevivência contra um inimigo impiedoso.

CAPÍTULO 2

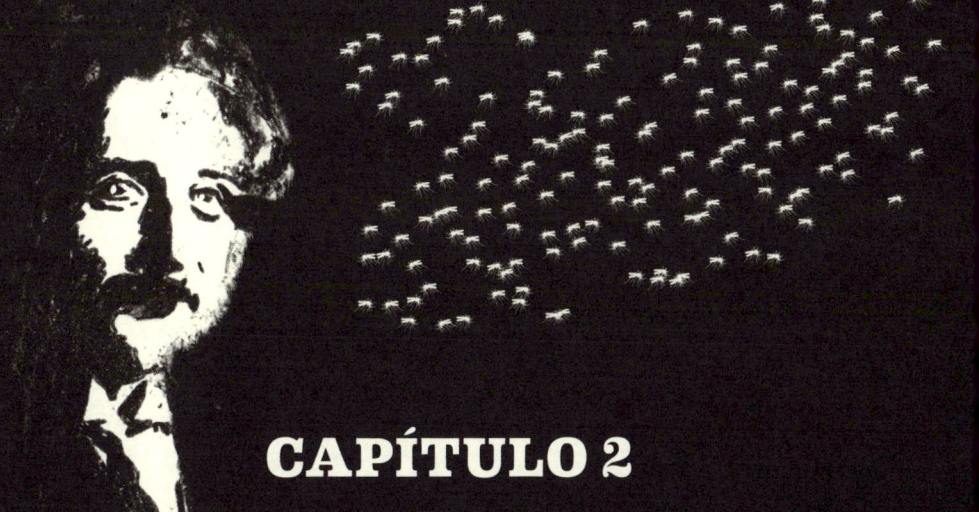

Sobrevivência DO MAIS APTO: DEMÔNIOS DA FEBRE, bolas de futebol E ZAGUEIROS FALCIFORMES

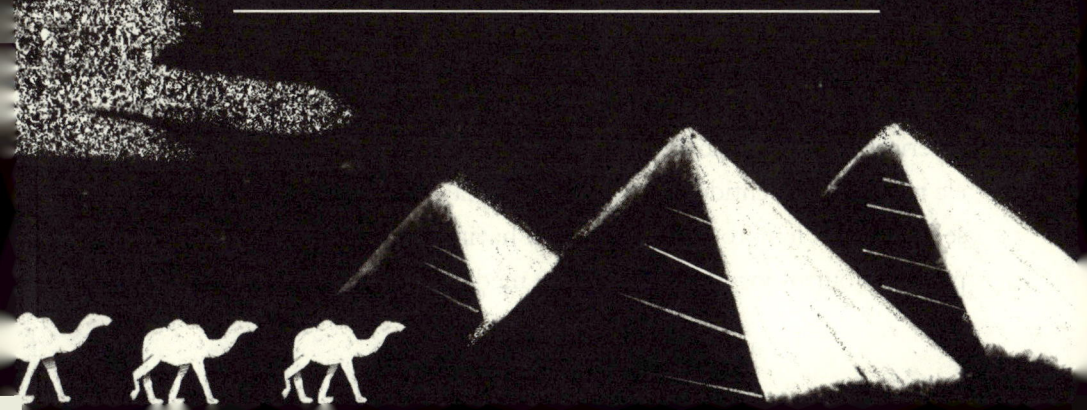

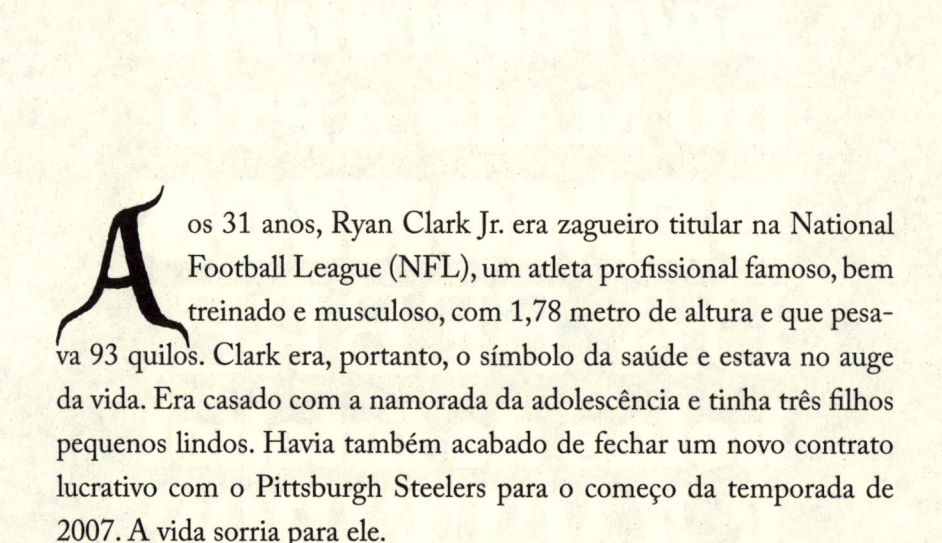

Aos 31 anos, Ryan Clark Jr. era zagueiro titular na National Football League (NFL), um atleta profissional famoso, bem treinado e musculoso, com 1,78 metro de altura e que pesava 93 quilos. Clark era, portanto, o símbolo da saúde e estava no auge da vida. Era casado com a namorada da adolescência e tinha três filhos pequenos lindos. Havia também acabado de fechar um novo contrato lucrativo com o Pittsburgh Steelers para o começo da temporada de 2007. A vida sorria para ele.

No meio da temporada, ele e o Steelers viajaram a Denver para enfrentar o Broncos e perderam por um *field goal* feito no último segundo. Desiludido, Clark embarcou no avião para a longa viagem de volta para casa. Logo antes da decolagem, ele sentiu uma dor aguda do lado esquerdo do corpo, embaixo das costelas. Os desgastes, trancos e hematomas no corpo eram coisa de rotina depois de uma partida pesada de futebol americano. Mas aquilo era diferente, uma fisgada profunda e forte que ele nunca tinha sentido. "Liguei para minha esposa e falei que não sabia se ia resistir", lembrou ele. "Eu nunca havia sentido tanta dor." Preocupados, os outros jogadores e a equipe médica do Steelers agiram rápido.

O avião parou imediatamente na pista, e Clark foi levado às pressas a um hospital de Denver. Alguns dias depois, já estabilizado, Clark voltou para Pittsburgh e ficou de licença médica, embora os médicos ainda não tivessem conseguido identificar a causa dos estranhos sintomas.

No decorrer do mês seguinte, Clark passou por ondas congelantes de calafrios noturnos que se alternavam com febres de até quarenta graus. Ele perdeu dezoito quilos, e o homem antes robusto se transformou em uma criatura esquelética e enfermiça. Certa noite, a dor era tanta que ele teve certeza de que ia morrer. Clark se lembra de ter mentalizado uma prece: "Deus, se for minha hora, permita que minha esposa encontre um bom marido. Que ele não seja tão bonito quanto eu, mas que seja um cara bom. Cuide da minha família. Por favor, perdoe meus pecados. Estou pronto." Ele sobreviveu a essa noite assustadora e, depois de mais um mês de exames clínicos inconclusivos, seus médicos finalmente identificaram a causa de tanto sofrimento e agonia. Clark foi diagnosticado com infarto esplênico — ou seja, necrose no baço. Ele foi levado às pressas para a mesa de cirurgia, onde removeram o baço e a vesícula biliar, apodrecidos. Mas ainda faltava isolar e identificar a causa subjacente para a falência dos órgãos em um adulto tão jovem e saudável.

Os atletas já sabem há décadas que jogar em Denver pode ser desgastante e cansativo. A cidade é situada a 1.600 metros acima do nível do mar, e, ao contrário do time da casa, adversários que chegam de fora não estão acostumados ao ar mais rarefeito. Eles têm dificuldade para respirar e fornecer oxigênio suficiente aos músculos exercitados, situação agravada pelo esforço físico do confronto profissional. Embora seja previsível uma ligeira falta de ar, ninguém espera morrer por causa de uma viagem ao estádio Mile High, de Denver.

Por incrível que pareça, Clark voltou para o futebol americano e, um ano depois, venceu o Super Bowl de 2009 com o Steelers. Infelizmente, a comemoração dele foi interrompida. Duas semanas mais tarde, sua cunhada, de 27 anos, morreu de uma doença sanguínea congênita. Após treze anos de NFL, Clark se aposentou em 2014 por vontade própria.

Para entender o que aconteceu com Ryan Clark em Denver, precisamos voltar milhares de anos até a pré-história.

Oculto no DNA de Clark na época da crise de saúde, o traço falciforme hereditário ocasionou a experiência de quase morte que ele teve. Essa condição, uma mutação genética das hemácias, restringe o transporte e o abastecimento de oxigênio nos músculos e órgãos. Na atmosfera menos oxigenada de Denver, e com a elevada demanda a que um atleta de alto nível está sujeito, partes do corpo de Clark ficaram sem oxigênio. O baço e a vesícula biliar simplesmente morreram e começaram a necrosar.

Promovido pela seleção natural, o traço falciforme é uma mutação genética hereditária transmitida justamente porque, para as pessoas que a possuíam, isso era em última análise um *benefício*. Sim, você leu isso mesmo. O traço evolutivo que quase matou Ryan Clark surgiu como uma adaptação genética salvadora para a humanidade. Surgido há 7.300 anos em uma menina, na África, esse traço falciforme de Clark é o exemplo mais recente e conhecido de resposta genética à malária *falciparum*.

O surgimento do traço falciforme foi resultado direto da expansão da agricultura, que avançou para o hábitat até então intocado dos mosquitos. Há cerca de oito mil anos, agricultores bantos pioneiros começaram a estabelecer cultivos concentrados de inhame e banana. Essa intensificação do trabalho pastoril na África Centro-Ocidental, ao longo do delta do rio Níger e indo até o rio Congo, ao sul, despertou o mosquito de seu sono isolado. As consequências não poderiam ter sido mais catastróficas: a vampírica malária *falciparum* se abateu sobre os novos hospedeiros humanos. Em apenas setecentos anos, nossa primeira contraofensiva evolutiva, que provocou confusão no parasita, foi promover uma mutação aleatória da célula do sangue — a célula assumiu uma forma de foice (ou lua crescente). Normalmente, hemácias têm um formato ovalado ou de bolacha. O parasita da malária não consegue se ligar a essa célula com formato estranho de foice.

Filhos que herdam a célula falciforme de um dos pais e o gene regular do outro, algo conhecido como traço falciforme, que é o que

Ryan Clark tem, são agraciados com 90% de imunidade contra a malária *falciparum*. O lado negativo (antes da medicina moderna) era que a expectativa média de vida dos portadores do traço falciforme era de apenas 23 anos. Isso, porém, teria sido um ótimo negócio no que antropólogos chamam de "ambiente ancestral", quando a expectativa de vida era relativamente baixa — 23 anos certamente é tempo de sobra para transmitir o traço a 50% de qualquer prole. Já na era moderna esse interceptor e protetor genético contra a malária *falciparum* se transforma em grave impedimento clínico para jogadores de futebol americano, ou para qualquer portador que gostaria de chegar à idade avançada de, digamos, 24 anos. O outro lado negativo nesse quadro de Punnett é que 25% dos descendentes não teriam o traço falciforme e, portanto, tampouco a imunidade, e outros 25% receberiam dois genes do traço falciforme. As pessoas que herdam o traço dos dois pais nascem com anemia falciforme (que matou a cunhada de Ryan Clark duas semanas depois de ele erguer o troféu Lombardi do campeonato da NFL), uma sentença de morte, e a imensa maioria morre na infância.

Ainda que hoje isso pareça inconcebível, em regiões da África que foram arrasadas pela implacável malária *falciparum*, as mortes por anemia falciforme resultaram de uma *vantagem*, ou pelo menos foram um custo aceitável, em nome da sobrevivência, em comparação com o que deve ter sido uma taxa de mortalidade apocalíptica por causa da malária. Apesar da disseminação do traço falciforme, a taxa de mortalidade pré-adulta antes de 1500 superava o percentual de 55% na África Subsaariana.

Considerando que o traço falciforme ao mesmo tempo dá e tira vidas, ele foi uma reação evolutiva apressada e imperfeita à malária transmitida por mosquitos. Entretanto, o que isso revela é a vasta dimensão da ameaça que a malária *falciparum* representava para os primórdios da humanidade e, por extensão, para toda a nossa existência: talvez tenha sido a maior pressão evolutiva para a sobrevivência que nossa espécie já sofreu. É quase como se o arquiteto biológico de nosso sequenciamento genético seletivo pensasse, instintivamente: *Não dá tempo de investir em pesquisa e estudos clínicos. Aperte o passo e faça uma gambiarra para garantir a sobrevivência da nossa espécie. Depois a gente pensa no resto.* Tempos de desespero exigiam medidas desesperadas.

A distribuição genética do traço falciforme obscureceu a difusão de humanos, mosquitos e da malária, tanto pela África quanto para fora do continente. Hoje, existem cerca de cinquenta a sessenta milhões de portadores do traço no mundo todo, e 80% ainda residem no lugar onde ele surgiu, a África Subsaariana. Há focos na África, no Oriente Médio e no Sul da Ásia, onde mais de 40% da população local possui o gene do traço falciforme. A moderna difusão global do traço é um lembrete hereditário de nossa longa guerra mortífera contra o mosquito.

Nos Estados Unidos, um em cada doze afro-americanos (ou 4,2 milhões de pessoas) tem o traço falciforme, o que cria um problema de segurança para a NFL, pois 70% dos jogadores são portadores em potencial. Após a experiência assustadora e dramática de Clark, a liga finalmente sentiu o susto e o ímpeto de estudar o traço falciforme. Logo se descobriu que outros jogadores também eram receptores genéticos desse escudo ancestral contra a malária *falciparum*. Devido ao fato de possuírem o traço falciforme, a cada ano, um número considerável de atletas, como Ryan Clark, era impossibilitado de ir jogar na altitude do estádio do Denver Broncos. "O bom é que as pessoas estão vivendo por mais tempo e sendo muito mais produtivas", disse Clark a repórteres em 2015. "As pessoas estão começando a entender um pouco melhor o traço falciforme. Elas aprenderam a se cuidar."

Ele criou uma organização beneficente chamada Ryan Clark's Cure League, em 2012, para promover a conscientização e os estudos sobre o traço falciforme. O ex-craque campeão do Super Bowl agora vive dando palestras e recebendo convites para falar sobre a doença e ensinar ao público a longa história dessa afecção humana impulsionada pelos mosquitos. Embora a terra natal de Clark, em Pittsburgh, não possa ser chamada de meca da malária, um dos três filhos dele herdou o traço falciforme, um legado vivo da brutal luta pela sobrevivência que seus ancestrais africanos travaram contra o mosquito e da longa trajetória que o impacto genético do inseto produziu ao longo do tempo.

O mosquito e seus patógenos, que têm pelo menos 165 milhões de anos, pegaram carona na nossa viagem evolutiva.

Entretanto, nessa antiga batalha desigual, o mosquito e seu parasita da malária estão com uma vantagem esmagadora. O inseto teve uma dianteira de milhões de anos na estrada da evolução e da seleção natural. O parasita da malária, por exemplo, nasceu como forma de alga aquática há seiscentos ou oitocentos milhões de anos e ainda possui vestígios do aparato que realiza fotossíntese. Conforme evoluímos, esses vírus e parasitas, famintos por novos canais, responderam à nossa pressão e se adaptaram para sobreviver. Felizmente, para nós, Lucy e seus vários descendentes hominídeos conseguiram resistir ao massacre das doenças transmitidas por mosquitos.[1] Para proteger nossa própria espécie, contra-atacamos com a seleção natural, dando origem a uma série de armaduras genéticas antimaláricas, entre elas o traço falciforme. Todas essas defesas imunológicas são respostas evolutivas da humanidade para a inevitável e ameaçadora exposição à doença.

Nessa cíclica e interminável guerra pela sobrevivência entre o ser humano e o mosquito, revidamos com mutações genéticas em nossas hemácias. Aproximadamente 10% dos humanos herdaram algum nível de proteção contra dois dos tipos mais comuns de malária: *vivax* e *falciparum*. Mas tem um detalhe. Essas barreiras antimaláricas, como a anemia falciforme de Ryan Clark, também possuem consequências graves e às vezes fatais para a nossa saúde.

Quando surgiu na população africana, há mais ou menos 97 mil anos, a negatividade para o antígeno Duffy nos glóbulos vermelhos, ou apenas negatividade Duffy, foi a primeira resposta genética da humanidade ao flagelo da malária *vivax*. O parasita *vivax* usa o antígeno na molécula da hemoglobina como porta para invadir nossas hemácias (como uma nave atracando a uma estação espacial ou um espermato-

---

[1] Lucy, o famoso esqueleto hominídeo datado em 3,2 milhões de anos, ganhou seu nome popular graças à canção "Lucy in the Sky with Diamonds", de 1967, dos Beatles, que estava tocando alto várias vezes no dia em que ele foi descoberto por Donald Johanson, em 1974, no vale do Awash, na Etiópia.

zoide entrando em um óvulo). A falta desse antígeno, ou seja, a negatividade Duffy, fecha essa porta, impedindo o acesso do parasita à hemácia. Hoje em dia, impressionantes 97% dos nativos da África Ocidental e da África Central são portadores da mutação da negatividade Duffy, o que os deixa imunes ao *vivax* e ao *knowlesi*. Em algumas comunidades, como os pigmeus, praticamente 100% da população tem negatividade Duffy. Ainda que essa tenha sido a primeira das quatro respostas genéticas da humanidade à malária, foi a última a ser desmascarada pela ciência. Apesar de um tempo menor como objeto de pesquisa, já foram detectadas algumas correlações prejudiciais para a nossa saúde. Estudos recentes revelaram que portadores de negatividade Duffy têm mais predisposição a asma, pneumonia e algumas formas de câncer. Mais preocupante ainda é o fato de que a negatividade Duffy também aumenta em 40% a suscetibilidade à infecção com o HIV.

Quando o ser humano e a malária se aventuraram para fora da África, populações isoladas e concentradas desenvolveram suas próprias respostas genéticas para a questão da doença. A talassemia, que é uma mutação ou produção anormal de hemoglobina, reduz em 50% o risco de contrair a malária *vivax*. Hoje em dia, a talassemia ocorre em cerca de 3% da população global e prevalece particularmente em povos do sul da Europa, do Oriente Médio e no Norte da África. Em termos históricos, a malária tinha uma presença dominante nessa região mediterrânea, o que levou a mais uma mutação genética fascinante para combater a cepa muito mais letal da *falciparum*.

Identificada no início dos anos 1950 e chamada geralmente de dG6PD (uma abreviação do complicado nome de deficiência de glicose-6-fosfato-desidrogenase), essa modificação priva os glóbulos vermelhos de uma enzima que os protege contra substâncias capturadoras de oxigênio conhecidas como oxidantes. Os antioxidantes em "superalimentos" da moda, como mirtilo, brócolis, couve, espinafre e romã, combatem oxidantes ao promover a capacidade de manutenção e transporte de oxigênio de nossas hemácias. Assim como a talassemia, a dG6PD oferece imunidade parcial à malária, mas não no nível quase 100% eficaz proporcionado pela negatividade Duffy ou pelo traço falciforme. Portadores não exibem qualquer sintoma negativo, a menos que seus glóbulos vermelhos sejam expostos a um gatilho, provocando o que há séculos se conhece como "febre de Bagdá", que apresenta vários sintomas que vão desde letargia, febre e náusea até, em casos raros, a morte.

Infelizmente, esses sintomas podem ser desencadeados por alguns medicamentos antimaláricos, como quinino, cloroquina e primaquina. Os fãs de M*A*S*H talvez se lembrem do episódio em que o cabo Klinger é acometido por uma doença grave depois de ter que tomar primaquina. Devido à ascendência libanesa de Klinger, isso é verossímil, pois a dG6PD afeta principalmente indivíduos originários do Mediterrâneo e do Norte da África. A ingestão de favas é um dos ativadores mais comuns dos sintomas, e é por isso que a condição também é conhecida como favismo. Como precaução, as comunidades mediterrâneas desenvolveram o costume de cozinhar favas com alecrim, canela, noz-moscada, alho, cebola, manjericão ou cravos, todos temperos que anulam os efeitos do favismo ou atenuam o impacto dos sintomas. Na verdade, o grande filósofo e matemático grego Pitágoras já alertava as pessoas contra os perigos da ingestão de favas no século VI a.C.

A última resistência contra a malária em nosso arsenal de defesas, ao lado da negatividade Duffy, da talassemia, da dG6PD e do traço falciforme, é a infecção repetida, tipicamente classificada como "aclimação". As pessoas que sofrem infecções maláricas crônicas desenvolvem uma tolerância marginal ao parasita, produzindo sintomas mais brandos a cada ocorrência de infecção e, ao mesmo tempo, anulando o risco de morte. Não estou sugerindo que isso é uma estratégia de inoculação positiva ou agradável, mas, em regiões com elevado índice de casos de malária, seria possível afirmar que quanto maior for o sofrimento, menos se sofre. A "aclimação" será um ingrediente importante para a nossa história. A aclimação local à doença foi um fator crucial durante as guerras de colonização e independência das Américas na esteira do Intercâmbio Colombiano. Tanto a malária quanto nossos diversos escudos evolutivos contra ela se originaram na África. A associação mais antiga entre africanos e as doenças transmitidas por mosquitos, e as respectivas imunidades plenas ou parciais adquiridas pela seleção natural, produziria repercussões profundas durante a época brutal da escravidão.

A seleção natural, incluindo nossas barreiras genéticas contra a malária, é um processo de tentativa e erro. Como Charles Darwin postulou, as mutações genéticas que contribuem para a sobrevivência de uma espécie são transmitidas pela árvore genealógica. Os indivíduos que não possuem essas mutações, ou que herdam outras modificações indesejadas, acabam sendo eliminados no confronto constante pela sobrevivência, ou o que Darwin declarou ser "a preservação das raças privilegiadas na luta pela vida". Indivíduos dotados dessas mutações vantajosas, como o traço falciforme, persistem ou vivem pelo menos o suficiente para procriar, continuar sua herança genética e, acima de tudo, preservar a espécie. Aos poucos, os sobreviventes adaptáveis "prevalecem" sobre os que não possuem os traços favoráveis — a simples e descomplicada sobrevivência do mais apto.[2]

As propriedades curativas de medicamentos, tanto os naturais quanto os que hoje são produzidos sinteticamente, também são descobertas através de uma forma experimental de seleção natural por tentativa e erro. Quando nosso ancestral hominídeo faminto morreu depois de comer amoras apetitosas, mas venenosas, esse fruto proibido logo foi riscado da lista de compras por seus companheiros atentos e perspicazes. Com o tempo, nossos avós caçadores e coletores compilaram um extenso catálogo mental do que se podia ou não se podia comer. Nesse processo, eles também identificaram as propriedades medicinais de algumas plantas. Era uma vida penosa e inclemente, e eles fizeram experimentos com o mundo natural à sua volta para atenuar as enfermidades que os afligiam e para repelir as hordas de mosquitos esfomeados.

---

[2] A expressão "sobrevivência do mais apto" costuma ser atribuída, erroneamente, a Darwin. O biólogo e antropólogo inglês Herbert Spencer foi o primeiro a cunhar e usar o bordão em seu livro *Principles of Biology*, de 1864, após ler *A origem das espécies*, de Darwin, publicado em 1859. Darwin então usou/se apropriou da expressão de Spencer para a quinta edição de seu livro, lançada em 1869.

Assim como o parasita da malária, o conhecimento sobre tratamentos naturopáticos sobreviveu ao salto evolutivo dos macacos para os humanos. Assim como faziam nossos antepassados, os chimpanzés ainda mascam partes do arbusto molulu para atenuar os efeitos da malária. Ele ainda é um ingrediente comum em sopas e cozidos dos povos da África Equatorial, o epicentro dos expansivos domínios da malária. Curiosamente, o arbusto molulu pertence à mesma família do crisântemo, ou píretro — o primeiro pesticida comercial de que se tem notícia. As flores ressecadas e pulverizadas eram usadas como inseticidas na China, por volta do ano 1000 a.C., até se espalharem para o Oriente Médio, por volta de 400 a.C., e adquirirem o apelido de "pó da Pérsia". Quando a substância era moída, misturada com água ou óleo e espargida, ou aplicada de forma pulverizada, o ingrediente ativo (chamado de piretrina) atacava o sistema nervoso dos insetos, entre eles os mosquitos.

Como resultado, o simbolismo associado ao crisântemo em culturas do mundo todo foi influenciado diretamente pelo mosquito. Em países com altos índices históricos de doenças transmitidas por mosquitos, a flor é associada à morte e ao luto ou é usada apenas em funerais ou oferendas para túmulos. Por outro lado, em regiões com pouca incidência de doenças transmitidas por mosquitos, ela simboliza amor, alegria e vitalidade. Um exemplo são os Estados Unidos, onde a flor tem uma imagem positiva no Norte, mas uma conotação mórbida no Sul, sobretudo em Nova Orleans, o epicentro norte-americano das epidemias de febre amarela e malária até o começo do século XX. Os vastos complexos de cemitérios de lá são conhecidos como "Cidades dos Mortos" e "Necrópole do Sul", além de ser o principal cenário para a onda moderna de criação de personagens vampirescos, inspirada tanto pela literatura quanto pelo cinema.

As propriedades inseticidas do crisântemo foram dirigidas aos mosquitos, mas os humanos também realizaram experimentos com uma miríade de tratamentos orgânicos para combater doenças transmitidas pelo inseto. Como resultado, até nossas papilas gustativas foram maculadas e treinadas pelo mosquito. Cravo, noz-moscada, canela, manjericão e cebola são ingredientes que atenuam sintomas da malária, o que talvez explique por que, há milênios, as pessoas acrescentam esses temperos nutricionalmente fracos à dieta. Na África, o café também tinha fama de amenizar febres maláricas, ao passo que na China Antiga se dizia que o chá continha os mesmos poderes mágicos de combate à malária.

Na China, a agricultura gerou tanto a malária endêmica quanto a ascensão da cultura do chá por volta de 2700 a.C. A tradição atribui a Shen Nung, o segundo dos imperadores lendários da China, o crédito pela invenção do arado e do processo industrial de agricultura para exportação, assim como pela descoberta de diversas ervas medicinais, incluindo a primeira xícara de chá homeopático usado para tratar mal-estar e febre malárica. Contudo, antes de sua infusão virar bebida, as folhas de chá eram fervidas com alho, peixe seco, sal e banha, para serem consumidas como um xarope. As folhas também eram mascadas, como o molulu, ou como as estimulantes folhas de coca cheias de anfetaminas, na América do Sul, ou o *khat*, no Chifre da África. Folhas de chá mascadas também eram usadas como emplastro em ferimentos. Embora o chá não sirva de nada contra o parasita da malária, pesquisas modernas revelaram que o ácido tânico presente no chá pode matar as bactérias que causam cólera, febre tifoide e disenteria. Com a ajuda de monges budistas e taoistas, que consumiam volumes abundantes de chá para aprimorar a meditação, o que antes era um líquido medicinal obscuro se tornou a bebida mais popular da China já no século I a.C.

A popularidade do chá continuou crescendo e se expandindo para países vizinhos, junto com a malária e o cultivo das ervas, até as invasões mongóis do século XIII. Os mongóis proibiram o chá a favor do *kumis* (uma bebida alcoólica feita à base de leite de égua fermentado). Marco Polo, o viajante e comerciante veneziano, passou anos na corte mongol nessa época e não faz qualquer menção a chá, mas atesta que o *kumis* parecia "vinho branco e [era] muito bom de beber". A poderosa fonte prateada na capital mongol de Karakorum, construída para ilustrar a extensão e a diversidade do vasto Império Mongol, jorrava quatro bebidas (cerveja de arroz da China, vinho de uvas da Pérsia, hidromel eslavo e, claro, *kumis* mongol), mas nada de chá.

Por falar em chá, um texto chinês de medicina de 2.200 anos de idade com o insosso título *Wushier Bingfang* [52 receitas] contém uma descrição breve dos benefícios medicinais e antitérmicos proporcionados pelo chá amargo feito da pequena e discreta *Artemisia annua*, a artemísia. Infelizmente, as potentes propriedades antimaláricas dessa erva invasora, que pode crescer em praticamente qualquer lugar, foram esquecidas pelo mundo até 1972, quando foram redescobertas pelo Projeto 523, uma iniciativa médica sigilosa de Mao Tse-tung. Esse instituto secreto, que vamos detalhar mais adiante na nossa história, foi estabelecido para resolver o problema dramático e devastador da malária, que estava exaurindo as forças do Exército do Vietnã do Norte e de seus aliados vietcongues, na longa guerra contra os americanos. Uma das armas mais antigas e ao mesmo tempo mais novas no arsenal de medicamentos antimaláricos, a artemisinina, como veremos mais adiante, é hoje a opção preferida para mochileiros e viajantes ricos do Ocidente que podem arcar com o custo proibitivo da droga.

Sem perder terreno para o chá, o café é outra substância cafeinada que possui raízes bem sólidas na guerra contra a malária. Reza a lenda que, no século VIII, um criador de cabras etíope chamado Kaldi percebeu que suas cabras doentes ou letárgicas se animavam após comer as frutinhas vermelhas cafeinadas de um arbusto específico. Curioso quanto ao vigor repentino dos animais, e imaginando que talvez conseguisse suprimir suas febres maláricas, Kaldi comeu algumas também. Sua euforia o fez levar um punhado das frutinhas para um mosteiro sufi islâmico que ficava nas redondezas. O imã, criticando a insensatez do pastor, jogou os grãos na fogueira, e o espaço se encheu do aroma intenso que muitas pessoas hoje em dia associam ao melhor momento da manhã — uma xícara de café. Kaldi tirou do fogo os grãos torrados, moeu e acrescentou água fervente. No ano 750 foi passada a primeira xícara de café.

Embora a história de Kaldi, suas cabras e o café costume ser considerada apócrifa, geralmente existem fragmentos de fato escaldantes sob a cortina de fumaça que envolve a maioria das lendas. O arbusto de café pertence à família das rubiáceas, à qual também pertencem plantas como a rúbia e a gália. Os insetos evitam sistematicamente os cafeeiros, cujos componentes cafeinados parecem inspirar neles uma intensa ojeriza. Assim como nossos antepassados hominídeos, os insetos também passaram por um processo próprio de tentativa e erro com as frutinhas e desenvolveram uma profunda aversão ao café. A cafeína, assim como a piretrina, age como inseticida natural e afeta o sistema nervoso de insetos, incluindo os mosquitos. A cinchona, fonte do quinino, que foi o primeiro medicamento usado com sucesso para combater a malária, também faz parte da família das rubiáceas. Como veremos, o quinino era usado como supressor na Europa desde sua descoberta por jesuítas espanhóis no Peru (mediante observação dos povos quíchuas nativos) em meados do século XVII.

A crônica das aventuras de Kaldi com o café, assim como a própria bebida, pegou. O pastor etíope e seus animais aparecem no nome de várias cafeterias e marcas de café, como Kaldi's Coffee Roasting Company, Kaldi Wholesale Gourmet Coffee Roasters, Wandering Goat Coffee Company, Dancing Goat Coffee Company e Klatch Crazy Goat Coffee, entre outros. O café é a segunda *commodity* (lícita) mais valiosa do mundo, depois do petróleo, e a droga psicoativa mais consumida, sendo que os americanos respondem por 25% do mercado. Ele também emprega mais de 125 milhões de pessoas pelo mundo inteiro, e outros quinhentos milhões de pessoas têm algum envolvimento, direto ou indireto, com a indústria cafeeira. Em 2018, a Starbucks obteve um estarrecedor faturamento anual de 25 bilhões de dólares, com cerca de 29 mil unidades abertas em quase oitenta países. O fenômeno da Starbucks e da cultura global absoluta do café deve ao mosquito o apelo exercido sobre os cafeinólatras do planeta. Levando em conta as propriedades e os efeitos do café com cafeína, ele certamente seria considerado uma substância antimalárica viável.

A primeira referência ao café ocorreu em um texto árabe de medicina do século X escrito pelo renomado médico persa Rasis. O "Vinho da Arábia", como ele era conhecido, logo se espalhou para o Egito e o Iêmen e, em pouco tempo, conquistou domínios muçulmanos. O profeta Maomé, fundador do Islã, professou que, com a inspiração estimulante e as virtudes medicinais do café, ele seria capaz de "derrubar quarenta homens do cavalo e possuir quarenta mulheres". Pouco após as revelações de Kaldi, o café viralizou pelo Oriente Médio e, ao ser descoberto pelos europeus no século XVI, em função do tráfico de africanos escravizados, foi carregado pelos ventos globais do Intercâmbio Colombiano.

A ligação entre o café, a malária e os mosquitos está entrelaçada em nossa história. O café acrescentou um toque de sabor revolucionário aos Estados Unidos e à França. Tornou-se a bebida preferida da elite intelectual europeia durante a Revolução Científica. As cafeterias, cujas origens na Inglaterra e nas colônias remontam, respectivamente, como seria de esperar, a Oxford em 1650 e Boston em 1689, tornaram-se celeiros dos debates da vanguarda e impulsionaram um período inédito de progresso acadêmico por toda a Europa e de filosofias revolucionárias nas colônias americanas. Em suma, as cafeterias forneceram o meio para a troca e o diálogo de informações e ideias.

Contudo, a infusão de café do mosquito criou um vínculo muito mais sinistro e persistente. Quando a bebida globalizou e colônias cafeeiras se espalharam por todo o mundo pós-colombiano, o café passou a ser invariavelmente associado ao tráfico de africanos escravizados e à disseminação de doenças transmitidas por mosquitos. Como veremos, o tráfico negreiro no Atlântico introduziu nas Américas não só os africanos, mas também mosquitos letais e suas doenças. Esses africanos escravizados, fortalecidos por suas imunidades genéticas hereditárias contra a malária, incluindo o traço falciforme, eram resistentes à ira dos mosquitos, em comparação com os vulneráveis trabalhadores e serviçais* europeus. Os africanos escravizados se tornaram uma *commodity* valiosa nas fazendas das colônias americanas. Os africanos sobreviviam às doenças dos mosquitos para gerar lucro, tornando-se eles próprios entidades lucrativas.

A luta pessoal de Ryan Clark com o traço falciforme é um pequeno tremor resultante do impacto sísmico dos mosquitos na plataforma global e das tentativas de nossa genética para resistir ao bombardeio constante de doenças que eles transmitem. A história particular de Clark está inserida em um contexto mais amplo dos acontecimentos históricos que ocorreram na África e no resto do mundo. Antes da expansão mercantilista imperial da Europa no século XV, os africanos só haviam morado *na* África. Durante o Intercâmbio Colombiano, os africanos escravizados, bem como suas proteções genéticas contra a malária, foram transportados para campos distantes no continente americano. Para as pessoas que hoje vivem e lidam com o traço falciforme nos Estados Unidos, como Ryan Clark, isso não é história. Para eles, é a realidade do dia a dia. A influência e o impacto do mosquito não estão confinados aos livros didáticos — eles acompanham todas as fases e eras da humanidade. A primeira ocorrência do traço falciforme nos plantadores bantos de inhame, por exemplo, iniciou uma longa sequência de acontecimentos que afetou Ryan Clark e cujos ecos continuam reverberando até hoje.

O advento do traço falciforme produziu impactos imediatos e repercussões duradouras no continente e no povo africano. As populações de mosquito explodiram com o cultivo de banana e inhame por agricultores bantos na África Centro-Ocidental por volta de 8000 a.C. A devastadora malária *falciparum* logo se instalou de forma permanente. A seleção natural humana respondeu concedendo aos povos bantos a pro-

---

* Em inglês, a expressão "*indentured servant*" distingue os trabalhadores sujeitos a contrato temporário de servidão dos trabalhadores escravos propriamente ditos. Não há em português uma expressão igualmente sintética, então ao longo da tradução foi usada a palavra "serviçal", e não "servo", para evitar confusão com a terminologia associada ao feudalismo medieval. (N. do T.)

teção do traço falciforme hereditário. Conforme a malária se alastrava e começava a atacar populações sem imunidade, os bantos, equipados com sua vantagem imunológica e com armas de ferro, se expandiram para o sul e o leste do continente. Os inhames cultivados também serviram para reforçar sua resistência genética contra o parasita da malária. Os inhames liberam substâncias químicas que inibem a reprodução do *falciparum* no sangue.

Durante duas grandes ondas migratórias, entre 5000 e 1000 a.C., os sobreviventes de populações com imunidade limitada ou nula contra a malária, como os khoisan, os san, os pigmeus e os mandês, foram deslocados pelos bantos para as periferias do continente. Essas terras não atendiam aos requisitos agrícolas dos bantos nem serviam de pasto para o gado — a riqueza itinerante deles. Expulsos, os sobreviventes khoisan se refugiaram no cabo da Boa Esperança, na extremidade sul da África. "A barreira imunológica que o *P. falciparum* ergueu em volta dos bantos foi tão eficaz quanto um exército para repelir incursões de outros povos", explica Sonia Shah, pesquisadora especializada em malária. "Os indivíduos bantos não precisaram ser maiores ou mais fortes para afugentar os nômades: bastaram algumas picadas dos mosquitos deles." O mosquito e as adaptações genéticas dos bantos contra a malária deram forma a poderosos impérios no sul da África para os xhosa, os xonas e os zulus. A interferência ecológica do pastoreio humano, encarnada pela narrativa banto, foi a chave que abriu a caixa de Pandora, liberando infestações letais de mosquitos ceifadores.

Essa nossa guerra cada vez mais intensa contra os mosquitos teve como resultado a Revolução Agrícola, nossa transição relativamente recente de culturas de pequenos clãs baseados em caça e coleta para sociedades populosas fixas, plantações e animais domesticados. "Os últimos duzentos anos, durante os quais cada vez mais *Homo sapiens* passaram a obter o ganha-pão como trabalhadores urbanos e funcionários de escritório, e os dez milênios anteriores, durante os quais muitos *Homo sapiens* viviam da agricultura e pecuária", como explica Yuval Noah Harari em seu famoso *Sapiens: Uma breve história da humanidade*, "são um piscar de olhos em comparação com as dezenas de milhares de anos que nossos antepassados viveram à base de caça e coleta." A agricultura, bem como a interferência e a manipulação de ambientes locais por parte dos seres humanos, deixou os primeiros fazendeiros frente a frente com mosquitos letais, e os desmatamentos para liberar terras acabaram por expandir o território dos insetos. O acréscimo de irrigação e o desvio intencional de cursos de água potencializaram a capacidade de procriação dos mosquitos, o que produziu as condições ideais para a proliferação de doenças. Embora a agricultura tenha proporcionado incontáveis avanços nos sistemas socioculturais da humanidade, o que inclui a escrita, ela também alterou e desencadeou a arma biológica de destruição em massa da natureza: o mosquito.

Em 4000 a.C., a prática da agricultura já era intensa no Oriente Médio, na China, na Índia, na África e no Egito, dando origem à civilização moderna. Como expressou o escritor H. G. Wells, "a civilização foi uma sobra da agricultura". Foi o desenvolvimento agrícola quem mais contribuiu para o início desta que é *a* guerra do nosso mundo, na qual estão em luta a humanidade e os mosquitos. Na verdade, entre doze mil e seis mil anos atrás, houve pelo menos onze pontos independentes de origem da agricultura.

Esse amadurecimento agrícola, que levou à expansão dos hábitats e das áreas de desova para os mosquitos, também demandou a utilização de animais de carga e, logo em seguida, a criação de gados diversos, como ovelhas, cabras, porcos, aves e bois. Esses animais eram ricos repositórios de doenças. Como sugere Alfred W. Crosby: "Quando os humanos domesticaram animais e os acolheram em seu seio — às vezes literalmente, sempre que mães humanas davam de mamar a filhotes órfãos —, eles criaram enfermidades que eram raras ou inexistentes para seus antepassados caçadores e coletores." Quanto aos animais domesticados que não demandavam contato humano muito próximo, como burros, iaques e búfalos-asiáticos, as contribuições zoonóticas foram escassas ou nulas. Mas com relação aos animais que foram trazidos ao convívio humano, as consequências foram terríveis. Só para listar alguns exemplos, os cavalos introduziram em nosso meio o vírus do resfriado; das galinhas vieram a gripe aviária, a catapora e a herpes-zóster; porcos e patos doaram a gripe; e, do gado bovino, chegaram o sarampo, a tuberculose e a varíola.

Embora a agricultura tenha se desenvolvido nas Américas do Sul e Central há dez mil anos, veremos que, ao contrário do resto do mundo, ela não foi acompanhada da domesticação intensiva de animais ou do domínio desimpedido das doenças. Nas Américas, não ocorreu o combo agrícola, isto é, a conjunção de lavoura e pecuária. Como resultado, as práticas pastoris dos indígenas americanos eram incompatíveis com zoonoses, o que os protegeu da tormenta de todas essas doenças, entre elas as deflagradas pelo mosquito. Ainda que o hemisfério ocidental fervilhasse com as maiores populações de mosquito do planeta, essas espécies do Novo Mundo seguiram uma trajetória evolutiva independente por 95 milhões de anos, o que os livrou da incumbência de servirem como vetores de doenças — pelo menos durante certo tempo. Contudo, em todo o resto do mundo pré-colombiano, a malária foi a única doença transmitida por mosquitos que ainda não havia escapado da África.

À semelhança dos bantos na África, as informações que temos da Antiguidade confirmam essa interseção entre a ascensão da agricultura, a domesticação de animais e a proliferação das doenças transmitidas por mosquito. O Japão, por exemplo, importou da China o cultivo do arroz e a malária por volta do ano 400 a.C. "É provável que tanto a *vivax* quanto a *falciparum* só tenham emergido como infecções realmente crônicas, produzindo significativas consequências culturais e econômicas", admite o historiador James Webb, "depois que o ser humano começou a ocupar as antigas bacias hidrográficas subtropicais e tropicais — nas margens do Nilo, do Tigre-Eufrates, do Indo e do Amarelo — e depois que fundou as primeiras grandes sociedades agrícolas." A domesticação de plantas e animais pela humanidade acelerou o processo de dominação global dos mosquitos e ofereceu às suas doenças tentadoras fronteiras inexploradas, além de imaculados horizontes de oportunidades.

No coração do mundo antigo, em torno da Mesopotâmia, sempre existiu alguma forma de imperialismo desde o nascimento da agricultura, por volta de 8500 a.C., na conjunção dos rios Tigre e Eufrates, perto da antiga cidade de Qurnah (a 480 quilômetros a sudeste de Bagdá, e onde se acredita ter sido o local do Jardim do Éden). Iniciativas agrícolas fomentaram o surgimento das primeiras cidades-Estados sumérias por volta de 4000 a.C. e também permitiram que o Egito, relativamente isolado, se desenvolvesse às margens do Nilo. Ao longo de toda a história, grandes impérios se expandiram por meio de guerras de conquista e influências políticas ou econômicas. Com o tempo, cada um era derrotado e substituído por outro, seguindo um ciclo de ascensão e queda de reinos ancestrais.

A Revolução Agrícola redundou na criação de cidades-Estados modernas, no drástico aumento das populações e, principalmente, na disseminação de doenças, o que contribuiu para o aumento da densidade populacional. Em 2500 a.C., algumas cidades do Oriente Médio tinham até vinte mil habitantes. Com o advento da agricultura, começaram a ocorrer também colheitas excedentes e o acúmulo de riqueza. A ganância é um estímulo potente. Esse desejo inato do ser humano por prosperidade e poder resultou em complexas estratificações sociais, especializações econômicas locais, sofisticadas e segmentadas estruturas espirituais, jurídicas e políticas, e também, acima de tudo, introduziu o comércio. Estatisticamente, ao longo da história, as sociedades que realizavam práticas avançadas de comércio também tinham maior propensão para a guerra. A força política e o poderio militar eram exercidos pelo acúmulo de riqueza, que era associada ao comércio e ao controle de portos vitais, rotas comerciais e gargalos de transporte. A realidade da economia é bastante simples: por que negociar quando se pode invadir? O sucesso ou o fracasso dos primeiros impérios em sua gana por expansão territorial e tesouros dependia, em grande parte, dos mosquitos.

Nos limites do antigo Mediterrâneo, enquanto o eixo mosquito-malária moldava até mesmo nosso DNA, o mosquito também ordenou os cromossomos históricos da própria civilização. Sem qualquer comedimento, o "general Anófele" destruía exércitos e decidia o resultado de inúmeras guerras cruciais. Da mesma forma que os russos contaram com o "general Inverno" durante as Guerras Napoleônicas e a Segunda Guerra Mundial, o general Anófele atuou como uma força prolífica e voraz ao longo de toda a história da guerra, assim como na criação de nações e impérios. Ele faz o papel de mercenário, alternando-se entre aliado e inimigo. Como veremos, ele não toma partido — ataca indiscriminadamente conforme a oportunidade, e em geral um lado se aproveita dos sofrimentos do outro. Conforme a indústria agropecuária penetrava os campos do mundo e gerava impérios crescentes, o mosquito foi se tornando o destruidor de mundos. Cronistas dessas sociedades agrárias primitivas na Mesopotâmia, no Egito, na China e na Índia documentaram — por meio de descrições sintomáticas de doenças — a projeção do poder dos mosquitos ao longo da Antiguidade.

Era um mundo acossado por doenças misteriosas e pela morte. No mundo físico e psicológico em que nossos antepassados transitavam, doenças e aflições eram um espectro inexplicável, sobrenatural e aterrorizante. Como o filósofo inglês Thomas Hobbes anunciou em *Leviatã*, seu tratado de 1651, a humanidade "é naturalmente castigada com doenças; a imprudência, com reveses; a injustiça, com a violência de inimigos; o orgulho, com ruína; a covardia, com opressão; e a rebelião, com chacina [...] e, o pior de tudo, medo constante e o perigo de morte violenta. E a vida do homem, solitária, pobre, mesquinha, bruta e curta". Imagine só por um instante: e se essa aparição sombria, ameaçadora, pavorosa e apocalíptica que Hobbes propõe melancolicamente fosse sua realidade cotidiana? O contexto de nossos antepassados, bem como a base para suas interpretações, era um conceito completamente estranho e supersticioso de doença. Eles estavam à deriva em mares desconhecidos, com uma visão de mundo dominada por misticismo, milagres e ira divina.

Os antigos buscavam suas respostas nos elementos terra, água, ar e fogo, enxergando em suas divindades vingativas a causa de doenças, sofrimento e morte. Eles rezavam e ofereciam sacrifícios para esses espíritos implacáveis na esperança de que sanassem suas dores, eliminassem os sintomas que os atormentavam e perdoassem suas faltas. É difícil, talvez impossível, concebermos um mundo desprovido de raciocínio científico, carente de relações concretas de causa e efeito e ignorante quanto à prevenção e ao tratamento da maioria das doenças. "Mas, por enquanto", conclama J. R. McNeill, "precisamos reconhecer como o último século foi atípico para a saúde da humanidade e para a capacidade humana de impor nossa vontade ao restante da biosfera — dentro do possível e não sem consequências imprevistas —, sem deixar de lembrar que nem sempre foi assim."

Sejamos justos: nossos predecessores antigos realizaram, sim, experiências com tratamentos orgânicos, como já vimos, e, com considerável astúcia, chegaram perto de revelar a verdadeira causa de doenças transmitidas por mosquitos. O consenso médico estabelecido, conhecido como teoria miasmática, atribuía a maioria das doenças aos vapores tóxicos, às partículas ou ao simples "ar ruim" que emanava de focos de água parada, brejos e pântanos. O raciocínio chegou extremamente perto de desmascarar o verdadeiro culpado: o mosquito que residia e se multiplicava nesses mesmos corpos de água. Mas, como reza o ditado, não adianta nadar, nadar e morrer na praia. Para entenderem melhor suas moléstias e os mecanismos do mundo biológico que os cercava, nossos antepassados chegaram a documentar os sintomas de várias doenças, incluindo as transmitidas pelos mosquitos.

Entretanto, o trabalho de decifrar as doenças nesse vasto arquivo histórico é gigantesco. Os documentos antigos costumam fazer referência a febres, mas, em função do estado embrionário do conhecimento médico antes da revolucionária teoria dos germes de Louis Pasteur, nos anos 1850, as descrições são vagas, além de pobres em detalhes e, sem dúvida, em elementos causadores. A maioria das enfermidades é acompanhada de febre, entre elas a cólera e a febre tifoide, e ambas eram relativamente genéricas. Por sorte, as doenças propriamente ditas fornecem alguma ajuda na decodificação de pragas e pestilências documentadas em nosso passado.

Os sintomas da filariose e da febre amarela são inconfundíveis e foram reconhecidos amplamente por nossos primeiros escribas. Já a febre produzida pelas malárias é mais complicada de distinguir de outras doenças, embora ela também nos proporcione algumas pistas quanto a seu paradeiro e suas implicações na história. Dos cinco parasitas da malária humana, tanto o letal *falciparum* quanto o novato e raro *knowlesi* começam com um ciclo de 24 horas de calafrios, febre alta e sudorese, o que significa que a febre atinge um ápice uma vez por dia. Antigamente, isso era chamado de febre cotidiana. Esses dois tipos de malária então se juntam às cepas *ovale* e *vivax*, formando um calendário febril de 48 horas, chamado de febre terçã. O *malariae* segue um regime de 72 horas denominado febre quartã.[3] Todos os ataques maláricos também provocam um inchaço visível do baço. Convém apontar isso, pois se o escriba, como o famoso médico grego Hipócrates (ou Galeno, seu sucessor romano), tivesse tido a perspicácia de incluir detalhes sobre o comportamento da febre propriamente dita, então, combinado a outros achados arqueológicos, como esqueletos, o véu do mistério pode ser afastado para revelar a obra do mosquito.

A referência mais antiga a uma doença transmitida por mosquitos remonta a 3200 a.C. Tabuletas sumérias, descobertas no "berço da civilização" entre os rios Tigre e Eufrates, na antiga Mesopotâmia, descrevem claramente febres maláricas atribuídas a Nergal, o deus babilônio do mundo inferior, representado como um inseto que lembra um mosquito. Belzebu (senhor das moscas ou dos insetos), um deus canaanita e filisteu, foi associado ao diabo nas primeiras Escrituras judaico-cristãs. Os demônios malignos dos antigos zoroastristas, adoradores do fogo concentrados na Pérsia e no Cáucaso, eram representados como moscas e mosquitos, assim como Baal, o espírito caldeu da doença. Para sua encarnação ameaçadora do Leviatã, Hobbes se inspirou nas Escrituras judaicas (e cristãs) do Antigo Testamento, nas quais o Leviatã é um monstro marinho que agita as águas do caos e dissemina o mal e

---

[3] Os nomes das febres seguem a prática romana de começar com o dia um, não dia zero. Por exemplo, "terçã" são dois dias, embora represente o número três, se começarmos a contar pelo um, e "quartã", em referência a quatro, significa três para nós.

a desordem. Esse tal Leviatã realmente lembra muito nosso buliçoso mosquito, que vem se refestelando na confusão ao longo de toda a história. Hoje mesmo, a imagem ficcional do diabo cristão, com as asas vermelho-sangue, os chifres pontudos e o rabo irrequieto e pontudo, traz à mente visões que remetem vagamente a um inseto.

Malária — "Eis um cavalo amarelo; e o que estava assentado sobre ele tinha por nome Morte; e o inferno o seguia": Um cartaz chinês de conscientização contra a malária retratando a morte do Cavalo Amarelo do livro do Apocalipse para alertar o público que "Prevenção é matar o mosquito; o assustador mosquito infestado de doença traz o inferno para o planeta Terra e espalha epidemias" (*U.S. National Library of Medicine*).

Em vários trechos do Antigo Testamento, o julgamento divino é representado como pragas de insetos e pestilências letais. Um deus vingativo despeja doenças sobre seus súditos desobedientes ou sobre os inimigos deles, em especial os egípcios e os filisteus. Por exemplo: um dos espólios de guerra após a derrota dos israelitas para os filisteus na Batalha de Ebenézer, por volta de 1130 a.C., foi a Arca da Aliança. Como vingança, os filisteus foram acometidos por aflições devastadoras até que a Arca fosse devolvida aos donos de direito. Enquanto escrevo, revejo na minha cabeça a última cena do filme *Indiana Jones e os Caçadores da Arca Perdida*, de 1981, quando Deus deflagra fantasmagóricos anjos da morte sobre os saqueadores nazistas que abriram a Arca. Dos Quatro Cavaleiros do Apocalipse descritos na Bíblia, o que cavalgava no cavalo amarelo era a Morte, que tinha autoridade para matar "com espada, e com fome, e com peste, e com as feras da terra".

A Bíblia é um dos textos mais estudados e analisados do mundo, e, apesar disso, especialistas de diversas áreas acadêmicas, como a epidemiologia, a teologia, a linguística, a arqueologia e a história, não conseguem identificar com precisão as causas ou as doenças que consomem o Antigo Testamento. O consenso entre os pesquisadores é de que há pelo menos quatro menções à malária ou a pragas de mosquitos, e uma delas é a destruição do exército assírio, sob o comando do rei Senaqueribe, em 701 a.C., rompendo o cerco a Jerusalém. Esse acontecimento depois viria a ser imortalizado pelo estimulante poema de Lord Byron, em 1815.[4] O político e poeta romântico morreu de febre malárica em 1824, quando estava lutando contra o Império Otomano na guerra da independência da Grécia. Pouco antes de morrer, aos 36 anos, Byron admitiu: "Fiquei exposto por tempo demais nessa época de malária."

Mas sabemos que a malária, e talvez a filariose, já estavam bem estabelecidas no Egito e por todo o Oriente Médio durante e após o

---

4 O famoso poema rítmico de Byron, "A destruição de Senaqueribe", é baseado na versão bíblica da batalha.

suposto Êxodo de cerca de 1225 a.C. Com base em gravuras em baixo-relevo esculpidas em templos mortuários egípcios de Tebas, onde hoje é o Vale dos Reis de Luxor, e em descrições posteriores, feitas por persas antigos e por observadores indianos, temos motivo para acreditar que a filariose já devorava a humanidade desde 1500 a.C. Recentemente, foi confirmada a existência de vestígios de malária em ossos de nove mil anos da cidade neolítica de Çatalhöyük, no sul da Turquia, e em esqueletos egípcios e núbios de até 5.200 anos atrás, incluindo o faraó Tutancâmon (rei Tut). A morte por malária *falciparum* do faraó, aos dezoito anos, em 1323 a.C., marcou o começo do declínio do Egito em termos de poder imperial e realizações culturais.[5] Nunca mais o Egito voltaria a ser uma força internacional valorizada.

No Vale dos Reis: o mosquito junto dos hieróglifos no Templo de Ramsés III em Luxor, no Egito. A construção do templo, por volta do ano 1175 a.C., coincidiu com as invasões dos "Povos do Mar" e o colapso dos primeiros microimpérios da Mesopotâmia e do Egito (*Shutterstock Images*).

---

[5] Existe a hipótese de que o rei Tut tenha sido fruto de um relacionamento incestuoso entre irmãos, o que causou diversas deformidades congênitas, incluindo pé torto. Na nobreza do Egito, eram comuns os casamentos entre irmãos e até entre tios e sobrinhos. Cleópatra, por exemplo, partilhou o trono e foi esposa de seus irmãos adolescentes Ptolomeu XIII e Ptolomeu XIV. Dos quinze casamentos da dinastia ptolomaica no Egito, dez foram entre irmão e irmã e dois, com uma sobrinha e uma prima.

A unificação das cidades-Estados do Egito e a expansão agrícola a partir do delta do Nilo começaram em cerca de 3100 a.C. Devido ao isolamento geográfico e ao deserto austero que o cercava, o Egito era uma figura de menor importância na geopolítica mundial. Embora os egípcios tenham invadido as praias orientais do Mediterrâneo, entrando em conflito com Israel e outros povos, eles nunca chegaram a estabelecer uma presença duradoura. De modo geral, a antiga civilização egípcia se desenvolveu à parte dos incessantes embates políticos e militares nos impérios a leste. O Egito essencialmente construiu um império próprio, atingindo o apogeu territorial e cultural durante a era conhecida como Novo Reino, entre 1550 a.C. e 1070 a.C., destacada por alguns dos faraós mais conhecidos, como Akhenaton e sua esposa, Nefertiti, Ramsés II e Tutancâmon. Ao longo dos duzentos anos seguintes, o território, a fortuna e a influência do Egito sofreram sérias reduções. O Egito acabou se tornando um Estado vassalo de uma série de impérios conquistadores, desde os líbios, por volta de 1000 a.C., passando aos persas de Ciro, o Grande, aos gregos de Alexandre e aos romanos de César Augusto.

A malária, ou "febre do pântano", que precede em um milênio a múmia malárica do rei Tut, também é mencionada no papiro egípcio mais antigo com texto sobre medicina, datado de 2200 a.C. Heródoto, o célebre historiador grego do século V a.C., relata que os egípcios combatiam

> os mosquitos, que existiam em grande número, e estes foram os métodos que eles inventaram: as torres são utilizadas por aqueles que habitam as partes mais elevadas dos pântanos, e que nelas sobem e dormem; pois os mosquitos, em função dos ventos, não conseguem voar alto. Mas os que residem perto dos pântanos inventaram outras maneiras além das torres. Cada homem possui uma rede, que usa para pescar peixes durante o dia e, à noite, aplica-a na cama onde ele repousa, cobrindo-a e então enfiando-se por baixo para dormir. Os mosquitos, se ele dormir

envolto em trajes de lã ou linho, picam através do tecido, mas através da rede eles nem tentam.

Heródoto também revela que a principal prática dos egípcios para tratar a febre malárica era tomar banho com urina humana fresca. Como nunca contraí malária, só posso imaginar que os sintomas são tão insuportáveis que, para sentir algum alívio, vale a pena tomar um bom banho com jatos quentes e cintilantes da urina de servos fiéis e atenciosos.

Textos chineses antigos, entre eles o famoso *Princípios de medicina interna do imperador Amarelo* (*Huangdi Neijing*, 400-300 a.C.), citam claramente os estilos de febre das várias formas de malária e abordam o aumento do baço. Acreditava-se que os sintomas da "maior das febres" eram provocados por distúrbios do *chi* (força energética) e desequilíbrios do *yin* e *yang* (o dualismo de sombra e luz do mundo natural), conceitos que George Lucas, o criador e guru de *Star Wars*, parece ter pegado emprestado. Textos de medicina e o folclore chinês representaram a malária com um trio de demônios, em que cada espírito maligno fazia alusão a uma fase do ciclo febril. O demônio dos calafrios era armado com um balde de água gelada, o demônio da febre atiçava uma fogueira e o terceiro, o da transpiração e das intensas dores de cabeça, portava uma marreta.

A força desses demônios maláricos é descrita na lenda de um imperador chinês o qual pediu a seu enviado de maior confiança que pacificasse e governasse uma província distante ao sul. O embaixador agradeceu ao imperador e começou a se preparar para a nova missão. Contudo, quando chegou a hora da viagem, recusou-se a ir, declarando que a jornada resultaria em morte certa para ele, pois a província em questão estava infestada de malária. O embaixador logo foi decapitado pelo soberano furioso.

Sima Qian, considerado o pai da historiografia chinesa por seu *Shiji* [Registros históricos], de cerca de 94 a.C., confirma que, "na região ao sul do Yangtzé, a terra é baixa e o clima, úmido; homens adultos morrem jovens". De fato, na China Antiga, homens que viajavam para o sul, onde a malária era endêmica, providenciavam um novo casamento para as esposas antes de partir. O premiado historiador William H. McNeill revela:

> A dengue, mais uma doença transmitida por mosquitos e bastante parecida com a febre amarela, ainda que não tão letal [...] também afeta áreas no sul da China. Como a malária, a dengue talvez exista desde os primórdios do mundo, aguardando à espreita a chegada de imigrantes de climas mais ao norte [...] essas enfermidades eram muito sérias nos primeiros séculos da expansão chinesa [...] provavelmente estavam entre os maiores obstáculos para o avanço da China rumo ao sul.

Esse fardo desproporcional de doenças afligiu o desenvolvimento econômico do sul da China durante séculos, deixando-o inerte e muito atrasado em comparação com a prosperidade do norte.

A disparidade comercial entre o norte e o sul, causada pela malária endêmica, com futuras e sinistras ramificações, ocorreu também em outros países, como a Itália, a Espanha e os Estados Unidos, e já foi chamada muitas vezes de "Questão Sulista" ou "Problema Sulista". A malária, segundo um político italiano do começo do século XX, "tem gravíssimas consequências sociais. A febre destrói a capacidade para o trabalho, aniquila a energia e deixa as pessoas letárgicas e indiferentes. É, portanto, inevitável que a malária comprometa a produtividade, a riqueza e o bem-estar". Para os americanos, o impacto econômico-geográfico irregular do mosquito acabaria por lançar os Estados Unidos nas circunstâncias extremas da escravidão e da Guerra de Secessão.

Textos indianos de medicina também fazem menção às distintas febres maláricas já em 1500 a.C. O "rei das doenças" era personificado pelo flamejante Takman, um demônio febril que surge dos raios durante a estação das chuvas. Os indianos não só reconheciam que a água tinha alguma relação com os mosquitos, como aparentemente também foram os primeiros a identificar os mosquitos como fonte da malária. Em seu detalhado compêndio de medicina do século VI a.C., o médico indiano Sushruta indicou cinco espécies de mosquito no vale do rio Indo, no norte do país: "A picada deles é tão dolorosa quanto a de uma serpente e provoca doenças [...] seguidas de febre, dores nos membros, arrepios, dor, vômitos, diarreia, sede, calor, inquietação, bocejos, tremedeiras, soluços, sensações de queimação, frio intenso." Ele também faz alusão a um baço inchado, "que infla o lado esquerdo, é duro feito pedra e é curvo como as costas de uma tartaruga". Embora Sushruta desconfiasse que o mosquito fosse um vetor de doenças, foi apenas recentemente que médicos, cientistas e observadores tiveram acesso a dados científicos, de modo que a hipótese dele nunca saiu do campo do teórico. O raciocínio astuto e as observações perspicazes de Sushruta seriam ignorados durante milhares de anos.

A influência e o impacto dos mosquitos transitam sem qualquer controle ou limitação por todo o contínuo espaço-tempo da história. A expansão agrícola dos bantos plantadores de inhame na África, há oito mil anos, foi um elo na corrente do tráfico de africanos escravizados e também levou diretamente à experiência de quase morte de Ryan Clark após um jogo da NFL, em Denver, em 2007. "Não fazemos história", declarou o reverenciado dr. Martin Luther King Jr. "É a história que nos faz." O mosquito agita nossa jornada humana pelo terreno desconhecido e estimula nosso avanço pelo tempo de formas misteriosas, quando não macabras. Ele une momentos históricos separados pela distância, pelas eras e pelo espaço, e que às vezes parecem não ter relação entre si. Seu alcance é vasto e complexo.

Se seguirmos o rastro de nossos bantos plantadores de inhame, é impossível ignorar a influência manipuladora do mosquito ao longo de milênios de história. A última vez que vimos nossos amigos bantos foi há mais ou menos três mil anos, quando, graças à vantagem de seu traço falciforme e das armas de ferro, eles obrigaram os povos khoisan, mandê e san, acossados pela malária, a fugir para a periferia costeira da África Meridional. "A consequência muito mais pesada", defende o antropólogo e celebrado escritor Jared Diamond, "foi que os colonizadores holandeses de 1652 tiveram de lidar apenas com uma população esparsa de pastores khoisan, e não com uma população densa de agricultores bantos armados com aço." Durante a colonização europeia do sul da África iniciada pelos holandeses, que logo foram seguidos pelos ingleses, essas disposições étnicas dos povos africanos, criadas pelo mosquito milhares de anos antes, dariam forma à opressão do *apartheid* e às nações modernas da África do Sul, da Namíbia, de Botswana e do Zimbábue.

Ao chegarem ao Cabo em 1652 com a Companhia das Índias Orientais, os africânderes holandeses enfrentaram uma pequena população fragmentada de khoisan que foi derrotada facilmente por ações militares e doenças europeias. A Europa estabeleceu uma cabeça de praia no Cabo, e as incursões dos africânderes pelo sul do continente ganharam força. Quando eles, e com o tempo também os ingleses, se alastraram para o norte e o leste da colônia no Cabo, encontraram populações de xhosa e zulus, que haviam forjado poderosas sociedades agrícolas e militares, inclusive com armas de aço. Os holandeses e os ingleses precisaram de nove guerras em um período de 175 anos para finalmente dominar os xhosa, em 1879. Falando puramente em termos de tática militar e topografia, os holandeses e ingleses avançaram a um ritmo de cerca de um quilômetro por ano.

Um golpe relativamente sem derramamento de sangue que contou com o apoio da população zulu permitira que Shaka tomasse o trono em 1816. Ele uniu ou incorporou tribos vizinhas, por meio de ataques impiedosos e astúcia diplomática, e instigou amplas reformas culturais, políticas e militares. Armados pela profunda revolução social, industrial e militar de Shaka, os zulus ofereceram forte resistência às incursões britânicas até acabarem derrotados, também em 1879, durante a Guerra Anglo-Zulu.

As estatísticas da malária entre os ingleses durante a Guerra Anglo-Zulu, que ocorreu entre janeiro e julho de 1879, revelam uma trama alternativa. De um contingente de 12.615 soldados ingleses, nesse período de sete meses, 9.510 receberam tratamento para doenças, incluindo 4.311 casos (45%) de malária. Embora a veiculação da malária pelos mosquitos ainda fosse um mistério para a medicina, na época da Guerra Anglo-Zulu os ingleses estavam fortificados pela recente teoria dos germes e, principalmente, por um grande estoque de quinino, um supressor antimalárico. Eu arriscaria dizer que se no início do colonialismo, no século XVII, os zulus e os xhosa tivessem enfrentado os holandeses (e os ingleses) em vez dos povos khoisan, e se os invasores não tivessem contado com a ajuda do quinino, a situação no Cabo teria sido feia para os europeus. "Como é que os brancos conseguiram se estabelecer no Cabo se os primeiros navios holandeses haviam enfrentado tanta resistência?", pergunta Diamond. "Portanto, os problemas da África do Sul atual derivam, pelo menos em parte, de um acidente geográfico [...]. O passado da África produziu uma impressão profunda no presente da África." Esse longo arco histórico, incluindo o *apartheid* e suas consequências duradouras, quer tenha sido por acaso ou projetado, foi originado pelo mosquito, em função da malária e da reação genética — o traço falciforme — criada a partir da expansão agrícola dos bantos.

Nesse caso, a presença do mosquito nas camadas da história realizou uma penetração maior ainda. Esses acontecimentos orquestrados pelo mosquito na África, entre eles o surgimento do traço falciforme, entraram para as páginas da história das Américas pelo tráfico de africanos escravizados e atravessaram os jogadores da NFL atual, como Ryan Clark. O inseto atormentou e deturpou toda a nossa história humana. Quem vê pensa que ele está saciando seus impulsos sádicos e narcisistas à nossa custa.

Por exemplo: dois séculos e meio depois de Sushruta denunciar os mosquitos letais do vale do rio Indo, um jovem rei-guerreiro macedônio sentiria a ira da picada. Esses mosquitos desafiariam a ambição de supremacia global desse rei, matariam sua sede insaciável de poder e destruiriam seus sonhos de conquista.

CAPÍTULO 3

General Anófeles: DE ATENAS A ALEXANDRE

O filósofo ateniense Platão declarou que "as ideias são a origem de todas as coisas". As ideias, as observações e os escritos deixados por Platão e outros pensadores pioneiros da Era de Ouro da Grécia, como Sócrates, Aristóteles, Hipócrates, Sófocles, Aristófanes, Tucídides, Heródoto e tantas outras figuras lendárias, são realmente a fonte de todas as coisas, visto que eles estabeleceram a base eterna e imortal da cultura do Ocidente e da academia moderna. Seus nomes foram gravados permanentemente nas páginas da humanidade. Atendo-nos ao estilo de Sócrates, o "mosquito de Atenas", de usar perguntas para provocar mais perguntas e depois algumas respostas (o que hoje conhecemos como método socrático), como foi que isso aconteceu?[1] Como foi que as ideias de um pequeno número de gregos inovadores, sobretudo atenienses, oriundos de uma área tão pequena e de uma época tão curta, dentro do amplo contexto histórico, acabaram por dominar

---

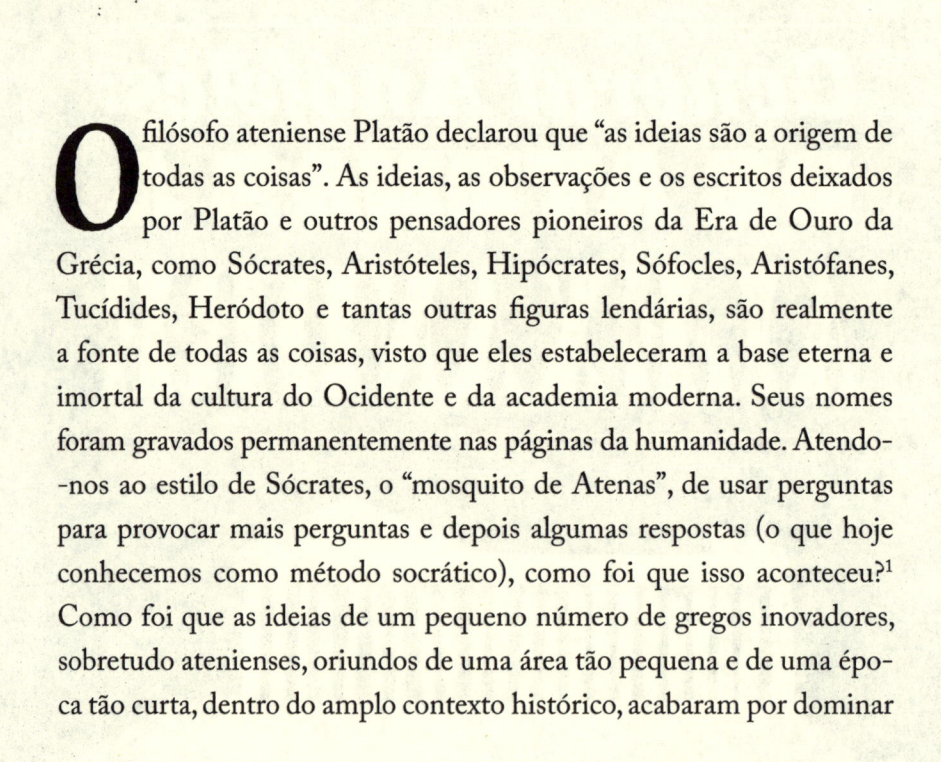

[1] Sócrates, com seus questionamentos persistentes, era tão irritante para a aristocracia de Atenas que recebeu o apelido de *mosquito*. A palavra é usada de forma genérica para se referir a insetos que zumbem e sugam sangue.

a civilização e o pensamento do Ocidente, ou até do planeta inteiro? Passados 2.500 anos, nossa visão de mundo ainda é regida por suas ideias, por seus conceitos; suas obras revolucionárias estão presentes em estantes do mundo inteiro e continuam sendo ensinadas e esmiuçadas em salas de aula e laboratórios de ensino superior. Aristóteles nos deu a resposta quando concluiu que "o único sinal exclusivo de conhecimento profundo é a capacidade de ensinar".

Sócrates foi professor de Platão, que fundou a Academia de Atenas, a primeira instituição genuína de ensino superior. Platão é considerado a figura mais crucial para o desenvolvimento da filosofia e da ciência ocidental. Aristóteles, seu aluno mais famoso, que estudou com seu mentor por vinte anos, deixou sua marca em todas as áreas do conhecimento moderno, como zoologia e biologia — e o estudo dos insetos —, física, música e teatro, além de ciência política e a psicologia coletiva e individual de seres humanos. Aristóteles aliava investigação minuciosa e o método científico ao raciocínio biológico, ao empirismo e à ordem do mundo natural. Em suma, não é à toa que Platão, junto com o professor, Sócrates, e o pupilo, Aristóteles, entre outros gregos da Era de Ouro, ainda seja tão respeitado, estudado e citado hoje em dia.

A tocha do progresso foi passada de Sócrates para Platão e Aristóteles até ir parar nas mãos ambiciosas de um jovem príncipe, nas terras remotas da Macedônia, ao norte de Atenas. Com o tempo, ele impulsionaria e disseminaria a cultura, os livros e as ideias gregas por todo o mundo conhecido, onde essas produções seriam estocadas em bibliotecas magníficas e enriquecidas pela mente, pela literatura e pela inovação de acadêmicos posteriores. O comentário de Platão de que "livros conferem uma alma ao universo, asas à mente, alcance à imaginação e vida a tudo" se aplica diretamente a suas próprias publicações consagradas, como *A república*, e também à vasta coleção de escritos de outros pensadores gregos de seu tempo, incluindo Aristóteles.

Pouco depois da morte de Platão, Aristóteles saiu de Atenas. Ele fora chamado para servir como tutor de um jovem de treze anos que era filho e herdeiro do rei Filipe II da Macedônia. Antes de convocar Aristóteles à corte macedônia, Filipe havia reconhecido o intelecto nato do filho, bem como sua curiosidade e coragem. Quando o príncipe tinha dez anos, um mercador frustrado tinha deixado um imenso cavalo feroz vagar pelas ruas da capital. O animal musculoso, de pelagem negra marcada por uma estrela branca ameaçadora na fronte e com um olho azul penetrante, não aceitava ser montado e rechaçava qualquer tentativa de ser controlado. Apesar do interesse inicial de comprar a criatura magnífica, Filipe retirou a oferta assim que testemunhou a ferocidade do animal. Um cavalo bravio e insubordinado de nada serviria para o rei caolho. O cavalo hostil logo atraiu uma plateia cada vez maior de observadores curiosos e fascinados. O jovem príncipe, vendo o espetáculo de coices do animal, suplicou que o pai comprasse o cavalo. Para grande decepção do filho, Filipe não se comoveu.

Recusando-se a aceitar uma resposta negativa, o jovem herdeiro do trono macedônio livrou-se do manto esvoaçante e se dirigiu com cuidado rumo ao cavalo, que a essa altura já estava histérico e em pânico. Ao chegar perto do animal assustado, o príncipe valente silenciou a multidão barulhenta. Percebendo que o cavalo estava com medo da própria sombra, ele chocou os mudos espectadores ao agarrar as rédeas do animal, que estavam penduradas, e virá-lo na direção do sol para impedi-lo de ver a própria silhueta. Ele havia domado a fera selvagem. "Ó meu filho", decretou Filipe, cheio de orgulho e alegria, "buscai um reino que esteja à vossa altura e seja digno de vós, pois a Macedônia é pequena." Com o tempo, o corcel e fiel companheiro, que o príncipe batizaria de Bucéfalo (cabeça de touro), levaria seu dono por mundos conhecidos e desconhecidos até a Índia, o limite oriental do vasto império do príncipe e um dos maiores reinos da história.

Das cinzas fumegantes das Guerras Médicas e da Guerra do Peloponeso se ergueu uma nova potência, e o jovem prodígio encantador de cavalos o lideraria para além das fronteiras da supremacia, do prestígio e das lendas, preenchendo o vácuo de poder deixado pelo enfraquecimento das cidades-Estados gregas. Ele se transformaria em um deus na Terra e um dos maiores líderes da história da humanidade, com os títulos de Hegemon da Liga Helênica, Xá da Pérsia, Faraó do Egito, Senhor da Ásia e Basileu da Macedônia. Para a história, ele é conhecido simplesmente como Alexandre, o Grande.

Desconsiderando as picuinhas acadêmicas fúteis quanto a motivação e personalidade, é inquestionável a genialidade bruta e natural de Alexandre. Também convém lembrar como ele era jovem e como seu exército era relativamente pequeno, quando Alexandre desafiou Dario III, o imperador da Pérsia, e forjou um dos maiores domínios de todos os tempos.

São poucos os momentos em nosso passado em que as esferas da civilização se alinham perfeitamente para proporcionar um ambiente em que um único indivíduo possa causar uma impressão tão profunda e indelével na humanidade. Esse ambiente foi criado pelas circunstâncias das Guerras Médicas e da Guerra do Peloponeso, que precederam a ascensão meteórica de Alexandre à condição de celebridade conquistadora. Esses conflitos, em conjunto com as doenças transmitidas por mosquitos, provocaram ruína financeira e caos político em um mundo exaurido e arrasado por guerras. Rumo à dominação mundial, o que restava da porta permaneceu aberta pelos destroços, o que facilitou que Alexandre entrasse em cena. "Uma vida inexplorada", proferiu Platão, "não vale ser vivida." Para explorarmos a vida e o legado de Alexandre, precisamos antes recuar para as ações dos mosquitos que criaram o clima para o estabelecimento de sua duradoura marca no mundo moderno. Enquanto a Macedônia ainda era um reduto tribal isolado nas montanhas, a sucessão de fatos da civilização ocidental se concentrava na região da Mesopotâmia e do Egito.

Até 1200 a.C., havia uma estabilidade política e econômica, além de um equilíbrio de poder em toda a região do Oriente Médio. A concentração e a especialização econômica dos diversos microimpérios babilônios, assírios e hititas promoviam o comércio, a paz e a prosperidade em geral. Isso não durou muito. Em um período de cinquenta anos, cada um desses impérios, assim como o Egito, viu-se prostrado por invasões de saqueadores mercenários estrangeiros, grupo composto por povos variados de ilhas mediterrâneas que foram imortalizados pelo mitológico Cavalo de Troia. Esses "Povos do Mar", termo pelo qual eles são conhecidos, bloquearam rotas comerciais e destruíram lavouras e cidades junto com graves períodos de seca, fome, terremotos e tsunamis, lançando a região na "Idade das Trevas da Antiguidade". Esse absoluto colapso cultural, político e econômico foi facilitado pela circulação de uma severa epidemia de malária transmitida pelos mosquitos. Em uma tabuleta de argila cipriota, a causa era clara: "A Mão de Nergal [o diabo-mosquito da Babilônia] agora está na minha terra; ele matou todos os homens da minha terra." Por obra do mosquito, em parte, essas civilizações agrícolas inaugurais da humanidade deixaram para trás apenas relíquias carbonizadas e ruínas destruídas, gerando um vazio de poder.

Dessas cinzas surgiram duas potências rivais — a Grécia e a Pérsia. Essas superpotências antigas e concorrentes estabeleceram as bases da literatura e da arte, da engenharia, da política e da democracia, da arte da guerra, da filosofia e da medicina, bem como de todos os aspectos da civilização ocidental moderna. Em meio aos destroços deixados pelos Povos do Mar, enquanto a maior parte do Oriente Médio jazia imersa nas trevas de um abismo cultural e subdesenvolvido, a leste da Mesopotâmia uma nova potência emergiu discretamente das sombras. O Império Persa de Ciro, o Grande, o maior que já existira até então, abarcou todos os antigos Estados imperiais do Oriente Médio e se estendeu para a Ásia Central, o sul do Cáucaso e os Estados greco-jônicos que se estabeleceram no oeste da Turquia.

Ciro havia fundado o Império Persa em 550 a.C. com uso de diplomacia habilidosa, intimidação benevolente, incursões militares periódicas e, acima de tudo, uma política de direitos humanos que a Organização das Nações Unidas adoraria.[2] Em seu império vicejante e próspero,

---

[2] Como está registrado no Cilindro de Ciro, ele declarou a restauração de templos e edificações culturais e a repatriação de povos exilados às suas terras de origem, entre eles os judeus, que ele libertou dos babilônios conforme descrito no *Livro de Esdras*. Ele é mencionado 23 vezes na Bíblia e é o único personagem não judeu a ser chamado de messias.

Ciro promovia o diálogo e o intercâmbio cultural, tecnológico e religioso, além de estimular inovações artísticas, científicas e de engenharia. A expansão do poder persa sob o comando de Ciro e seus herdeiros — Dario I e Xerxes, que estendeu as fronteiras do império para incluir o Egito, o Sudão e o leste da Líbia — levou a um confronto lendário com outra potência jovem: a Grécia. Em 440 a.C., o escritor grego Heródoto, considerado "pai da história", escreveu que Ciro uniu "todas as nações, sem exceção". No entanto, a exceção era a própria Grécia.

Nessa época, a unidade "Grécia" que costumamos imaginar não existia. Era uma mistura de cidades-Estados em conflito e guerras, e as coalizões de Esparta e Atenas eram as duas principais forças em disputa pela supremacia militar e econômica. Na verdade, os Jogos Olímpicos, criados na Grécia em 776 a.C., foram uma proposta de paz pensada para simular a guerra em forma de façanhas atléticas e habilidades de combate, como a luta corpo a corpo, o boxe, o lançamento de dardo e de disco, a corrida, os esportes equestres e o pancrácio — que significa "todo poder e força" (uma forma primitiva de artes marciais mistas, como no UFC, em que só era proibido morder ou furar os olhos do adversário). Embora a intenção por trás dos Jogos Olímpicos fosse promover a paz, as cidades-Estados gregas, mutuamente hostis e conflituosas, foram envolvidas em um confronto de vida ou morte contra os persas, instigadas pelos irmãos jônicos que se rebelaram contra a dominação persa.

Com apoio da cidade-Estado democrática de Atenas, em 499 a.C., os greco-jônicos se revoltaram contra o regime de Dario I, imperador da Pérsia, governante de mais de cinquenta milhões de pessoas, quase metade da população global. Dario logo reprimiu a revolta, mas jurou castigar Atenas pela insolência. Além dos efeitos punitivos da

---

Para aumentar a lenda e o currículo impressionante, Ciro morreu em batalha nas estepes do Cazaquistão em 530 a.C. Seu corpo foi levado de volta para sua adorada capital e sepultado em uma tumba modesta de pedra calcária, devidamente preservada e reconhecida pela ONU como Patrimônio Mundial da Humanidade. Ciro é considerado um dos líderes mais importantes e ilustres da história, de tal maneira que é mesmo digno do epíteto "o Grande".

retaliação, a conquista da Grécia consolidaria o poder persa na região e garantiria o controle absoluto do comércio no Mediterrâneo. Sete anos depois, a invasão total que Dario lançou contra a Grécia — o último vestígio soberano no mundo ocidental conhecido — deflagrou as Guerras Médicas.

O exército persa atravessou o estreito de Dardanelos, entre a Ásia e a Europa, e marchou rumo à Trácia e à Macedônia, cobrando lealdade das populações locais no caminho. Seguindo para o sul, rumo a Atenas, a campanha vingativa de Dario logo resultou em desastre. Aproximando-se dos acessos à cidade, a frota naval dos persas foi destruída por uma tempestade violenta, e as forças terrestres recuaram após sofrerem uma devastação pelo que historiadores acreditam ter sido uma combinação letal de disenteria, febre tifoide e malária.

Dois anos depois, em 490 a.C., Dario lançou uma segunda campanha, evitando a árdua rota terrestre do norte com uma investida anfíbia de 26 mil soldados, em Maratona, a cerca de 42 quilômetros ao norte de Atenas. Com metade do contingente, os atenienses, amadores, mas fortemente armados e com armaduras de bronze, deixaram os persas confinados dentro de acampamentos em áreas baixas e pantanosas. Em uma semana, a mesma combinação tóxica de doenças, citada anteriormente, reduziu as forças persas. Devido à posição da frota persa, da área de desembarque dos soldados de Dario e da disposição dos defensores atenienses, teria sido impossível para eles se abrigarem nos pântanos ou nos arredores. O terreno e o posicionamento dos atenienses tornaram necessária a batalha. Após uma vitória decisiva de Atenas, os persas, abatidos por enfermidades, recuaram e zarparam para atacar a própria Atenas. Heródoto registra que havia 6.400 cadáveres persas espalhados pelo campo de batalha, e que uma quantidade desconhecida tombou nos pântanos da região. Logo foram enviados mensageiros de Maratona para percorrer os 42 quilômetros até Atenas e alertar a cidade quanto ao ataque iminente dos persas.

A lenda de Fidípides, o mensageiro ateniense que correu até Atenas e é celebrado pelo esporte moderno da maratona, não aconteceu. Esse mito é uma versão embolada e confusa de duas verdades. Em um dia e meio, Fidípides de fato percorreu a distância de mais de 225 quilômetros, entre Maratona e Esparta, para pedir ajuda antes da batalha. Embora o relacionamento de Esparta e Atenas não tivesse nada de cordial, os espartanos, como diz Heródoto, foram "comovidos pelo apelo e estavam dispostos a enviar ajuda a Atenas". Se Atenas caísse e se rendesse ao poder da Pérsia, Esparta certamente sofreria a mesma sina. Melhor o mal já conhecido. No entanto, os dois mil espartanos chegaram um dia depois da batalha, meros turistas, a tempo de contemplar os corpos de cerca de 6.500 persas e 1.500 atenienses. Logo após a vitória em Maratona, o exército ateniense marchou de volta para a cidade e conseguiu impedir o desembarque persa. Sentindo que haviam perdido a oportunidade, além de estarem desmoralizados pela derrota e pela malária, os soldados persas foram para casa. Mas eles voltariam, sob as ordens de um novo imperador: Xerxes, filho e herdeiro de Dario.

Decidido a vingar o pai, em 480 a.C., Xerxes liderou pessoalmente uma inédita e preocupante força naval e terrestre que somava um total de quatrocentos mil homens. Para enfrentar a assustadora invasão persa, as cidades-Estados gregas rivais, sob a liderança de Atenas e Esparta, deixaram de lado suas diferenças para novamente reunir uma defesa aliada com cerca de 125 mil homens. Depois de marchar Europa adentro com engenhosas pontes flutuantes sobre o Helesponto (Dardanelos), os persas foram barrados, no passo das Termópilas, por uma força grega extremamente inferior. Os 1.500 gregos que restaram, incluindo trezentos espartanos liderados pelo rei Leônidas, lutaram até a morte para conter, ainda que por pouco tempo, o avanço dos persas. Embora a importância militar da Batalha das Termópilas tenha sido alvo de exagero e sensacionalismo, o atraso que Leônidas e seus companheiros impuseram nesse desfiladeiro permitiu que a coluna principal dos gregos recuasse para Atenas. Com esse esforço desesperado, nasceu a lenda dos trezentos, que depois foi inflada a ponto de se tornar irreconhecível, um processo cujo epítome é a historicamente imprecisa série de filmes *300*.

Quando a marinha grega recebeu a notícia das Termópilas, a frota se afastou dos navios persas depois de apenas dois dias de confronto. Enquanto os persas marchavam sem resistência rumo a Atenas, os cidadãos e o exército dos gregos em fuga foram evacuados pela frota em retirada para a ilha de Salamina. Ao entrar na cidade cobiçada e encontrá-la vazia, Xerxes agiu de forma impulsiva e incendiou Atenas. Ele imediatamente se arrependeu da decisão, pois não era coerente com a tradição persa de tolerância e respeito, promovida por Ciro e Dario I. Ao se dar conta do erro, ele várias vezes ofereceu ajuda para reconstruir a cidade, mas já era tarde demais para gestos de remorso. Os atenienses já haviam fugido, e a oportunidade de negociação e reconciliação tinha virado fumaça. Agora era guerra total. Furioso com a insolência dos atenienses, em setembro de 480 a.C., Xerxes deu ordem para que sua marinha destruísse a frota da coalizão em Salamina. Ali, a frota persa caiu em uma armadilha genial concebida pelo general ateniense Temístocles.

Após atrair para um pequeno estreito as embarcações persas, que eram mais numerosas, porém menos robustas, os imponentes trirremes gregos logo bloquearam as duas extremidades. Nesse espaço apertado, as embarcações persas ficaram estagnadas, inavegáveis e desorganizadas. A marinha grega, mais pesada, atravessou a frota persa feito um aríete e conquistou uma vitória decisiva. Sem se abalar pela derrota, o contrariado Xerxes continuou sua campanha para conquistar a Grécia e subjugar a aliança. Mas os persas é que acabariam prostrados e disciplinados por um acréscimo tardio à coalizão grega — as colunas voadoras de mosquitos.

As forças terrestres dos persas foram obrigadas a atravessar um terreno pantanoso e se dispersar, cercando diversos povoados gregos rodeados por brejos intratáveis. Enquanto o exército persa invadia seus domínios, o mosquito logo anunciou sua presença aos desafortunados e ignorantes soldados estrangeiros. As fileiras dos persas foram imediatamente tomadas pela malária e pela disenteria, a tal ponto que as baixas superaram a faixa dos 40%. Esse espantalho capenga que era o contingente persa foi destruído na Batalha de Plateias, em agosto de 479 a.C., o que na prática anulou quaisquer intenções futuras da Pérsia em relação à Grécia. Salamina e Plateias representaram um divisor de águas nas Guerras Médicas. Com a ajuda do general Anófeles, essas vitórias decisivas deslocaram o equilíbrio de poder e o centro da civilização na direção oeste, para a Grécia. Xerxes e os persas, em retirada, perderam a iniciativa e o embalo, que ficariam permanentemente nas mãos dos gregos. Com o enfraquecimento do Império Persa e a dissipação de sua influência na região, a subsequente Era de Ouro da Grécia seria a matéria-prima da sociedade ocidental moderna.

No entanto, restava ainda a questão persistente da hegemonia na própria Grécia. A ameaça persa havia proporcionado apenas uma pausa temporária nas hostilidades não resolvidas entre Atenas e Esparta, que chegaram às vias de fato na Guerra do Peloponeso, estendendo-se de forma intermitente entre 460 a.C. e 404 a.C. *Lisístrata*, a comédia satírica e de teor sexual de Aristófanes, que estreou em 410 a.C., no auge da guerra e após a desastrosa derrota de Atenas (em função dos mosquitos) dois anos antes na Sicília, representa o desproposital banho de sangue que inundou a Grécia e outras áreas. Lisístrata, o pilantra ateniense que dá título à peça, parte em uma missão para convencer as mulheres das cidades-Estados em guerra a não apenas fazerem greve de sexo, mas também a privarem seus maridos e amantes de prazeres e privilégios, a fim de estabelecer a paz e dar fim ao conflito brutal, bem como aos massacres catastróficos. Todavia, a carnificina da Guerra do Peloponeso não seria remediada ou pacificada com uma peça, nem mesmo uma tão genial, relevante e imortal quanto *Lisístrata*.

Ironicamente, a própria peça de Aristófanes demonstrou que o período coincidia com uma onda de avanços acadêmicos forjados por homens cujos nomes hoje são elementares e conhecidos por crianças em idade escolar no mundo todo. Apesar desse estado de guerra constante, ou talvez por causa disso, os gregos do século V a.C., principalmente os de Atenas, criaram suas inovações mais célebres em arquitetura, ciência, filosofia, teatro e outras artes. Sócrates, Platão e Tucídides, por exemplo, foram todos combatentes na Guerra do Peloponeso.

Mas nem tudo eram flores. Epidemias de malária debilitaram e dessangraram a população grega, comprometeram o poderio militar, erodiram a influência econômica e, com o tempo, interromperam o domínio da Grécia como coração da civilização ocidental. O poeta grego Homero menciona a malária na *Ilíada* (750 a.C.) ao descrever a estação do outono: "Pois para os míseros homens é causa constante de febres." Vários nomes na lista de figurões da Era de Ouro grega, incluindo Sófocles, Aristófanes, Heródoto, Tucídides, Platão e Aristóteles, forneceram descrições exemplares da malária. "E nos transformamos em fossas vivas", observou Platão, "e inspiramos médicos a inventar nomes para nossas doenças." O famoso médico grego Hipócrates (460-370 a.C.), por exemplo, comparou a temporada letal de malária, entre o verão e o início do outono, ao aparecimento de Sírio, a Estrela Canícula, um período de doenças que ele apelidou de "dias de cão".

Hipócrates, também conhecido como pai da medicina ocidental, fez questão de distinguir a malária de outros tipos de febre. Ele descreveu em detalhes minuciosos o inchaço do baço e os ciclos febris, as faixas de tempo e a severidade das diferentes infecções maláricas "terçãs, quartãs e cotidianas", chegando inclusive a apontar quais variedades tendiam a fazer com que os enfermos apresentassem recaídas. Hipócrates reconheceu que a malária era a "pior, mais duradoura e dolorosa de todas as doenças em ocorrência", acrescentando que "as febres que atacam são do tipo mais agudo quando a terra é encharcada por ocasião das chuvas de primavera". Ele foi o primeiro malariologista do mundo, já que ninguém antes — nem durante séculos depois — diagnosticou, estudou e registrou com tamanho empenho e método os sintomas da malária.

Hipócrates retirou a medicina da alçada da religião, afirmando que as doenças não eram castigos impostos pelos deuses, mas resultado de fatores ambientais ou disparidades internas do próprio corpo humano. Esse foi um deslocamento monumental e inédito no equilíbrio entre o mundo sobrenatural e o natural. Hipócrates defendia que o melhor remédio era a prevenção, não a cura. Benjamin Franklin depois parafrasearia esse aforismo, insistindo que "um grama de prevenção vale um quilo de cura", ainda que o comentário se referisse aos riscos de incêndio na Filadélfia do período colonial e não a doenças transmitidas (ou não) por mosquitos. Hipócrates destacava também a importância da observação e da documentação clínica, durante as quais ele diagnosticou e registrou corretamente várias doenças, incluindo a malária. Seu juramento de "[aplicar] os regimes para o bem do doente segundo o meu poder e entendimento, nunca para causar dano ou mal a alguém" é seguido por médicos até hoje, junto com sua ressalva de zelar pelo sigilo profissional entre médico e paciente.

Na tradição miasmática da escola de medicina de Hipócrates, observadores, escritores e profissionais da saúde até o fim do século XIX acreditavam que doenças, inclusive a malária, eram causadas por detritos degradados e gases venenosos que emanavam de pântanos, brejos e terras úmidas estanques, inspirando o nome "malária" — literalmente "ar ruim", em italiano —, destoando do comentário de Platão de que "certamente eles dão nomes muito estranhos a doenças". Hipócrates e seus predecessores chegaram extremamente perto da origem, pois associaram a malária à água parada, mas não aos mosquitos que se reproduziam nela. Por exemplo, Empédocles, contemporâneo de Hipócrates e autor do paradigma dos quatro elementos — terra, água, ar e fogo —, desviou o curso de dois rios próximos à cidade siciliana de Selinus, com seu próprio dinheiro, para eliminar os "fétidos" pântanos da região que estavam "matando pessoas e provocando abortos espontâneos". A efígie dele foi gravada em uma moeda para que os habitantes pudessem constantemente se lembrar de seus esforços humanitários milagrosos e salvadores. Já o mosquito continuou anônimo.

Embora Hipócrates estivesse enganado ao pensar que a causa das doenças era um desequilíbrio dos quatro humores — bile negra, bile amarela, fleuma e sangue —, suas descrições vívidas da malária fornecem um panorama da proliferação desenfreada das doenças durante a Guerra do Peloponeso e o tamanho da influência determinante que elas tiveram nos rumos do conflito. Como afirma o biólogo R. S. Bray, a malária transmitida por mosquitos "certamente agravou as consequências da Guerra do Peloponeso". Na verdade, ela as definiu. O dr. J. L. Cloudsley-Thompson, professor de zoologia, foi além e reconheceu que "Hipócrates conhecia bem a malária: essa doença insidiosa viria a corroer e derruir as antigas civilizações da Grécia e de Roma". Para essas duas superpotências, o mosquito era uma força letal tão habilidosa e competente quanto qualquer soldado. Nas batalhas que forjaram impérios, ele definiu o resultado de combates e campanhas durante a ascensão e a queda tanto da Grécia quanto de Roma.

Enquanto Hipócrates registrava rigorosamente os muitos aspectos da malária e observava a inter-relação entre o mundo natural, as doenças e o corpo humano, degringolava o relacionamento de Esparta e Atenas, terra que o acolhera. Sentindo a iminência das hostilidades, em 431 a.C. Esparta começou a Guerra do Peloponeso, com um ataque preventivo contra Atenas, na esperança de obter uma vitória rápida antes que os atenienses, dominantes, pudessem convocar seus aliados. Péricles, o estrategista ateniense, recomendou um plano duplo para derrotar Esparta. Primeiro, seria necessário prolongar o conflito evitando grandes batalhas de infantaria e preferindo enfrentamentos menores de retaguarda, para permitir uma retirada em ordem para a cidade fortificada de Atenas. Péricles tinha certeza de que os estoques e recursos superiores de Atenas, assim como sua capacidade de resistir a um cerco, venceriam uma guerra por terra. A segunda parte do plano levava em consideração o fato de que a supremacia naval dos atenienses garantiria o domínio inconteste dos mares. Com incursões em portos e cidades mercantis costeiras de Esparta e aliados, os atenienses restringiriam a circulação de recursos e os forçariam a se render. A genialidade de Péricles teria salvado o dia, não fosse a intervenção da doença.

Quando a vitória estava ao alcance dos dedos de Atenas, uma epidemia devastadora, conhecida como Praga de Atenas, se abateu sobre a cidade em 430 a.C., e uma das primeiras vítimas foi o célebre general. A pestilência desintegrou a coesão e as bases não só das forças armadas da cidade, como também da sociedade ateniense. Ela causou um impacto tão forte que inviabilizou qualquer preservação imediata do *status quo* social, religioso e cultural de antes da guerra. A epidemia se originou na Etiópia e passou pelos portos marítimos da Líbia e do Egito antes de ser transportada ao norte pelo Mediterrâneo, por marinheiros infectados, e entrar na Grécia pelo porto ateniense de Pireus. Atenas era um santuário que abrigava mais de duzentos mil refugiados e seus animais, o que agravou ainda mais a superpopulação da cidade. Esse excesso de gente dentro das muralhas, somado às péssimas condições de higiene e a escassez de recursos, água limpa e abastecimento, era um convite para doenças letais.

Em três anos, a doença misteriosa havia matado mais de cem mil pessoas, isto é, cerca de 35% da população ateniense. Vulnerável e imersa em uma anarquia social e militar, Atenas poderia ter sido um alvo fácil para a vitória de Esparta. Contudo, o terror provocado pela peste misteriosa era tão persistente que Esparta desistiu do cerco. A Praga de Atenas foi uma rara epidemia unilateral, pois os espartanos escaparam relativamente ilesos. De uma perspectiva militar, a Praga de Atenas equilibrou os lados da guerra, mas não deixou ninguém mais perto da vitória. Com o tempo, em 421 a.C., como resultado dessa pestilência calamitosa e enigmática, e após anos de atrito e exaustão mútua, uma paz instável foi firmada.

Já se despejou mais tinta e suor acadêmico em textos sobre a natureza da Praga de Atenas do que sangue nas batalhas da Guerra do Peloponeso. O interminável debate cíclico sobre a causalidade é surpreendente, visto que a descrição em primeira mão do renomado historiador ateniense Tucídides é extremamente minuciosa. Seu relato escrito sobre a Guerra do Peloponeso, em que menciona a Praga de Atenas, à qual ele sobreviveu, é um marco para a história imparcial, metodologicamente científica, e a teoria das relações internacionais. Eram inovadores e revolucionários os métodos de pesquisa, a análise de causa e efeito, o reconhecimento da estratégia e da influência de iniciativas individuais. Seu texto continua sendo estudado e destrinçado em universidades e institutos militares do mundo inteiro. Nos meus tempos de jovem oficial do Exército, na Royal Military College do Canadá, Tucídides fazia parte da bibliografia obrigatória.

Sua esplêndida descrição sintomática da doença, longa demais para ser reproduzida aqui, é tão abrangente que chega a ser problemática. Os sintomas remetem a todas as doenças famosas, mas a nenhuma de modo tão perfeito que permita descartar outras. Historiadores e especialistas em medicina vêm trocando farpas e argumentos há séculos, depositando a responsabilidade pela praga em mais de trinta patógenos diferentes. As considerações iniciais de peste bubônica, escarlatina, antraz, sarampo ou varíola foram refutadas amplamente. Embora a febre tifoide ainda seja uma candidata, os principais concorrentes ao título dessa carnificina são o tifo, a malária e alguma forma de febre hemorrágica viral, transmitida por mosquitos, semelhante à febre amarela.

Considerando os numerosos sintomas listados por Tucídides, também poderia ser uma combinação letal dessas três doenças, potencializada pelas péssimas condições sanitárias e pela superpopulação na cidade sitiada de Atenas. O dr. Hans Zinsser, médico e biólogo de Harvard, ressalta que a maioria das epidemias históricas é exacerbada por outras doenças complementares:

> Soldados raramente venceram guerras. É mais comum eles fazerem a faxina depois da rajada de epidemias. [...] É muito raro que aconteça uma epidemia pura de uma enfermidade só. Não é improvável que a descrição de Tucídides tenha se confundido com o fato de que havia algumas epidemias circulando em Atenas na época da grande praga. As condições eram ideais para isso. [...] A Praga de Atenas, o que quer que tenha sido, exerceu um efeito profundo em acontecimentos históricos.

Uma Atenas rejuvenescida rompeu o armistício em 415 a.C., lançando a campanha militar mais vasta e custosa da história da Grécia, instigando Aristófanes a escrever *Lisístrata*, sua peça de protesto contra a guerra. Sentindo-se obrigados a auxiliar os aliados na Sicília, os atenienses saíram ao mar para destruir Siracusa, aliada de Esparta. Ao desembarcar, a força ateniense fraquejou sob uma liderança irregular e definhou em acampamentos pantanosos infestados de mosquitos, nos arredores de Siracusa. Alguns historiadores levantaram a hipótese de que os defensores atraíram e conduziram deliberadamente os atenienses para os pântanos contaminados, submetendo-os a uma espécie de guerra biológica. Tendo em vista a corrente teoria miasmática de que a água parada e os brejos provocavam doenças, parece provável que essa estratégia tenha sido empregada por todo o mundo antigo.

O exército ateniense em Siracusa foi comprometido pela malária. Conforme o cerco de dois anos se arrastava, a malária matou ou incapacitou mais de 70% do contingente total. Os atenienses desmoronaram com uma derrota catastrófica em 413 a.C. A expedição à Sicília foi um desastre absoluto. Todos os quarenta mil soldados atenienses sucumbiram a doenças, morreram em combate ou foram capturados ou vendidos como escravizados. A marinha ateniense ficou em frangalhos. O Tesouro ateniense foi exaurido. Os mosquitos e a inépcia militar provocaram um dos maiores fracassos bélicos da história, com reflexos em todo o mundo.

A liderança democrática de Atenas foi deposta e substituída por uma oligarquia, e em 404 a.C. Atenas se rendeu à ocupação espartana sob o jugo draconiano de um governo fantoche conhecido como os Trinta Tiranos. O sonho de Atenas e sua democracia morreram com a execução-suicídio do pensador luminar Sócrates, em 399 a.C. Contudo, assim como Atenas, Esparta também se encontrava em frangalhos na esfera econômica e militar. Os 56 anos de guerra intermitente haviam empobrecido, exaurido e enfraquecido Atenas e Esparta, bem como os aliados menores — Corinto, Élida, Delfos e Tebas. Além disso, a guerra demoliu tabus religiosos, culturais e sociais. Vastas porções de área rural e cidades inteiras haviam sido saqueadas e destruídas, e populações foram assoladas pelos conflitos e por doenças.

A desintegração e o colapso foram reforçados pela malária endêmica em todo o sul da Grécia. A doença esvaiu continuamente a saúde, a vitalidade e a população grega. Consequentemente, plantações, currais, minas e portos ficaram vazios, abandonados, desertos. A malária atacou a fertilidade ao acometer mulheres grávidas e crianças pequenas, deixando populações inteiras em situação crítica. A malária endêmica foi acompanhada de abortos espontâneos e bebês natimortos. Crianças com sistema imunológico subdesenvolvido eram alvo fácil para o predador parasita. Como as febres maláricas podiam chegar a 41 graus, elas ferviam o esperma, comprometendo a fertilidade masculina. Platão lamentou que "o que agora resta em comparação com o que existia antes é como o esqueleto de um homem enfermo". A Guerra do Peloponeso e o general Anófeles deram um fim abrupto e cortante à Era de Ouro da Grécia. Contudo, toda perda está associada a um ganho. Nesse caso, o grande vencedor foi o relativamente ileso e isolado reino da Macedônia.

O rei Filipe II, pai do jovem Alexandre, começou a treinar e a organizar um formidável exército macedônio, enquanto o filho adolescente se concentrava nos ensinamentos de Aristóteles. A forma inovadora do rei de usar como manobra de guerra tanto a cavalaria pesada quanto a leve, bem como a infantaria, além de alterar armas que já existiam, produziu uma força com grande capacidade de deslocamento e de ataques rápidos. Essas inovações, formações e táticas militares depois seriam adaptadas e reformuladas por Alexandre. Embora os macedônios se considerassem gregos, os gregos do sul da Grécia os tinham como bárbaros imorais e bêbados incivilizados. Fatos históricos e descobertas arqueológicas dão corpo à noção de que a aristocracia macedônia nutria uma preferência robusta por álcool e era boa de copo. A ascensão da Macedônia à condição de superpotência do mundo antigo é considerada uma das grandes surpresas da Antiguidade. Contudo, levando-se em conta o martírio econômico e social dos vizinhos ao sul, afligidos pelos mosquitos, não foi nenhum acidente.

Enquanto as cidades-Estados gregas ainda sofriam com a devastação da Guerra do Peloponeso, durante a década de 340 a.C., o rei Filipe II convenceu a maior parte do norte e do centro da Grécia a formar uma aliança antes de partir para a ofensiva. E enquanto o pai estava longe por conta da guerra, coube a Alexandre, o herdeiro aparente, atuar como regente aos dezesseis anos. Quando a Trácia se rebelou contra o domínio macedônio, Alexandre reuniu um pequeno exército de remanescentes e descartados e logo arrasou a rebelião em uma ocasião que alcançou grande notoriedade entre seus pares e súditos. A habilidade militar e a reputação de Alexandre continuaram crescendo à medida que ele reprimia outras rebeliões no sul da Trácia e no norte da Grécia. Para resistir à ofensiva no sul da Macedônia, em 338 a.C., Atenas e Tebas formaram uma coalizão de defesa que Filipe e Alexandre, cujas forças flanquearam o exército grego e foram as primeiras a romper as fileiras inimigas, derrotaram sumariamente na Batalha de Queroneia. Jamais as cidades-Estados da Grécia voltariam a atuar como agentes independentes no cenário internacional.

Alexandre não demorou para se estabelecer como um líder decisivo e admirável, que lutava na linha de frente e inspirava lealdade, coragem e devoção. Por sua autoridade, além do fato de conseguir formar um vínculo direto com suas tropas, ele era o arquétipo do comandante militar moderno, em todas as facetas do pensamento e da implementação de estratégias e táticas. Comia e dormia junto com os soldados e priorizava o tratamento dos feridos e seus familiares. Lutando ao lado do pai, Alexandre adquiriu treinamento, confiança e impulso inestimáveis. O jovem príncipe possuía apetite, intelecto e competência para a guerra, e sua ascensão súbita e surpreendente ao trono da Macedônia era iminente.

Após unir a Grécia sob seu poder, exceto por uma Esparta recalcitrante, porém fraca e quase sem relevância, a quem Alexandre apelidou de "ratos", o ansioso Filipe temia que, sem uma missão, seu exército fortalecido, mas também entediado e ocioso, poderia sucumbir à rebelião e ao caos. Astuto, ele desenterrou um antigo arqui-inimigo para oferecer a todos os gregos uma causa em comum. Declarou que era hora de uma Grécia unida marchar contra a Pérsia. Porém, Filipe não estaria à frente da invasão. Em 336 a.C., Filipe foi morto por um de seus guarda-costas pessoais. Lendas e folclore conceberam a conspiração de que Alexandre e a mãe, Olímpia, tramaram o astuto assassinato. Embora seja uma trama mais instigante, a verdade é que o crime provavelmente foi motivado por um caso isolado de insatisfação. Assim, de forma inesperada, aos vinte anos, Alexandre assumiu o trono e se preparou para elevar a visão de conquista do pai assassinado a patamares inconcebíveis.

Sem hesitar, Alexandre demonstrou sua força e deu início às suas conquistas, erigindo sua lenda nesse processo. Como a maioria dos líderes novos, seu primeiro gesto foi eliminar rivais e opositores. Quando Tebas se rebelou, por exemplo, Alexandre destruiu a cidade desleal. Depois de estabelecer sua autoridade doméstica e as fronteiras balcânicas, ele retomou a campanha coletiva do pai de atacar a Pérsia de Dario III. Em 334 a.C., Alexandre reuniu um exército de não mais que quarenta mil soldados macedônios e gregos, atravessou o Helesponto e marchou rumo à Pérsia.

Enfrentando uma força três vezes mais numerosa, Alexandre derrotou os exércitos de Dario III em Grânico e Isso. Após uma breve pausa devido a um acesso desagradável de malária, Alexandre conquistou rapidamente a região onde hoje ficam a Síria, a Jordânia, o Líbano, e Israel/Palestina. Foi declarado deus pelos egípcios, que o consideravam um libertador contra o jugo dos persas. Alexandre então levou seu exército para dentro da nação persa. Embora continuasse em desvantagem numérica, ele impôs uma derrota decisiva contra Dario, em 331 a.C., em Gaugamela, assumindo o controle da maior parte do Império Persa.

Com pouca motivação para persistir, o exército persa se rebelou contra Dario, que foi assassinado pouco após a derrota em Gaugamela. Durante suas conquistas, Alexandre emulava Ciro, o Grande, seu herói: promovia intercâmbios culturais, tecnológicos e religiosos, estimulava as artes, a engenharia e os embates científicos. Com o tempo, veio a adquirir o mesmo epíteto de seu "Grande" ídolo. Como Ciro, Alexandre não submeteu as terras conquistadas a um governo autoritário. Ele preservou os sistemas administrativos e as culturas locais, construiu infraestrutura e 24 cidades (incluindo Alexandria, Kandahar, Herat e Iskenderun), concedeu terras e fez com que seus próprios líderes militares e políticos se casassem com a população local. Alexandre se casou com a filha do vencido Dario.

Fazia apenas três anos desde que Alexandre saíra da Macedônia, e ele continuava invicto: onze vitórias e nenhuma derrota em batalhas. Ele seguiu para leste, adentrando territórios até então desconhecidos, como o Turcomenistão, o Uzbequistão, o Tadjiquistão, o Afeganistão e, do outro lado do passo Khyber, transpondo a hostil cordilheira Hindu Kush, o Paquistão e a Índia. A essa altura, seu exército vinha combatendo sem perder (dezessete vitórias) por oito anos. Mas ele continuava irrequieto. Impulsionado e inspirado por um ego obsessivo, Alexandre estava determinado a perseguir e conquistar "os confins do mundo e o Grande Mar Exterior".

A investida de Alexandre contra a Ásia começou na primavera de 326 a.C., com setenta dias de marcha sob as monções ao longo do sistema hídrico do rio Indo. Seus homens, cansados e sofridos, dominaram o Punjab em maio, após derrotar, na Batalha de Hidaspes, o rei Poro e seu exército de *pauravas* e elefantes de guerra. Após chorar a morte natural do velho amigo e leal corcel Bucéfalo (em cuja homenagem ele batizou uma cidade no Paquistão), Alexandre parou com suas tropas no rio Beás. Pouco depois, Coeno, seu general mais competente e confiável, avisou que os soldados "desejavam rever seus pais, suas mulheres e filhos, sua pátria" e se recusavam a avançar mais. Às margens do rio Beás, a campanha de Alexandre na Índia foi interrompida, marcando o limite oriental de suas conquistas e seu império.

Embora essa ocorrência costume ser descrita de forma sensacionalista como um "motim", não houve rebelião de fato. Quando Coeno transmitiu a mensagem de que os soldados queriam voltar para oeste, não parece que Alexandre tenha oferecido muita resistência. O suposto motim, ou mais propriamente o típico e habitual desabafo de soldados a seus superiores na hierarquia, foi apenas um dos vários fatores que determinaram a decisão de Alexandre. Seu exército estava exausto; as linhas de abastecimento, sobrecarregadas; e as vitórias, cada vez mais difíceis de serem conquistadas. O contingente estava dependendo mais de inclusões estrangeiras e mercenários do que de macedônios e gregos. Os alvos seguintes eram os poderosos reinos de Nanda e Gangaridai; a vitória não era certa. As forças de Nanda, que aguardavam a infantaria de quarenta mil soldados e a cavalaria de sete mil unidades de Alexandre, eram compostas de um total de 280 mil homens de infantaria e cavalaria, mais oito mil bigas e seis mil elefantes de guerra (que assustavam os cavalos gregos). Mas esse também não era o único inimigo que eles enfrentavam.

Ao longo do vale do rio Indo, as forças de Alexandre se viram diante de mosquitos letais e suas "doenças [...] seguidas de febre" identificadas dois séculos antes pelo médico indiano Sushruta. Após viajar e acampar em meio a pântanos e rios, entre a estação chuvosa da primavera e a temporada de mosquitos no verão, suas tropas estavam infestadas e abatidas pela malária. Há referências a climas sórdidos e enfermidades perturbadoras (além de cobras venenosas) em todo o registro histórico da campanha de Alexandre na Índia. O historiador grego Arriano, por exemplo, nos diz que "as forças gregas e macedônias perderam parte do contingente em batalhas; outros ficaram feridos, incapacitados e foram deixados para trás em diversas regiões da Ásia; mas a maioria morreu de doenças. De todos os que são acometidos, poucos sobrevivem, e nem estes desfrutam a mesma força física". O exército outrora pujante de Alexandre passava a ser então um esqueleto ambulante. "A saúde geral do exército havia se deteriorado", afirma Frank L. Holt, em seu *Into the Land of Bones: Alexander the Great in Afghanistan* [Na terra dos ossos: Alexandre, o Grande no Afeganistão], "e doenças variadas fizeram muitas vítimas". Pouco após a meia-volta do exército de Alexandre, por exemplo, Coeno morreu do que comentaristas supõem ter sido malária ou, talvez, febre tifoide. Levando em consideração o estado exaurido e enfermiço dos homens, o moral baixo e a vontade de recuar para oeste, e vendo-se diante de um inimigo imponente e intimidador, a campanha na Índia foi abortada. Nem Alexandre, o Grande, poderia escapar de tantos desafios.

Outra teoria sugere que o egomaníaco Alexandre manipulou toda a situação para evitar a humilhação pessoal, para preservar sua honra e o placar invicto de vinte batalhas. Percebendo a situação tática e estratégica, além de se dar conta de que estava em condição desfavorável,

Alexandre não tinha a menor intenção de avançar mais ainda em ofensiva pela Índia. Determinado a proteger sua reputação e a habilidade lendária, ele semeou boatos, esforçou-se deliberadamente para fazer com que seus homens achassem insuportável a campanha proposta e orquestrou todo o "motim" para que a culpa ficasse apenas nos ombros de seus subalternos insubordinados. Seja como for, o resultado foi o mesmo. Alexandre sabia que qualquer avanço, naquelas circunstâncias, seria insustentável. A vontade que seu exército manifestou de voltar para casa foi apenas um componente pequeno em uma situação estratégica preocupante e infeliz muito maior.

Por acaso, o Império de Máuria foi formado pouco depois de Alexandre recuar, unindo o subcontinente indiano e criando o maior império da história do país. Esse reino estabeleceu as condições para um Estado indiano unificado e moderno, além de propiciar a disseminação do budismo. Visto em retrospecto, considerando a posição insustentável de Alexandre, o encerramento da campanha na Índia se revelou uma decisão cautelosa e sensata.

Embora tivesse feito seu exército se dirigir à Macedônia, Alexandre não estava de modo algum satisfeito com suas conquistas, nem estava disposto a se esgotar ou desaparecer. Ao voltar à Pérsia, por exemplo, e descobrir que guardas cerimoniais haviam profanado o túmulo de Ciro, o Grande, seu herói, ele determinou a execução sumária deles. Seguindo para oeste, rumo à Babilônia, ele deu ordem para que fizessem os preparativos para uma invasão na Arábia e no Norte da África, de olho na região ocidental do Mediterrâneo. Ele estaria visando à Europa através de Gibraltar e da Espanha. Aqui, são infindáveis as possibilidades que teriam transformado a história. Missões secundárias de reconhecimento foram despachadas para o litoral do mar Cáspio e do mar Negro, para estabelecer as bases de uma futura retomada de sua investida asiática. Ele estava preparando ordens de marcha para operações simultâneas em regiões inexploradas e indefinidas do mundo desconhecido. Alexandre, porém, jamais chegaria aos "confins do mundo", ou pelo menos não nessa jornada de uma vida.

Na primavera de 323 a.C., Alexandre parou na Babilônia para planejar essas novas campanhas e receber representantes da Líbia e de Cartago. Apesar de haver sofrido ferimentos graves em pelo menos oito ocasiões, de ter acabado de perder o melhor amigo (e talvez amante), Heféstion, provavelmente para a malária ou a febre tifoide, e apesar de beber muito, como sempre, ele não estava derrotado. Quando Alexandre atravessou o rio Tigre, os caldeus que habitavam a região o alertaram sobre uma premonição que haviam recebido do deus Baal. A profecia, explicaram, previa que a rota que ele estava seguindo rumo à cidade pelo leste seria acompanhada da morte. Eles sugeriram que Alexandre entrasse pelo Portão Real, no lado ocidental da muralha. Alexandre seguiu o conselho e mudou a trajetória. Quando se aproximavam do perímetro do centro da cidade, Alexandre e sua comitiva ziguezaguearam por um labirinto de brejos rasteiros e canais concêntricos infestados de mosquitos agitados.

Os primeiros dias de Alexandre na Babilônia foram dedicados a formular suas campanhas militares, oferecer banquetes, confraternizar com dignitários, realizar rituais espirituais e, claro, encher a cara. Entretanto, uma fadiga anormal logo foi sucedida por uma febre intensa, mas intermitente. A sequência da enfermidade de Alexandre foi bem documentada por seus seguidores mais próximos e se encontra nos "Diários Reais". Todas as descrições deixam claro que, desde o aparecimento dos primeiros sintomas até a morte, a doença de Alexandre durou doze dias. Considerando o período registrado, a partir da entrada de Alexandre pelo miasma pantanoso na Babilônia, incluindo os sintomas e o ciclo febril, até o momento da morte, tudo indica que foi malária *falciparum*. O poderoso Alexandre, o Grande, morreu em 11 de junho de 323 a.C., aos 32 anos, ceifado por um discreto e minúsculo mosquito.

Se esse mosquito malárico não tivesse sugado a vida de Alexandre, todos os indícios sugerem um avanço rumo ao Extremo Oriente, produzindo pela primeira vez uma verdadeira união de Oriente e Ocidente. Se isso tivesse acontecido, os rumos da história e da humanidade teriam sido tão alterados a ponto de a sociedade moderna ficar literalmente irreconhecível. O intercâmbio inédito de ideias, conhecimentos, doenças e tecnologias, incluindo a pólvora, é vasto demais para ser imaginado. Mas o mundo precisaria esperar mais 1.500 anos para isso. Durante o século XIII, essa unificação seria concretizada por mercadores europeus como Marco Polo viajando para leste, enquanto as hordas mongóis de Gêngis Khan iam se expandindo para oeste. E, junto dessa troca cultural multifacetada, houve a Peste Negra. Mas e se Alexandre tivesse... Não. O mosquito ajudou a privá-lo dessa oportunidade e da glória.

Com o passar do tempo, já foram propostas diversas causas alternativas para a morte dele, mas elas carecem de credibilidade e fundamento. Embora a hipótese de assassinato seja irresistível para os teóricos da conspiração, ela não se sustenta. Não há qualquer registro documental confiável ou digno de credibilidade científica. Esse mistério detetivesco tentador parece ter entrado nas rodas de fofoca cerca de cinco anos após a morte dele. A conspiração foi incrementada e aperfeiçoada por insinuações de que o assassinato teria sido executado por ninguém mais que seu antigo professor e tutor — Aristóteles em pessoa —, ou por uma das esposas ou amantes rejeitadas de Alexandre. Mas ele, que havia se tornado extremamente paranoico e imprevisível, nunca mencionou qualquer receio quanto a um complô para assassiná-lo.[3] Outras teorias, que incluem intoxicação alcoólica aguda, doença hepática causada pelo alcoolismo, e uma lista longa de causas naturais, como leucemia, febre tifoide e até mesmo um diagnóstico bastante estranho de febre do Nilo Ocidental (que só se tornou uma espécie viral distinta cerca de 1.300 anos depois da morte dele), foram descartadas. Embora uma autópsia pudesse estabelecer definitivamente a malária como causa da morte de Alexandre, uma hipótese comumente aceita, essa comprovação não é

---

3 Tendo em vista o comportamento errático de Alexandre em seus últimos anos, há quem sugira, embora seja impossível confirmar, que ele sofria de encefalopatia traumática crônica (ETC), causada pelos impactos cranianos recorrentes que ele recebia nas batalhas. Considerando a grande atenção que hoje se dedica a concussões em atletas profissionais, e especificamente aos jogadores de futebol americano e de hóquei, o comportamento de Alexandre parece análogo ao de ex-jogadores diagnosticados com ETC.

mais possível. Isso porque o corpo de um dos maiores homens da história da humanidade desapareceu.

A caminho da Macedônia, o corpo de Alexandre foi desviado para o Egito e sepultado em Mênfis. No fim do século IV a.C., seus restos mortais foram exumados e transferidos para um mausoléu em Alexandria, a cidade batizada com seu nome. Os generais romanos Pompeu e Júlio César visitaram o túmulo para prestar suas homenagens. Cleópatra roubou ouro e joias do túmulo para financiar sua guerra contra Otaviano (César Augusto), que visitou a sepultura de Alexandre durante sua entrada triunfal na cidade, em 30 a.C., após derrotar o casal trágico Cleópatra e Marco Antônio. Em meados do século I, o sádico e tirânico Calígula, imperador de Roma, supostamente roubou para si a couraça peitoral de Alexandre.

A partir do século IV, já é impossível encontrar em documentos históricos qualquer referência ao local de descanso de Alexandre, perpetuando um mito que o vaidoso Alexandre certamente aprovaria. Foram realizadas mais de 150 grandes escavações arqueológicas em busca de seu corpo. Alexandre é um daqueles raros personagens históricos que ainda têm relevância em uma era de celulares, realidade virtual, engenharia genética e bombas nucleares, tendo cativado a imaginação, a curiosidade, a adoração e o respeito de inúmeras gerações.

Reza a lenda que, quando lhe perguntaram quem herdaria seu império, as últimas palavras que Alexandre murmurou foram "o mais forte" ou "o melhor". Na realidade, foi por causa do mosquito que seu vasto império e suas enormes conquistas morreram junto com ele. Imediatamente se seguiu uma profusão de conflitos entre seus generais, que logo destruiu qualquer ideia de coesão ou governo imperial. A linhagem direta de Alexandre também foi exterminada. A mãe, Olímpia, a esposa, Roxana, e o herdeiro, Alexandre IV, foram perseguidos e assassinados. Com o tempo, o império foi dividido em três territórios principais concorrentes, mas fracos. Dois acabaram se fragmentando sumariamente em enclaves insignificantes, impotentes e desprezíveis. Já o Egito persistiu como dinastia macedônia até 31 a.C., quando Marco Antônio e

Cleópatra sofreram uma derrota decisiva contra Otaviano, na Batalha de Áccio.[4]

Embora as conquistas territoriais de Alexandre logo tenham sido desfeitas por conflitos internos e pela ausência de uma autoridade central, o legado iluminado de seu império helenista persiste até hoje. Após sua morte, a influência sociocultural da Grécia atingiu um ápice na Europa, na África, no Oriente Médio e no oeste da Ásia. Expandindo-se a partir do coração de seu antigo império, a literatura, a arquitetura, a ciência, a matemática e a filosofia gregas, bem como suas estratégias e táticas militares, se disseminaram por um amplo território, desenvolvendo-se em uma era de prosperidade e progresso acadêmico. Foram construídas bibliotecas prodigiosas pelo mundo árabe, e pensadores refletiram sobre os princípios e as ideias de Sócrates, Platão, Aristóteles, Hipócrates, Aristófanes, Heródoto e incontáveis livros de outros escritores gregos da Era de Ouro.

Enquanto a Europa penou em quatrocentos anos de abismo cultural e intelectual durante a Idade das Trevas, a academia prosperou pelos domínios muçulmanos recém-inaugurados. Durante o intercâmbio cultural das Cruzadas, acadêmicos islâmicos estenderam à Europa uma escada intelectual para fora das cavernas da ignorância e reintroduziram a literatura e a cultura greco-romanas, assim como os próprios refinamentos e avanços acadêmicos desenvolvidos à luz do Renascimento islâmico.

Contudo, quando o mosquito eliminou Alexandre, a fragmentação e a implosão subsequentes de seu império deixaram um vazio de poder no mundo mediterrâneo. Esse vazio seria preenchido pela ascensão de uma cidadezinha irrelevante, situada em uma península infestada de mosquitos, a mil quilômetros a oeste de Atenas. Após escalas na Pérsia

---

4 O suicídio de Marco Antônio e Cleópatra foi imortalizado pela tragédia *Antônio e Cleópatra*, de William Shakespeare. Em agosto de 30 a.C., imaginando que Cleópatra, sua amante, já tivesse cometido suicídio, Marco Antônio cravou uma espada em si próprio. Ao descobrir que Cleópatra ainda estava viva, ele logo foi levado até ela e morreu em seus braços. Em seu luto, Cleópatra então se matou induzindo uma naja a picá-la repetidas vezes.

e na Grécia, o manto do poder e o epicentro da civilização ocidental seguiu em sua progressão para oeste até estacionar em Roma. "O destino de Roma foi executado por imperadores e bárbaros, senadores e generais, soldados e escravizados", destaca Kyle Harper em seu aclamado livro de 2017, *The Fate of Rome: Climate, Disease, and the End of an Empire* [O destino de Roma: Clima, doença e o fim do império]. "Mas também foi decidido por bactérias e vírus. [...] O destino de Roma poderia servir para nos lembrar de que a natureza é astuta e voluntariosa." Depois de reforçar os gregos durante as ofensivas persas, ajudar a desintegrar as cidades-Estados beligerantes da Grécia, durante a Guerra do Peloponeso, e estimular a ascensão da Macedônia, corroer o antes indevassável exército de Alexandre e demonstrar que ele também era um homem mortal, o mosquito apontou a probóscide para oeste. Sua sede insaciável foi lançada contra Roma, cultivando tanto a criação quanto a destruição do poderoso Império Romano.

A supremacia de Roma não era certa. Os romanos conquistaram uma vitória surpreendente, mas frágil e custosa, contra os cartagineses, durante a Primeira Guerra Púnica. No entanto, quando começou a Segunda Guerra Púnica, os pequenos e nada impressionantes romanos se viram diante de um adversário perturbador e aparentemente invencível, sob o comando de um general que era páreo para a genialidade de Alexandre. Trata-se de um guerreiro cartaginês habilidoso e inteligente, cujo nome ainda inspira medo: Aníbal Barca.

CAPÍTULO 4

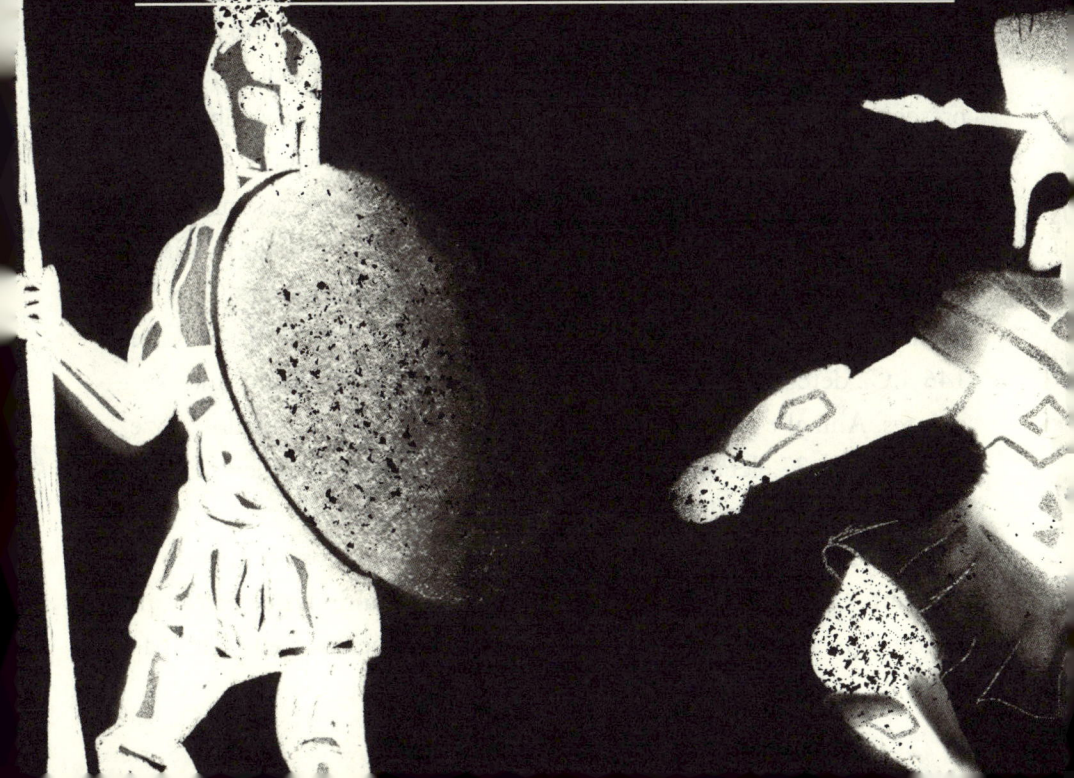

Legiões de mosquitos: ASCENSÃO E QUEDA do Império Romano

Como aconteceu com Xerxes e Alexandre, a guerra também foi uma herança que Aníbal recebeu do pai. Filho de Amílcar Barca, o líder vencido dos cartagineses, aos 29 anos Aníbal estava decidido a vingar a derrota do pai contra os romanos durante a Primeira Guerra Púnica e se libertar da humilhação da rendição que ele havia presenciado pessoalmente quando era pequeno. A rota de Aníbal para se infiltrar em Roma, calculada meticulosamente para evitar guarnições robustas de romanos e aliados, bem como para anular a supremacia naval romana, o levaria pelos terrenos mais hostis do mundo mediterrâneo e provocaria a Segunda Guerra Púnica. O resultado das Guerras Púnicas, que se estenderam de forma intermitente entre 264 a.C. e 146 a.C., determinaria os rumos da história pelos setecentos anos seguintes. Aníbal e seu desfile cartaginês de sessenta mil soldados, doze mil cavalos e 37 elefantes de guerra contornariam os precipícios e passos dos Alpes e invadiriam o coração de Roma.

O que Roma não sabia é que havia um aliado poderoso ocupando os oitocentos quilômetros quadrados dos pântanos pontinos que cercavam e protegiam a capital. Os pântanos, também conhecidos como Campânia, que envolviam a cidade de Roma, abrigavam legiões de mosquitos letais e, em termos de defesa, eram o equivalente a exércitos humanos. Segundo uma descrição vívida de um antigo pensador romano, a região pantanosa "cria medo e horror. Ao adentrá-la, você cobre bem o rosto e o pescoço muito antes dos enxames de insetos, grandes sugadores de sangue, que aguardam nesse forte calor de verão, sob a sombra das folhas, como animais concentrados na caça [...] ali você encontra uma zona verde, pútrida, nauseante, onde se mexem milhares de insetos, onde crescem milhares de plantas brejeiras horríveis sob um sol sufocante". Diversos exércitos invasores, desde as Guerras Púnicas até a Segunda Guerra Mundial, foram literalmente devorados nos pântanos pontinos em volta de Roma.

Roma e Cartago, antes pequenos enclaves isolados de agricultores e comerciantes, acabariam por se enfrentar em uma disputa rancorosa pela hegemonia do mundo mediterrâneo, mediada pelos mosquitos dos pântanos pontinos. Com a fragmentação do sonho alexandrino de dominação mundial, arruinado pelo mosquito, Cartago e Roma se alçaram como herdeiras do império e posteriormente competiriam pela supremacia econômica e territorial. Contudo, tanto Cartago quanto Roma tinham origem humilde e desenvolvimento isolado, então permaneceram relativamente afastadas das guerras imperiais entre persas e gregos. As viagens de Alexandre e os olhares sedentos rumo aos horizontes dos desconhecidos "confins do mundo" ignoraram as duas cidades-Estados em crescimento.

Segundo as lendas, Roma foi fundada em 753 a.C. por Rômulo e Remo, que, abandonados ao nascer, foram adotados por uma loba. Quando eles se tornaram adolescentes, seus talentos naturais para a liderança lhes renderam uma comunidade de seguidores. Em uma disputa para definir quem seria o único soberano, Rômulo matou o irmão gêmeo e se tornou o primeiro rei de Roma. Ao contrário das cidades-Estados gregas, Roma se expandiu assimilando outras sociedades para sua estrutura jurídica unificada. A disposição de oferecer cidadania a estrangeiros era uma peculiaridade romana e exerceu papel crucial no crescimento e na administração do império. Roma, inicialmente uma monarquia despótica, tornou-se uma república democrática em 506 a.C., após um levante popular. Sob a liderança dos aristocratas do Senado, a República Romana se expandiu lentamente e incorporou o istmo italiano ao sul do rio Pó, em 220 a.C.

O povo romano saiu de um punhado de cabanas esparsas e forjou progressivamente um Estado que travou inúmeras guerras e mobilizou uma quantidade extraordinária de cidadãos, de pessoas escravizadas e de mercadores para estabelecer um império que cobriu a maior parte do continente europeu, da Inglaterra, do Egito, do Norte da África, da Turquia, do sul do Cáucaso e da região mediterrânea, estendendo-se a leste até o rio Tigre e sua foz no golfo Pérsico, em 117 a.C. O mosquito também foi pego na companhia de caravanas itinerantes e dos longos comboios e exércitos de mercadores e migrantes que transitavam pelos corredores comerciais e pelo domínio em expansão de Roma. A vastidão geográfica e étnica do Império Romano, e de suas rotas comerciais e escravagistas, auxiliou no crescimento das áreas de caça do mosquito e favoreceu a disseminação da malária por toda a Europa, estendendo-se para o norte até a Escócia. No entanto, para que Roma atingisse o ápice de sua dominação, seria inevitável a colisão frontal com Cartago, a única outra potência imperialista na região.

Em 800 a.C., ou seja, pouco antes da fundação de Roma por Rômulo e Remo, comerciantes marítimos fenícios de Canaã (onde hoje se situam o Líbano e a Jordânia) já haviam estabelecido postos avançados pelo mundo mediterrâneo que se estendiam para oeste até o litoral atlântico da Espanha. Uma dessas bases era a cidade portuária de Cartago, na Tunísia. Graças à localização central e à proximidade com a Sicília, Cartago não demorou a se tornar um importante centro mercantil e cultural. A cidade logo foi envolvida em uma disputa contra as cidades-Estados gregas pelo controle do Mediterrâneo.

Após a catástrofe ateniense desencadeada pelos mosquitos em Siracusa, no ano 413 a.C., e *Lisístrata*, a peça crítica de Aristófanes, Cartago lançou sua campanha siciliana em 397 a.C., sua primeira grande ofensiva imperialista. Tendo isolado Siracusa, os cartagineses então se instalaram no entorno alagadiço e pantanoso da cidade e começaram o cerco na primavera de 396 a.C. No início do verão, o exército cartaginês, assim como seus antecessores atenienses, foi devastado pela malária. Por conta disso, sua missão, também como a dos atenienses, acabou em um desastre ocasionado pelos mosquitos. Tito Lívio, o célebre historiador romano, relata que os cartagineses "pereceram até o último homem, inclusive seus generais". Ainda assim, o Império Cartaginês teve sucesso em todas as outras investidas coloniais, dominando grande parte do litoral mediterrâneo do Norte da África, o sul da Espanha, e também Gibraltar e as ilhas Baleares, a Sicília (além de Siracusa), Malta e os redutos costeiros da ilha de Córsega e da Sardenha. Já Roma também estava ocupada formando seu império incipiente, transformando o vilarejo insignificante em uma potência mundial. Os tentáculos econômico-territoriais de Roma e de Cartago se esticaram até se embolarem no comércio pelo Mediterrâneo.

A Primeira Guerra Púnica (264 a.C.-241 a.C.) eclodiu na Sicília, onde Cartago queria preservar sua influência comercial, enquanto uma nervosa Roma desejava limitar o poder cartaginês na ponta da Itália. Embora o conflito tivesse provocado uma quantidade limitada de campanhas terrestres na Sicília e no Norte da África, a guerra foi travada principalmente no mar. Os romanos, sem experiência em guerra naval, despejaram enormes quantidades de dinheiro, trabalho e homens na construção de uma marinha formidável, baseando-se em um navio de guerra cartaginês que havia sido capturado. Apesar de ter sacrificado mais de quinhentas embarcações e 250 mil homens, ou talvez em parte por causa disso, a teimosa Roma saiu vitoriosa em sua primeira campanha no exterior.

Os romanos se apropriaram da Sicília, da Sardenha e da Córsega, além de ocupar a costa dalmática, cheia de ilhas, nos Bálcãs. Mas foram principalmente a vitória e o correspondente reforço econômico dessas novas colônias que atiçaram o apetite de Roma por mais expansões e conquistas. Ainda que a guerra tivesse comprometido a marinha cartaginesa e proporcionado a Roma o domínio dos mares, ela pouco afetara as forças terrestres de Cartago. Revitalizado e com vontade de vingança, o Império Cartaginês decidiu contra-atacar. Aníbal estava determinado a levar a luta até Roma.

Na primavera de 218 a.C., Aníbal saiu de Nova Cartago (Cartagena), no litoral sul da Espanha, e começou seu avanço bélico rumo à Itália, passando pelo leste da Espanha, transpondo a cordilheira dos Pireneus e atravessando a Gália, até chegar ao sopé ocidental dos Alpes com sessenta mil homens e os agora lendários 37 elefantes de guerra. Sua travessia sobre os Alpes é considerada um dos maiores feitos logísticos de toda a história militar. Seu exército avançou penosamente pelo território hostil das tribos gaulesas e por um terreno difícil no início do inverno, sem estabelecer uma linha de abastecimento viável. Embora Aníbal tenha perdido vinte mil homens e quase todos os elefantes durante a árdua travessia sobre as escarpas alpinas, uma força cartaginesa de quarenta mil homens abatidos, subnutridos e desgastados conseguiu completar a descida íngreme e entrar no norte da Itália em fins de novembro.

No solstício de inverno de 18 de dezembro, o exército de Aníbal, já exaurido e esgotado, embora incrementado por aliados celtas da Gália e por espanhóis, enfrentou no Trébia um bloqueio romano de 42 mil homens. Graças a um planejamento cuidadoso e uma astúcia militar inovadora, Aníbal provocou e manipulou os romanos para que eles lançassem ataques frontais inúteis, prendendo-os em posições indefensáveis. Aproximando-se pelo flanco da fileira romana, suas forças avançaram e aniquilaram os defensores desorganizados, causando pelo menos 28 mil baixas e dispersando os sobreviventes no campo de batalha.

Após essa decisiva vitória cartaginesa no Trébia, os elefantes desnutridos, os cavalos e os soldados seguiram com dificuldade até acampar e descansar nas "planícies que ficam perto do rio Pó", proporcionando a Aníbal "a melhor forma de reanimar o espírito de suas tropas e restabelecer o vigor e a condição dos homens e dos cavalos".[1] Em março

---

[1] É incerto quantos elefantes sobreviveram à travessia alpina, se é que houve sobreviventes.

de 217 a.C., Aníbal deu ordens para uma operação orquestrada com grande astúcia e habilidade.

O sucesso dessa campanha dependia da garantia do elemento surpresa, preservado e protegido por um avanço deliberado e penoso ao longo de uma rota inesperada nos montes Apeninos, seguido de uma marcha lenta de quatro dias através de brejos infestados de mosquitos transmissores da malária. Os cartagineses conseguiram sair dos pântanos doentios, mas pagaram um preço enorme por isso. O mosquito sugou a saúde e o moral das tropas cartaginesas e do líder incrivelmente talentoso. Aníbal contraiu malária, e as febres intensas o privaram da visão no olho direito. A essa altura, a doença já havia tomado a vida de sua esposa espanhola e do filho. Combalido, mas não derrotado, o general cartaginês seguiu a trajetória que havia planejado.

Com a rota genial, ainda que infestada de mosquitos transmissores da malária, Aníbal executou a primeira ocorrência de que se tem notícia de uma "manobra de envolvimento" na história militar, contornando e evitando deliberadamente o flanco esquerdo dos romanos. Após evitar as fronteiras romanas, ele virou a linha de frente, ou a direção, do campo de batalha, fazendo a vantagem das posições defensivas e do terreno se voltar contra Roma. Os romanos então se viram encurralados em seu perímetro defensivo, que não passava de um bolsão ou um abatedouro exposto. As preparações e a estratégia inovadora de Aníbal resultaram em uma vitória decisiva dos cartagineses na Batalha do Lago Trasimeno, em 21 de junho de 217 a.C. O uso habilidoso e oportuno que ele fez da dissimulação, das emboscadas, da cavalaria e de táticas de flanqueamento levou à destruição ou captura de todo o contingente de trinta mil soldados romanos. Após essas derrotas catastróficas no Trébia e no Trasimeno, os romanos não queriam mais enfrentar Aníbal em confrontos diretos, decidindo romper suas linhas de abastecimento e privá-lo de recursos. Mais uma vez, Aníbal superou os romanos no próprio jogo estratégico do inimigo.

Antes de atacar Roma, Aníbal tomou a iniciativa em agosto de 216 a.C. para garantir provisões cruciais em Canas, o que também privou

Roma do acesso vital aos estoques do sul. Apesar da desvantagem numérica de dois para um, Aníbal atacou o centro da força romana de 86 mil soldados. Depois, com um movimento de pinça, ou flanqueamento duplo, oportuno, impressionante e lindamente executado, ele envolveu as legiões romanas. Os cartagineses cercaram e aniquilaram o exército romano, reduzindo-o até o ponto de ele deixar de ser uma força útil de combate.² A vitória de Aníbal em Canas é considerada um dos feitos táticos mais deslumbrantes da história militar. Seus métodos e manobras continuam sendo ensinados em escolas militares do mundo inteiro e são reproduzidos em planos de batalha e operações de estrategistas e generais até hoje.

Alfred von Schlieffen, estrategista e chefe do Estado-Maior alemão, elaborou seu lendário plano de invasão à França, no início da Primeira Guerra Mundial, inspirado no "mesmo plano concebido por Aníbal em tempos há muito esquecidos". Quando o Afrika Korps escorraçava as forças britânicas desorganizadas pela Líbia, o marechal de campo alemão Erwin Rommel escreveu em seu diário que "estava sendo preparada uma nova Canas". Em Stalingrado, em 1942, o general Friedrich Paulus, comandante do VI Exército alemão, comentou cheio de arrogância, o que mais tarde se revelou um grave equívoco, que ele estava a ponto de completar "sua Canas". O general Dwight D. Eisenhower, comandante supremo dos Aliados, tentou replicar essa batalha de aniquilação contra as forças nazistas de Hitler na Europa segundo "o exemplo clássico de Canas". Durante a Primeira Guerra do Golfo, o general Norman Schwarzkopf baseou a libertação do Kuwait pelas forças de coalizão, em 1990, no "modelo de Canas" de Aníbal.

Após o massacre das legiões romanas em Canas, os cartagineses de Aníbal pareciam invencíveis. Com a destruição do exército romano, a estrada para Roma propriamente dita estava livre. O prêmio de "Cidade

---

2 As baixas romanas em Canas são objeto de intenso debate entre historiadores. Do total de 86 mil soldados romanos, o número estimado de mortos em batalha varia de dezoito a 75 mil. A maioria das estimativas e o consenso relativo pairam em torno de 45 a 55 mil mortos.

Eterna" estava ao alcance. Aníbal finalmente poderia concretizar sua retaliação contra Roma e vingar o pai pela desonra da derrota na Primeira Guerra Púnica. Contudo, Roma contava com mais um guardião imprevisto aguardando nos bastidores — as legiões de leais e famintos mosquitos, que faziam patrulha nos pântanos pontinos. Com o desmonte da máquina de guerra romana em Canas, o mosquito atendeu ao alistamento e entrou em ação. Ele começou seu reinado, de dois mil anos de picadas devastadoras de história, como arauto do sofrimento e da morte nos pântanos pontinos. Agiu como embaixador informal de Roma, com o único dever de abordar e devorar exércitos estrangeiros hostis, bem como dignitários invasores.

Após a conquista decisiva de Aníbal em Canas no ano de 216 a.C., dois fatos viraram a maré da Segunda Guerra Púnica e, com a contribuição do mosquito, mudaram os rumos da história. O primeiro foi a relutância de Aníbal em atacar Roma. Apesar de a campanha pela península Itálica estar em curso por mais de quinze anos, os cartagineses nunca tomaram a capital. Os historiadores atribuem a vários fatores a decisão de Aníbal de não conquistar Roma. A cidade era protegida por exércitos descansados e intactos capazes de defender suas fortificações, o que negava a viabilidade de um ataque direto e obrigava os cartagineses a estabelecer um cerco. Isso não era uma opção. As forças de Aníbal combatiam com ataques rápidos e manobras, mas não tinham treinamento, armas e equipamentos para táticas de cerco.

O mais grave, porém, era que as poucas vias de aproximação e áreas para montagem do cerco deixariam o exército cartaginês entrincheirado nos pântanos pontinos, que eram infestados de mosquitos e nos quais a malária vicejava o ano todo. No meticuloso *Malaria and Rome: A History of Malaria in Ancient Italy* [Malária e Roma: Uma história da malária na Itália Antiga], Robert Sallares afirma que brejos em toda a Itália, incluindo os notórios pântanos pontinos da Campânia, "estavam sendo tomados pela malária". Durante a campanha italiana, as tropas cartaginesas foram sendo devoradas lentamente pelos mosquitos. Os lendários *Anopheles* haviam se acomodado em residência permanente na Itália, muito antes da invasão de Aníbal, e tinham estabelecido uma reputação temível e um currículo invejável. Quase dois séculos antes, quando o rei Breno liderou os gauleses em um saque bem-sucedido de Roma em 390 a.C., a malária havia corroído as forças dos saqueadores de tal modo que eles se deram por satisfeitos com um pagamento em ouro e foram embora em bandos desconjuntados e doentes. A malária matou tanta gente em tão pouco tempo que os gauleses foram obrigados a realizar piras funerárias coletivas, em vez de seu costume de sepultar os corpos. "Aníbal era esperto demais", destaca Sallares, "para passar o verão em uma área sujeita a fortes surtos de malária, ainda mais sabendo que podia evitar essa situação." O mosquito protegeu Roma tanto quanto as legiões de defensores humanos.

O segundo elemento que determinou os rumos da guerra foi o fato de os generais romanos, desprovidos de treinamento militar e motivados pela política, terem sido substituídos por Públio Cipião (o Africano), aclamado como uma das maiores mentes militares da história. Cipião era um soldado profissional, sobrevivente da Batalha de Canas, com uma reputação e uma experiência que o elevaram aos patamares mais altos da hierarquia. Sob o comando de Cipião, as forças armadas romanas passaram por uma extensa transformação e se tornaram uma máquina de guerra profissional e mortífera. Ele insistiu em recrutar homens de regiões montanhosas livres de malária. E, enquanto o grosso da força cartaginesa seguia assolando o interior rural italiano, Cipião decidiu levar a guerra à própria Cartago.

Em 203 a.C., suas forças desembarcaram em Útica e avançaram por território cartaginês, obrigando Aníbal a sair da Itália e voltar para defender seu país. Apesar da admiração mútua entre os dois generais, as negociações fracassaram. O golpe decisivo aconteceu em um ataque rápido da cavalaria romana na Batalha de Zama, em 202 a.C. Essa vitória custou a guerra a Cartago, e assim começou a ascensão meteórica de Roma à condição de superpotência. O historiador Adrian Goldsworthy observa que "Aníbal é cercado por aquele tipo de glamour reservado aos gênios militares que conquistaram vitórias em batalhas impressionantes, mas acabaram perdendo a guerra, homens como Napoleão e Robert E. Lee. A marcha de seu exército a partir da Espanha, pelos Alpes, até a Itália e as batalhas que ele venceu são todas histórias genuinamente épicas".

Nas mãos de Cipião, Aníbal finalmente foi derrotado na Batalha de Zama, marcando o fim dos dezessete anos de conflito. Contudo, o declínio dos cartagineses havia começado muito antes, nos charcos maláricos da Itália. O mosquito ajudou a proteger Roma contra Aníbal e suas hordas, proporcionando um suporte para que Roma se elevasse e assumisse o comando não só do mundo mediterrâneo, mas também para além dele. "Os caldeirões traiçoeiros da Campânia", afirma Diana Spencer em seu *Roman Landscape: Culture and Identity* [Paisagem romana: Cultura e identidade], "haviam mantido Aníbal longe de Roma e, portanto, da vitória." Tanto Aníbal quanto a cultura cartaginesa foram exilados e viriam a desaparecer, como resultado do triunfo romano durante as Guerras Púnicas.

Essa vitória de Roma, com a ajuda do mosquito, produziu efeitos incalculáveis que se estenderam pelo espaço e pelo tempo. A cultura greco-romana que se seguiu dominaria a Europa, o Norte da África e o Oriente Médio por setecentos anos e influenciaria profundamente o desenvolvimento da civilização humana e da cultura ocidental. O mundo ainda vive à sombra, infestada de mosquitos, do Império Romano. Hoje, vários países falam algum idioma de origem latina, ou com fortes influências do latim; muitos sistemas jurídicos e políticos são versões adaptadas do direito romano e da democracia republicana; e o Império Romano martirizou e depois favoreceu a disseminação do cristianismo pela Europa.

Outro subproduto de importância incomensurável da vitória romana nas Guerras Púnicas foi o nascimento da literatura romana. Havia poucos escritos antes de 240 a.C. Mas uma situação permanente de guerra, o contato com o mundo exterior e a adoção da cultura grega helenística de Alexandre estimularam o pensamento acadêmico romano. Autores bastante renomados nos deixaram uma série de obras que oferecem um retrato vívido do peso e do poderio histórico do mosquito no mundo romano. No século I a.C., Varro, um dos pensadores mais prestigiados de Roma, alertou que "é preciso tomar precauções nos arredores de pântanos, [eles] geram certas criaturas diminutas que os olhos não veem, mas que flutuam no ar e entram no corpo pela boca e pelo nariz, causando doenças sérias". Aos que tinham condições, ele recomendava que construíssem casas em terreno alto ou em colinas sem ares pantanosos, onde o vento poderia dispersar as criaturas invisíveis. A casa na colina se tornou um artigo cobiçado pela elite romana. Essa moda e prática foi disseminada universalmente durante a era de colonização europeia e continua forte até hoje. Nos Estados Unidos, os ricos procuram residências no topo de colinas como símbolo de status, pagando um valor de 15% a 20% mais alto. Então podemos acrescentar mais um elemento à esfera de influência do mosquito: o mercado imobiliário.

Seguindo a tradição de Hipócrates, médicos e intelectuais curiosos de Roma, como Varro, reforçaram o conceito de miasma ou "*mala aria*" (ar ruim) das doenças. Por exemplo: em conformidade com as elucubrações de Hipócrates sobre a malária e os "dias de cão" no verão, o mês de setembro no calendário romano vinha acompanhado de uma referência à estrela Canícula e uma descrição alarmista da doença do "ar ruim". "Há uma grande perturbação no ar", dizia o alerta. "O corpo de pessoas saudáveis, e especialmente o de enfermos, muda com as condições do ar." Embora o mosquito continuasse anônimo, as doenças transmitidas por ele não foram ignoradas ou perdoadas pelas penas de pensadores e escribas romanos.

Todos os escritores clássicos da Roma Antiga, como Plínio, Sêneca, Cícero, Horácio, Ovídio e Celso, fazem menção a doenças transmitidas por mosquitos. Os relatos mais detalhados foram registrados durante o século II d.C. por Galeno, o aclamado médico-cirurgião de gladiadores, além de ávido autor. Sua explicação sobre a fisiologia humana, ainda que fosse fiel às tradições hipocráticas, era uma interpretação mais sofisticada e diversificada. Ele forneceu uma imagem detalhada sobre os vários tipos de febre malárica, incrementando as observações e deduções de Hipócrates. Galeno reconheceu as origens remotas e primitivas da malária e observou que poderia encher três volumes com tudo o que já havia sido escrito sobre a doença. "Não precisamos mais das palavras de Hipócrates ou de mais ninguém para constatar a existência dessa febre", escreveu ele, "já que ela se encontra diante de nós todos os dias, e especialmente em Roma." Galeno também descreveu com franqueza uma segunda doença transmitida por mosquitos, estabelecendo definitivamente a primeira descrição dos inconfundíveis sintomas físicos da filariose, ou elefantíase.

Galeno destacava que a saúde estava associada aos hábitos — incluindo alimentação e exercícios físicos —, ao ambiente natural e às condições de moradia. Ele compreendia que o coração bombeava o sangue por artérias e veias e praticava sangrias como tratamento para a malária e muitas outras doenças. Outra técnica de cura popular entre os romanos era portar um pedaço de papiro ou amuleto com a poderosa inscrição mágica "abracadabra". Embora a origem do termo não seja clara, parece que foi tomada do aramaico e significava "criarei o que falo", o que na prática era uma invocação da cura.[3] Os romanos também rezavam para Febris, a deusa da febre, e suplicavam por alívio contra a malária em três templos específicos, situados nas colinas saudáveis que ficavam em torno da cidade. O culto a Febris, que contava com uma quantidade considerável de seguidores, revela a dimensão e o impacto que a malária teve em Roma e em seus domínios imperiais.

Quando as legiões e os mercadores de Roma se espalharam pela Europa, a malária foi junto. O vasto império que ia da África ao norte da Europa produziu um nível inédito de intercâmbio de ideias, inovações, pensamentos, mas também de pestilências. Como resultado direto da expansão romana, as garras da malária chegaram até a Dinamarca e a Escócia. A malária foi uma parceira constante e crônica da expansão romana. Embora o mosquito tenha favorecido a predominância de Roma sobre os cartagineses, depois de um século e meio ele também

---

[3] Séculos depois, em 1665 e 1666, durante a Grande Praga de Londres, um surto de peste bubônica que matou 25% da população da cidade em apenas dezoito meses, os habitantes ainda acreditavam na palavra mágica e a penduravam em cima da porta de casa para afugentar doenças.

contribuiu para o fim da República Romana democrática e a ascensão da era imperial a partir de Júlio César.

Após uma série de vitórias na Gália, Júlio César dirigiu seu exército para o sul em 50 a.C. a fim de confrontar o Senado, que nomeara Pompeu, seu rival militar e político, cônsul em caráter de emergência e com poderes ditatoriais. O Senado também decidiu destituir César e desmembrar seu exército de soldados leais. Recusando-se a acatar essas demandas, César atravessou a fronteira da Itália no rio Rubicão e, supostamente, proferiu a frase imortal "A sorte foi lançada". Não tinha mais volta. Contudo, seu exército estava afligido pela malária, assim como ele, e sem condições de combater. Shakespeare escreveu: "Ele apanhou uma febre na Espanha; e quando tinha ataques, eu notei como tremia; sim, o deus tremia." Se Pompeu, cujo exército era muito maior, tivesse encontrado César no campo de batalha, em vez de fugir, a aposta de César no Rubicão teria acabado em um desastre não só bélico, como também malárico.

Mas o que aconteceu foi que Pompeu acabou sendo derrotado em uma série de batalhas com as legiões revigoradas e saudáveis de César. Ao tentar se refugiar no Egito, Pompeu foi assassinado por um agente do faraó egípcio Ptolomeu XIII. Ao receber a cabeça de Pompeu de presente, César se revoltou e, junto com a amante Cleópatra, que era também irmã de Ptolomeu, depôs o faraó e instituiu Cleópatra no trono. Após o assassinato de Júlio César durante os Idos de Março, em 44 a.C., uma série de ditadores à frente do Império Romano sofreu acessos de malária, e alguns chegaram a sucumbir à doença, como Vespasiano, Tito e Adriano. Otaviano (Augusto), herdeiro de César, e seu sucessor, Tibério, também tiveram, como cortesia dos mosquitos nos pântanos pontinos, episódios recorrentes de malária.

Ironicamente, antes das 23 punhaladas que o mataram, César havia preparado um projeto ambicioso cujo objetivo era drenar os pântanos pontinos da Campânia, para que pudesse aumentar a produção agrícola. Plutarco, o biógrafo greco-romano do início do século II, diz que César "pretendia retirar a água dos pântanos [...] e transformá-los em terreno sólido, cuja lavoura poderia empregar muitos milhares de homens". Se tivesse tido sucesso, essa iniciativa poderia ter levado a uma redução imprevista e impactante da população de mosquitos, anulando os acontecimentos posteriores e alterando a história da era romana. Essa história alternativa morreu com Júlio César. O projeto ambicioso de recuperar os pântanos pontinos, contemplado também por Napoleão, viria a ser concretizado dois mil anos depois por outro ditador italiano: Benito Mussolini.

Embora a malária da Campânia protegesse a capital contra seus inimigos, a doença também afligia os exércitos saqueadores de Roma. Assim como as bactérias e os vírus, as cepas de malária variam de acordo com a região. Os legionários e administradores romanos, bem como os mercadores que os acompanharam, não estavam acostumados e, portanto, aclimados aos parasitas maláricos estrangeiros de terras distantes. Durante as campanhas germânicas, no começo do século I d.C., os alemães obrigavam repetidamente as legiões romanas, superiores, a combater e acampar em meio a brejos e pântanos, onde a malária e a péssima qualidade da água reduziam drasticamente a eficácia das tropas. Como se acreditava que esse miasma pantanoso fosse o responsável pelas doenças, essa tática alemã apresenta os principais indicativos de uma guerra biológica intencional. Quando passou pela floresta de Teutoburgo, o general Germânico César relatou ter encontrado amontoados de esqueletos romanos, cavalos mortos e cadáveres mutilados apodrecendo no "pântano e em valas encharcadas". Adrienne Mayor, ao escrever sobre guerra biológica e química no mundo antigo, sugere que "a manipulação das legiões romanas pelos alemães [...] provavelmente foi um estratagema biológico". Atendo-se à teoria miasmática, isso foi um aproveitamento estratégico dos pântanos, não o uso biológico premeditado dos assassinos verdadeiros, ou seja, os ignorados e marginalizados mosquitos. A Batalha da Floresta de Teutoburgo, ocorrida em 9 d.C., em que todo o contingente romano de três legiões e forças auxiliares foi aniquilado, é considerada a maior derrota militar de Roma. Esse desastre, somado à incansável malária, obrigou Roma a abandonar suas intenções de se expandir para o leste através do rio Reno. No século V, esses beligerantes povos independentes do centro e do leste da Europa acabariam por contribuir para a queda do Império Romano.

Os esforços romanos para subjugar a Escócia, que eles chamavam de Caledônia, também foram frustrados por uma cepa local de malária que matou metade dos oitenta mil homens que integravam o exército imperial. Para proteger a Muralha de Adriano, os romanos iniciaram em 122 d.C. um recuo que permitiu a preservação da independência dos povos escoceses. No Oriente Médio, tal como na Escócia, a malária também impediu que Roma estabelecesse uma presença concreta. As formas exóticas de malária se banquetearam com os romanos recém-chegados ao norte da Europa ou ao Oriente Médio até esses invasores se aclimarem ou morrerem.

Enquanto o mosquito atormentava os exércitos romanos nas linhas de frente e nos campos de batalha nos confins do império, no centro ele passou a apontar suas flechas venenosas cada vez mais para a própria Roma. Para a capital, ele serviu tanto como salvador quanto, com o tempo, carrasco, revelando-se, mais uma vez, um aliado inconstante e volátil. Como um leal defensor, o mosquito continuava patrulhando os pântanos pontinos que protegiam Roma contra invasores estrangeiros, mas ele também começou a consumir lentamente aqueles que gozavam de abrigo e segurança sob suas asas. Gradualmente, mosquitos transmissores de malária roeram as fundações do Império Romano e sugaram a vida de seus súditos. Por conta de seus avanços em engenharia e agricultura, os romanos acabaram ajudando a transformar em inimigo o mosquito, que até então era um aliado. Assim, orquestraram as circunstâncias da própria queda.

Ironicamente, o apreço que os romanos nutriam por jardins, cisternas, chafarizes, saunas e lagos, combinado ao sistema complexo de aquedutos, às enchentes naturais frequentes e a um período de aquecimento global na mesma época, proporcionou condições ideais para a propagação de mosquitos, tornando os cuidados com o embelezamento urbano armadilhas letais.[4] Conforme a população da cidade subia de duzentos mil para mais de um milhão nos séculos II e I a.C., o desmatamento acelerou e as áreas de cultivo cresceram, formando mais ecologias favoráveis ao mosquito nas periferias rurais da cidade, incluindo os pântanos pontinos. "Os romanos não se limitaram a modificar a paisagem; eles impuseram sua vontade nela. [...] A extrapolação de territórios humanos para ambientes novos é um jogo perigoso", destaca Kyle Harper. "No Império Romano, a vingança da natureza foi cruel. O principal agente a retaliar foi a malária. Transmitida pela picada de mosquitos, a malária foi um flagelo para a civilização romana [...] e transformou a Cidade Eterna em um brejo malárico. A malária era uma assassina feroz em áreas urbanas ou rurais, isto é, em qualquer lugar onde o mosquito *Anopheles* pudesse se desenvolver." A reputação malárica da Itália era tão conhecida que muitas pessoas de fora se referiam à doença simplesmente como "febre romana". Esse apelido degradante tinha razão de ser e era perfeitamente merecido.

A cidade de Roma foi diversas vezes ameaçada e consumida por epidemias devastadoras de malária. Após o "Grande Incêndio de Roma", sob o domínio do imperador Nero, um furacão assolou a Campânia em 65 d.C., provocando umidade e proliferação de mosquitos, o que acabou redundando em uma epidemia de malária que matou mais de trinta mil pessoas. O mosquito agora estava atacando a própria Roma. Segundo Tácito, um senador e historiador romano, "as casas estavam cheias de formas inertes; e as ruas, de funerais". Mais uma vez, em 79 d.C., após a erupção do Vesúvio, que petrificou Pompeia, a malária arrasou Roma e o interior da Itália, o que obrigou agricultores a abandonar suas lavouras e aldeias, especialmente na Campânia. Tácito testemunhou refugiados e plebeus "sem consideração sequer pela

---

4 Compilado por Kyle Harper, um inventário da cidade de Roma no século IV incluía: 28 bibliotecas, dezenove aquedutos, 423 bairros, 46.602 conjuntos de apartamentos, 1.790 mansões, 290 celeiros, 254 padarias, 856 saunas públicas, 1.352 cisternas e chafarizes, além de 46 bordéis. As 144 latrinas públicas produziam quase cinquenta toneladas de excrementos humanos por dia!

própria vida, acampados em grande proporção nas áreas insalubres do Vaticano, o que resultou em muitas mortes". Essa vasta zona rural de terras férteis coladas a Roma, contendo a Campânia e seus pântanos pontinos, foi abandonada e permaneceu improdutiva até *Il Duce* Benito Mussolini implementar seu projeto de recuperação e ocupação antes da Segunda Guerra Mundial.

Após esses desastres naturais, o abandono da atividade agrícola nos arredores de Roma permitiu a expansão dos pântanos, intensificando a malária endêmica e, ao mesmo tempo, comprometendo a oferta de alimentos demandados pela crescente população da cidade. Esse efeito crônico de bola de neve da malária serviu de catalisador direto para o declínio e a queda do Império Romano. A sociedade e seus apêndices econômicos, agrícolas e políticos não têm condições de prosperar, muito menos de preservar o *status quo*, quando uma rotina de malária compromete a força de trabalho com um carrossel de doenças. A sociedade romana estava sendo reprimida por todos os lados, a tal ponto que menos da metade dos bebês sobreviviam à infância. A expectativa de vida para os que superavam essa barreira era de irrisórios vinte a 25 anos. A inscrição na lápide de Vetúria, a esposa de um centurião, resume a vida de um romano típico: "Aqui jazo eu, tendo vivido 27 anos. Fui casada com o mesmo homem por dezesseis anos e gerei seis filhos, cinco dos quais morreram antes de mim." A presença insidiosa da malária foi agravada por uma série de pragas catastróficas que paralisaram o Império Romano e refrearam o progresso da vida política e social.

Tito Lívio, o historiador romano que viveu na virada do milênio, lista pelo menos onze epidemias distintas durante a república. Duas pragas hoje infames devassaram o coração do império. A primeira, que se estendeu de 165 d.C. a 189 d.C., começou quando soldados voltaram das campanhas fracassadas nas zonas infestadas de mosquitos da Mesopotâmia. A Peste Antonina, ou Praga de Galeno, em referência ao fato de Galeno ter sido o primeiro a relatá-la, alastrou-se pelo império como um incêndio descontrolado. Roma foi a primeira a ser atingida, e então a epidemia se espalhou por toda a Itália, causou um despovoamento em grande escala e gerou multidões de refugiados nômades e migrantes itinerantes. A doença cobrou a vida dos imperadores Lúcio Vero e Marco Aurélio, cujo sobrenome da família — Antonino — passou a ser associado ao surto. A doença então se expandiu até o Reno, ao norte, as praias do oceano Atlântico, a oeste, e acabou chegando à Índia e à China, a leste. No auge da epidemia, documentos da época revelam uma média de dois mil óbitos por dia, só em Roma. Os arquivos romanos e os escritos de Galeno indicam uma taxa de mortalidade de 25%, e o total estimado de mortes por todo o império chega a cinco milhões. Esse alto índice sugere que se tratava de um patógeno até então desconhecido na Europa. Embora Galeno nos ofereça descrições dos sintomas, elas são estranhamente vagas. A causa verdadeira continua sendo um mistério, mas o principal candidato é a varíola, seguido bem de longe pelo sarampo.

A outra epidemia, conhecida como Praga de Cipriano, teve origem na Etiópia e se alastrou pelo Norte da África, pela parte oriental do império e pela Europa, chegando até a Escócia, entre os anos 249 d.C. e 266 d.C. O nome foi dado em homenagem a são Cipriano, o bispo católico de Cartago, que deixou sua interpretação testemunhal da moléstia e documentou uma taxa de mortalidade de 25% a 30%, contabilizando quase cinco mil fatalidades por dia em Roma. Entre os mortos estavam os imperadores Hostiliano e Cláudio Gótico. Não se sabe a quantidade total de mortos, mas também se estima que tenha sido algo na ordem de cinco a seis milhões, ou um terço de todo o império. Alguns epidemiologistas sugerem que tanto a Peste Antonina quanto a Praga de Cipriano foram as primeiras transferências zoonóticas de varíola e sarampo entre hospedeiros animais e humanos. Outros acreditam que a primeira epidemia foi de uma dessas doenças, ou de ambas. Estes atribuem a Praga de Cipriano a uma febre hemorrágica transmitida por mosquitos semelhante à febre amarela ou a um vírus hemorrágico análogo ao temido ebola (que não é transmitido por mosquitos).

As marcas duradouras dessas pragas, em conjunto com a malária universal, foram irreparáveis. O Império Romano era uma superpotência que estava implodindo e não tinha salvação. A grave escassez de mão de obra, tanto para a produção agrícola quanto para as legiões, enfraqueceu a influência de Roma sobre as populações sobreviventes, que temiam conforme o vasto império ruía e desabava à sua volta. Além das muitas mortes, ou por causa delas, a "Crise do Século III" viu também uma enorme onda de revoltas, guerra civil, assassinatos de imperadores e de políticos por comandantes militares rebeldes, além da perseguição generalizada e sádica contra bodes expiatórios cristãos. Essa violência hedonista descontrolada foi agravada por uma depressão econômica, por terremotos e por outros desastres naturais, ao que se somou a pressão de incursões persistentes de etnias deslocadas dentro do império e de beligerantes estrangeiros durante a "Era de Migrações", que teve início por volta de 350 d.C. A intervenção do general Anófeles, humilhando uma sequência de invasores, foi uma salvação temporária que apenas prolongou o fim inevitável que ele estava simultaneamente arquitetando: a queda do Império Romano.

Em meio à confusão da Era de Migrações, uma série de agressores estrangeiros, como os gauleses e os cartagineses do passado, voltaram suas miras diretamente para a debilitada Roma, que a essa altura já não era mais a capital de um Império Romano homogêneo. Devido à localização militar e comercialmente estratégica da cidade, o imperador Constantino transferiu a capital de Roma para Constantinopla (Istambul) em 330 d.C. O realinhamento e a desestabilização do império prosseguiram durante o comando do imperador Teodósio, que em 380 d.C. decretou o cristianismo niceno como a religião oficial do Estado e, em 395 d.C., dividiu o império entre seus dois filhos, criando uma cisão duradoura entre o Oriente e o Ocidente. Essa ruptura diminuiu o poderio militar e econômico das duas metades. Constantinopla permaneceu a capital da parte leste até o colapso dos bizantinos pelos otomanos islâmicos em 1453. No império ocidental, devido à implacável malária, Roma foi substituída por uma série de capitais, mas a Cidade Eterna preservou sua posição dominante como centro espiritual, cultural e econômico do império. Além disso, continuou cobiçada por saqueadores.

Os primeiros a atacar Roma foram os visigodos germânicos, liderados pelo rei Alarico. Em 408 d.C., em três ocasiões distintas, seus "bárbaros" avançaram pelo sul da Itália e cercaram a cidade, que possuía em torno de um milhão de habitantes. A fome e as doenças aos poucos foram corroendo a resistência romana. Quando um emissário da cidade perguntou o que restaria aos cidadãos romanos encurralados, Alarico respondeu com sarcasmo: "A vida deles." Zózimo, um escriba romano que registrava os acontecimentos, escreveu, com lamento, que "tudo que restava da bravura e da intrepidez romana foi totalmente eliminado". Em 410 d.C., Alarico cercou a cidade pela terceira e última vez. Não haveria negociação, trégua ou imunidade. Ao adentrarem as muralhas de Roma, as forças dele se esbaldaram com três dias de morte e destruição. Os cidadãos romanos foram assaltados, estuprados, mortos e vendidos como seres escravizados. Satisfeitos com a pilhagem, os visigodos saíram da cidade e seguiram para o sul, submetendo a Campânia, a Calábria e a comuna de Cápua à mesma sina, deixando para trás um rastro de destruição. A produção agrícola de Roma, já instável, sofreu outro revés. Contudo, ainda que pretendesse voltar a Roma, a essa altura o exército de Alarico já estava arruinado pela malária. O poderoso rei Alarico em pessoa, o primeiro a saquear Roma em quase oitocentos anos, sucumbiu à malária no outono de 410 d.C. O mosquito havia protegido Roma mais uma vez.

Com a morte de Alarico e afugentados pelo mosquito, os visigodos consolidaram o butim e recuaram para o norte, estabelecendo um reino no sudoeste da Gália, em 418 d.C. Os habitantes da região adularam os novos governantes, e, segundo as lendas, a nobreza celta desalojada deixou que os líderes visigodos vencessem a partida de gamão para agradá-los. Para usar o jargão de *Star Wars*, eles sempre, sabiamente, deixavam "o Wookie ganhar". No entanto, esses novos inquilinos da Gália ajudariam a defender o Império do Ocidente contra uma nova ameaça: Átila e seus hunos saqueadores.

Os astutos e velozes hunos eram cavaleiros habilidosos que apavoravam os povos europeus com temíveis tatuagens nos braços, cicatrizes ornamentais no rosto e as cabeças alongadas — resultado da prática de prenderem tábuas em torno do crânio durante a primeira infância. Originários do leste da Ucrânia e do norte do Cáucaso, os hunos iniciaram sua invasão prolongada do Leste Europeu por volta de 370 d.C. e logo chegaram ao rio Danúbio, na Hungria. No fim do século IV, conforme suas incursões se intensificavam, a receosa Constantinopla começou a pagar aos hunos para poupar o Império Romano do Oriente. Enquanto os tributos chegavam do acanhado império a leste, um novo líder audaz e ambicioso chamado Átila dirigiu seu poder para o Ocidente, ao outro lado dos Alpes austríacos. Era só uma questão de tempo até sua habilidosa cavalaria atacar Roma.

Mas os hunos não eram os únicos agressores que estavam de olho na Cidade Eterna. A joia da coroa no coração do Império do Ocidente estava diante de uma ameaça dupla, integrada pelos hunos e por outro bando de saqueadores violentos: os vândalos. Enquanto os hunos se estabeleciam no Leste Europeu, os vândalos, um grupo grande de tribos germânicas oriundas da Polônia e da Boêmia, abriram caminho pelo norte da Europa, atravessando a Gália e a Espanha. Em 429 d.C., sob a liderança do rei-guerreiro Genserico, vinte mil vândalos cruzaram o estreito de Gibraltar em direção ao Norte da África. Eles debilitaram ainda mais o Império do Ocidente e agravaram a escassez de comida ao se apossarem dos tributos de grãos, produtos vegetais, azeite e homens escravizados no Norte da África. Quando os vândalos cercaram a cidade portuária romana de Hipona (hoje Annaba, no nordeste da Argélia), o bispo local, Agostinho, suplicou misericórdia e implorou que a catedral e a imensa biblioteca, que possuía uma coleção notável de livros gregos e romanos, incluindo os escritos dele próprio, não fossem incendiadas. Em 387 d.C., santa Mônica, mãe venerável de Agostinho e cristã devota, morre de malária, que fora contraída nos pântanos pontinos. A morte da mãe inspirou alguns dos melhores trechos das *Confissões*, a obra-prima autobiográfica em treze volumes de santo Agostinho.

Assim como sua adorada mãe, o futuro santo Agostinho, cuja influência para a cristandade ocidental era rivalizada apenas por Paulo de Tarso, também morreu de malária, em agosto de 430 d.C., pouco depois do início do cerco dos vândalos a Hipona. Logo depois da morte dele, os vândalos reduziram a cidade a escombros. A palavra moderna "vândalo", com o sentido de "destruição ou depredação intencional de propriedades", perpetua essa reputação histórica de "vandalismo". Contudo, durante a destruição de Hipona, os vândalos não foram exatamente fiéis à definição do dicionário. As duas construções mais queridas, a catedral e a biblioteca de Agostinho, foram poupadas e permaneceram intactas em meio às ruínas fumegantes. A partir do Norte da África, os vândalos logo tomaram a Sicília, a Córsega, a Sardenha, a ilha de Malta e as ilhas Baleares. Embora Roma estivesse ao alcance de Genserico, Átila foi o primeiro a atacar.

A tentativa de conquista de Átila na Gália foi derrotada perto da floresta das Ardenas, na atual fronteira da França com a Bélgica, em junho de 451 d.C., por uma coalizão de visigodos e romanos. Ele virou imediatamente seus hunos clangorosos para o sul e começou uma rápida invasão do norte da Itália, saqueando vilarejos e campos pelo caminho. Uma pequena tropa vestigial de romanos, semelhante aos espartanos das Termópilas, conseguiu protelar o avanço dos hunos nas imediações do rio Pó. O reforço de legiões de mosquitos logo entrou no confronto e garantiu um impasse. Mais uma vez, a oportuna intervenção do general Anófeles salvou Roma.

Seguindo o manual de Aníbal, Átila também deu ordem para que suas tropas exauridas parassem no rio Pó e compareceu a uma audiência com o papa Leão I. Pode ser uma bela historinha romântica a imagem do piedoso papa cristão convertendo o bárbaro Átila, para que ele abandonasse suas intenções em relação a Roma e saísse da Itália, mas isso é forçar os limites da licença poética. Como os gauleses de Breno, os cartagineses de Aníbal e os visigodos de Alarico, os ferozes hunos de Átila foram conduzidos e, por fim, aniquilados pelo mosquito. "Os hunos", registrou o bispo romano Idácio, "foram vítimas do castigo divino e receberam a visita de desastres enviados pela Providência: fome e alguma doença. […] Devastados, eles fizeram um acordo de paz com os romanos e voltaram para casa." Devido à malária, o exército huno ficou impotente. Átila também sabia muito bem da sina que a malária impusera a Alarico e seus visigodos quarenta anos antes. Para piorar a situação, os estoques dos hunos eram insuficientes, havia pouca comida, e era cada vez mais inútil tentar se abastecer com os recursos da região. Os hunos haviam devassado as lavouras do norte da Itália. Além disso, insumos trazidos do Norte da África foram saqueados pelos vândalos, a Campânia tinha se transformado em um atoleiro, e uma seca havia comprometido a produção agrícola local, deixando Roma nas garras da fome.

Átila acatou a súplica do papa, mas foi apenas um artifício para evitar a humilhação. A verdade é que os mosquitos maláricos obrigaram-no a tomar essa decisão. "O interior do império era uma via-crúcis de germes", explica Kyle Harper. "A salvadora desconhecida da Itália nessa questão talvez até tenha sido a malária. Enquanto deixavam seus cavalos pastarem nas regiões ribeirinhas, onde os mosquitos se reproduzem e transmitem o protozoário mortífero, os hunos acabavam se tornando presas fáceis para a malária. No fim das contas, provavelmente o rei dos hunos foi sensato ao levar sua cavalaria de volta para as altas estepes, frias e secas, localizadas além do Danúbio, aonde o mosquito *Anopheles* não conseguiria ir." O mosquito pôde proteger Roma mais uma vez e obrigar Átila a cancelar sua missão saqueadora. Embora Átila não tenha sucumbido à malária, como Alexandre e Alarico, sua morte dois anos mais tarde, em 453 d.C., foi igualmente inglória. Ele morreu por complicações advindas de alcoolismo agudo. Conflitos internos e divergências logo se sucederam, então os temperamentais hunos abandonaram a frágil união de suas tribos e desapareceram nas páginas da história.

Enquanto a campanha de Átila na Itália pressionava as legiões romanas, os vândalos espreitavam o mar Mediterrâneo, atacando portos e navios mercantis. A atividade dos vândalos no Mediterrâneo era tão abundante e intensa que o nome do mar em inglês arcaico era *Wendelsae* (mar dos Vândalos). Sob a ameaça dupla de hunos e vândalos, Roma mandou voltarem suas guarnições na Britânia. Percebendo uma oportunidade, os anglos da Dinamarca e os saxões do noroeste alemão se juntaram como anglo-saxões e invadiram a Britânia nos anos 440 d.C., conquistando o território e substituindo tanto a cultura dos povos celtas nativos quanto os vestígios da ocupação romana.

Como Átila havia se retirado da Itália, devido ao mosquito, os romanos agora podiam se concentrar exclusivamente no perigo dos vândalos que estavam se aglomerando no Norte da África e nas ilhas do Mediterrâneo, a uma proximidade preocupante de Roma. A inépcia política e a subversão em meio à elite romana obrigaram Genserico a agir. Em maio de 455 d.C., dois anos após a morte de Átila, ele desembarcou na Itália com uma força de vândalos e marchou em direção a Roma. O papa Leão I, assim como havia feito antes com Átila, rogou a Genserico que não destruísse a cidade ancestral nem matasse a população e ofereceu um tributo como prêmio de consolação. Os portões de Roma foram abertos para Genserico e seus homens.

Enquanto o acordo foi honrado, os vândalos passaram duas semanas reunindo todos os escravizados e os tesouros que conseguissem encontrar, incluindo metais preciosos que decoravam construções ou estátuas. Contudo, quando o mosquito começou a consumir as fileiras vândalas, eles logo se retiraram e voltaram para Cartago. O saque de Roma pelos vândalos não teve nada do sadismo que as lendas sugerem, simplesmente porque eles não abusaram da hospitalidade da malária. Tal como a desintegração e a dispersão dos hunos após a morte de Átila, a presença dominante dos vândalos no Mediterrâneo minguou com o falecimento de Genserico, em 477 d.C. Os fragmentos esparsos que restavam foram absorvidos pela malha das populações locais.

A queda do Império Romano Ocidental foi um declínio gradual, que vinha ocorrendo desde o século III. Porém, ao longo das últimas décadas, Roma acabou ruindo sob o peso e as pressões sociais impostas por um conjunto de fatores como a malária endêmica, as epidemias, a fome, o despovoamento, as guerras e o flagelo desestabilizador de uma série de invasões. J. L. Cloudsley-Thompson, professor de zoologia, resume: "Seria um erro dar ênfase excessiva a uma teoria epidêmica para o declínio de Roma, mas a peste bubônica e a malária nitidamente exerceram uma forte influência. Entretanto, pelos motivos apresentados, parece que a atuação da malária foi a mais importante." Philip Norrie, professor da Universidade de Nova Gales do Sul, acrescenta que o Império Romano "acabou em 476 d.C. afligido por uma epidemia de malária *falciparum*". O atrito contínuo do mosquito definitivamente acompanhou a corrosão gradual e o derradeiro colapso de Roma.

Quando a invasão dos ostrogodos forjou um reino na Itália nos anos 490 d.C., já fazia quase vinte anos desde o último imperador romano no Ocidente, e, com o desenrolar das circunstâncias, nunca mais haveria outro. Os ostrogodos conseguiram saquear Roma em 546 d.C., durante os vinte anos da Guerra Gótica, que os ostrogodos e seus aliados travaram contra o Império Romano do Oriente, ou Império Bizantino, sob a liderança genial do imperador Justiniano, entre 535 d.C. e 554 d.C. A guerra foi o último esforço para retomar parte do território perdido do Ocidente e ressuscitar um Império Romano unificado. Não era para ser. Um tsunami de doenças frustrou o sonho de Justiniano de ressuscitar o império.

Com início em 541 d.C., uma pandemia de peste bubônica sem precedentes, conhecida como Praga de Justiniano, devassou o Império Bizantino. Tendo se originado possivelmente na Índia, a doença desembarcou rapidamente em todos os grandes portos do mar Mediterrâneo e se alastrou para o norte, Europa adentro, chegando à Britânia em três anos. É tida como uma das epidemias mais letais de todos os tempos, matando de trinta a cinquenta milhões de pessoas, ou cerca de 15% da população mundial. Em Constantinopla, metade dos habitantes foi aniquilada em menos de dois anos. Esses índices não foram ignorados por comentaristas da época, que descreveram a enfermidade como uma epidemia de natureza e alcance global. Procópio, secretário do genial e malariento general bizantino Belisário, teve a perspicácia de perceber que "nesses dias havia uma pestilência, pela qual toda a raça humana chegou perto de ser aniquilada. [...] Ela abrangeu o mundo inteiro e afligiu a vida de todos". A única outra epidemia de que se tem notícia na história da humanidade que se aproxima desse nível de calamidade é uma segunda ocorrência da peste bubônica, que aconteceu em meados do século XIV e ficou conhecida como Peste Negra.

O legado cultural do imperador Justiniano ainda ecoa nos dias de hoje pelas construções resplandecentes que ele erigiu em Constantinopla, entre elas a imponente basílica de Santa Sofia. Sua reformulação uniforme do direito romano também sobreviveu como base do direito civil codificado na maioria das nações ocidentais. Embora, em retrospecto, seu governo tenha adquirido uma reputação melhor na modernidade do que tinha na época do reinado propriamente dito, a devoção de Justiniano às artes, à teologia e à academia estimulou o desenvolvimento da cultura bizantina, tanto que ele é considerado um dos líderes mais visionários do fim da Antiguidade e costuma ser exaltado como "o último romano". O dito mundo clássico — o das civilizações grega e romana — havia chegado a um fim súbito. Como destaca William H. McNeill, a Praga de Justiniano levou ao "deslocamento perceptível do centro proeminente da civilização europeia para longe do Mediterrâneo e ao aumento da importância de regiões mais ao norte". Nesse sentido, o coração da civilização ocidental seguiu em sua migração para oeste, pela França e pela Espanha, até acabar por fixar residência na Britânia.

Para Roma, o mosquito acabou se revelando uma faca de dois gumes. A princípio, ele resguardou Roma contra a genialidade militar de Aníbal e seus cartagineses conquistadores, incentivando e potencializando a construção de um império e a ampla disseminação dos avanços culturais, científicos, políticos e acadêmicos, o que garantiu o legado duradouro da era romana. Entretanto, com o tempo, ainda que continuasse a defender a cidade contra saqueadores de fora, incluindo visigodos, hunos e vândalos, desde sua base nos pântanos pontinos, o mosquito também se ocupava de apunhalar o coração da própria Roma.

Para os romanos, apertar a mão do diabo e fazer um acordo faustiano com o mosquito acabou sendo uma aliança imprevisível e um perigo, que por fim levou o império à ruína. "Jamais contemplei aspecto tão execrável", escreveu, em 1787, Johann Wolfgang von Goethe, autor da tragédia em duas partes *Fausto*, "quanto o que se costuma descrever em Roma." Em sua peça, Goethe menciona tanto a poluição contaminada quanto a abundância potencial dos pântanos pontinos. "Do pé da serra forma um brejo o marco,/ Toda a área conquistada infecta;/ Drenar o apodrecido charco,/ Seria isso a obra máxima, completa./ Espaço abro a milhões — lá a massa humana viva,/ Se não segura, ao menos livre e ativa." Fora das páginas de *Fausto*, os mosquitos dos pântanos pontinos prosperaram e atuaram como aliados inconstantes de Roma, oscilando entre amigos e inimigos. O mosquito erodiu a força da sociedade romana, preparando as bases do colapso de um dos impérios mais poderosos, vastos e influentes da história. No processo, ele também deixou uma marca permanente e imortal na espiritualidade humana e na ordem religiosa global.

A ascensão e a queda do Império Romano corresponderam ao advento e à proliferação do cristianismo. Essa nova fé, que começou como uma dissidência do judaísmo no século I, distanciou-se de suas convicções originais, devido em parte ao tratamento e aos rituais associados ao que hoje sabemos serem doenças transmitidas por mosquitos, e também ao debate acerca de divindade e da função de curandeiros. Após um início complicado e violento, o cristianismo logo se firmou na mente e nos ministérios de populações na Europa e no Oriente Próximo como uma religião remediadora, realinhando permanentemente o equilíbrio de poder no planeta.

Mas, principalmente, o que aconteceu logo após o colapso do Império Romano foi que a Europa se voltou contra si mesma. O panorama era de feudalismo ditatorial de monarquias, o domínio territorial dos senhores e o papado reinando inconteste. O cristianismo abandonou o conceito de fé curadora e se tornou fatalista, pesado e carregado de fogo e enxofre, além de ser tomado por uma corrupção espiritual e econômica generalizada. A temerosa população europeia se retraiu durante a Idade das Trevas, e o conhecimento dos povos antigos desapareceu da memória coletiva. Enquanto a Europa era cegada por doenças e pela instabilidade religiosa e cultural, outra ordem espiritual e política desabrochou e cresceu no Oriente Médio. O aparecimento do Islã nas cidades de Meca e Medina, no início do século VII, gerou um renascimento cultural e intelectual inspirado por toda a região. Enquanto a Europa deslizava rumo ao abismo intelectual, o amadurecimento dos domínios muçulmanos era acompanhado por uma força crescente nos âmbitos da educação e do progresso. Seria inevitável o confronto dessas duas superpotências espirituais em nome da hegemonia territorial e econômica, em meio a nuvens de mosquitos seculares, deflagrando o embate de civilizações que foram as Cruzadas.

CAPÍTULO 5

Mosquitos não ARREPENDIDOS: CRISES DE FÉ E AS CRUZADAS

A ascensão da fé cristã foi gradual. Dois séculos após a crucificação de Jesus, os convertidos ao cristianismo ainda eram uma minoria perseguida e dispersa, considerada uma ameaça desleal dentro do Império Romano. Os romanos eram um coletivo diversificado e maleável, dotados de uma capacidade notável de assimilar uma ampla variedade de povos e práticas em seu sistema de crenças e cultura. No entanto, o cristianismo se revelou de difícil digestão, e seus discípulos foram aniquilados das mais diversas maneiras. Eram cobertos com peles de animais e despedaçados por cães, ou eram amarrados a estacas e queimados à noite, geralmente em grupos, para incrementar o espetáculo das chamas, ou às vezes sofriam uma típica crucificação. Mas a perseguição dos cristãos não apenas foi incapaz de conter a fé, como também atiçou a curiosidade de futuros convertidos e, em escala maior, comprometeu a estabilidade social de Roma e todo um império afligido por doenças e invasões quase constantes.

Durante essa "Crise do Século III", o cristianismo se fortaleceu e se desenvolveu em diversas regiões romanas. Esse crescimento corresponde à devastação provocada pela Peste Antonina e pela Praga de

Cipriano, já abordadas, e à disseminação de malária endêmica por todos os domínios romanos. Houve perseguição aos cristãos durante ambas as pragas. A rejeição do panteão politeísta romano em favor do monoteísta Javé ou Jeová levou a culpa. Contudo, essas duas epidemias brutais, somadas a um contexto desolador de malária endêmica, também atraíram uma multidão de novos convertidos, para quem a fé era uma religião "de cura". Afinal, dizia-se que Jesus havia realizado tratamentos milagrosos, tendo feito o coxo andar, o cego ver, curado a lepra e resgatado Lázaro da morte. Acreditava-se que esses poderes de cura fossem transferidos aos apóstolos e aos discípulos subsequentes.

Em meio à revolução cultural da Crise do Século III e às posteriores incursões estrangeiras rechaçadas pelos mosquitos dos pântanos pontinos durante a Era de Migrações, a malária crônica era um dos desafios para o *status quo* religioso e social. Além disso, segundo Sonia Shah, a malária "destruiu todas as antigas certezas", pois seu flagelo teria agravado as limitações da espiritualidade, da medicina e da mitologia romana tradicional. Amuletos, abracadabras e oferendas a Febris sucumbiram a essa nova esperança proporcionada pelos rituais terapêuticos cristãos e pelas práticas filantrópicas de tratamento.

Eu jamais cometeria a imprudência histórica de sugerir que foi o mosquito que converteu as massas ao cristianismo, mas a malária foi, de fato, um dos muitos fatores que contribuíram para a gradual predominância cristã no continente europeu. "O cristianismo, ao contrário do paganismo, pregava o cuidado com os enfermos como uma obrigação religiosa legítima. Os que conseguiam recuperar a saúde sentiam gratidão e dedicação à fé, e isso serviu para fortalecer a Igreja cristã em uma época em que outras instituições estavam fracassando", explica Irwin W. Sherman, professor emérito de biologia e doenças infecciosas na Universidade da Califórnia. "A capacidade que a doutrina cristã tinha de lidar com o choque psíquico das doenças epidêmicas fez com que ela fosse atraente para as populações do Império Romano. O paganismo, por sua vez, não processava tão bem a arbitrariedade da morte. Com o tempo, os romanos passaram a aceitar o ponto de vista cristão." O mosquito foi um dos principais causadores de "choque psíquico" por todo o Império Romano, e o cristianismo oferecia consolação, tratamento e, talvez, até salvação para seus convertidos.

Comunidades cristãs primitivas, considerando que o tratamento de enfermos era uma obrigação da fé, estabeleceram os primeiros hospitais genuínos. Essa preocupação, junto com outras práticas cristãs de caridade, reforçou uma noção robusta de comunidade e integração e formou uma rede mais ampla para os necessitados. Quando os cristãos viajavam a negócios, eram acolhidos com afeto por congregações locais. No ano 300 d.C., a diáspora cristã em Roma já estava prestando assistência a mais de 1.500 viúvas e crianças órfãs. Durante o período de irrefreada violência, fome, praga e malária, entre os séculos III e V, o cristianismo atraiu seguidores em busca de uma religião remediadora.

David Clark, professor de microbiologia, sintetiza a relação entre a malária e a difusão do cristianismo, alertando:

> Embora o cristianismo moderno não goste de admitir, aqueles primeiros cristãos praticavam o que só pode ser descrito como uma forma de magia. Feitiços eram escritos em folhas de papiro, que então eram dobradas em tiras compridas e usadas como amuletos. [...] Foram encontrados feitiços semelhantes até no século XI, muitas vezes com fórmulas mágicas da cabala judaica medieval, misturadas com termos cristãos mais ortodoxos. Esses feitiços ilustram a enorme importância da malária e da magia para os cristãos. [...] E também confirmam que o cristianismo primitivo era, em muitos sentidos, uma seita de curandeiros.

A inscrição em um amuleto romano cristão do século V, por exemplo, pretendia curar a malária de uma mulher chamada Joannia: "Fuja, espírito odioso! Cristo o persegue; o filho de Deus e o Espírito Santo o dominaram. Ó Deus do rebanho, proteja do mal sua aia Joannia. [...] Ó Senhor Cristo, filho e Palavra do Deus vivo, que cura toda doença e toda enfermidade, cure e zele também por sua aia Joannia [...] e expulse e elimine dela toda febre — cotidiana, terçã, quartã —, todo calafrio e todos os males." No capítulo "A Gospel Amulet for Joannia" [Um amuleto do Evangelho para Joannia], do livro *Daughters of Hecate: Women and Magic in the Ancient World* [Filhas de Hécate: Mulheres e magia no mundo antigo], AnneMarie Luijendijk, professora de religião em Princeton, relata que "Irina Wandrey postula uma relação entre a grande quantidade de amuletos contra a febre nesse período e o aumento da malária na Antiguidade Tardia". Ela explica que amuletos e talismãs contra a malária, ainda que "pareçam objetos banais e insignificantes, participam do discurso mais amplo de cura, religião e poder [...] criando uma prática cristã legítima e socialmente aceitável". O dr. Roy Kotansky, historiador de religião antiga e papirologia, detecta com perspicácia que "durante o Império Romano o uso de amuletos para tratar doenças parece ter demandado o diagnóstico propriamente dito da aflição, de modo que foi constatado que muitos dos textos encontrados nos amuletos indicam doenças específicas para os quais eles foram feitos". Embora seja difícil ignorar o apelo pessoal e específico para a malária no amuleto de Joannia, não sabemos se os deuses que ela invocou a protegeram do mal e afugentaram a morte infligida por mosquitos.

Não surpreende que os antigos cristãos, como indicado pela inscrição suplicante de Joannia, tenham misturado crenças conforme a necessidade. Em tempos de malária endêmica e incerteza religiosa, uma variedade salutar de orações e talismãs para deuses diversos, pagãos ou cristãos, aumentava a chance de que algum, supostamente o autêntico e genuíno salvador, atendesse às preces e concedesse a cura. Com o sacramento de cuidar dos enfermos, incluindo as massas trêmulas acometidas de malária, o Deus cristão se alçou à posição de principal candidato para eliminar a doença, ao mesmo tempo que oferecia salvação e uma vida eterna livre de febres, dores e sofrimento. Enquanto o mosquito impelia pouco a pouco o ímpeto do cristianismo, a religião recebeu um empurrão de dois imperadores famosos: Constantino e Teodósio.

Durante o turbulento século IV, o cristianismo ganhou embalo no declinante Império Romano e foi reforçado pela conversão do imperador Constantino, em 312 d.C., e seu Edito de Milão, no ano seguinte. Após a "Grande Perseguição" dos cristãos por seu predecessor, Diocleciano, ao contrário do que se costuma acreditar, o decreto jurídico de Constantino não estabeleceu o cristianismo como religião oficial do império. Mas o que ele fez foi garantir que todos os súditos romanos tivessem o direito de escolher e praticar sua fé sem medo de perseguição, uma medida satisfatória tanto para politeístas quanto para cristãos. Constantino foi além, em 325 d.C., no ecumênico Concílio de Niceia. Para aplacar os partidários das diversas facções politeístas e cristãs, bem como para dar um fim aos expurgos religiosos, ele uniu todas as crenças em uma única fé. Constantino ratificou o Credo Niceno e o conceito de Santíssima Trindade, abrindo as portas para a compilação da Bíblia atual e da doutrina cristã moderna.

Após a codificação do cânone por Constantino, entre 381 d.C. e 392 d.C., o imperador Teodósio, o último soberano a governar as porções oriental e ocidental do Império Romano, fundiu para sempre o cristianismo à Europa. Ele rescindiu a tolerância religiosa do Edito de Milão. Fechou templos politeístas, executou quem adorasse Febris ou portasse talismãs encantados com abracadabra e proclamou oficialmente o catolicismo romano como única religião formal do império. Assim, a cidade de Roma se tornaria o coração vivo do cristianismo e abrigaria a sede terrena de Deus no Vaticano.

A chegada plena do cristianismo à própria Roma, assim como a construção do Vaticano e de outros monumentos cristãos, durante o século IV, foi acompanhada pela malária que estava enraizada na cidade. "As primeiras grandes basílicas cristãs da cidade, a saber, as de São João, São Pedro, São Paulo, São Sebastião, Santa Inês e São Lourenço", destaca Cloudsley-Thompson, "foram construídas em vales que mais tarde se tornaram terríveis centros de contágio." Sabemos que os mosquitos da malária ocorriam na área do Vaticano antes da construção cristã da Basílica de São Pedro original. Como talvez você se lembre do capítulo anterior, Tácito nos revela que, após a erupção do Vesúvio, em 79 d.C., grandes ondas de refugiados e povos desabrigados acamparam "nas áreas insalubres do Vaticano, o que resultou em muitas mortes", e a "proximidade do Tibre [...] debilitou seus corpos, que já eram presa fácil para as doenças".

Embora a história das origens do Vaticano seja incerta, o nome propriamente dito já era usado na era pré-cristã da república para designar uma área pantanosa na margem ocidental do rio Tibre, do outro lado da cidade de Roma. Os arredores eram considerados sagrados; descobertas arqueológicas revelaram templos politeístas, mausoléus, tumbas e altares para deuses diversos, incluindo Febris. O sádico imperador Calígula cobriu esse local sagrado com um circuito (que foi expandido por Nero) para corridas de biga, em 40 d.C., coroado com o Obelisco do Vaticano, que ele roubou do Egito junto com a couraça peitoral de Alexandre. Essa imponente agulha é a única relíquia que perdura das sórdidas diversões de Calígula. A partir do ano 64 d.C., após o Grande Incêndio de Roma — pelo qual os cristãos levaram a culpa —, esse pilar de granito vermelho de 25 metros serviu de local para o martírio oficial de muitos cristãos, entre eles são Pedro, que teria sido crucificado de cabeça para baixo à sombra do obelisco.

Por ordem de Constantino, a construção da antiga Basílica de São Pedro foi concluída em cerca de 360 d.C., no lugar do circuito e suposto túmulo de são Pedro. A basílica constantiniana logo se transformou no principal destino de peregrinação, mas também serviu de epicentro para a construção concêntrica das instalações do Vaticano, incluindo um hospital que muitas vezes ficava abarrotado, chegando a conter três vezes mais enfermos do que sua capacidade máxima, com pacientes de malária oriundos de Roma e dos pântanos pontinos na Campânia.

As legiões de mosquitos que habitavam os pântanos pontinos protegiam a sede da Igreja Católica contra invasões estrangeiras enquanto também matava aqueles que ela acolhia. Durante grande parte desse período, os papas não residiam no Vaticano. O medo de contrair malária fez com que eles morassem por mil anos no Palácio de Latrão, do outro lado de Roma. Não surpreende que, durante o reinado da malária em Roma, os católicos nutrissem pela sede espiritual de sua fé mais terror do que respeito, ou talvez um terror respeitoso. No entanto, antes de 1626, ano da conclusão da nova Basílica de São Pedro (projetada por Michelangelo, Bernini e outros), cinco soberanos do Sacro Império Romano morreram da "febre romana", além de pelo menos sete papas, entre eles o notório libertino Alexandre VI, do fim do século XV, conhecido pela Netflix como Rodrigo Bórgia. O aclamado poeta Dante Alighieri também morreu com as infernais febres de malária em 1321, como ele disse, "como o que em febre sente o calafrio".

A letalidade de Roma não era ignorada por forasteiros, visitantes e historiadores. João Lido, historiador e administrador bizantino do século VI, especulava que Roma foi o local de uma longa batalha que os espíritos dos quatro elementos da natureza perderam contra o demônio da febre. Outros acreditavam que havia um dragão soprador de febre em uma caverna subterrânea, recobrindo a cidade com seu bafo pestilento, ou então que a rejeitada e vingativa deusa Febris estava castigando Roma por tê-la trocado pelo cristianismo. Um bispo medieval enviado a Roma observou que, quando "a ascensão da cintilante Estrela Canícula junto ao pé mórbido de Órion era iminente", a cidade era assolada por epidemias de malária, "e quase não restavam homens que não tivessem sido debilitados pelo calor escaldante e pelo ar ruim". Os "dias de cão" miasmáticos de Hipócrates continuavam relevantes como sempre, e seu famoso bordão seguia ricocheteando pela Antiguidade.

Embora a sede do catolicismo romano pudesse ter sido conhecida pelos dons curativos, era impossível desfazer a reputação de ser a capital da malária na Europa. Até mesmo em 1740, em uma carta escrita em Roma, o inglês Horace Walpole, político e historiador da arte, relatou que "existe algo horrendo, chamado malária, que chega a Roma todo verão e mata alguém", introduzindo pela primeira vez a palavra "*malaria*" na língua inglesa. De modo geral, os ingleses costumavam chamar a doença de "*ague*". Um século depois, outro crítico de arte inglês, chamado John Ruskin, fez eco às palavras do antecessor, exclamando que havia "um horror estranho pairando sobre toda a cidade. É uma sombra de morte, possuindo e penetrando tudo […] mas tudo misturado com o medo da febre". Em uma visita à cidade, em meados do século XIX, o escritor dinamarquês Hans Christian Andersen ficou chocado com o aspecto "pálido, amarelado, doentio" dos habitantes. A renomada enfermeira inglesa Florence Nightingale descreveu o entorno silencioso e inerte de Roma como "o Vale da Sombra da Morte". O poeta romântico Percy Shelley fez um comentário sobre a doença que matou seu grande amigo Lord Byron (apesar dos boatos, eles não eram amantes), lamentando que também ele estava padecendo de "uma febre malárica contraída nos pântanos pontinos". Até o início do século XX, pessoas que viajavam para essa região ficavam consternadas diante do aspecto miserável, esquálido e cadavérico dos poucos infelizes que moravam ali e tentavam levar a vida em meio à malária da Campânia. Como já vimos e continuaremos vendo, Roma, o Vaticano e o mosquito tiveram um longo relacionamento interdependente, além de um convívio volátil e letal.

La Mal'aria: Este quadro desolado e melancólico de 1850, pintado pelo artista francês Ernest Hébert, retratando camponeses italianos afligidos pela malária e tentando escapar do poço mortal que eram os pântanos pontinos da Campânia, foi inspirado pelas viagens e observações que ele fez pessoalmente pela Itália (*Diomedia/Wellcome Library*).

Ainda que Roma certamente sofresse intensa pressão da malária, o resto da Europa também não era imune, pois a doença avançava em uma marcha constante para o norte. Os romanos haviam levado cepas da malária em suas expansões por novos territórios, causando surtos esporádicos, como os casos da Escócia e da Alemanha já citados, mas foi apenas no século VII que a malária se tornou endêmica no norte da Europa. Embora a letal malária *falciparum* não fosse capaz de resistir aos climas mais hostis das regiões frias, as formas *malariae* e *vivax*, que também podem matar, conseguiram se estabelecer, reproduzindo-se até na Inglaterra, na Dinamarca e na cidade portuária de Arcangel, no Ártico russo.

A conquista vagarosa da Europa pelo mosquito foi acelerada graças à interferência da humanidade. Como sempre, as pestilências dos mosquitos seguiam o arado e os fluxos de movimentação, assentamento e comércio humano. A expansão do Império Romano, assim como a posterior progênie do cristianismo, ativou a extensão de doenças transmitidas por mosquitos para populações até então inexploradas. A constante dominação humana de ambientes locais, especialmente a perturbação em terras de cultivo e a deturpação artificial de ecossistemas, produziu para o mosquito extensos hábitats que até então eram considerados organicamente inviáveis. Colhemos o que plantamos. Ou melhor: onde plantamos, o ceifador aparece.

O delicado equilíbrio entre todas as forças vitais se tornou mais e mais subordinado aos impulsos da intervenção humana. O arado de aiveca, introduzido na Europa no século VI, podia ser puxado por tração animal em áreas de marga pesada. Com isso, os agricultores puderam trabalhar o solo compacto das bacias hídricas do centro e do norte da Europa. A densidade populacional de humanos e gados aumentou com o surgimento de vilarejos e cidades para sustentar essas colônias agrícolas, gerando uma onda de atividade em rios movimentados e em efervescentes portos comerciais. A relação imbricada entre a agricultura, a maior densidade populacional humana e o comércio exterior permitiu a propagação dos mosquitos da malária.

Com essa transição para uma economia de excedente agrícola, o norte da Europa se juntou ao mercado global, então comerciantes e mercadores passaram a cobrir distâncias maiores em busca de oportunidades capitalistas promissoras. Como o historiador James Webb explica, "as migrações humanas sempre haviam sido caravanas itinerantes de contaminação". A agonia da Idade das Trevas contou também com doenças desconhecidas e se tornou mais complicada com as novas perspectivas sobre a fé. O mosquito foi acompanhado de outro movimento estrangeiro que revelaria uma nova filosofia global na forma do Islã.

Ao contrário da disseminação lenta e penosa do cristianismo conduzida pelo mosquito, o Islã surgiu das visões do profeta Maomé e logo tomou o mundo. Em 610 d.C., durante um dos retiros de Maomé para meditar, o arcanjo Gabriel apareceu e o convocou a adorar Alá ("o Deus"), a mesma divindade dos judeus e cristãos. Maomé continuou recebendo revelações divinas e passou a transmitir essas palavras de Deus a um grupo reduzido, mas cada vez maior, de muçulmanos ("aqueles que se submetem ao Islã") em Meca e Medina. Seus sermões e suas mensagens acabaram por integrar o Corão ("recitação"). O Islã ("submissão a Deus") logo tomou conta da península Arábica.

Durante o século VII, à medida que os mosquitos e a malária se expandiam insidiosamente para o norte da Europa, a base territorial do Islã passou por uma rápida expansão pelo Oriente Médio. Essa nova fé monoteísta baseada no Deus cristão se alastrou pelo Norte da África e entrou nos mundos de Bizâncio e da Pérsia. Quando navegaram pelo estreito de Gibraltar e invadiram a Espanha em 711 d.C., os mouros muçulmanos provocaram outra onda de malária, que estabeleceu o parasita por toda a área europeia do Mediterrâneo. Em 750 d.C., o Império Muçulmano já se estendia desde o rio Indo, no leste, ocupando todo o Oriente Médio, o leste da Turquia e a cordilheira do Cáucaso e o Norte da África, chegando então, no oeste, à Espanha, a Portugal e ao sul da França. O Islã e o cristianismo agora se enfrentavam em duas frentes: na Espanha, no oeste; e na Turquia e, com o tempo, nos Bálcãs, no leste. A Europa estava sitiada tanto pelos mosquitos quanto por muçulmanos.

Enquanto as trevas, as doenças e a morte se abatiam sobre a Europa, em 732 d.C., na Europa Ocidental, um rei franco chamado Carlos Martel e suas tropas improváveis de agricultores e camponeses rechaçaram e afugentaram, na Batalha de Tours, na França, a infiltração mourisca do impressionante general muçulmano Abdul Rahman al-Ghafiqi. Seu neto, o cruzado cristão Carlos Magno, o primeiro imperador do recém-criado Sacro Império Romano, infligiria mais uma derrota aos mouros na França e na Espanha e pintaria o cristianismo no mapa da Europa com a cor do sangue. Pela primeira vez desde o auge do Império Romano clássico, Carlos Magno uniu a maior parte da Europa Ocidental em um único regime. Sob sua liderança visionária, porém brutal, a Europa começou a emergir do eclipse da Idade das Trevas, inspirando historiadores a batizá-lo de "Pai da Europa".

O eloquente e brilhante Carlos Magno foi coroado rei dos francos em 768 d.C. Ele então lançou mais de cinquenta campanhas militares com o propósito de expandir seu império e salvar almas. Protetor e promotor ferrenho do cristianismo, Carlos Magno se apressou para conter a expansão muçulmana na Espanha antes de lançar campanhas contra os saxões e os dinamarqueses, ao norte, e contra os magiares da Hungria, a leste, ao mesmo tempo que consolidava seu controle no norte da Itália. As campanhas militares de Carlos Magno destruíram Estados intermediários que cercavam seu reino franco e deslancharam uma onda de invasões e novas ameaças.

Ainda que não seja considerada oficialmente parte das Cruzadas, a cristianização ardorosa e fanática que Carlos Magno impôs aos conquistados foi tão extrema que poderia ser definida como genocídio religioso. O que antes se tratava de uma fé de conversão e devoção pela cura e consolação, com o cristianismo de Carlos Magno passou a apresentar um acesso completamente oposto à salvação: aceite o deus cristão ou conheça esse deus imediatamente na ponta da espada. No ano de 782 d.C., em Verden, por exemplo, Carlos Magno deu ordem para que mais de 4.500 saxões que não aceitaram se prostrar diante dele e do Deus cristão fossem massacrados. Enquanto Carlos Magno consolidava sua influência militar, política e espiritual, um ansioso e ignorado papa Leão III avaliou que o rei franco seria um meio de garantir e fortalecer sua autoridade e soberania.

O prestígio do papa Leão junto às elites italianas estava se desintegrando rapidamente devido aos casos abafados de adultério, conluios políticos e maquinações econômicas. Sob a proteção de Carlos Magno, Leão pretendia preservar a legitimidade do papado e manter afastados quaisquer usurpadores. Quando Carlos Magno foi coroado como o primeiro imperador do Sacro Império Romano (ou Império Carolíngio), no Natal do ano 800 d.C., o bastião do papa Leão estava sob ameaça em todas as frentes. Embora Carlos Magno tenha sido o primeiro imperador a governar uma Europa Ocidental coesa desde o colapso, três séculos antes, do Império Romano do Ocidente, sua política de cristianização e suas incursões militares em todas as direções perturbaram o equilíbrio do poder e inspiraram retaliações. Quando Carlos Magno morreu de causas naturais, em 814 d.C., aos 71 anos, seus herdeiros foram incumbidos de defender o vulnerável e frágil império cristão que ele havia criado.

As fronteiras sobrecarregadas de seu Sacro Império Romano logo foram desestabilizadas e recuadas por invasões dos magiares, um povo nômade oriundo da região entre o rio Volga e os montes Urais, na Rússia oriental. No ano 900 d.C., eles já haviam conseguido penetrar a ordem estabelecida e se instalar ao longo do rio Danúbio, na região onde hoje é a Hungria. Eles continuaram avançando para oeste, e em mais cinquenta anos entraram na Alemanha, na Itália e chegaram até o sul da França. Por fim, embora estivesse recuando lentamente no oeste, o Islã continuava inserido na Espanha e progredia rumo a leste, batendo na porta oriental do Império Bizantino.

O projeto magiar na Europa Ocidental foi contido pelo rei alemão Oto I em 955 d.C., em Lechfeld, o que lhe rendeu uma forte reputação como salvador da Cristandade e o impulsionou ao trono do decadente Sacro Império Romano em 962 d.C. Começando com Oto, no que interessa a este livro, o rei da Alemanha passou a assumir a coroação dupla como soberano do Sacro Império Romano, embora nem sempre com a anuência do papa. Após a derrota, os magiares adotaram o cristianismo sob o rei Estêvão (futuro santo Estêvão) e estabeleceram uma cultura agrícola doméstica na Hungria. As atividades agrícolas dos magiares perturbaram o equilíbrio ecológico e proporcionaram ao mosquito novas áreas para ele apresentar seu espetáculo itinerante de malária. Contudo, para a Europa, o ambiente pró-malária criado pelos magiares ao longo do Danúbio húngaro foi um mal que veio para o bem. Durante as furiosas invasões mongóis do século XIII, esses mosquitos da malária, criados sob os cuidados dos fazendeiros magiares, formaram um perímetro defensivo robusto e se revelaram a salvação do restante da Europa.

As ofensivas muçulmanas e magiares marcaram a última ocorrência de invasões significativas de forasteiros no interior do território europeu. O Sacro Império Romano logo foi dividido em diversos reinos étnicos. Em muitos sentidos, eles eram a extensão das ofensivas de visigodos, hunos e vândalos que os mosquitos haviam barrado, durante a Era de Migrações, e da guerra que havia abalado as fundações do Império Romano do Ocidente nos séculos IV e V. Como os invasores nômades do passado, esses novos forasteiros também permaneceram na Europa e foram absorvidos pelas sociedades locais ou criaram novos territórios étnicos, como os magiares húngaros, os franceses, os alemães, os croatas, os poloneses, os tchecos e os rus-eslavos (russos e ucranianos). A composição étnica e o mapa da Europa moderna começavam a tomar forma.

Isso marcou o início de um período de relativa paz no continente e de homogeneidade no cristianismo. Essa fachada de união, por um lado, gerou diversificação comercial, especialização profissional, intensificação mercantil e aumento de prosperidade. Por outro, o fortalecimento da agronomia, o capitalismo de mercado e o tráfego e intercâmbio comercial disseminaram ainda mais os mosquitos. Esse crescimento econômico permitiu o desenvolvimento e a manutenção de governos locais, além de fazer surgirem nações monárquicas feudais ou de principados baseados em servidão agrícola. Esses governantes déspotas e os feudos subordinados a eles eram protegidos por exércitos mercenários de cavaleiros e de camponeses locais obrigados a lutar para o senhor feudal em caso de necessidade.

As novas regiões reais operavam sob o direito divino do rei referendado pelo olho atento, sempre vigilante e julgador, do papado, que aos poucos foi se tornando mais interessado no acúmulo de riqueza e poder do que na salvação de almas. As origens da Igreja como uma fé remediadora e terapêutica contra a malária ficaram irreconhecíveis. A conquista da salvação era um conveniente recurso de intimidação e suborno para dissipar o furacão de riquezas das massas de camponeses ignorantes. O papado estava forjando avidamente um espaço lucrativo nessa rica revolução comercial que começava a expandir seu domínio na Europa e além.

Uma série de monarcas do Sacro Império Romano, desde Oto I, tentou em vão subjugar a avarenta Roma e outras cidades-Estados italianas rebeldes. Ao mesmo tempo, tentou obrigar um papado cada vez mais poderoso e independente a legitimar sua supremacia. Os mosquitos dos pântanos pontinos continuaram protegendo Roma e o Vaticano contra invasões estrangeiras durante os conflitos dessa era, da mesma forma como haviam feito no passado contra ondas de cartagineses, visigodos, hunos e vândalos. Tal como vários outros pretendentes a conquistadores que haviam cortejado Roma, entre eles Aníbal, Alarico, Átila e Genserico, os exércitos dos imperadores Oto I, Oto II, Henrique II (que não deve ser confundido com o soberano inglês posterior) e Henrique IV também foram vencidos pelos mosquitos da malária.

O exército germânico de Oto I foi afligido pela malária quando reprimia uma rebelião italiana. Essa missão foi herdada então por seu filho, Oto II, que também morreu de malária, em 983 d.C., sem conseguir a vitória. A morte repentina de Oto II, aos 28 anos, iniciou um período turbulento em que vários nobres germânicos e estrangeiros disputaram o trono vazio, que havia sido ocupado formalmente por Oto III, o filho de três anos dele. Durante esses conflitos internos, o rei germânico Henrique II manteve mais ou menos a unidade do encolhido Sacro Império Romano. A essa altura, esse legado só existia na teoria. Com a formação de nações étnicas nas fronteiras, o suposto Sacro Império Romano agora consistia sobretudo do reino germânico no centro da Europa.

Quando Henrique II tentou pacificar a Itália em 1022, uma doença devastadora o obrigou a abortar sua campanha punitiva. Pedro Damião, monge beneditino e cardeal (canonizado em 1828), que trabalhava em Roma nessa época, descreveu a atmosfera degradante da cidade. "Roma, faminta de homens, destrói até a natureza humana mais forte", escreveu ele. "Roma, caldeirão de febres, é pródiga com os frutos da morte. As febres romanas são fiéis de acordo com um direito imprescritível: quem é tocado por elas jamais será abandonado enquanto viver." Entre os anos 1081 e 1084, Henrique IV, enfraquecido tanto por insurreições internas e externas contra seu governo quanto por cinco excomunhões distintas emitidas por três papas, organizou um cerco contra Roma em quatro ocasiões. Mas Roma e seus governantes papais resistiram a todas, então Henrique foi obrigado a retirar grande parte do contingente de seu exército atormentado pelos mosquitos na Campânia durante os meses de verão. As tropas reduzidas que ele deixou para trás foram todas esmagadas pelos insetos aliados de Roma, que patrulhavam irrequietos os pântanos pontinos.

Após uma série de líderes esquecíveis, um soberano impressionante finalmente assumiu, em 1155, as rédeas do arrasado Sacro Império Romano. Trata-se de Frederico I, tão querido por seus contemporâneos que ficou conhecido para sempre pelo afetuoso apelido de Barbarossa (Barba Ruiva). Ele era uma figura imponente que combinava todos os talentos e virtudes essenciais de um líder forte. Seu nome perdurou através dos tempos graças a seu currículo extremamente admirável, mas também devido a uma associação mais sinistra. O adulador Adolf Hitler batizou sua invasão da União Soviética, em junho de 1941, com o codinome Operação Barbarossa, para celebrar o nome do visionário líder da Alemanha medieval.[1]

---

[1] Durante a fase de planejamento da invasão, o codinome original era *Otto*, em referência a Oto I. O nome foi alterado para *Barbarossa* em dezembro de 1940.

Barbarossa estava ansioso para restaurar no império a glória do passado, conquistada por Carlos Magno. Já o mosquito tinha planos não tão gloriosos para os exércitos que Barbarossa estava formando. As cinco campanhas do imperador contra a Itália e o papado, a partir de 1154, foram todas consumidas por nuvens de mosquitos e malária. Um dos soldados de Barbarossa refletiu que a Itália "é corrompida pelas brumas venenosas que brotam dos pântanos vizinhos, provocando morte e destruição para todos que as respiram". Em seu relato contemporâneo sobre as invasões de Barbarossa, o cardeal Boso, membro da corte papal, atesta que "de repente uma febre letal se alastrou pelo exército dele, e, em sete dias, quase todos [...] foram ceifados de surpresa por uma morte terrível [...] e em agosto [ele] começou a recuar com seu exército reduzido. Contudo, ele foi seguido pela doença letal e, a cada passo que tentava avançar, era obrigado a deixar inúmeros mortos para trás". Impedido pela firme defesa do mosquito, Barbarossa voltou para a Alemanha e se submeteu ao desejo social de seus súditos, bem como de seus barões, cada vez mais autônomos. Esse desejo consistia em criar uma "grande Alemanha" e conquistar os povos eslavos a leste para assegurar o *Lebensraum* ou "espaço vital", um bordão que, 750 anos depois, foi ressuscitado pelo Terceiro Reich de Hitler.

Depois que o papa Urbano III morreu de malária, seu sucessor, Gregório VIII, reverteu a excomunhão de Barbarossa e fez as pazes com o velho amigo. Quando Gregório conclamou que a Europa reconquistasse a Terra Santa durante a Terceira Cruzada, Barbarossa, agora em uma relação amistosa com o papado, respondeu com fervoroso ardor cristão. Preocupado com a ocupação muçulmana de Saladino no Egito, com o Levante e com a cidade sagrada de Jerusalém, e abalado pela erosão do domínio cristão na Terra Santa, o papa Gregório expediu uma bula papal para convocar essa Cruzada.

Embora o papa Gregório tenha sido acometido de malária depois de apenas 57 dias no trono, seu apelo para reverter esses contratempos, sob a fachada de "oportunidade para penitência e fazer o bem", foi atendido pela Cristandade europeia. Os soldados cristãos de Barbarossa foram conduzidos junto com os exércitos de Filipe II da França, Leopoldo V da Áustria e o então recém-coroado Ricardo I "Coração de Leão" da Inglaterra. Esses cruzados reunidos, liderados pelos maiores governantes da Europa, marcharam direto para um turbilhão de morte instigado por mosquitos e pelos muçulmanos que estavam defendendo suas terras.

Desde o início turbulento, o mosquito e suas patrulhas prodigiosas pelos pântanos pontinos em torno de Roma e do papado ajudaram a transformar o cristianismo, que antes era uma pequena seita esparsa de curandeiros, em um empreendimento corrupto de poder espiritual, econômico e militar. Os mosquitos da Terra Santa não apreciaram essa conversão de propagadores de saúde para cruzados gananciosos. Eles se vingaram dos cristãos que invadiram o Levante, interrompendo a expansão pelas terras islâmicas e corroendo lentamente as bases frágeis das nações cristãs dos cruzados no Oriente Médio.

O termo "Cruzadas" não era usado naquela época. A palavra só veio a se tornar um termo genérico em cerca de 1750, para representar nove expedições cristãs ao Oriente Médio, entre 1096 e 1291, em uma tentativa persistente de tomar a Terra Santa das mãos do Islã. Guerras contemporâneas na Europa que culminaram com a Reconquista da Espanha e a expulsão dos mouros em 1492, o mesmo ano em que Colombo transformou o mundo sem querer, costumam ser incluídas, pelo menos na condição de nota de rodapé, nas incursões à Terra Santa. A Primeira Cruzada, lançada em 1096, levou a uma série de investidas rumo à Terra Santa ao longo de duzentos anos, com o propósito de saciar uma combinação tentadora de ganância e ideologia, através da metodologia de invadir para lucrar, mal disfarçada de catequização religiosa.

Embora evangelistas, filmes e livros infantis, incluindo *Robin Hood*, queiram nos convencer de que as Cruzadas foram promovidas para combater o poder islâmico ímpio na Terra Santa, o elemento religioso das Cruzadas era muito mais abrangente e incluía a repressão e o extermínio de qualquer fé que não fosse a cristã. As Cruzadas, definitivamente, não podem ser descritas de forma simplista como um *jihad* cristão ensandecido contra o domínio islâmico do Levante, realizado por garbosos cavaleiros europeus em suas armaduras deslumbrantes e montados em nobres corcéis para atacar os castelos muçulmanos. Foram, na verdade, um processo muito mais complicado que essa imagem simbólica de conto de fadas. Como explicou casualmente um dos primeiros cruzados, era uma insensatez viajar para atacar os muçulmanos quando havia outros pagãos não cristãos logo ao lado. "Isso", proclamou ele, "é trabalhar de trás para a frente."

A verdade é que esses cavaleiros fiéis, com seus escudos decorados com cruzes, atendendo aos caprichos de seus soberanos ou líderes religiosos, estavam mais para mafiosos e capangas de Al Capone ou Pablo Escobar do que para os míticos arturianos salvadores de donzelas em apuros e guardiães da grande Cristandade. As rotas pela Europa rumo à Terra Santa foram escolhidas especificamente pela grande concentração de judeus e pagãos, que eram submetidos a uma orgia impiedosa de purificação étnica e religiosa. Como de costume, isso era seguido do saque e do roubo desenfreados de todas as populações locais, incluindo outros cristãos. Mais um elemento das Cruzadas era a resolução de conflitos entre facções cristãs rivais. Monarcas e membros do clero faziam vista grossa sob o slogan propagandístico "É a vontade de Deus". Afinal, com o objetivo de formar seus exércitos, os papas ofereciam aos mercenários perdão absoluto de seus pecados, assim as tribulações das Cruzadas compensariam a penitência comum.

De camponeses a nobres, homens e mulheres europeus se juntaram ao movimento para lutar em nome de Deus, o que nada mais era do que uma oportunidade de peregrinação sob escolta militar, como soldados voluntários ou não, com vistas a se esbaldar nos bordéis desregrados do Extremo Oriente, a estuprar e saquear, ou a saciar alguma combinação pessoal dessas possibilidades. Não havia consenso entre as inspirações individuais para se unir à causa das Cruzadas. O historiador Alfred W. Crosby descreve as Cruzadas como "uma espécie de ofensiva desenfreada de hordas de fanáticos para resgatar o Santo Sepulcro dos muçulmanos [...] uma noção combinada de idealismo religioso, desejo

1148, durante o período de malária, foi mal planejado e executado, um desastre salpicado por parasitas.

A consequência mais importante dessa derrota induzida pelos mosquitos foi que o rechaçado Luís descontou suas frustrações na esposa, Leonor, que ainda não lhe dera um filho e que ele desconfiava estar cometendo adultério com Raimundo, tio dela e governante da nação cruzada de Antioquia. Quando eles voltaram à França, o papa "dissolveu" o casamento nada amoroso. Leonor casou-se prontamente com o primo Henrique II, que foi sagrado rei da Inglaterra em 1154, apenas dois anos depois das núpcias. A união de Henrique e Leonor (e de suas terras na França) produziria ramificações eternas, já que dois de seus oito filhos — os reis Ricardo e João — levariam diretamente à ratificação da Carta Magna.

Em 1187, após o fracasso da Segunda Cruzada, o papa Gregório convocou a Europa a retomar Jerusalém de Saladino e seu exército muçulmano. O recém-coroado rei Ricardo Coração de Leão ergueu a manopla da Cristandade pela Inglaterra durante a Terceira Cruzada, junto com Leopoldo V da Áustria, Filipe II da França e Barbarossa da Alemanha, até a morte acidental do imperador alemão no caminho à Terra Santa. Saladino bloqueou a passagem dos cruzados a 150 quilômetros ao norte de Jerusalém, na cidade costeira e fortificada de Acre. Uma tropa mista de cruzados locais sob a liderança de Guy de Lusignan, ex-rei de Jerusalém, recém-libertado, junto com o contingente nacional de Filipe e Leopoldo, estabeleceu um cerco em agosto de 1189. Quando a malária começou a sugar as forças dos sitiantes, Saladino, em uma ação brilhante e inesperada, cercou os inimigos e deu bastante oportunidade para que o mosquito se banqueteasse com os cruzados encurralados.

Quando Ricardo chegou com seu exército em junho de 1191, os cruzados já haviam passado dois anos padecendo de malária endêmica, com surtos epidêmicos frequentes. A malária matara cerca de 35% dos cruzados europeus e sugara a ideologia e o fervor cristão que antes pulsavam nos sobreviventes. Ricardo contraiu malária assim que chegou, o que seus terapeutas descreveram como "uma doença grave que os plebeus chamam de Arnoldia e que é produzida por uma alteração do clima, agindo sobre a constituição física do indivíduo". Confrontando os ataques da malária, do escorbuto e dos muçulmanos, o febril Ricardo rompeu o cerco e tomou Acre em um mês. Mas suas tropas europeias já não tinham tamanho e disposição para levar a luta a Jerusalém. O mosquito havia aniquilado sua eficiência. Tanto Filipe, também incapacitado pela malária e pelo escorbuto, quanto Leopoldo se sentiram enganados pelo prepotente Ricardo quando receberam uma parcela ínfima dos espólios após a queda de Acre. Cientes de sua posição militar e econômica inferior, os dois reis amargurados e desgastados reuniram os resquícios esquálidos de seus contingentes nacionais e saíram da Terra Santa em agosto. Contudo, eles ainda se vingariam de Ricardo.

Sem se abalar pela deserção dos companheiros, Ricardo jurou seguir até Jerusalém. Quando as negociações entre Ricardo e Saladino fracassaram, o rei inglês decapitou 2.700 prisioneiros diante dos olhos do exército muçulmano. Saladino respondeu na mesma moeda. Ricardo rumou para o sul e conseguiu tomar e manter a cidade de Jaffa contra intensos contra-ataques muçulmanos. Nascia a reputação de coragem, competência militar e habilidade de Ricardo, e seu epíteto de "Coração de Leão", *cœur de lion* (Ricardo falava francês, não inglês). Sua primeira investida contra Jerusalém vacilou e fraquejou nas chuvas torrenciais e no lodaçal de novembro, que também costuma ser o pior mês de malária no Levante. "Doenças e escassez", escreveu um observador, "debilitaram muitos, a ponto de as pessoas mal conseguirem ficar de pé." A malária também obrigou uma segunda ofensiva contra Jerusalém a recuar. Ricardo ficou doente de novo com o que seus médicos especulavam que fosse "uma semiterçã aguda", ou uma combinação da malária *vivax* com a *falciparum*.

As confusas tropas de cruzados não estavam em melhor condição que seu comandante. O sonho de Ricardo — Jerusalém, a Cidade Santa —, ainda que estivesse à vista, não seria realizado. O mosquito foi determinante para que Jerusalém permanecesse nas mãos dos muçulmanos. Foi firmado então um tratado entre Saladino e o Coração de Leão, os dois líderes propriamente ditos e mutuamente respeitados do mundo islâmico e cristão. Jerusalém continuaria em poder dos muçulmanos, mas passaria a ser considerada uma cidade "internacional", aberta e receptiva aos peregrinos e aos mercadores, fossem cristãos, fossem judeus.[2] Em 1291, quando os muçulmanos reconquistaram Acre, o último vestígio das nações cruzadas afligidas pela malária, a primeira grande tentativa cristã de colonização fora da Europa foi engolida pelas areias do deserto.

A Terra Santa continuou em poder do Islã até a Primeira Guerra Mundial e a entrada triunfal do general inglês sir Edmund Allenby, no Natal de 1917, em Jerusalém. Desde as Cruzadas, Allenby do Armagedom, apelido que ele recebeu de seus superiores militares e políticos, foi o 34º conquistador de Jerusalém e o primeiro "cristão", embora fosse ateu. A divisão médica do Exército britânico exaltou Allenby como "o primeiro comandante que, naquela região de malária endêmica onde muitos exércitos ruíram, compreendeu o risco e adotou medidas apropriadas". Também em 1917, Arthur Balfour, secretário do Exterior e ex-primeiro-ministro do Reino Unido, anunciou, no que ficou conhecido como Declaração Balfour, que "o governo de Sua Majestade encara positivamente o estabelecimento de uma nação na Palestina para o povo judaico e se utilizará de todos os esforços para facilitar a realização desse objetivo". A ocupação cristã no Levante, durante a Primeira Guerra Mundial, e a realização da declaração utópica de Balfour voltaram a mergulhar a Terra Santa em um clima antagonista que resultou no sentimento hostil e tenso que hoje cerca o Oriente Médio.

Allenby conseguiu concretizar em 1917 o que Ricardo não foi capaz em 1192: a vitória contra o mosquito. Tanto a malária quanto a própria atitude orgulhosa de Ricardo durante sua Terceira Cruzada ocasionaram sua ruína. Em outubro de 1192, ainda acometido de febres maláricas persistentes, Ricardo saiu do Levante e voltou à Inglaterra. A

---

[2] A população de Jerusalém em 1865, por exemplo, era de cerca de 16.500 habitantes, sendo 7.200 judeus, 5.800 muçulmanos, 3.400 cristãos e cem "outros".

viagem foi afligida por conspirações e tramoias que acabaram conduzindo Ricardo à morte. Enquanto ele seguia em sua Cruzada pela Terra Santa, Filipe da França, ofendido, e João, irmão de Ricardo, tramavam contra o rei.

Quando voltou à França, Filipe prestou assistência em segredo à revolta de João contra o irmão ausente. Ele iniciou também uma campanha para tomar reinos ingleses na França que haviam sido transferidos pelo casamento anterior de Henrique e Leonor. Por fim, Filipe não autorizou que Ricardo tivesse acesso aos portos franceses e, então, obrigou-o a viajar pela perigosa rota terrestre que atravessava o centro da Europa, onde ele foi capturado pouco antes do Natal por Leopoldo, que o aguardava. O resgate pedido foi a quantia estarrecedora de quase cinquenta mil quilos de prata. Esse valor, o triplo da receita anual em tributos da Coroa inglesa, foi reunido por Leonor, mãe de Ricardo. Para juntar esse enorme valor a ser pago pelo resgate, Leonor aumentou os tributos ou impôs taxas arbitrárias sobre propriedades, gados e fortunas acumuladas, entre outras tarifas, da plebe, dos barões e do clero. Quando esse tesouro imenso foi entregue, Ricardo foi libertado. Filipe enviou uma mensagem urgente para João, na qual alertava: "Cuidado, o diabo está à solta."

Livre e a caminho da Inglaterra, Ricardo começou a reconquistar províncias inglesas na França, consumindo ainda mais recursos. Durante o cerco a um castelo insignificante na Aquitânia, em 1199, um defensor chamou a atenção do rei. Ricardo achou graça de um homem que estava parado nas ameias do castelo, armado com uma balestra em uma das mãos e, em verdadeiro espírito de Monty Python, uma frigideira na outra, como se servisse de escudo. Distraído, Ricardo foi atingido por uma seta e acabou morrendo em decorrência de gangrena. João assumiu o trono da Inglaterra. Ao longo da década seguinte, para financiar suas repetidas e inúteis campanhas na França, cujo objetivo era reverter a perda de terras inglesas, João usou todos os meios possíveis para incrementar a receita, incluindo aumentos de impostos, tributos suplementares, taxação de heranças e casamentos e até extorsão e suborno.

Infelizmente, e por mais que eu adore o desenho da raposa lançado em 1973, Robin Hood não existiu de verdade.

Robin Hood é uma representação fictícia, um símbolo de esperança e transformação durante esse período sombrio de pobreza e opressão na Inglaterra, sob o jugo do rei João. Apesar da suspeita de que a história de Robin Hood tenha uma tradição oral mais antiga, sua primeira aparição em papel foi no poema narrativo alegórico *Piers Plowman* [Pedro, o Lavrador] (*c.* 1370), de William Langland, que é considerado, junto com *Sir Gawain e o cavaleiro verde*, uma das maiores obras da literatura inglesa antiga. Escrita no mesmo período, a coleção épica de 24 histórias de Geoffrey Chaucer, reunidas sob o título de *Contos da Cantuária*, fala de "humores muito quentes; e [...] febre ardente", confirmando que a malária estava entrincheirada nos pântanos baixos do leste da Inglaterra e chegou à literatura inglesa muito antes de Shakespeare mencionar a doença em oito de suas peças.

As primeiras histórias de Robin Hood guardavam uma remota semelhança com as representadas por Sean Connery, Kevin Costner, Cary Elwes e Russell Crowe. O conjunto completo de personagens e tramas complementares só viria a ser consolidado no filme aventuresco de 1938 *As Aventuras de Robin Hood*, com Errol Flynn e Olivia de Havilland. Um dos primeiros filmes em Technicolor, essa versão do confronto entre os joviais habitantes renegados da floresta de Sherwood e os tiranos gananciosos de Nottingham se tornou a história icônica que conquistou o coração de espectadores (e de pais na hora de colocar as crianças para dormir) no mundo inteiro. A lenda moderna foi aperfeiçoada, e segue inconteste, no clássico animado de 1973 da Disney, em que João é satirizado como um covarde leão chupador de dedo.

A derrota retumbante do rei João contra os franceses em Bouvines, em 1214, deflagrou a confederação e revolta de seus barões sobrecarregados e descontentes. Em Runnymede, em 15 de junho de 1215, João foi obrigado a atender às exigências dos barões rebeldes e assinar a Magna Charta Libertatum, "Grande Carta de Liberdades". O documento revolucionário detalhava os direitos e as liberdades pessoais de todos os ingleses livres (uma categoria extremamente reduzida). Para os propósitos deste livro, vou desconsiderar as mitológicas representações modernas da Carta Magna e sua deturpação por históricas retrospectivas — exceto uma. A inclusão, hoje universal, do slogan absoluto "Ninguém está acima da lei" à Carta Magna não é uma verdade. A expressão não aparece em nenhuma das 63 cláusulas desse documento inovador. A interpretação e a construção moderna da frase podem ser compostas, de forma mais ou menos frouxa, a partir de dois artigos: "*39º — Nenhum homem livre poderá ser capturado ou preso, ou privado de direitos e posses, ou renegado ou exilado, ou desprovido de seu status em qualquer outro sentido, nem lhe imporemos força ou determinaremos que outros o façam, salvo conforme a determinação legítima de seus iguais ou a lei da terra. 40º — A ninguém venderemos, a ninguém negaremos ou protelaremos o direito ou a justiça.*"

Esses conceitos, o que quer que eles significassem em 1215, introduziram a era da democracia moderna, o estado de direito e as bases para os direitos universais e inalienáveis que todo indivíduo tem à vida, à liberdade e à proteção de suas posses. A Carta Magna foi uma das transformações mais profundas em toda a história do pensamento político e jurídico. Sua influência pode ser sentida em inúmeras Constituições das democracias modernas, incluindo a Carta de Direitos dos Estados Unidos, a Carta Canadense de Direitos e Liberdades, bem como a internacional Declaração Universal dos Direitos Humanos de 1948, adotada pela Organização das Nações Unidas. Se recuarmos na linha do tempo e nessa confusão, a frustrada Terceira Cruzada criou o contexto e as condições para a Carta Magna e sua plataforma democrática embrionária.

Embora a Carta Magna possa servir como um razoável prêmio de consolação, a tentativa dos cruzados europeus de tomar a Terra Santa foi um estrondoso e absoluto fracasso. O mosquito havia mergulhado o cristianismo em uma crise de fé. Depois de ter estimulado o avanço das bases terapêuticas do cristianismo durante a Crise do Século III, o mosquito também deu um fim ríspido e abrupto às campanhas mercantis da religião durante as Cruzadas.

As Cruzadas foram as primeiras iniciativas europeias em grande escala de estabelecer colônias permanentes e projetar o poder europeu fora dos limites do continente. O mosquito ajudou a providenciar a ruína dessas primeiras investidas imperialistas. Vale a pena reproduzir integralmente os comentários de Alfred W. Crosby sobre a interferência letal do mosquito durante as Cruzadas, tal como ele escreveu em seu *Imperialismo ecológico*:

> Com poucas exceções, todos os ocidentais da história que tentaram travar guerras no leste do Mediterrâneo acreditavam que seus principais problemas eram de ordem militar, logística e diplomática, e talvez teológica, mas a verdade é que as maiores e mais imediatas dificuldades geralmente são médicas. Ocidentais com frequência morriam logo após chegar, e com ainda mais frequência não conseguiam ter filhos que vivessem até a idade adulta no Oriente. [...] Quando os cruzados chegaram ao Levante, tiveram de se submeter ao que os colonizadores ingleses que desembarcaram na América do Norte, séculos mais tarde, chamariam de "aclimação". [...] Tinham de sobreviver a infecções, conceber *modi vivendi* com os microrganismos e parasitas orientais. Depois disso eles poderiam combater os sarracenos. Esse período de aclimação consumia tempo, energia e eficiência, por conta disso acabou resultando na morte de dezenas de milhares. Provavelmente a doença que mais afetou os cruzados foi a malária, endêmica nas regiões baixas e úmidas do Levante e ao longo do litoral, exatamente onde tendia a se concentrar a maior parte da população nas nações cruzadas. [...] O Levante e a Terra Santa eram, e ainda são em algumas áreas, dominados pela malária. [...] Cada nova remessa de cruzados da França, da Alemanha e da Inglaterra deve ter sido combustível para a fornalha da malária oriental. Talvez seja pertinente a experiência de imigrantes sionistas na Palestina no início do nosso século: em 1921, 42% deles contraíram malária nos primeiros seis meses

após a chegada; 64,7% ao longo do primeiro ano. [...] As nações cruzadas morreram feito flores nos vasos.

Diferentemente dos cruzados, os defensores muçulmanos estavam lutando no próprio território. Eles haviam adquirido imunidade e estavam aclimados às cepas locais de malária. Muitos também deviam ter as defesas genéticas hereditárias que já foram mencionadas: negatividade Duffy, talassemia, favismo e talvez até o traço falciforme. Ao escrever sobre os adversários muçulmanos, o monge inglês Ricardo de Devizes, escriba pessoal do rei Ricardo, relatou com inveja durante a Terceira Cruzada que "o clima era natural para eles; o lugar era sua terra natal; seu trabalho, saúde; sua frugalidade, remédio". Embora de modo geral a vantagem na guerra seja dos defensores, que determinam onde, como e por que as batalhas serão travadas, nesse caso a resistência à malária se revelou o melhor perímetro defensivo do Islã. E foi também uma arma que decidiu o conflito.

Ainda que as Cruzadas tenham sido uma iniciativa economicamente arruinada, elas contribuíram para o sucesso de futuros empreendimentos imperiais, ainda que não diretamente a Era de Descobertas europeia e o subsequente Intercâmbio Colombiano. Como já mencionado, as Cruzadas incluíram tanto invasões quanto, sobretudo, comércio. O intercâmbio cultural entre muçulmanos e cristãos reintroduziu as obras das antigas Grécia e Roma no abismo acadêmico da Europa. Inovações muçulmanas em todas as áreas do conhecimento foram transmitidas à Europa, nas costas e nos fardos dos cruzados e dos mercadores que voltavam para casa. A Renascença, ou Era Dourada muçulmana, durante os séculos de conflito das Cruzadas levou ideias esclarecedoras e iluminação cultural aos recônditos sombrios da Europa.

As Cruzadas instigaram a rápida disseminação das contribuições muçulmanas às técnicas de navegação, como a bússola magnética moderna, e à engenharia naval, como a introdução do cadaste do leme e das velas latinas triangulares em três mastros, que permitiam o avanço do navio contra o vento. Em 1218, um bispo francês, chocado e deslumbrado em Acre, enviou uma mensagem exultante para a França, relatando que "uma agulha de ferro, depois de fazer contato com a pedra magnética, sempre se vira na direção da estrela Polar, que permanece imóvel enquanto tudo o mais revolve, tal como se fosse o eixo do firmamento. É, portanto, um instrumento necessário para os que viajam por mar". A pessoa que recebeu essa missiva deve ter achado que o bispo estava completamente louco. Esse aprimoramento europeu do conhecimento só pôde sair das cavernas desoladas da Idade das Trevas graças à escada acadêmica escorada no mundo muçulmano. Fora as missões galantes de Monty Python, Indiana Jones e Robert Langdon em busca do Cálice Sagrado, e inúmeros outros contos, filmes e seriados românticos cavalheirescos, essa troca de conhecimentos talvez seja o verdadeiro legado das Cruzadas.

Esse intercâmbio cultural, e a aldeia global como um todo, seria ampliado consideravelmente por outro concorrente na guerra de tronos durante as ondas de choque das Cruzadas do século XIII. Enquanto o continente europeu emergia da Idade das Trevas graças ao impulso do conhecimento muçulmano, uma ameaça letal se aglomerava, não apenas nas cercanias do Levante, como também na porta oriental da própria Europa. Exércitos de habilidosos cavaleiros das estepes asiáticas uniriam o Oriente e o Ocidente pela primeira vez, instigariam a epidemia mais letal da história da humanidade e colocariam em risco a existência da Europa. Com suas hordas mongóis a cavalo, o genial e astuto guerreiro e estrategista Gêngis Khan rumaria na direção oeste até os portões da Europa, para então estabelecer a maior área terrestre contínua e um dos maiores impérios de todos os tempos.

CAPÍTULO 6

Hordas de mosquitos: GÊNGIS KHAN E O Império Mongol

As inóspitas e remotas estepes e campinas elevadas do planalto austero, açoitadas pelos ventos do norte asiático, eram ocupadas por clãs tribais beligerantes e por facções dissimuladas. As alianças mudavam de rumo com a mesma rapidez das caprichosas rajadas de vento. Temujin nasceu nessa região impiedosa, em 1162, e foi criado em uma sociedade de clãs que girava em torno de incursões tribais, saques, vinganças, corrupção e, claro, cavalos. Quando seu pai foi capturado por clãs rivais, Temujin e sua família foram relegados à pobreza extrema, obrigados a se alimentar de frutas, gramíneas silvestres e da carcaça de animais mortos, além de caçar pequenas marmotas e outros roedores. E então, com a morte do pai, o clã dele perdeu prestígio e influência junto às alianças e arenas políticas do poder tribal mongol. Nesse momento de desolação e desespero, Temujin não tinha como saber que ele emergiria dessas origens humildes e miseráveis para conquistar fama, fortuna e um nome novo que inspiraria terror no coração de seus inimigos durante suas campanhas rumo à dominação mundial.

Tentando restaurar a honra de sua família, Temujin, então com quinze anos, foi capturado durante uma incursão de um dos antigos aliados de seu pai. Ele conseguiu fugir da escravidão e jurou se vingar dos oponentes, que agora compunham uma lista extensa tanto de inimigos tradicionais quanto de antigos parceiros. Embora não gostasse da ideia de compartilhar autoridade, Temujin reconhecia que, conforme sua mãe lhe havia ensinado na infância, poder e prestígio duradouros dependiam de muitas alianças fortes e estáveis.

Em sua missão para unir as facções em conflito, Temujin rompeu com a tradição mongol. Em vez de matar ou escravizar os clãs conquistados, ele lhes prometeu proteção e espólios de futuras guerras de conquista. Os cargos militares e políticos mais elevados eram preenchidos com base em mérito, lealdade e habilidade, não de acordo com afiliações a clãs ou por nepotismo. Essas perspicácias sociais fortaleceram a coesão de sua confederação, inspiraram lealdade nos povos conquistados e ampliaram o poderio militar de Temujin à medida que mais clãs mongóis eram incorporados à sua aliança cada vez mais poderosa. Como resultado, em 1206, ele já havia unido as tribos conflituosas das estepes asiáticas sob sua autoridade e criado uma força militar e política formidavelmente coesa, que viria a anexar um dos maiores impérios da história. Ele acabou por concretizar o sonho que o mosquito impedira Alexandre de atingir: a ligação dos "confins da Terra" da Ásia com a Europa. O mosquito, porém, assombrou as visões de grandeza e glória de Temujin, da mesma forma que havia assombrado Alexandre 1.500 anos antes.

A essa altura, os súditos mongóis deram um novo nome a Temujin: Gêngis Khan, ou "Soberano Universal". Após concluir a coalizão de tribos mongóis concorrentes e combativas, Gêngis (ou Chingiz) e seus habilidosos arqueiros montados iniciaram uma onda de rápidas campanhas militares externas, para obter seu espaço vital... e mais um pouco.

A expansão mongol sob o comando de Gêngis Khan foi, em parte, resultado da Miniera Glacial. Essa congelante mudança climática reduziu drasticamente as campinas que sustentavam os cavalos e o nomadismo dos mongóis. Para eles, tornou-se uma questão de expansão ou morte. A impressionante velocidade com que os mongóis avançavam era fruto das habilidades militares de Gêngis Khan e seus generais, que possuíam uma estrutura de comando e um controle militar incrivelmente coesos, com técnicas de movimento amplo de flanqueamento, arcos compostos especializados e, acima de tudo, perícia e destreza insuperável a cavalo. Em 1220, o Império Mongol já se estendia desde o litoral da Coreia e da China, no Pacífico, até o rio Yangtzé e a cordilheira do Himalaia, ao sul, e o rio Eufrates, a oeste. Os mongóis eram verdadeiros mestres do que os nazistas mais tarde chamariam de *Blitzkrieg*, ou "guerra-relâmpago". Eles cercavam seus inimigos desafortunados com uma ferocidade devastadora, inigualável e veloz.

Em 1220, Gêngis dividiu seu exército em duas partes e realizou o que Alexandre não foi capaz: a união das duas metades do mundo conhecido. Pela primeira vez, o Oriente foi oficialmente apresentado ao Ocidente, ainda que em circunstâncias cruéis e hostis. Gêngis liderou o exército principal de volta ao leste pelo Afeganistão e pelo norte da Índia, rumo à Mongólia. Um segundo exército, de cerca de trinta mil homens a cavalo, progrediu pelo Cáucaso e adentrou a Rússia, saqueando a cidade portuária italiana de Kaffa (Teodósia), na península da Crimeia, na Ucrânia. Atravessando a Rússia europeia e os Estados bálticos, os mongóis atropelaram os rus, os kievans e os búlgaros. Populações locais foram assoladas, assassinadas ou escravizadas, e soldados inimigos receberam pouca trégua. Quando a poeira baixou e os cascos dos cavalos mongóis se tornaram um ruído distante, mais de 80% das populações locais estavam mortas ou escravizadas. Os mongóis sondaram a Polônia e a Hungria para coletar informações, então recuaram rapidamente para leste, no verão de 1223, a fim de se juntar à coluna de Gêngis rumo à Mongólia.

O motivo por que os mongóis decidiram abandonar a Europa é incerto. A hipótese mais difundida é a de que os últimos retoques dessa campanha pretendiam ser apenas missões de reconhecimento para uma futura invasão total da Europa. Historiadores também chegaram a sugerir que a decisão de adiar a invasão se baseou no enfraquecimento do exército mongol, em decorrência da malária contraída no Cáucaso e ao longo dos sistemas fluviais do mar Negro, potencializada por quase vinte anos de guerra constante. Sabe-se que o próprio Gêngis Khan sofria de acessos habituais de malária nessa época. A teoria mais aceita é a de que sua morte, aos 65 anos, foi resultado da infecção de ferimentos persistentes, causados por uma debilitação severa do sistema imunológico devido à malária crônica.

O grande guerreiro morreu em agosto de 1227 e, seguindo as normas culturais, foi sepultado sem estardalhaço nem lápide. Reza a lenda que o pequeno cortejo fúnebre matou todo mundo que aparecia pelo caminho, a fim de preservar em segredo a localização do túmulo, e desviou o curso de um rio para cobri-lo ou, talvez, usou uma manada de cavalos para apagar os rastros de sua existência. Tal como Alexandre, o corpo do Grande Khan desapareceu das lendas e da história. Todas as tentativas e expedições para encontrar seu túmulo acabaram frustradas. Contudo, a sede que o mosquito sentia pelo sangue mongol ainda não estava saciada, e o inseto continuaria afligindo o imponente império.

Sob a liderança de Ogedei, filho e sucessor de Gêngis, os mongóis lançaram, entre 1236 e 1242, uma ofensiva desenfreada em sentido anti-horário contra a Europa. As hordas mongóis logo abriram caminho à força pelo leste da Rússia, pelos países bálticos, passando por territórios ucranianos, romenos, tchecos e eslovacos, pela Polônia e pela Hungria, até chegarem a Budapeste e ao rio Danúbio, no Natal de 1241. A partir de Budapeste, eles seguiram a expansão ocidental pela Áustria, viraram para o sul e, por fim, voltaram ao leste, saqueando tudo pelo caminho nos Bálcãs e na Bulgária. Seguindo na direção leste, em 1242, os mongóis abandonaram a Europa e nunca mais voltaram. No fim das contas, os invencíveis mongóis não foram capazes de derrotar o mosquito nem romper sua obstinada defesa da Europa.

Tratando dessa retirada aparentemente impulsiva e surpreendente, Winston Churchill escreveu:

> A certa altura, era como se toda a Europa fosse sucumbir à terrível ameaça que se assomava do Oriente. Hordas de bárbaros

mongóis saídos do coração da Ásia, cavalgadores formidáveis, armados com arco, haviam assolado rapidamente a Rússia, a Polônia e a Hungria e, em 1241, infligiram derrotas esmagadoras simultâneas aos alemães, perto de Breslau, e à cavalaria europeia, perto de Buda. Pelo menos a Alemanha e a Áustria estavam sob sua mercê. Foi providencial quando [...] os líderes mongóis percorreram às pressas os milhares de quilômetros de volta a Karakorum, a capital deles [...] e a Europa Ocidental escapou.

Durante o verão e o outono de 1241, a maior parte das forças mongóis estava descansando nas planícies da Hungria. Os anos anteriores haviam visto um atípico clima quente e seco, mas a primavera e o verão de 1241 foram estranhamente úmidos, com índices de precipitação maiores do que o normal, o que transformou as campinas áridas dos magiares no Leste Europeu em um charco pantanoso que era um campo minado de mosquitos da malária.

Para o aparato militar dos mongóis, as repercussões negativas dessa mudança climática criaram as condições perfeitas para proteger a Europa. Antes de mais nada, o atoleiro e o lençol freático pouco profundo privaram os mongóis de pastos essenciais para seus inúmeros cavalos, que eram a base de seu poderio militar.[1] A umidade atipicamente alta também prejudicou o desempenho dos arcos mongóis. A cola se recusava com teimosia a coagular e secar no ar úmido, e a firmeza reduzida das cordas expandidas pelo calor anularam a vantagem dos mongóis em termos de velocidade, precisão e distância. Além de todos esses contratempos militares, houve também uma enorme proliferação de mosquitos sedentos. O parasita da malária começou a primorosa invasão das veias virgens dos combatentes. As hordas mongóis, segundo o aclamado historiador John Keegan, "por mais ferozes que fossem, acabaram não conseguindo adaptar seu poderio de cavalaria ligeira das regiões

---

[1] Os guerreiros mongóis tinham acesso constante a cavalos descansados, pois cada soldado geralmente tinha três ou quatro animais próprios.

desérticas semitemperadas, onde ela vicejava, para a zona de elevada precipitação da Europa Ocidental. [...] Tiveram de reconhecer a derrota". Embora os mongóis, e os mercadores que os acompanhavam, como Marco Polo, tenham enfim unido o Oriente e o Ocidente, o mosquito ajudou a impedir que o Ocidente fosse completamente dominado. O inseto empunhou a malária e conteve as rédeas da conquista dos mongóis, afugentando-os da Europa.

Enquanto o mosquito drenava o sonho de subjugar o continente europeu, os mongóis, sob a liderança de Kublai Khan, neto de Gêngis, lançaram sua primeira campanha contra a Terra Santa em 1260, acrescentando mais um concorrente às persistentes, ainda que moribundas, Cruzadas. Seu ingresso nessa disputa declinante ocorreu durante o intervalo entre a Sétima (1248-1254) e a Oitava (1270) Cruzadas. Um indicativo da confusão que dominou as últimas Cruzadas, ao longo dos cinquenta anos seguintes, que passaram por quatro grandes invasões mongóis, foi a sucessão de alianças, recalibragens e realinhamentos de parcerias entre as facções muçulmanas, cristãs e mongóis. Assim como o mosquito, o amigo de ontem conspirava hoje para se tornar o inimigo de amanhã. O que aconteceu foi que, em várias ocasiões, certas vertentes de cada potência se posicionaram em lados opostos, de modo que os conflitos internos acabaram perturbando e desintegrando a coesão dos três grupos dominantes.

Embora tenham obtido algum sucesso, incluindo breves escalas em Alepo e Damasco, os mongóis foram obrigados várias vezes a recuar diante de coalizões defensivas poderosas, bem como por causa da malária e de outras doenças. O general Anófeles, guardião da Roma cristã, também saiu em defesa do Islã na Terra Santa. Tal como havia feito durante as primeiras campanhas cristãs, entre elas a malfadada Terceira Cruzada de Ricardo Coração de Leão, o inseto ajudou a deter a ameaça mongol ao Levante. A Terra Santa — e a cidade sagrada de Jerusalém — continuou nas mãos do Islã.

Rechaçado pelo mosquito, tanto na Europa quanto no Levante, Kublai tentou compensar esses contratempos com a conquista dos últimos vestígios independentes do continente asiático, a leste da cordilheira do Himalaia. Ele descarregou o peso de suas forças contra o sul da China e o Sudeste Asiático, incluindo a poderosa civilização Khmer, ou Império Angkor. Com origens que remontam a cerca de 800 d.C., a cultura Angkor logo se alastrou por Camboja, Laos e Tailândia, para atingir seu ápice no raiar do século XIII. A expansão agrícola, um saneamento deficiente e as mudanças climáticas concederam aos mosquitos a oportunidade perfeita para iniciar um colapso absoluto. "Devido à dependência de reservatórios de água parada e à proliferação do *Anopheles*", afirma o dr. R. S. Bray, "os sete deltas do rio Mekong [foram] fonte de prosperidade para os Khmer, mas também fonte de malária." O complexo sistema de canais e reservatórios usados para o comércio e o cultivo de arroz e a criação de peixes; o intenso desmatamento para aumentar a produção de arroz, a fim de alimentar uma população crescente; as enchentes e as violentas tempestades que ocorriam com frequência — tudo isso criou o paraíso perfeito para que os mosquitos ocasionassem uma proliferação de dengue e malária.

Durante suas campanhas no sul, iniciadas em 1285, Kublai dispensou a tática habitual de recuar com suas forças para as áreas livres de malária, ao norte, durante os meses do verão. Como resultado, suas colunas em marcha, compostas por cerca de noventa mil homens, foram recebidas pelas defesas de um inseto entrincheirado. A malária assolou os exércitos de Kublai por todo o sul da China e pelo Vietnã, impondo graves baixas e obrigando-o, em 1288, a abandonar completamente seus propósitos para a região. Uma força desordenada e enfermiça de apenas vinte mil sobreviventes voltou precariamente para a Mongólia, ao norte. Tanto essa retirada do Sudeste Asiático quanto o correspondente colapso da poderosa civilização Khmer hindu-budista foram induzidos pelo mosquito. Em 1400, a civilização Khmer foi varrida do mapa, deixando apenas os destroços de impressionantes e majestosas ruínas, como o Angkor Wat e o Bayon, vestígios da sofisticação e do esplendor de uma sociedade antes próspera.

Após as desventuras no sul da China e no Sudeste Asiático, o vasto domínio dos mongóis, assim como aconteceu com os povos Khmer, erodiu-se, fragmentou-se e se desintegrou ao longo do século seguinte. Assim, antes de 1400, já havia se tornado irrelevante tanto do ponto de vista político quanto do militar. A essa altura, os conflitos políticos internos, as perdas militares e a malária haviam consumido o invencível Império Mongol. Resquícios das províncias mongóis perduraram até 1500. Uma delas, nos confins da península da Crimeia e no norte do Cáucaso, arrastou-se até o fim do século XVIII. Contudo, o legado dos mongóis e do maior império terrestre contíguo da história persiste até hoje no DNA global. Geneticistas acreditam que algo entre 8% e 10% dos habitantes das regiões que haviam sido parte do Império Mongol pertençam à linhagem de Gêngis Khan.[2] Em outras palavras, cerca de quarenta a cinquenta milhões de pessoas, hoje, são descendentes diretas dele. Se reuníssemos todos os descendentes de Gêngis Khan em uma única nação, ela seria a trigésima mais populosa do mundo, à frente de países como Canadá, Iraque, Polônia, Arábia Saudita e Austrália.

Embora os mongóis não tenham conquistado a Europa, em parte graças à intransponível linha defensiva do mosquito, a doença deles, oriunda da China, conquistou. Durante o cerco à cidade portuária de Kaffa, em 1346, os mongóis usaram catapultas para lançar cadáveres contaminados com a peste bubônica por cima das muralhas, a fim de contaminar os habitantes e romper o cerco. É importante ressaltar que Kaffa era um movimentado centro mercantil italiano, então navios com ratos infestados com pulgas infectadas, ou os próprios marujos doentes, logo aportaram na Itália, primeiro na Sicília, em outubro de 1347, e depois em Gênova e Veneza, até atracarem em Marselha, na França, em janeiro de 1348. A enfermidade também percorreu a Rota da Seda nas costas de mercadores e de guerreiros mongóis. A Peste Negra "vira-

---

2 O bordel itinerante particular de Gêngis Khan contava com milhares de pessoas. Ele descartava e acrescentava mulheres a cada território conquistado, circulando seu DNA por uma grande porção do mundo.

lizou" imediatamente, embora a *Yersinia pestis* seja uma bactéria transmitida por pulgas que infestam e viajam em vários pequenos roedores, incluindo, neste caso, os ratos.

A praga chegou ao auge entre 1347 e 1351, na Europa, com surtos contínuos que se estenderam até o século XIX, como a Grande Praga de Londres, nos anos de 1665 e 1666, a qual matou cem mil pessoas, isto é, 25% da população local, e que coincidiu com o Grande Incêndio de Londres, ocorrido em 1666. Para a cidade, 1666 não foi um ano muito bom. Nenhuma das ressurgências frequentes de peste bubônica alcançou a intensidade e a letalidade da Peste Negra. Alguns pesquisadores estimam que até 60% da população europeia tenha morrido, mas o consenso atual fica mais em torno de 50%. Philip Daileader, professor de história medieval na College of William and Mary, toma o cuidado de destacar que "há uma dose considerável de variação geográfica. Na região mediterrânea da Europa, em áreas como a Itália e o sul da França e da Espanha, onde a praga persistiu por cerca de quatro anos consecutivos, ela provavelmente matou em torno de 75% a 80% da população. Na Alemanha e na Inglaterra [...] foi mais para 20%". Pelo Oriente Médio, a letalidade foi de aproximadamente 40%, e na Ásia chegou a 55%.

Para piorar a situação, a Peste Negra coincidiu com a Grande Fome, que, segundo se acredita, foi precipitada pelos cinco anos de erupção do monte Tarawera, na Nova Zelândia. No norte da Europa, a mudança climática subsequente causou um salto repentino na população de mosquitos e nos casos de malária. É difícil estimar o número de mortes resultantes especificamente dessa circunstância, mas acredita-se que seja algo na ordem de 10% a 15% das populações afetadas. Uma testemunha ocular anônima nos revela que "as chuvas torrenciais desenterraram praticamente todas as sementes [...] e em muitos lugares o feno ficou tanto tempo embaixo d'água que não dava para ceifar nem enfardar. Ovelhas morreram de forma generalizada e outros animais morreram de uma peste súbita". A morte tomou conta da Europa.

Falando em números frios, quarenta milhões de pessoas morreram da peste na Europa, e estimativas conservadoras de fatalidades globais ficam em torno de 150 milhões, talvez até duzentos milhões. A população mundial levou dois séculos para voltar aos níveis de antes. Esses números são estarrecedores e difíceis de processar racionalmente. A Peste Negra, insuperável, foi a catástrofe malthusiana mais devastadora da história da humanidade. Como já vimos, a Praga de Justiniano no século VI vem em segundo lugar, tendo matado *apenas* algo entre trinta e cinquenta milhões de pessoas.[3] Com o advento dos antibióticos, na década de 1880, e a descoberta da penicilina por Alexander Fleming, em 1928, a peste praticamente desapareceu. Segundo a Organização Mundial da Saúde, a doença, hoje, mata cerca de 120 pessoas por ano.

Fora a perda catastrófica de vidas infligida pela peste, o período posterior à epidemia e as consequências para os sobreviventes europeus foram até incrivelmente positivos. Grandes segmentos de terra vazia e agora desocupada foram transferidos para os vivos, resultando em aumento de riquezas. Mais terras para menos gente significava menos demanda do cultivo básico de trigo, o que levou a uma diversificação da produção agrícola e, assim, proporcionou uma dieta muito mais robusta e completa. As populações prosperaram em meio à abundância de comida mais barata e nutricionalmente balanceada. O consumo de proteína também aumentou, pois terras pouco produtivas que antes eram usadas para plantações regrediram ao estado natural de pastos ou florestas para gados. Isso reduziu consideravelmente as áreas de proliferação do mosquito da malária. A concorrência por trabalho diminuiu, o que levou a salários maiores, tanto para profissionais qualificados quanto para trabalhadores sem formação. A taxa de natalidade também cresceu, já que o aumento da prosperidade permitia que as pessoas se casassem mais jovens. O aumento da riqueza, combinado à queda da concorrência escolástica, permitiu um crescimento lento, porém constante,

---

[3] Não estou contando o total de cerca de 52 bilhões de vítimas fatais de doenças transmitidas por mosquito ao longo das eras, nem os 95 milhões de indígenas nas Américas que morreram com doenças europeias nos séculos subsequentes à chegada de Colombo. Esses não foram choques únicos nem epidemias genuínas, mas infecções endêmicas prolongadas que apresentaram epidemias esporádicas.

de universidades e instituições de ensino superior, assim como o avanço generalizado da academia, o que com o tempo resultou na Renascença, no Iluminismo e na projeção global do poder europeu.

As invasões mongóis, que duraram cerca de trezentos anos, alteraram a configuração do mundo em termos de demografia, comércio, cultura, espiritualidade e etnia. Os mongóis permitiam que mercadores, missionários e viajantes percorressem todo o império, abrindo pela primeira vez a China e o restante do Oriente a europeus, árabes, persas e outros. Pequenas comunidades de convertidos ao cristianismo ou ao Islã logo começaram a surgir por essas terras orientais até então desconhecidas e inexploradas, instalando-se em meio ao budismo, ao confucionismo e ao hinduísmo, as religiões dominantes da região. Essas novas rotas terrestres estabelecidas pela expansão militar dos mongóis fundiram dois grandes mundos geográficos até então distintos e criaram uma sociedade global infinitamente menor.

Temperos, seda e produtos exóticos inimagináveis se tornaram presença constante nas prateleiras e barracas de mercadores europeus. O Império Mongol era uma flexível, diversificada e interligada rodovia de trocas internacionais. Quando um padre flamengo chegou à capital mongol em Karakorum, em 1254 (espero que não estivesse contando com um chá de boas-vindas), ele foi recebido na própria língua por uma mulher que tinha vindo de um vilarejo vizinho à sua terra natal. Ela havia sido capturada na infância, durante uma incursão mongol, catorze anos antes. Estudos contemporâneos e documentos de arquivo revelam que a Eurásia era um espaço incrivelmente seguro e permeável para viajantes, magnatas e mercadores. Os relatos de viagem de Marco Polo e de outros estimularam o frenesi comercial e a máquina econômica da Europa.

Mas a publicação da famosa narrativa de Marco Polo foi uma coincidência do acaso. Quando estava preso em Gênova em 1298 e 1299, Polo tentou combater o tédio e a monotonia do cárcere relatando a um companheiro de cela histórias das viagens que fez pela Ásia, entre 1271 e 1295, e de sua temporada sem chá na corte de Kublai Khan. O detento, curioso e fascinado, registrou essas histórias épicas e acabou publicando-as em 1300 sob o título *O livro das maravilhas*, hoje mais conhecido como *As viagens de Marco Polo*. Alguns especialistas levantam a hipótese de que Polo nem sequer foi à China ou de que ele estava apenas repetindo histórias ouvidas de outros viajantes. Mas entre os pesquisadores é consenso que os relatos, quer sejam pessoais, quer sejam plagiados, são descrições autênticas de fatos da época. Um dos pertences pessoais mais valorizados de Cristóvão Colombo era seu exemplar, bastante manuseado e marcado, do livro de Polo.

As descrições do Oriente e as infinitas fortunas relatadas por Polo inspiraram Colombo a tentar chegar às riquezas da Ásia por uma rota marítima ocidental. Em 1492, Colombo zarpou rumo a oeste para chegar ao Oriente. "De certa forma", argumenta a historiadora Barbara Rosenwein, da Universidade Loyola, "os mongóis deram início à busca por bens exóticos e oportunidades missionárias que culminou na 'descoberta' de um novo mundo, as Américas, pelos europeus." Essa "descoberta" acidental deflagrou uma onda inigualável de mosquitos, doenças e mortes sobre os povos indígenas americanos, que não possuíam imunidade.

Antes do Intercâmbio Colombiano, os letais mosquitos *Anopheles* e *Aedes* ainda não haviam penetrado nas Américas. Embora o continente fervilhasse com populações ativas de mosquitos, eles não transmitiam doenças e não passavam de insetos irritantes. O hemisfério ocidental continuava isolado e livre das forças de ocupação estrangeiras até aquele momento. Desde a chegada deles nas Américas, há pelo menos vinte mil anos, até o início do contato permanente com europeus a partir de 1492, os cerca de cem milhões de habitantes nativos ainda não haviam sido submetidos ao flagelo e à ira do mosquito, então não estavam aclimados nem preparados para resistir às doenças. Os mosquitos americanos não devassavam populações humanas, ou pelo menos não ainda.

Durante a era do imperialismo e do intercâmbio biológico iniciada por Colombo, inúmeros europeus novos e africanos escravizados, junto com mosquitos que viajaram de forma clandestina nos navios, desembarcaram nas costas virgens desse "Novo Mundo". A guerra biológica que eles promoveram acidentalmente com sub-reptícias infecções estranhas se propagou pelos continentes e matou um número extraordinário de povos indígenas. As potências mercantilistas europeias da Espanha, da França, da Inglaterra e, em menor grau, de Portugal e da Holanda ansiavam por riquezas imperiais. Em contrapartida, trouxeram a colonização e um coquetel de doenças genocidas, que incluía a malária e a febre amarela, dos portões da Europa e da África para os despreparados povos indígenas do outro lado do mundo. "Poderoso era o fedor de morte", lamentou um sobrevivente maia. "Quando nossos pais e avós sucumbiram, metade do povo fugiu para os campos. Os cachorros e os urubus devoraram os corpos. A mortalidade foi terrível. [...] Todos nós estávamos assim. Nascemos para morrer!" Como agente acidental do Intercâmbio Colombiano, o mosquito foi um dos primeiros e mais prolíficos assassinos em série a assolar as Américas.

CAPÍTULO 7

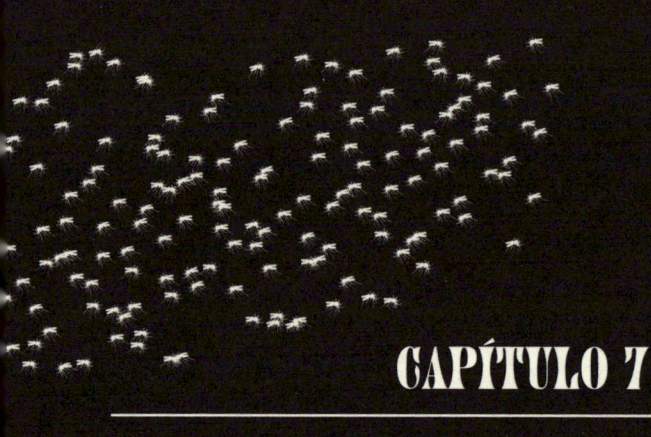

Intercâmbio Colombiano: OS MOSQUITOS E A ALDEIA GLOBAL

Viajando à sombra da quarta e última viagem de Colombo, o sacerdote espanhol Bartolomé de las Casas chegou a Hispaniola (ilha onde hoje é a República Dominicana e o Haiti) em 1502 e começou a escrever sua famosa e ferina história testemunhal, a *Brevíssima relação da destruição das Índias*. O rei Fernando e a rainha Isabel ficaram horrorizados com suas descrições anteriores sobre a brutalidade dos espanhóis, e ele logo foi agraciado, em 1516, com o título oficial e a função de protetor dos índios. Las Casas narra a primeira década de colonização com um destaque intenso, feroz e irrestrito para as várias atrocidades que seus compatriotas cometeram contra os indígenas tainos. Seu relato pessoal é uma extensa denúncia da colonização espanhola e da imediata devastação humana provocada pela malária, pela varíola e por outras doenças.

Las Casas afirma que a maneira como os espanhóis trataram os povos indígenas era

> o clímax da injustiça, da violência e da tirania. [...] Os índios foram totalmente privados da liberdade, além de terem sido sub-

metidos à servidão e ao cativeiro com tanta brutalidade, sanha e crueldade que alguém que não tenha testemunhado jamais compreenderia. [...] Quando eles adoeciam, o que era muito frequente [...] os espanhóis não acreditavam e, sem a menor pena, chamavam-nos de cachorros preguiçosos e lhes davam chutes e surras. [...] A multidão de pessoas que habitava a ilha originalmente [...] foi consumida a um ritmo tão acelerado que, nesses oito anos, 90% haviam morrido. Daqui, essa praga devastadora seguiu para San Juan, Jamaica, Cuba e o continente, levando destruição por todo o hemisfério.

Grande parte dessa "praga devastadora" era formada por enxames de mosquitos vetores de malária.

Quando visitou o assentamento de Darién, no Panamá, em 1534, Las Casas ficou chocado ao ver as covas coletivas abertas com espanhóis picados por mosquitos. "Morriam tantos por dia", disse ele, "que as pessoas não queriam fechá-las, porque sabiam que em algumas horas mais alguém morreria." Ele concluiu que os residentes espanhóis em Darién eram afligidos impiedosamente pelas "grandes quantidades de mosquitos que os atacavam [...] então eles começaram a adoecer e morrer". Quando percorreu esse litoral norte da América Central, durante sua última viagem, Colombo e suas tripulações foram tão acossados e devorados pelos mosquitos e pela malária que deram à região o merecido nome de "Costa do Mosquito". Fundado em 1510, em decorrência dessa viagem, o assentamento em Darién no istmo panamenho da já infame Costa do Mosquito foi a primeira colônia europeia dos continentes americanos. Os mosquitos de Darién, como veremos, também dariam um fim à soberania dos escoceses.

Darién era um inferno na Terra governado por mosquitos sedentos de sangue. A Costa do Mosquito era, como descreveu um cronista antigo, "corrompida por emanações miasmáticas", tanto que logo adquiriu a reputação de "porta da morte". O assentamento de Darién, situado em terras baixas cercadas de pântanos, era o que um recém-chegado descreveu como uma fossa onde "vapores densos e doentios se erguem, então os homens acabavam morrendo, como aconteceu com dois terços". Os primeiros 1.200 aventureiros espanhóis "começaram a adoecer de tal modo que eram incapazes de cuidar uns dos outros", escreveu outro participante, "e assim, em um mês, morreram setecentos". Las Casas, assim como outros narradores contemporâneos, estima que entre 1510 e 1540 tenham morrido mais de quarenta mil espanhóis só nas selvas da Costa do Mosquito. Por mais chocante que isso seja, o sofrimento e a morte dos povos indígenas foram piores em um nível desproporcionalmente maior. Quinze anos após a instalação do assentamento em Darién, estima-se que algumas doenças, principalmente a malária, já haviam matado cerca de dois milhões de indígenas no Panamá.

Em 1545, Las Casas chegou a Campeche, no oeste da península mexicana de Yucatán, pouco após o estabelecimento de uma colônia canavieira espanhola com trabalhadores escravizados. Já fazia muito tempo que a população maia nativa havia desaparecido, fosse por ter morrido, fugido, fosse por ter padecido sob o açoite da escravidão. Las Casas lamentou que seus companheiros logo "começaram a adoecer, porque o vilarejo não é saudável", o que imediatamente os deixava "febris e indispostos". Um de seus conhecidos afligidos pela malária queixou-se dos "muitos mosquitos de bico longo [...] que são uma cena lastimável, porque esse tipo de mosquito é muito venenoso". Em suas viagens pelo incipiente Império Espanhol, Las Casas ficou horrorizado e triste com a morte tanto de espanhóis quanto de indígenas.

O que Las Casas não sabia era que seus compatriotas moribundos haviam levado as doenças e os mosquitos vetores diretamente da Espanha e de suas escalas na África, quando estavam indo para o Caribe. Para os mosquitos fugitivos da África e da Europa, a travessia do oceano Atlântico foi um cruzeiro de dois a três meses com todas as despesas pagas, comida liberada e uma orgia reprodutiva em cisternas e barris abundantes, que estavam disponíveis, prontos para recebê-los de braços abertos. Eles chegaram ao ambiente virgem imaculado das Américas a bordo dos primeiros navios europeus, conduzidos por um dos personagens mais célebres e criticados da história: Cristóvão Colombo.

A partir do epicentro na Turquia, o Império Otomano islâmico se expandiu pelo Oriente Médio, pelos Bálcãs e pelo Leste Europeu durante os séculos XIV e XV, bloqueando o acesso dos comerciantes cristãos à Rota da Seda e rompendo o contato da Europa com o mercado asiático. Sob a ameaça da recessão econômica, as grandes potências da Europa tentaram reabrir essa via mercantil fundamental por rotas que contornassem o Império Otomano, cada vez maior e mais combativo. Após seis anos atormentando as monarquias europeias em busca de financiamento, o rei Fernando e a rainha Isabel da Espanha enfim cederam e aceitaram bancar a primeira viagem de um maluco místico, chamado Cristóbal Colón (como Colombo era conhecido em 1492), para restabelecer o comércio com o Extremo Oriente. Colombo estava disposto a encabeçar tamanha empreitada para, em suas palavras, "chegar às terras do Grande Khan". Ele zarpou com um maço de cartas de apresentação e um punhado de acordos comerciais em branco para oferecer aos governantes asiáticos.

É compreensível que as monarquias europeias relutassem em investir em um projeto tão audacioso e arriscado, pois as viagens oceânicas eram extremamente caras. A quantia irrisória que a Coroa espanhola ofereceu a título de investimento simbólico para Colombo, apenas um trigésimo do que foi gasto no casamento da filha deles, demonstra não apenas a preocupação financeira, mas também a falta de confiança nas habilidades do navegador. Ele zarpou com apenas três navios pequenos e uma tripulação total de noventa pessoas. O próprio Colombo também teve de arcar com 25% do orçamento e foi obrigado a pedir empréstimos a seus companheiros mercadores da Itália. De qualquer ponto de vista lógico, a empreitada dele era imprudente e financeiramente desastrosa.

Colombo lançou-se ao grande desconhecido em agosto de 1492, determinado a navegar para oeste e reabrir o acesso às riquezas do oriente asiático. Ele acreditava que o mundo fosse diminuto e composto majoritariamente — exatos seis sétimos — de terra. "Colombo mudou o mundo não porque tinha razão", comenta o jornalista Tony Horwitz, escritor e vencedor do Pulitzer, "mas porque teimava muito em se enganar. Convencido de que o globo era pequeno, ele começou o processo de encolhê-lo, trazendo um mundo novo para a esfera de influência do antigo." Apesar de se desviar da rota por quase treze mil quilômetros, e acreditando ter chegado às Índias Orientais (referindo-se a toda a Ásia, a leste do limite de Alexandre, o rio Indo), seu primeiro pequeno passo na ilha de Hispaniola, em dezembro, foi de fato um enorme passo para a humanidade.

Essa primeira viagem de Colombo marcou o início de uma nova ordem mundial, incluindo a introdução e a presença consolidada de mosquitos letais e suas doenças nas Américas, graças ao Intercâmbio Colombiano. Ao cunhar esse termo, em 1972, para o título de sua obra fundamental, *The Columbian Exchange: Biological and Cultural Consequences of 1492* [O Intercâmbio Colombiano: Consequências biológicas e culturais de 1492], o historiador Alfred W. Crosby propôs que, quer tenha sido por acaso, quer tenha sido de modo deliberado, ecossistemas globais foram reorganizados para sempre durante o maior intercâmbio da história do planeta e da humanidade.

A jornada às Américas, há cerca de vinte mil anos (talvez mais), do pequeno grupo de peregrinos caçadores e coletores da Sibéria congelou qualquer ciclo de transmissão de parasitas.[1] A passagem que eles realizaram a pé pelo estreito de Bering ou, o que seria mais provável, com embarcações marítimas junto à costa noroeste do continente americano, foi frígida demais para que os animais ou os insetos (e seus ciclos reprodutivos) pudessem fechar o circuito da infecção. Além do mais, eram muito baixas as densidades populacionais desses migrantes antigos. Para completar, a capacidade de deslocamento deles não era alta o bastante para sustentar o ciclo vital de zoonoses. Assim, as cadeias

---

[1] Os povos originários das Américas, como todas as culturas do mundo, têm suas histórias orais e seus mitos de criação, e não tenho qualquer intenção de criticar ou desrespeitar.

de infecção foram interrompidas. Esses motivos também explicam por que aparentemente foi nula, ou no máximo efêmera, a transferência de doenças aos povos indígenas durante as breves visitas de nórdicos a Newfoundland, desde cerca de 1000 d.C. Embora os mosquitos *Anopheles* das Américas definitivamente pudessem, e quisessem, abrigar o parasita da malária, as condições climáticas das rotas percorridas, tanto pelos habitantes originais do continente quanto pelos visitantes da Escandinávia, bloquearam essa possibilidade temporariamente. Contudo, a história seria outra quando os europeus aportassem nas terras e nas praias mais ao sul do Novo Mundo.

No princípio desse Intercâmbio Colombiano, tanto os mosquitos *Anopheles* do Novo Mundo quanto as espécies de *Anopheles* e *Aedes* importadas da África e da Europa fizeram parte do grande ciclo de doenças transmitidas por mosquitos nas Américas. As espécies até então benignas de *Anopheles* nativas do continente logo se tornaram um vetor para a malária. Considerando que elas haviam seguido uma linha evolutiva própria nos últimos 95 milhões de anos e que até então não haviam tido contato com o parasita, isso foi um poder de adaptação tremendo, tanto por parte do mosquito quanto da malária. Como Andrew Spielman, entomólogo de Harvard, explicou ao aclamado escritor Charles Mann, "em tese, uma única pessoa poderia ter estabelecido o parasita no continente todo. É mais ou menos como um jogo de dardos. Se uma quantidade suficiente de pessoas doentes entrar em contato com uma quantidade suficiente de mosquitos em condições adequadas, mais cedo ou mais tarde alguém acerta o alvo — e a malária pega". O comentário de Spielman foi uma realidade em todo o hemisfério ocidental, desde a América do Sul, passando pelo Caribe e pelos Estados Unidos, até a capital canadense de Ottawa, ao norte. A pessoa zero, aquele condutor humano da malária, fazia parte da primeira viagem de Colombo.

No Natal de 1492, a primeira viagem do navegador chegou a um fim abrupto quando a *Santa Maria*, sua nau capitânia, encalhou nos recifes ao norte de Hispaniola. As naus restantes, *Nina* e *Pinta*, não davam conta de acomodar o excedente de tripulação, então quando voltou para a Espanha Colombo foi obrigado a deixar para trás uma guarnição básica de 39 homens. Onze meses depois, em novembro de 1493, em sua segunda viagem, para criar (supostamente na Ásia) um permanente bastião colonial da Espanha e avançar a penetração econômica, ele encontrou a ilha arruinada. Os tripulantes que haviam sido abandonados estavam mortos e os índios tainos estavam consumidos por um duplo surto de malária e gripe. O sangue virgem dos tainos, que Colombo havia descrito casualmente como "incontáveis, pois acredito haver milhões e milhões deles", foi um tapete vermelho acolhedor para o faminto parasita. Colombo também afirmou que, em sua segunda visita a Hispaniola, "todo o meu pessoal desembarcou para descansar, e todo mundo percebeu que chovia muito. Eles ficaram muito doentes, com febre terçã". Um desses enfermos registrou que "tem muitos mosquitos naquelas terras que são extremamente irritantes". Outro escreveu: "São muitos mosquitos, inclusive bastante impertinentes, e de muitos tipos." Graças à absoluta falta de preconceito contra os não imunes, o mosquito e a malária bateram pesado tanto em espanhóis quanto em tainos. Os mosquitos estrangeiros e suas doenças foram acolhidos imediatamente pelo Novo Mundo.

Durante a quarta e última viagem, entre 1502 e 1504, Colombo também revela: "Eu tinha adoecido, sentindo que muitas vezes me aproximava da morte com febres fortes, e estava tão fatigado que a morte era a única fuga possível." Enquanto Colombo e seus marujos exibiam "delírios e agitações" decorrentes da malária, em suas viagens pela Costa do Mosquito e pelo Caribe, do outro lado do Atlântico Hernán Cortés, amargurado e frustrado, achava que tinha perdido a chance de encontrar aventuras, tesouros e adoração. Ele foi dispensado de uma frota auxiliar que acompanharia a última viagem de Colombo devido a um acesso intenso de malária espanhola nativa. No fim das contas, Cortés logo ganharia fama, glória e fortunas inimagináveis ao destruir e saquear um império imenso e poderoso — pelo menos é o que reza a lenda.

Todos os patógenos zoonóticos originais que se alastraram desenfreadamente pelas Américas eram oriundos da Europa ou da África. A varíola, a tuberculose, o sarampo, a gripe e, claro, as doenças transmitidas por mosquitos reinaram supremas durante o período chamado de Era das Navegações ou Era do Imperialismo, iniciado por Colombo em 1492. Essas doenças para as quais muitos europeus, mas certamente não todos, eram imunes permitiram que os invasores conquistassem e colonizassem grande parte do mundo, inclusive as Américas. Em diversas ocasiões, triunfos europeus, como o de Cortés, vieram na esteira de infecções, não o contrário. Os conquistadores e colonizadores se limitaram a arrematar o espaço após a vitória da doença. Os europeus começaram sua expansão global graças à vantagem de suas doenças. Essa é a explicação e o único motivo por que os europeus dominaram o mundo. Os "germes" da tríade armas-germes-aço, do título do livro de Jared Diamond, foram de longe o elemento mais eficaz de colonização, subjugação e extermínio de povos indígenas. Em diversos (e me atrevo a dizer que em todos) postos avançados coloniais dos europeus, populações indígenas sofreram genocídio por causa dos germes.

Os povos de origem europeia hoje habitam, de modo geral, as zonas temperadas do mundo, a "Terra Média". Esses ambientes biológicos, desde os Estados Unidos e o Canadá até a Nova Zelândia e a Austrália, eram relativamente comparáveis aos de suas terras nativas na Europa, o que permitiu aos colonizadores se adaptarem com mais facilidade aos novos territórios. Até hoje somos protegidos pela aclimação ao nosso entorno e aos germes locais. Nossas casas e os lugares onde moramos por longos períodos são zonas seguras naturais. Nossas defesas imunológicas se adaptaram aos diversos vírus e bactérias que coabitam nossa esfera ecológica local, proporcionando um equilíbrio para a nossa saúde. Estabelecemos esse equilíbrio com os germes para que, na maior parte do tempo, possamos procriar e viver sem nos prejudicarmos uns aos outros. Em suma, coexistimos harmonicamente. Se novos germes estrangeiros forem introduzidos em nossa pequena bolha de segurança e perturbarem esse equilíbrio delicado, nós adoeceremos. Se viajarmos para ambientes estrangeiros com germes desconhecidos, ficaremos doentes, até morarmos nesse novo lugar por tempo suficiente para sermos absorvidos e nos tornarmos parte desse ecossistema, que então se torna nosso também.

Quando cheguei a Oxford para fazer meu doutorado, lembro que passei um mês doente. Imunes a esse problema, meus colegas do time de hóquei da universidade me disseram que isso acontece com todo "novato". Logo descobri que esse "período de aclimação" biológica era lendário e descrito como "febre de Oxford". Vacinas e medicamentos podem atenuar as doenças e diminuir os perigos associados a essas transições. Durante o Intercâmbio Colombiano, muitos europeus tinham o privilégio da imunidade adquirida, depois de muito tempo expostos às próprias enfermidades. Eles levaram seus germes consigo.

Essas doenças, incluindo a malária e a febre amarela, introduzidas por Colombo e as contínuas hordas de colonizadores, assolaram os povos indígenas não imunes, que chegaram à beira do extermínio. Ele dirigiu e participou pessoalmente de atos brutais de barbaridades e abusos sexuais dos espanhóis contra os povos nativos. Nos Estados Unidos, o Dia de Colombo é um feriado nacional celebrado na segunda segunda-feira de outubro (em homenagem à data da chegada dele às Américas, em 12 de outubro de 1492), por mais que Colombo tenha errado o destino pretendido (talvez estivesse desorientado ou perdido) por treze mil quilômetros, que seu currículo seja uma compilação de pesadelos da Terra do Nunca e que ele jamais tenha chegado perto dos Estados Unidos de fato. Em 1992, nesse dia de folga e comemorações, Russell Means, um ativista indígena da etnia sioux, derramou sangue em uma estátua de Colombo e declarou que, perto do "descobridor" do Novo Mundo, "Hitler parece um delinquente juvenil". Embora o posto colonial dos nórdicos em L'Anse aux Meadows, na ilha canadense de Newfoundland, tenha sido construído quinhentos anos antes de Colombo, e ainda que baleeiros e pescadores bascos tenham visitado as zonas de desova de bacalhau no leste do Canadá antes de 1492, o nome de Colombo ainda é sinônimo do "descobrimento" do Novo Mundo. Deixando o desdém de lado, o impacto de Cristóvão Colombo, incluindo a introdução acidental de doenças transmitidas por mosquitos nas Américas, é incontornável.

O aclamado historiador Daniel Boorstin afirma que, ao contrário de Colombo, a visita dos nórdicos à América "não mudou a visão de mundo deles nem a de mais ninguém. Houve antes alguma outra viagem tão longa (L'Anse aux Meadows fica a 725 quilômetros de Bergen!) que tenha feito tão pouca diferença? [...] O mais impressionante não é que os vikings tenham chegado à América, mas que eles chegaram e até permaneceram no continente por um tempo, mas não *descobriram* a América". É claro que Colombo não descobriu as Américas, já que povos indígenas viviam nesse mundo milênios antes da chegada atrapalhada dele. Colombo não foi nem sequer o primeiro estrangeiro a encontrar as Américas. Mas Colombo foi o primeiro a abrir as portas permanentemente para a presença dominante de europeus, africanos escravizados e as doenças que ambos trouxeram para esse novo mundo.

Muitos motivos podem explicar por que doenças zoonóticas não existiam nas Américas pré-colombianas. Os povos indígenas não criavam muito gado, de modo que era altamente improvável, se não impossível, o salto da doença dos animais para humanos. Esse foi um detalhe já mencionado, mas, devido à sua importância, vale a pena mencionar de novo. No fim da última grande Era Glacial, há cerca de treze mil anos, 80% dos mamíferos grandes das Américas foram extintos. Os poucos animais domesticados que foram preservados, como perus, iguanas e patos, não viviam em grandes concentrações, não demandavam supervisão constante e, de modo geral, eram deixados para viver por conta própria. Além disso, ainda que talvez seja uma questão de preferência pessoal, pelos são um atrativo mais forte para nossos sentidos do que penas ou escamas. Segurar um filhote de peru ou de iguana no colo não parece tão agradável quanto abraçar um cordeirinho, um potrinho ou um bezerrinho.

Além dessa falta de animais domesticados portadores de zoonoses, os povos indígenas não haviam praticado agricultura em nível industrial a ponto de alterar o equilíbrio ecológico, algo que ocorria em grande parte do Velho Mundo. A limitação de recursos e as condições climáticas geralmente permitiam apenas o cultivo de subsistência. Ao contrário dos povos europeus, os indígenas americanos não tinham animais de carga de grande porte, o que limitava o tamanho das plantações e inviabilizava qualquer excedente agrícola significativo para uso comercial ou para o escambo. Na verdade, o único animal usado para trabalho nas Américas era o cachorro, e isso apenas nas planícies do norte do continente, nos Estados Unidos e no Canadá. Nas Américas Central e do Sul, ele era semidomesticado (na prática, o animal se domava por conta própria e se alimentava de restos) e virava comida. Sim, os povos indígenas faziam desmatamentos propositais, geralmente com queimadas controladas, para regular a migração de rebanhos, bem como para cultivar as Três Irmãs — milho, feijão e abóbora — e outros produtos, mas o equilíbrio relativo de ecossistemas locais permanecia inalterado.

Entretanto, seria um erro romantizar o "índio ambientalista" nobre, ecológico, amigo das árvores, vestido de tanga, e supor que as Américas pré-colombianas eram um Jardim do Éden organicamente utópico. A interação e a manipulação do ambiente local por parte dos povos indígenas não era nenhuma harmonia perfeita. Isso não é realista nem possível, em função da própria natureza da nossa existência e de nossos intrínsecos instintos de sobrevivência. Eles só não usavam a terra de forma invasiva o bastante para alterar o ritmo e *status quo* naturais. "Os povos indígenas produziam bens não para um mercado distante", escreve James E. McWilliams, "mas principalmente para si mesmos e suas comunidades. O comércio era mais local que estrangeiro e visivelmente capitalista, e o ecossistema refletia o efeito dessa diferença. [...] A distinção entre a produção local e a produção para o mercado foi fundamental." Às vésperas do Intercâmbio Colombiano e do iminente massacre europeu, só 0,5% das terras a leste do rio Mississippi, nos Estados Unidos e no Canadá, eram cultivadas. Nos países europeus, esse percentual ficava entre 10% e 50%! Quando os europeus chegaram à Costa Leste dos Estados Unidos, no começo do século XVII, eles estavam desmatando 0,5% das florestas antigas por ano.

Com a introdução da agricultura comercial e a construção de represas, os colonos europeus criaram acidentalmente um espaço tóxico para eles mesmos ao estabelecerem hábitats ideais para os mosquitos. Entomólogos sugerem que, em um século de colonização, tanto as populações nativas de mosquito quanto as importadas aumentaram quinze vezes, inspirando Thomas Jefferson a proferir a agourenta declaração de que a devastação dos mosquitos era imutável e estava "além da capacidade de controle humano". A malária e a febre amarela logo fincaram raízes ao longo do litoral atlântico da América do Norte.

Essas colônias de cobiça europeia, embora fossem infestadas de mosquitos, ainda não estavam contaminadas pelos *Anopheles* e *Aedes* que transmitiam doenças. Esses anjos da morte chegaram clandestinamente em navios europeus. As populações estrangeiras de mosquitos imigrantes prosperaram no clima quente da casa nova, afastando ou destruindo espécies locais de mosquitos. Com as populações humanas foi a mesma coisa, visto que os europeus expulsaram ou destruíram as populações indígenas. Além do mais, o sangue dos colonos fervia com doenças de mosquitos. A cada passo colonial que se estabelecia, a malária era introduzida pelos europeus, consumindo assentamentos espanhóis e portugueses na América do Sul, os territórios multinacionais no Caribe e as colônias inglesas do Norte, em Jamestown, na Virgínia, assim como no santuário puritano de Plymouth, em Massachusetts.

Procissões de doenças marcharam pelas Américas ao longo de canais indígenas de escambo, logo após a primeira viagem de Colombo, e receberam um empurrão revigorante e oportuno com a expedição de Juan Ponce de León para explorar a Flórida, a fim de capturar trabalhadores escravizados, em 1513.[2] Pesquisadores especulam que, nas décadas de 1520 e 1530, a varíola, a malária e outras epidemias já assolavam populações indígenas, desde a região dos Grandes Lagos, no Canadá, até o extremo sul do cabo Horn.

Havia uma malha bem estabelecida de rotas comerciais indígenas por todo o hemisfério ocidental. Povos das planícies internas adornavam suas roupas com conchas, mesmo que jamais tenham experimentado a brisa salgada do oceano. Povos litorâneos que se banhavam naque-

---

[2] A suposta busca da fonte da juventude por Ponce de León na Flórida é um conto de fadas vibrante, mas não tem absolutamente qualquer credibilidade.

las ondas se cobriam com couro de bisão, embora jamais tivessem visto essa criatura magnífica. Nações indígenas fumavam tabaco cerimonial e se limitavam a imaginar como devia ser a planta em estado natural. O cobre dos Grandes Lagos, no Canadá, era usado para fabricar joias na América do Sul. Doenças colonizadoras, como a malária e a varíola, também foram intercambiadas por esses vastos corredores econômicos, arruinando povos indígenas muito antes de eles avistarem um europeu. Tanto no passado quanto no presente, o comércio é um dos transportadores mais eficientes de doenças contagiosas. William H. McNeill confirma que "a malária aparentemente concluiu a destruição dos ameríndios [...] a ponto de esvaziar quase completamente regiões que antes eram bastante povoadas".

Quando as primeiras expedições europeias de Hernando de Soto e Francisco Vázquez de Coronado percorreram o sul dos Estados Unidos, nos anos 1540, em busca de grandes cidades douradas, segundo os relatos, encontraram apenas as ruínas desertas de inúmeras aldeias onde só havia bisões pastando. Viajando a galope desde a Cidade do México até o Grand Canyon do Arizona e depois ao Kansas, a nordeste, Coronado passou pelos escassos sobreviventes de comunidades antes prósperas. Da mesma forma, no percurso que De Soto fez da Flórida até os Apalaches, passando pelos estados do golfo e pelo Arkansas, navegando o rio Mississippi de jangada, ele atravessou cemitérios e fantasmas de populações indígenas já dizimadas. Um relato testemunhal da década anterior pode revelar pistas para a causa do colapso dessas comunidades indígenas e das cidades fantasmas, arruinadas, exploradas por esses conquistadores espanhóis.

Quatro marujos espanhóis abandonados em terra haviam transposto o corredor De Soto-Coronado desde a Flórida, viajando para oeste pelo golfo do México, até repousar na Cidade do México, em 1536. Quando se apresentaram ao governador da Nova Espanha, eles relataram a uma plateia atenta o que aconteceu nessa jornada inimaginável e incrível de oito anos. Um detalhe digno de nota foi a descrição dos povos indígenas já infectados com malária. Segundo o depoimento dos espanhóis, "naquela terra encontramos uma quantidade enorme de mosquitos de três tipos diferentes, que são muito ruins e irritantes, e durante o resto do verão eles nos incomodaram bastante". Os "índios", disseram eles, "são tão picados pelos mosquitos que daria para pensar que eles tinham a doença de são Lázaro, o Leproso [...] muitos outros estavam prostrados. Vimos esses inúmeros doentes, magros e de barriga inchada. Eram tantos que ficamos impressionados. [...] Posso afirmar que não existe aflição no mundo que se iguale a isso. Ficamos extremamente tristes de ver como uma terra que era tão fértil, bonita, cheia de mananciais e rios, agora era composta, por toda parte, de aldeias queimadas, desertas, com pessoas tão magras e doentes". A introdução da malária pelo sul dos Estados Unidos foi anterior à entrada dos europeus, matando populações indígenas e preparando o terreno para a colonização europeia. Um explorador francês do século XVII que, seguindo os passos de Hernando de Soto, percorreu as carcaças abandonadas de assentamentos em Natchez, no sul do rio Mississippi, escreveu que, com "esses selvagens, tem algo que não posso deixar de comentar: parece nitidamente que Deus deseja que eles cedam o lugar para novos habitantes". Doenças europeias, como a malária, haviam penetrado o interior da América do Norte muito antes da chegada propriamente dita dos europeus.

Os aruaques do Caribe, os incas e os astecas da Mesoamérica, os beothuks de Newfoundland e uma quantidade estarrecedora de culturas indígenas em todo o planeta sofreriam o mesmo destino dos tainos: a extinção. Hernán Cortés não derrotou seis milhões de astecas, assim como Francisco Pizarro não subjugou dez milhões de incas. Após epidemias devastadoras de varíola e febre malárica endêmica, esses dois conquistadores se limitaram a reunir os poucos sobreviventes enfermiços e escravizá-los. Quando Pizarro chegou à costa do Peru, em 1531, a devastação causada pela varíola (introduzida cinco anos antes) permitiu que sua *vasta* tropa de 168 homens conquistasse uma civilização inca que havia apenas dez anos figurava na casa dos milhões. Crosby reconhece que "os triunfos milagrosos desse Conquistador, e de Cortés, a quem ele emulou com tanto sucesso, são em grande parte triunfos do vírus da varíola". Em diversas regiões das Américas, as doenças permitiram que a "vitória" dos europeus sobre os povos indígenas fosse uma empreitada tranquila e pouco trabalhosa. Além do mais, deve ter sido absolutamente desmoralizante para os povos indígenas ver que essas doenças arrasavam seus indivíduos enquanto poupavam e ignoravam muitos europeus.

Um dos poucos astecas sobreviventes lamentou que, antes da chegada dos espanhóis, "não havia [...] doença; ninguém sentia dor nos ossos; ninguém tinha febre alta; ninguém tinha dor abdominal; ninguém tinha dor de cabeça. [...] Os forasteiros mudaram tudo quando chegaram aqui". Cortés contava apenas com cerca de seiscentos homens e algumas centenas de aliados locais, em 1521, durante seu bem-sucedido cerco de 75 dias a Tenochtitlán (onde hoje se situa a Cidade do México). A capital asteca, que abrigava mais de 250 mil pessoas, era muito mais povoada do que qualquer cidade europeia da época. Tenochtitlán era uma metrópole magnífica, dotada, entre outras maravilhas da engenharia, de um sistema complexo de lagos, canais e aquedutos interligados, os quais permitiram que os mosquitos proliferassem durante o cerco espanhol. Após a aniquilação da civilização asteca, uma epidemia de malária arrasou o México durante a década de 1550. Em 1620, restava apenas 1,5 milhão (ou 7,5%) dos vinte milhões de indivíduos da população indígena original do México.

Parece fácil explicar as realizações militares dos exércitos europeus, como as de Cortés e Pizarro. Os livros de história insistem em afirmar que o uso de aço e armas de fogo contra paus e pedras foi o que garantiu as vitórias europeias. Contudo, o motivo verdadeiro para os colonizadores europeus terem expulsado e destruído os povos indígenas foi, sobretudo, uma questão de doenças e imunidades divergentes. Foi a disseminação dos germes exóticos e de mosquitos importados da Europa, ao que se soma à atuação inconsciente dessas doenças como armas biológicas, que assinou a sentença de morte dos povos indígenas.

Com as doenças e os mosquitos já estabelecidos, tanto os colonos europeus quanto uma sucessão de governos coloniais e nacionais usaram estratégias diversas para subjugar as populações indígenas. Entre os métodos estavam: a realização de campanhas militares decisivas; a desestabilização de organizações políticas; a inibição de traços culturais distintos; a criação de dependência econômica; a alteração drástica de características demográficas a favor dos europeus, algo que as doenças e os mosquitos garantiram; e a expropriação e delimitação de terras para nações indígenas. Os povos indígenas tentaram promover e proteger seus interesses e objetivos diante de uma revolução cultural e de epidemias genocidas de doenças europeias, como a malária e a febre amarela.

Em meio a essa onda de mudanças deslanchada por Colombo, no início da intensa colonização europeia, a sátira política *Utopia*, que sir Thomas More escreveu em 1516, previu os temas subjacentes que dominaram as relações globais entre europeus e indígenas:

> Se os nativos querem viver com os utopianos, eles são acolhidos. Como entram espontaneamente para a colônia, eles logo adoram as mesmas instituições e os mesmos costumes. Isso é vantajoso para ambos os povos. Graças às políticas e às práticas dos utopianos, a terra proporciona uma abundância para todos, o que antes parecia pequeno e estéril demais só para os nativos. Se os nativos se recusam a acatar as leis deles, eles os expulsam da área que tomam para si, travando guerras se houver resistência. Eles consideram de fato sua causa muito justa para a guerra se um povo possui terra e a deixa ociosa, sem cultivo, recusando-se a permitir que outros a usem e ocupem de acordo com a lei da natureza segundo a qual ela deveria sustentá-los.

Em *1493: Como o intercâmbio entre o novo e o velho mundo moldou os dias de hoje*, uma narrativa extremamente interessante de 2011, Charles Mann afirma que, de todas as pessoas que já puseram os pés no mundo, Colombo "inaugurou sozinho uma nova era na história da vida". Embora isso talvez seja um pequeno exagero, é inquestionável que suas viagens deram início a uma sequência de acontecimentos transformadores, tal qual Thomas More previu, criando o arranjo da sinfonia atual de poder global.[3]

Nos séculos depois de Colombo, as infecções devassaram as populações indígenas. As doenças europeias, para as quais os povos indígenas não tinham imunidade, exterminaram populações locais quase a ponto de extingui-las. Como Charles Darwin observou em 1846, "onde quer que o europeu transite, parece que a morte persegue o aborígene. Podemos examinar a vasta dimensão das Américas, da Polinésia, do cabo da Boa Esperança e da Austrália, e veremos o mesmo resultado".[4] Da população indígena que em 1492 era estimada em cem milhões de habitantes no hemisfério ocidental, restavam cerca de cinco milhões em 1700. Mais de 20% da população mundial havia sido aniquilada. O mosquito, junto com doenças como a varíola, era culpado de genocídio.[5] As pequenas populações desorientadas que sobreviveram enfren-

---

3 Sir Thomas More (1478-1535) foi um filósofo, humanista, escritor, político e funcionário público renascentista inglês. Sendo católico, ele se opunha à Reforma Protestante. Embora servisse como lorde chanceler da Inglaterra e fosse um dos principais assessores e conselheiros do rei Henrique VIII, More se recusou a endossar Henrique como chefe da nova Igreja Anglicana ou apoiar o Ato de Supremacia de 1534. Ao se recusar a jurar lealdade a Henrique, na opinião de que isso seria uma infração à Carta Magna, More foi acusado de traição e decapitado na Torre de Londres, em 1535. Quatrocentos anos depois, em 1935, ele foi canonizado pela Igreja Católica.

4 Os aborígenes australianos e os maoris neozelandeses também sofreram com a invasão das doenças europeias durante o Intercâmbio Colombiano. De uma população original estimada em cerca de quinhentos mil habitantes, em 1920 a população aborígene na Austrália era de 75 mil. Quando James Cook desembarcou na Nova Zelândia, em 1769, acredita-se que a população maori era de cerca de cem a 120 mil pessoas, atingindo o ponto mais baixo em 1891, com 44 mil. A malária e a dengue foram introduzidas na Austrália por mercadores malaios na década de 1840. A Austrália ficou livre da malária desde o último surto no Território do Norte em 1962. A dengue, que no mundo inteiro infecta quatrocentos milhões de pessoas todo ano, fez uma reaparição problemática na Austrália na última década. A Austrália e Papua-Nova Guiné também abrigam viroses exclusivas transmitidas por mosquitos, ainda que raras e geralmente não letais, chamadas encefalite do vale Murray e febre do rio Ross.

5 O intercâmbio de doenças foi uma rua de mão única — do Velho Mundo para o Novo Mundo —, com talvez uma exceção. A sífilis, cujas cepas bacterianas provenientes das Amé-

taram então um ciclo interminável de guerras, massacres, transferências forçadas e escravidão.

Até recentemente, pesquisadores de diversas áreas subestimavam a potência das doenças como agentes redutores dos povos indígenas nas Américas, o que levava a erros de cálculo quanto à população anterior ao contato. Estimativas extremamente baixas atenuaram o peso da culpa da colonização nos descendentes de europeus. Até nos anos 1970, as escolas ensinavam que a maior parte do território dos Estados Unidos estava desocupada e "pedia" a presença dos colonos europeus. Afinal, o suposto um milhão de "índios" não precisava de toda aquela terra que aguardava ansiosamente o Destino Manifesto da América. Estava escrito que a expansão era inevitável, justificada e determinada pela Providência Divina. Mas agora se estima que *só* na Flórida havia quase um milhão de habitantes indígenas. Cálculos novos colocam a população indígena total nos Estados Unidos pré-Colombo na faixa de doze a quinze milhões, mais sessenta milhões de bisões.[6]

Como explica Jared Diamond, os índices baixos eram "úteis para justificar a conquista dos brancos no que podia ser considerado um continente quase vazio. [...] Para o Novo Mundo como um todo, estima-se que o declínio da população indígena durante um ou dois séculos após a chegada de Colombo tenha sido de até 95%". Em um cálculo conservador com números absolutos, são 95 milhões de mortos em todo o

---

ricas derivadas de bouba e pinta não eram venéreas, talvez tenha chegado à Europa junto com Colombo. O primeiro surto de sífilis no continente europeu parece ter acontecido em Nápoles, na Itália, em 1494, pouco após a volta de Colombo de sua primeira viagem. Nos círculos acadêmicos, ainda é objeto de muita discussão e alvo de pesquisas se existe alguma relação ou se foi só coincidência. Em cinco anos, a doença havia passado pelas camas da Europa inteira, e cada nação pôs a culpa na nação vizinha. Em 1826, o papa Leão XII proibiu o uso de preservativos porque ele impedia que pessoas devassas contraíssem sífilis, o que na opinião dele era um castigo divino necessário para a imoralidade das transgressões sexuais.

6 Em 1890, a população total de bisões na América do Norte havia sido reduzida deliberadamente para 1.100. O governo americano autorizou a erradicação sistemática dos bisões para provocar fome nos povos indígenas das Planícies, especificamente os sioux, e pressioná-los a ir para as reservas.

continente americano. Trata-se, portanto, da maior catástrofe populacional de toda a história escrita da humanidade, quase um episódio de extinção, muito superior à Peste Negra. Por sua vez, durante o mesmo período, a imigração de europeus e seus carregamentos de africanos escravizados para as Américas representaram também a maior transferência e relocação populacional da história da humanidade. Como sempre, o mosquito foi um dos astros desse circo de horrores itinerante que foi o Intercâmbio Colombiano.

O Intercâmbio Colombiano foi realmente universal e afetou povos, produtos, plantas e doenças de todos os cantos do planeta. Além dos mosquitos, com a segunda viagem, de 1494, Colombo introduziu nesse novo mundo animais portadores de zoonoses, como cavalos, galinhas e gados bovino, caprino e ovino. Tabaco, milho, tomate, algodão, cacau e batata foram exportados do continente americano e implementados em campos férteis do mundo todo, enquanto maçã, trigo, cana-de-açúcar, café e diversas hortaliças foram acolhidas pelas Américas. A batata, por exemplo, foi transplantada em lavouras por toda a Europa, a meio mundo de distância de suas raízes originais. Ela entrou nas ondas do Intercâmbio Colombiano pela segunda vez durante a Grande Fome na Irlanda. Plantações de batata foram destruídas por uma praga entre 1845 e 1850, levando a uma crise de fome em massa que matou mais de um milhão de irlandeses. Durante esses cinco anos, a população total da ilha sofreu uma redução impressionante de 30%, e mais 1,5 milhão de irlandeses fugiu da fome e emigrou principalmente para os Estados Unidos, mas também para o Canadá, a Inglaterra e a Austrália.

Durante o Intercâmbio Colombiano, o planeta foi reorganizado para sempre em termos demográficos, culturais, econômicos e biológicos. A ordem natural da Mãe Natureza e o equilíbrio de forças foram revirados e jogados ao vento, feito cartas de baralho. Em certo sentido, a aldeia internacional humana se tornou um só corpo completamente unido pela primeira vez e ficou infinitamente menor. A globalização, incluindo as doenças transmitidas por mosquitos, virou a nova realidade.

O tabaco americano, por exemplo, tornou-se uma droga cotidiana, pois ele era bastante utilizado também para espantar insetos. A fumaça é usada pelo mundo todo como repelente de insetos, talvez desde que a humanidade aprendeu a controlar o fogo. "É possível que algumas espécies humanas tenham feito uso ocasional do fogo já há oitocentos mil anos", explica Yuval Noah Harari. "Há uns trezentos mil anos, o *Homo erectus*, os neandertais e os antepassados do *Homo sapiens* usavam o fogo diariamente." Talvez o atrativo do tabaco também tivesse a ver com suas propriedades como repelente. Seja como for, o vício se alastrou com tanta rapidez que, no início do século XVII, o Vaticano já estava recebendo queixas de que havia padres rezando a missa segurando a Bíblia em uma das mãos e um charuto na outra. Ao mesmo tempo, o imperador chinês se enfurecia ao descobrir que seus soldados vinham vendendo armas para comprar tabaco. Ele nem imaginava que isso era só uma "porta de entrada", já que logo se popularizaria o hábito de misturar tabaco com ópio.

Em meados do século XIX, o mercado inglês de ópio foi um acréscimo tardio ao Intercâmbio Colombiano e um instrumento clandestino no arsenal do imperialismo britânico. Manipulando a presença endêmica da malária, o governo britânico inventou o argumento de que, para indianos e asiáticos, o ópio era uma droga muito eficaz contra a malária. Em 1895, o relatório da Royal Commission on Opium [Comissão Real para o Ópio], "que chamava atenção por causa do terror e do sofrimento que abordava, apresentava o ópio como algo capaz de prevenir e curar a malária", diz Paul Winther em seu estudo sobre a malária e o mercado inglês de ópio.

> Em 1890, a correlação entre o ópio e a "malária" aparecia periodicamente. [...] Em 1892, já era parte do senso comum. A severidade da malária no sul da Ásia permitiu que a Comissão expressasse sua oposição a reduções significativas de produção [...] em termos de recusa a promover o sofrimento humano. As pessoas que não queriam que o Reino Unido deixasse de se en-

volver no cultivo, no processamento e na distribuição do ópio interpretaram as conclusões da Comissão como um imperativo moral.

O mosquito levou a falsa culpa e virou traficante. O ópio e o tabaco fincaram raízes na Ásia, especialmente na China. Em 1900, 135 milhões de chineses, espantosos 34% da população total de quatrocentos milhões, fumavam ópio pelo menos uma vez por dia, a princípio como supressor antimalárico e depois, já viciados, para sustentar a dependência.

Em 1612, quando John Rolfe despachou a primeira colheita de tabaco da Virgínia para a Inglaterra, Londres já ostentava mais de sete mil "casas de tabaco". Esses cafés ofereciam um lugar para que nicotinômanos pudessem se sentar e sorver tabaco. O café, novidade no Intercâmbio Colombiano, logo se juntou ao diálogo fumacento. A partir de suas origens em Oxford como pontos de encontro para intelectuais, as cafeterias logo se espalharam pelas esquinas da Inglaterra, tão onipresentes quanto as lojas da Starbucks, onde as pessoas fazem pose meditativa atrás de um laptop enquanto bebericam um *latte* caro com especiarias. Na verdade, em 1700, as cafeterias londrinas ocupavam mais imóveis e pagavam mais aluguel que qualquer outro empreendimento comercial. Entre as paredes dessas "universidades baratas", era possível pagar um trocado para receber uma "xícara de café" e passar uma eternidade ouvindo e participando de conversas e debates acadêmicos sofisticados, um comportamento esperado de qualquer um, mesmo que as outras pessoas à mesa não fossem conhecidas. "Os resultados podiam ser compartilhados, debatidos e refinados na sociedade de homens afins das cafeterias", explica Antony Wild em seu livro *Coffee: A Dark History* [Café: Uma história sombria]. "O Iluminismo na Inglaterra nasceu e foi estimulado ali dentro." É claro que, conforme viralizava pela Inglaterra e por toda a Europa, o café continuava associado à sua origem como medicamento contra a malária promovida no século VIII por Kaldi, nosso etíope criador de cabras.

Além de curar a malária, ou *"ague"*, o café também era vendido como uma panaceia para peste bubônica, varíola, sarampo, gota, escorbuto, prisão de ventre, ressaca, impotência e melancolia. Como acontece com toda novidade que vira tendência, a reação foi inevitável. Em 1674, uma organização social de mulheres em Londres publicou um panfleto com o título "Petição das Mulheres contra o Café", reclamando que, depois de passar o dia inteiro nas cafeterias, "os Homens nunca trajavam *Calças maiores*, nem traziam nelas qualquer *Fibra* que fosse. [...] Eles voltam com nada *úmido* além do Nariz ranhoso, nada *rijo* além das Juntas, nada *em pé* além das Orelhas". O panfleto "Resposta dos Homens à Petição das Mulheres contra o Café", também carregado de gráficas e explícitas insinuações sexuais, rebateu que a bebida "deixa a Ereção mais vigorosa, a Ejaculação mais plena, e acrescenta uma essência espiritual ao Esperma". Deixarei que a medicina moderna resolva essa briga de amor.

Até o começo do século XX, ainda se afirmava que o "café [de Kaldi] é um agente medicinal valioso, ou antes um preventivo, quando ocorrem epidemias de [...] tipos diversos de febre malárica". Importante notar, como William Ukers defendeu em seu livro *All About Coffee* [Tudo sobre café], de 1922, que "ele inspirava revoluções onde quer que fosse introduzido. É a bebida mais radical do mundo, visto que sua função sempre foi fazer as pessoas pensarem. E, quando as pessoas começaram a pensar, elas se tornaram um perigo para tiranos". Chá ou café? Essa era apenas uma das perguntas levantadas durante os acontecimentos políticos antes da Revolução Americana. Mas ambos podiam ser adoçados, conforme a preferência, com açúcar ou mel, dois outros artigos no cardápio do Intercâmbio Colombiano.

Junto com os mosquitos, os colonos ingleses também levaram as abelhas para as Américas. Hordas selvagens logo começaram a polinização em massa de plantas nativas, motivo pelo qual acabaram auxiliando a produção de lavouras e pomares europeus.[7] Embora a

---

[7] Hoje em dia, 35% dos alimentos consumidos nos Estados Unidos derivam da polinização feita por abelhas. Uma ocorrência ampla e misteriosa, conhecida como Distúrbio do

polinização de insetos só tenha sido descoberta em meados do século XVIII, as abelhas ajudaram tanto as iniciativas agrícolas europeias que os povos indígenas logo reconheceram que a chegada dessas "moscas inglesas" foi acompanhada de uma expansão europeia agressiva. Como os mongóis já haviam unido definitivamente a Ásia e a Europa, o Intercâmbio Colombiano, a exemplo da Peste Negra, foi uma liquidação global. E incluiu não apenas os mosquitos venenosos, como também o antídoto.

O quinino, o primeiro medicamento eficaz para a profilaxia e o tratamento contra a malária, nadou nas últimas ondas de colonização e chegou às praias globais do Intercâmbio Colombiano. Em meados do século XVII, os circuitos de fofoca do Velho Mundo fervilhavam com uma história milagrosa de um lugar misterioso chamado Peru. Em questão de décadas, espalharam-se pela Europa anúncios que exaltavam os poderes mágicos e as propriedades curativas da "Casca dos Jesuítas", do "Pó da Condessa" e da "Cinchona". Segundo os boatos, em 1638, a bela dona Francisca Enríquez de Ribera, quarta condessa de Chinchón, uma província espanhola no Peru, foi curada inexplicavelmente da febre malárica.

A condessa, segundo reza a lenda, contraiu uma forma virulenta da malária. Por mais que os médicos que a atenderam realizassem sangrias sucessivas, seu estado continuava se agravando, e a morte parecia iminente. Determinado a salvar a esposa, o conde de Chinchón, seu marido amoroso, lembrou-se de um conto da carochinha que ele havia escutado anos antes. Pelo que ele se recordava, a história falava de um missionário jesuíta espanhol que curou o governador do Equador, que

---

Colapso das Colônias, vem aniquilando as abelhas em índices de 30% a 70%, de acordo com a região, e pondo em risco a sobrevivência delas. Uma notória campanha de marketing recente vem promovendo a conscientização em prol das abelhas e estimulando ambientes locais favoráveis aos insetos. Comprei há pouco tempo uma caixa de Honey Nut Cheerios, que anunciava um brinde: "Inclui Pacote de Sementes Grátis para Ajudar a 'Recuperar as Abelhas!'" Por incentivo e ajuda do meu filho, que adora insetos, a mãe dele e eu deixamos nossos jardins convidativos para as abelhas.

padecia de febres maláricas, usando uma magia negra indígena chamada *ayac cara* ou *quinquina*. Não era nenhum amuleto de pedra, feitiço "*expecto patronum*" ou ladainha de abracadabra. Era a "casca amarga" ou "casca de cascas" de uma rara árvore temperamental que crescia em áreas de altitude elevada na cordilheira dos Andes. Intrigado pelo que ele havia considerado folclore, o conde estava disposto a dar uma chance para tentar salvar a esposa. Ele se apressou para comprar uma pequena amostra da casca misteriosa com algum sobrevivente dos nativos quéchuas que antes dominavam a região.

Dito e feito, a condessa foi salva, e, com sua volta triunfante à Espanha, espalhou-se a notícia dessa milagrosa "casca antifebre". Foi o equivalente a alguém hoje conceber de repente uma cura para o câncer ou a aids. A malária era um obstáculo imenso para o imperialismo nos trópicos coloniais, mas seu auge na Europa, durante meados do século XVII, coincidiu com essa descoberta salvadora do quinino, que é tóxico para o parasita da malária, pois inibe sua capacidade de metabolizar a hemoglobina.

Com a generalizada relocação, transferência e aceleração da agricultura, do comércio e das populações humanas pelo mundo durante o Intercâmbio Colombiano, o período entre 1600 e 1750 foi o ápice das aflições maláricas na Europa, época em que o parasita contaminava as massas de modo desenfreado. Devemos nos lembrar de que esse mesmo período apresentou um deslocamento extraordinário de colonos europeus e seus parasitas da malária rumo às Américas, potencializando um caldo já batizado de patógenos colonizadores. Algumas áreas da Europa adquiriram forte reputação malárica, como as terras baixas litorâneas do rio Escalda, na Bélgica e na Holanda, o vale do Loire e as praias mediterrâneas da França, os pântanos salobros nos condados a leste de Londres, o delta do rio Don, na Ucrânia, certas regiões em torno do rio Danúbio, no Leste Europeu, e, como sempre, os parquinhos de mosquitos nos pântanos pontinos e no rio Pó, na Itália. Finalmente fora encontrada uma cura para a febre romana, a *ague* inglesa, os infernos de Dante e as febres demoníacas que dominavam a Europa.

A cura da condessa de Chinchón com quinino, 1638: Este quadro de cerca de 1850 descreve a lenda da bela dona Francisca Enríquez de Ribera, quarta condessa de Chinchón, uma província espanhola no Peru, que foi curada inexplicavelmente de febres maláricas graças a uma "magia negra indígena" dos quéchuas nativos chamada *ayac cara* ou *quinquina*. O quinino extraído da árvore cinchona se tornou o primeiro medicamento eficaz no combate à malária. Como parte do Intercâmbio Colombiano, foi um tratamento do Novo Mundo para uma doença do Velho (*Diomedia/Wellcome Library*).

No fim das contas, embora a condessa certamente tivesse acessos de malária, ela morreu de febre amarela e nunca chegou a voltar à Espanha. A história associando a condessa ao quinino parece um conto de fadas reformulado. Mesmo assim, a cinchona, o nome comum dessa "Árvore Milagrosa Antifebre", continua ligada ao romance do conde e da condessa de Chinchón. Mas essa Casca dos Jesuítas não demorou a se tornar um importante cultivo de exportação da economia colonial espanhola e foi um novo acréscimo à lista extensa e crescente de produtos, alimentos, povos e doenças que cruzavam os oceanos durante o

Intercâmbio Colombiano. O quinino e a malária são um exemplo perfeito dessa união e inédita polinização cruzada de mundos diferentes, isolados e evolutivamente distintos, iniciada pelas viagens de Colombo. O quinino era um tratamento do Novo Mundo para uma doença do Velho. A doença propriamente dita, e seus mosquitos vetores, nasceram na África e no Velho Mundo e foram transportados para o Novo Mundo, onde se alastraram.

Em meados do século XIX, as potências europeias, armadas com quinino, chegaram até a estabelecer bases frágeis em regiões mais tropicais como a Índia, as Índias Orientais e a África. Em grande parte dessa zona verdejante entre os trópicos de Câncer e Capricórnio, os povos de ascendência europeia ainda são mochileiros transitórios em termos de seleção natural e história evolutiva. Eles não possuem as mesmas imunidades genéticas hereditárias que alguns povos africanos e mediterrâneos têm contra a malária. Ainda que no momento a malária continue a ser um mistério, o quinino vem sendo usado como supressor antimalárico desde sua descoberta no século XVII, acompanhado pela fábula da condessa de Chinchón que finalmente derrotou a febre bestial.

A aventura imperialista dos britânicos na Índia é a narrativa sucinta que eu uso ao explicar as consequências do Intercâmbio Colombiano. Mas essa imagem pode se aplicar também às colônias europeias na África e nas Índias Orientais. O controle britânico da Índia colonial exigia a capacidade de combater a malária, então os ingleses na Índia consumiam porções em pó do quinino em forma de "água tônica indiana". Na década de 1840, os cidadãos e os soldados britânicos na Índia já usavam setecentas toneladas de casca de cinchona todo ano para suas doses protetoras de quinino. Eles acrescentavam gim ao líquido para atenuar o sabor amargo e, definitivamente, para aproveitar o efeito embriagante. E assim nasceu o gim-tônica. Ele se tornou a bebida preferida de anglo-indianos e hoje, claro, já é item básico em bares do mundo todo.

O pó de quinino protegeu a vida dos soldados britânicos, permitiu que autoridades sobrevivessem nas regiões baixas e úmidas da Índia e, no fim, deu condições para que uma população britânica estável (mas surpreendentemente pequena) prosperasse em colônias tropicais. Em 1914, cerca de 1.200 integrantes do Serviço Civil Britânico na Índia e uma guarnição de apenas 77 mil soldados ingleses governavam mais de trezentos milhões de súditos indianos. A luta pelo império foi aliada à epidemiologia. Uma corrida competitiva pelo conhecimento científico, incluindo a descoberta do quinino, foi um tijolo pequeno, mas historicamente pesado, do Intercâmbio Colombiano. O emaranhado de ingredientes temáticos do intercâmbio, como a colonização europeia, a transmissão de doenças, a destruição de povos indígenas e a aquisição de fortunas imperiais além-mar, foi entremeado e unido pelo sangue ao mosquito.

O próprio Colombo jamais se deu conta de sua influência e, aos 55 anos, morreu acreditando que havia descoberto fragmentos periféricos da Ásia. Ele morreu em 1506 de "artrite reativa", falência cardíaca geralmente associada à sífilis. Quando vieram à tona seus erros de cálculo e deficiências pessoais, ele foi execrado pelos patamares mais elevados da sociedade e considerado um pária pela corte espanhola, que rescindiu seus privilégios e honras. Embora ele fosse rico, seus últimos anos foram marcados pela humilhação, pela raiva e por um complexo de messias onipotente que aparece em seu *Livro das profecias*. Devido ao isolamento e à depressão profunda, ou talvez como resultado de insanidade, o último sintoma sifilítico, ele acreditava que fosse um profeta de Deus destinado a revelar ao mundo "o paraíso e a terra novos, dos quais Nosso Senhor falou a São João no Apocalipse". Pouco antes de morrer, Colombo escreveu ao indiferente rei da Espanha que apenas ele, o resoluto Colombo, poderia converter o imperador chinês e seus súditos ao catolicismo.

Nas últimas décadas, cada vez mais se percebe que seu legado não terminou melhor do que ele. Colombo de fato abriu um mundo novo para a expansão econômica e o progresso da Europa, mas a um preço terrível — o quase extermínio de povos indígenas e o subsequente estabelecimento do avassalador tráfico transatlântico de africanos escravizados.

A escravidão africana foi um elemento central do Intercâmbio Colombiano e da prosperidade da economia agrícola. À medida que a mão de obra indígena cativa era destruída pelas infecções, os africanos escravizados eram imediatamente despachados, levando suas doenças a tiracolo, para qualquer destino nas Américas, ou no mundo todo. O mosquito fez sua parte ao proporcionar imunidade genética seletiva contra suas doenças aos milhões de africanos que estavam sendo desembarcados nas praias americanas para repor um estoque cada vez menor de indígenas escravizados. Fora as questões morais, a pergunta "Por que comercializar quando se pode invadir?" passou a ser ligada a "Por que pagar quando se pode escravizar?". Em essência, o Intercâmbio Colombiano sempre foi baseado no acúmulo europeu de riqueza sobre o trabalho de africanos escravizados em colônias agrícolas e extrativistas nas Américas. O Novo Mundo era um continente imenso e biologicamente diversificado, com potencial econômico ilimitado, o qual Colombo, conquistadores espanhóis e exércitos de mosquitos invadiram e abriram para jogo.

CAPÍTULO 8

CONQUISTADORES ACIDENTAIS: *a escravidão africana* E A ANEXAÇÃO DAS AMÉRICAS PELO MOSQUITO

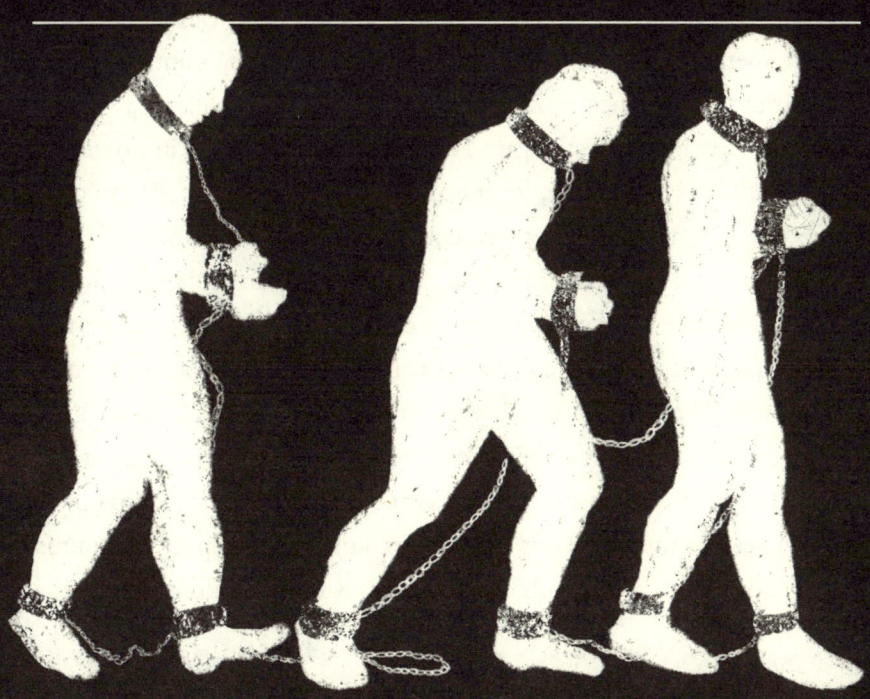

Em 1514, apenas 22 anos após os fatídicos primeiros passos de Colombo em Hispaniola, o regime colonial espanhol realizou um censo com a intenção de distribuir os tainos sobreviventes entre os colonos, para que fossem então usados como mão de obra escravizada. Imagino que tenha sido uma grande decepção a contagem revelar apenas 26 mil indivíduos vivos de uma população, antes robusta, que variava entre cinco e oito milhões. Em 1535, a malária, a gripe e a varíola, que fez sua estreia no Novo Mundo em 1518, junto com a brutalidade dos espanhóis, levaram os tainos à extinção. A título de comparação, uma matança equivalente na Europa teria eliminado completamente as ilhas britânicas e mais um pouco. Não pretendo trivializar a crueldade espanhola, conhecida como Lenda Negra, mas ela não foi a principal agente do colapso cataclísmico das populações nativas. Nos domínios espanhóis, a malária, a varíola e a tuberculose, e com o tempo a febre amarela também, foram as maiores assassinas. Contudo, o resultado foi que os mosquitos, assim como os colonos espanhóis em uma escala muito menor, haviam aniquilado a perspectiva de uma significativa força de trabalho taino autossustentável. Como tanto europeus quanto indígenas sucumbiam à malária e a outras doenças, foi necessário empregar uma alternativa para abastecer a produção lucrativa de tabaco, açúcar, café e cacau. O comércio escravagista africano foi pego no turbilhão do Intercâmbio Colombiano.

Os primeiros africanos escravizados nas Américas chegaram a Hispaniola em 1502, junto com o padre espanhol Bartolomé de las Casas, vindo de carona na quarta e última viagem de Colombo. Esses primeiros africanos se reuniram a uma população exígua de tainos escravizados, na busca de veios de ouro imaginários na lavoura das recém-estabelecidas fazendas de tabaco e açúcar de Hispaniola. Contudo, na opinião de Las Casas, nem todos os escravizados foram criados da mesma forma. Pouco depois de chegar às Américas, Las Casas afirmou que os índios, incluindo os tainos, eram "homens de verdade" e não deviam "ser usados como animais estúpidos". Além disso, pediu à Coroa espanhola que eles fossem tratados de forma humanizada. "A raça humana é toda uma só", proclamou ele, rogando que os índios recebessem "todas as garantias de liberdade e justiça. Decerto nada é mais precioso para o ser humano, nada é mais estimado que a liberdade".

Muito antes de 1776, Las Casas já exaltava as virtudes das revoluções, tanto na França quanto nos Estados Unidos, e os ideais filosóficos de John Locke, Jean-Jacques Rousseau, Voltaire, Thomas Jefferson e Benjamin Franklin: "Que todos os homens são criados iguais, que o Criador lhes concedeu certos Direitos inalienáveis, entre os quais se incluem a Vida, a Liberdade e a Busca da Felicidade", bem como, segundo a versão de referência de Locke, "a proteção da propriedade". Assim como os pais fundadores americanos, Las Casas incluiu também uma ressalva em letras miúdas para a definição de homem. Pelos princípios e conceitos morais, tanto de Las Casas quanto da Declaração da Independência americana, acontece que, no fim das contas, nem todos os homens são criados iguais, pois os africanos escravizados eram considerados gado e propriedade, não pessoas, até mesmo por esse padre espanhol que concedia acaloradamente a virtude da humanidade às populações indígenas escravizadas das Américas.

Ao mesmo tempo que exigia um tratamento brando para os tainos, Las Casas defendia a importação de africanos escravizados, afirmando que eles tinham constituição mais adequada para o trabalho nos trópicos, graças em parte à "pele grossa" e aos "odores ofensivos que emanam de seus corpos". Ele se gabava de que, nas colônias espanholas espalhadas pelo Caribe, "a única maneira de um preto morrer seria se o enforcassem". A fortuna da Espanha nas Américas, concluía ele, dependia da importação de mão de obra escravizada da África.

Em sua obra-prima *A riqueza das nações*, de 1776, o economista e filósofo Adam Smith proclamou:

> O descobrimento da América e da passagem pelo cabo da Boa Esperança para as Índias Orientais são os dois maiores e mais importantes acontecimentos da história escrita da humanidade. [...] Contudo, para os nativos, tanto das Índias Orientais quanto das Ocidentais, todos os benefícios comerciais que poderiam ter resultado desses acontecimentos naufragaram e se perderam nos terríveis infortúnios que eles suscitaram. [...] Um dos principais efeitos desses descobrimentos foi a ascensão do sistema mercantil a um nível de esplendor e glória que jamais teria sido alcançado de outra forma. O propósito desse sistema é enriquecer uma grande nação.

O imperialismo europeu estava ligado à riqueza de recursos que as colônias ofereciam. A força vital da extração desse capital e do mercantilismo como sistema econômico, ao qual Smith se referia, foi o tráfico escravagista africano, que incluiu a introdução dos mosquitos africanos *Aedes* e *Anopheles* e suas doenças nas Américas.[1]

---

1 O mercantilismo, ou comércio triangular do Atlântico, foi um sistema econômico praticado pelos países modernizados da Europa entre os séculos XVI e XVIII. Era pensado de modo a potencializar os lucros das nações imperialistas europeias. Os recursos naturais das colônias de além-mar, como o açúcar, o tabaco, o ouro e a prata, eram explorados com a mão de obra de africanos escravizados. Essas matérias-primas eram enviadas para a me-

O transporte de africanos escravizados só se tornou um substituto lucrativo quando a servidão das populações nativas deixou de ser uma opção. Um observador da época comentou que "os índios morrem tão fácil que só de olhar e sentir o cheiro de um espanhol eles já falecem". Quando a malária e, por fim, a febre amarela ajudaram a eliminar a viabilidade do uso do trabalho escravizado de indígenas nos ambientes cheios de mosquitos dos impérios da Espanha e outras nações europeias, o tráfico transatlântico de mão de obra escravizada se desenvolveu. A negatividade Duffy, a talassemia e o traço falciforme forneciam escudos hereditários para os africanos contra a malária. Muitos deles também já haviam se aclimado à febre amarela na África, adquirindo imunidade à doença. Embora não se soubesse desses fatores na época, um fato que europeus donos de minas e fazendas conseguiam observar com facilidade era que africanos escravizados eram relativamente livres de malária e febre amarela, por isso não morriam com a mesma frequência de outros não africanos. As imunidades genéticas e a aclimação prévia tornaram os africanos um componente importante para o Intercâmbio Colombiano, indispensáveis para o desenvolvimento dos comércios mercantilistas do Novo Mundo.

Sim, os europeus vieram, mas não dominaram os povos indígenas e as Américas sozinhos. Os mosquitos *Anopheles* e *Aedes* vieram e venceram. Inserções involuntárias no Intercâmbio Colombiano, eles foram, segundo Jared Diamond, "Conquistadores Acidentais". Nos primeiros séculos após a chegada de Colombo, os europeus em geral

---

trópole, onde eram transformadas em bens manufaturados, que então eram trocados por mais africanos escravizados e também revendidos nas colônias a preços mais altos. Quanto maior a quantidade de colônias, maior e mais diversificado era o volume de recursos, mas também, devido ao monopólio de importação e exportação dos europeus, maior também era o mercado para bens manufaturados simples. A desigualdade de condições do mercantilismo entre a metrópole e a colônia foi uma das causas das revoluções e dos movimentos de independência que se espalharam pelas Américas, incluindo os Estados Unidos, no fim do século XVIII e ao longo do século XIX.

se beneficiaram desse tráfico global desequilibrado e suas transações.² "Acontecimentos de quatrocentos anos atrás estabeleceram as bases para os fatos que estamos vivendo hoje", explica Charles Mann. "A criação desse sistema ecológico ajudou a Europa a assumir, por alguns séculos cruciais, a iniciativa política, o que por sua vez determinou os contornos do sistema econômico mundial de hoje, em todo o seu esplendor interligado, onipresente e praticamente incompreendido." Mann também toma o cuidado de ressaltar "as espécies introduzidas que moldaram, mais que quaisquer outras, as sociedades desde Baltimore até Buenos Aires: as criaturas microscópicas que causam malária e febre amarela". Os rumos da história foram alterados pela introdução nas Américas desses gêmeos tóxicos, e de outras doenças, por europeus infectados, pelos africanos escravizados e pelos mosquitos clandestinos que as transmitiam. "Se o tráfico de mão de obra escravizada não tivesse trazido a febre amarela e a malária para as Américas", observa J. R. McNeill, "nada do que a história apresenta aqui teria acontecido." A febre amarela foi uma das influências históricas mais importantes para a definição da organização política, geográfica e demográfica do hemisfério ocidental.

O letal vírus da febre amarela desembarcou nas Américas com os africanos escravizados e uma raça importada de mosquitos *Aedes*, que sobreviveu sem dificuldade à viagem nos navios negreiros, reproduzindo-se nos vários barris e poças d'água. A presença dos traficantes europeus de africanos escravizados e seus carregamentos humanos possibilitaram aos mosquitos condições abundantes para um ciclo contínuo de infecções virais durante a viagem, até que fosse possível desembarcar

---

2 Considerando a devastação causada pelos europeus e suas doenças nos povos indígenas das Américas, da Nova Zelândia, da Austrália e da África com as sociedades coloniais, é difícil defender o argumento de que o Intercâmbio Colombiano tenha sido minimamente favorável aos nativos. Um exemplo que posso oferecer, e que pouco serve de consolo, é a adoção de uma cultura equestre extremamente transformadora pelos povos das Planícies da América do Norte. Aquelas nações originárias do Canadá e dos Estados Unidos logo adaptaram seu estilo de vida e sua sociedade às montarias, após a introdução dos cavalos pelos espanhóis.

em um porto estrangeiro e encontrar sangue novo. O mosquito *Aedes* logo achou seu espaço e um lar adequado no clima exuberante desse novo mundo, então prosperou tanto pela superioridade em relação a espécies domésticas quanto por sua função como causador de sofrimento e morte.

Um navio negreiro holandês da África Ocidental que ficou ancorado em Barbados, em 1647, introduziu a febre amarela nas Américas. Em menos de dois anos, esse primeiro surto definitivo da doença matou mais de seis mil pessoas em Barbados. No ano seguinte, em seis meses um surto matou 35% das populações nas ilhas de Cuba, São Cristóvão e Guadalupe, depois atravessou a Flórida espanhola. Em Campeche, uma base espanhola em dificuldades na península mexicana de Yucatán, um residente traumatizado registrou os sinais reveladores da febre amarela, observando que a região foi "totalmente destruída". Para os poucos maias que restavam, a doença foi "uma enorme mortalidade de pessoas na terra, e pelos nossos pecados". Cinquenta anos após a chegada, a temível doença conhecida como "Vômito Negro", "*Yellow Jack*" ou "Praga de Açafrão" já havia se alastrado, afligindo os territórios caribenhos e as regiões costeiras das Américas, até Halifax e Quebec, ao norte, no Canadá.

O vírus mortal emergiu nas colônias britânicas da América do Norte graças à Marinha Real, que veio do Caribe para atacar Quebec. Ao atracar junto com a frota no porto de Boston, em 1693, a febre amarela matou modestos 10% dos sete mil habitantes. Como seria de esperar, a Filadélfia e Charleston foram atingidas logo depois, ainda no mesmo ano, e Nova York se rendeu para a febre amarela pela primeira vez em 1702. Antes da Revolução Americana, houve pelo menos trinta grandes epidemias de febre amarela nas colônias britânicas da América do Norte, acometendo todos os principais centros urbanos e portos ao longo dos 1.600 quilômetros de faixa litorânea entre a Nova Escócia e a Geórgia.

Por todo o continente americano, a febre amarela se tornou objeto de medo, repulsa e lendas, sobretudo em cidades portuárias que atuavam como gargalos para navios negreiros e mercantis de todas as nações. Essas embarcações da morte transportaram doenças não só por todo o hemisfério ocidental, mas também para além dele. Nova Orleans, Charleston, Filadélfia, Boston, Nova York e Memphis estão no topo de uma longa lista de cidades americanas que sofreriam epidemias letais de febre amarela. Na verdade, essas foram as epidemias mais letais de *qualquer* doença na história dos Estados Unidos. As epidemias, junto com a malária crônica, ajudaram a formar a configuração atual dos Estados Unidos. A febre amarela, disseminada a quase cinco mil quilômetros de suas milenares origens ancestrais na África Centro--Ocidental, afetaria consideravelmente o destino das Américas. Contudo, sem o tráfico de africanos escravizados, a influência transformadora desse vírus mortal nas Américas teria seguido um roteiro histórico totalmente distinto.

Desde o início, a escravidão sempre esteve acorrentada ao imperialismo econômico e à projeção territorial de poder. Essa sujeição é um tema comum em nossa história, como já vimos com gregos, romanos, mongóis e outros. Contudo, na Antiguidade, a escravidão era indiscriminada — raça, crença ou cor eram irrelevantes. Os trabalhadores escravizados no Império Romano, por exemplo, tinham histórias diversas e vinham de um amplo raio geográfico, compondo cerca de 35% da população total. Geralmente eram criminosos, devedores ou prisioneiros de guerra. Em todos os povos do planeta, das nações indígenas das Américas aos maoris neozelandeses e bantos africanos, os escravizados costumavam ser uma das principais motivações para hostilidades e também um dos maiores espólios de guerra. Essa forma de escravidão, ainda que perpetuasse um estado crônico de pequenas incursões, era localizada e controlada rigorosamente por códigos de conflito e normas sociais. Após um período de servidão, os escravizados eram mortos ou — o que era mais comum — adotados e integrados plenamente em sua nova família tribal. No oeste da Ásia, muitos pais pobres vendiam os filhos para trabalharem em regime de servidão. Quando os otomanos invadiram os Bálcãs, no fim do século

XIV, e bloquearam o acesso à Rota da Seda e ao mercado asiático, muitos habitantes da região foram escravizados, lavrando a terra que antes pertencia a eles. Já no exército otomano, os trabalhadores escravizados formavam contingentes de elite, com patentes, privilégios e autoridade.

Na maioria das vezes, muitos deles eram tratados como parte da família. Era comum serem emancipados; eles não podiam ser submetidos a castigos físicos; seus filhos não podiam ser escravizados ou vendidos; e geralmente não eram restringidos social ou fisicamente pelos grilhões da escravidão da mesma forma que os trabalhadores escravizados das fazendas coloniais americanas. Muitas leis sobre escravidão, assim como as convenções e os costumes sociais do mundo antigo, eram dotadas de compaixão, empatia e uma preocupação surpreendente pelo bem-estar e pelo tratamento digno dos escravizados. Em outras culturas, essa prática era restrita a alguns locais e relativamente limitada, sem exibir nada dos tormentos e da crueldade presentes na escravidão massificada de africanos.

No século XII, a maior parte do norte da Europa já havia abandonado a prática da escravidão, adotando em seu lugar um sistema mais refinado e complexo de vassalagem. Em climas mais frios e estações de plantio e lavoura, os servos eram responsáveis pelo próprio sustento, poupando dinheiro e custos laborais ao dono das terras. Em termos simples, antes de Colombo a escravidão não era o monstro que veio a se tornar após a colonização das Américas. O corredor transatlântico do tráfico de escravizados entre a África e as Américas explorou, estendeu e ampliou um mercado de africanos escravizados que já existia, criando uma forma industrializada particularmente americana de mercado de transportes de homens escravizados.

A conquista islâmica do Norte da África no século VIII abriu a África Ocidental a um sistema de mercado escravagista que se dava de forma terrestre. Caravanas muçulmanas atravessavam o deserto do Saara, transportando trabalhadores escravizados da África Ocidental para o sul da Europa, o Oriente Médio e além. Eunucos africanos se tornaram um artigo de luxo na corte imperial chinesa. Em 1300, já havia um fluxo de vinte mil nativos da África Ocidental sendo levados para o norte por traficantes muçulmanos e cristãos, que muitas vezes trabalhavam em sincronia. Com a chegada do colonialismo europeu propriamente dito, entre 1418 e 1452, sob o príncipe português Henrique, o Navegador, essa região se tornaria o centro de origem do comércio transatlântico de africanos escravizados. O príncipe Henrique deu início à Era das Navegações com suas viagens aos arquipélagos de Açores e da Madeira, bem como às ilhas Canárias, e com suas incursões pelo litoral atlântico do noroeste da África. Os portugueses continuaram a progredir por esse litoral na direção sul até que Bartolomeu Dias ultrapassou o cabo da Boa Esperança, na ponta da África, e chegou ao oceano Índico em 1488.

Quando Vasco da Gama finalmente chegou à Índia, em 1498, o mercado português de trabalhadores escravizados já estava a pleno vapor, assim como a correspondente disseminação de mosquitos e malária. Os mosquitos e suas doenças acompanharam as viagens dos navios negreiros ou foram transportados no sangue dos próprios africanos escravizados até o destino final. Quando Colombo finalmente expandiu os limites ocidentais do mundo conhecido, cem mil africanos escravizados já haviam sido capturados de sua terra natal e representavam 3% da população portuguesa.

O primeiro porto escravagista português na África Ocidental entrou em atividade em 1442. Açúcar e trabalhadores escravizados eram importados da África para as colônias agrícolas na Madeira, que se tornaram precursoras e modelos para a base da economia escravagista colonial e do sistema de *plantations* no Novo Mundo. Nessa época, o próprio Colombo havia morado na ilha da Madeira e se casara com a filha do governador, beneficiário dessa nova fortuna agrícola. Colombo também trabalhava como transportador de açúcar para uma empresa italiana e frequentava os fortes escravagistas na África Ocidental. Ele apreciava o modelo europeu de uso de africanos escravizados em fazendas e minas. Então, ele exportou esse sistema para as Américas como parte de seu Intercâmbio Colombiano pessoal. Suas primeiras viagens incitaram a Espanha a estabelecer oficialmente fortes escravagistas na África Ocidental, em 1501. Os ingleses entraram na concorrência sórdida do mercado escravagista em 1593. Como Antony Wild esclarece em seu livro sobre a história do café, Colombo estava "na crista da onda dos negros escravizados que arrebentaria nas praias do Novo Mundo, trazendo consigo o açúcar e, depois, o café". O ceifador também surfou nessa onda, disfarçado como mosquitos africanos, a malária, a dengue e a febre amarela.

De modo geral, até a árdua produção holandesa em massa para exportação de quinino feito à base de cinchona da Indonésia, a partir dos anos 1850, o mosquito manteve os europeus fora da África. A cinchona é muito criteriosa em relação a altitude, temperatura e tipo de solo. Ela só cresce em ambientes muito rigorosos e específicos. Esse estoque limitado e caro abriu as portas para que inúmeros golpistas e impostores inundassem o mercado de quinino, fingindo atender à enorme demanda. William H. McNeill reforça que "a penetração no interior da África, que se tornou uma característica proeminente da expansão europeia na segunda metade do século XIX, teria sido impossível sem o quinino das plantações holandesas". Armados com esse quinino transplantado, a corrida imperialista dos europeus à África começou em 1880 e se estendeu pelas décadas em torno da Primeira Guerra Mundial. No entanto, o quinino não era uma panaceia, de modo que a febre amarela continuou assombrando os europeus que se atreviam a adentrar as selvas africanas.

Foi o que aconteceu, entre 1885 e 1908, com a empreitada insana do rei belga Leopoldo II a fim de explorar o Congo. Convencendo a comunidade internacional de que seus objetivos principais eram de ordem humanitária e filantrópica, Leopoldo recebeu autoridade absoluta sobre o Estado Livre do Congo. Ele fez fortuna com marfim, borracha e ouro enquanto cometia atrocidades inenarráveis e desenfreadas contra as populações locais. O escritor anglo-polonês Joseph Conrad capitaneou um barco a vapor que transportava cargas de valor pelo rio Congo.

Sua obra *Coração das trevas*, de 1899, é um relato semificcional sobre suas aventuras, incluindo experiências de quase morte com a malária e a febre amarela.³ Seu livro suscitou questões sobre o racismo imperial e despertou revolta internacional diante da crueldade e da carnificina realizada pelos belgas. Cerca de dez milhões de africanos morreram como resultado direto das políticas de Leopoldo. Seus mercadores e mercenários europeus não se saíram melhor, e relatos do Congo indicavam que "apenas 7% conseguem cumprir os três anos de serviço".

Enxertando cinchonas nas Índias Orientais holandesas, c. 1900: Nos anos 1850, na colônia da Indonésia, os holandeses iniciaram as primeiras plantações bem-sucedidas de cinchona fora dos pequenos focos isolados na cordilheira andina na América do Sul. A Inglaterra e os Estados Unidos logo se tornaram os principais importadores do precioso e salvador quinino de cinchona, produzido nas Índias Orientais Holandesas (*Diomedia/Wellcome Library*).

---

3 O roteiro do filme *Apocalypse Now*, de Francis Ford Coppola, de 1979, era uma adaptação direta do livro de Conrad. O Congo de Leopoldo deu lugar ao Vietnã e ao Camboja durante a Guerra do Vietnã americana.

Entretanto, antes da intensificação das plantações de cinchona na Indonésia holandesa, que permitiu a "Corrida para a África" nos anos 1880, as doenças transmitidas por mosquitos impediam os europeus de interferir e invadir o continente. Qualquer tentativa deles de penetrar na África para escravizar seus habitantes, construir minas de ouro, explorar recursos econômicos ou propagar a fé de seu deus era barrada por um perímetro intransponível de letais mosquitos defensores. Essas expedições acabaram fracassando, e a mortalidade de europeus pairava continuamente na faixa entre 80% e 90%. Para os europeus, a África era uma sentença de morte certa. Durante o século XVI, por exemplo, o Vaticano acusou a monarquia portuguesa de violar a proibição de execução de padres católicos imorais condenando os clérigos criminosos ao exílio na África, "cientes de que em pouco tempo eles estariam mortos". Sir Patrick Manson, pioneiro em malariologia e amplamente reconhecido como "pai da medicina tropical", saudou o mosquito em 1907 e confirmou que "o Cérbero que guarda o continente africano, seus segredos, seu mistério e seus tesouros é a doença, que eu equipararia a um inseto!". Para os povos indígenas das Américas, as doenças transmitidas por mosquitos funcionaram como uma arma biológica ofensiva nas mãos dos europeus; já para os africanos, foi um dissuasor biológico defensivo contra esses mesmos europeus.

Nos três primeiros séculos da expansão global europeia, a África foi "o continente obscuro". Para os ingleses, o reinado de terror do mosquito rendeu à África o título de "Tumba do Homem Branco". A esparsa ocupação dos europeus se limitava a pouco mais que fortes escravagistas grosseiros, chamados de "barracões". Até esses lugares eram cemitérios. Estima-se que a taxa de mortalidade anual de europeus nesses centros escravagistas no litoral da África Ocidental fosse de cerca de 50%. "Quando nações civilizadas entram em contato com bárbaros", escreveu Charles Darwin em 1871, "o conflito é breve, exceto quando um clima mortífero presta auxílio à raça nativa". Troque a palavra "clima" por "mosquito transmissor de doenças". O mosquito, portanto, protegia a África e atuava ao mesmo tempo como assassino e salvador.

Um antigo rei de Madagascar se gabava, com razão, de que nenhuma potência estrangeira seria capaz de derrotar as florestas densas e a malária esmagadora de seu país. O mosquito, dizia ele, havia salvado não apenas sua pátria, mas também a África como um todo. Essa declaração teria sido verdade, não fosse pelo conluio entre os africanos e as metas e objetivos dos europeus.

A disposição dos africanos de participar do tráfico de escravizados no continente permitiu que essa prática se desenvolvesse. Africanos submetiam outros africanos às garras da subjugação e servidão sob os europeus, algo que graças ao mosquito era impossível que os europeus fizessem sozinhos. O mosquito não permitiria que os europeus arrancassem africanos de suas terras. Sem a escravidão africana, a economia agrícola mercantilista do Novo Mundo teria malogrado, o quinino não teria sido descoberto e a África teria continuado africana. Todo o Intercâmbio Colombiano teria sido muito diferente, ou talvez nem tivesse ocorrido.

O que aconteceu, porém, foi que os portugueses, e com o tempo também espanhóis, ingleses, franceses, holandeses e outros europeus, puderam tirar proveito da cultura escravocrata que já existia e girava em torno de espólios de guerra. No início, os africanos venderam seus cativos aos portugueses, e assim surgiu um pequeno mercado localizado de trabalhadores escravizados. A princípio, ele funcionava de modo geral dentro da cultura de escravidão convencional dos costumes africanos. Ao explorarem esse conflito tradicional entre as nações e sociedades africanas, os europeus conseguiram introduzir uma forma extremamente distinta de escravidão, voltada para a exportação comercial em massa. Os líderes e monarcas africanos começaram a atacar inimigos e aliados tradicionais com o único propósito de capturar escravizados para vendê-los em uma quantidade cada vez maior de fortes escravagistas no litoral, operados por mais e mais nações europeias. A demanda europeia era atendida por uma oferta africana de escravizados. O ciclo de violência e incursões escravagistas no litoral da África continuou se intensificando e acabou por penetrar o interior do que veio a se tornar conhecido, devido aos principais produtos de exportação, como Costa dos Escravos, Costa do Ouro e Costa do Marfim.

Com a chegada dos europeus às Américas, a quase aniquilação dos povos indígenas pelas doenças e o desejo de exportar e expandir o sistema açucareiro português da Madeira para outros cultivos de exportação, o tráfico transatlântico de africanos escravizados se desenvolveu plenamente. Abriram-se as comportas, e o mosquito foi levado por essa torrente que transformou a história, por obra dos ventos comerciais que ligavam a África às Américas. Colombo conquistou para a Espanha a prestigiosa honra de ser o primeiro país a transportar para o Novo Mundo os africanos escravizados, os mosquitos estrangeiros e a malária. Embora tivesse começado devagar, à medida que a mão de obra indígena declinava, a importação de africanos escravizados foi se tornando um fluxo constante e crescente de tráfico de pessoas.

Conforme as colônias de "extração" espanholas se revelavam cada vez mais lucrativas, o incremento de mão de obra resultava em mais matérias-primas, o que significava mais dinheiro. Graças às imunidades genéticas e à resistência aclimada contra a malária, a febre amarela, a dengue e outras doenças transmitidas por mosquitos, os africanos eram simplesmente mais produtivos. Enquanto outros morriam nas lavouras infestadas de mosquitos, eles sobreviviam. Os africanos viviam para produzir lucro, o que os tornava também lucrativos.

Contudo, para os primeiros colonos europeus, na prática era como jogar roleta-russa com mosquitos infectados com o vírus da malária e da febre amarela. Era uma aposta pessoal no jogo da vida. Mas, apesar do risco e da alta mortalidade decorrente de doenças transmitidas por mosquitos entre senhores de engenho e feitores, esses lucros fomentaram o crescimento extraordinário da economia agrícola escravagista nas Américas. No auge do tráfico de africanos, em meados do século XVIII, a França e a Inglaterra importavam, cada uma, mais de quarenta mil africanos escravizados por ano. Esse aumento no ritmo da escravidão africana entre o fim do século XVII e o começo do XVIII tinha ligação direta com o mosquito.

Os africanos escravizados resistiam à ira do inseto e se tornaram uma *commodity* valiosa, devido às suas defesas genéticas contra doenças transmitidas por mosquitos. A evolução hereditária generalizada dos africanos foi determinada pela sua terra de origem e pelos ambientes locais na *África*. A Mãe Natureza nunca pretendeu, nem considerou, o Intercâmbio Colombiano de africanos, mosquitos e doenças. Nesse sentido, os africanos e esses elementos de seu ambiente natural foram importados pelas Américas como uma unidade coesa e interdependente. Graças a um toque imprevisto, porém cruel, de ironia genética, esses traços de seleção natural contra doenças transmitidas por mosquitos possibilitaram a sobrevivência dos africanos, o que viabilizou a escravidão deles.

Em uma escala muito mais letal, durante o Intercâmbio Colombiano, os africanos trouxeram com eles uma complexa e extremamente evoluída relação entre humanidade, mosquito e doença. Quando o açúcar, o cacau e o café chegaram da África como os principais cultivos de exportação no Novo Mundo, o ciclo desse ecossistema africano importado para as Américas se fechou. "Foi só após o estabelecimento de um mercado escravagista significativo de africanos que o ambiente de doenças nas colônias britânicas do Novo Mundo americano começou a se assemelhar ao da África Ocidental", afirmam Robert McGuire e Philip Coelho, professores de economia da doença. "O ambiente alterado transformou o sul dos Estados Unidos em uma zona de pragas e os trópicos do Novo Mundo em um cemitério para europeus." Para os mosquitos africanos, a casa nova, mesmo do outro lado do mundo, parecia idêntica àquela de onde eles tinham saído, e os mosquitos nativos logo se adaptaram às novas circunstâncias. A África foi transplantada para as Américas, incluindo os apêndices de malária, dengue e febre amarela endêmicas o ano todo.

Em 1848, esse desterrado e primitivo capitalismo colonial foi criticado por Karl Marx com a censura: "Vocês, senhores, talvez acreditem que a produção de café e açúcar seja o destino natural das Índias Ocidentais. Há dois séculos, a natureza, que não se preocupa com comércio, não havia plantado lá nem a cana-de-açúcar nem o cafeeiro." Apesar das observações de Marx a respeito da ordem natural do mundo e de seu desdém em relação à burguesia, a base dessa mobilização forçada em massa e do sistema capitalista continuou sendo a escravidão africana. À medida que crescia a demanda por café e açúcar (e o subproduto melaço, usado para destilar rum), crescia também a importação de africanos. O cultivo de café foi complementar ao açúcar, não um concorrente.

Em 1820, o Brasil Colônia estava importando 45 mil africanos escravizados por ano, numa época em que os lucros do café e do açúcar ficavam em torno de 400% a 500% do investimento inicial. Nesse mesmo período, o açúcar e o café correspondiam a 70% de toda a economia brasileira. Não surpreende que o Brasil fosse o principal destino de africanos escravizados e o responsável por impressionantes 40% (ou algo entre cinco e seis milhões de pessoas) de todo o tráfico transatlântico de africanos. No fim do século XVIII, o café já estava sendo cultivado em áreas apropriadas de todo o hemisfério ocidental, desde o Brasil português até a Jamaica inglesa, as colônias espanholas em Cuba, Costa Rica e Venezuela, assim como as colônias francesas na Martinica e no Haiti.

Para abastecer as economias mercantilistas europeias, como as plantações de café, açúcar, tabaco e cacau nas Américas, mais de quinze milhões de africanos foram transportados através do Atlântico e chegaram *vivos* a seu destino, nas fazendas e minas do hemisfério ocidental. Outros dez milhões morreram entre o momento da captura e o porto de entrada no Novo Mundo, e mais cinco milhões foram conduzidos pelo deserto africano para serem vendidos nos bazares de trabalhadores escravizados no Cairo e em Damasco, Bagdá e Istambul. Ao todo, cerca de trinta milhões de pessoas foram capturadas na África Centro-Ocidental durante o tráfico de africanos com o propósito de produzir lucro para seus donos. Nas colônias americanas, esses africanos escravizados, o acúmulo de riqueza da produção agrícola e a preservação da autoridade imperial eram indissociáveis do mosquito. Com as viagens de Colombo e seus conquistadores aventureiros, a Espanha entrou com tudo nessa oportunidade capitalista que se abriu nas Américas.

Como a Espanha chegou primeiro, as doenças logo formaram um prodigioso Império Espanhol de além-mar. Em 1600, já havia colônias mineradoras e agrícolas espanholas espalhadas pela América do Sul e América Central, pelas ilhas do Caribe e no sul dos Estados Unidos. O imperialismo espanhol tinha duas vantagens em relação a outras nações europeias concorrentes. A primeira era que alguns espanhóis, especialmente os oriundos da costa sul, tinham imunidade genética à malária *vivax* graças à dG6PD (favismo) e à talassemia. A segunda era que o fato de os espanhóis terem sido os pioneiros também garantiu que eles fossem os primeiros a se aclimar à malária e à febre amarela no Novo Mundo.

A imunidade parcial contra a malária é resultado de infecções recorrentes. No entanto, essa maldição e bênção leva tempo. Por exemplo: dos 2.100 espanhóis que acompanharam Colombo às bases coloniais, apenas trezentos continuavam vivos quando ele terminou a última viagem. Para os mosquitos sedentos e seus parasitas da malária, o sangue dos primeiros exploradores espanhóis e dos pioneiros recém-chegados era um prato cheio. Os primeiros conquistadores espanhóis saíram abrindo caminho pelas matas tropicais desconhecidas, segurando uma espada em uma das mãos e estapeando mosquitos com a outra. Os europeus nos trópicos do Novo Mundo, e no sul dos Estados Unidos, estavam marcados com um símbolo de alvo bastante chamativo para os mosquitos.

Antes de 1600, a Espanha dominava o Novo Mundo, desfrutava os benefícios econômicos de suas colônias canavieiras e tabaqueiras, além de controlar o lucro do comércio de africanos escravizados. Com o tempo, colonos, mercadores e soldados espanhóis, junto com seus trabalhadores escravizados, instalados permanentemente nas Américas, adquiriram imunidade contra a malária e a febre amarela. A Inglaterra e a França, cheias de inveja, cobiçavam a posição proeminente da Espanha no comércio colonial. No início do século XVII, após um início turbulento e um período de tentativa e erro, a Inglaterra e a França, na sorte e na marra, criaram os próprios impérios econômicos através da exploração no Novo Mundo. A suscetibilidade dos europeus à malária e à febre amarela no Caribe foi identificada por um missionário francês viajante, o qual registrou que, "de dez homens [de cada nacionalidade] que vão às ilhas, morrem quatro ingleses, três franceses, três holandeses, três dinamarqueses e um espanhol". Esse comentário reforça a ocupação colonial mais antiga dos espanhóis, suas imunidades genéticas e sua aclimação mais robusta às doenças no Novo Mundo, em comparação com outras nações que chegaram posteriormente. Esse primeiro mapeamento étnico das Américas realizado pelos mosquitos, como se fossem verdadeiros cartógrafos, ainda pode ser observado hoje em dia.

Segundo McGuire e Coelho, a introdução de doenças transmitidas por mosquitos "serviu para eliminar uma quantidade considerável de europeus das regiões produtoras de açúcar nos trópicos do Novo Mundo, o que resultou no fato de a população atual das antigas colônias britânicas, francesas e holandesas no Caribe ser majoritariamente de ascendência africana. As ex-colônias da Espanha (Cuba, Porto Rico e São Domingos) são exceções. Essas ilhas preservaram um contingente europeu considerável".

Durante os séculos XVII e XVIII, quase metade dos europeus que se aventuraram por águas caribenhas morreu de alguma doença transmitida por mosquitos. A demanda de africanos escravizados ficou evidente. Nos dois primeiros séculos de escravidão industrial nas Américas, escravizados que fossem importados diretamente da África valiam muito dinheiro. As importações de africanos custavam o triplo de um europeu em contrato de servidão e o dobro de um indígena escravizado. Africanos com imunidade e aclimação comprovada às doenças do Novo Mundo eram os mais caros, custando o dobro de um importado que ainda não tivesse sido posto à prova. Porém, com o tempo, a reprodução local e a proibição do tráfico de escravizados, as imunidades genéticas da população nascida nas colônias foram se reduzindo.

O Reino Unido vetou o tráfico de escravizados em 1807, seguido pelos Estados Unidos, que capitularam no ano seguinte, enquanto a

Espanha cedeu, por fim, em 1811. A importação direta de novos africanos escravizados para esses países, ou para suas colônias, foi proibida. Contudo, as populações de escravizados continuavam crescendo. Uma característica repugnante muito comum da escravidão era a prática generalizada de agressões sexuais que as mulheres sofriam de seus donos. Afinal, a legislação determinava que qualquer descendente de uma escrava nascia automaticamente como escravizado. Tendo em vista o elevado e perverso custo inicial para se adquirir um escravizado, o estupro era uma forma garantida e sadicamente satisfatória de se obter novos trabalhadores escravizados de graça. Essas transgressões sexuais, que para as vítimas eram uma tortura emocional e física, também produziram sérias consequências biológicas. O sexo inter-racial e as trocas genéticas resultaram na perda gradual das imunidades de negatividade Duffy e de traço falciforme, especialmente no sul dos Estados Unidos. Com isso, passou a haver um percentual muito maior, crescendo a um ritmo constante, de trabalhadores escravizados americanos não imunes. A malária passou a atacar cada vez mais escravizados nascidos na colônia, alterando a posição dos africanos na farsa da teoria de raças do darwinismo social. Alheios aos indicadores debilitantes da malária, os americanos passaram a considerar que africanos eram apáticos e preguiçosos.

A perda da imunidade hereditária teve consequências imprevistas e duradouras. Essa suscetibilidade crescente às doenças transmitidas por mosquitos, como veremos durante a Guerra de Secessão americana, também correspondeu a uma mortandade mais alta, o que agravou a demanda de trabalhadores escravizados cada vez mais caros. Visto que o tráfico de escravizados era ilegal e a Marinha Real Britânica patrulhava continuamente o litoral da África Ocidental, os cruzamentos forçados e os estupros nas fazendas se tornaram não apenas extremamente lucrativos, como também absurdamente comuns. Contudo, a prática da escravidão, a quantidade crescente de indivíduos submetidos à servidão e os métodos brutais de se obter esse crescimento populacional inspiraram a vontade de insurreição.

Para tentar se adiantar às rebeliões de africanos escravizados e ao conflito racial doméstico, a partir de meados do século XIX os Estados Unidos e a Inglaterra passaram a enviar africanos libertos para as colônias de Serra Leoa e Libéria, na África Ocidental. Como não haviam nascido na África e não possuíam imunidades genéticas, quatro em cada dez desses ex-escravizados transferidos morreram de doenças transmitidas por mosquitos no primeiro ano, enquanto metade de seus feitores não africanos padecia do mesmo destino. O mosquito fez a história seguir por caminhos misteriosos e macabros. O fato de ele ter contribuído para o tráfico de africanos escravizados certamente é uma de suas influências históricas e de suas manipulações mais sinistras e cruéis durante o Intercâmbio Colombiano.

A resistência de africanos a muitas doenças transmitidas por mosquitos ajudou a dar forma à hierarquia de raças, com consequências duradouras e muito amplas: a escravidão e o legado do racismo. Essa imunidade foi usada para justificar legal e "cientificamente" a escravidão de africanos no sul dos Estados Unidos, contribuindo para as diversas causas da Guerra de Secessão americana, uma época em que o mosquito estava especialmente voraz. Bell ressalta que, antes da Guerra de Secessão, os abolicionistas acreditavam que as graves epidemias de febre amarela que acometiam os sulistas eram um "castigo divino pelo pecado da escravidão e afirmavam (com razão, por acaso) que a enfermidade era uma consequência do tráfico de escravizados". É inegável que o tráfico de escravizados foi a causa direta da febre amarela e da enorme influência que a doença produziu nas Américas.

Ao longo da história, apesar da presença de mosquitos adequados, a Ásia e o Círculo do Pacífico, por exemplo, foram completamente poupados da febre amarela. Como o Extremo Oriente não participou do tráfico de africanos escravizados, a notória febre amarela assassina nunca se materializou do jeito como aconteceu nos círculos entrecruzados do Intercâmbio Colombiano. Embora o Pacífico Asiático tivesse outras doenças endêmicas transmitidas por mosquitos, como a malária, a dengue e a filariose, essa ausência da febre amarela diminuiu a influência histórica do mosquito na região.

Já nas Américas, essas mesmas doenças foram importantes agentes da história. A malária e a febre amarela haviam expulsado e eliminado povos indígenas de uma grande extensão do território. Os colonos europeus correram para ocupar essas regiões despovoadas e infestadas de mosquitos. Charles Mann observa que, "com a malária e a febre amarela, essas regiões antes salubres se tornaram inóspitas. Os ex-habitantes fugiram para áreas mais seguras; dos europeus que entraram no território esvaziado, poucos sobreviviam mais de um ano. [...] Até hoje, os lugares onde os colonos europeus não conseguiram sobreviver são muito mais pobres do que as regiões que os europeus acharam mais salutares".

As colônias britânicas no sul dos Estados Unidos, por exemplo, "não [eram] lugar de gente velha, ou melhor, de gente que queria envelhecer", diz Peter McCandless, em seu estudo sobre doenças nas terras baixas americanas. "Muitos observadores destacavam a rapidez com que as pessoas envelheciam e morriam. [...] Junto com os migrantes humanos vieram os micróbios, inserindo-se no continente pela minúscula península de Charleston como se fossem uma injeção de agulha hipodérmica." Como descreveu um residente, os colonos do Sul eram arruinados pelas "inúmeras febres que se alastram bastante a cada verão e outono". Para grande infelicidade de investidores, as colônias sulistas e, com o tempo, todo o sul dos Estados Unidos logo adquiriram uma reputação indesejada como domínio de doenças transmitidas por mosquitos. Inúmeros diários, cartas e periódicos ecoam a percepção de um missionário alemão o qual observou que essas regiões são "na primavera, um paraíso; no verão, um inferno; e no outono, um hospital". Embora as colônias americanas oferecessem aos primeiros colonos europeus uma vida nova e oportunidades financeiras em forma de terra, elas também lhes davam a chance de ir cedo para a cova, graças ao mosquito.

A colônia britânica da Carolina do Sul, por exemplo, foi devassada pela febre amarela e pela malária. Antes de 1750, nas regiões mais afetadas que cultivavam arroz e anil, impressionantes 86% dos filhos americanos de europeus morriam antes dos vinte anos e 35% morriam antes dos cinco. Unido em 1750, um jovem casal da Carolina do Sul é um exemplo típico. Dos dezesseis filhos que eles tiveram, apenas seis chegaram à idade adulta. Nas colônias do Sul, a riqueza era gasta prodigamente com um estilo de vida luxuoso, pois não era possível levar o dinheiro para outro lugar, de modo que a experiência dessas pessoas era de viver bem e morrer cedo. Ou então, quem tinha condições se retirava para seus refúgios ao norte durante a estação das doenças. Um capitão de navio relatou a seus passageiros, a caminho de Charleston, na Carolina do Sul, que, em uma viagem anterior à cidade, no ano de 1684, dos 32 "puritanos vigorosos" que ele transportou da colônia de Plymouth, só dois continuavam vivos um ano depois. Preocupados, os ouvintes o mandaram dar meia-volta com o navio. Foi o que aconteceu com uma frota franco-espanhola que tentava invadir, mas foi rechaçada por uma epidemia de febre amarela no fim do verão de 1706, durante a Guerra da Rainha Ana. A reputação de Charleston como centro de malária e febre amarela não causa surpresa. Estima-se que 40% da população atual de afro-americanos sejam descendentes de africanos escravizados que foram trazidos ao porto de Charleston com suas doenças importadas transmitidas por mosquitos.[4]

Embora Edward Teach, corsário inglês que se tornou pirata e é mais conhecido como Barba Negra, tenha bloqueado o porto de Charleston em 1718, deixou sua frota ancorada bem longe por medo da febre amarela. Ele barrava todas as embarcações que saíam ou entravam no porto, prendendo os passageiros, incluindo um grupo de moradores proeminentes, em seus próprios navios e exigindo resgate. No entanto, o temido pirata Barba Negra não queria objetos de valor ou tesouros. Suas instruções eram simples. Ele soltaria os reféns e sairia em paz quando

---

[4] Charleston também foi o principal porto de exportação de indígenas escravizados. Entre 1670 e 1720, mais de cinquenta mil indígenas escravizados foram enviados para fazendas no Caribe, a partir de Charleston.

todos os remédios de Charleston estivessem devidamente armazenados em seu navio, o *Queen Anne's Revenge*. Sua tripulação aventureira e sórdida estava tomada de doenças transmitidas por mosquitos. Quando os baús de medicamentos foram fornecidos, Barba Negra cumpriu a promessa. Ele liberou, ilesos, todos os navios e todos os prisioneiros, ainda que só depois de privá-los de seus objetos de valor, assim como de seus belos galões e vestidos.

Charleston fervilhava de doenças transmitidas por mosquitos. Em parte, graças ao tráfico de trabalhadores escravizados na cidade, que não era a única nos ares do Intercâmbio Colombiano das colônias britânicas nos Estados Unidos. Se dermos um passo para trás, veremos que a proeminência de Charleston como porto de escravizados, foco de malária e febre amarela, bem como reduto da morte, foi resultado direto do processo expansivo de colonização, cultivo e escravidão que os ingleses promoveram ao longo do litoral atlântico, desde a primeira colônia bem-sucedida em Jamestown. A colônia inglesa instalada em 1607 em Jamestown, na Virgínia, como constataremos, estava infestada de mosquitos, doenças, sofrimento e morte. A colônia de Plymouth, estabelecida pelos puritanos em 1620, não se saiu melhor.[5]

Esses primeiros satélites britânicos serviram de precedente e iniciaram a sequência para os acontecimentos históricos que, sob a influência do mosquito, deram origem às Treze Colônias e aos Estados Unidos. As sociedades de colonos ingleses nas Américas também foram colonizadas pelos mosquitos, pela malária e pela febre amarela. Colonos audaciosos, escravizados impotentes e mosquitos movidos pelo instinto foram os protagonistas da tragédia que eles próprios ajudaram a escre-

---

[5] Plymouth não foi a primeira colônia inglesa na Nova Inglaterra. Essa honra pertencia a Fort St. George, em Popham, no Maine, fundada em 1607, alguns meses após Jamestown. Antes disso, foi estabelecido um pequeno assentamento inglês em 1602, na ilha Cuttyhunk, em Massachusetts, para colher sassafrás. Embora essa planta seja o principal ingrediente da *root beer* tradicional, na época se acreditava que ela fosse uma cura para gonorreia e sífilis. Após as viagens de Colombo, houve uma demanda crescente e lucrativa de sassafrás na Europa. No entanto, essas duas colônias foram abandonadas depois de um ano.

ver. Para as Américas, o buraco da ligação entre o mosquito e a escravidão é profundo e sinistro. Na condição de conquistadores acidentais do Intercâmbio Colombiano, os mosquitos e a escravidão transformaram cada aspecto dos Estados Unidos, desde Pocahontas e Jamestown até a política e os preconceitos da atualidade.

CAPÍTULO 9

ACLIMAÇÃO:
ambientes de mosquitos,
MITOLOGIAS
e as origens da América

Coitada de Matoaka. A menina de onze anos, filha do cacique Powhatan, provavelmente não se reconheceria na trama ficcional de seu trágico romance com John Smith, exibido nos cinemas em 1995 como animação de Walt Disney. Sua caricatura cinematográfica mais parece uma sósia voluptuosa de Kim Kardashian do que uma pré-adolescente indígena. A mitologia que foi preservada e continua sendo dominante no que diz respeito à colônia inglesa de Jamestown, a John Smith e à jovem Matoaka, que ficou conhecida na história e em Hollywood como Pocahontas, permite que essas narrativas inventadas perdurem.

O nome John Smith é indissociável das histórias sobre a fundação de Jamestown e o falso glamour de fronteira da América. Na verdade, ele era só um oportunista descarado. Smith engendrou tanta desinformação, propaganda pessoal e completas mentiras que é difícil levar a sério suas cinco autobiografias, publicadas em menos de dezoito anos. Segundo seus próprios relatos da carochinha, as aventuras exóticas de Smith começaram quando ele ficou órfão, aos treze anos de idade. Quando tinha nada mais que 26 anos, ele já havia combatido os espanhóis na Holanda, passado meses morando em uma barraca, mergulhado na leitura de Maquiavel, Platão e outros clássicos, além de já ter se tornado um pirata no mar Adriático e no Mediterrâneo. Ele atuou como espião na Hungria, acendendo tochas em cima de montanhas para sinalizar a aproximação do inimigo otomano, e combateu os turcos na Transilvânia, na Romênia, quando foi capturado e vendido para o trabalho escravo. Ele escapou do cativeiro quando assassinou astutamente seu atormentador, segundo ele mesmo escreveu, "esmagando os miolos dele". Usando as roupas do morto, Smith vagou pela Rússia, pela França e por Marrocos, onde voltou à vida de pirata e atacou navios espanhóis na costa da África Ocidental. Em 1604, ele acabaria voltando à Inglaterra. Dois anos depois, ingressou na expedição de Jamestown que zarpou rumo à Virgínia em dezembro de 1606. Isso, meus caros, é o epítome do "jovem vida louca" e uma bela maneira de passar treze anos! A maioria dos especialistas acredita que John Smith tenha sido um vigarista fraudulento. Mas ninguém duvida que ele tenha conhecido brevemente Pocahontas durante sua estada de dois anos em Jamestown, a sofrível colônia infestada de mosquitos.

É verdade que Smith firmou a paz com o povo powhatan quando Jamestown foi estabelecida em 1607, mas com a intenção de obter suprimentos muito necessários e impedir que os colonos, em tremenda desvantagem numérica, fossem aniquilados nessa balança de poder extremamente desigual. Em dezembro, foi capturado enquanto procurava comida e levado ao cacique Powhatan. O que aconteceu depois disso virou lenda. Smith diz que, após passar por um corredor polonês de guerreiros armados com porretes, ele foi condenado à morte na tenda central, o que só ocorreria *depois* de um grande banquete feito para celebrá-lo. Pocahontas, aos onze anos, interveio; "no instante da minha execução", gabou-se Smith, "ela se arriscou a ter os próprios miolos esmagados para salvar os meus; e não só isso, como também convenceu o pai de que eu fosse conduzido em segurança até Jamestown: onde encontrei cerca de 38 criaturas desafortunadas, doentes e sofridas". Pocahontas, supostamente apaixonada, "levou-lhe tantos suprimentos, que muitas vidas ali foram salvas, pois se não fosse por isso teriam morrido de fome". Desde a primeira publicação, em 1624, o relato de Smith também passou por um rigoroso corredor polonês acadêmico e cedeu sob o imenso peso das pesquisas. Sua história tem vários problemas. O primeiro é o tempo. O primeiro relato de Smith, em 1608, escrito alguns meses após sua captura, não faz qualquer menção ou sugestão de sua história posterior na qual teria sido resgatado por uma princesa indígena apaixonada. Na verdade, ele afirma que só a conheceu alguns meses após ser capturado. Mas ele cita o grande banquete, seguido de uma conversa longa com o cacique Powhatan, ou "boas palavras e excelentes bandejas de vitualhas diversas", segundo ele. Esse relato foi escrito para um público restrito. Portanto, ao contrário de suas autobiografias feitas para alimentar o ego e render lucro, não havia necessidade óbvia alguma de deturpar ou exagerar o que aconteceu de fato. Depois é possível constatar, pelas memórias dele, que o franzino e simplório Smith apreciava a narrativa de ter sido resgatado por uma donzela enamorada, pois essa imagem é explorada em quatro ocasiões distintas.

O segundo problema é cultural: os powhatans não realizavam banquetes para prisioneiros de guerra que seriam executados, nem crianças como Pocahontas tinham permissão para comparecer em banquetes oficiais. Enrolado nas próprias mentiras, Smith inverteu completamente as práticas tradicionais dos powhatans. A antropóloga Helen Rountree, que publicou uma dúzia de livros sobre o assunto, afirma: "Nada na versão bate com a cultura. Jantares grandes eram para convidados de honra, não para criminosos prestes a serem executados. É difícil imaginar que eles fossem matar uma fonte de informações." Smith passou pelo corredor de guerreiros e foi celebrado com um banquete não porque seria morto pelo cacique Powhatan, mas porque, como líder de Jamestown, ele estava sendo iniciado e adotado pelos powhatans como intermediário para relações de troca e paz com os colonos ingleses. Pocahontas não estava presente e não tinha qualquer relevância. Smith reescreveria essa história e a incluiria apenas depois que ela ficou conhecida. Para não ficar para trás em relação a John Rolfe, o verdadeiro marido inglês de Pocahontas, John Smith acrescentou os toques finais de sua história romântica como antigo ídolo americano só *depois* de ela se tornar celebridade na Inglaterra em 1616. Ele se aproveitou, com engenhosidade, da recente notoriedade dela para aumentar a dele.

A Disney quis nos convencer de que Jamestown, apesar de recém-instalada, era um assentamento pacífico e promissor. Nessa visão, Pocahontas e Smith correm descalços pelos utópicos esplendores naturais do Novo Mundo, divertindo-se em suas cachoeiras idílicas. A verdade é que Jamestown era um antro de canibalismo e mosquitos. Os primeiros colonos imprudentes foram devorados pela malária. Consta que um colono da primeira leva foi queimado na estaca por ter assassinado e assado a esposa grávida durante o inverno de 1609-1610, período que ficou conhecido como "Época da Fome". Jamestown chegou à beira do desastre, mas, ao contrário de outras tentativas anteriores de colonização pelos ingleses, incluindo a lendária Colônia Perdida de Roanoke, ela conseguiu sobreviver, graças ao tabaco e, mais tarde, ao tráfico de africanos escravizados. Foi John Rolfe, não John Smith, quem em 1610 plantou as sementes dos Estados Unidos da América. Quer dizer, sementes de tabaco.

Os ingleses, que com o tempo viriam a dominar a América do Norte, foram uma inclusão tardia ao Intercâmbio Colombiano e suas empreitadas mercantilistas. Quando John Smith supostamente conheceu a inocente e brincalhona Pocahontas em Jamestown, em 1607, outros europeus já haviam deixado pegadas em metade dos que hoje integram os 48 estados do território continental dos Estados Unidos. Quando os ingleses e os franceses finalmente entraram na voraz corrida colonial das Américas, no início do século XVII, os espanhóis já estavam jogando sozinhos havia um século e já tinham construído um poderoso império no Sul, devastando as prósperas civilizações indígenas no processo.

Diante das possibilidades territoriais limitadas, as primeiras colônias inglesas e francesas, tanto no Canadá quanto no noroeste dos Estados Unidos, apresentavam potencial econômico. Embora esses primeiros assentamentos em Newfoundland e Quebec fossem assolados por intensos enxames de mosquitos famintos, a região era setentrional demais para as espécies portadoras de doenças. Esses primeiros postos avançados de ingleses e franceses também eram inóspitos para os cultivos de exportação de tabaco, açúcar, café e cacau que enchiam os cofres espanhóis. Quando estabeleceram uma base frágil, esses dois concorrentes europeus estavam interessados em expansão e em colônias extrativistas que lhes permitissem tirar proveito das riquezas naturais e das terras férteis das Américas. O sistema econômico mercantilista se impunha, e era preciso abrir caminho pelos trópicos do hemisfério ocidental, mediante colonização ou conquista, para instalar fazendas lucrativas com trabalho escravo.

Após um começo turbulento, os franceses e os ingleses enfim desafiaram o monopólio espanhol no Caribe durante uma série contínua de guerras coloniais que reorganizaram os espólios territoriais das Américas. Essas incursões imperialistas, travadas em meio ao amadurecimento do Intercâmbio Colombiano, foram decididas por ondas de mosquitos e pela importação das letais malária e febre amarela. As primeiras colônias experimentais inglesas e francesas foram consumidas pela desolação e pelas doenças, como é o caso da malária que elas próprias trouxeram clandestinamente. Além disso, muitos assentamentos desapareceram ou foram abandonados sob os ataques de indígenas, a falta de reabastecimento e o implacável exibicionismo da morte. O mosquito determinou efetivamente os planos imperiais e os projetos de colonização dos europeus nas Américas.

Os franceses haviam perambulado pelo litoral noroeste do continente e penetrado a região de "Kanata", em torno do rio São Lourenço, desde as três expedições de Jacques Cartier, entre 1534 e 1542.[1] Isso não deu em nada permanente até 1608, quando Samuel de Champlain

---

1 *Kanata* é uma palavra iroquesa que significa "assentamento" ou "povoado", segundo disseram a Jacques Cartier. Ele entendeu que a palavra se referia a toda a região, que ele chamou de "le pays des canadas" (país dos canadás).

instalou seu negócio de venda de peles na cidade de Quebec. A Nova França não era um destino atraente para os colonos. A presença francesa na América do Norte foi iniciada por um grupo de jovens aventureiros franceses que pretendiam comercializar peles e ter um relacionamento pacífico com os povos indígenas algonquinos e huronianos. O negócio de peles dos franceses se expandiu rapidamente e logo monopolizou o vale do rio São Lourenço e a região dos Grandes Lagos. Mas a quantidade de mercadores franceses assimilados continuou reduzida. No início do século XVIII, os franceses possuíam uma série de guarnições militares e postos isolados de comércio de peles, embora interligados, que se estendiam desde o litoral atlântico do Canadá e dos Estados Unidos, avançavam pelo oeste ao longo do rio São Lourenço e pelo corredor dos Grandes Lagos e desciam ao sul pelo delta do rio Mississippi até o golfo do México, em Nova Orleans.

A população francesa desse enorme arco da Nova França, que consistia em imigrantes, pessoas nascidas na colônia e *métis* (descendentes de homens franceses e mulheres indígenas), era minúscula, um total de apenas vinte mil até o ano de 1700. A maioria desses imigrantes eram homens jovens sem perspectiva e outros membros esquecidos da sociedade francesa. O crescimento da população natural da colônia era mínimo, pois havia poucas mulheres francesas. Tornou-se prática comum entre os mercadores franceses casar-se com uma mulher indígena e ser assimilado pelas sociedades nativas. Com o tempo, essa pequena população francesa se viu em desvantagem econômica e militar em relação às populações mais robustas das colônias inglesas e espanholas. Para remediar a situação, a Coroa francesa obrigou oitocentas mulheres solteiras, com idade entre quinze e trinta anos, chamadas de "Filhas do Rei", a fazer a viagem até Quebec e Nova Orleans. A Coroa pagou a passagem e lhes deu suprimentos e dinheiro a título de dote. Considerando a escassez de mulheres na Nova França, esse presente de casamento para os novos maridos talvez fosse um bônus desnecessário.

No início, o Império Francês se restringia à América do Norte. O mercado de peles não demandava uma quantidade grande de franceses, e também nenhum escravizado africano. Os povos indígenas realizavam o trabalho manual, capturavam e processavam os animais (principalmente castores), então trocavam as peles por armas, objetos de metal e contas de vidro. Considerando o tamanho reduzido da população francesa, que ainda se assimilava aos povos indígenas locais, e quanto os franceses adoravam peles, os nativos detinham vantagem nas relações de poder. Já na Louisiana, mais ao sul, devido aos mosquitos e ao fluxo reduzido de imigrantes franceses, as populações de colonos permaneceram relativamente pequenas e dispersas.

Quando a cidade de Nova Orleans recebeu status oficial em 1718, a febre amarela e a malária já eram habitantes permanentes da região, e a população francesa em todo o Território da Louisiana era de escassas setecentas pessoas. A colônia francesa em Nova Orleans foi o epicentro das epidemias de febre amarela e malária que assolaram a Costa do Golfo e o rio Mississippi, aniquilando diversos assentamentos franceses incipientes. Nova Orleans, com sua procissão de malária endêmica e epidemias de febre amarela vampírica, também estava fadada ao fracasso por causa do mosquito. Como porto vital, Nova Orleans era crucial para os planos econômicos da França. Mas, como lugar para viver, era um brejo costeiro inundado, açoitado por furacões e empestado de doenças transmitidas por mosquitos.

Como precisava que o assentamento francês em Nova Orleans sobrevivesse, a Mississippi Company negociou a libertação de homens franceses presos, mas com a condição de que eles se casassem com prostitutas e embarcassem para Nova Orleans. Esses novos casais eram acorrentados um ao outro até o navio alcançar mar aberto. Entre 1719 e 1721, esses carregamentos de casais bastante inusitados foram transplantados em Nova Orleans, onde se imaginava que eles gerariam uma nova população local aclimada. Apesar dos esforços do mosquito, Nova Orleans e seu grupo de colonos aclimados às doenças sobreviveram, então a cidade portuária se tornou ponto de entrada e epicentro de muitas epidemias catastróficas de doenças transmitidas por mosquitos, principalmente a febre amarela, que subia e descia o curso do rio Mississippi, com consequências históricas.

Fora os cultivos de subsistência em torno de Nova Orleans, as doenças transmitidas por mosquito restringiam para qualquer colônia agrícola de tamanho considerável a possibilidade de plantações de açúcar ou tabaco. A escravidão, em pequena escala, de indígenas começou em 1706 e logo deu lugar à de africanos, primeiro com ataques a navios espanhóis e, depois, com importações diretas da África. A quantidade de africanos escravizados em Nova Orleans era pequena, pois a subjugação se revelou uma dificuldade. Eram frequentes os casos de trabalhadores escravizados que fugiam, se rebelavam, escapavam para os pântanos ou eram adotados por nações indígenas locais. Em 1720, o Território da Louisiana tinha dois mil africanos escravizados e o dobro de africanos livres. O açúcar só se estabeleceu na Louisiana como consequência de dois fatores: uma revolta de africanos escravizados, em 1791, bancada pelo mosquito; e um movimento de independência liderado por Toussaint Louverture na colônia francesa do Haiti, que na época era a maior produtora de açúcar do mundo. Baseada no modelo haitiano, a primeira fazenda de cana-de-açúcar finalmente foi instalada no Território da Louisiana em 1795, oito anos antes de a região ser comprada pelo presidente americano Thomas Jefferson.

Enquanto os primeiros projetos coloniais da França faziam questão de evitar o Império Espanhol ao sul, a Inglaterra tinha outros planos estratégicos. Os financistas e os membros da corte mais próximos da rainha Elizabeth I, que reinou de 1558 a 1603, clamavam por um pouco das fortunas de além-mar que a Espanha estava devorando. Além disso, a Inglaterra recém-protestante, estabelecida pelo rei Henrique VIII, pai de Elizabeth, e por seu Ato de Supremacia de 1534, tinha uma obrigação filantrópica sagrada de salvar "aqueles povos infelizes. Os povos da América bradam para que lhes ofertemos as bênçãos do Evangelho".[2]

---

[2] A imagem típica que se faz de Henrique como um monarca gordo, negligente e louco não é totalmente correta. Na juventude, Henrique era extremamente bonito, alto e robusto,

A Espanha católica, alegavam, já havia convertido "muitos milhões de ímpios", e, em troca, o deus deles abrira "os tesouros infindos das riquezas". A Espanha se banhava nas águas opulentas das Américas, enquanto a Inglaterra estava confinada a "piratarias absurdas, vulgares e cotidianas". Como antídoto para essa desigualdade no equilíbrio mundial de poder e dinheiro, Elizabeth lançou mão, para servirem como "corsários" oficiais, de dois dos mais famosos piratas e mercadores de terror: sir Francis Drake e sir Walter Raleigh. Durante suas aventuras extravagantes nas Américas, os dois bucaneiros e mercenários enfrentariam e seriam derrotados repetidamente pela maior e mais talentosa ameaça que o mundo já conheceu: o mosquito.

Após a circum-navegação da Terra por Fernão de Magalhães, de 1519 a 1522, Drake embarcou em sua própria volta ao mundo entre 1577 e 1580. Ele saqueou navios de tesouro e colônias da Espanha ao longo do caminho, apreendendo um valor equivalente a 115 milhões de dólares. O butim de Drake faz dele o segundo pirata mais rico de todos os tempos, perdendo para Samuel Bellamy, também conhecido como "Black Sam", por cerca de 5 milhões de dólares. Ele contornou a América do Sul e seguiu para o norte, ao longo do litoral pacífico do continente americano. Depois de uma parada na baía de Drake/Point Reyes, a cinquenta quilômetros ao norte da ponte Golden Gate, de São Francisco, Drake virou para oeste e atravessou o Pacífico. À custa da Coroa espanhola, o corsário extremamente rico por fim alcançou sua terra natal em Plymouth, na Inglaterra. A Espanha estava ficando cada vez mais irritada com os piratas ingleses e holandeses de alto-mar, nos dois lados do Atlântico, e com a interferência dos ingleses protestantes nos Países Baixos espanhóis.

---

inteligente e poliglota, e um romântico inveterado. Era também competente como atleta e músico. Um verdadeiro homem da Renascença. Como Alexandre, acredita-se que a mudança repentina e o declínio acelerado da aparência e da saúde mental de Henrique, a partir de 1536, tenha sido resultado de encefalopatia traumática crônica (ETC) causada por diversas concussões sofridas nos torneios de justa, esporte medieval que era uma de suas grandes paixões. Ele morreu com obesidade mórbida em 1547, aos 55 anos.

Quando enfim eclodiu a guerra entre a Espanha católica e a Inglaterra protestante (e seus aliados reformistas holandeses), em 1585, o recém-cavaleiro Drake não ficaria de fora dos espólios. Sempre um oportunista astuto e perspicaz, ele convenceu a rainha Elizabeth a designá-lo chefe de uma grande expedição para realizar um ataque preventivo nas lucrativas colônias espanholas do Caribe. Para *El Draque*, como ele era conhecido na Espanha, a fama, a glória e as riquezas o aguardavam, conduzidas por uma imensa frota pirata autorizada oficialmente por Elizabeth, sua "Rainha Virgem". Antes de atravessar o Atlântico para "impedir o rei espanhol nas Índias", Drake fez uma parada rápida para saquear as ilhas portuguesas de Cabo Verde, no litoral da África Ocidental, onde acolheu, sem querer, um fugitivo clandestino que lhe seria fatal.

Quando ele conduziu sua frota rumo ao Caribe, a malária *falciparum* logo começou a reduzir suas tripulações. "Não fazia muitos dias que estávamos no mar", registrou Drake em seu diário de bordo, "mas uma mortalidade tão grande se instaurou entre o nosso pessoal que, em poucos dias, já eram mais de duzentos ou trezentos mortos." Ele também comenta que a febre letal só teve início "uns sete ou oito dias depois que saímos de St. Iago [Santiago, Cabo Verde] [...] e capturou nossa gente com uma ardência extremamente quente e *agues* contínuas das quais muito poucos escaparam com vida". A frota de Drake foi encoberta pela malária antes de chegar ao Caribe, e o mosquito foi à frente dessa campanha infrutífera de seis semanas. O Caribe, escreveu o mercador inglês Henry Hawks, "tem inclinação para muitos tipos de doença, em razão do calor intenso, e de um determinado inseto que eles chamam de mosquito, que pica homens e mulheres [...] com algum verme venenoso. Além disso, esse inseto ou mosquito deve perseguir mais aqueles que são recém-chegados à terra, pois muitos morrem dessa perturbação". De fato, o "mosquito" e o "verme" da malária de Hawks obrigaram Drake e seus recém-chegados a voltar para a Inglaterra.

Quando o mosquito forçou Drake e seus piratas do Caribe a abandonar a missão, Drake logo percebeu que "quem anda ao ar livre certamente será contaminado com a morte". Em busca de compensação, e relutando em voltar para casa de mãos abanando, na primavera de 1586 ele saqueou a colônia espanhola, que estava vulnerável em St. Augustine, na Flórida, transplantando ainda por cima mais uma epidemia de malária na população indígena local dos timucuas. Drake comenta que os timucuas, "que antes vinham aos nossos homens, morriam muito rápido e diziam entre si que era o deus inglês que os fazia morrer tão rápido". Apenas 21 anos depois de os espanhóis fundarem St. Augustine, em 1565, o mais antigo e continuamente habitado assentamento europeu nos Estados Unidos, restavam meros 20% da população nativa de timucuas.

Depois do ataque a St. Augustine, Drake navegou para o norte rumo a Roanoke (Carolina do Sul), onde sir Walter Raleigh, seu colega de pirataria corsária, havia financiado uma colônia, que estava enfrentando dificuldades. Drake tinha bastante espaço para acomodar todos os sobreviventes da primeira leva de colonos em Roanoke na viagem de volta à Inglaterra. Da tripulação original de 2.300 homens de Drake, apenas oitocentos estavam aptos a servir: 950 já haviam morrido da doença e outros 550 estavam enfermos ou moribundos. O mosquito repeliu a primeira tentativa de Drake de cravar a bandeira inglesa nas Américas. Para a rainha Elizabeth, a colonização do Caribe ou a captura dos assentamentos espanhóis teriam que ficar para depois.

De volta à Inglaterra e recebido com as honras de um conquistador, Drake foi promovido a vice-almirante da frota inglesa que impôs uma firme derrota à invasora Armada espanhola em 1588. Essa vitória sonora o transformou em herói nacional. Ele usou essa notoriedade com a finalidade de obter permissão oficial para reviver o que ele começara uma década antes: sua pirataria, que havia sido afligida pelos mosquitos, e suas incursões contra as colônias espanholas no Caribe. Embora a guerra contra a Espanha não tivesse terminado, a Inglaterra estava com a vantagem após a derrota da Armada. Com a Espanha debilitada, suas preciosas colônias caribenhas estavam vulneráveis. Quem melhor para essa missão de pilhagem do que o temido pirata *El Draque*?

Em 1595, ele zarpou com destino a San Juan, em Porto Rico, para estabelecer a primeira colônia inglesa permanente no Caribe. O general Anófeles e seus persistentes aliados espanhóis logo puseram um fim a esse sonho imperialista, bem como à vida de Drake. Poucas semanas após a chegada do pirata, a malária já havia tomado 25% de sua tripulação, o que se agravara ainda mais com um surto desastroso de disenteria. Após o cerco malsucedido de San Juan, e sob o jugo dessa epidemia dupla, Drake ancorou com sua tripulação no golfo dos Mosquitos (batizada por Colombo com esse nome muito pertinente, em 1502, durante sua quarta e última viagem), não muito longe de onde hoje é a entrada norte do Canal do Panamá.[3] Em janeiro de 1596, Drake sucumbiu a essa combinação letal de malária e disenteria; ele foi sepultado no mar. Responsável pela derrota e pela morte de Drake, o mosquito voltou a aniquilar as esperanças coloniais da Inglaterra no Caribe, obrigando os olhos imperiais ingleses a procurar outros lugares. Enquanto Drake era derrotado pelo mosquito, a Inglaterra estabelecia sua primeira colônia de além-mar, a 3.500 quilômetros ao norte das águas ensolaradas e cheias de rum e mosquitos do Caribe.

Em 1583, a primeira colônia inglesa bem-sucedida foi estabelecida na ilha de Newfoundland. Os beothuks, povo indígena nativo da região, usavam como repelente contra as nuvens densas de mosquitos e pernilongos uma mistura de argila e gordura animal, com a qual eles faziam uma pasta para cobrir o corpo e tingir a pele de vermelho-escuro. Com uma população de não mais que duas mil pessoas, os beothuks logo ficaram conhecidos entre os europeus como "peles-vermelhas".[4] Uma série de acontecimentos infelizes levou ao fim desse povo. Embora alguns historiadores façam menção a um possível genocídio, não foi o que aconteceu. A varíola e a tuberculose foram os maiores algozes, seguidas pela fome resultante da falta de acesso às tradicionais áreas

---

3 A Costa do Mosquito começa mais ao norte, incluindo o litoral da Nicarágua e o de Honduras, e desce em direção ao sul até o Panamá. O golfo dos Mosquitos se refere especificamente a um acidente geográfico no litoral panamenho.

4 Outros repelentes indígenas comuns contra insetos, além de fumaça, eram loções feitas de gordura animal, de preferência "banha de urso". A argila também servia como protetor solar natural.

de pesca costeira, junto com a "caça esportiva" de colonos assassinos. O resultado desse conjunto foi a incapacidade de reproduzir e manter uma população já pequena. Assim, os beothuks foram extintos em 1829, quando uma jovem chamada Shanawdithit, a última nativa, morreu de tuberculose.

St. John's, em Newfoundland, é um dos principais portos naturais, e os Grandes Bancos das ilhas eram as áreas de pesca mais abundantes do mundo, mas a colônia de Newfoundland ficava muito ao norte para produzir lucros com agricultura.[5] Também era distante demais para ser usada como base de ataque aos galeões que iam para a Espanha, vagarosos pelo peso das riquezas extraídas das minas coloniais. Diante da esterilidade econômica de Newfoundland e do bloqueio caribenho, imposto por defensores espanhóis aclimados e pelas obstinadas febres causadas pelos mosquitos, sir Walter Raleigh, contemporâneo de Drake, tentou reverter a situação e o status com a fundação de sua colônia em Roanoke.

A iniciativa de Roanoke foi financiada e organizada primeiro por sir Humphrey Gilbert. Também corsário, Gilbert se afogou (suas últimas palavras foram dedicadas a citar *Utopia*, de Thomas More) na viagem de volta depois de fundar a colônia de Newfoundland. A missão a Roanoke foi passada a sir Walter Raleigh, seu meio-irmão mais novo. Tendo caído nas graças de Elizabeth, a "Rainha Pirata", Raleigh herdou a Autorização Real de sete anos, além de carta branca para colonizar quaisquer "locais, países e territórios remotos de pagãos e de bárbaros, desde que não possuam algum príncipe cristão ou sejam habitados por povos cristãos". Em outras palavras, qualquer terra disponível e acessível que já não estivesse ocupada pela Espanha. Em troca, a Coroa ficava com 20% da pilhagem. Em particular, Elizabeth orientou Raleigh a estabelecer uma base ao norte do Caribe, de onde corsários pudessem lançar ataques contra as frotas espanholas que levavam tesouros para

---

[5] Newfoundland se tornou independente do Reino Unido em 1907 e foi a última inclusão territorial ao Canadá, anexado à Confederação em 1949.

a Europa. A história conhece esse reduto de piratas como a Última Colônia de Roanoke. Consumido pela "febre do ouro" e dominado por sua busca de uma deslumbrante Eldorado na América do Sul, Raleigh nunca chegou a pôr os pés em terra firme na América do Norte. Ele se limitou a financiar os colonos originais de Roanoke para que eles cumprissem suas ordens.

O primeiro grupo de 108 colonos chegou à ilha de Roanoke em agosto de 1585. Os navios zarparam para Newfoundland sob a promessa vazia de reabastecimento em abril do ano seguinte. Em junho de 1586, sem qualquer expectativa de receberem assistência, os sobreviventes, já definhados e famintos, sofriam também com os ataques retaliatórios dos croatans e secotans, povos indígenas locais. Você deve lembrar que, em meados de junho, por sorte, Drake fez uma visita à colônia após suas aventuras atrapalhadas pela malária no Caribe. Os debilitados sobreviventes de Roanoke embarcaram aos tropeços nos navios dele, que precisavam de mãos hábeis, já que dois terços da tripulação de Drake estavam mortos ou consumidos pela malária. Roanoke, no primeiro round, foi abandonada. Quando o reabastecimento enfim chegou e descobriu que a colônia estava deserta, um pequeno destacamento de quinze homens foi abandonado ali, um sacrifício para manter uma presença inglesa na região.

Em 1587, Raleigh enviou um segundo grupo de 115 pessoas para estabelecer uma colônia ao norte de Roanoke, na baía de Chesapeake. Esses colonos provavelmente não haviam contraído malária, já que vinham de Devon, longe da região de malária endêmica na Inglaterra conhecida como *Fenlands*, ou simplesmente *Fens*, uma área pantanosa que interligava os condados do sudeste em torno do núcleo malariento de Kent e Essex. Parando em Roanoke para buscar a pequena guarnição abandonada de ingleses, os novos colonos encontraram apenas um único esqueleto. O capitão da frota deu ordem para que os colonos desembarcassem e estabelecessem o assentamento em Roanoke, em vez da baía de Chesapeake, que era o planejado. Só John White, líder da expedição, amigo de Raleigh e um dos colonos originais resgatados por

Drake, voltou à Inglaterra com o intuito de providenciar um reabastecimento para Roanoke, que também nunca chegou.

A guerra entre a Espanha e a Inglaterra era mais importante que as preocupações de White e as necessidades de Roanoke. Todos os navios foram confiscados para enfrentar a ameaça que a poderosa Armada espanhola representava. Roanoke era uma causa perdida. Quando White finalmente voltou, três anos depois, encontrou apenas a palavra CROATOAN entalhada na única estaca de madeira ainda de pé e as letras C-R-O entalhadas em uma árvore próxima. Não havia sinais de confronto nem de incêndio; parecia que tudo ali tinha sido sistematicamente desmontado e removido. Os boatos logo começaram a circular pela Inglaterra, alguns implantados furtivamente por financistas manipuladores do imperialismo mercantilista. Ninguém estaria disposto a se oferecer como voluntário para as futuras colônias se a consequência era morte certa. Para a Coroa inglesa e seus parceiros comerciais, a colonização não podia ficar marcada com o estigma da certeza de suicídio por fome, doença e tortura nas mãos de índios selvagens. A verdade seria péssima para os negócios.

São inúmeras as teorias sobre o que aconteceu com esses colonos desaparecidos. Embora os canais de TV e a Netflix estejam inundados de documentários estrambólicos, só uma explicação fundamentada por materiais arqueológicos passa no teste da ficção dos "Antigos Alienígenas". A maioria morreu de fome ou doença, e os que restaram, provavelmente só mulheres e crianças, foram adotados e absorvidos pelos croatans e secotans. Essa prática cultural de integração e assimilação era um costume entre os povos indígenas do leste da América do Norte, como já vimos com os mercadores de pele franceses e seus descendentes *métis*. Contudo, até que provas genealógicas científicas sejam reveladas pelo Lost Colony of Roanoke DNA Project [Projeto de DNA da Colônia Perdida de Roanoke], fundado em 2007, os teóricos da conspiração vão continuar recebendo espaço para contaminar o registro histórico com supostas pedras Dare, abduções alienígenas e mapas fraudulentos.

Embora nunca tenha visitado a América do Norte, Raleigh chegou a liderar incursões militares contra as colônias da Espanha, entre 1595 e 1617, durante a Guerra Anglo-Espanhola, aproveitando suas expedições de pirataria, inclusive a busca pelos misteriosos templos de ouro do Eldorado, onde hoje ficam a Venezuela e a Guiana. Todas as aventuras dele no Novo Mundo fracassaram nas mãos dos mosquitos. Quando a rainha Elizabeth morreu, em 1603, Raleigh foi considerado culpado de arquitetar um golpe contra Jaime I, o sucessor dela, que aceitou, com relutância, comutar a pena de morte. Raleigh foi preso na Torre de Londres até receber o perdão, em 1616. Ao ser solto, ele foi autorizado imediatamente a embarcar em sua segunda tentativa de encontrar Eldorado, uma expedição que acabou sendo a última de sua vida.

Durante a caça ao tesouro na Guiana, Raleigh foi afastado por acessos recorrentes de malária. Em sua ausência, alguns homens de Raleigh contrariaram suas ordens expressas e saquearam um assentamento espanhol. Não só o filho dele foi morto no confronto, como a ação também representou uma violação direta de seu acordo de livramento condicional e, em uma escala maior, o descumprimento do Tratado de Londres, de 1604, que havia encerrado os dezenove anos de guerra entre a Inglaterra e a Espanha. Diante de uma Espanha furiosa, ávida pela cabeça de Raleigh, o rei Jaime foi obrigado a restabelecer a pena de morte. As últimas palavras de Raleigh antes de sua decapitação em Londres, em 1618, foram inspiradas não pelo orgulho de suas conquistas nem pela raiva por elas terem acabado, mas pelo mosquito e suas febres recorrentes de malária: "Vamos embora", disse ele ao carrasco, armado com um machado. "Nesta hora, minhas febres me acometem. Não quero que meus inimigos achem que tremi de medo. Vamos, homem, vamos!"

Durante sua vida exuberante, talvez a "realização" mais significativa de sir Walter Raleigh, entre todas as outras, tenha sido ter popularizado o tabaco na Inglaterra, adquirido em uma de suas muitas incursões corsárias contra a Espanha. Os colonos resgatados de Roanoke também voltaram à Inglaterra com os bolsos forrados de tabaco e "insaciáveis desejo e cobiça mergulhados na fumaça fedorenta". Sobrevivente de

Roanoke, o famoso matemático e astrônomo inglês, Thomas Harriot, voltou para casa exaltando os benefícios medicinais de fumar tabaco, declarando que ele "abre todos os poros e passagens do corpo [...] corpos de notável saúde preservada, e que não conhecem muitas doenças severas, das quais na Inglaterra muitas vezes somos acometidos". Ainda que, no fim das contas, Harriot, fumante compulsivo, estivesse fatalmente equivocado (ele sucumbiu a um câncer de boca e nariz, causado pelo vício de fumar, mascar tabaco e cheirar rapé), o monopólio espanhol sobre o tabaco era tão lucrativo que a venda de sementes a estrangeiros era um crime passível de pena de morte.

O cartel do tabaco espanhol logo foi comprometido por um inglês trabalhador dotado de uma combinação de gosto por aventura e espírito empreendedor americano. Embora Roanoke tivesse sido um fracasso, um jovem agricultor de tabaco chamado John Rolfe e sua noiva, Pocahontas, uma powhatan, garantiriam a sobrevivência de Jamestown e plantariam as sementes da América inglesa e, em última instância, dos Estados Unidos. O tabaco foi o produto de exportação lucrativo e a moeda de troca que dariam vida à América britânica, originalmente a partir de Jamestown. Os colonos ingleses, ao cultivarem tabaco, não perceberam que também invocaram a morte nas asas dos mosquitos.

Quando o choque inicial e os boatos em torno do fracasso de Roanoke diminuíram, surgiram planos para uma nova colônia mercantilista inglesa. Após paradas nas ilhas Canárias e em Porto Rico, em 14 de maio de 1607, contando com o apoio financeiro da Companhia de Londres e da Companhia de Plymouth (conhecidas coletivamente como Companhia da Virgínia), três navios transportando 104 homens despreparados e mal equipados, entre eles John Smith, arrastaram-se para dentro da baía de Chesapeake. Atendo-se à consagrada teoria miasmática em torno das doenças transmitidas por mosquitos, as instruções escritas da Companhia de Londres sobre a escolha de um local para o assentamento eram simples e diretas. Os colonos tinham ordens para não estabelecer a base inglesa "em um lugar baixo ou úmido, porque será insalubre. Avalie a qualidade do ar de acordo com as pessoas; pois, em alguma parte daquela costa, onde as terras são baixas, as pessoas têm olhos leitosos, além de barriga e pernas inchadas". Os transportes subiram vagarosamente pelo rio James, cujas margens exibiam plantações recentes de grãos separadas por bosques de árvores imensas.

Como revelam o manifesto e a carga da frota, eles não vieram para explorar ou cultivar a terra, ou sequer para construir um assentamento duradouro. Não havia mulheres, as provisões eram escassas, havia poucos animais, e eles não trouxeram sementes, equipamentos agrícolas ou materiais de construção. O que havia era um grupo arrogante de homens, sobretudo de classe alta, que não estavam acostumados a trabalhos braçais, mas vinham armados com equipamentos para extrair ouro e com a meta de explorar a riqueza mineral da Virgínia. Na península pantanosa desabitada do rio James, esses cento e poucos ingleses imprudentes dariam origem, bastante sem querer, à América inglesa.

Logo ficou claro por que nenhum nativo powhatan morava perto da parca colônia inglesa. Graças a uma população de castores quarenta vezes maior que a atual, grande parte da faixa leste da América do Norte era coberta de pântanos e brejos, o dobro da área que é hoje. Para os mosquitos, essas terras úmidas deviam ser um paraíso.[6] Durante o período, nos séculos XVII e XVIII, que recebeu o merecido nome de Guerras dos Castores, a quase extinção desses roedores fez com que esses brejos e espaços inundados se transformassem em terras férteis, convidativas para os arados ingleses. Essas guerras em torno do comércio de peles, em que a Confederação Iroquesa e seus aliados ingleses enfrentaram diversas nações algonquinas e seus benfeitores franceses, comprometeram antigos relacionamentos indígenas. A Guerra dos Sete

---

6 Com até quarenta quilos, os castores (que são roedores gigantes) residem em tocas em forma de redoma que eles constroem bloqueando cursos d'água com árvores, barro e pedras, o que cria uma malha de canais menores e brejos. Um rio ou córrego pode ter mais de dez barragens por quilômetro. A maior barragem de castores de que se tem notícia, com quase um quilômetro de comprimento, fica no norte de Alberta, no Canadá. Quando os colonos ingleses chegaram a Jamestown, os Estados Unidos tinham mais de 89 milhões de hectares de pântanos, mais que o dobro da área atual de cerca de 45 milhões de hectares, incluindo o Alasca!

Anos (1756-1763), que os americanos conhecem como Guerra Franco-
-Indígena, foi a culminação desse estado de conflito intermitente na
América do Norte. Foi também a primeira *guerra mundial* de fato, com
vastas consequências. Os ingleses e os franceses finalmente foram às
vias de fato na disputa pela supremacia na América do Norte, e, como
veremos, os mosquitos espreitavam os acampamentos e os locais das
batalhas feito guerreiros selvagens. Mas a avidez dos ingleses pela Nova
França não foi imediata, já que a sobrevivência da colônia original em
Jamestown e Plymouth não era nada garantida.

Jamestown, graças a uma população ativa de castores, não era um
lugar ideal para se estabelecer. A instrução da Companhia de Londres
foi solenemente ignorada, e as consequências dessa decisão acabariam
sendo fatais. "Nenhum índio residia na península porque o lugar não
era bom para morar", afirma Mann, sarcasticamente. "Os ingleses vieram como as últimas pessoas que se mudavam para um espaço com-
partilhado — sobrou para eles a área menos desejável. O lugar era um
brejo cheio de mosquitos." A água salobra "cheia de limo e sujeira",
como reclamou um colono, não era potável, e também deixava o solo
inutilizável.[7] A área pantanosa das cheias não proporcionava comida
para animais de caça, apenas hábitats sazonais para peixes.

Já para os mosquitos da malária essas condições eram perfeitas. Tanto os *Anopheles* importados quanto as espécies locais serviram de vetor
da malária para os colonos recém-desembarcados, muitos dos quais
chegaram também com o parasita nadando nas veias ou hibernando
no fígado. Nathaniel Powell, um antigo colono de Jamestown, disse
em uma carta: "Ainda não passou minha febre quartã. Mas, como tive
ontem, imagino que deve voltar na próxima quinta." Jamestown estava
situada em uma das piores áreas imagináveis para a saúde ou para plan-

---

[7] Um exemplo impressionante da inércia dos primeiros colonos é o fato de eles terem demorado dois anos para resolver esse problema com a solução mais óbvia: a construção de um poço.

tações e caça, mas não é só isso: o ouro, a prata e as pedras preciosas que os colonos sofridos tanto desejavam não estavam em lugar nenhum.

O que havia era fome, doenças e ataques sorrateiros de povos indígenas, cujas estatura e habilidade física causavam espanto nos ingleses. Além disso, esses indígenas, que estavam armados com arcos e flechas, eram capazes de disparar e recarregar nove vezes mais rápido do que um mosquete inglês. Ao contrário dos pequenos grupos de visitantes franceses assimilados que vinham para comercializar peles, os ingleses chegaram em busca de terras, interessados em estabelecer colônias expansionistas a partir das praias e desbravar as fronteiras do continente. Eram inevitáveis os conflitos com povos indígenas. No entanto, os enfermiços colonos ingleses estavam em desvantagem numérica e mal equipados. A imensa Confederação Powhatan que cercava Jamestown era composta de mais de trinta nações aliadas menores e ostentava uma população total de vinte mil pessoas. Em oito meses, restavam apenas 38 ingleses desafortunados em Jamestown, cozinhando nas labaredas da febre malárica, vivendo o próprio inferno na Terra.

Duas levas de reabastecimento em 1608 chegaram a trazer novos colonos, incluindo um grupo de mulheres, mas eles estavam morrendo mais rápido do que conseguiam repor. "Nossos homens foram destruídos por doenças cruéis, como inchaços, diarreias, febres altas", escreveu George Percy, um colono desmoralizado. "Os corpos amanheciam em seus barracos feito cães para serem enterrados." A falta inicial de mulheres também impediu qualquer crescimento populacional interno. Uma mensagem enviada à Inglaterra pedia que os novos colonos fossem preparados para "febres e doenças, que são a moléstia da terra, um acesso grave (chamado *aclimação*) que a maioria espera sofrer algum tempo após a chegada". A colônia de Jamestown foi corroída sob o cerco do mosquito. No inverno de 1609-1610, a Época da Fome, restavam apenas 59 dos primeiros quinhentos colonos. Logo foi comunicado que "a Aclimação aqui, como em outras partes da América, é uma Febre, em que a Mudança do Clima e da Dieta geralmente derrubam os recém-
-chegados". Os primeiros passos desajeitados e a base pantanosa inicial

de Jamestown foram atingidos pelos inabaláveis mosquitos da malária e por uma fome arrasadora.

No livro *Bacteria and Bayonets*, que trata do impacto das doenças na história militar dos Estados Unidos, David Petriello toma o cuidado de ressaltar:

> Os problemas que se abateram sobre o pequeno assentamento bem poderiam ter feito com Jamestown o mesmo que aconteceu com Roanoke e ter atrasado, ou até mesmo aniquilado, novas explorações inglesas. A história da colônia é bastante conhecida. O que houve foi um confronto dos colonos contra os nativos, contra a escassez de comida e a ganância e uns contra os outros, até que se estabeleceu, por fim, um assentamento sustentável. Os problemas que afligiram a colônia durante os primeiros anos, em que a maioria da população morreu, entraram para a história como Época da Fome. Porém, esse é mais um caso de simplificação exagerada, para não dizer que é um erro puro e simples. O que quase destruiu Jamestown e a Virgínia não foi a escassez de comida, mas as doenças.

Toda a literatura de historiadores e comentaristas classifica os primeiros colonos de Jamestown como pessoas preguiçosas e apáticas. Provavelmente eram, de fato; afinal, padeciam de malária crônica. Jamestown passou fome porque os habitantes estavam doentes demais, e talvez sem vontade, para realizar trabalhos braçais como cultivar, caçar ou até roubar comida. A Época da Fome devia mudar de nome para Época do Mosquito. A malária, a febre tifoide e a disenteria chegaram antes e acompanharam todo o período subsequente de fome.

Os primeiros colonos que se instalaram esperavam comprar comida dos powhatans, em vez de cultivar plantações próprias. Depois de darem tudo o que tinham em troca de alimentos, e sem mais nada para oferecer, eles começaram a saquear as poucas colheitas dos powhatans. O ano de 1609 tinha sido de seca, consequentemente havia pouca comida e pouca caça. Isso resultou em incursões indígenas maiores e expedições retaliatórias, obrigando os parcos sobreviventes, tremendo devido à malária, a se enclausurar no poço de lama que era Jamestown, cercados por uma paliçada de madeira. À medida que a fome se instalava, as iguarias disponíveis passavam a ser casca de árvore, camundongos, botas e cintos de couro, ratos grandes e os próprios colonos. Relatos posteriores afirmam que colonos famintos escavaram a terra com as próprias mãos para "tirar cadáveres mortos do túmulo e devorá-los". Um desses, como já vimos, matou a esposa grávida e, segundo uma testemunha, "salgou-a para comer". Para piorar a situação, John Smith, o habilidoso líder inglês que havia negociado uma paz frágil e um acordo de comércio recíproco com os powhatans, voltou para a Inglaterra em outubro de 1609, pouco antes da Época da Fome e do conflito subsequente com os powhatans. Smith foi gravemente ferido após acender, sem querer e de forma bastante desajeitada, uma bolsa de pólvora pendurada nas calças. Com queimaduras sérias, ele foi embora para a Inglaterra e nunca mais voltou à Virgínia.

Pouco após a saída de Smith, outro John chegou a Jamestown com um punhado de sementes de tabaco no bolso e determinado a começar uma vida nova na Virgínia. Sem se dar conta, ele acabaria também traçando o futuro de uma nova nação: os Estados Unidos da América. Embora John Smith tenha sido glorificado por Hollywood e pela história, a verdadeira celebridade de Jamestown é John Rolfe, o verdadeiro marido inglês de Pocahontas, nossa queridinha da Disney.

Em junho de 1609, Rolfe zarpou da Inglaterra com a esposa, Sarah, e outros quinhentos ou seiscentos passageiros, a bordo de nove embarcações na terceira frota de abastecimento destinada a Jamestown. Sete desses nove navios chegaram a Jamestown no verão desse mesmo ano, descarregaram tanto suprimentos quanto colonos e voltaram em outubro para a Inglaterra com a notícia sobre a Época da Fome, alguns colonos criminosos indesejados, além do ferido e estorricado John Smith. Os dois Johns nunca se encontraram, pelo menos não na Virgínia.

Sea Venture, o navio de Rolfe, foi atingido por um furacão durante a travessia e acabou naufragando nos bancos de areia ao norte das Bermudas. Presos por nove meses na ilha, os sobreviventes — que não incluíam a esposa de Rolfe e Bermuda, a filha recém-nascida deles, que foram sepultadas na ilha — construíram dois barcos pequenos com madeira nativa e destroços do navio original. As duas embarcações feitas a mão entraram aos solavancos em Jamestown em maio de 1610, sete meses depois da saída de Smith e do outro comboio.

Para quem gosta de Shakespeare, a improvável e intrépida viagem do *Sea Venture* serviu de fonte e inspiração para *A tempestade* (escrita entre 1610 e 1611), que é cheia de referências às questões da escravidão e a várias doenças. Shakespeare estava ciente da malária, visto que os pântanos no leste da Inglaterra já eram famosos por seus habitantes descorados, esquálidos e enfermiços na época do bardo. Em *A tempestade*, o escravo Caliban roga a praga da malária em seu dono, Próspero: "Que todas as doenças que o sol suga/ Da lama, charco e lixo tornem Próspero/ Aos poucos em doença!" Mais tarde, na peça, Estéfano, que está bêbado, ao topar com Caliban e Trínculo tremendo debaixo de um manto, abrigando-se de uma tempestade, toma-os por "algum monstro [...] com quatro pernas, que pelo que vejo está com febre terçã". Houve, contudo, mais um desdobramento da improvável passagem do *Sea Venture* além do que muitos críticos e historiadores acreditam ser a última peça escrita totalmente pelo próprio Shakespeare.

O infortúnio do *Sea Venture* foi a sorte da Inglaterra. Embora os únicos do grupo de Rolfe que ficaram nas Bermudas tenham sido os mortos, a bandeira inglesa agora estava cravada nessa estratégica ilha subtropical do Atlântico Norte. Situada a 1.600 quilômetros ao norte de Cuba e a mil quilômetros a leste das Carolinas, as Bermudas foram incluídas oficialmente na rota da Companhia da Virgínia em 1612. Elas serviam de escala para navios militares e imperialistas ingleses em trânsito rumo a seus destinos finais. Segundo um comentarista da época, as Bermudas podiam servir como trampolim para os interesses coloniais mais amplos da Inglaterra, "e no presente eles proporcionam nova vida e amparo à Virgínia. O estabelecimento de 'nossos compatriotas' há de acrescentar muito à força, à prosperidade e à glória deste reino, mostrando-se especialmente vantajoso para os habitantes nativos da Virgínia e também aos nossos compatriotas que lá forem". Em 1625, enquanto os puritanos convertiam Massachusetts, a população colonial das Bermudas já era muito superior à da Virgínia. Embora outros cultivos de exportação, como açúcar e café, ainda fossem um sonho impossível, o tabaco impulsionou a economia inglesa das duas colônias. Mas os colonos das Bermudas se expandiram para as Bahamas e Barbados até 1630, e a produção de açúcar inglês encontrou espaço. Barbados assumiu a liderança do comércio de açúcar no Caribe inglês, e a população logo inflou, chegando a setenta mil, incluindo 45 mil trabalhadores escravizados, em 1700.

Curiosamente, ainda que Barbados tenha sofrido a primeira epidemia concreta de febre amarela (causada pelo mosquito *Aedes*) das Américas, em 1647, a ilha continuou livre da espécie *Anopheles*, transmissora da malária. Apesar das epidemias de febre amarela e de outras doenças, a ausência da malária logo rendeu a Barbados a reputação de colônia "salubre" e higiênica, e o lugar até era indicado como sanatório para pacientes com malária. É possível imaginar as propagandas da época direcionadas para colonos, mencionando férias na praia com tudo incluído: BARBADOS: SOL, RUM E TUDO DE BOM — *SEM MALÁRIA!*. Ou, simplesmente, BARBADOS: O MELHOR LUGAR, MALÁRIA NÃO HÁ! O clima aparentemente saudável da ilha e a expectativa de oportunidade econômica atiçaram a tentação de incontáveis imigrantes. Até 1680, Barbados atraiu mais colonos que qualquer outro assentamento inglês no Novo Mundo. A Inglaterra finalmente conseguiu o desejado acesso ao lucrativo mercado caribenho de açúcar e tabaco. Com a viagem penosa de John Rolfe e do *Sea Venture*, a Inglaterra fez avanços econômicos no Caribe, mas também penetrou mais pelos domínios do mosquito e pelo turbilhão de doença e morte.

Depois da escala de nove meses pós-naufrágio nas Bermudas, quando Rolfe e seus 140 companheiros astutos (e um cachorro resistente e leal) enfim chegaram a Jamestown, em maio de 1610, eles se viram diante de uma colônia arruinada. Os sessenta residentes famintos e exauridos pela malária imploraram para serem resgatados. Não havia provisões, e os recém-chegados representavam mais bocas para a colônia já faminta alimentar. Os colonos não tinham mais o que fazer, e o cacique Powhatan não lhes dera opção. Durante os primeiros anos, ele havia permitido que a colônia persistisse na terra inútil desde que continuasse oferecendo em escambo produtos como armas de fogo, machados, espelhos e contas de vidro. Enquanto esses estrangeiros pudessem oferecer produtos apreciáveis, Powhatan lhes forneceu comida e os manteve vivos. Devido ao tamanho reduzido e à saúde debilitada do grupo, os ingleses não representavam uma ameaça e poderiam ser eliminados a qualquer momento. A superioridade numérica e a comida eram as armas mais letais do arsenal dos powhatans.

Depois da saída de John Smith, em outubro de 1609, os ingleses abusaram da hospitalidade dos powhatans, que acabaram se cansando de serem roubados e tratados de forma grosseira. Os colonos também haviam gastado tudo que tinham de valor, por isso não possuíam mais nada para oferecer. A utilidade deles foi embora junto com John Smith. Tanto para os veteranos embrutecidos pelo pesadelo de Jamestown quanto para os exaustos recém-chegados de Rolfe, era hora de abandonar o navio. Jamestown estava afundando na própria fossa fedorenta de malária. Em junho de 1610, os dois barcos improvisados que o grupo de Rolfe tinha usado, e os outros dois únicos navios toscos em Jamestown, foram preparados para navegar até Newfoundland, onde os colonos fugitivos implorariam passagem para os pescadores dos Grandes Bancos. Como Roanoke, a colônia de Jamestown seria abandonada.

Quando os navios ergueram âncora solenemente e começaram a se retirar pelo rio James, lorde De La Warr e sua fortuita frota de reabastecimento chegaram com 250 colonos, equipamentos militares, um médico e, principalmente, provisões suficientes para durar um ano. Jamestown recebeu uma oportuna injeção de esperança, assim as ambiciosas intenções econômicas da Inglaterra de estabelecer uma base permanente na margem leste do Atlântico foram resgatadas da beira do precipício do abandono e da malária. Em agradecimento, lorde De La Warr, redentor de Jamestown, foi, segundo ele, "agraciado com uma moléstia quente e violenta", seguida de "uma recaída da doença anterior, que com muito mais violência me prostrou por mais de um mês e me causou grande debilidade". Quando os colonos adentraram a colônia agrícola revigorada, De La Warr garantiu que o mosquito, assim como John Rolfe e seus expatriados famintos, jamais passasse fome de novo.

Rolfe semeou sua primeira plantação minúscula de tabaco afastado da área de brejo, então, quando a colheita foi exportada para a Inglaterra, em 1612, rendeu o que hoje equivaleria a 1,5 milhão de dólares. Rolfe batizou sua versão mais adocicada de tabaco de Trinidad com o nome "Orinoco", em homenagem à introdução do tabaco por sir Walter Raleigh na Inglaterra, e manter a memória das expedições dele pelo rio Orinoco, na Guiana, em busca do Eldorado. Para Jamestown e a América inglesa que o assentamento gerou, o Eldorado não era nenhuma cidade dourada com torres cravejadas de pedras preciosas, mas sim uma planta herbácea da família das solanáceas: *Nicotiana tabacum*. Agora vou recorrer ao breve comentário de Charles Mann a respeito da acelerada maturidade e vital importância da indústria comercial de tabaco da Virgínia:

> Assim como o crack é uma versão inferior e mais barata da cocaína, o tabaco da Virgínia era de qualidade inferior à do tabaco caribenho, mas também não era tão caro. Como o crack, acabou se tornando um sucesso comercial estrondoso; um ano depois de chegarem, os colonos de Jamestown estavam quitando dívidas em Londres com saquinhos da droga. […] Em 1620, Jamestown já despachava mais de vinte mil quilos por ano; três anos depois, essa quantidade quase triplicou. Em quarenta anos, a baía de Chesapeake — ou Costa do Tabaco, como ficaria conhecida mais tarde — exportava onze milhões de quilos por ano.

A iniciativa de John Rolfe com o tabaco rendeu uma fortuna em dividendos — e em colonos agrícolas, trabalhadores sob contrato de servidão e escravizados da lavoura. Jamestown foi de bomba-relógio a um boom nos negócios.

No entanto, para a colônia incipiente ainda eram necessários um investimento de capital, uma população e uma mão de obra autorrenovável, além de, o que era mais duvidoso, o domínio de terras que já tinham donos. Ciente dos lucros que o tabaco proporcionava, a Companhia da Virgínia dedicou recursos e provisões para garantir a sobrevivência de Jamestown. A empresa também financiou a passagem de homens e mulheres condenados não só para trabalhar nas plantações de tabaco, sob contratos de servidão, mas também para gerar uma população colonial e aclimada às doenças locais. Após cumprir o contrato de sete anos e, na melhor das hipóteses, gerar uma prole de descendentes aclimados, esses trabalhadores ou detentos recebiam vinte hectares de terra na Virgínia. Embora Jamestown não tivesse o caráter primordial de colônia penal, como a Austrália, mais de sessenta mil prisioneiros ingleses foram despachados para a América. A empresa também mandou "noivas do tabaco" sem contratos de servidão, para serem submetidas a casamentos arranjados com homens independentes. Como resultado, a proporção inicial de cinco homens para cada mulher na colônia da Virgínia aos poucos começou a se equilibrar. Os investimentos eram constantes, a mão de obra continuava chegando e ia se formando uma população aclimada autorrenovável. Só faltavam as terras preciosas distantes dos brejos salobros infestados de mosquito, em torno de Jamestown. Agora o conflito intensificado com os powhatans era inevitável — ou talvez sempre tenha sido.

Devido à sua fortuna, John Rolfe logo se tornou, de fato, o líder de Jamestown. Conforme o equilíbrio de poder começava a pender para os colonos estrangeiros, Powhatan sentiu a oportunidade de restabelecer a paz e o comércio. Matoaka, sua jovem e curiosa filha, era uma visitante frequente de Jamestown. Ela gostava de brincar com as crianças da colônia. Além disso, chegou a aprender inglês e estudava o cristianismo, mas fazia perguntas demais para o gosto dos colonos e costumava se meter em problemas, ainda que inofensivos. Seu apelido, Pocahontas — "fedelha irritante" ou "pequena baderneira" —, era óbvio. Com a intensificação dos ataques entre os dois lados, Pocahontas foi sequestrada, em 1613, e usada como moeda de troca pelos ingleses. Rolfe fez parte do comitê de negociação, no qual se firmou um acordo com o cacique Powhatan. Também foi combinado que Pocahontas, então com dezessete anos, continuaria com os ingleses. Mais especificamente, ela se casaria com John Rolfe. Essa união certamente serviu como instrumento político pragmático para promover a paz, da mesma forma como acontecia com os casamentos entre as monarquias europeias. Entretanto, tudo indica que, durante os três anos de amizade entre ela e Rolfe, os dois acabaram se apaixonando de verdade.

Ainda que ele reconhecesse a relevância econômica e diplomática de seu relacionamento, as correspondências pessoais de Rolfe não omitem o apego emocional. Em uma carta para o governador, na qual ele pedia permissão para se casar, Rolfe expressou que estava "motivado não pela atração carnal irrestrita, mas pelo bem de sua fazenda, pela honra de nosso país [...] Pocahontas, a quem meus pensamentos mais profundos e elevados pertencem, e a quem há muito eles estão amarrados, e imersos em um labirinto tão intrincado que seria exaustivo eu me desvencilhar". Aparentemente, Rolfe era um romântico inveterado. Eles se casaram em abril de 1614, e o único filho que tiveram, Thomas, nasceu dez meses depois. Um penetra na festa do casamento comentou sobre a união: "Desde então tivemos relações amistosas de comércio e troca [...] então agora não vejo um motivo que impeça a colônia de prosperar rapidamente." O casamento de John e Rebecca, como ela passou a ser conhecida, criou um período informal de oito anos de paz, que costuma ser chamado de "Paz de Pocahontas".

Os Rolfe voltaram para a Inglaterra com o filho, em junho de 1616. Pocahontas, "Princesa dos Powhatans", foi recebida e tratada como celebridade, com pompa e circunstância, embora devido mais à curiosidade que ao respeito. Pocahontas se surpreendeu quando ela e o marido encontraram John Smith em um jantar (ela achava que ele estivesse morto), criando o que imagino ter sido uma troca constrangida de gentilezas obrigatórias entre os dois Johns.

Em certa ocasião, Pocahontas posou para fazerem uma gravura dela, seu único retrato genuíno, que foi vendido como suvenir em forma de cartão-postal por todo o país. Em março de 1617, antes de embarcar para a fazenda de tabaco que eles tinham na Virgínia, Pocahontas contraiu uma doença grave e morreu alguns dias depois, aos 21 anos de idade. A causa da morte ainda é um mistério, mas quem mais costuma levar a culpa é a tuberculose. Segundo Rolfe, suas últimas palavras foram "tudo há de morrer, mas basta que a criança viva".[8] Um ano depois, com a morte do cacique Powhatan, desfez-se a Paz de Pocahontas. Os ingleses declararam superioridade na disputa de poder. A maré havia virado a favor deles, lançando multidões de colonos, aventureiros, investidores e africanos escravizados pelo Atlântico.

À medida que os colonos se espalhavam para cultivar tabaco nas terras mais férteis, em torno dos rios James e York, o ciclo de ataques retaliatórios aumentou drasticamente, assim como a disseminação de doenças entre povos indígenas. Em 1646, foi estabelecida uma fronteira para delimitar o território pertencente aos powhatans, marcando a estreia do sistema de reservas indígenas nos Estados Unidos. Após a Rebelião de Bacon, o Tratado de Middle Plantation instituiu uma reserva indígena oficial em 1677.[9] Os colonos simplesmente ignoraram os tratados que garantiam o direito dos povos indígenas à terra natal, à pesca e à caça, bem como a outras proteções territoriais, marcando a estreia do sistema de confecção e ruptura de tratados nos Estados Unidos.

---

8 Matoaka foi sepultada na Paróquia de São Jorge, em Gravesend. O local exato se perdeu na história, pois a igreja foi destruída por um incêndio, em 1727, e depois reconstruída. Uma estátua em tamanho real nos jardins da igreja celebra sua memória e a localização desconhecida de seu túmulo. Hoje existem centenas de descendentes diretos de Pocahontas graças a seu filho, Thomas, e à continuação da linhagem.

9 O tratado estipulava que os indígenas usassem etiquetas de identificação ao sair da reserva, algo muito semelhante às Leis do Passe do fim do século XIX nos Estados Unidos, no Canadá e na África do Sul durante o *apartheid*.

No fim das contas, as doenças, as guerras e a fome derrotaram a Confederação Powhatan. Os remanescentes migraram para o oeste, instalaram-se em outras nações ou foram capturados e vendidos como escravizados. Doenças, entre elas a malária, segundo Petriello, "ocasionaram o conflito final entre os ingleses e os povos nativos, o que liberou o caminho para o desenvolvimento da Virgínia. A derrota das tribos costeiras de Chesapeake permitiu que gerações de ingleses se expandissem para oeste, avançando cada vez mais para o interior do Novo Mundo". O "Sonho Americano" original era a posse da terra. Assim, ter uma propriedade era o mesmo que ter oportunidade e prosperidade.

A terra, ou a riqueza obtida com a terra na forma de tabaco, foi a principal questão da rebelião de 1676 de fazendeiros com pequenas propriedades e pesados tributos, colonos recém-chegados e trabalhadores sob contrato de servidão, liderados por Nathaniel Bacon. Os rebeldes rejeitaram a proteção que o regime colonial corrupto conferia às terras dos powhatans e as limitações restritivas para a expansão ocidental à custa de colonos ávidos por terras, uma questão turbulenta que também atiçaria as brasas da chama revolucionária cem anos depois.

Um grupo de grandes fazendeiros havia usado trabalhadores sob contrato de servidão e enchido os bolsos de William Berkeley, governador de longa data, para limitar a distribuição de novas concessões de terra, formando um monopólio sobre a produção e o transporte de tabaco. Para esse cartel, as vastas plantações de tabaco nas férteis terras baixas proporcionaram fortuna e poder político aos seguidores mais próximos de Berkeley. Elas também causaram um índice de mortalidade impressionante entre os trabalhadores sob contrato de servidão. A rebelião propriamente dita acabou fracassando, e Bacon morreu devido a uma combinação de malária e disenteria, depois de semanas de luta debaixo de chuva.

Mas esse levante produziu duas consequências sinistras e importantes. A primeira, como já foi dito, foi o malfadado sistema de reservas indígenas e a definitiva eliminação da Confederação Powhatan, liberando terras para a produção desenfreada de tabaco. A segunda foi o aumento drástico da escravidão de africanos na Virgínia. Os primeiros africanos foram levados a Jamestown por piratas ingleses do navio *White Lion*, com bandeira da Holanda. O navio transportava um carregamento de africanos capturados de um navio negreiro português que ia para o México. Segundo relatou John Rolfe, o *White Lion*, um antigo e decadente navio pirata que havia pertencido à frota de Drake, "trouxe no máximo uns vinte e poucos negros". Alguns dias depois, um segundo navio avariado, que precisava de restauros e remendos, trocou o carregamento de trinta africanos escravizados por consertos muito necessários. O tráfico de escravizados entre a África e as colônias inglesas não havia sido formalizado, e os primeiros colonos não tinham nenhum modelo de escravidão massificada. Embora ainda não se saiba ao certo qual era a situação desses africanos, o mais provável é que eles tenham sido comprados e postos para trabalhar nas fazendas de tabaco, primeiro sob contratos de servidão e depois reclassificados como trabalhadores escravizados.

Quando foi deflagrada a Rebelião de Bacon, em 1676, havia cerca de dois mil africanos escravizados na Virgínia. A rebelião de Bacon revelou as limitações de uma força laboral em expansão que era constituída de trabalhadores sob contrato de servidão. Em primeiro lugar, muitos deles morriam de malária nas amplas fazendas infestadas de mosquitos. Após a revolta, também foi avaliado, corretamente, que era muito difícil controlá-los e subjugá-los. Com o aumento da quantidade desses trabalhadores, cresceu também o risco de rebeliões maiores. Além do mais, muitos simplesmente fugiam, invadiam algum pedaço de terra desocupada e plantavam tabaco por conta própria. Por fim, como o mercantilismo estimulou a economia da Inglaterra, as oportunidades de emprego aumentaram e o desemprego diminuiu, pois menos pessoas estavam dispostas a se submeter a regimes de servidão. Trinta anos depois da Rebelião de Bacon, a população africana escravizada na Virgínia era de mais de vinte mil indivíduos. Em suma, conforme se reduziam os contratos de servidão, a demanda de mão de obra passou a ser preenchida por africanos escravizados, marcando a estreia da escravidão em massa de africanos, além de um índice maior de disseminação de doenças transmitidas por mosquitos, no cenário econômico, político e cultural dos Estados Unidos. A América inglesa, com seus colonos, seu tabaco, seus trabalhadores escravizados e seus mosquitos, abria as portas. O triunfo do experimento de John Rolfe com o tabaco em Jamestown instigou não só uma onda de expansão mercantilista comercial e territorial, mas também a proliferação de doenças transmitidas por mosquitos e, com o tempo, a aclimação de uma população colonial nascida naquela terra.

Envoltos pelo caos do Intercâmbio Colombiano e pelos clamores da colonização, Drake, Raleigh, Smith, Pocahontas e Rolfe ofereceram suas próprias contribuições para o estabelecimento de uma presença inglesa no Novo Mundo e, em última análise, serviram de vanguarda para a posterior criação de um poderoso império mercantilista inglês. Esses personagens históricos memoráveis, mas frequentemente descaracterizados e mitificados, contracenaram na criação da América inglesa com um elenco de mosquitos, colonos e africanos escravizados, todos ligados aos lucrativos e viciantes mercados de tabaco e açúcar. A cada nova pegada inglesa entre Plymouth e a Filadélfia, as doenças transmitidas por mosquitos marcavam um mapa das Américas em constante transformação. O mosquito e suas doenças foram pegos nesses ventos de mudança que sopravam da Europa para a África e as Américas através do Intercâmbio Colombiano.

A hegemonia global da Inglaterra e a dominação imperial crescente da Pax Britannica seriam impulsionadas e, às vezes, também freadas pelo mosquito. O inseto forjou a união de uma Grã-Bretanha ao orquestrar a anexação da Irlanda do Norte e da Escócia pela Inglaterra. O domínio inglês sobre a Irlanda do Norte foi proporcionado por mosquitos dos brejos pútridos das *Fenlands*, enquanto mosquitos nas matas do Panamá frustravam os sonhos de soberania e autodeterminação dos escoceses. Por outro lado, embora o mosquito tenha ajudado a Inglaterra a tomar o controle da região francesa do Canadá, ele também expulsou os ingleses das colônias americanas, cutucando e instigando os Estados Unidos rumo à independência.

Pocahontas certamente não reconheceria sua versão mítica na adaptação da Disney, mas o Novo Mundo um século depois de sua morte também teria sido irreconhecível. "Jamestown foi, para a América inglesa, a salva de tiros inaugural do Intercâmbio Colombiano", reforça Charles Mann. "Em termos biológicos, foi o ponto em que *antes* se transforma em *depois*." Mas as sementes da criação desse "depois" e seu futuro foram plantadas por Pocahontas, junto com o marido, John Rolfe, o namorado dos desenhos, John Smith, e um bando de outros conquistadores, prisioneiros, piratas e colonos, incluindo muitos oriundos dos pântanos infestados de mosquitos transmissores da malária na Inglaterra.

CAPÍTULO 10

Patifes em uma nação: O MOSQUITO E A CRIAÇÃO DA GRÃ-BRETANHA

O epicentro da malária na Inglaterra se estendia por 480 quilômetros do litoral leste entre Hull, ao norte, e Hastings, ao sul. Expandindo-se do núcleo em Essex e Kent, brejos infestados de mosquitos da malária consumiam os sete condados no sudeste do país. Durante os séculos XVI e XVII, a Inglaterra começou a se recuperar da devastação da Peste Negra. A população mais que dobrou ao longo do século XVII, chegando a 5,7 milhões de pessoas. Em Londres, o número de habitantes foi de 75 mil, em 1550, para quatrocentos mil no século seguinte. Migrantes nômades, contrabandistas e pobres em busca de terras se espalharam pelos pântanos que os humanos ignoravam, mas que eram ocupados plenamente pelos mosquitos.

Os habitantes dessas regiões, também conhecidos como "povo do pântano" ou "vistosos", devido ao aspecto amarelado e às feições esquálidas causadas pela malária, apresentavam uma mortalidade de mais de 20% para a doença. Os sobreviventes davam um jeito de viver e penavam em meio àquela miséria malarienta. O escritor Daniel Defoe, famoso pela história de naufrágio narrada em *Robinson Crusoé*, escreveu em 1722 um texto-denúncia chocante: *Tour through the Eastern*

Counties of England [Viagem pelos condados no leste da Inglaterra]. Defoe conversou informalmente com vários moradores dessas áreas e descobriu que "era muito frequente encontrar homens que haviam sido casados entre cinco e seis vezes, chegando até a catorze ou quinze [...] um fazendeiro na época estava com sua 25ª esposa, e seu filho, que tinha parcos 35 anos, já tivera umas catorze". Como mulheres grávidas produzem uma atração magnética tanto no mosquito quanto no parasita da malária, um "camarada" explicou casualmente para Defoe que, quando as moças "saíam de suas terras natais para os pântanos, no meio da umidade e da neblina, logo elas mudavam de aspecto, pegavam uma ou duas moléstias e raramente duravam [sobreviviam] mais de meio ano, ou no máximo um ano. 'E então', disse ele, 'subimos para as terras altas de novo e buscamos outra [esposa]'". As mortes entre crianças também eram desproporcionais.

Febres: Uma fera selvagem da febre no antro de um cômodo, enquanto um monstro azul, que representa a malária, se aferra à vítima junto ao fogo. À direita, um médico escreve uma receita de quinino. Gravura de Thomas Rowlandson, Londres, 1788 (*Wellcome Images/ Science Source*).

Em *Grandes esperanças*, de Charles Dickens, Pip, o protagonista de sete anos, fica órfão quando seus pais e "cinco irmãozinhos, que desistiram de tentar viver, cedo demais naquela peleja universal", sucumbiram à malária nos pântanos ingleses. A história começa com Pip lamentando a morte da família no cemitério da cidade, enquanto narra os traços simples de seu lar: "Nossa terra era o pântano [...] entremeado de canais, montes e porteiras, enquanto umas cabeças de gado ficavam pastando no pântano; e aquela linha baixa cor de chumbo mais além era o rio; e aquele reduto distante e selvagem de onde o vento soprava era o mar; e aquele pequeno amontoado de tremores, com cada vez mais medo de tudo e começando a chorar, era Pip." Mais tarde, Pip diz a um homem trêmulo que escapou dos barcos-prisões atracados no rio Tâmisa: "Acho que você pegou as febres. É ruim por aqui. Você tem andado nos pântanos, e lá tem muito disso."

À medida que foi constatada a reputação maligna e miasmática da região pantanosa, durante a segunda metade do século XVII, muitos "vistosos" se transferiram para as colônias americanas. Na realidade, manifestos de navios e listas de embarque revelam que 60% dessa primeira leva de colonos e pessoas sob contrato de servidão vieram do cinturão de malária da Inglaterra. Eles saíram do país para fugir da malária e, sem se dar conta, atuaram como agentes da doença para o Intercâmbio Colombiano. No Novo Mundo, eles sofreram não apenas com a malária do Velho Mundo, mas também com uma série de variações da doença, incluindo a *falciparum*, a mais letal. A trágica realidade, como veremos, era que o novo panorama de malária era pior do que aquele de onde eles haviam tentado escapar.

Além dos que saíram em busca de um abrigo contra a malária nas colônias americanas, muitos residentes do pântano também fugiram para a Irlanda e inspiraram um provérbio popular: "Da fazenda para o brejo, do brejo para a Irlanda." A divisão atual da República da Irlanda e da Irlanda do Norte tem relação direta com os destinos que esses agricultores do século XVII tomaram em sua fuga dos pântanos malariéntos da Inglaterra. O mosquito preparou as bases e a fundação dos conflitos étnicos e nacionalistas do século XX na região. Esse estado prolongado de violência entre o Exército Republicano Irlandês e a Força de Voluntários do Ulster, além do Exército britânico, na Irlanda do Norte (com tremores que se estenderam por todas as ilhas britânicas), só chegou ao fim muito recentemente.

O mosquito obrigou mais de 180 mil agricultores ingleses protestantes a fugir para a Irlanda, católica, onde eles se instalaram junto a aristocratas ingleses proprietários de terras e escoceses protestantes que haviam fugido da Guerra Civil Inglesa, entre 1642 e 1651. Essa barafunda de protestantes criou o que viriam a ser conhecidas como Primeiras Plantações, Plantação de Munster e do Ulster e Plantações Posteriores, durante os séculos XVI e XVII. A imigração, a presença e a expansão territorial deles deflagraram uma guerra nacionalista racial e religiosa, além dos conflitos entre os protestantes ingleses e os católicos irlandeses. Essas plantações vêm produzindo efeitos óbvios e profundamente violentos na história da Irlanda desde então. E, enquanto o mosquito se ocupava dividindo a "Ilha Esmeralda", ele picou também a integridade territorial do vizinho escocês da Irlanda.

Durante a Guerra Civil Inglesa, conflito fomentado também pela religião, Oliver Cromwell, um protestante fanático, liderou um movimento de parlamentaristas para destituir o rei Carlos I e derrubar a monarquia. O controverso Cromwell governou durante quase uma década como lorde protetor da Commonwealth formada por Inglaterra, Escócia e Irlanda, tendo realizado campanhas quase genocidas contra os escoceses e os irlandeses católicos.

Durante o breve reinado, Cromwell expandiu os domínios ingleses sobre o Caribe para incluir a Jamaica. Após a recente guerra contra os holandeses em função das relações comerciais com as colônias e das rivalidades entre piratas, Cromwell não gostava de ver ocioso todo o poderio do Exército e da Marinha ingleses. Em meio ao conflito religioso na Inglaterra, na Irlanda e na Escócia, ter um aparato militar subutilizado era pedir uma possível, e não muito improvável, rebelião contra seu fervoroso governo protestante. Aplicar essas forças com propósitos imperiais remotos poderia servir para unir as facções rivais, proporcionando uma missão anfíbia e tesouros espanhóis aos militares, ao mesmo tempo que afastava o risco de uma revolução. Embora Cromwell rejeitasse tratar seus acessos recorrentes de malária com quinino, uma boa guerra talvez fosse o remédio perfeito.

A "Campanha Ocidental" de Cromwell foi iniciada em 1655. Na época, foi a maior frota conjunta (38 navios) enviada até então às Américas. Mais de nove mil soldados partiram da Inglaterra, a maioria descrita como "rufiães, medíocres vigaristas, ladrões, punguistas e outros tipos de pessoa vulgar que por muito tempo haviam levado a vida com dedos leves, e mente afiada, e agora estavam progredindo muito bem rumo à Newgate [a famosa prisão de Londres]". O restante, uns três ou quatro mil miseráveis, piratas ou serviçais, foi recrutado na ilha de Barbados, não aclimada e sem malária. Segundo um oficial superior da expedição, esses homens pareciam "as pessoas mais imorais e profanas que eu já vi". Essa força desconjuntada foi posta à prova em abril de 1655, durante uma investida rápida contra o forte espanhol em São Domingos, Hispaniola. Os ingleses desistiram do cerco logo após perder mil homens, dos quais setecentos sucumbiram a doenças transmitidas por mosquitos.

Sem se abalar, um mês depois, os ingleses iniciaram a invasão do alvo principal, a Jamaica, terra de um contingente, extremamente inferior, de 2.500 espanhóis e africanos escravizados. Em uma semana, os ingleses tomaram a ilha sem sofrer grandes baixas, e os espanhóis fugiram para Cuba. Já o mosquito não abandonou o posto. Ele vicejava na ilha desde que uma temporada de El Niño proporcionara um clima mais quente e úmido — condições perfeitas para afligir mais de nove mil ingleses recém-chegados e não aclimados, como explicou uma testemunha, "em uma época em que esses insetos se juntam em nuvens e levam a guerra a qualquer intruso ousado". Em três semanas, a malária e a febre amarela estavam matando 140 homens por semana. Seis meses depois do desembarque na Jamaica, dos nove mil soldados iniciais, só um terço continuava de pé. Robert Sedgwick, um veterano astuto, deixou um depoimento de primeira mão para descrever o massacre dos mosquitos: "Estranho ver homens jovens e fortes, de boa aparência, que em três ou quatro dias vão para o túmulo, tomados de repente por febres e diarreias." Sedgwick morreu de febre amarela sete meses depois de chegar à Jamaica.

Com o tempo, em 1750, o altar da doença transmitida por mosquitos recebeu uma quantidade suficiente de sacrifícios de soldados e colonos para estabilizar o controle da ilha e instalar uma população canavieira aclimada de 135 mil africanos escravizados e quinze mil fazendeiros ingleses. Uma economia mercantilista inglesa baseada em agricultura de exportação com trabalho escravo começou a ganhar corpo. A tomada do domínio espanhol da Jamaica realizada pelos ingleses também foi a última vez que o controle de uma ilha grande do Caribe mudou de uma nação imperialista europeia para outra por meio da força.[1]

A Jamaica entrou para a lista crescente de posses inglesas no Caribe, junto com as Bermudas, Barbados, Bahamas e meia dúzia de ilhas pequenas nas Antilhas Menores. Para colher os lucros desse Império Inglês em expansão e promover a prosperidade nacional, Cromwell sancionou o primeiro de uma série de Atos de Navegação, que tinham a proposta de fortalecer a economia mercantilista da Inglaterra. A primeira lei de Cromwell exigia que todos os navios de carga ingleses — trazendo matéria-prima das colônias e levando bens manufaturados da Inglaterra — entrassem e saíssem por portos ingleses. Para agradar a mercadores ingleses e estimular investimentos para empreendimentos além-mar, a Escócia foi excluída desse acordo e proibida de comercializar com colônias inglesas. No entanto, Cromwell não viveu o bastante para faturar com as propinas resultantes dessas medidas.

Seu reino tirânico — ou libertador, dependendo do lado que você prefere nesse debate histórico — e sua vida foram interrompidos por

---

[1] Entre 1651 e 1814, por exemplo, Santa Lúcia se alternou catorze vezes entre a Inglaterra e a França através de conflitos de conquista. Ilhas menores, menos valiosas e com poucas defesas, como Santa Lúcia e ilha de São Cristóvão, eram alvos mais fáceis e, devido a isso, ficavam indo e voltando entre potências imperiais.

um mosquito transmissor da malária. Os médicos imploravam que ele tomasse quinino de cinchona em pó. Ele se recusava categoricamente. Como tinha sido uma descoberta de jesuítas católicos, Cromwell insistia que não queria tomar o "remédio papista" nem ser "jesuitado até morrer", ou envenenado pelo "pó dos jesuítas". Em 1658, vinte anos após o quinino chegar à Europa nos ventos posteriores do Intercâmbio Colombiano, Cromwell morreu de malária. Dois anos depois, a monarquia foi restaurada, sob o domínio de Carlos II. Ao contrário de Cromwell, Carlos se salvou da morte por malária, relutantemente, com o uso da casca sacramental da cinchona.

As políticas econômicas exclusivistas e as campanhas sádicas de Cromwell durante a Guerra Civil Inglesa deixaram a Escócia em frangalhos. Para piorar, uma seca que durou uma década havia arrasado os campos, destruído plantações, instigado uma fome catastrófica e arruinado a economia já frágil do país. Durante a Grande Fome, que assolou a Escócia e a Escandinávia entre 1693 e 1700, a colheita de aveia escocesa só não malogrou em um ano. Estima-se que essa seca tenha matado até 1,25 milhão de escoceses, quase 25% da população. Com a nação nas garras da fome e da escassez de comida, milhares de escoceses protestantes se estabeleceram na Irlanda do Norte, como já foi dito, formando as brasas fumegantes do incêndio de violência cultural e religiosa que persiste até hoje. Outros se tornaram mercenários sob as ordens de monarquias europeias. Na Inglaterra, multidões de refugiados escoceses imploravam por trabalho, dinheiro e comida. Nesse período de fome e dificuldades, os ingleses debochavam de seus vizinhos ao norte dizendo, com desdém, que eles só precisavam de oito dos dez mandamentos, porque na Escócia não havia nada para roubar ou cobiçar.

A demanda por trabalhadores em contrato de servidão estava crescendo nas colônias americanas, e esses escoceses itinerantes eram candidatos óbvios, além de serem um estoque farto. "Fazia séculos que fazendeiros ingleses empregavam indigentes escoceses", destaca Charles Mann. "Porém, justamente quando aumentava a oferta de escoceses desesperados, os colonos recorreram a africanos cativos. [...] Por quê?" A resposta se encontra do outro lado do mundo, obscurecida pelos mosquitos nas selvas do Panamá.

Para atenuar a recessão econômica na Escócia e impulsionar as perspectivas financeiras, investidores escoceses lançaram, em 1698, uma iniciativa colonial audaciosa. Os problemas financeiros da Escócia foram agravados pela falta de acesso ao sistema mercantilista inglês. A solução óbvia, pelo menos segundo o nacionalista escocês William Paterson, empreendedor e cofundador do Banco da Inglaterra, era a Escócia empunhar a espada do imperialismo e criar seu próprio domínio mercantilista. Para ele, o Panamá seria o coração comercial das veias endinheiradas do Império Escocês, ou, como ele descreveu, "a chave para o universo [...] árbitro do mundo comercial". Paterson tinha visitado a região na juventude, quando ficou fascinado pelas histórias picantes, e carregadas de rum, de piratas como Francis Drake, Walter Raleigh e Henry Morgan.

A ideia de abrir uma rota comercial nas selvas do istmo panamenho em Darién não era novidade. Você talvez se lembre de que em 1510 os espanhóis instalaram um assentamento em Darién, onde o padre Bartolomé de las Casas visitou e descreveu as covas coletivas que precisavam permanecer abertas para dar conta das incessantes mortes pelos mosquitos transmissores da malária. Os espanhóis haviam tentado forjar uma rota pelo Panamá desde 1534 e foram rechaçados pelo mosquito. Tentativas posteriores também resultaram em fiasco pela ação do mosquito. Estima-se que quarenta mil espanhóis tenham morrido, principalmente de malária e febre amarela, durante esses inúteis esforços de abrir a passagem ao comércio. Apesar do fracasso dos espanhóis, Paterson tinha certeza de que os resistentes escoceses das Terras Altas triunfariam.

Ele visualizava uma estrada, e depois de um tempo um canal, atravessando o istmo do Panamá em Darién, "instalado entre os dois oceanos vastos do universo. [...] O tempo e os custos da navegação até a China, o Japão e as Ilhas das Especiarias, e a maior porção distante das Índias Orientais, serão reduzidos em mais da metade. [...] O comércio impulsionará o comércio, e dinheiro trará mais dinheiro". Esse foi o discurso de Paterson para investidores ingleses em potencial, que rejeitaram suas propostas por receio de prejudicar o estável monopólio comercial da Inglaterra. Rechaçado, Paterson saiu de Londres e levou sua proposta de negócios aos ventos úmidos de sua terra natal independente, a Escócia. Ele trouxe 1.400 investidores escoceses, incluindo o Parlamento escocês, para sua causa e reuniu um total de 400 mil libras em compromissos de investimento, um valor estimado de 25% a 50% do capital líquido total do país já empobrecido e aflito. Para tempos de desespero, medidas desesperadas — assim o espectro de capitalistas de risco abarcou todas as classes da sociedade escocesa, desde a elite de Edimburgo até os pobres e despossuídos.

A visão de Paterson se tornou realidade em julho de 1698, quando cinco navios transportando ele próprio e 1.200 colonos escoceses largaram âncora para criar a colônia da Nova Caledônia e Nova Edimburgo, a capital comercial, em Darién, no Panamá. Destinados a essa providencial estação escocesa, idealizada como um posto comercial na encruzilhada do mercado global, os navios partiram carregados de bens intercambiáveis, como as melhores perucas, botões de peltre, vestidos de renda, pentes cravejados de madrepérola, cobertores e meias quentes de lã, catorze mil agulhas de costura, 25 mil pares de sapatos de couro refinados e milhares de Bíblias. Por fim, uma prensa semelhante à de Gutenberg foi levada na viagem para registrar tratados com indígenas e compilar os livros fiscais que documentariam o volume imenso de comércio e riqueza acumulado com a venda de um deus estrangeiro e roupas quentes de lã escocesa nos trópicos escaldantes. Para liberar espaço para esses artigos pouco práticos, o volume de comida e rações para gado foi reduzido pela metade.

A armada da fortuna escocesa de Paterson fez uma parada na Madeira e depois passou uma semana na ilha caribenha de St. Thomas, da Dinamarca, antes de seguir pela Costa do Mosquito até Darién. A essa altura, a febre amarela, que foi introduzida nas Américas em 1647 por um navio negreiro atracado em Barbados, conforme descrito antes, já estava bem estabelecida por todo o Caribe. Contudo, durante a viagem de três meses, enquanto epidemias se alastravam ao norte por importantes cidades portuárias, incluindo Charleston, Nova York, Filadélfia, Boston e até Quebec, só 48 pessoas nos navios para Darién morreram de malária e febre amarela, passageiros clandestinos que tinham embarcado nos dois portos de parada anteriores. Digo "só" porque, como já vimos em outras viagens, como a de Drake, o saldo podia ter sido muito pior. Na verdade, foi abaixo da média para uma viagem transatlântica do século XVII, que geralmente consumia de 15% a 20% dos passageiros e tripulantes. Provavelmente também foi muito menos do que os que teriam morrido se tivessem continuado sofrendo com a fome e a recessão na Escócia. Mas a sorte deles não duraria muito.

O que se sucedeu quando eles chegaram a Darién não perdia em nada para um roteiro de filme de terror apocalíptico. As palavras que aparecem repetidas *ad nauseam* em diários, cartas e relatos dos colonos escoceses são: mosquitos, febres e morte. Seis meses após a chegada, quase metade dos 1.200 colonos já estava morta por causa de malária ou febre amarela (e talvez também por uma primeira ocorrência de dengue nas Américas), em uma média de até doze óbitos por dia.[2] Quando chegou à Inglaterra a notícia do desespero em Darién, o rei Guilherme III proibiu o envio de qualquer auxílio, para não ofender a Espanha, a França e seus próprios súditos ricos. Então os escoceses em Darién continuaram morrendo de doenças transmitidas por mosquitos, apodrecendo em meio a cobertores de lã, perucas, meias quentes, Bíblias e, claro, a prensa que permanecia sem ser utilizada.

Quando se espalharam boatos de um iminente ataque espanhol, os setecentos sobreviventes carregaram os três navios após seis meses

---

[2] Há indícios que sugerem que os primeiros casos de dengue nas Américas vieram com africanos escravizados e/ou mosquitos importados da África na Martinica e em Guadalupe, em 1635, doze anos antes do primeiro caso registrado de febre amarela nas Américas. Existem também sinais e indicativos de que uma epidemia de dengue teria assolado o Panamá em 1699.

infernais. Os que estavam doentes demais para subir a rampa de embarque foram abandonados na praia para morrer. Um navio alcançou a Jamaica, perdendo 140 passageiros no curto trajeto. O outro entrou tropegamente em Massachusetts depois de sofrer uma febre "tão universal", segundo o capitão do navio, de "mortalidade tão colossal que lancei ao mar 105 corpos". Em respeito às ordens do rei e à paranoia quanto à "disseminação da febre escocesa", as autoridades inglesas no Caribe e na América do Norte não concederam abrigo aos escoceses doentes. Por fim, um navio enviou todo o grupo de menos de trezentos sobreviventes, entre eles Paterson, de volta à arruinada Escócia. Darién, no primeiro round, foi abandonada.

O detalhe irônico, que acabou sendo trágico, foi que, alguns dias antes de o grupo lamentável de Paterson chegar em casa, uma segunda frota de quatro navios com 1.300 reforços escoceses, incluindo cem mulheres, zarpou para Darién. Depois de perder 160 pessoas na viagem, essa segunda porção de escoceses que serviriam de alimento para os mosquitos de Darién desembarcou exatamente um ano depois dos predecessores flagelados pelos insetos. Como aconteceu com a segunda leva de colonos em Roanoke, eles não encontraram quase nada. Os espanhóis e os indígenas gunas, nativos da região, haviam queimado as cabanas de palha improvisadas e roubado tudo, menos a prensa, que permanecia feito um monumento na praia, cercada por pedaços de lápides deterioradas pela areia. O roteiro do primeiro filme de terror foi reciclado para a exibição de *Darién: O retorno*.

Em março de 1700, quatro meses depois do desembarque desse grupo, a malária e a febre amarela já estavam matando cerca de cem escoceses por semana, e incursões espanholas preenchiam as covas desocupadas. Em meados de abril, os escoceses sobreviventes se renderam aos espanhóis. Como presente de despedida, os gêmeos tóxicos do mosquito continuaram afligindo os escoceses em fuga, matando outros 450 durante a travessia do Atlântico. Das 1.200 pessoas que integraram a segunda iniciativa de colonização em Darién, menos de cem voltaram à Escócia. Darién foi abandonada. Dessa vez, para sempre. Os mosquitos de Darién permaneceram invictos contra os europeus não aclimados.

No frigir dos ovos, dos 2.500 colonos escoceses que viajaram até Darién, o mosquito fez uma última ceia com 80%.[3] Como Mann destaca, "junto com os mortos se foram todos os centavos investidos na iniciativa". Os mosquitos panamenhos sugaram o sangue da independência escocesa, fazendo pouco dos brados inflamados de liberdade de William Wallace.

Já em apuros financeiros, a Escócia quebrou com a iniciativa de Darién liquidada pelo mosquito. Nas selvas do Panamá, o mosquito havia devorado o Tesouro escocês. Milhares de escoceses perderam suas economias, o povo se rebelou, o desemprego foi às alturas e o país mergulhou em um caos financeiro. Na época, embora compartilhassem um monarca, a Inglaterra e a Escócia eram países independentes que possuíam parlamentos próprios. A Inglaterra era mais rica, mais populosa, e de modo geral tinha condições muito melhores, além do fato de que fazia séculos que vinha perturbando o vizinho pobre do norte em nome da unificação.

Os escoceses, incluindo William Wallace e sua espada claymore no fim do século XIII, haviam resistido bravamente a cada investida inglesa até esse momento. "Quando a Inglaterra se ofereceu para quitar toda a dívida do Parlamento escocês e reembolsar os investidores", explica J. R. McNeill, "para muitos escoceses foi uma proposta irresistível. Até alguns patriotas inveterados, como Paterson, apoiaram o Ato de União de 1707. E assim nasceu a Grã-Bretanha, com a ajuda das febres de Darién." Lamentando a perda da independência escocesa, Robert Burns, celebrado como poeta nacional da Escócia, condenou os políticos corruptos e os mercadores ricos por terem vendido o povo escocês com o apoio aos Atos de União. "Comprados e vendidos pelo ouro inglês", criticou Burns. "Que bando de patifes em uma nação." Embora

---

3 Por mais ridículo que pareça, quando voltou do Panamá, Paterson tentou convencer investidores a financiar uma terceira expedição para Darién em 1701.

os Atos de União e a perda da independência da Escócia não fossem do agrado das massas escocesas, a economia começou a se recuperar, aproveitando a onda do sucesso mercantilista e extrativista das colônias inglesas nas Américas.

O desastre em Darién também evidenciou para os proprietários de terra ingleses o perigo de contratar escoceses em regime de servidão. Não adiantava e, principalmente, não dava lucro contratar mão de obra escocesa se quatro em cinco morriam em menos de seis meses. Darién deixou bem claro que escoceses, e outros europeus, não conseguiam chegar a render alguma coisa porque morriam rápido demais de doenças transmitidas por mosquitos. "Os bretões e suas famílias continuaram vindo para as Américas", relembra Mann, "mas cada vez mais os empreendedores resistiam em enviar grupos grandes de europeus. Preferiam procurar outras opções de mão de obra. Infelizmente, eles encontraram." A Guerra Civil Inglesa também reduziu a população da Escócia e da Inglaterra em 10%, diminuindo a quantidade de trabalhadores locais, abrindo o mercado de trabalho e aumentando os salários. Como resultado, o estoque de trabalhadores dispostos a contratos de servidão ficou consideravelmente menor. A servidão europeia como forma de força de trabalho foi derrubada, e um dos fatores para sua derrocada foi o mosquito. O substituto desse regime foi a escravidão de africanos, muitos dos quais eram imunes às mesmíssimas doenças transmitidas por mosquitos. A demanda que alimentava a escravidão massificada nas Américas foi equipada com um turbo e disparou em velocidade supersônica.

As colônias inglesas na América do Norte por pouco também não se viram abandonadas, fracassadas e vítimas de um desastre parecido com o da Escócia em Darién. Elas mal superaram a via-crúcis de mosquitos, fome e guerra, além de o processo de estabelecimento não ter sido nada fácil. Não quero passar a impressão de que bastaram o tabaco e a escravidão africana (que eram inseparáveis) para que as Treze Colônias crescessem e prosperassem imediatamente. Os colonos avançaram a passos lentos por uma estrada traiçoeira e desconhecida. O diário de Mary Cooper mostra um resumo da vida no início das colônias. "Estou suja e perturbada, quase morta de cansaço", queixou-se ela. "Hoje faz quarenta anos que saí da casa de meu pai e vim para cá, mas o que encontrei aqui não é praticamente nada mais do que trabalho pesado e sofrimento." Com trabalho pesado, colonos capitalistas ansiosos prepararam as terras para plantar tabaco, criaram novos hábitats para mosquitos e lançaram um chamado para disseminar a malária, a febre amarela e a angústia.

As colônias cresceram devido à chegada constante de grupos numerosos de colonos, inclusive mulheres, o que permitiu, com o tempo, que alguns sobrevivessem à malária, à febre amarela e a outras doenças, possibilitando, assim, a origem de uma população nativa aclimada. Isso rompeu o impasse e impediu que Jamestown, Plymouth e outras desaparecessem como Roanoke, e também nos poupou de mais documentários enganosos sobre outras "colônias perdidas". Gerações nascidas nas colônias por fim sobreviveram, acostumadas, e assimiladas, a seus ecossistemas compartilhados. As gerações americanas e os micróbios locais estabeleceram um equilíbrio biológico depois de uma onda implacável de morte. Mas essa aclimação levou tempo. A princípio, afora os mosquitos atiçados pelos trabalhos na terra, os colonos ingleses, vindos em massa sobretudo dos pântanos infestados da Inglaterra, também eram, eles próprios, seus piores inimigos malarientos.

O problema para esses colonos era que agora eles estavam diante de um ambiente totalmente novo de mosquitos e malária. O que eles enfrentavam era um caldo de malária endêmica e epidêmica com diversos temperos mórbidos. Os ingleses importaram seus próprios parasitas *vivax* e, em um grau muito menor, *malariae*. No caldeirão malárico das colônias, eles se transformaram em cepas novas específicas para expatriados, enquanto os africanos escravizados injetavam a *falciparum* nesse cenário cada vez mais diversificado de malária americana. Em um ciclo contínuo de infecção, recém-chegados da Inglaterra e da África Centro-Ocidental continuavam introduzindo variedades estrangeiras da malária, enquanto os colonos cultivavam suas próprias raças domésticas. O mosquito e seus muitos descendentes especiais nunca passaram fome.

Em seu *The Making of a Tropical Disease: A Short History of Malaria* [A criação de uma doença tropical: Uma breve história da malária], Randall Packard, diretor do Instituto de História da Medicina na Universidade Johns Hopkins, confirma que a malária "chegou ao auge na Inglaterra por volta de meados do século XVII. [...] Uma das consequências desse movimento para fora talvez tenha sido a transplantação de infecções de malária nas colônias inglesas emergentes nas Américas, para onde muitos homens e mulheres das regiões do sudeste viajaram em busca de uma vida nova". James Webb, em seu livro sobre a história global da malária, complementa a observação de Packard: "O estabelecimento de assentamentos mais densos permitiu o aumento de casos de contágio no fim do século XVII e começo do XVIII, quando a malária se tornou a principal assassina nas colônias da América do Norte."

Na colônia da Virgínia, os índices são espantosos. Durante as duas primeiras décadas de existência, entre 1607 e 1627, mais de 80% dos recém-chegados a Jamestown e à Virgínia morreram em um ano! A maioria faleceu em questão de semanas ou meses. Nesse período, dos cerca de sete mil imigrantes na colônia da Virgínia, apenas 1.200 sobreviveram ao primeiro ano. George Yeardley, fazendeiro de tabaco e governador da Virgínia, recomendou a seus parceiros de Londres, em 1620, que eles "se contentassem com o pouco serviço realizado pelos homens novos no primeiro ano, até que eles se adaptassem". No entanto, o tabaco era tão lucrativo que a Companhia da Virgínia estava disposta a investir quantias imensas para enviar colonos, criminosos, prostitutas, trabalhadores sob contrato de servidão e, por fim, africanos escravizados, a fim de garantir a sobrevivência da colônia e também da fortuna. As fazendas de tabaco estavam obtendo uma margem estarrecedora de 1.000% de lucro e rendimentos tributáveis sobre o investimento inicial. Na Virgínia, os lucros e a população não paravam de crescer. Um século depois da morte de Pocahontas, a Virgínia era o lar de oitenta mil europeus, onde eles escravizavam mais de trinta mil africanos. A colônia continuou prosperando de tal modo que, para os ingleses, era um tesouro pelo qual valia a pena lutar. Às vésperas da Revolução Americana, a população da Virgínia beirava os setecentos mil, incluindo quase duzentos mil africanos escravizados.

A segunda colônia, o assentamento puritano de Plymouth, em Massachusetts, não teve um início mais favorável que o de sua irmã mais velha na Virgínia. Com o tempo, tal como aconteceu com as outras doze irmãs, uma população local aclimada superou a barreira da malária e de outras doenças. Fugindo da perseguição na Inglaterra e na Holanda, devido ao extremismo protestante, um grupo de puritanos ingleses, que viriam a ser conhecidos como pais peregrinos, pretendia estabelecer uma comuna religiosa no Novo Mundo. Mesmo depois de Martinho Lutero e suas *95 teses* deflagrarem a Reforma Protestante de 1517, os puritanos ainda acreditavam que a Igreja Anglicana reteve elementos e dogmas demais do catolicismo. Rompendo com a mitologia comum, esse grupo de 102 pessoas que zarparam no *Mayflower*, em 1620, era uma parcela de uma minoria excepcionalmente pequena de colonos que vieram às Américas em busca de liberdade religiosa. A grande maioria estava interessada nas terras ou, conforme o caso, tinha sido convencida a firmar contratos de servidão, ou vinha como alternativa à prisão, ou tinha sido escravizada.

Uma viagem marítima penosa fez o *Mayflower* se desviar da rota e chegar a mais de trezentos quilômetros ao norte do destino pretendido, o rio Hudson. Bem na hora de encarar um inverno rigoroso da Nova Inglaterra, em 11 de novembro de 1620, o avariado *Mayflower* deslizou para dentro de uma enseada pequena que ficava a cerca de três quilômetros ao norte do pedregulho de granito de quatro toneladas conhecido como Plymouth Rock. Essa atração turística mitológica recebe mais de um milhão de curiosos todo ano.[4] O famoso escritor Bill Bryson descarta a ideia, observando que "a única coisa que os pais peregrinos definitivamente não fizeram foi desembarcar na Plymouth Rock". Durante

---

4 A primeira menção de que se tem notícia sobre essa pedra aleatória como ponto de desembarque do *Mayflower* foi em 1741 (121 anos após a chegada dos puritanos). Os dois relatos em primeira mão mais confiáveis sobre a fundação da colônia de Plymouth, de Edward Winslow e William Bradford, não falam de pedra alguma.

esse primeiro inverno, os puritanos se alternaram entre o navio e um punhado de construções grosseiras. Quando o *Mayflower* partiu para a Inglaterra, em abril de 1621, só 53 dos 102 pais peregrinos iniciais continuavam vivos. Das dezoito mulheres adultas, só três sobreviveram aos cinco meses de frio.

A malária logo se acomodou no assentamento. Como confirma o entomólogo Andrew Spielman, "visto que centenas ou milhares de pessoas oriundas de zonas de malária chegaram à região, não seria difícil acreditar. Quando a malária tem a chance de entrar em um lugar, geralmente ela entra rápido". William Bradford, o governador da colônia de Plymouth, redigiu um breve comentário após a temporada de mosquitos e doenças de 1623: "A questão que a Colônia teve de enfrentar foi que as pessoas estão muito incomodadas com os mosquitos." Bradford reconhecia os benefícios da aclimação, deduzindo que os recém-chegados "são frágeis demais e não são adequados para iniciar plantações nem colônias novas incapazes de resistir às picadas dos mosquitos. Gostaríamos que eles permanecessem em casa pelo menos até ficarem à prova de mosquitos". Embora se estime que a malária tenha se tornado imediatamente endêmica nas colônias de Massachusetts, a região foi assolada por epidemias de cinco em cinco anos, entre 1634 e 1670.

A instrução do Deus dos puritanos foi de "frutificai e multiplicai--vos; povoai abundantemente a terra e multiplicai-vos nela". Os puritanos trataram de obedecer a essa ordem com diligência. E fizeram exatamente isso, a um ritmo prolífico incansável. Estima-se que entre 10% e 12% da população americana atual seja descendente direta desse pequeno grupo de puritanos. Assim como em Jamestown, após a fase inicial de aclimação à malária, a população puritana começou a se estabilizar e, por fim, a crescer. Em 1690, já eram sete mil pessoas quando sua colônia em expansão foi anexada pela colônia de Massachusetts, chegando a uma população total de quase sessenta mil. Mais uma vez, assim como em Jamestown, a expansão a partir dos assentamentos costeiros de Massachusetts pelas fronteiras a oeste resultou em conflitos com as populações indígenas locais, que morreram de doenças, guerras e fome. Os sobreviventes escaparam mais para oeste ou foram capturados e escravizados.

Durante a evolução de todas as Treze Colônias, o que vimos foi o desenrolar desse ciclo de aclimação à malária e à febre amarela de nativos e recém-chegados; do crescimento da população local em combinação com o afluxo contínuo de imigrantes; da expansão para oeste; e da guerra com povos indígenas até que eles fossem derrotados, emigrassem, fossem expulsos à força ou escravizados. A partir de 1700, cada nova geração nascida na América duplicava a população colonial. Por exemplo, a população total das colônias, sem contar com os africanos escravizados e os indígenas, era de cerca de 260 mil em 1700. Ela chegou a quinhentos mil em 1720 e atingiu 1,2 milhão em 1750. Seis anos depois, às vésperas da Guerra dos Sete Anos, essa população colonial aumentou em trezentos mil, enquanto a Nova França abrigava um total de meros 65 mil, que a essa altura se consideravam pessoas distintas dos "franceses". Quando o "tiro que se ouviu por todo o mundo" deflagrou a Revolução Americana em Lexington, em abril de 1775, a população colonial era de quase 2,5 milhões, contra uma população de oito milhões de ingleses na metrópole.

As regiões de mosquitos foram uma parte essencial dessa progressão e estrutura colonial. No entanto, nem todos os ambientes de doenças transmitidas por mosquitos no hemisfério ocidental foram criados da mesma forma. Eles divergiam de acordo com a região, associados a combinações próprias de espécies de insetos. Esses cenários distintos das doenças foram moldados por diversos fatores, como o clima, a geografia, as práticas agrícolas e as opções de cultivo, e pelas várias densidades populacionais, incluindo os africanos escravizados. Essas diferenças seriam decisivas nas hostilidades imperiais e nas guerras de independência que viriam a abalar as Américas durante os séculos XVII e XVIII. O destino e a fortuna desses conflitos seriam determinados em grande parte pelo mosquito e seus batalhões de malária e febre amarela.

Para os objetivos deste livro, e com a finalidade de identificar as áreas de operação das hostilidades e ocorrências afetadas pelos mosquitos, podemos dividir as Américas em três zonas geográficas distintas de doenças ou áreas de infecção. Começaremos com a primeira e pior, nas colônias do Sul, e então avançaremos pelas colônias intermediárias até chegarmos à última e melhor (só em comparação com o sofrimento do sul), nas colônias do Norte.

A primeira área geográfica se estendia desde o centro da América do Sul, na bacia amazônica, até o sul dos Estados Unidos, ou, como J. R. McNeill descreve sucintamente, "as regiões atlânticas das Américas do Sul, do Norte e Central, assim como as próprias ilhas do Caribe, que ao longo dos séculos XVII e XVIII se tornaram zonas de fazendas: desde o Suriname até Chesapeake [...] o estabelecimento de uma economia de *plantation* aprimorou as condições para a reprodução e a alimentação das duas espécies de mosquito [*Aedes* e *Anopheles*], ajudando-as a se tornar agentes cruciais nos conflitos geopolíticos do mundo atlântico do início da era moderna". Essa zona era um santuário para o mosquito e foi assolada por endemias e epidemias de malária *vivax* e *falciparum*. Ela foi também inundada ao mesmo tempo pela febre amarela e pela dengue. O índice de contágio (bem como o de aclimação) e de mortalidade nessa zona, como o que vimos em nossa visita anterior à Carolina do Sul e ao reduto escravagista de Charleston, era extremamente alto, o que convencia seguradoras a oferecer seguros de vida a preços mais altos para clientes no Sul infestado de mosquitos. Ao contrário das colônias de tabaco ao norte, na Carolina do Sul, devido ao grande volume de tráfico de africanos escravizados e ao cultivo sobretudo de arroz, as doenças transmitidas por mosquitos foram particularmente rigorosas. A *falciparum* se tornou a maior assassina. A Geórgia se tornou uma versão em miniatura do "reino de arroz" da Carolina do Sul. Na verdade, as fazendas de arroz do mundo inteiro, desde o Japão e o Camboja até a Carolina do Sul, eram acompanhadas de mosquitos da malária.

Na América do Norte, há um símbolo cultural famoso e de fácil acesso para demarcar ao norte uma linha divisória com essa primeira zona mortífera de contágio. Trata-se da fronteira entre a Pensilvânia e Maryland, demarcada em 1768 por Charles Mason e Jeremiah Dixon para resolver uma disputa territorial entre as colônias de Delaware e da Virgínia (hoje Virgínia Ocidental). Embora a malária *vivax* fosse um flagelo nos dois lados da Linha Mason-Dixon (o nome pelo qual a divisão ficou conhecida), essa fronteira era o limite endêmico, ao norte, tanto para a malária *falciparum* quanto para a febre amarela. Epidemias esporádicas chegavam a acontecer ao norte da linha, mas elas chegavam, matavam e iam embora. Em Maryland, por exemplo, durante uma epidemia de malária em 1690, um visitante comentou sobre "o aspecto desgastado das pessoas paradas em suas portas [...] como se fossem fantasmas [...] cada casa era uma enfermaria".

A linha Mason-Dixon passou a representar a divisão entre os estados escravocratas e os estados livres, mas essa noção não é totalmente correta. Maryland fica ao norte e a leste da linha, mas, embora tenha decidido não se reunir aos confederados durante a Guerra de Secessão, só aboliu a escravidão após a aprovação da Décima Terceira Emenda da Constituição.[5] A ratificação da emenda em 1865, após a vitória da União na guerra, garantiu legalmente: "A escravidão ou servidão involuntária, salvo como punição por crimes em que a parte envolvida tenha sido devidamente condenada, não existirá nos Estados Unidos ou em qualquer lugar sob sua jurisdição." A linha Mason-Dixon atravessa a paisagem cultural dos Estados Unidos feito uma cicatriz. Ela cruza a história americana como um cabo de energia ligado diretamente nas diferenças e divisões persistentes entre o Sul *dixie* e o Norte ianque.

A associação entre a linha Mason-Dixon e a escravidão massificada, as *plantations* e as doenças transmitidas por mosquitos não é uma coincidência. O tabaco e o algodão não eram cultivados nos estados do Norte; portanto, o sistema de fazendas com trabalho escravo era

---

[5] Embora fosse um estado escravagista, Maryland decidiu não se juntar aos confederados. Na verdade, cinco estados escravocratas se negaram a se separar e, de modo geral, lutaram ao lado da União durante a Guerra de Secessão: Missouri, Kentucky, Virgínia Ocidental, Delaware e Maryland.

inexistente. Esses cultivos cresciam nos climas mais quentes do Sul, onde os mosquitos eram abundantes. Essas fazendas também precisavam de trabalho escravo para gerar lucro. Os escravizados importados contribuíram para o cenário robusto de mosquitos com a introdução da *falciparum* e da febre amarela, e talvez da *vivax*. Os ambientes de doenças endêmicas e epidêmicas transmitidas por mosquitos ao sul da linha Mason-Dixon se desenvolveram. As colônias agrícolas, a escravidão africana e as doenças letais transmitidas por mosquitos estavam interligadas, assim como, por acaso, a linha Mason-Dixon, que parecia arbitrária.

Seguindo o litoral atlântico a partir de nossas colônias ao sul e cruzando a linha Mason-Dixon, entramos na segunda zona de doenças transmitidas por mosquitos: as colônias intermediárias. Essa região ia desde Delaware e a Pensilvânia até Nova Jersey e Nova York. Ali, a *vivax* estava bem estabelecida, e, de tempos em tempos, surgiam algumas das piores epidemias de *falciparum* e febre amarela dos Estados Unidos. Essas epidemias devassaram as populações não aclimadas. Na Filadélfia, que em 1793 era a capital dos Estados Unidos, como veremos, a febre amarela matou mais de cinco mil pessoas em três meses. Outras vinte mil fugiram da cidade apavoradas, entre elas o presidente George Washington. O governo parou de funcionar. Boatos de que a capital da nação seria transferida para um local mais seguro se infiltraram no debate político e em conversas casuais.

A terceira e última zona de contágio é a das colônias do Norte, incluindo a parte canadense da Nova França, que, como resultado da Guerra dos Sete Anos, tornou-se colônia britânica do Canadá em 1763. Essa região era fria demais para ser tomada por qualquer forma de febre amarela ou malária endêmica. Entretanto, com um clima adequado durante o verão, navios comerciais e militares, assim como soldados e viajantes, introduziram surtos esporádicos de doenças transmitidas por mosquitos. As colônias americanas, que iam de Connecticut até o Maine, apresentaram surtos periódicos de *vivax* e febre amarela. Doenças transmitidas por mosquitos apareceram em Toronto e na região dos

Grandes Lagos, no sul de Ontário e em Quebec, como na ocasião de um surto intenso de febre amarela em 1711, e eram visitantes relativamente frequentes no movimentado porto atlântico de Halifax, em Nova Scotia.

No decorrer das pesquisas para este livro, fiquei surpreso ao descobrir que a malária arrasou a capital canadense de Ottawa durante a construção dos duzentos quilômetros do canal Rideau, entre 1826 e 1832. A cada ano, entre os meses de julho e setembro, período que os trabalhadores chamavam de "temporada de doença", cerca de 60% da mão de obra contraía malária. Após a temporada de malária de 1831, o empreiteiro e engenheiro John Redpath escreveu sobre "a insalubridade excessiva do lugar, que era a causa para que todos os envolvidos na área sofressem de febre do lago e moléstias, além de atrasar a obra em cerca de três meses a cada ano". O próprio Redpath pegou a doença "tanto no primeiro ano quanto no segundo, e me livrei no terceiro, mas tive um acesso grave de febre do lago — que me deixou de cama por dois meses e levei quase outros dois para me recuperar o suficiente para voltar à ativa". Não se preocupe. Redpath sobreviveu aos surtos de malária e, em 1854, criou a maior empresa de açúcar do Canadá. A sede da Redpath Sugar, que ainda existe, é um marco da orla e do movimentado porto de Toronto.

Durante a construção do canal Rideau, cerca de mil trabalhadores morreram de doenças, sendo que quinhentos ou seiscentos foram de malária. A malária do canal também se alastrou pelas comunidades locais, onde se acredita que tenha matado 250 civis. No Antigo Cemitério Presbiteriano de Newboro, um monumento presta homenagem ao sacrifício deles: "Jazem neste cemitério os corpos de escavadores e mineradores que participaram da construção do canal de Rideau neste istmo entre os anos de 1826 e 1832. Estes homens trabalharam em condições terríveis e sucumbiram à malária. Seus túmulos permanecem anônimos até hoje." Antes do trabalho do dr. Walter Reed, em Cuba, e do dr. William Gorgas, no Panamá, no fim do século XIX, a construção de canais era um empreendimento perigoso. Grupos grandes de trabalhadores em espaços confinados liberando território, cavando valas e acrescentando água é, no mínimo, um convite cordial às doenças transmitidas por mosquitos, até mesmo no clima setentrional do Canadá.

Acredita-se que a malária sazonal tenha sido introduzida no Canadá após a Revolução Americana, quando mais de sessenta mil legalistas do império cruzaram a fronteira para o Canadá britânico. Como já vimos e continuaremos vendo ao longo da história, a migração humana, os exércitos estrangeiros em marcha, as viagens e os mercadores são ótimos transportadores de doenças. Nos anos 1790, quando as piores pandemias de febre amarela e malária assolaram os estados americanos na faixa atlântica, outros trinta mil "legalistas retardatários" e refugiados tentaram fugir da doença no Canadá, o que acabou por expandir o alcance da malária até Ontário, Quebec e as províncias marítimas no Atlântico.

Em 1793, por exemplo, a esposa de John Graves Simcoe, governador do Alto Canadá e oficial britânico proeminente durante a revolução, contraiu malária na capital provinciana de Kingston. Situada à margem do lago Ontário, a cidade também marcava a extremidade sul do canal Rideau, cuja origem era em Ottawa. Simcoe liderou brevemente as tropas britânicas durante a Revolução Haitiana, que foi iniciada por Toussaint Louverture, em 1791, e acabou sendo decidida pelo mosquito. No recente seriado de TV *Turn: Washington's Spies*, Simcoe é retratado como o principal antagonista e, para minha grande irritação, de forma historicamente equivocada. Contrariando registros históricos, Simcoe é apresentado como o comandante sádico e psicopata de um grupo assassino de *rangers* irregulares ingleses.[6]

---

6 Simcoe foi o primeiro governador do Alto Canadá, de 1791 a 1796. Ele fundou a cidade de York (Toronto), instituiu tribunais permanentes e a *common law*, julgamentos com júri e o direito de propriedade sobre bens imóveis, era contrário à discriminação racial e aboliu a escravidão. É celebrado e reverenciado por muitos canadenses como pai da nação e dá nome a ruas, cidades, parques, edifícios, lagos e escolas no país todo. O regimento irregular de *rangers* ingleses que ele comandou durante a Revolução Americana ainda existe, com o nome de Queen's York Rangers, um regimento de blindados de reconhecimento das Forças Armadas do Canadá.

No entanto, o verdadeiro e genuíno Simcoe esteve na encruzilhada do colonialismo. Ele se viu em meio aos ventos que transformavam a história nas asas do mosquito. Além disso, viveu a fase de transição em que os clamores e os conflitos europeus pelas colônias nas Américas davam vez aos movimentos de independência, forjados no fogo da febre amarela e da malária, nessas mesmas colônias. O prêmio inabalável que valia disputar era a riqueza acumulada com o mercantilismo e o cultivo de exportação de açúcar, tabaco e café, entre outros, graças ao Intercâmbio Colombiano.

Durante os dois primeiros séculos de colonização, a Espanha, a França e a Inglaterra/Grã-Bretanha (além de Holanda, Dinamarca e Portugal, em menor grau) brigaram e se enfrentaram. Ricas em recursos naturais, as Américas atraíram nações europeias imperialistas para suas praias. Colonos e africanos escravizados foram enviados às selvas do hemisfério ocidental para conquistar territórios e criar impérios econômicos. Como parte dessa transferência global, os primeiros colonos foram sacrificados pelas doenças transmitidas por mosquitos até que eles, e seus descendentes nascidos no Novo Mundo, se aclimassem aos ambientes e às doenças locais.

Essa aclimação a princípio ajudaria a proteger o Império Espanhol já estabelecido contra a França e a Inglaterra, seus dois rivais predadores que estavam em desenvolvimento do outro lado do oceano, conforme essas nações tentavam em vão conquistar bastiões espanhóis defendidos pelos mosquitos ao longo de dois séculos de concorrência econômica e guerras coloniais. Durante os séculos XVII e XVIII, a febre amarela, a dengue e a malária atacaram os recém-chegados a essas regiões, o que ajudou a blindar o Império Espanhol, mais antigo, dos saques e da cobiça dos desafiadores europeus. No entanto, durante as guerras coloniais entre o fim do século XVIII e o começo do XIX, essas mesmas doenças ajudaram as revoluções contra o poder europeu.

Com o tempo, uma classe nova de populações aclimadas locais abandonou seus países de origem, com a ambição de navegar por desconhecidos mares independentes. Depois que os colonos ofereceram sacrifícios de sangue suficientes ao mosquito e pagaram suas obrigações com a própria vida, o inseto conferiu às populações aclimadas e desejosas de independência sua proteção contra os exércitos europeus de seus soberanos coloniais. Milícias locais, inclusive as de ascendência europeia, haviam se aclimado às doenças do lugar. Os exércitos de diversas potências imperiais despachadas da Europa para reprimir essas revoltas eram mais suscetíveis às doenças transmitidas por mosquitos. Com a ajuda dos vorazes insetos, os revolucionários se livraram do jugo europeu. Os países da América Central e do Sul, o Caribe, o Canadá e os Estados Unidos devem gratidão ao mosquito, pois ele foi um dos fatores que contribuíram para sua ascensão à condição de nações autônomas. Para os antepassados ingleses e seus descendentes dos pântanos, estava concluída a travessia pela malária rumo à liberdade.

Os heróis das guerras de independência nas Américas, como Simón Bolívar e Antonio López de Santa Anna, e os lendários inimigos que foram confrontados eternamente na história, como James Wolfe e Louis-Joseph de Montcalm, cacique Pontiac e Jeffery Amherts, George Washington e Charles Cornwallis, assim como Napoleão e Toussaint Louverture, nasceram todos no mundo em fluxo de Simcoe. Os respectivos destinos, revelados nas batalhas pelos tabuleiros americanos, seriam decididos por mosquitos mercenários.

CAPÍTULO II

A FORJA DAS DOENÇAS: *guerras coloniais e a* NOVA ORDEM MUNDIAL

"Eles são demônios", resmungou o general Jeffery Amherst. "Têm de ser castigados, não subornados. [...] Os delinquentes têm de ser castigados com Destruição Absoluta." Apesar de os ingleses terem acabado de vencer a Guerra dos Sete Anos e expulsar os franceses da América do Norte, o comandante das forças britânicas não estava com vontade de comemorar. Ele precisava lidar com uma revolta e estava desesperadamente desprovido de homens e dinheiro. Amherst estava furioso. O cacique Pontiac, dos odawas, e os 3.500 guerreiros de sua coalizão pan-indígena de mais de uma dúzia de nações estavam arruinando a reputação dele. Prevendo a chegada de novos colonos ingleses nesses territórios franceses recém-desocupados, Pontiac aproveitou a oportunidade e criou uma pátria indígena unificada. "Ingleses, vocês podem ter dominado os franceses, mas ainda não nos dominaram!", declarou Pontiac. "Quanto a esses ingleses... esses cachorros com roupas vermelhas", conclamou ele junto a seu povo, "ergam suas machadinhas contra eles. Eliminem todos eles da face da Terra." Em junho de 1763, depois de apenas um mês de revolta, Amherst estava desesperado. Os guerreiros de Pontiac já haviam tomado oito fortes ingleses no vale do rio Ohio e na região dos Grandes Lagos. O forte Pitt, nas matas ocidentais da Pensilvânia, estava sitiado. Os relatos do lado de dentro eram preocupantes: "Estamos tão abarrotados no forte que as doenças são uma preocupação. [...] A varíola está entre nós." Sem soldados e sem recursos, Amherst recorreu a uma arma inovadora para virar a maré da Revolta de Pontiac.

Proteção: Uma xilogravura de 1797 que exibe uma cena comum de mulheres japonesas se vestindo com a ajuda de aias embaixo de telas de proteção contra mosquitos (*Library of Congress*).

Amherst perguntou ao coronel Henry Bouquet, comandante de uma expedição de reforços para o forte Pitt: "Há alguma forma de espalhar a varíola entre as tribos rebeldes de índios? Nesta ocasião devemos utilizar todo estratagema em nosso poder para subjugá-los." Bouquet respondeu: "Vou tentar inoculá-los [*sic*] [contaminá-los] com alguns cobertores que podem ir parar nas mãos deles e vou tomar cuidado para eu mesmo não pegar a doença." Amherst aprovou oficialmente o plano. "Será bom tentar innocular [*sic*] os índios com o uso de cobertores", disse ele, "assim como tentar todo método que puder levar à eliminação dessa raça execrável." Os dois obviamente não sabiam que cinco dias antes Simeon Ecuyer e William Trent, oficiais da milícia encurralada no forte Pitt, já haviam usado essa arma. "Por consideração a eles", registraram os homens nos respectivos diários, "demos dois cobertores e um lenço tirados do Hospital de Varíola. Espero que produza o efeito desejado." Embora o consenso geral seja que essas armas biológicas de varíola não tenham dado em nada, o uso delas revela a grave escassez de homens, materiais e dinheiro à disposição de Amherst após a Guerra dos Sete Anos.

Em 1756, enquanto as nuvens da guerra se acumulavam acima das Américas, Philip Stanhope, conde de Chesterfield, alertou o rei: "Em minha opinião, nosso maior perigo deriva de nossos *gastos*, considerando a imensa dívida nacional do presente." Como Stanhope previu, após a poeira caótica da guerra baixar em 1763, a Inglaterra estava economicamente arruinada e militarmente falida, de modo que não podia arcar com campanhas prolongadas contra os índios em suas fronteiras recém-definidas na América do Norte. O endividamento crescente e o sucesso inicial de Pontiac obrigaram os ingleses a agir.

Embora a aprovação da Proclamação Real de 1763 tenha atendido Pontiac, proibindo a expansão colonial a oeste dos Apalaches e criando, assim, um território indígena, ela também plantou as sementes da insatisfação entre os colonos e acendeu o pavio lento da revolta. A falência e os infortúnios militares da Inglaterra, assim como esses acontecimentos históricos revolucionários, foram criados por quase um século de conflitos coloniais nas Américas assoladas pelo mosquito, que por sua vez foi coroado com a Guerra dos Sete Anos.

Essas campanhas militares nas Américas antes da Guerra dos Sete Anos foram instigadas por uma série importada de confrontos europeus e rivalidades mercantilistas. Durante um século, a França e a Espanha se aliaram para conter o poderio crescente da Inglaterra. Territórios pequenos no Caribe mudaram de mãos, e os planos dos ingleses para o Quebec foram frustrados. Por exemplo, um contingente inglês de 4.500 homens enviado para tomar a Martinica e o Canadá em 1693 foi derrotado pela febre amarela. Depois de 3.200 mortes, o grupo esquálido atracou em Boston no mês de junho, quando se iniciava a temporada de mosquitos. Um observador registrou que "era uma frota inglesa com nossos bons amigos e uma praga terrível a bordo". O resultado foi uma epidemia de febre amarela, a primeira a visitar definitivamente as colônias americanas, que matou 10% da população de Boston, Charleston e Filadélfia.

Nessas incursões, as forças coloniais americanas foram submetidas a uma prova de fogo e aos mosquitos no Caribe. Esses envios de tropas coloniais fora da América do Norte deram forma às futuras opiniões quanto à ideia de constituir exércitos coloniais americanos para serem usados no Caribe. A campanha de maior destaque foi a inglesa, em abril de 1741, com o objetivo de tomar Cartagena, na Colômbia. Essa cidade portuária, um centro mercantil espanhol, era ponto de saída para tudo que o Intercâmbio Colombiano oferecia, como metais e pedras preciosas, tabaco, açúcar, cacau, madeiras exóticas, café e quinino, obtidos por todo o império meridional da Espanha. Sem que se disparasse um tiro sequer, uma tentativa anterior de tomar Cartagena, em 1727, foi abortada quando quatro mil dos 4.750 ingleses, espantosos 84% da força invasora, morreram de febre amarela durante a viagem pelo litoral infestado de mosquitos. Essa primeira expedição, porém, não foi nada em comparação com a de 1741. Um total de 29 mil homens foi preparado para invadir Cartagena sob o comando do almirante Edward Vernon, o "Velho Grogue", incluindo 3.500 colonos americanos descritos como "toda a bandidagem de que as colônias dispunham".[1] Para o mosquito, essa vasta força não aclimada era um prato cheio para a febre amarela.

Três dias após o desembarque das tropas, o mosquito já havia matado quase 3.500 soldados ingleses. A operação era uma causa perdida, pois "a doença entre os homens aumentou a tal ponto que qualquer persistência naquela situação insalubre, parecia pô-los em risco de ruína

---

[1] A palavra "grogue", gíria para bebidas alcoólicas, foi atribuída a Vernon. Originalmente, era rum diluído com água e suco de frutas cítricas para ajudar a prevenir o escorbuto. Vernon não demorou a adquirir o carinhoso apelido de "Velho Grogue".

total [...] a frota inteira zarpou para a Jamaica". Vernon decidiu bater em retirada depois de apenas um mês:

> E assim se encerrou a parte fatigante da Campanha & certamente foi a mais desagradável de que se tem notícia [...] Enfermidade universal & Morte. [...] Todo mundo foi afetado; chamam essa moléstia de febre biliosa, e ela mata em cinco dias; se o paciente vive mais que isso, é só para morrer com agonias piores do que então chamam de Vômito Negro.

O mosquito matou 22 mil do contingente total de 29 mil de Vernon, chocantes 76%. A maioria dos defensores espanhóis aclimados, que estavam em Cartagena fazia cinco anos, sobreviveu ao massacre.

Um dos sobreviventes coloniais de Vernon foi Lawrence Washington, o admirado meio-irmão mais velho de George. Ao voltar à Virgínia, Lawrence estabeleceu uma plantação em uma parte da ampla propriedade da família. Em homenagem ao comandante, ele a chamou de Mount Vernon. Após a morte de Lawrence, em 1752, George, com vinte anos, herdou a vasta propriedade. Durante a campanha de Cartagena, a tropa colonial de Lawrence não se saiu melhor que os companheiros ingleses. O desastre recebeu ampla cobertura da imprensa colonial e deixou cicatrizes terríveis na consciência coletiva das colônias americanas. Quando os ingleses tentaram reunir um exército para mais uma aventura no Caribe durante a Guerra dos Sete Anos, dessa vez para conquistar Havana, não foram muitos os voluntários coloniais. As imagens mentais de Cartagena persistiam brutalmente nos corredores dos parlamentos coloniais.

Levando em conta essas campanhas imperiais isoladas e intermitentes, mas relativamente reduzidas, no Caribe, incluindo o pesadelo dos ingleses com o mosquito infernal em Cartagena, era inevitável que os impérios europeus e as economias mercantilistas entrassem em um conflito global. Travada na Europa, nas Américas, na Índia, nas Filipinas e na África Ocidental, a Guerra dos Sete Anos foi nossa primeira guerra mundial. As doenças transmitidas por mosquitos devassaram os exércitos inglês, francês e espanhol que disputavam as posses coloniais na Índia, nas Filipinas e na África Ocidental, mas elas não favoreceram as vitórias inglesas nas batalhas. Todos os soldados europeus eram relativamente novos nesses teatros de guerra estrangeiros, despachados do clima temperado de suas nações de origem. Sem aclimação local, as doenças transmitidas por mosquitos visitavam os soldados dessas potências imperiais concorrentes de forma relativamente igualitária. De modo geral, a manipulação militar e histórica do mosquito ficou confinada às várias campanhas, e às correspondentes determinações e alocações de tropas, na América do Norte e nas colônias sob disputa no Caribe.

Nas Américas, os plantéis tinham sido selecionados durante as guerras anteriores. O Time Inglaterra incluía as colônias americanas e a agressiva Confederação Iroquesa. O rival inferior, o Time França, contava com contingentes relativamente reduzidos de canadenses indiferentes e um grupo de aliados algonquinos. Com o tempo, mais precisamente em 1761, a Espanha decidiu entrar no jogo do lado da França. Contudo, o time selecionado pela Inglaterra tinha mais estofo. Os números e as possibilidades de substituição favoreciam o Time Inglaterra.

Embora os exércitos profissionais europeus fossem relativamente equilibrados, a quantidade de colonos americanos era 23 vezes maior que a de colonos franceses. Os ingleses também escalaram aliados indígenas mais fortes. Durante as Guerras dos Castores, no fim do século XVII, a Confederação Iroquesa lançou uma campanha militar de missões sucessivas para dominar áreas de caça e obter peles para trocar por armas inglesas, a fim de retaliar contra inimigos tradicionais. Essas conquistas levaram à dominação de mais áreas de caça, para obter mais peles e adquirir mais armas, a fim de prolongar as represálias. Nessa época, nessa antiga tradição de guerras, os algonquinos e os huronianos, que tiveram acesso a armamentos franceses quase um século antes, vinham levando a melhor sobre os iroqueses. Agora, com armas inglesas adquiridas em troca de peles, os iroqueses lançaram campanhas retaliatórias por toda a faixa leste da América do Norte, antes de dirigir sua fúria à ampla região dos Grandes Lagos. As Guerras dos Castores marcaram o fim das nações dos moicanos, dos eries e dos tionontatis (Nação do Tabaco), além de duas confederações, a neutra e a dos huronianos. Outras, como os shawnee, os kickapoo e os odawas, se limitaram a fugir da devastação iroquesa. Embora estivessem cuidando de seus próprios interesses punitivos, os iroqueses não apenas abriram caminho para futuras colônias inglesas/americanas, como também eliminaram a maioria dos aliados indígenas da França, alguns quase à beira da extinção.

A Guerra dos Sete Anos foi, definitivamente, um conflito global. Entrelaçaram-se estratégias, reflexões sobre contingentes e prioridades territoriais, além do fato de que as tropas foram alocadas conforme a demanda. Para a França, a guerra na Europa e a defesa de suas lucrativas colônias agrícolas no Caribe eram muito mais importantes que as contribuições comerciais de pescado, madeira e pele de Quebec. Contudo, a preocupação da França com as colônias de açúcar e tabaco no Caribe saiu caro. Nos primeiros seis meses, a febre amarela e a malária mataram metade dos defensores franceses recém-chegados e não aclimados. As doenças transmitidas por mosquitos assolaram as guarnições francesas no Haiti, em Guadalupe, na Martinica e em outras ilhas menores. Soldados franceses foram transferidos de Quebec para reforçar esses postos avançados combalidos. Como resultado, os mosquitos caribenhos privaram o Canadá de homens e munições, e todos os pagamentos devidos por mercadorias canadenses foram suspensos. Essas necessidades indispensáveis para a guerra — soldados, armas e dinheiro — foram enviadas para a Europa e o Caribe. A capacidade do marquês de Montcalm, o comandante francês, de coordenar uma defesa significativa do Canadá foi barrada pelos mosquitos caribenhos.

Ao mesmo tempo, uma epidemia de varíola arrasou Quebec, matando violentamente franceses, canadenses e os poucos aliados indígenas que restavam. Em 1757, havia sempre pelo menos três mil pessoas hospitalizadas, com 25 mortes por dia. No decorrer de um ano, 1.700 soldados franceses estavam mortos. A epidemia consumiu preciosos números do contingente já reduzido da força de coalizão francesa no

Canadá. Devido a esse surto de varíola em Quebec, e ao fato de que doenças transmitidas por mosquitos no Caribe estavam exaurindo todos os reforços franceses disponíveis, o Canadá ficou vulnerável.

Já os ingleses, que pretendiam proteger o lado norte das preciosas e lucrativas Treze Colônias, dedicaram uma quantidade maior de soldados e recursos ao teatro de guerra canadense. Tanto comandantes quanto soldados ingleses e coloniais solicitaram transferência para a América do Norte, com medo das doenças transmitidas por mosquitos no Caribe. Eram comuns as histórias de soldados e marinheiros que preferiam ser castigados com mil chibatadas a ir para o Caribe. Outros se rebelavam, oficiais pagavam subornos ou pediam baixa, e comboios navais se "perdiam" em trânsito. Não dava para ignorar os números de perdas causadas por essas doenças, e o alto-comando inglês evitava mandar unidades de elite para os trópicos. O Caribe se tornou um destino punitivo.

As assembleias coloniais na América reagiram com hesitação à convocatória de arregimentação para as forças expedicionárias. Os alistamentos voluntários praticamente zeravam quando recrutadores propunham campanhas no Caribe. Até a conquista definitiva do Canadá, em 1760, a maior parte do contingente colonial, incluindo o coronel da milícia George Washington, foi empregada na América do Norte para fortalecer a posição da Inglaterra nesse teatro. "Era incomum a formação de tropas na América para serviço em outro lugar", destaca Erica Charters em sua obra detalhada sobre as doenças existentes durante a Guerra dos Sete Anos. "A última expedição em que isso havia acontecido foi a investida desastrosa contra Cartagena, em 1741. [...] A experiência em Cartagena inspirou o desenvolvimento de um 'americanismo consciente'." Devido à taxa de mortalidade por doenças transmitidas por mosquitos durante essa missão fracassada, um oficial inglês chamado William Blakeney fez o agourento alerta de que os colonos americanos "parecem se valorizar muito e acreditar que eles são dignos de grande consideração, especialmente pela assistência que eles podem fornecer à pátria em ocasiões assim; e, como são uma Potência em crescimento, caso venham a se decepcionar com o que lhes for prometido e o que eles esperarem, Ocasiões futuras de Natureza semelhante talvez sofram consequências". Blakeney foi esperto ao reconhecer a mudança gradual no sentimento de autoconfiança americano e o despontar da revolução no horizonte.

Nas Américas, a Inglaterra lançou duas campanhas geograficamente separadas, mas estrategicamente interligadas, contra as duas possessões francesas: o Canadá e o Caribe. Em 1758, sob o comando do general Amherst, os ingleses já haviam tomado Acádia, as possessões marítimas da França ao longo do litoral atlântico. Cerca de doze mil acadianos foram capturados e deportados. Retomaremos a história chocante e tétrica dos acadianos expulsos e de sua sentença de morte na Ilha do Diabo, perto da Guiana, no fim da guerra. Em janeiro de 1759, os ingleses tentaram, sem sucesso, invadir a fortaleza francesa na ilha caribenha da Martinica. Essa força-tarefa foi desviada para Guadalupe, capturando-a em maio de 1759. O mosquito, porém, cobrou um preço alto pela difícil vitória, matando 46% do efetivo inglês de 6.800 homens. Da guarnição minúscula de mil homens que foram deixados lá, oitocentos morreram de febre amarela e malária antes do fim de 1759. A ameaça inglesa às lucrativas ilhas açucareiras da França fez soar os alarmes. A essa altura, a guerra da França contra a Inglaterra estava sendo sustentada por empréstimos enormes da Espanha, até então neutra. A perda dessas colônias agrícolas lucrativas seria a ruína do esforço de guerra da França, não só nas Américas, mas também no teatro europeu, o principal. À custa da defesa do Canadá, reforços franceses não aclimados foram despejados e queimados continuamente na fornalha tropical dos mosquitos, deixando o Canadá exposto.

A frágil autoridade da França no Canadá se desfez em setembro de 1759. O marechal de campo James Wolfe, o jovem, talentoso e arrogante comandante inglês, estava determinado a conquistar Quebec a qualquer preço. "Se, por algum acidente no rio, pela resistência do inimigo, por doenças, pelo massacre do exército ou por qualquer outra razão, constatarmos que provavelmente não dominaremos Quebec (ainda que perseverando até o último instante)", escreveu Wolfe, intensamente enfermo, a seu superior, o general Jeffery Amherst, "proponho incendiar a cidade com explosivos, destruir a colheita, as casas e o gado, de cima a baixo, mandar o máximo possível de canadenses para a Europa e deixar atrás de mim um rastro de fome e desolação; *belle résolution* e *très chrétienne*! Mas havemos de ensinar esses cretinos a guerrear de forma mais cavalheiresca". Essas táticas beligerantes e radicais não foram necessárias. A rápida vitória de Wolfe contra as forças combalidas e inferiores do marquês de Montcalm na planície de Abraham, em Quebec, abriu caminho para o afluxo de colonos ingleses e a criação do Canadá moderno. Ainda que Wolfe tenha morrido (assim como Montcalm) nessa planície que definiu uma nação, Amherst assumiu a liderança e obrigou Montreal a se render no ano seguinte. Com o apoio dos mosquitos do Caribe, o Canadá agora era oficialmente inglês.

Após a conquista do Canadá, os recursos da Inglaterra foram concentrados no Caribe. A Espanha entrou oficialmente na guerra em 1761 para proteger importantes territórios coloniais e apoiar sua aliada, a França, cujos exército e economia já estavam exauridos. A Inglaterra agora tinha mais alvos, sobretudo Havana, o sustentáculo da presença espanhola nas Américas. Mas antes houve uma nova tentativa contra a Martinica francesa. Após a capitulação da ilha, em fevereiro de 1762, os ingleses tomaram Santa Lúcia, Granada e St. Vincent. Os estrategistas ingleses calcularam que essas colônias menores poderiam servir de instrumentos diplomáticos e moedas de troca para as futuras negociações de paz. Esses estrategistas então voltaram seus planos para Havana, "a chave das Índias".

A imensa força britânica reunida em Barbados continha cerca de onze mil soldados. Amherst também esperava um adicional de quatro mil "provincianos" das colônias. Apesar da recomendação de recrutar especificamente nas colônias americanas com a observação de que "eles seriam muito aceitáveis e necessários, para abreviar e facilitar nosso Trabalho, visto que a época do Ano não é favorável para a saúde dos europeus", esse contingente não se concretizou. A perspectiva de doenças à espera dos recrutas coloniais no Caribe era um panorama assustador, uma probabilidade preocupante ou, no mínimo, uma expectativa, o que intimidou os voluntários. O governador de New Hampshire relatou que não conseguiria atingir a meta, a menos que "pudesse garantir aos homens que eles serviriam nos regimentos de Halifax, Quebec ou Montreal, mas o povo em geral nutre noções terríveis de servir nas Índias Ocidentais". Representantes de Nova York também destacaram que voluntários exigiam "ser Empregados apenas no Continente da América do Norte e Levados de volta à Província assim que terminarem de Servir". Com o tempo, e mediante ameaças do general Amherst, 1.900 provincianos coloniais, principalmente dos territórios do norte, e 1.800 soldados ingleses zarparam rumo a Cuba.

A frota britânica chegou a Havana em junho de 1762 e sitiou a cidade de 55 mil habitantes. Os cerca de onze mil defensores sabiam que o sucesso dependia das doenças transmitidas por mosquitos, pois "as febres [bastavam] para destruir uma divisão de exército da Europa". Cuba tinha uma história antiga e brutal com os mosquitos. O ecossistema da ilha era um dos melhores para a proliferação de mosquitos *Aedes* e *Anopheles* fora da África. A malária já tinha se estabelecido desde a chegada de Colombo. Quando apareceu em 1648, a febre amarela também se tornou um evento anual, ainda que alguns anos tenham sido piores que outros. Consideravelmente mais dramáticas que as máculas anuais comuns de febre amarela foram as doze epidemias vorazes que haviam assolado a ilha e que, nos piores surtos, mataram mais de 35% da população total.

No entanto, durante as primeiras operações dos ingleses em junho e julho de 1762, a força mercenária de mosquitos defensores de Havana não se apresentou ao serviço. Eles sumiram. A estação chuvosa, que geralmente começava no início de maio e chegava ao auge em junho, tinha sido postergada por um El Niño. Com esse atraso, os mosquitos deixaram a procriação para depois, então a temporada de epidemias habitual acabou sendo adiada. Para os ingleses, essa primavera seca atípica permitiu que forças relativamente saudáveis estabelecessem uma base militar na zona costeira e capturassem a periferia de Havana. No entanto, uma vitória para a Inglaterra ainda demandaria uma corrida contra a morte. No fim de julho, "a chegada de reforços americanos", escreveu um participante do cerco, "animou nosso espírito abalado com muita razão". A vinda dos reforços coloniais despertou o mosquito faminto da hibernação. Ele começou a devorar tudo o que via pela frente.

Mas o governador de Havana já havia evacuado a cidade e, sem o habitual perímetro defensivo das doenças transmitidas por mosquitos, sabia que o jogo tinha acabado. "A noção de tempo — até para chuvas, mosquitos e vírus — é tudo. [...] Se ele soubesse que a estação chuvosa tardia, que enfim chegou em agosto, garantiria uma população abundante e ativa de mosquitos, acompanhada de uma epidemia de febre amarela, talvez tivesse esperado mais", afirma J. R. McNeill em seu relato genial e minucioso do conflito. "Mas ele não sabia [...] decidiu negociar a rendição e, em 14 de agosto de 1762, entregou a cidade." Dois dias depois da capitulação de Havana, só 39% dos soldados ingleses estavam em condições de servir. "Nossas doenças, em vez de reduzirem, aumentam dia após dia", relatou um oficial superior no começo de outubro. "Sepultamos mais de três mil homens desde a capitulação, e lamento informar que muitos homens estão nos hospitais." Em meados de outubro, com o apetite do mosquito ainda não saciado, a letalidade já estava beirando o absurdo. De um efetivo total de quinze mil soldados, apenas 880, meros 6%, continuavam vivos ou saudáveis o bastante para permanecer em seus postos. Ao todo, o inseto consumiu dois terços de todo o exército, matando dez mil homens em menos de três meses. Os combates mataram menos de setecentos soldados ingleses ou coloniais. Apesar de todos os esforços dos médicos para enfrentar essa epidemia, o conhecimento clínico era uma nulidade; estava mais para palpites e superstições.

Os tratamentos médicos absolutamente estranhos, e às vezes bárbaros, refletem a completa ignorância a respeito das causas das doenças transmitidas por mosquitos, ou até da maioria das doenças. Cientes dos supostos remédios que os aguardavam, muitos doentes mantinham distância dos hospitais rudimentares e dos seus médicos de plantão. Quando um superior deu ordem para ir ao hospital, um soldado de Havana que estava completamente tomado de febre amarela respondeu que "na verdade, não estou mal, e se estivesse, eu preferiria enfiar uma faca na minha barriga em vez de ir aonde tantos estão morrendo". A faca não saiu da bainha, pois ele morreu nesse mesmo dia. Alguns tratamentos comuns eram a ingestão de banha animal, veneno de cobra, mercúrio ou insetos pulverizados. A antiga prática egípcia de se banhar com urina humana fresca continuava sendo aplicada. E agora também se disseminava o método de beber a própria urina. Sangrias, vesicações e copos de sucção eram também opções típicas do arsenal médico. Embora não fossem mais eficazes que a popular técnica dos cataplasmas e emplastros feitos de pombo recém-morto ou cérebro de esquilo, volumes copiosos de álcool, café, ópio e maconha pelo menos forneciam abrandamento e alívio para a dor dos sintomas pavorosos. O quinino também era usado, mas era um produto que custava caro. Como resultado, os estoques nunca eram suficientes, e a substância era administrada em doses pequenas e inadequadas, ou era reservada para oficiais. Misturas com outras substâncias eram comuns, tal qual acontece com a cocaína e outras drogas ilícitas hoje em dia, o que reduzia a concentração do ingrediente ativo e a eficácia do medicamento.

Se a doença não matasse, geralmente a tentativa de curá-la fazia esse serviço. Thomas Jefferson gracejou: "O paciente, tratado de acordo com a metodologia vigente, às vezes melhora apesar do remédio." A maioria dos enfermos preferia contar com a sorte em vez de buscar tratamento. Considerando o desconhecimento médico e os equívocos miasmáticos quanto às causas das doenças transmitidas por mosquitos, as campanhas europeias nas Américas durante a Guerra dos Sete Anos foram engolidas por enfermidades. Regiões com alto índice de malária, febre amarela e dengue, entre elas o Caribe e o sul dos Estados Unidos, continuaram sendo fossos humanos infestados de mosquitos.

Embora Cuba estivesse então sob controle dos ingleses, as tropas e os recursos estavam tão esgotados que todos os planos para os domínios espanhóis ou a campanha idealizada contra a Louisiana francesa foram abandonados. Benjamin Franklin comentou que a vitória em Havana foi "de longe a conquista mais árdua que obtivemos nesta guerra, quando consideramos os terríveis Transtornos que as doenças causaram naquele valoroso Exército de Veteranos, agora quase totalmente arruinado". Samuel Johnson, um poeta, escritor e lexicólogo inglês, lamentou: "Que meu país jamais seja amaldiçoado com outra dessas conquistas!" Em termos militares e financeiros, a Inglaterra, assim como seus inimigos, estava exaurida. O político inglês Isaac Barré expressou a opinião de que a "guerra se arrastou pelas ruas mais como um funeral que um triunfo. Estamos exauridos de dinheiro e nossos recursos estão quase esgotados". Soldados e reforços não aclimados continuaram seu circuito pelas colônias caribenhas de todas as nações. Eles continuaram perecendo com doenças transmitidas por mosquitos a uma taxa de mortalidade de mais de 50% ou até de 60%. O mosquito havia tomado a iniciativa das nações beligerantes da Europa. Ainda que em tese os ingleses tenham se saído vitoriosos, ao fim da guerra eles estavam tão esgotados quanto seus rivais e não puderam expandir a vantagem. Intimidação e bravatas eram ameaças vazias em face de soldados picados por mosquitos e contas bancárias zeradas. A única saída para essa confusão era negociar e ceder.

No fim das contas, o sofrimento estarrecedor e a montanha de vidas perdidas em Havana, Martinica, Guadalupe e outras ilhas foram em vão. Acho que os únicos vitoriosos de fato foram os mosquitos glutões do Caribe, que se esbaldaram no espetacular banquete "Sabores da Europa". Em fevereiro de 1763 foi assinado o Tratado de Paris, que dispôs sobre os espólios da guerra. A Europa manteve as fronteiras de antes do conflito. Nos impérios, o *status quo* de antes da guerra prevaleceu e poucos territórios mudaram de mãos.

A grande deliberação entre negociadores ingleses era a respeito do que fazer com relação à França. Ficou logo claro que a Inglaterra não detinha poder de barganha suficiente para preservar tanto o Canadá quanto as ilhas francesas conquistadas no Caribe. Eles sabiam que estavam apostando contra um jogador ruim. A França também sabia. No fim das contas, os ingleses fizeram acordos no Caribe para manter o Canadá. A proteção do lado norte das colônias americanas tinha mais prioridade do que as possessões ultramarinas e no Caribe. As ilhas da Martinica e de Guadalupe, onde tantas vidas inglesas haviam alimentado os mosquitos, assim como a pequena Santa Lúcia, foram devolvidas à França. A Inglaterra adquiriu três ilhas exíguas nas Pequenas Antilhas no sul do Caribe e a Flórida espanhola. Havana foi devolvida à Espanha, que também adquiriu da França o Território da Louisiana, embora ele fosse ser devolvido em segredo para a França de Napoleão pouco antes de os Estados Unidos comprá-lo, em 1803. A França cedeu à Inglaterra todos os direitos coloniais na Índia, em troca da posse de duas ilhas minúsculas a 25 quilômetros ao sul de Newfoundland, para reter os direitos de pesca nos Grandes Bancos. St. Pierre e Miquelon, um total de 246 quilômetros quadrados, eram os últimos vestígios do território francês na América do Norte. Hoje em dia, essas ilhas, que pela lógica territorial e econômica deviam pertencer ao Canadá, continuam oficialmente uma possessão autônoma ultramarina da França.

No entanto, o Canadá se tornou uma colônia inglesa só no papel. Após a Guerra dos Sete Anos, a diminuta população colonialmente distinta de canadenses, que já não haviam pegado em armas com grande fervor patriótico nem sentiam muita afinidade pela França, puderam preservar o sistema senhorial de posse de terras, o direito civil, a língua, a fé católica e a cultura. Fora a lealdade declarada à Coroa britânica, para os canadenses, ou "*québécois*", a vida continuou relativamente inalterada e o *status quo* se manteve. A pequena população do Canadá continuou predominantemente francesa até a entrada massiva de legalistas ingleses após a Revolução Americana.

Contudo, os habitantes franceses da marítima Acádia se viram diante de uma situação estratégica totalmente distinta e bastante divergente. Eles tinham contribuído com mais soldados para o conflito e tinham se negado a jurar lealdade aos novos soberanos, por isso, no período de paz que se seguiu, eram vistos pelos ingleses como insurgentes em potencial. Considerados uma ameaça desleal, os indesejados acadianos foram exilados à força durante a "Grande Expulsão", o que levou a uma das histórias paralelas mais estranhas e escandalosas do colonialismo, graças aos mosquitos que relaxavam nos infernos da Guiana.

Depois de rodar as Américas desde Charleston até as inóspitas Malvinas no Atlântico Sul, um contingente considerável de refugiados acadianos recebeu permissão da Espanha para se estabelecer na Louisiana, onde eles continuam até hoje. Com o tempo e o isolamento, esses acadianos evoluíram e desenvolveram a atual cultura *cajun*. A própria palavra foi de "*Acadian*" para "*Cajun*". No entanto, um grupo menor de acadianos foi enviado para colonizar um assentamento francês novo na Guiana, no litoral norte da América do Sul, em 1763. Essa colônia é conhecida também como Ilha do Diabo.

A França ficou desmoralizada com os resultados territoriais da Guerra dos Sete Anos. Das três principais bandeiras do mapa global naquele momento, a Inglaterra ganhou, a Espanha preservou e a França perdeu. Após a guerra, concluiu-se que a posição inferior da França se deveu a uma quantidade muito pequena, para não dizer inexistente, de colonos leais nas Américas. Os colonos ingleses das Américas combateram com efetivos relativamente grandes, assim como os defensores espanhóis do Caribe. Com a perda do Canadá, as populações caribenhas que restavam à França consistiam sobretudo de africanos escravizados, que eram considerados, com razão, politicamente incertos, na melhor das hipóteses, e violentamente rebeldes, na pior. Essas colônias, praticamente desprovidas de franceses europeus, tinham sido presas fáceis para os ingleses durante a Guerra dos Sete Anos e continuariam sendo no ciclo seguinte de guerras coloniais. Precisavam ser protegidas por uma fonte local de colonos franceses robustos e aclimados. A Guiana foi indicada para ser esse bastião, uma reencarnação tropical de Quebec ou, melhor ainda, um renascimento da própria Acádia canadense.

Embora a França tenha estabelecido um pequeno posto avançado na Guiana, em 1664, consta que a colônia "fez pouco progresso desde a instalação e, constituída de um grupo inerte de colonos arruinados, tem sido basicamente uma praga para o rei". Ao fim da Guerra dos Sete Anos, a população era formada por 575 franceses e cerca de sete mil africanos libertos ou escravizados, todos residentes do assentamento de Caiena. A colônia degradada era uma utopia para os mosquitos, cheia de brejos salobros e manguezais habitados por peixes-boi. Uma pesquisa francesa preliminar em 1763 admitiu que, para os habitantes da época, "a atividade principal deles é arranjar prazeres, e, se há qualquer inquietação entre eles, é pela falta destes". De acordo com a situação do momento, a Guiana era considerada uma colônia órfã em um fim de mundo. O cômico era que os únicos colonos fora de Caiena — um grupo de padres jesuítas e alguns indígenas e africanos convertidos — estavam enclausurados a 55 quilômetros de distância, em uma missão religiosa em Kourou.

Com promessas de terras, colheitas abundantes de tabaco e cana-de-açúcar obtidas por africanos escravizados, e riquezas do Eldorado, 12.500 colonos partiram para Kourou. Esses sonhadores chegaram sobretudo da França e da Bélgica, regiões assoladas pela guerra, e alguns também da Acádia, do Canadá e da Irlanda. Metade tinha menos de vinte anos de idade, e os colonos solteiros, homens e mulheres, eram aconselhados astuciosamente a se casar com indígenas para fazer a população crescer e se firmar o mais rápido possível. No Natal de 1763, os primeiros colonos desembarcaram com suas visões utópicas do paraíso. Eram a vanguarda de uma poderosa e aclimada população colonial francesa que enfrentaria os ingleses e vingaria a humilhação sofrida pela França na Guerra dos Sete Anos.

Os colonos entraram aos montes em Kourou junto com o primeiro carregamento de provisões. Embora não houvesse uma prensa nesse lote, o conteúdo era tão bizarro quanto o de Darién. Como o Canadá agora estava nas mãos dos ingleses, as autoridades francesas viram a oportunidade de despachar caixotes de patins para gelo, toucas de lã e outros artigos essenciais do guarda-roupa de inverno canadense, para surpresa dos colonos tropicais de Kourou. Clássica trapalhada colonial. Para comportar o afluxo de recém-chegados, junto com seus equipamentos de hóquei no gelo, eles foram instalados em uma ilha costeira que já ostentava o nome de Ilha do Diabo. Kourou logo se transformou em um paraíso perdido infernal. Em junho de 1764, a ilha se mostrou digna do nome e dos deuses malignos, pois o mosquito conjurou uma das epidemias mais letais da história com seu Cérbero de três cabeças — febre amarela, dengue e malária —, matando onze mil colonos (90%) no período de um ano.

Apesar desse pesadelo, a colônia continuou sendo uma "praga para o rei" francês, já que ninguém mais a queria ou se atrevia a conquistá-la. Perdurando como uma órfã do imperialismo, ela foi posta para funcionar brevemente como colônia penal durante a Revolução Francesa, aprisionando dissidentes políticos e outros radicais problemáticos. Uma colônia penal completa, com várias unidades, foi aberta em 1852. A Ilha do Diabo se transformou em uma versão francesa brutal de Alcatraz. As taxas de mortalidade entre os detentos, sujeitos a barbaridades, fome e doenças insidiosas transmitidas por mosquitos, passavam de 75%. A Ilha do Diabo só foi fechar as portas em 1953.[2] Kourou, e grande parte da antiga colônia penal, hoje abriga a base de lançamento da Agência Espacial Europeia. No entanto, esse desastre francês "darienesco" após a Guerra dos Sete Anos agravou a situação já arruinada da economia da França. O lado bom, talvez, seja o fato de que a economia da Inglaterra estava pior ainda.

A Guerra dos Sete Anos e o mosquito haviam consumido o espírito de luta e as finanças da Inglaterra. No início da Revolta de Pontiac, à sombra da paz europeia, o general Jeffery Amherst resumiu assim as circunstâncias militares em que se encontravam: "Uma vasta redução para um regimento [...] desde que o regimento veio de Havana, e alguns dos

---

[2] Um dos prisioneiros mais famosos foi Alfred Dreyfus, que durante o infame Caso Dreyfus foi condenado por traição em 1895, acusado de ter entregado segredos militares aos alemães. Outro foi Henri Charrière, que cumpriu pena na Ilha do Diabo, por assassinato, na década de 1930. O livro dele, *Papillon: O homem que fugiu do inferno*, detalhando suas experiências e o tratamento horrível e desumano na colônia penal, foi publicado em 1969. Em 1973, foi adaptado em um filme de sucesso com o mesmo título, no qual estrelaram Steve McQueen e Dustin Hoffman. Hollywood fez um *remake* em 2017, com o mesmo título e os atores Charlie Hunnam e Rami Malek. Análises históricas da "autobiografia" de Charrière refutaram quase tudo o que ele escreveu. A obra hoje é considerada praticamente ficcional ou, no máximo, uma história extremamente maquiada, baseada em experiências e relatos de terceiros, tal como *As viagens de Marco Polo*.

oficiais, assim como os soldados, têm ainda relapsos frequentes dessa desordem." A influência dos mosquitos guerrilheiros de Havana foi muito além de seus banquetes tropicais. Eles ajudaram a orquestrar uma rota de colisão, entre a Inglaterra e suas colônias, que levaria diretamente a revoluções e transformaria o mundo todo. "Como Amherst bem sabia", afirma Fred Anderson, em *Crucible of War* [O calvário da guerra], seu vigoroso tratado de novecentas páginas sobre o conflito, "as medidas que ele podia adotar — recorrer às províncias para conseguir soldados ou recrutar inválidos dos Regimentos de Havana para repor as guarnições, libertar todos os homens saudáveis que ele encontrasse para auxiliar os reforços ao forte Pitt ou a Detroit — eram apenas provisórias e serviriam, no máximo, para ganhar tempo." Os ingleses não tinham tempo a perder.

Os mosquitos caribenhos tinham ajudado a sugar todo o dinheiro e o contingente militar da Inglaterra, além de terem contribuído com o que Anderson descreve como "perdas terríveis para a doença ao fim da guerra". Dos 185 mil homens enviados para o Caribe durante a Guerra dos Sete Anos, 134 mil, ou 72%, segundo dados do governo, foram "baixas por doença e deserção". A guerra também havia elevado ao dobro a dívida do país, de 70 milhões de libras para 140 milhões (o equivalente a mais de 20 trilhões de dólares hoje). Só os juros já consumiam metade da receita tributária anual do governo. A resposta da Inglaterra à revolta foi ao mesmo tempo uma estratégia de austeridade e uma solução reacionária para apaziguar Pontiac e suas forças beligerantes, já que os cobertores de varíola não tinham conseguido cumprir a missão macabra.

Em outubro de 1763, em meio à presença dominante da coalizão de Pontiac no campo de batalha, entrou em vigor a Proclamação Real, que proibia assentamentos coloniais a oeste dos Apalaches. Essa concessão, as terras a oeste da Linha da Proclamação, até o rio Mississippi e o Território da Louisiana, controlado pelos espanhóis, foi reservada legal e exclusivamente para "ocupação e uso pelos índios". O ódio arraigado que os colonos sentiam pelos povos indígenas arrastaria fatalmente a Inglaterra a uma série de conflitos intermináveis, fúteis e custosos nas terras de fronteira, guerras que os ingleses mal conseguiam sustentar. A

Linha da Proclamação, que foi nada mais que uma medida para poupar gastos, abriu uma divisão entre os colonos e os indígenas com a intenção de restabelecer a paz na fronteira ocidental. Só que os americanos caracterizaram (e o fazem até hoje) a Guerra dos Sete Anos com um nome distinto, a Guerra Franco-Indígena, que reflete a hostilidade com que eles percebiam a obstrução dos indígenas contra sua sagrada expansão para oeste, revestida em meados do século XIX com o véu de Destino Manifesto. Considerando esse rancor colonial americano, com a pressão financeira que levou à ratificação da Proclamação Real, Pontiac ficou satisfeito e os colonos foram castigados.

Muitos colonos americanos se revoltaram com essa traição tirânica. A população nascida na colônia estava crescendo, de olho no oeste, e ainda havia imigrantes chegando em busca de terras, mas as únicas vias de expansão foram restringidas legalmente. Tropas coloniais, ou provincianas, haviam combatido junto com os casacas-vermelhas ingleses nas campanhas do Caribe e da América do Norte, na Guerra dos Sete Anos, e, devido à arrogância e ao orgulho britânico, muitas vidas foram arrasadas ou sacrificadas pelo mosquito. As colônias auxiliaram na vitória da Inglaterra, mas foram proibidas de desfrutar os espólios da guerra nessas terras que haviam pertencido à França na fronteira ocidental. Para piorar, esperava-se que elas financiassem as patrulhas e a proteção da Linha da Proclamação. O custo anual da segurança colonial era de cerca de 220 mil libras, e a Inglaterra esperava que os colonos arcassem com parte dos gastos para sua própria defesa. Eles recuperaram essas despesas com uma série de impostos e tarifas então famosas, desde a Lei do Açúcar, de 1764, até as Leis Intoleráveis, de dez anos depois. Contudo, em termos de dinheiro vivo, os impostos propriamente ditos não eram um grande problema.

De todo o Império Britânico, os colonos americanos tinham a menor carga tributária, dez vezes menor que o cidadão inglês médio.[3] So-

---

3 As alíquotas variavam de colônia para colônia. Os impostos no Massachusetts, por exemplo, eram 5,4 vezes menores do que os aplicados na Inglaterra, enquanto os da Pensilvânia eram impressionantes 35,8 vezes menores que os tributos cobrados na metrópole.

mados, os tributos e os impostos suplementares aplicados nas colônias na década anterior à revolução representaram um aumento médio de apenas 2% com relação ao valor inicial dos impostos. Já a tributação sem representação democrática no Parlamento inglês era um problema. William Pitt, o influente líder da Câmara dos Comuns, compreendia os perigos desse endividamento crescente: "E, quando consideramos que valores tão imensos, superiores a quaisquer experimentos do passado, haverão de ser fornecidos por novos empréstimos, sobrepostos a uma dívida de oitenta milhões, quem responderá pela consequência ou nos protegerá contra o destino dos derruídos estados de antiguidade?" Os próprios ingleses teriam de responder pela consequência: a perda das lucrativas colônias americanas.

Para muitos colonos, a Guerra dos Sete Anos e suas ramificações imediatas, incluindo Pontiac e a Proclamação Real, foram um divisor de águas, marcando o início de uma nova era da América. Os colonos, com suas assembleias políticas, começaram a reavaliar sua posição *dentro* do império e seu vínculo com a metrópole. No mínimo, essas contribuições aumentaram as expectativas por um relacionamento mais equitativo e equilibrado *com* a Inglaterra. O que se revelou foi o contrário. Como o pertinente Anderson aponta, "os líderes americanos — homens como Washington e Franklin, que teriam ficado bem satisfeitos de buscar honra, riqueza e poder sob a égide do Império Britânico — foram levados a confrontar essas questões de soberania de formas que conferiam novos sentidos universalistas a uma linguagem herdada de direitos e liberdades. [...] Os americanos, que teriam sido imperialistas de qualquer jeito, tornaram-se revolucionários". A crescente interferência política e financeira da Inglaterra nas colônias, sem consentimento dos colonos, dominou o discurso americano na década que se seguiu à ratificação da Proclamação Real. O desencanto dos americanos em relação a seu status e sua cidadania serviu de estopim para uma rebelião explícita contra a dominação autoritária da Inglaterra sobre as colônias. Ainda que nenhum dos lados quisesse a guerra, a revolução veio mesmo assim.

De forma inesperada, nas palavras de Richard Middleton, "o cordão umbilical da união materna estava ameaçando se tornar uma forca". Uma sequência ininterrupta de gerações havia nascido e se aclimado nas colônias, não só nos Estados Unidos, como também em Cuba, no Haiti e em várias outras. Para essas populações, a vida não dependia mais da metrópole. O cordão umbilical estava ligado à terra natal deles, fosse Boston, Porto Príncipe, Filadélfia ou Havana. Muitos, talvez sem se dar conta, haviam se tornado americanos, cubanos e haitianos. Aclimado, esse nacionalismo era um instrumento poderoso de revolução.

James Lind, médico-chefe da Marinha Real Britânica, alertou seus superiores, em seu inovador *Essay on Diseases Incidental to Europeans in Hot Climates* [Ensaio sobre doenças incidentais em europeus nos climas quentes], de 1768, que "os exemplos recentes da grande mortalidade em climas quentes deviam chamar a atenção de todas as nações comerciais da Europa. [...] Colônias enfermas demandam um abastecimento constante de pessoas e, claro, consomem uma quantidade incrível da metrópole". E ele acrescentou uma ressalva revolucionária preocupante: "Mercador, fazendeiro ou soldado, portanto naturalizado à terra, torna-se mais útil, e lá seus serviços têm mais relevância do que dez europeus recém-chegados e não aclimados."[4]

O encaminhamento rumo à revolução nas colônias americanas surgiu durante a Guerra dos Sete Anos, e continuou depois dela. "De modo geral, as doenças ajudaram tanto na conquista quanto na proteção da América do Norte para os ingleses", afirma David Petriello. "A vitória britânica, porém, foi obtida a um custo terrível, tanto em termos de tesouro quanto de vidas [...] o ar começou a ser preenchido pela animosidade. As doenças fizeram a Inglaterra ganhar e também perder um continente." Durante a Guerra dos Sete Anos, os mosquitos do Caribe ajudaram a estabelecer a hegemonia inglesa na América do Norte. Por

---

[4] Lind foi o primeiro a demonstrar de forma conclusiva, com estudos clínicos, que frutas cítricas preveniam e curavam escorbuto. Ele também foi o primeiro a propor que seria possível obter água potável a partir da destilação de água do mar. Suas pesquisas melhoraram drasticamente a saúde geral e a qualidade de vida dos marinheiros ingleses.

sua vez, seus primos nos recônditos das Carolinas e da Virgínia logo garantiriam a vitória dos rebeldes americanos.

Após a Guerra dos Sete Anos e a reorganização das peças no tabuleiro colonial, as revoluções se espalharam pelas Américas, começando com George Washington e sua tropa desconjuntada de soldados civis coloniais. J. R. McNeill, em um breve resumo de *Mosquito Empires* [Impérios do mosquito], sua monumental obra de 2010, pinta o cenário do que viria a seguir. Os mosquitos, comprova ele, "sustentaram a ordem geopolítica das Américas até os anos 1770, quando então passaram a comprometê-la, dando início a uma nova era de Estados independentes". McNeill reforça o argumento destacando que "a dominação europeia chegou ao fim entre 1776 e 1825, quando algumas das populações nas Américas se rebelaram com sucesso. [...] As revoluções na América do Norte inglesa, no Haiti e na América espanhola criaram Estados novos, encolheram impérios europeus e, ao mesmo tempo, deram origem a uma nova era na geopolítica americana do Atlântico e na história do mundo. Todas elas deveram parte do sucesso à febre amarela ou à malária". Os revolucionários americanos, haitianos e sul-americanos lutaram pela independência com coragem e valentia. Mas foi a turba de mosquitos que garantiu sua liberdade.

CAPÍTULO 12
PICADAS INALIENÁVEIS:
A REVOLUÇÃO AMERICANA

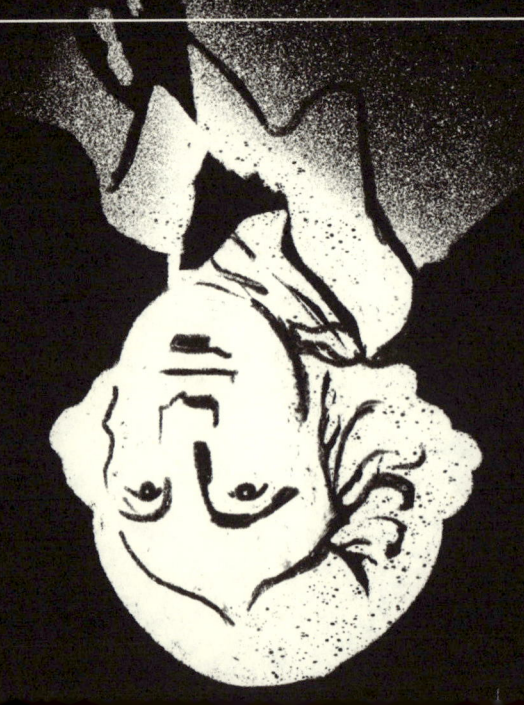

Um mês depois dos primeiros tiros da Revolução Americana em Lexington e Concord, em abril de 1775, George Washington, recém-nomeado comandante em chefe do Exército Continental, apresentou um pedido a seus superiores políticos no Congresso Continental. Ele os instou a comprar o máximo possível de casca de cinchona e pó de quinino. Devido às fortes pressões financeiras do conflituoso governo colonial, e à escassez de praticamente tudo que era necessário para uma guerra, o total que ele recebeu foi de míseros 136 quilos. O general Washington era um visitante frequente do estoque de quinino, pois sofria de acessos recorrentes (e reinfecções) de malária desde que contraíra a doença em 1749, aos dezessete anos.[1]

Para a sorte dos americanos, os ingleses também passaram toda a guerra com estoques baixíssimos do quinino fornecido pela colônia espanhola no Peru. Em 1778, pouco antes de entrarem no conflito em apoio à causa americana, os espanhóis cessaram de vez o abastecimento.

---

[1] Sabe-se de oito presidentes que tiveram malária: Washington, Lincoln, Monroe, Jackson, Grant, Garfield, T. Roosevelt e Kennedy.

Todas as remessas disponíveis eram enviadas aos soldados ingleses na Índia e no Caribe. Ao mesmo tempo, os ataques impiedosos e incessantes dos mosquitos contra as tropas inglesas não aclimadas e desprovidas de quinino, durante a última campanha britânica ao sul — lançada em 1780 com a captura de Charleston, o porto estratégico e santuário de mosquitos —, determinaram o destino dos Estados Unidos da América.

Como J. R. McNeill ilustra em vivas cores, "o argumento aqui é simples: na Revolução Americana, as campanhas inglesas no sul acabaram por levar à derrota em Yorktown, em outubro de 1781, por um lado porque as forças imperiais eram muito mais suscetíveis à malária do que as americanas. [...] A maré virou porque a estratégia geral da Grã-Bretanha dedicou uma proporção maior do Exército a zonas de malária (e febre amarela) endêmica". Do contingente do Exército britânico que adentrou esse turbilhão setentrional de mosquitos em 1780, 70% foram recrutados nas regiões pobres e famintas da Escócia e dos condados no norte da Inglaterra, *fora* dos pântanos malarientos de Pip. Os que já haviam servido algum tempo nas colônias tinham atuado na zona de infecção do sul e ainda não haviam se aclimado à malária americana.

Por outro lado, o general Washington e o Congresso Continental tinham a vantagem de comandar tropas coloniais aclimadas para a malária. As milícias americanas tinham criado resistência a seu entorno durante a Guerra dos Sete Anos e as décadas turbulentas que precederam a abertura de hostilidades contra o rei. O próprio Washington reconhecia, mesmo sem apoio da ciência e sem confirmação clínica, que, com suas aclimações recorrentes à malária, "fui protegido para além do humanamente provável ou previsível". Embora na época eles não soubessem, essa talvez tenha sido a única vantagem dos americanos sobre os ingleses quando, após doze anos de fervilhante ressentimento e insatisfação desde a Proclamação Real, a guerra se deflagrou de forma súbita e inesperada. O embate inicial em Lexington e Concord não foi aprovado pelo recém-confirmado Congresso Continental. Os políticos coloniais não queriam guerra e não estavam preparados para ela. O Congresso, os colonos que ele representava e o consequente Exército

Continental não tinham quase nada, e eles sabiam. Comparar a milícia amadora andrajosa e mal equipada de Washington a um Davi contra Golias é um extraordinário eufemismo.

O Congresso Continental se reuniu pela primeira vez na Filadélfia, no outono de 1774, antes do início da guerra, em resposta à Festa do Chá de Boston e às pesadas Leis Intoleráveis. Foram reunidos 56 representantes de doze das Treze Colônias para negociar a frente unificada de solidariedade em relação à metrópole.[2] Em essência, eram os bordões "Um por todos, todos por um", dos Três Mosqueteiros, e "Unidos venceremos, divididos cairemos"[3] ou o artigo 5 do Tratado do Atlântico Norte (Otan), "um ataque armado contra [um aliado] será considerado um ataque a [todos]". A questão central que permeou essa assembleia inaugural foi a decisão entre o confronto e a concessão.

Essa questão não era novidade em 1774, pois havia sido debatida longamente pelos Filhos da Liberdade, um grupo secreto de organização pouco rígida de radicais liderado por Samuel Adams, John Hancock, Paul Revere, Benedict Arnold e Patrick Henry. No período que se seguiu à Lei do Selo de 1765, esses futuros insurgentes se reuniam no porão úmido da Green Dragon Tavern and Coffee House, em Boston, lugar que entrou para a história com a reputação de "Quartel-General da Revolução". Gosto de imaginar a Green Dragon como algo na linha da taverna O Pônei Saltitante, de J. R. R. Tolkien e seu *O senhor dos anéis*, onde colonos sinistros e encapuzados bebiam chá amargo ou café enquanto conspiravam maliciosamente para orquestrar uma revolução.

---

2 A Geórgia, a última das Treze Colônias a ser estabelecida, não enviou representantes por medo de desagradar os ingleses. Os georgianos precisavam do apoio dos soldados ingleses, que estavam tentando reprimir a intensa resistência de cherokees e creeks contra a expansão colonial.

3 A origem desse conceito remonta às fábulas de Esopo, de cerca de 600 a.C. O Evangelho de Marcos também alude a ele: "E se uma casa se dividir contra si mesma, tal casa não pode subsistir." Lincoln parafraseou esse trecho nos debates de 1858 com Douglas. Culturas do planeta inteiro possuem versões semelhantes, desde a Confederação Iroquesa e os mongóis até a fábula infantil russa da "Galinha vermelha".

No fim do século XVII, o chá já era a bebida preferida entre ingleses e colonos. Após as Leis Townshend de 1767, que taxaram diversos produtos, incluindo o chá, e a subsequente Lei do Chá promulgada seis anos depois, a rejeição à bebida se tornou questão de patriotismo para os americanos. Em dezembro de 1773, pouco após a aprovação da Lei do Chá, um grupo estratégico, porém ressentido, de Filhos da Liberdade disfarçados apenas com cobertores e fuligem (e *não* os trajes míticos de índios moicanos com que eles costumam ser representados) lançou 342 baús com mais de quarenta mil quilos de chá no porto de Boston durante a Festa do Chá. No ano seguinte, o Congresso Continental legitimou esse ato de hostilidade com a aprovação de uma resolução que determinava "oposição à venda de qualquer chá enviado [...] com nossas vidas e fortunas" no ano seguinte. "O chá há de ser renegado universalmente", bradou o belicoso John Adams para Abigail, sua esposa genial, "então preciso me acostumar, e quanto antes melhor." A transição para o café, segundo Antony Wild, "passou a ser um imperativo patriótico". Quando os americanos abandonaram o chá, "compensaram a perda com um dos principais produtos do sistema colonial escravagista do hemisfério: o café".

O café não só era mais barato, devido à proximidade com as plantações, mas também tinha forte reputação como cura contra a malária, que na época, como já vimos, infiltrava-se pelas colônias, especificamente na zona de infecção do sul. Promovido como remédio milagroso contra "as febres", tanto por médicos legítimos quanto por vigaristas, o café passou por toda a cultura colonial americana, e o consumo aumentou drasticamente. "Já fazia tempo que os médicos desconfiavam das propriedades antimaláricas do café", confirma a pesquisadora Sonia Shah em *The Fever* [A febre], "o que aparentemente explica por que colonos franceses, que bebiam café, sofriam menos malária do que os ingleses bebedores de chá, e pode ser que isso tenha ajudado a inspirar uma nação de americanos bebedores de chá a mudar de lado". Visto que hoje em dia os americanos respondem por 25% do consumo mundial de café, a Starbucks devia brindar à saúde do mosquito. "A malária ex-

plica até como a nação da Festa do Chá de Boston, ocorrida em 1773", afirma Alex Perry em *Lifeblood*, "hoje é conhecida como a terra do *latte*."
   Com a transferência dos debates sobre confronto ou concessão das conversas regadas a cafeína do Green Dragon para o Carpenters' Hall da Filadélfia, os discursos a favor da concessão predominaram. Quaisquer ideias insensatas de revolução (não havia muitas, e não eram levadas a sério) foram descartadas. A opinião dominante e o princípio político condutor era de que seria preciso negociar pela igualdade de direitos como ingleses *dentro* da estrutura do Império Britânico, incluindo o direito de enviar representantes coloniais eleitos ao Parlamento de Londres. Quando o Congresso voltou a se reunir, em maio de 1775, essa questão de confronto ou concessão já havia sido resolvida pelos tiros de mosquete, em Lexington e Concord, um mês antes. Agora, as questões fundamentais eram os objetivos concretos e a meta estratégica dessa rebelião armada. Um modesto baderneiro britânico que havia fracassado em inúmeros ofícios, entre os quais a cordoaria, a coleta de impostos e o magistério, deu a resposta. Ele havia emigrado para a Filadélfia em 1774 com o apoio de Benjamin Franklin, poucos meses antes das primeiras canhonadas da guerra.
   Thomas Paine publicou seu breve panfleto *Senso comum* em janeiro de 1776, e o texto vendeu quinhentos mil exemplares no primeiro ano. A obra continua em catálogo até hoje e é o título estadunidense mais vendido de todos os tempos. Paine, oferecendo "nada além de fatos simples, argumentos francos e senso comum", apresentou uma defesa convincente da independência e da criação de uma república democrática como "um santuário para a humanidade". Seu breve apelo não só chamou a atenção da França, como também inflamou a opinião dos colonos a favor da guerra e acabou por encerrar as deliberações do Segundo Congresso Continental. Tendo cutucado e provocado a fera, não havia mais volta.
   Uma carta para o rei Jorge III proclamando a soberania das colônias e um inovador manifesto filosófico e político foram redigidos por Jefferson, Franklin e John Adams: as palavras comoventes da Declara-

ção de Independência. Uma Constituição, na qual são apresentados os Artigos da Confederação, foi promulgada em 1777, unindo oficialmente as colônias e estabelecendo o Congresso Nacional como instituição governamental. Só restava agora vencer a guerra, com a colaboração e o serviço militar do mosquito, claro.

A atuação e o desempenho convincente do inseto como arma decisiva no campo de batalha, extraindo a rendição de soldados ingleses não aclimados por meio de terror e subversão nas colônias do Sul, têm sido ampla e injustamente minimizados ou ignorados. O mosquito não foi um espectador secundário nas canhonadas estrondosas da revolução que ecoaram pelos pântanos e vales, pelas bacias hidrográficas e pelas encostas de seu terreno. O inseto, talvez mais do que tudo, proporcionou aos norte-americanos a vantagem decisiva da luta em casa e ajudou no nascimento de uma nação. O general Anófeles foi privado de ocupar o louvável e merecido lugar nos anais da história estadunidense.

No detalhado estudo *Slavery, Disease, and Suffering in the Southern Lowcountry* [Escravidão, doença e sofrimento no sul de Lowcountry], Peter McCandless disseca a participação do mosquito na conquista da independência americana em um capítulo meticuloso com o título "Revolutionary Fever" [Febre revolucionária]. Ele afirma que, "diante dos relatos contemporâneos, é difícil ignorar a conclusão de que os maiores vencedores nas campanhas do Sul foram os micróbios e os mosquitos que, em grande medida, os transportavam. [...] A respeito do resultado da guerra, as picadas de mosquito talvez tenham feito mais do que os tiros dos insurgentes para garantir a vitória americana". O mosquito consumiu as forças inglesas e acabou por decidir os rumos da revolução e, por extensão, do mundo como o conhecemos.

No início das hostilidades, os ingleses dominavam todas as modalidades de guerra. Embora certamente continuasse em dificuldades financeiras após a dispendiosa Guerra dos Sete Anos, a Inglaterra ainda contava com uma posição econômica muito superior à das desafortunadas colônias. A Marinha britânica podia atacar à vontade qualquer ponto do litoral leste e também impor bloqueios às colônias, impedindo o recebimento de recursos e deteriorando o esforço de guerra e o moral delas. Os ingleses capturaram os importantes portos coloniais de Boston, na Batalha de Bunker Hill, de 1775, e Nova York, em 1776, apertando o cerco naval. As Forças Armadas da Grã-Bretanha eram experientes, treinadas e equipadas com armamento e um aparato militar moderno, além de serem a força de combate mais testada e potente do planeta. Os ingleses complementaram o formidável contingente nacional com a contratação de trinta mil mercenários alemães de Hesse, entre eles o lendário Cavaleiro Sem Cabeça, de Sleepy Hollow, uma prática demonizada na Declaração de Independência. "Ele, no momento, está transportando grandes Exércitos de Mercenários estrangeiros", acusou Jefferson, "para concluir a obra da morte, desolação e tirania, já iniciada com circunstâncias de crueldade e perfídia que não encontram paralelo nem nas épocas mais bárbaras, totalmente indigna da liderança de uma nação civilizada". Os estadunidenses tinham poucos desses benefícios, se é que chegavam a tanto.

Em suma, eles não tinham um exército profissional treinado, armamento moderno e artilharia, indústria para fabricar essas armas ou qualquer outro produto, não tinham apoio financeiro prolongado nem aliados e, principalmente, não tinham uma força naval marítima para romper o bloqueio inglês e começar a importar esses e outros requisitos indispensáveis para a guerra. Ainda que não soubessem no início das hostilidades, eles acabariam por adquirir seu próprio e decisivo exército mercenário, liderado pelo general Anófeles. Mas a entrada e a influência dele no campo de batalha não foram imediatas. O mosquito só merece parabéns de verdade a partir do momento em que começa a sugar o sangue dos ingleses. O mosquito finalmente conquistou seu lugar de direito no centro do palco quando os ingleses transferiram sua estratégia suprema para as colônias infestadas do Sul, em 1780, cinco anos após o começo do conflito.

No início da guerra, em função dessas graves limitações e restrições militares, o máximo que Washington podia fazer era fugir. Se ele conseguisse manter seu Exército Continental inteiro e evitar batalhas diretas decisivas, a revolução poderia sobreviver até que a ajuda chegasse, fosse pela maior participação dos colonos americanos, fosse pelo auxílio da França — ou, como acabou acontecendo, as duas coisas. Passados dois anos e meio de guerra, em outubro de 1777, em Saratoga, os colonos, com armas fornecidas pelos franceses, conquistaram a primeira vitória decisiva. Com a disposição do terreno para a batalha em Saratoga, nas margens do rio Hudson, no interior de Nova York, a supremacia naval da Grã-Bretanha foi neutralizada e os colonos americanos contaram com uma vantagem tática considerável. Cercado, impedido de conseguir reforços e enfrentando um contingente quase três vezes maior, o general John Burgoyne reconheceu sua impotência diante das circunstâncias e se rendeu. Os colonos americanos, liderados pelo general Horatio Gates e por um candente e heroico Benedict Arnold, capturaram ou mataram 7.500 soldados ingleses e sofreram apenas cem baixas. Essa demonstração bastou para convencer os franceses de que os colonos tinham alguma chance.

A França se aliou oficialmente à causa colonial americana em 1778, acompanhada pela Espanha, um ano depois, e pela Holanda, no ano seguinte. Dificilmente os colonos americanos teriam vencido a guerra sem essa intervenção oportuna dos franceses. A Marinha francesa rompeu o bloqueio, então doze mil soldados e 32 mil marinheiros franceses profissionais participaram das últimas campanhas. O general francês, marquês de Lafayette, bilíngue, incrivelmente jovem e espantosamente genial, amigo próximo e confidente de Washington, coordenou as forças franco-americanas ao lado do conde Rochambeau. Lafayette havia entrado para o Exército Continental por conta própria antes do envolvimento oficial da França. Foi nomeado marechal de campo pelo Congresso Continental em 1777, aos dezenove anos de idade. Em 1780, os campos de batalha já ressoavam com zumbidos de mosquito e o vernáculo de seus companheiros franceses.

Contudo, quando os embates se espalharam para a Europa, o Caribe e a Índia, a decisão da França (também da Espanha e da Holanda) de entrar no conflito transformou a revolução em uma reedição da Guerra dos Sete Anos. Isso beneficiou a aliança franco-americana, pois a Grã-Bretanha mergulhou em uma guerra maior com considerações imperiais estratégicas mais complexas. As tropas agora passaram a ser necessárias em outras localidades, e a Inglaterra não conseguia repor as baixas com a mesma facilidade ou rapidez dos norte-americanos. As forças inglesas se dispersaram por todo o império, de Bengala a Boston, passando por Bournemouth, Barbados e as Bahamas. O contingente do Exército inglês durante toda a revolução não passou de sessenta mil homens, o que potencializou o impacto das baixas sofridas em Saratoga e das vítimas subsequentes perdidas para os mosquitos nas colônias do Sul e na Nicarágua.

À medida que a guerra se alastrava pelo planeta, as forças inglesas no Caribe foram massacradas, como sempre, pelas doenças transmitidas por mosquitos. Ao que parece, as lições que o professor mosquito apresentou com tamanha ferocidade — e que foram brutalmente aprendidas em Cartagena, em 1741, e em Havana, em 1762 — foram quase esquecidas ou displicentemente ignoradas. Em 1780, uma frota inglesa sob o comando do capitão de mar e guerra* Horatio Nelson, de 22 anos, zarpou para desafiar o domínio espanhol sobre a Costa do Mosquito e estabelecer bases navais em um segmento da Nicarágua com acesso tanto ao Caribe quanto ao oceano Pacífico. O contingente de três mil homens de Nelson recebeu um desastre embalado para presente: febre amarela, malária e dengue. Quando finalmente foi dada a ordem de retirada, depois de seis meses terríveis, apenas quinhentos sobreviventes saíram aos trancos e barrancos da selva. Em termos de efetivo, essa foi a ação militar mais dispendiosa de toda a Revolução Americana. "Os mosquitos da Nicarágua mataram mais soldados ingleses", ressalta J.R. McNeill,

---

* No original, "*captain*". Coincidentemente, o posto na Marinha britânica do século XVIII se mantém até hoje, assim como o correspondente na Marinha luso-brasileira colonial e na Marinha do Brasil moderna. (N. do T.)

do que o Exército Continental nas batalhas de Bunker Hill, Long Island, White Plains, Trenton, Princeton, Brandywine, Germantown, Monmouth, King's Mountain, Cowpens e Guilford Court House somadas. Entretanto, em termos políticos, o cerco a Yorktown quinze meses depois saiu muito mais caro.

Mas doenças transmitidas por mosquito não eram nenhuma novidade para Horatio Nelson. Ele havia contraído malária quando servira na Índia, em 1776. Ainda que Nelson tenha escapado da morte malárica novamente quatro anos depois, durante o pesadelo comandado pelo mosquito na Nicarágua, ele nunca se recuperou totalmente e passou o resto da vida assombrado por incontáveis recaídas e reinfecções graves. Contudo, ele viveu o bastante para conquistar a imortalidade em sua nau capitânia, o HMS *Victory*, na Batalha de Trafalgar, em 1805, quando sua frota, em desvantagem numérica, aniquilou uma esquadra franco-espanhola durante as Guerras Napoleônicas. Nelson morreu no confronto, mas suas táticas pouco convencionais e a vitória inesperada reafirmaram e promoveram o poderio naval da Grã-Bretanha.

Enquanto começava, em 1780, a última campanha inglesa no sul infestado de mosquitos das colônias, Nelson e sua tripulação estavam sendo devorados por uma armadilha de insetos nas selvas da Nicarágua. Eles foram totalmente destroçados. Enquanto os holofotes da história estavam concentrados no norte, nos acontecimentos que transcorriam nas colônias americanas, a derrota dos ingleses na Nicarágua foi a pior que qualquer nação ou força beligerante sofreu durante a revolução, que a essa altura já era uma guerra global. Durante o fiasco de Nelson na Nicarágua, quase 85% de seu contingente sucumbiu à dengue, à febre amarela e à malária, o índice de baixas mais alto de todo o conflito, o que acabou restringindo o efetivo disponível da Inglaterra.

O envio de tropas da Grã-Bretanha para as ações no Caribe, incluindo a fatídica e custosa campanha de Nelson na Nicarágua, comprometeu o teatro americano. Em 1780, quando os ingleses posicionaram seu maior contingente até então, de nove mil soldados, na Carolina do Sul (que produzia todo ano doze gerações de mosquitos), mais de doze mil ingleses já haviam morrido de doenças transmitidas por mosquitos durante as aventuras imperiais no Caribe para proteger lucrativas colônias agrícolas. Os navios enviados às Índias Ocidentais perdiam mais de 25% do efetivo humano antes de atracar no local de destino. O recrutamento e o treinamento de reforços ingleses não tinham como acontecer rápido o bastante para suprir essas baixas. Os mosquitos mercenários não paravam de matar soldados ingleses não aclimados, tanto no Caribe quanto na última campanha no Sul americano.

Em 1779, os dois lados haviam obtido vitórias nas colônias americanas, então a guerra prosseguiu. Nesse momento, a Grã-Bretanha controlava os principais portos e cidades. Os norte-americanos vagavam pelo interior do continente, e o general Henry Clinton, recém-nomeado comandante em chefe inglês, não conseguia atrair Washington para batalhas significativas. Frustrado com a falta de sucesso nas campanhas ao norte e pela resistência de Washington a um confronto definitivo, Clinton argumentou a favor de uma nova estratégia para o sul, a fim de terminar a guerra, que por motivos fiscais estava perdendo apoio na Inglaterra. A guerra pela América agravava um endividamento já imenso e sufocante, que havia sido acumulado antes e durante a Guerra dos Sete Anos.

Uma mudança de paisagem do norte para o sul, para enfim esmagar a rebelião com um único golpe e silenciar essas vozes inglesas hesitantes, foi exatamente o que Clinton receitou. Também se acreditava, com base em informações questionáveis de exilados ou espiões estadunidenses em Londres, que as colônias escravagistas de plantações de arroz da Geórgia e das Carolinas, por serem as colônias mais jovens e com mais ingleses recém-chegados, continham uma população grande de legalistas que deflagrariam a bandeira britânica à primeira vista dos libertadores ingleses e pegariam em armas para defender a metrópole. Clinton nutria esperanças de que isso atenuasse os problemas de contingente da Grã-Bretanha.

Os ingleses capturaram o porto de Savannah em 1778. O índice de perdas anuais para doenças transmitidas por mosquito na guarnição defensiva de Savannah era de 30%. Documentos indicam uma incidência de enfermidade "para além de qualquer dimensão concebível [...] nosso sofrimento por enfermidades neste clima atroz é terrível e contínuo, em um nível muito alto". O sofrimento de Savannah logo foi replicado em Charleston, a base da estratégia de Clinton para o sul. Em 1776, Clinton havia desistido de uma tentativa anterior de conquistar essa "chave para o sul" com o seguinte argumento: "Fiquei mortificado de ver que a estação tórrida e insalubre se aproximava de nós a passos largos, quando quaisquer noções de atividade militar nas Carolinas deveriam ser abandonadas." Já em maio de 1780, quando o primeiro surto registrado de dengue nas colônias se desdobrava na Filadélfia, os ingleses persistiram e logo capturaram Charleston, o bastião dos mosquitos.[4]

Esperando um ataque do general Washington em Nova York, Clinton voltou à cobiçada cidade portuária, deixando o general Charles Cornwallis, seu segundo comandante, para liderar os nove mil soldados dos regimentos do sul. Antes da revolução, não era nenhum segredo que o ambiente das colônias do Sul era enfermiço e devastador. Cornwallis reconheceu imediatamente o perigo, informando a Clinton em agosto que "o clima é tão ruim a 150 quilômetros do litoral, entre o fim de junho e meados de outubro, que seria impossível posicionar tropas nesse período sem a certeza de que os homens seriam inutilizados por algum tempo para o serviço militar, se não fossem totalmente perdidos". O general teve a perspicácia de conduzir seu exército para o interior, a fim de demonstrar uma forte presença inglesa e arregimentar legalistas, estabelecer bases inglesas e postos avançados de operação e, claro, evitar as relíquias mortais de Charleston durante o auge da temporada de mosquitos. Cornwallis sabia

---

4 O dr. Benjamin Rush era o médico de plantão na Filadélfia. Ele registrou os sintomas da doença como "febre quebra-osso", hoje um apelido ou sinônimo comum da dengue.

muito bem da reputação de Charleston como terrível antro de escória e vilania de mosquitos.

Sua movimentação continente adentro a partir de Charleston iniciou uma série de batalhas contra as forças estadunidenses sob o comando dos generais Gates e Greene, a maioria com desfecho favorável para os ingleses. Como disse Greene, "lutamos, apanhamos, nos levantamos e lutamos de novo". Greene recebeu um informe que descrevia as forças inglesas como "o retrato emaciado da doença". Combater rebeldes estadunidenses era uma coisa; combater os exércitos brutais de mosquitos mercenários era outra bem diferente. Com escasso sucesso, o frustrado Cornwallis reposicionou várias vezes suas forças para evitar "doenças miasmáticas" durante sua campanha no sul.

Subvertido e abatido pelo general Anófeles a todo instante, Cornwallis continuou movimentando suas tropas, fugindo não dos estadunidenses, mas de doenças transmitidas por mosquitos. Ele ziguezagueou pelas Carolinas na esperança de encontrar refúgio em locais que os legalistas residentes prometiam ser saudáveis. "E se isso não nos impedir de adoecermos", relatou Cornwallis, "me desesperarei." Esses bivaques, argumentou o comandante inglês, tinham "aparência salutar, mas se revelaram exatamente o contrário, e as doenças vieram muito rápido". Tendo estabelecido seu exército afligido em Camden, Cornwallis percebeu que 40% de seus homens foram abatidos por "febres que os incapacitaram para o serviço". Após dispersar o exército de Gates em Camden, em meados de agosto, Cornwallis recorreu a Clinton: "Nossa enfermidade é severa e genuinamente alarmante." A malária, a febre amarela e a dengue corroeram o contingente e o moral inglês. Além disso, continuariam comprometendo a capacidade de combate de Cornwallis. Thomas Paine descreveu a revolução como um "momento que testa a alma dos homens". Nesse caso, o mosquito devorou e capturou almas inglesas.

A pesquisa extensa de McCandless revela que "os termos mais usados nas correspondências inglesas a respeito da doença dos soldados são 'intermitentes', 'febres', 'febres malignas', 'febres pútridas' e 'febres biliosas', e todos são indicativos de malária e, talvez, de febre amarela e dengue". Havia referências frequentes também à "febre quebra-osso", outro nome para a dengue, e aos sinais reveladores da febre amarela. Documentos ingleses de 1778 observaram que "os franceses trouxeram a febre amarela". Considerando a taxa de mortalidade, é improvável que a malária *vivax* e até a *falciparum*, ambas presentes, tenham atuado sozinhas. Vale a pena apontar que os soldados estadunidenses também sofreram das mesmas doenças transmitidas por mosquitos durante a campanha no Sul. As mesmas expressões aparecem nas correspondências estadunidenses. Mas, *e essa é a grande questão*, visto que os estadunidenses estavam aclimados e relativamente protegidos, eles não contraíam essas doenças, nem morriam delas, no mesmo ritmo dos ingleses não aclimados. Como resultado, os estadunidenses preservaram o poder de luta e a força para o combate.

No outono de 1780, Cornwallis, que também combatia o ataque terrível das "febres", informou que seu exército estava "quase arruinado" pela malária, e diversas unidades foram "demolidas absolutamente pela doença [e] não estarão aptas para servir por alguns meses". Após a vitória de Pirro sobre a força estadunidense mais numerosa de Greene, em Guilford Court House, na primavera de 1781, Cornwallis levou seu exército reduzido a Wilmington, no litoral da Carolina do Norte. Apesar de os residentes locais aclimados darem declarações no sentido contrário, ele logo percebeu que nenhum lugar estava a salvo das garras das doenças transmitidas por mosquitos. "Dizem que se avançarmos mais sessenta, oitenta quilômetros, vamos nos manter saudáveis", reclamou Cornwallis. "Era a mesma conversa de antes de Camden. Impossível confiar nesses experimentos." Era hora de fugir das garras estranguladoras do mosquito e se abrigar no norte contra o enxame iminente.

Com a aproximação da temporada de mosquitos, Cornwallis percebeu que não tinha homens suficientes para defender o interior e, para sua grande infelicidade, a previsão de recrutar uma multidão de legalistas nunca se concretizou. Muitos sulistas talvez até nutrissem opiniões políticas pró-Inglaterra, mas eles se recusavam a se aliar abertamente a qualquer lado enquanto o resultado da guerra ainda era incerto. Eles, como 40% de todos os colonos, ficaram em cima do muro ou neutros e não quiseram se envolver. No auge, cerca de 40% dos colonos apoiaram a revolução, enquanto 20% seguiram o rei inglês. Mas, nesse caso, o general Anófeles foi um revolucionário ferrenho.

Sem conseguir a vitória decisiva nas Carolinas, e diante da iminência da temporada de malária, Cornwallis guarneceu algumas bases vitais, inclusive Charleston, e enviou a maior parte do exército para o norte, na direção de Jamestown, "a fim de preservar as tropas da doença fatal, que quase arruinou o exército no outono passado". Embora não satisfeito, ele estava disposto a se consolidar com outras colunas inglesas, aguardar o fim da temporada de mosquitos na suposta segurança da Virgínia e retomar a campanha no fim do outono. Mas Lafayette tinha outros planos.

Na Virgínia, o general francês fez com Cornwallis um jogo produtivo e astuto de gato e rato, *à la* Tom e Jerry, perturbando repetidamente as forças inglesas sem dar espaço para confrontos diretos. Lafayette atraiu os ingleses para escaramuças rápidas, privando-os do descanso de que tanto precisavam. Durante esse jogo bélico de esconde-esconde, como Amherst no passado, Cornwallis resolveu experimentar a guerra biológica, trocando os cobertores por africanos escravizados. Ele atacou a residência de Thomas Jefferson em Monticello e capturou trinta africanos para infectá-los com varíola e usá-los como armas biológicas. Jefferson elogiou o plano, pois "teria sido eficaz, mas apenas os condenou à inevitável morte por varíola e febre pútrida". Como Amherst, Cornwallis tampouco conseguiu lançar sua imaginada praga pestilenta. O placar dos esforços dos ingleses com a guerra biológica agora era um pífio 0 a 2.

Apesar dos protestos e temores de Cornwallis quanto à saúde de seus homens, Clinton deu ordem para que ele encontrasse um acampamento adequado na baía de Chesapeake, de onde seu exército poderia ser convocado rapidamente para Nova York. Clinton ainda se agarrava à ideia de um ataque franco-americano inevitável na cidade portuária estratégica e estava disposto a arriscar os soldados para assegurar a defesa. Cornwallis questionou diversas vezes a decisão de seu superior. "Rogo que Sua Excelência reconsidere o valor de se manter um posto defensivo enfermiço nesta baía." Ele relatou a Clinton que sua posição no momento "nos dá apenas alguns hectares de pântanos insalubres" e que ele tinha já "muitos doentes". No entanto, Cornwallis seguiu as ordens, sabendo muito bem que, como McCandless estima, "a estratégia de Clinton para o sul prejudicou seriamente a saúde de suas tropas e talvez tenha custado aos ingleses a guerra".

Em 1º de agosto de 1781, Cornwallis acampou com seu exército nos arrozais e estuários entre os rios James e York em um povoado insignificante chamado Yorktown. Com não mais que dois mil habitantes, Yorktown ficava a apenas 24 quilômetros de Jamestown. A criação dos Estados Unidos iniciada com os mosquitos colonos em Jamestown seria concluída por seus herdeiros locais mais mortíferos de Yorktown. Conforme ingleses, estadunidenses e franceses reuniam suas tropas, exércitos de mosquitos mercenários famintos se concentravam em um enxame cada vez maior nos pântanos verdejantes nos arredores de Yorktown. Além de ser um território ideal para mosquitos, era também o momento certo do ano para Anófeles, o aliado de Washington, atacar. E atacou mesmo, lançando uma tormenta de malária sobre os visitantes ingleses e mudando os rumos da história.

O general Clinton ficou atordoado quando a frota francesa chegou no início de setembro a Yorktown, em vez de Nova York. Ao ser informado dessa decisão dos franceses, Washington, em consulta com Rochambeau, foi obrigado "a desistir de qualquer ideia de atacar Nova York" e levou suas tropas franco-americanas às pressas para o sul, até Yorktown. A coluna de Washington chegou no fim de setembro, unindo-se à força de bloqueio de Lafayette para posicionar mais de dezessete mil homens no terreno elevado em torno de Yorktown. "Cornwallis agora estava com o pior dos dois mundos", comenta McNeill. "O exército ficou entrincheirado no litoral, sob risco máximo de malária, mas a Marinha britânica não conseguia chegar para socorrê-lo." Como precisavam que os ingleses se rendessem antes do fim da temporada de mosquitos e do início do inverno, em 28 de setembro os generais Washington, Rochambeau, Lafayette e Anófeles arquitetaram um cerco terrestre e naval (aéreo também) habilidoso e ligeiro.

Ciente da posição inferior, e com os homens afligidos pela malária, Cornwallis, desesperado, experimentou a guerra biológica mais uma vez. Enviou, sem sucesso, africanos escravizados infectados com varíola para as fileiras franco-americanas. Embora Edward Jenner só fosse aperfeiçoar a vacina contra a varíola em 1796, já se praticavam técnicas arriscadas de imunização desde os anos 1720. A partir de 1777, Washington insistiu que seus soldados recebessem a inoculação perigosa. Alguns morreram, certamente, mas o restante do exército adquiriu imunidade de grupo contra a varíola. A segunda tentativa fracassada de Cornwallis de produzir uma epidemia intencional de varíola levou o placar do armamento biológico inglês para 0 a 3.

Desesperado, Cornwallis implorou que Clinton mandasse reforços, ajuda e quinino. "Este lugar não está em condições de ser defendido [...] se a ajuda não vier logo, prepare-se para o pior [...] precisa-se de remédios." Enquanto a força franco-americana apertava o cerco, o mosquito continuava o ataque implacável contra os ingleses presos em Yorktown. Os comentários palpitantes de David Petriello sobre a malfadada estratégia de Clinton no sul, encerrada pela posição de Cornwallis, cercada de mosquitos e corroída de malária em Yorktown, determinam que "os ingleses haviam sido rechaçados do Sul não pelos canhões dos patriotas, mas pela probóscide do mosquito *Anopheles*".

No início do cerco de Yorktown, em 28 de setembro, Cornwallis comandava 8.700 homens. Quando ele se rendeu oficialmente, em 19 de outubro, restavam 3.200 homens (37%) aptos para o serviço. Considerando que as baixas inglesas resultantes de combate não passavam de duzentos mortos e quatrocentos feridos, mais de metade da força total estava doente demais para lutar. O exército inglês em Yorktown tinha sido comido vivo pelos mosquitos da malária. Em mensagem a Clinton um dia depois de se render, Cornwallis deu o crédito para sua derrota e capitulação final não ao inimigo, mas à malária: "Cabe-me a mortificação de informar Sua Excelência de que fui obrigado a abandonar meu posto. [...] As tropas foram deveras debilitadas por doenças. [...] Nossos números foram reduzidos pelo fogo do inimigo, mas particularmente pelas doenças. [...] Nossa força foi diminuída diariamente pelas doenças [...] até pouco mais de 3.200 homens aptos." O comandante dos mercenários alemães, entrincheirado em Yorktown junto com Cornwallis, relatou dois dias antes da rendição que os ingleses estavam "quase todos afligidos de febre. O exército se dissolveu [...] e não havia mil homens que pudessem se dizer saudáveis". O mosquito tinha expulsado os ingleses das batalhas revolucionárias no Sul e vencido a longa e sangrenta luta pela liberdade norte-americana.

J. R. McNeill destaca que "Yorktown e os mosquitos acabaram com as esperanças da Inglaterra e decidiram a guerra americana". Ele encerra seu capítulo "Revolutionary Mosquitoes" [Mosquitos revolucionários] com uma saudação ao pequeno general Anófeles, que "se reúne orgulhosamente aos pais fundadores dos Estados Unidos". Sua vitória americana não apenas alterou os rumos da história e transferiu o coração da civilização ocidental da Grã-Bretanha para os Estados Unidos, como também gerou ondas de choque imediatas com repercussões globais.

O posto avançado inglês na Austrália, por exemplo, foi um subproduto tanto de Yorktown quanto do mosquito. Nas décadas anteriores à revolução, as colônias americanas recebiam um aporte anual de dois mil detentos ingleses. Ao todo, cerca de sessenta mil prisioneiros ingleses condenados foram despachados para as colônias. Com a independência estadunidense, o Parlamento inglês foi obrigado a considerar uma base alternativa para descarregar um volume crescente de criminosos domésticos. A princípio, considerou-se a colônia incipiente da Gâmbia, mas concluíram que o exílio para a África seria o mesmo que uma sentença de morte. Após um ano, 80% da diáspora inglesa morreu de doenças transmitidas por mosquitos. Isso anulava o propósito duplo de uma colônia penal: castigar e eliminar criminosos da metrópole e, ao mesmo tempo, usar esses súditos ingleses expulsos como vanguarda da colonização. Se os condenados não sobrevivessem, como essas colônias poderiam se desenvolver? Os primeiros 1.336 prisioneiros ingleses chegaram ao destino alternativo de Botany Bay (Sydney) em janeiro de 1788, e assim nasceu a Austrália inglesa.

Como sua prima australiana da Commonwealth, o Canadá britânico também foi concebido após o resultado orquestrado pelo mosquito para a Revolução Americana. Embora o Canadá tenha continuado a ser uma colônia britânica após a revolução, foi o afluxo de legalistas estadunidenses depois do conflito que afastou da França o perfil demográfico e a cultura dominante. Em 1800, mais de noventa mil legalistas saíram dos Estados Unidos e aportaram no Canadá para manter lealdades políticas pessoais, fugir de perseguição ou encontrar refúgio contra as epidemias de febre amarela que consumiram os estados costeiros entre 1793 e 1805. Vinte e cinco anos depois de o mosquito ajudar os Estados Unidos a conquistar autonomia, a população de canadenses britânicos já era dez vezes maior que a dos franceses.

Mas a preservação do Canadá foi a única consolação para os ingleses quando a assinatura do Tratado de Paris, em setembro de 1783, encerrou oficialmente o que havia se tornado um conflito global, e não apenas uma guerra pela independência dos Estados Unidos. A Flórida inglesa foi cedida à Espanha, e a França adquiriu o Senegal e Tobago. Todos os territórios britânicos a leste do rio Mississippi, entre a Flórida e os Grandes Lagos, e o rio São Lourenço foram cercados, estabelecendo as fronteiras nacionais do novo país, reconhecido internacionalmente como Estados Unidos da América. Com a anulação da Linha da Proclamação, a área dos Estados Unidos mais que dobrou de tamanho. A Revolução Americana serviu de estopim para uma onda de revoltas que se espalhou pelas Américas contra o poder europeu. Decididas pela disseminação de febre amarela e malária causada pelo mosquito, essas insurreições e guerras coloniais, que determinaram o destino de liberdade de várias nações, também acabaram por ampliar a expansão ocidental do território dos Estados Unidos.

Embora o mosquito tenha ajudado os generais George Washington e Lafayette a conquistar a independência estadunidense, ainda faltavam seus últimos toques para a obra-prima Destino Manifesto e a anexação territorial. O general Anófeles e seu compatriota, o general Aedes, como já vimos, são amigos e aliados voláteis. O nascimento dos Estados Unidos aconteceu à custa dos ingleses picados pelos mosquitos. A expansão ocidental do país para o Território da Louisiana e as excursões subsequentes de Lewis e Clark foram resultado dos ataques impiedosos do mosquito contra as tropas francesas não aclimadas de Napoleão, que penavam para reprimir sua própria insurreição no Haiti em meio à Revolução Francesa e às Guerras Napoleônicas.

Assim como os mosquitos americanos haviam prestado apoio e respeito aos insurgentes de Washington, os mosquitos insurgentes do Haiti reforçaram a rebelião de africanos escravizados e o longo conflito liderado por Toussaint Louverture contra o domínio draconiano da França. O inseto também ajudou revolucionários aclimados durante as incipientes guerras de independência contra a autoridade espanhola pelas Américas Central e do Sul promovidas pelo carismático Simón Bolívar. "A América, ao se separar da Monarquia espanhola, produz um cenário semelhante ao do Império Romano", proclamou Bolívar em 1819, "quando aquela imensa estrutura se desmantelou em meio ao mundo antigo." Repetindo a ruína afligida sobre o Império Romano 1.500 anos antes, o mosquito transformou também o poderoso Império Hispano-Americano em fragmentos autônomos e independentes. "Gerações de historiadores geniais lançaram luz sobre essa era de revoluções. [...] Foram acontecimentos tumultuosos, cruciais para a história da política, repletos de heroísmo e drama, que colocaram em cena personagens como George Washington, Toussaint Louverture e Simón Bolívar", atesta J. R. McNeill. "Um detalhe que passou despercebido por eles foi a participação dos mosquitos na vitória das revoluções." A partir da Revolução Americana, conforme todos os impérios coloniais europeus entravam em colapso, o mosquito alocou e disseminou libertação e morte. Esses dois desenlaces deram à luz uma nova liberdade.

CAPÍTULO 13

MOSQUITOS MERCENÁRIOS:
as guerras de independência
E A FORMAÇÃO DAS AMÉRICAS

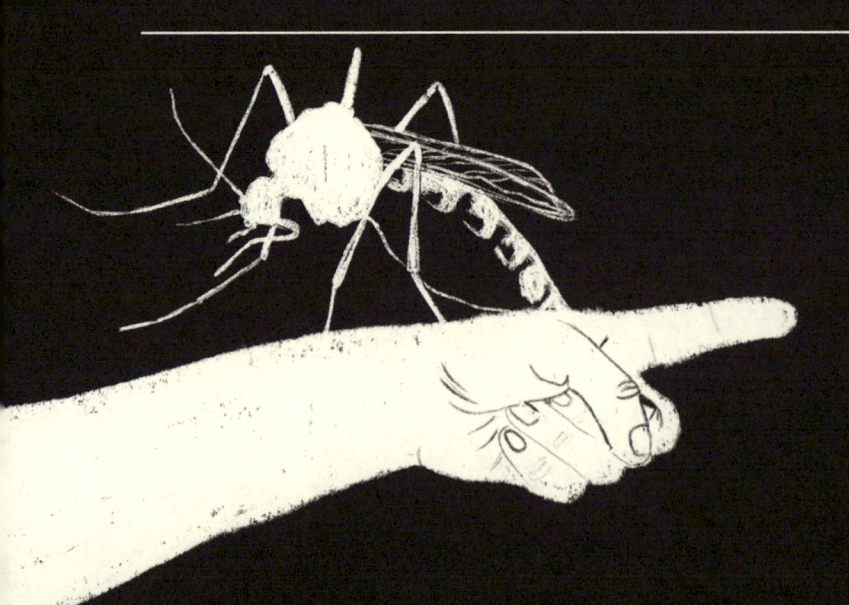

Na primavera de 1803, o presidente Thomas Jefferson encarregou Meriwether Lewis e William Clark de liderarem o Corpo de Expedição e Descobrimento para explorar e mapear o recém-adquirido Território da Louisiana. Era fundamental que os 34 astutos desbravadores dessa excursão pelo interior viajassem com pouca bagagem, que se limitava a equipamentos e materiais indispensáveis para a sobrevivência nas terras exóticas e desconhecidas do oeste estadunidense. Enquanto selecionavam e reuniam cuidadosamente as necessidades básicas, os viajantes tomaram o cuidado de incluir 3.500 doses de casca de quinino; 225 gramas de ópio; mais de seiscentas cápsulas de mercúrio, que eles chamaram de "Trovejantes"; mercúrio líquido e seringas penianas; entre outros artigos essenciais. O consumo oral de mercúrio ou a injeção na uretra não curavam disenteria, gonorreia ou sífilis, nem espantavam ursos. No entanto, as fezes contaminadas e as gotículas de mercúrio que eles deixaram para trás permitiram que pesquisadores modernos identificassem meticulosamente os locais e a rota exata da expedição liderada por Sacagawea. "Apesar da disenteria, de doenças venéreas, picadas de cobra e um ou outro ataque de urso", informa Petriello, "a expedição voltou relativamente ilesa" após uma jornada bem-sucedida de mais de dois anos.

A principal meta da expedição de Lewis e Clark, por ordem de Jefferson, era encontrar "a comunicação aquática mais direta e praticável por este continente, para fins de comércio". Entre os objetivos secundários se incluíam o estabelecimento de relações comerciais com povos indígenas, bem como o estudo da flora e da fauna para avaliar o potencial econômico. Em suma, a intenção era descobrir, de modo geral, o que é que Jefferson tinha acabado de comprar de Napoleão, que precisava de uma rápida injeção de capital para financiar e liderar sua campanha inconclusa na Europa.

A aquisição do Território da Louisiana, mediada pelo mosquito, foi um subproduto tanto das circunstâncias internacionais mais amplas em torno da tumultuosa e confusa Revolução Francesa quanto dos subsequentes esforços de Napoleão para restaurar a antiga glória do Império Francês nas Américas, prejudicado pela Guerra dos Sete Anos. Em meio a essas perturbações, a jovem nação americana sofreu um dos piores surtos de doenças da história do país. Refugiados coloniais franceses, escapando da violenta revolta de africanos escravizados no Haiti, inundaram a Filadélfia com febre amarela. Como veremos, após a Revolução Americana, o mosquito foi a ponte entre quatro acontecimentos aparentemente não relacionados que ocorreram ao longo de catorze anos: o início da Revolução Francesa, em 1789; a rebelião liderada por Toussaint Louverture, no Haiti, em 1791; a tenebrosa epidemia de febre amarela de 1793, na Filadélfia; e, por fim, a conclusão da aquisição da Louisiana, em 1803.

Nesse período, da França até os confins das Américas, o mosquito teceu uma rede intrincada de episódios históricos infames e influentes. Ele devassou o coração de impérios coloniais ao estimular revoluções, impulsionar o Destino Manifesto Americano para oeste e perturbar o equilíbrio de poder no continente. O mosquito fez os aspectos mais sombrios e sinistros do Intercâmbio Colombiano se voltarem contra seus criadores e administradores europeus, deslanchando uma torrente de febre amarela e malária contra soldados imperiais não aclimados que tentavam subjugar revoltas de africanos escravizados e movimentos de independência nas colônias americanas. Sem perceber, as metrópoles foram as responsáveis por orquestrar as condições biológicas de seus fracassos imperiais. No processo, o mosquito reconfigurou o mapa do que a essa altura já não era um mundo tão novo nem tão pequeno assim. As bases econômicas, políticas e filosóficas da revolução fermentadas na América colonial, com o impulso do general Anófeles, incitaram os súditos miseráveis e decrépitos da França a rejeitar o jugo da subordinação imposto por uma monarquia opressora e prepotente.

Estimulados pelos estatutos de liberdade esculpidos pelos compatriotas americanos, os franceses promoveram sua revolução contra a tirania do rei Luís XVI e sua noiva, Maria Antonieta, iniciada pela notória Tomada da Bastilha, em 14 de julho de 1789. Embora os monarcas franceses tenham sido guilhotinados em 1793, a revolução ganhou corpo e alcançou as colônias francesas. Em 1799, o brilhante general Napoleão Bonaparte, de 31 anos, executou um golpe de Estado contra os líderes de seu governo republicano revolucionário sem derramar uma gota de sangue. Napoleão se estabeleceu como líder de um governo mais autoritário e, na prática, encerrou a Revolução Francesa. Ávido pelo poder absoluto, em 1804 ele conspirou para ser eleito imperador da França em um regime baseado no Império Romano. Sua ânsia por poder e guerra deflagrou as Guerras Napoleônicas, o maior conflito europeu e internacional jamais visto até então. A busca de Napoleão por dominação global e pela ressurreição do Império Francês nas Américas, incluindo interesses de fronteira e participação nos Estados Unidos, seria devorada pelos mosquitos haitianos.

A França havia adquirido o Haiti, a parte ocidental da ilha de Hispaniola, em 1697, durante os conflitos coloniais que precederam a Guerra dos Sete Anos. No início da revolta dos africanos escravizados, em 1791, o Haiti (que até a expulsão dos franceses era chamado de São Domingos) tinha oito mil fazendas e produzia metade do café mundial. Era também um importante exportador de açúcar, algodão, tabaco, cacau e índigo, que era usado como corante de um caro tecido roxo-azulado. A diminuta colônia insular representava impressionantes 35% de todo o império econômico mercantilista da França. Como seria de esperar, era também o principal destino de africanos escravizados (e mosquitos importados), com trinta mil recém-chegados por ano. Em 1790, os quinhentos mil escravizados do Haiti, dos quais dois terços haviam nascido e se aclimado na África, constituíam até 90% da população. A maioria dos africanos escravizados do Haiti chegava já aclimada para a malária e a febre amarela.

Em agosto de 1791, mais de cem mil escravizados se rebelaram contra um grupo de fazendeiros franceses repressores e violentos. Um ex-escravizado, transformado em revolucionário, resumiu os horrores que sustentavam as causas da revolta:

> Eles não penduraram homens de cabeça para baixo, afogaram-nos dentro de sacas, crucificaram-nos em tábuas, enterraram-nos vivos, esmagaram-nos em almofarizes? Não os obrigaram a comer merda? E, depois de descarná-los com o açoite, não os largaram para serem devorados vivos por vermes, ou em cima de formigueiros, ou os amarraram em estacas no pântano para serem devorados pelos mosquitos? Não os jogaram em caldeirões ferventes de melaço? Não puseram homens e mulheres dentro de barris cravejados de pregos e os rolaram por precipícios para o abismo? Não relegaram esses pretos miseráveis a serem devorados por cachorros até que estes, saciados com a carne humana, deixaram as vítimas mutiladas para serem exterminadas com baionetas e punhais?

Mark Twain certa vez comentou, com cinismo: "Existem muitas coisas engraçadas no mundo; entre elas, a ideia do homem branco de que ele é menos selvagem que os outros selvagens." Os mesmos ideais de vida, liberdade e busca da felicidade que o Iluminismo, carregado de café, promoveu e que havia instigado tanto a Revolução Americana quanto a Francesa também deu início à Guerra de Independência do Haiti contra os senhores franceses. A princípio, a violência foi esporádica, confusa e incoerente. As coalizões eram vagas e se reorganizavam constantemente, além de as alianças mudarem de batalha em batalha. No entanto, atrocidades corriam soltas por todas as facções.

Enquanto esse levante caótico e indefinido no Haiti ganhava embalo, o aumento de uma guerra europeia geral formou uma coalizão contra a França de Napoleão que incluiu (em momentos diversos) a Rússia, a Áustria, a Prússia, Portugal, a República da Holanda e a Grã-Bretanha, entre outros países e principados menores. A Revolução Francesa globalizou e se expandiu para o Caribe. A Inglaterra encarou a revolta dos negros escravizados no Haiti como uma inspiração perigosa para os escravizados em suas colônias caribenhas. Com receio de um efeito dominó de revoltas, os ingleses intervieram em 1793. Já em guerra com a França, os ingleses pretendiam ao mesmo tempo reprimir a insurreição e capturar a diminuta, mas extremamente lucrativa, colônia francesa.

Segundo J. R. McNeill, as tropas inglesas não aclimadas que foram enviadas ao Haiti "morriam com impressionante velocidade e aparentemente desembarcavam dos navios direto para o túmulo". Os ingleses picados e doentes ficaram cinco anos no Haiti e conseguiram fazer muito pouco além de alimentar mosquitos e morrer aos montes. "A ordem dos sintomas", escreveu um cirurgião do Exército inglês em 1796, "era prostração e fraqueza; dor pesada e às vezes aguda na testa; uma dor intensa na bacia, nas juntas e nas extremidades; um aspecto vitrificado no olho, com sufusão de sangue; náusea ou vômito de bile, às vezes uma substância preta fétida, semelhante a grãos de café". Dos cerca de 23 mil soldados ingleses postados no Haiti, quinze mil, ou 65%, morreram de febre amarela ou malária. Um sobrevivente inglês mais tarde descreveu que "a morte se apresentou em todas as formas que uma imaginação sem limites poderia conceber, e alguns morreram completamente loucos. A podridão da desordem enfim se intensificou de tal modo que centenas se afogaram absolutamente no próprio sangue, que brotava de todos os poros". Em 1798, o mosquito expulsou do Haiti o Exército britânico, antes poderoso e agora aflito.

Contudo, o Haiti foi só uma operação dentro da campanha mais ampla da Grã-Bretanha no Caribe. Os ingleses tentaram, em vão, capturar outras possessões francesas, espanholas e holandesas. Cada expedição foi enfrentada por revoadas resolutas de mosquitos mercenários e acabou em ruínas, com pilhas de cadáveres ingleses. Quando a Grã-Bretanha finalmente desistiu, em 1804, para concentrar as forças contra Napoleão no continente europeu, o mosquito já havia matado entre 60 e 70 mil soldados ingleses (cerca de 72%) no Caribe. Os ingleses estavam "lutando para conquistar um cemitério", segundo McNeill. "São Domingos foi a maior parte, mas apenas uma parte, dessa sepultura do Exército Inglês." Aparentemente, o potencial de lucro e o projeto econômico ofuscavam, e até aniquilavam, toda a lógica de se despachar em vão uma sequência persistente de soldados não aclimados para o porão de horrores sufocante do mosquito descrito pelo tenente Bartholomew James, da Marinha Real. "A doença terrível que agora prevalecia nas Índias Ocidentais está além de qualquer descrição que a língua ou a pena possam fornecer", registrou James na Martinica, em 1794. "As constantes cenas comovedoras de morte súbita [eram] na realidade terríveis de se contemplar, e mais quase nada se via que não cortejos fúnebres."

No Caribe, os ingleses e as outras nações imperialistas europeias certamente se aferravam à máxima original, e muitas vezes deturpada, do filósofo e poeta George Santayana: "Aqueles que não se lembram do passado estão condenados a repeti-lo." Durante a primeira fase da campanha britânica no Caribe, em 1793, por exemplo, um informe inicial de Guadalupe declarava: "Essa enfermidade terrível, a febre amarela, embora tenha decaído quando chegamos pela primeira vez às Índias Ocidentais, despertou agora com a chegada de novas vítimas." Os gulosos mosquitos tropicais se esbaldaram com um banquete de europeus não aclimados que eram despejados nessa fornalha de doenças nas selvas do Caribe, principalmente no Haiti arrasado por guerras. Mas essas epidemias localizadas logo encontraram uma favorável plateia hospedeira internacional. Elas se alastraram do Caribe feito uma sombra assassina, esgueirando-se furtivamente pelas Américas e pelo mundo. A revolução no Haiti e os conflitos imperiais no Caribe aceleraram a movimentação de tropas, refugiados e febre amarela pelo mundo atlântico. Exércitos e refugiados que escapavam desses trovões tropicais para a Europa eram acompanhados por doenças transmitidas pelo mosquito. A febre amarela se abateu sobre o litoral do Mediterrâneo, incluindo o sul da França, antes de fazer apresentações especiais ao norte até a Holanda, a Hungria, a Áustria e os principados germânicos da Saxônia e da Prússia. Na Espanha, cem mil pessoas morreram da temida febre amarela ou *vómito negro* entre 1801 e 1804, além dos oitenta mil que já haviam sucumbido à doença durante surtos anteriores. Só em Barcelona, a febre amarela matou vinte mil pessoas em três meses, ou 20% da população da cidade.

Depois de acumular imensas riquezas à custa dos africanos escravizados nas plantações, as potências imperialistas da Europa agora colhiam um turbilhão transatlântico de doença e morte importado diretamente dos impérios mercantilistas americanos e das ecologias de mosquito que elas mesmas haviam criado. Em uma irônica reviravolta do destino, ou talvez seja carma, se você preferir, o mosquito agora revidava contra as metrópoles europeias por terem alterado os ecossistemas globais durante o Intercâmbio Colombiano. Contudo, as colônias americanas definitivamente não foram ignoradas ou poupadas dos terrores da febre amarela.

Entre 1793 e 1805, a doença ricocheteou por todo o hemisfério ocidental feito um dardo envenenado, ganhando força durante uma das oscilações mais intensas do El Niño do milênio. Fora do horror haitiano, os locais mais afetados foram Havana, Guiana, Veracruz, Nova Orleans, Nova York e Filadélfia, que viveu epidemias anuais durante essa turnê de doze anos da febre amarela.

Antes da epidemia histórica de 1793, fazia trinta anos que a Filadélfia não via a febre amarela. A população, portanto, estava relativamente pronta para ser infectada. Em julho de 1793, o *Hankey*, que recebeu o apelido de "Navio da Morte", atracou na capital do país, trazendo cerca de mil refugiados franceses do Haiti. Alguns dias depois, em um bordel perto do píer, em uma parte questionável da cidade conhecida como Hell Town [Vila Infernal], um flagelo insidioso de febre amarela se espalhou de surpresa sobre os 55 mil habitantes da Filadélfia. Ao todo, vinte mil pessoas fugiram da cidade, incluindo a maioria dos políticos e funcionários públicos.

A febre amarela paralisou o governo federal dos Estados Unidos (e o governo estadual da Pensilvânia, ambos situados na Filadélfia). O presidente Washington fez menção de governar empoleirado em Mount Vernon, mas, com a fuga apressada, comentou: "Não trouxe comigo nenhum documento público de qualquer espécie (nem sequer as regras que foram estabelecidas nesses casos). Consequentemente, não estou preparado aqui para decidir questões que possam demandar consulta a documentos que se encontram fora do meu alcance." Alertaram-no de que ele não tinha poder para deslocar a capital e reunir o Congresso em um local alternativo porque isso "claramente seria inconstitucional". Em fins de outubro, à medida que os mosquitos sucumbiam aos primeiros ventos frios do inverno, a cidade foi descrita para a primeira-dama Martha Washington como um lugar que "sofreu tanto que aqueles que estavam na cidade tardarão a se recuperar — quase todas as famílias perderam amigos —, e parece que vestimentas pretas se tornaram o uniforme da cidade". A epidemia de febre amarela de 1793 matou cinco mil pessoas ao longo de cerca de três meses, ou quase 10% da população. Para repetir essa taxa de mortalidade, seria preciso que dois milhões de nova-iorquinos falecessem em um terrível surto moderno equivalente, como uma nova cepa virulenta de febre do Nilo Ocidental. Isso certamente ajuda a dimensionar a letalidade cataclísmica causada pelo mosquito.

A febre amarela continuou assolando a cidade. Durante a epidemia de 1798, por exemplo, o vírus fez 3.500 vítimas na Filadélfia e mais 2.500 em Nova York. "A febre amarela", murmurou Thomas Jefferson, desolado, "vai desestimular o crescimento [...] de nossa nação. A epidemia de febre amarela foi fatal para cidades grandes". Embora a Lei de Residência de 1790 determinasse a transferência da capital para uma localidade do país construída para esse fim, a Filadélfia vinha fazendo pressão para ser a escolhida. A epidemia de febre amarela iniciada em 1793 deu um fim a qualquer questão sobre o local definitivo e acelerou a construção e conclusão da nova capital. Em 1800, Washington, D.C., foi inaugurada. Ironicamente, visto que foi construída na confluência dos rios Anacostia e Potomac, a cidade foi um verdadeiro pântano infestado de mosquitos antes de se tornar um suposto pântano político. Washington, porém, não viveu para ver a maravilha arquitetônica batizada em sua homenagem.

Em dezembro de 1799, enquanto a Filadélfia chorava a perda de mais 1.200 vítimas para a febre amarela, George Washington morria aos 67 anos. No outono desse ano, ele havia sofrido mais um acesso de malária, o que levou a uma série de complicações.[1] Em dezembro, com a saúde deteriorada, ele recebeu o tratamento generalista da sangria. Mais da metade do volume total de seu sangue foi drenado em menos de três horas! Ele morreu no dia seguinte. Napoleão determinou um luto de dez dias em toda a França, enquanto distribuía ordens de batalha para reprimir a revolta dos trabalhadores escravizados haitianos e ameaçar os Estados Unidos, justamente o país que George e seus compatriotas franceses ajudaram a criar.

Se os ingleses haviam fracassado, Napoleão estava determinado a preservar em mãos francesas a riqueza produzida pela população escravizada do Haiti. Sem se dar conta, ele fez soldados não aclimados mergulharem de cabeça em um redemoinho de mosquitos assassinos e caírem nas garras de Toussaint Louverture, um estrategista genial

---

[1] A malária era presença constante na família de Washington. Em julho de 1783, pouco antes da ratificação do Tratado de Paris, que solidificou o reconhecimento internacional da independência norte-americana, Martha Washington foi acometida por um caso grave de malária. George disse ao sobrinho: "A sra. Washington teve três das febres e está padecendo bastante disso — o melhor, evitou a crise de ontem com uma aplicação generosa da Casca —, está indisposta demais para lhe escrever."

que soube usar a febre amarela e a malária como poderosos aliados. Louverture havia combatido várias facções desde o início da revolução. Quando os ingleses evacuaram em 1798, ele logo se tornou o líder inconteste da revolução graças à sua astúcia diplomática e perícia militar. Seu apelido, "Napoleão Negro", usado tanto pelos adversários quanto pelos aliados, era um elogio à sua reputação. Ele confiscou cafezais e usou o mercado paralelo de café para financiar sua revolução.² Ao ser informado dessa atividade clandestina, Napoleão esbravejou, furioso: "Maldito café! Malditas colônias!" No entanto, essa colônia específica era valiosa demais para os planos econômicos da França para ser simplesmente abandonada.

Napoleão tinha a ambição grandiosa de ressuscitar a antiga glória da França nas Américas. O Haiti era crucial, não apenas pela capital, mas também como base de preparação para estabelecer o Império Norte-Americano sonhado por Napoleão. Diante da sede de guerra e poder de Napoleão, circulavam muitos boatos quanto às suas intenções nas Américas, desde um ataque em possessões inglesas no Caribe até um avanço contra o Canadá, ou mesmo a invasão dos Estados Unidos a partir do recém-obtido Território da Louisiana.

Durante a Revolução Americana, produtos coloniais subiam e desciam o rio Mississippi isentos de qualquer imposto ou taxa espanhol. Para financiar a rebelião, a Espanha havia permitido que o Congresso Continental armazenasse e exportasse produtos sem taxação no porto de Nova Orleans. Em 1800, após negociações de bastidores, a Espanha, globalmente perturbada e com a economia exaurida, cedeu o Território da Louisiana à França de Napoleão. Os privilégios de transporte e exportação em Nova Orleans foram suspendidos imediatamente. A Espanha estava prestes a ceder também a Flórida. O presidente Jefferson compreendeu, com razão, que os Estados Unidos perderiam acesso

---

2 Ainda existe uma forte associação entre revoluções e o contrabando ilegal de drogas e outros artigos, incluindo a produção de papoula e ópio no Afeganistão e o Talibã/Al-Qaeda, a cocaína e os revolucionários maoistas na América do Sul e petróleo roubado no caso do Estado Islâmico, de Boko Haram, na Nigéria, e de Al-Shabaab, na Somália.

ao golfo do México e o comércio sofreria um forte golpe, algo que a república financeiramente jovem não suportaria. Na época, cerca de 35% das exportações passavam por Nova Orleans. Circularam rumores, vazados de propósito, de que os Estados Unidos estavam preparados para enviar cinquenta mil soldados para capturar Nova Orleans, quando na realidade todo o contingente militar era de apenas 7.100. Os estadunidenses não queriam ser arrastados para uma guerra contra a França, então observaram, nervosos, o desenrolar dos acontecimentos na Europa e no Caribe.

Em dezembro de 1801, Napoleão finalmente deu início à sua iminente e ambiciosa campanha nas Américas. Sob o comando de seu cunhado, o general Charles Leclerc, um destacamento de quarenta mil soldados franceses foi enviado para disciplinar os escravizados do Haiti que fossem insubordinados e atrevidos. De prontidão ao lado de Toussaint Louverture, o mosquito tinha outros planos. Usando táticas de guerrilha e uma política de terra arrasada, Louverture conduziu os franceses para um atoleiro insurgente impossível de resistir à morte por mosquito. Ele praticou táticas de ataque e fuga a partir dos morros durante os meses de pico da população de mosquitos, confinando os franceses ao litoral infestado e aos pântanos baixos miasmáticos.

As forças de Louverture foram desbastando os franceses enquanto seus insetos aliados atacavam com fúria. Após a temporada de doenças, quando as forças francesas estavam debilitadas e reduzidas tanto pela febre amarela quanto pela malária, Louverture lançou pesados contra-ataques. Ele explicou sua estratégia brilhante e simples a seguidores:

> Não esqueçam que, enquanto esperamos a estação das chuvas, que nos livrará dos nossos inimigos, temos apenas destruição e fogo como arma. Os brancos da França não conseguem resistir contra nós aqui em São Domingos. Eles vão lutar bem no começo, mas logo vão adoecer e morrer feito moscas. Quando os números dos franceses ficarem pequenos, bem pequenos, vamos atacá-los e derrotá-los.

Louverture não apenas sabia do impacto produzido pela aclimação e pela diferença de imunidade entre seus homens e os inimigos, como também soube usá-lo estrategicamente para vencer a guerra.

Louverture permitiu que seus aliados, os mosquitos mercenários, ganhassem a guerra por ele. "Se minha posição mudou de muito boa para muito ruim, a culpa é apenas das doenças que destruíram meu exército", relatou Leclerc a Napoleão no outono de 1802. "Se o senhor deseja dominar São Domingos, precisa me enviar doze mil homens sem perder nem um dia sequer. Se não puder me enviar as tropas que solicitei, e no tempo em que pedi, a França perderá para sempre São Domingos. [...] Minha alma definhou, e não há pensamento de alegria que seja capaz de me fazer esquecer estas cenas hediondas." Um mês depois de redigir essa visão tenebrosa com sua premonição melancólica, Leclerc morreu de febre amarela. Além dele, mais de vinte generais franceses enviados ao Haiti também foram sepultados devido ao mosquito. A invasão francesa, como tantas outras campanhas ambiciosas de pretensos conquistadores com delírios de grandeza, foi mais uma vítima do inseto infernal do Caribe.

Napoleão foi um dos maiores gênios militares da história, mas nem ele foi capaz de derrotar os generais Aedes e Anófeles. Enquanto suas forças francesas dominavam os campos de batalha na Europa, Napoleão se rendeu no Caribe ao poderoso mosquito, em novembro de 1803. "Felizes foram os soldados franceses que morreram rápido", escreveu um revolucionário vitorioso. "Outros sofreram com cólicas, dores de cabeça que pareciam prestes a explodir e sede insaciável. Eles vomitavam sangue, e também uma substância chamada de 'Sopa Preta', enquanto o rosto ficava amarelo e o corpo se envolvia em um muco fétido, até que felizmente a morte intervinha." Com o banho de sangue que afogou os soldados franceses em febre amarela e malária, a campanha de Napoleão no Haiti foi abandonada após menos de dois anos. O destino e o futuro do Haiti e seus trabalhadores escravizados em luta pela independência foram determinados pelo mosquito.

Ao todo, dos cerca de 65 mil soldados franceses enviados ao Haiti, 55 mil morreram de doenças transmitidas por mosquitos, uma taxa de mortalidade perturbadora e chocante de 85%. Os generais Aedes e Anófeles descortinaram a independência oficial do Haiti dois meses depois. "A revolução de escravos do Haiti foi a única revolta do tipo a resultar em uma nação livre e independente", ressalta Billy G. Smith em seu livro *Ship of Death* [Navio da morte]. "Concebida por um dos regimes escravagistas mais brutais da história e vindo ao mundo pelas mãos da febre amarela, foi uma realização espetacular. Os escravos de São Domingos haviam derrotado os melhores exércitos que as nações europeias puderam usar contra eles." Mas a liberdade veio a um custo terrível. Cerca de 150 mil haitianos, incluindo uma quantidade considerável de civis não combatentes, foram mortos pelas forças inglesas e francesas. Louverture, que foi capturado em circunstâncias confusas e suspeitas na primavera de 1802, morreu de tuberculose, como um mártir, em uma prisão francesa um ano depois. Toussaint Louverture e seus revolucionários, assim como George Washington e seus soldados civis, definitivamente merecem crédito. Mas Smith faz questão de ressalvar que "foi a febre quem forneceu as condições para isso". Os ingleses, franceses e espanhóis perderam um total impressionante de 180 mil soldados para os mosquitos haitianos.

Finalmente, após três séculos de baixas estarrecedoras causadas por doenças transmitidas pelo mosquito, as potências europeias perderam também a disposição de contestar os mosquitos caribenhos. Elas foram obrigadas a reconsiderar e revisar suas ambições e estratégias imperiais diante das implacáveis e letais doenças transmitidas por mosquitos. Com a probóscide ensanguentada, o mosquito estava escrevendo o capítulo derradeiro e fechando para sempre o livro do colonialismo europeu nas Américas. Entretanto, os derrotados tinham ainda algumas cartas econômicas na manga. Eles juraram aniquilar economicamente os ex-escravizados do Haiti pela insubordinação e pelo sequestro da fortuna imperial.

Ressentidas, as nações escravagistas da Europa e dos Estados Unidos castigaram os haitianos renegados para dissuadir revoltas semelhantes. O Haiti passou décadas sujeito a um embargo generalizado, produzindo um caos econômico no país e mergulhando a população haitiana na miséria. Antes a economia mais rica do Caribe, o Haiti passou a ser a nação mais pobre do hemisfério ocidental e a 17ª mais pobre do mundo. Embora a febre amarela já não assole mais o país, hoje ele abriga todo tipo de doença transmitida por mosquitos, incluindo malária *falciparum* (e *malariae*) endêmica, dengue, zika, chikungunya e a febre do Mayaro, sua prima recém-evoluída.

Após essas experiências pavorosas, não só no Haiti como também por todo o Caribe ao longo de dois séculos de humilhação pelo mosquito, os ingleses nunca mais lançaram campanhas grandes na região. As atenções imperiais da Grã-Bretanha se dirigiram para leste, rumo à África, à Índia e à Ásia Central. E, mais importante, o sucesso da Revolução Haitiana inspirou o movimento abolicionista na Inglaterra, e a opinião pública dentro do país se voltou contra a instituição do escravagismo africano imperial. Os protestos convenceram o Parlamento a proibir o tráfico de escravizados em 1807, e anos mais tarde, em 1833, a própria escravidão foi abolida em todo o Império Britânico.

Os franceses também desistiram da luta inútil contra os mosquitos caribenhos após os acontecimentos constrangedores no Haiti. Quando as doenças transmitidas por mosquitos desintegraram as esperanças de um império no Novo Mundo, Napoleão deu as costas a toda essa confusão sanguinolenta em 1803. Sem o Haiti (e sua riqueza de recursos), Nova Orleans não tinha razão de ser e ficou indefesa contra ataques da poderosa Marinha Real Britânica ou mesmo dos Estados Unidos, que eram menos fortes, mas tinham causa para se ofender. Napoleão também receava que, sem concessões econômicas na Louisiana, os Estados Unidos, nas palavras de Jefferson, "nos casariam com a frota e a nação britânicas". Os mosquitos haitianos haviam esvaziado as veias econômicas da França. Com a necessidade cada vez maior de materiais e recursos financeiros para sua guerra na Europa, Napoleão compreendeu a inutilidade de se persistir na combalida estratégia para a América do Norte. O sucesso lancinante do Haiti e de seus escravizados escorados pelo mosquito teve consequências históricas acidentais que acabariam por levar à aquisição da Louisiana e logo lançariam e conduziriam Lewis e Clark, e Sacagawea, pelos Estados Unidos.

O sonho de Napoleão de reviver o Império Francês nas Américas havia sido picado ainda no berço pelos mosquitos haitianos. Rendido, ele instituiu o que chamou de Sistema Continental. "Nos velhos tempos, se quiséssemos ser ricos, tínhamos de possuir colônias e nos estabelecer na Índia, nas Antilhas, na América Central, em São Domingos. Esses tempos acabaram", proclamou Napoleão em sua Câmara do Comércio. "Hoje precisamos nos tornar fabricantes. Devemos produzir tudo com nossas mãos." Expulsos do Caribe pelos mosquitos mercenários, os franceses iniciaram inovações modernas na indústria e na agricultura. Os botânicos franceses, por exemplo, substituíram a cana-de-açúcar do Caribe pelas beterrabas europeias como fonte de adoçante.

Após a perda do Haiti, Napoleão não via mais utilidade para Nova Orleans ou as vastas e relativamente improdutivas terras da Louisiana. Como a França estava em guerra com a Espanha e a Inglaterra, sua única opção era a venda não só de Nova Orleans, mas também de todos os 2,14 milhões de quilômetros quadrados do Território da Louisiana. Jefferson autorizara seus negociadores a gastar até dez milhões de dólares apenas para Nova Orleans, então eles ficaram espantados, e aceitaram imediatamente, quando Napoleão pediu quinze milhões (trezentos milhões em valores atuais) por toda a propriedade francesa. A imensa região, limitada pelo golfo do México ao sul, pelo sul do Canadá ao norte, pelo rio Mississippi a leste e pelas montanhas Rochosas a oeste, continha o território que hoje pertence a quinze estados norte-americanos e duas províncias canadenses. A aquisição da Louisiana, em 1803, mediada pela pressão dos mosquitos haitianos, fez os Estados Unidos dobrarem de tamanho da noite para o dia, ao custo de menos de sete centavos de dólar por hectare. Devido ao impacto incomensurável na formação dos Estados Unidos, incluindo o acréscimo do Território da Louisiana, o rosto protuberante do mosquito merece um lugar no monte Rushmore, em meio aos olhares de gratidão e dívida de Washington e Jefferson.

Vômito negro: Uma epidemia do temido "vômito preto", ou febre amarela, dando as caras pavorosas nas ruas de Barcelona, Espanha, 1819 (*Diomedia/Wellcome Library*).

Após a venda dessas propriedades na América do Norte, e com a Marinha francesa em frangalhos depois da retumbante derrota contra o almirante lorde Nelson na Batalha de Trafalgar, em 1805, a campanha continental de Napoleão na Europa foi encerrada em 1812 pelos generais Inverno e Tifo, bem como pelas metódicas táticas russas de retirada e de terra arrasada, durante a inútil invasão napoleônica na Rússia. Dos 685 mil homens da Grande Armée que saíram para a guerra em junho, apenas 27 mil ainda estavam de pé durante a retirada em dezembro.

Ele deixou para trás cerca de 380 mil mortos, cem mil prisioneiros de guerra e oitenta mil desertores. A fracassada campanha napoleônica na Rússia foi o ponto de virada da guerra e levou à posterior derrota na Batalha de Waterloo, em 1815, contra um exército aliado sob a liderança inglesa do duque de Wellington. Contudo, antes dessa derrota final e do exílio, atribui-se a Napoleão a única ocorrência proposital e bem-sucedida de guerra biológica do século XIX.[3] O método escolhido foi usar o mosquito para disparar projéteis aéreos de malária contra uma colossal força invasora da Grã-Bretanha.

Inspirados pelas vitórias sobre os franceses em Portugal e na Áustria, os ingleses haviam decidido em 1809 lançar uma ofensiva contra Napoleão no norte da Europa para formar uma segunda linha de frente e ajudar seus combalidos aliados da Áustria. O lugar escolhido foi Walcheren, uma região baixa e pantanosa no estuário Scheldt da Holanda e da Bélgica, onde se acreditava que a frota francesa estivesse aportada. Em julho, a poderosa força expedicionária inglesa era constituída de quarenta mil homens e setecentos navios, o maior contingente que a Grã-Bretanha já havia formado até então. Napoleão, sem se intimidar, sabia da invasão iminente, pois uma frota desse tamanho jamais passaria despercebida, e, acima de tudo, ele estava ciente também das febres recorrentes que afetavam a região de Walcheren todo ano, entre o verão e o outono. "Devemos enfrentar os ingleses com nada mais do que uma febre, que logo os devorará a todos", disse ele a seus comandantes. "Em um mês os ingleses serão obrigados a voltar a seus navios." Seguindo à risca o manual de Toussaint Louverture, seu adversário haitiano, Napoleão provocou a pior epidemia de malária que a Europa já havia presenciado.

Rompendo as barragens para inundar toda a região com água salobra, ele criou as condições ideais para a reprodução dos mosquitos e a transmissão de malária. Longe dos fracassos frustrados de Amherst

---

3 Ironicamente, durante o exílio final de Napoleão, a ilha-prisão de Santa Helena, no Atlântico Sul, onde ele morreu em 1821, era patrulhada pelo cruzador inglês HMS *Musquito*.

e Cornwallis com guerra biológica premeditada, o esforço perverso de Napoleão foi um sucesso febril. Desde então, a palavra "Walcheren" passou a ser considerado sinônimo e símbolo de inépcia militar. Quando os ingleses abortaram a expedição em outubro, após um custo de oito milhões de libras, 40% do contingente britânico havia sido incapacitado pela malária. A "febre de Walcheren", como ficou conhecida, havia matado quatro mil homens e deixado outros treze mil convalescendo em hospitais improvisados. O uso da malária por Napoleão como arma biológica seria reproduzido pelos nazistas contra as tropas norte-americanas desembarcadas em Anzio, na Itália, em 1944, durante a Segunda Guerra Mundial.

Enquanto a Grã-Bretanha e a França se prostravam diante da dura retaliação do mosquito, os espanhóis teimariam em continuar lutando pelas possessões imperiais ameaçadas que estavam se dissipando nas Américas, sacrificando em vão milhares de vidas às doenças transmitidas por mosquitos. Assim como nos confrontos de ingleses e franceses contra Washington, Lafayette e Louverture, os espanhóis também enfrentaram um líder revolucionário brilhante na figura de Simón Bolívar. Como os ingleses e os franceses, eles também sofreram a ira de mosquitos mercenários rebeldes. Entre 1811 e 1826, cada uma das colônias espanholas nas Américas conquistou a independência, exceto Cuba e Porto Rico. Como afirma J. R. McNeill, o mosquito permitiu que "a América espanhola se desvencilhasse da Espanha".

Durante as primeiras incursões das Guerras Napoleônicas, a Espanha havia sido aliada da França. A Marinha espanhola também foi fatalmente destruída por Nelson em Trafalgar, e a influência marítima da Espanha se deteriorou gradualmente. Após concluir com sucesso a ocupação franco-espanhola de Portugal, em 1807, Napoleão se voltou contra a aliada e invadiu a Espanha no ano seguinte. Os ingleses, agora hegemônicos no mar, desviaram o comércio colonial da Espanha para seu próprio império. Isso beneficiou as colônias espanholas, pois reduziu as restrições comerciais e permitiu algum acesso a uma economia de livre mercado. Por toda a América espanhola começaram a emergir conselhos revolucionários, ou *juntas*, constituídos de espanhóis ou "mestiços" da elite local. Os líderes pessoalmente motivados desses semirrebeldes compreendiam os benefícios econômicos de atuar fora do sistema mercantilista espanhol.

Em 1814, a Espanha enviou catorze mil soldados, o maior efetivo já utilizado nas Américas, para restabelecer a ordem e o comércio com as colônias da Venezuela, da Colômbia, do Equador e do Panamá (agrupadas sob o nome de Nova Granada). Os mosquitos mercenários logo exibiram uma "firme predileção", como destacou um combatente espanhol, "por europeus e recém-chegados". Em 1819, quando a Colômbia estendeu seu tapete vermelho da independência, menos de um quarto do Exército espanhol continuava vivo. Com uma precisão surpreendente, o ministro da Guerra espanhol foi informado de que, nas colônias espanholas ameaçadas, "é comum que a mera picada de um mosquito tome a vida de um homem [...] isso contribui para nossa destruição e para a aniquilação dos soldados". Sem se intimidar, a Espanha, financeiramente náufraga e no comando de uma marinha irrisória, enviou mais vinte mil soldados, em navios russos alugados, para derrotar Bolívar e preservar seu império americano.

Bolívar, que tinha visitado o Haiti em 1815 e 1816, onde debateu sobre táticas militares com veteranos da revolução, incorporou doenças transmitidas por mosquitos à sua estratégia, da mesma forma que Louverture havia feito. Era uma estratégia de sucesso comprovado, e também funcionou para Bolívar. Os espanhóis, que foram os primeiros a importar trabalhadores escravizados, mosquitos e suas enfermidades da África para as Américas, foram devorados vivos, comprometidos e, por fim, destruídos por suas ações malignas anteriores, pagando com doenças e morte pelos crimes de seus antepassados impunes. Sem qualquer dose ou noção de misericórdia, o mosquito acossou, infectou e matou soldados não aclimados vindos da Espanha. Assim como as tropas francesas de Napoleão no Haiti, os soldados espanhóis também sofreram a ira de suas criações ambientais do Intercâmbio Colombiano. A febre amarela e a malária mataram de 90%

a 95% de todo o contingente espanhol enviado às Américas para defender a economia e o império.

Em 1830, Bolívar, assim como Louverture, morreu de tuberculose. Mas ao contrário de Louverture, ele pôde testemunhar a realização de seus sonhos. A essa altura, Bolívar e seus mosquitos mercenários já haviam roído o Império Espanhol nas Américas e formado várias nações independentes. Do antes glorioso e vasto império, restavam apenas Cuba, Porto Rico e as Filipinas, que acabaram sendo abocanhadas por mosquitos despóticos e pelas investidas inaugurais do imperialismo norte-americano em 1898.

As rebeliões de trabalhadores escravizados e colonos aclimados contra o governo imperial europeu, que estremeceram todas as Américas, destruíram a antiga ordem e introduziram uma nova era de independência. Mosquitos impiedosos prestaram auxílio a seus companheiros aclimados locais, assolando os antigos senhores europeus com as chamas vingativas do inferno. Com fervorosa lealdade para com os conflitos de libertação que se desdobravam em volta, os mosquitos violaram e mataram soldados não aclimados da Inglaterra, da França e da Espanha, impondo a última fuga desajeitada e frenética do imperialismo europeu das Américas. O inseto rompeu as principais artérias econômicas e territoriais que ligavam a Europa à América colonial. As consequências biológicas do Intercâmbio Colombiano atingiram um golpe certeiro no coração de seus criadores europeus, que agora colhiam a pestilência e a morte que eles próprios haviam semeado.

Mosquitos e doenças importadas antes favoreceram europeus, matando populações indígenas a um ritmo incomparável, permitindo e acelerando expansões territoriais, além de formar um labirinto europeu de lucrativas colônias extrativistas mercantilistas que eram geridas pelo trabalho escravo. Durante essas revoluções, os mosquitos implacáveis mergulharam soldados europeus não aclimados na febre amarela e na malária, destruindo suas instituições. A dominação europeia sobre as Américas, fortalecida pelos mosquitos e africanos escravizados, foi também aniquilada por esses mesmos elementos do Intercâmbio Colombiano. Embora os Estados Unidos tenham sido o primeiro país a nascer dos mosquitos revolucionários, a perícia militar do inseto a favor da revolta dos escravizados no Haiti obrigou Napoleão a vender suas terras na América do Norte.

Depois que o mosquito atuou como o corretor imobiliário para que Jefferson pudesse realizar a aquisição do Território da Louisiana, e com a subsequente missão cartográfica e econômica de Lewis e Clark rumo ao oceano Pacífico, o jovem país dava mais um passo em direção a seu sonhado Destino Manifesto de "costa a costa e tudo no meio". Os Estados Unidos continuaram seu impulso expansionista para oeste, combatendo, exterminando e expulsando povos indígenas, bem como os bisões dos quais eles dependiam para viver, até estabelecerem seu território e status global ao declarar guerra contra o Canadá britânico, o México e, mais tarde, a Espanha. Mosquitos oportunistas à espreita colheram os frutos sangrentos desses conflitos que construíram a nação estadunidense.

CAPÍTULO 14

MOSQUITOS DO *Destino Manifesto:* O ALGODÃO, A ESCRAVIDÃO, O MÉXICO E O SUL DA AMÉRICA

Estava se formando uma tempestade no coração dos jovens Estados Unidos. Os povos indígenas, a oeste da Linha da Proclamação nos arredores dos Apalaches, estavam resistindo violentamente à expansão do território estadunidense e à invasão agressiva de colonizadores hostis em suas terras. William Henry Harrison, governador do Território de Indiana, advertiu o presidente James Madison, em outubro de 1811, sobre a séria ameaça do cacique Tecumseh, dos shawnee, e a crescente coalizão pan-indígena, que recebia apoio da Inglaterra. "O sentimento implícito de obediência e respeito que os seguidores de Tecumseh demonstram por ele é realmente impressionante e, mais do que tudo, atesta que ele pode ser um desses gênios incomuns que surgem de tempos em tempos para produzir revoluções e abalar a ordem estabelecida. Se não fosse pela proximidade com os Estados Unidos, ele talvez tivesse sido o fundador de um império cuja glória rivalizaria com a do México ou do Peru [e suas civilizações maia, asteca e inca]. Nenhuma dificuldade o detém [...] e aonde quer que vá ele causa impressões favoráveis para seus propósitos. Ele agora está a ponto de aplicar os últimos toques à sua obra."¹ O chamado à ação feito aos brados pelos "Falcões" do Congresso foi atendido por uma declaração de guerra contra a Grã-Bretanha, que foi sancionada por Madison em junho de 1812 para defender os princípios de soberania determinados pelo Tratado de Paris, de 1783, e capturar as rotas de transporte dos Grandes Lagos canadenses, a fim de estimular o comércio.

As convicções econômicas expansionistas de muitos imigrantes e colonos se infiltraram na atividade política e militar dos Estados Unidos sob a ideologia cultural e a farsa midiática do direito divino determinado pelo próprio Todo-Poderoso de disseminar a sofisticação e a democracia norte-americana do oceano Atlântico ao Pacífico. Essa visão de Destino Manifesto teve sua representação máxima no quadro *Progresso americano*, de John Gast. Ele retrata a figura angelical de Columbia, uma personificação tanto dos Estados Unidos quanto do "Espírito da Fronteira", revestida por um manto branco esvoaçante, pairando virtuosamente do leste para levar a civilização e suas qualidades modernas ao bravio oeste selvagem.

Tendo início com a Guerra de 1812, essa realização do Destino Manifesto era tudo menos benevolente e altruísta. A expansão territorial estadunidense, agressiva e beligerante, marcou um forte contraste com a imagem benigna e serena da inocente Columbia flutuante. O Destino Manifesto, bem como a produção algodoeira que o impulsionava, lançou os Estados Unidos de cabeça em uma série de guerras contra o vizinho no norte, o Canadá britânico; contra os povos indígenas dentro do território norte-americano; e, com o tempo, contra o México ao sul, para conquistar os cobiçados portos da Califórnia, no Pacífico. O mosquito foi um participante ativo nessas guerras americanas de conquista e ajudou a consolidar o território continental dos Estados Unidos.

A Guerra Mexicano-Americana representa um desvio do padrão histórico em que mosquitos devoravam invasores estrangeiros e de-

---

1 Eleito presidente em 1840, Harrison morreu, provavelmente de febre tifoide, 32 dias após tomar posse.

cidiam guerras. Durante esse conflito imperialista, os estrategistas e comandantes militares americanos evitaram deliberadamente os mosquitos mexicanos. Ao manterem distância das mortíferas armadilhas miasmáticas do inseto, eles se esquivaram das doenças letais e dominaram o restante do oeste. Com a fundação do estado da Califórnia em 1850, a bandeira americana, nascida setenta anos antes com o sangue da revolução, foi desfraldada de costa a costa por todo o vasto continente e amplo território dos Estados Unidos.

Após a independência dos Estados Unidos, a derrotada Grã-Bretanha compreendeu a ameaça que o crescimento da economia dos Estados Unidos representava para seus interesses. A Inglaterra usou a guerra contra a França de Napoleão para prejudicar o comércio norte-americano. A partir de 1806, os ingleses não só impuseram um embargo comercial sobre exportações, para desabastecer o esforço de guerra de Napoleão, como também instalaram um bloqueio nas rotas intermediárias do Atlântico e abordaram navios mercantes dos Estados Unidos, em busca de desertores ingleses. Em 1807, os ingleses haviam roubado ou "convencido" cerca de seis mil marinheiros estadunidenses a servir na Marinha Real. Para deixar o rival distraído com o próprio quintal, os ingleses também distribuíram armas e provisões, por intermédio do Canadá, para uma coalizão indígena poderosa e crescente, liderada pelo respeitado guerreiro shawnee Tecumseh, que se estendia do sul do Canadá ao sul dos Estados Unidos. Assim como Pontiac, Tecumseh também tinha visões de uma vasta nação pan-indígena.

Visto que os Estados Unidos não estavam em condições militares ou financeiras de invadir a fortaleza insular que era a Grã-Bretanha (algo que não acontecia desde a invasão normanda de Guilherme, o Conquistador, em 1066), o Canadá era o alvo inopinado mais próximo e valioso. Durante a Guerra de 1812, também chamada de Segunda Revolução Americana, várias invasões no Canadá foram rechaçadas por coalizões indígenas, tropas britânicas e milícias canadenses, embora tanto Tecumseh quanto sir Isaac Brock, o comandante inglês, tenham morrido.

Em 1813, forças estadunidenses saquearam e incendiaram York (Toronto), a capital do Alto Canadá, antes de abandonarem a cidade arruinada. Em retaliação, tropas britânicas veteranas, que chegaram da Europa depois de derrotar Napoleão na Espanha, desembarcaram em Washington, D.C., em agosto de 1814. Esse exército então ateou fogo à Casa Branca, ao Capitólio e a outros edifícios administrativos. O crédito por ter salvado heroicamente artefatos inestimáveis das labaredas da Casa Branca foi atribuído à primeira-dama Dolley Madison, que por acaso havia perdido o primeiro marido e o filho jovem na destrutiva epidemia de febre amarela de 1793, na Filadélfia.

Após o ataque a Washington, o almirante Alexander Cochrane, o comandante inglês, pediu autorização para se retirar, por receio do início da temporada de malária e febre amarela promovida pelo congresso de mosquitos que se refestelavam no vasto labirinto de rios e pântanos da capital. "Cochrane quisera retirar toda a frota da baía de Chesapeake no fim de agosto para evitar a febre amarela e a malária", afirma David Petriello, "dando preferência aos portos de Rhode Island, livres de pestilências." Apesar de argumentar para seus superiores que a temporada de mosquitos rechaçaria novas ações ofensivas, o pedido foi negado. Com ou sem mosquitos, Cochrane foi convencido a avançar contra Baltimore. O primeiro ataque ao forte McHenry, o bastião do porto, inspirou um momento cultural decisivo para os Estados Unidos. Ao amanhecer do dia 14 de setembro, após 27 horas de intenso bombardeio naval dos ingleses contra o forte McHenry, Francis Scott Key ainda conseguia distinguir a imensa bandeira dos Estados Unidos que tremulava galantemente acima dos destroços do forte. Ele escrevinhou um poema, "Defence of Fort M'Henry", que seria acompanhado de uma melodia e ficaria mais conhecido como "The Star-Spangled Banner".

No fim de 1814, nenhum dos lados estava interessado em prolongar uma guerra custosa que havia chegado a um impasse. Com a derrota de Napoleão e seu exílio em Elba, as causas do conflito se desintegraram. Os Estados Unidos agora tinham livre acesso a mercados estrangeiros, incluindo a Grã-Bretanha, e mais nenhum marinheiro foi sequestrado. Enquanto o presidente Madison estava acamado com malária, o Tratado de Ghent foi assinado na véspera do Natal de 1814, dando um fim à breve guerra sem que houvesse um vencedor claro. Do total de 35 mil mortes na Guerra de 1812, incluindo aliados indígenas e civis, 80% foram causadas por doenças, sobretudo a malária, a febre tifoide e a disenteria. Não houve mudanças territoriais e, como resultado, na prática, o Canadá e os Estados Unidos viraram melhores amigos para sempre.

Depois que o Tratado de Rush-Bagot, assinado em 1817, e o subsequente Tratado de 1818 estabeleceram a desmilitarização da fronteira e das vias aquáticas (entre outras alianças cordiais), o Canadá jamais voltaria a representar uma suposta ameaça à segurança nacional dos Estados Unidos. Os dois países mantêm uma forte aliança militar e uma parceria de comércio livre e equilibrado. Hoje, nesse casamento benéfico para ambos, 70% das exportações canadenses vão para o sul, pela maior fronteira internacional do mundo, com impressionantes 8.891 quilômetros (e que vê 350 mil pessoas atravessarem diariamente), enquanto 65% das importações do Canadá chegam pelo vizinho do sul. Em 2017, o comércio entre as duas nações atingiu um total de cerca de 675 bilhões de dólares, com um superávit líquido de oito bilhões para os Estados Unidos.

Ironicamente, a maior batalha da Guerra de 1812 ocorreu depois do acordo de paz oficial. Foi na Batalha de Nova Orleans que o general Andrew Jackson ganhou proeminência, à frente de um grupo desconjuntado de milícias, piratas, bandidos, africanos escravizados, espanhóis, haitianos recém-independentes e qualquer pessoa que ele pudesse ameaçar ou convencer a servir. Em janeiro de 1815, enquanto a notícia da paz atravessava o Atlântico, Jackson e seu exército improvisado de 4.500 homens rechaçaram uma força britânica três vezes maior. Jackson, um garoto pobre do interior que tinha sido capturado aos treze anos durante a Revolução Americana, embarcou na fama até chegar à presidência.

Para seus apoiadores, Jackson era o defensor do "homem comum". Era aclamado como herói de guerra, defensor dos mais fracos, um homem que superou a pobreza sozinho. Para seus adversários, era grosseiro, volátil e mentalmente desequilibrado. Ele era um arruaceiro sem instrução e dado a rompantes vulcânicos.[2] Costumava usar a bengala para espancar homens na rua que, em sua opinião, tivessem sido desonrosos ou tivessem insultado a ele próprio ou a sua esposa, e desafiava outros para duelos a torto e a direito, em uma época em que duelos já eram coisa do passado. Como resultado, durante a maior parte da vida, ele conviveu com duas balas alojadas permanentemente no corpo, além de infecções recorrentes de malária. Era comum seus críticos se referirem a ele como "*Jackass*" ou "*Jackass Jackson*".* Com um genuíno espírito jacksoniano, ele adotou o apelido, e o jumento se tornou o símbolo do Partido Democrata. Jackson, que Jefferson descrevia como "um homem perigoso", foi eleito presidente em 1828. A prioridade máxima do general Jackson, que é como ele exigia ser chamado, em vez de "senhor presidente", era a expulsão de todos os povos indígenas a leste do rio Mississippi para o Território Indígena (hoje Oklahoma). As terras deles eram necessárias para o estabelecimento de lavouras escravagistas de algodão que poderiam revigorar a debilitada economia estadunidense.

Durante os anos 1820, a economia do país expansionista e ansioso pelo oeste precisava de reformas. O tabaco, carro-chefe do comércio, que havia sido introduzido por John Rolfe em Jamestown, já não produzia os mesmos lucros dos velhos tempos. O mercado de tabaco estava saturado, a demanda havia se estabilizado, além do fato de que a Turquia e outros mercados estrangeiros mais próximos da Europa forneciam um tabaco mais barato e de maior qualidade. Com os olhos cobiçosos dos Estados Unidos bem concentrados no sudoeste, uma reformulação total

---

[2] Poll, o papagaio de estimação de Jackson, teve de ser retirado da cerimônia fúnebre oficial de seu dono para que não tagarelasse sua sequência persistente de obscenidades, certamente aprendidas com o antigo dono.
* A palavra inglesa "*jackass*" é usada para se referir tanto ao animal jumento quanto a uma pessoa cretina, em um sentido diferente do que atribuímos ao insulto "jumento". (N. do T.)

das fazendas de tabaco para produzir algodão daria um novo impulso à economia. O algodão, que estava tendo alta demanda como substituto da lã, só podia ser cultivado no sul dos Estados Unidos. Essas terras algodoeiras, que se estendiam desde o norte da Flórida, a Geórgia e as Carolinas, pela costa do golfo e pelo interior do delta do Mississippi, até o leste do Texas, eram habitadas por nações indígenas populosas, especificamente cherokees, creeks, chickasaws, choctaws e seminoles, conhecidas também como as Cinco Tribos Civilizadas. Esses povos indígenas foram considerados um obstáculo à expansão capitalista algodoeira dos Estados Unidos. O presidente Jackson, que se orgulhava de ser um ferrenho "combatente de índios", misturou suas opiniões pessoais à política federal com a aprovação da Lei de Remoção de Índios, de 1830.

Para os povos indígenas, a escolha era simples: fazer as malas de livre e espontânea vontade e começar a caminhar até uma área predeterminada no Território Indígena ou serem brutalmente expulsos e transferidos para uma área predeterminada desse Território. "Vocês têm apenas uma opção, que é se retirarem para o Oeste", determinou o agressivo Jackson para os cherokees em 1835. "O destino de suas mulheres e crianças, assim como o de seu povo e de todas as gerações, depende disso. Não se iludam mais." Durante as vis, porém bem-sucedidas, guerras de limpeza étnica contra creeks, cherokees e seminoles na Flórida, na Geórgia e no Alabama, cerca de 15% dos soldados norte-americanos morreram de doenças transmitidas por mosquitos.

Ao longo das Guerras Seminoles, travadas de modo intermitente entre 1816 e 1858 nos Everglades, a austera e impiedosa região da Flórida repleta de mato, jacarés e mosquitos, cerca de 48 mil soldados dos Estados Unidos enfrentaram não mais que 1.600 guerreiros seminoles e creeks. Esse conflito foi a "Guerra Indígena" mais longa e onerosa da história do país, não só pelo gasto financeiro, mas também pela quantidade de vidas perdidas.[3] As notórias campanhas punitivas

---

[3] Só a Segunda Guerra Seminole (1835-1842) custou aos contribuintes a espantosa quantia de 40 milhões de dólares, um gasto imenso para aquela época.

da Cavalaria Americana contra Gerônimo e seus apaches, e contra os povos sioux, liderados por Nuvem Vermelha, Touro Sentado e Cavalo Louco nas sombras persistentes da Guerra da Secessão, nem se comparam.

Para o típico soldado estadunidense, as campanhas inúteis e notoriamente impopulares contra os seminoles foram um inferno pútrido e insuportável na terra dos mosquitos. "A vegetação era tão densa na maioria dos lugares que os raios do sol raramente penetravam a superfície do solo", afirmou um soldado doente com malária. "A água passava um ano inteiro quase sem movimento, e uma camada espessa de limo verde cobria a maior parte da área. Quando a superfície era perturbada, erguiam-se vapores tóxicos fétidos que faziam os homens vomitarem." A malária e a febre amarela endêmicas agravaram o trauma psicológico e o desgaste dos soldados, que já estavam tensos e com os nervos à flor da pele. "A guerra contra os indígenas seminoles é um conflito de irrestrita privação e angústia", reconheceu o general Winfield Scott, comandante da campanha, "sem a menor possibilidade de fama ou glória individual para ninguém." A utilização metódica e competente de táticas de guerrilha inovadoras, as emboscadas esporádicas efetuadas pelos seminoles, os ataques incessantes de mosquitos e jacarés e, por fim, a combinação tóxica de malária, febre amarela e disenteria criaram um estado de medo constante.

Com o escasseamento das reservas de quinino, documentos médicos revelam que soldados morriam de "um surto de insanidade produzida por febre cerebral", "grave perturbação da cabeça" ou "com um surto desvairado", "mania" ou "loucura delirante". O oficial médico Jacob Motte ficou perplexo e horrorizado com a disposição de políticos convencidos e arrogantes para sacrificar soldados em troca de um pântano indígena estéril e imprestável, ou o que em sua opinião era "o território mais miserável pelo qual duas pessoas já brigaram. É uma região absolutamente sórdida para habitar, um paraíso perfeito para índios, jacarés, serpentes, sapos e todo tipo de réptil desprezível". Além de mosquitos, claro. Os diários e as cartas dos combatentes e os registros médicos militares traçam um esboço tenebroso, febril, paranoico e apavorado do conflito. Contudo, como os poucos sobreviventes seminoles foram confinados a seus assentamentos nos pântanos da Flórida (que as autoridades estadunidenses consideravam inúteis) e o cacique renegado Osceola estava morrendo de malária, Jackson cumpriu seu objetivo estratégico de remover indígenas a leste do rio Mississippi.

Em um dos capítulos mais tenebrosos da história dos Estados Unidos, cerca de cem mil indígenas foram submetidos a uma marcha forçada, rumo ao Território Indígena, pela rota que ficou conhecida como "Trilha de Lágrimas". Estima-se que, durante as guerras de remoção e na sofrida viagem, 25 mil indígenas tenham morrido de fome, doenças, hipotermia e agressões. Já suas terras tradicionais estavam agora livres para receber algodão, trabalhadores escravizados e doenças transmitidas pelo mosquito.

A produção de algodão e a escravidão eram inseparáveis no sul. A demanda global do algodão norte-americano era infinita. A indústria têxtil dos Estados Unidos e da Grã-Bretanha, assim como outros mercados estrangeiros, absorvia todo o algodão bruto que o trabalho escravo pudesse produzir, o que fez disparar a demanda por esse tipo de mão de obra. Em 1793, os Estados Unidos produziram duas mil toneladas de algodão. Trinta anos depois, graças ao descaroçador de algodão inventado por Eli Whitney e à proliferação do trabalho escravizado, esse número subiu para oitenta mil toneladas. Às vésperas da Guerra de Secessão, o sul produzia 85% de todo o algodão bruto do mundo, de modo que 50% da economia total do país era constituída por algum aspecto do "Rei Algodão". No sul, 80% da economia era movida à base desse produto, enquanto o norte produzia 90% dos bens manufaturados nos Estados Unidos. As duas metades do país, divididas pela Linha Mason-Dixon, eram tão diferentes que a nação única só existia de fachada.

Ao longo desse mesmo período de trinta anos, entre 1793 e 1823, o número total de trabalhadores escravizados aumentou de setecentos mil para 1,7 milhão. Nos quarenta anos seguintes, 2,5 milhões de escravizados seriam comprados e vendidos no Sul. Como muitos foram transferidos de fazendas de tabaco no leste, a expressão "*sold down the river*"* entrou para o vernáculo da língua inglesa, pois significava que os trabalhadores escravizados eram literalmente vendidos e despachados rio abaixo pelo Mississippi até o sul. Para esses escravizados nascidos no continente americano, suas barreiras genéticas hereditárias e sua aclimação contra a malária e a febre amarela, herdadas de suas origens africanas, incluindo o traço falciforme, estavam se diluindo devido à reprodução inter-racial ou à "miscigenação" depois que o Congresso proibiu o tráfico de escravizados em 1808. Esses cativos sabiam que as fazendas de algodão do Sul os aguardavam com a ameaça das doenças transmitidas por mosquitos, então transformaram o poema "The Farewell" [A despedida], de 1838, do abolicionista John Greenleaf Whittier, em canção de trabalho: "Gone, gone, sold and gone [...]. Where the slave-whip ceaseless swings,/ Where the noisome insect stings,/ Where the fever-demon strews/ Poison with the falling dews,/ Where the sickly sunbeams glare/ Through the hot and misty air."**

Essa expansão territorial e a transição da economia no Sul dos Estados Unidos da produção de tabaco para o algodão, durante a primeira metade do século XIX, revitalizaram a decadente instituição do escravagismo. O algodão do Sul impulsionou o rejuvenescimento econômico do Norte industrial. Com essa nova fonte de riqueza oriunda do algodão sulista e dos bens manufaturados do Norte, cresceu a demanda por mais portos comerciais.

Os Estados Unidos persistiram com a expansão rumo ao Pacífico, declarando guerra ao México em 1846, a fim de tomar a porção ocidental do país, sobretudo a Califórnia. Durante as revoluções bancadas

---

* Além do sentido literal, a expressão ganhou na língua inglesa o sentido figurado de "ser enganado(a)", em alusão às condições degradantes a que os trabalhadores escravizados foram submetidos nas terras pantanosas do Sul. (N. do T.)
** "Adeus, adeus, elas foram vendidas [...] Onde a chibata nos escravos não cessa,/ Onde o inseto ruidoso fustiga,/ Onde o demônio da febre dispersa/ Veneno com o orvalho da urtiga,/ Onde o sol escalda sem pressa/ e pelo ar pesado castiga." (N. do T.)

pelo mosquito que cindiram o Império Hispano-Americano em Estados autônomos, o México havia conquistado a independência em 1821. Já fazia tempo que os Estados Unidos estavam de olho nos portos da Califórnia, para ter acesso aos mercados asiáticos, o México, porém, rejeitou várias ofertas de compra do território. Então, o presidente James K. Polk declarou guerra ao país em maio de 1846 para tomar a Califórnia e o restante do oeste usando diplomacia de canhoneira em meio a intensos protestos da população contra a guerra. Enquanto as tropas dos Estados Unidos preparavam sua poderosa força expedicionária, os mosquitos mexicanos se aglomeravam à espera do sangue fresco.

Uma força de 75 mil soldados americanos marchou rumo aos salões de Montezuma contra um contingente mexicano de igual tamanho, sob o comando do general Antonio López de Santa Anna, veterano da Guerra de Independência do México. Uma coluna estadunidense sob o comando do general (e futuro presidente) Zachary Taylor avançou do norte, enquanto a Marinha norte-americana capturava portos estratégicos na Califórnia, incluindo São Francisco, San Diego e Los Angeles. Ao mesmo tempo, o general Winfield Scott, comandante do Exército norte-americano durante as campanhas contra os seminoles, desembarcou o contingente principal no porto de Veracruz, seguindo a rota mais curta até a capital, na Cidade do México.

Com quarenta anos de carreira militar, Scott era um planejador meticuloso e ávido, além de competente estudioso da história militar. Ele tinha plena consciência das mortes e das derrotas causadas por doenças transmitidas pelo mosquito em soldados ingleses, franceses e espanhóis, no Caribe e nas Américas do Sul e Central, incluindo o México. Santa Anna, seu adversário, também estava ciente dos danos e dos problemas que o mosquito, seu aliado letal, poderia provocar nos invasores americanos. Como havia feito durante a revolução do México contra a Espanha, Santa Anna pretendia conter o desembarque norte-americano no litoral, dando tempo para que o mosquito pudesse estender seu tapete vermelho-sangue e recebê-los com saudações infecciosas. "A estação do verão vai pegá-los de surpresa, com suas várias doenças e epidemias", disse ele a seus oficiais superiores, "tão perigosas para os [não aclimados]; assim, sem um único tiro disparado pelas fileiras mexicanas, eles perecerão às centenas todos os dias [...] e em pouco tempo seus regimentos serão dizimados."

Determinado a não sofrer as baixas desastrosas e terríveis (e a subsequente derrota) infligidas pela ânsia dos mosquitos sedentos, Scott insistia que Veracruz precisava ser tomada rapidamente para que o exército pudesse avançar pelo continente, para terras mais altas e secas, quanto antes e evitar a febre amarela e a malária. A área de desembarque possuía um inimigo, segundo ele, "mais formidável do que a defesa de outros países: refiro-me ao *vómito* [febre amarela]". Ao chegar a Veracruz em março de 1847, um jovem oficial chamado tenente Ulysses S. Grant comunicou seu receio ao comandante: "Vamos todos precisar sair desta parte do México logo, ou seremos pegos pela febre amarela, a qual eu temo dez vezes mais que aos mexicanos." Embora ainda não se conhecesse a verdadeira natureza das doenças transmitidas por mosquitos, Scott compreendia perfeitamente a teoria miasmática dominante e, de acordo com ela, planejou sua campanha tática para combater a doença e a mortalidade em suas fileiras. Evitando deliberadamente as terras baixas pantanosas do litoral, ele também se distanciou sem querer do mosquito e de suas contribuições letais de febre amarela e malária.

Scott venceu e dominou o porto rapidamente. Assim, no começo de abril, levou suas tropas à capital, superando tanto Santa Anna quanto o mosquito. O inseto não salvou o México dos estadunidenses como havia feito antes contra a Espanha. Finalmente ele foi derrotado em seu próprio território, graças ao meticuloso preparo e à firme insistência de Scott de evitar as áreas miasmáticas do mosquito no litoral e estabelecer posições terrestres mais seguras, longe do alcance de suas picadas. A Cidade do México foi capturada em setembro, levando à assinatura do tratado formal de rendição em fevereiro de 1848. Embora a guerra fosse impopular tanto nos Estados Unidos quanto no exterior, o México cedeu 55% do território ao país. As guerras do Destino Manifesto haviam transportado a civilização exultante e derivante de Columbia até a Golden Gate e as fulgurantes águas do oceano Pacífico.

A mentalidade acadêmica e o planejamento meticuloso do general Scott para anular deliberadamente as doenças transmitidas por mosquitos renderam para os Estados Unidos os territórios da Califórnia, de Nevada e Utah, do Arizona e do Novo México, grande parte do Colorado, partes menores do Wyoming, do Kansas e de Oklahoma e, claro, o Texas. J. R. McNeill avalia que, em relação a esses ganhos territoriais, os Estados Unidos "deviam tudo à determinação de Scott de evitar o verão nas terras baixas [...] longe da zona de febre amarela". A vitória de Scott, segundo McNeill, levou "os Estados Unidos a consolidar em 1848 sua posição como maior potência do hemisfério americano". No entanto, muitos estadunidenses acreditavam que o México havia sido injustiçado e consideravam a guerra um ato covarde de agressão imperialista. Grant depois declarou: "Não acho que tenha havido guerra mais vil que a iniciada pelos Estados Unidos contra o México. Eu pensava assim, quando era jovem, mas não tive coragem moral para pedir baixa."

A Guerra Mexicano-Americana serviu de treinamento para muitos generais da Guerra de Secessão, muitos dos quais se conheciam, ou eram amigos, incluindo Grant e Lee. No lado da União: George McClellan, William Tecumseh Sherman, George Meade, Ambrose Burnside e Ulysses S. Grant. No da Confederação: Stonewall Jackson, James Longstreet, Joseph E. Johnston, Braxton Bragg, Robert E. Lee e Jefferson Davis, o futuro presidente da Confederação.[4] Grant traçou uma linha reta entre a Guerra Mexicano-Americana e a Guerra de Secessão:

> Eu me opunha intensamente à medida e até hoje encaro a guerra resultante como uma das mais injustas já provocadas por uma nação mais forte contra uma mais fraca. Foi uma ocasião em

---

4 Em 1835, o tenente Jefferson Davis se casou com Sarah, filha de seu comandante, o general Zachary Taylor. Três meses após o casamento, os dois contraíram malária e febre amarela quando foram visitar familiares na Louisiana. Sarah não sobreviveu.

que uma república seguiu o péssimo exemplo de monarquias europeias, no sentido de não considerar a justiça em seu desejo de adquirir mais território. O Texas originalmente era um estado que pertencia à república mexicana. [...] A ocupação, separação e anexação foram, desde a concepção do movimento à consumação final, uma conspiração para adquirir territórios que pudessem ser transformados em estados escravistas para a União.

Aqui, Grant entra no debate sobre a futura ampliação da escravidão para esses vastos territórios recém-conquistados.

Com essas conquistas, começaram a surgir questões acerca da inclusão de estados e territórios novos na União, com ou sem escravidão. A Califórnia se tornou um estado sem escravidão em 1850, agradando tanto aos nortenhos quanto aos abolicionistas. Por sua vez, como parte do Compromisso de 1850, o Congresso aprovou a Lei do Escravo Fugido, que determinava a recaptura de qualquer escravizado que tivesse fugido. Quem auxiliasse ou abrigasse fugitivos era multado em um valor equivalente a 30 mil dólares. Além disso, mesmo em estados sem escravidão, caçadores de recompensa passaram a ter permissão para perseguir e capturar homens escravizados. Em suma, uma vez escravizado, sempre escravizado. Era comum "gangues de sabujos" itinerantes sequestrarem qualquer afro-americano, liberto ou não, e o "devolverem" à escravidão. Essa é a premissa do genial filme *12 Anos de Escravidão*, de 2013, que ganhou o Oscar de Melhor Filme. Escravizados fugidos e afro-americanos libertos do Norte agora tinham uma opção: fugir para o Canadá.

A Ferrovia Subterrânea de Harriet Tubman começou a funcionar a todo o vapor, transportando fugitivos e negros do Norte para o Canadá, rumo a destinos como a fazenda de Josiah Henson, no sul de Ontário. Entre a aprovação da Lei do Escravo Fugido e o início da Guerra de Secessão, em 1861, mais de sessenta mil afro-americanos encontraram abrigo e liberdade no Canadá. Henson serviu de inspiração para o influente e bem-sucedido livro *A cabana do Pai Tomás*, de Harriet Beecher Stowe, de 1852.

Em resposta à Lei do Escravo Fugido, Stowe destacou com uma prosa explícita e irrestrita a sordidez e a brutalidade da escravidão. Com relação ao futuro da escravidão, *A cabana do Pai Tomás* abriu uma ferida profunda entre o Norte e o Sul e exerceu uma influência incomensurável a favor do movimento abolicionista. Quando o presidente Lincoln recebeu Stowe como convidada de honra na Casa Branca, em 1862, ele a teria cumprimentado da seguinte forma: "Então você é a pequena mulher que escreveu o livro que começou uma imensa guerra."

Durante as décadas conflituosas antes da Guerra de Secessão, a conquista de terras para o cultivo de algodão e outras atividades agrícolas no Sul e no Oeste também levou a uma explosão de mosquitos e ao aumento da disseminação de malária e febre amarela. A malária era um fato corriqueiro da vida na fronteira. "Nos anos 1850, a malária já era amplamente endêmica nos Estados Unidos", diz o epidemiologista Mark Boyd em seu *Malariology*, um tratado de 1.700 páginas, "com áreas hiperendêmicas nos estados sulistas, no vale do rio Ohio, no vale do rio Illinois e praticamente em todo o vale do rio Mississippi, desde St. Louis até o golfo." Com o crescimento da densidade populacional e a transformação de cidades portuárias ao longo da costa do golfo e do rio Mississipi em centros para o comércio global, a malária e a febre amarela proliferaram.

O macabro escritor Edgar Allan Poe capturou a preponderância da febre amarela com seu conto "A máscara da Morte Rubra", de 1842: "Só então se reconheceu a presença da Morte Rubra. Viera no meio da noite como um ladrão. E, um a um, caíram os foliões nos ensanguentados salões da orgia [...]. E a Escuridão, a Ruína e a Morte Rubra estenderam seu domínio ilimitado sobre tudo." Nova Orleans, Vicksburg, Memphis, Galveston, Pensacola e Mobile abrigaram epidemias anuais de febre amarela três décadas antes da Guerra de Secessão. A epidemia de 1853 foi particularmente virulenta, matando treze mil pessoas ao longo da costa do golfo, incluindo nove mil só em Nova Orleans.

"As imagens de morte em massa, covas coletivas e refugiados evocam paralelos com os campos de batalha da Guerra de Secessão", destaca o historiador Mark Schantz. "O número de mortes em Nova Orleans [...] no verão de 1853, por exemplo, seria muito maior do que o total de confederados mortos que tombaram em Gettysburg no verão de 1863." Em Mobile, o dr. Josiah Nott, que foi um dos primeiros proponentes da hipótese de insetos como vetores de febre amarela, relatou: "É certo que, em muitas cidades nos estados do golfo, essa temível epidemia cometeu devastações muito além da dizimação."

Durante esse reinado de trinta anos da febre amarela no Sul, Nova Orleans, como sempre, sofreu um impacto especialmente forte, com cinquenta mil mortes pela doença. Nos Estados Unidos, a febre amarela roubou a vida de mais de 150 mil pessoas desde a primeira entrada em cena na costa do Atlântico, em 1693, até sua despedida dos palcos de Nova Orleans, em 1905, quando a cidade finalmente se libertou da reputação como cripta de desalento e morte.[5] Essas epidemias ofertadas pelo mosquito e o poder do inseto sobre a morte foram só um ensaio para as iminentes nuvens de guerra e desolação que logo encobririam a nação angustiada.

A solidificação das fronteiras internacionais somada aos novos territórios conquistados e capturados durante as guerras do Destino Manifesto contra o Canadá britânico, os povos indígenas e o México levaram os Estados Unidos, um país em processo de amadurecimento, porém inseguro, a um ponto de ruptura cultural, política e econômica. Durante sua horrenda e monumental Guerra de Secessão, para resolver uma rivalidade socioeconômica interna entre o Norte livre e o Sul escravagista, a nação conflituosa e devastada pelo mosquito voltou suas dores do crescimento para dentro de si mesma. Nesse conflito, o mosquito se entregou a um banquete desenfreado e impulsionou a vitória da União, decidindo, enfim, a questão de "uma casa se dividir contra si mesma". Ele foi o es-

---

[5] Nesse mesmo período, estima-se que entre quinhentas mil e seiscentas mil pessoas tenham contraído a doença, levando a uma mortalidade de 25% a 30%.

preitador mais habilidoso nos campos de batalha e ceifou almas aos milhares "para que a nação pudesse viver". O mosquito garantiu a promessa do presidente Lincoln de "renascimento da liberdade — e para que um governo do povo, pelo povo, para o povo não desapareça desta terra". Para Lincoln, a definição de povo incluía afro-americanos. Durante a Guerra de Secessão, os mosquitos atuaram como uma espécie de terceiro exército e contribuíram principalmente para a causa do Norte em nome da União. Com o tempo, os desdobramentos da Proclamação de Emancipação de Lincoln, em 1863, ajudaram a abolir a mesmíssima instituição da escravidão que eles ajudaram a criar.

Capítulo 15

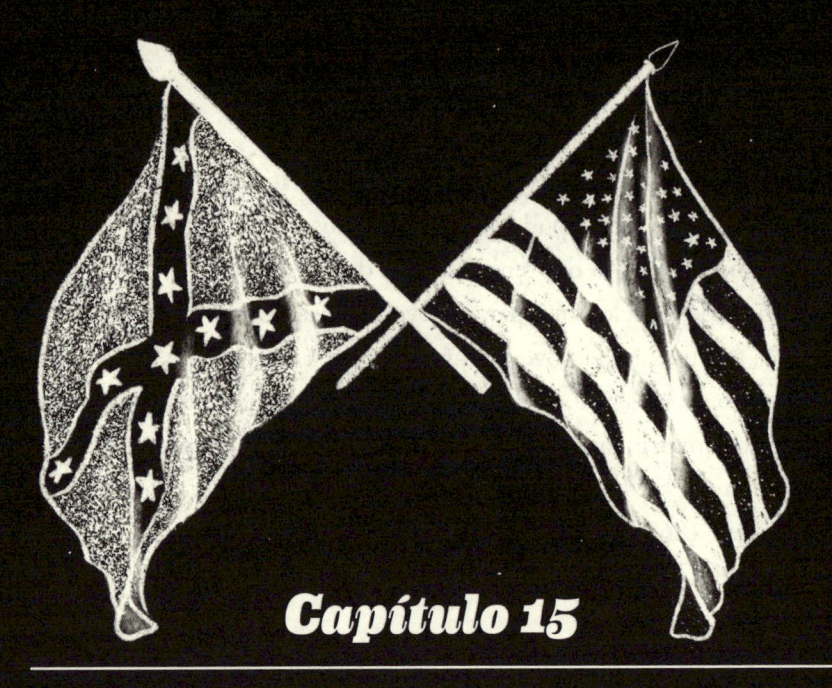

ANJOS SINISTROS da nossa natureza: A GUERRA de Secessão

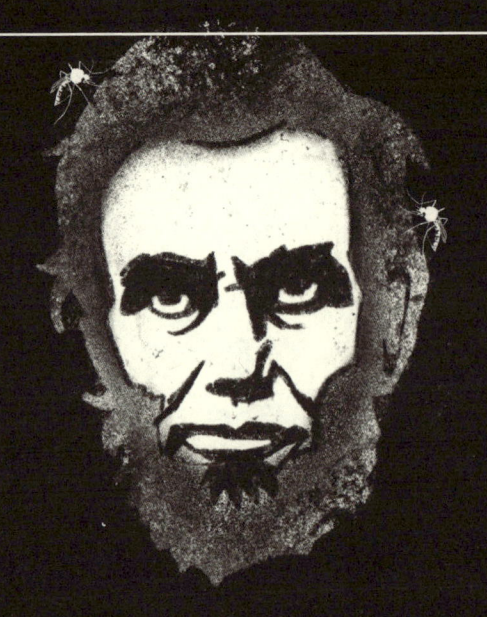

Em 21 de novembro de 1864, debilitado e desolado, o presidente Abraham Lincoln se sentou encurvado à escrivaninha, contemplando com olhos abatidos uma folha de papel em branco. Com apenas 54 anos de idade, ele envelhecera bastante durante os três anos e meio de sangrenta guerra civil, de modo que seu rosto parecia emagrecido e exaurido por tantas noites insones rodeadas por pensamentos melancólicos sobre os mortos. Embora estivesse já assistindo aos últimos passos da faminta Confederação, não era grande consolação saber que o fim estava próximo. O número de mortes chegara a níveis pavorosos que ninguém jamais teria imaginado quando ele mobilizou o Exército, em 15 de abril de 1861, para preservar a União.

Como traduzir em palavras os sacrifícios de tantos que tinham dado "a mais definitiva prova de devoção"? Ele ergueu a cabeça, apoiou a caneta e conferiu um sopro de vida ao papel. "Mansão Executiva, Washington, 21 de novembro de 1864", começou Lincoln, antes de iniciar formalmente sua carta à sra. Lydia Bixby, uma viúva de Boston:

Prezada senhora,

Foi-me apresentada nos arquivos do Departamento de Guerra uma declaração do Ajudante-Geral de Massachusetts de que a senhora é mãe de cinco filhos que tiveram uma morte gloriosa no campo de batalha.

Sinto que seriam débeis e vãs quaisquer palavras minhas que pretendessem amenizar sua dor diante de uma perda tão avassaladora. Mas não posso me abster de lhe oferecer algum consolo na forma de gratidão da República que eles morreram para salvar.

Rezo para que o Senhor atenue o sofrimento de seu luto e lhe deixe apenas as saudosas lembranças dos queridos que se foram e o orgulho solene que a senhora há de sentir por ter oferecido tão caro sacrifício no altar da liberdade.

Cordial e respeitosamente,
A. Lincoln[1]

Mas Lincoln, nascido em uma família humilde na Fazenda Sinking Spring, no estado escravagista do Kentucky, em 1809, havia sido cultivado e maturado por uma nação que parecia estar sempre em guerra. Sua vida acompanhou os conflitos do Destino Manifesto, desde a Guerra de 1812 até a Guerra Mexicano-Americana. Ele inclusive havia servido brevemente como capitão de milícia em 1832 durante a Guerra de Falcão Negro, em Illinois, uma das várias cruzadas militares de limpeza étnica do presidente Andrew Jackson, cujo objetivo era forçar a relocação de povos indígenas, durante a brutal política de Remoção de Índios nos anos 1830. Lincoln descreveu sua única experiência militar, que durou incríveis três semanas, com um breve comentário: "Lutei, sangrei e voltei. Tive muitos confrontos sangrentos contra mosquitos;

---

1 Mais tarde se revelou que, dos cinco filhos da sra. Bixby, dois sobreviveram à guerra, dois morreram em combate e um provavelmente morreu como prisioneiro de guerra.

e, embora eu nunca tenha desmaiado por perda de sangue, posso dizer com sinceridade que passei muita fome."

Combates intensos e sangrentos com mosquitos eram rotina, parte do dia a dia da vida militar durante a Guerra de Secessão. As escaramuças com mosquitos obstinados e sedentos de sangue eram tão comuns e mundanas quanto marchar ou segurar uma arma, de modo que eram uma prática implícita da vida de soldado. "Para Billy Yank e Johnny Reb, a guerra foi uma história tanto de infecções pútridas e febres escaldantes quanto de marchas longas e ataques diretos. [...] Em termos simples, se as doenças transmitidas pelo mosquito não tivessem estado presentes no Sul durante os anos 1860, a história da guerra seria outra", destaca Andrew McIlwaine Bell, em seu meticuloso e impressionante *Mosquito Soldiers: Malaria, Yellow Fever, and the Course of the American Civil War* [Soldados mosquitos: Malária, febre amarela e os rumos da Guerra Civil Americana].

> Nos dois lados do conflito, eram frequentes as queixas sobre esses insetos irritantes que sugavam o sangue dos soldados, zumbiam nos ouvidos, invadiam as barracas e contribuíam para a infelicidade geral da vida no exército. Esses soldados nem desconfiavam que essas pragas também estavam ajudando a definir os rumos políticos e militares da época.

O mosquito não só desempenhou papel crucial para o desenrolar da guerra, como também, passados dois anos de massacres internos nos campos de batalha, alterou drasticamente os objetivos estratégicos de Lincoln para o conflito sangrento. Com isso, o mosquito reestruturou e reconstituiu para sempre a face cultural e política da nação.

Durante os primeiros anos da guerra, com o apoio de comandantes competentes da Confederação, o mosquito maltratou as forças da União lideradas por generais hesitantes e brutos, produzindo um clima de atrito e "guerra total". A meta inicial de Lincoln, de preservar a União e o perfil econômico coeso, aos poucos foi adaptada para incluir um objetivo complementar que definiria a nação: a abolição da escravatura. Se o mosquito não tivesse prolongado a guerra e a União tivesse obtido uma vitória rápida, como era o esperado, a Proclamação de Emancipação jamais teria entrado para os anais da história.

Por um golpe de ironia, o mosquito não só foi uma das causas do tráfico de africanos escravizados, como, durante a Guerra de Secessão, também ajudou a deitar a última pá de cal na própria instituição da escravidão e libertar dos grilhões cerca de 4,2 milhões de afro-americanos. Bell lembra: "Com sua atuação inadvertida como soldados, os mosquitos fizeram mais do que muitos imaginam para moldar nossa história." Ele contextualiza essa afirmação com o argumento de que "o papel importante que esses insetos exerceram não pode ser ignorado por qualquer pesquisador que pretenda compreender toda a maravilhosa e perturbadora complexidade da Guerra de Secessão".

As causas da guerra também foram complexas, e certamente não eram uma simples diferença de opinião entre o Norte e o Sul a respeito da escravidão. É inegável que a escravidão tenha sido *uma* causa, mas não foi *a* causa única, sem que houvesse qualquer outro fator. Houve também diversas questões econômicas, políticas e culturais. Como o argumento a favor da secessão estava ganhando força, a eleição de 1860 que levou Abraham Lincoln à Casa Branca foi o golpe de misericórdia para as convicções sulistas. Embora prometesse repetidamente aos estados escravagistas que não aboliria a escravidão onde ela já existisse, Lincoln também estava determinado a impedir que esse regime se alastrasse para estados e territórios novos a oeste. Fazendeiros brancos pobres, como o próprio pai dele, precisavam de uma oportunidade para levar uma vida decente cultivando em "solo livre" sem enfrentar a concorrência insuperável do trabalho escravo não remunerado. A economia simplificada da escravidão empobrecia todo o espectro da sociedade estadunidense, incluindo escravizados e homens livres. A rentável combinação de mão de obra escravizada e algodão poderia persistir, pois abastecia também a riqueza industrial do Norte. No entanto, seria proibido incluir trabalhadores escravizados em outros mercados agrícolas não correlatos. Na contramão dos planos de Lincoln, os estados do Sul desejavam expandir o regime escravocrata para oeste, e viam o novo presidente eleito com desconfiança. Os sulistas acreditavam que, depois de tomar posse, ele aboliria a escravidão. Diante desse novo cenário que se delineava, entre a vitória de Lincoln, em novembro de 1860, e a posse oficial em março de 1861, a colcha unificada dos 34 "estados unidos" se descosturou.

Antes da cerimônia de posse, sete estados se desvincularam pacificamente da União, assinando suas próprias Declarações de Causas Imediatas de Secessão. Eles estabeleceram um governo conjunto com capital, inicialmente em Montgomery, Alabama e, depois, a partir de maio de 1861, em Richmond, na Virgínia. Aprovaram uma Constituição e elegeram Jefferson Davis presidente dos Estados Confederados da América.

Ao tomar posse, em 4 de março, Lincoln herdou um país à beira da Guerra de Secessão. "Em suas mãos, meus compatriotas insatisfeitos, e não nas minhas", ponderou ele em seu discurso de posse, "repousa a questão momentosa da guerra civil." A guerra veio um mês depois, quando forças confederadas obrigaram a rendição do forte Sumter, no porto de Charleston, em 12 de abril de 1861. Em junho, outros quatro estados decidiram pela secessão, levando a Confederação a um total de onze estados. "Os dois lados lamentavam a guerra, mas um deles preferia fazer guerra a permitir que a nação sobrevivesse", comunicou Lincoln, "e o outro preferia aceitar a guerra a permitir que ela perecesse. E a Guerra veio". Quando os primeiros disparos da rebelião atingiram as muralhas do forte Sumter, em 12 de abril de 1861, o objetivo inabalável de Lincoln era preservar a integridade territorial e econômica da nação, incluindo o regime escravocrata no Sul.

Como as colônias norte-americanas durante a revolução, para a Confederação só lhe restava vencer a guerra. Contudo, ao contrário da situação dos colonos, eles não teriam ajuda. Nenhum general estrangeiro brilhante, como o marquês de Lafayette, atenderia ao chamado, nenhuma frota francesa romperia o sufocante bloqueio naval da União. A Confederação apostou suas fichas em duas jogadas de dados. A primeira foi que Lincoln recuaria — e ele não recuou. A segunda foi que a Grã-Bretanha, cuja lucrativa indústria têxtil dependia do algodão sulista, sairia ao resgate da Confederação e romperia o bloqueio da União ou, no mínimo, enviaria recursos militares e outras provisões. Mas isso também não aconteceu.

A Grã-Bretanha havia proibido o tráfico de escravizados em 1807 e abolido a escravidão de vez em 1833. A população inglesa se opunha vigorosamente a esse tipo de mão de obra, rejeição que só se intensificou quando *A cabana do Pai Tomás* se tornou um sucesso imediato de vendas no país, em 1852. A Grã-Bretanha também se opunha vigorosamente à febre amarela. Havia um enorme receio entre políticos e civis de que os navios que partissem das Ilhas Britânicas para percorrerem o Caribe e a Confederação retornassem como verdadeiras carruagens flutuantes da morte. "Embora a maior parte da população", explica Mark Harrison, professor de história da medicina em Oxford, "provavelmente ignorasse os elementos mais sutis do debate, a ocorrência de dois surtos de febre amarela em solo europeu, no intervalo de alguns anos, [que] causou grande preocupação". A imprensa inglesa especulou que "o clima e a terrível febre amarela" talvez permitissem que a Confederação desafiasse "todas as sanções que o Norte pode impor". A Grã-Bretanha não queria se envolver com a febre amarela da Confederação, que, ironicamente, nunca se concretizou.

Décadas antes da Guerra de Secessão, os estados sulistas foram assolados pelas doenças transmitidas por mosquito. Por esse motivo, a febre amarela não afetou os rumos desse conflito, ao contrário do que ocorreu nas guerras passadas, pois os sobreviventes destas já haviam desenvolvido imunidade. Além disso, no início da guerra, a Marinha da União implementou o Plano Anaconda, do general-chefe Winfield Scott, que bloqueou portos confederados, restringindo o comércio no Sul. Com essa medida, navios estrangeiros, especificamente os que vinham do Caribe, não tinham como atracar e desembarcar seus carregamentos, tampouco distribuir o temido vírus, seus marujos e mosquitos vetores da doença.

Nova Orleans, o coração do comércio *dixie*, foi capturada pela União em abril de 1862, um ano depois do começo da Guerra de Secessão, e, no mês seguinte, foi a vez de Memphis, o que na prática represou o rio Mississippi e barrou a passagem de suprimentos para os confederados e contrabandistas. Com isso, ainda que inadvertidamente, a União também acabou bloqueando o acesso da febre amarela ao rio, poupando as forças de ocupação das doenças e das mortes infernais que sempre haviam atormentado Nova Orleans e o delta do Mississippi.

Os estrategistas confederados acreditavam piamente que Nova Orleans seria uma dor de cabeça para a União. Um jornal da Virgínia previu que o crucial porto de Nova Orleans seria "um prêmio que cobraria deles um preço imensamente superior ao que seria razoável para qualquer animal, se Sua Majestade de Açafrão [a febre amarela] aparecesse para sua visita anual". Partilhando o mesmo medo, no início do conflito um cirurgião da União anteviu que "tanto no Norte quanto no Sul se profetizava que a grande chaga dos trópicos, a febre amarela, dizimaria qualquer exército do Norte que viesse a penetrar os 'Estados do Algodão' na 'zona de febre amarela'".

Na realidade, ela pouco se manifestou durante a guerra, especialmente em Nova Orleans, onde onze moradores perderam a vida para a doença. A força de ocupação da União manteve medidas sanitárias rigorosas e uma rígida quarentena durante o conflito, o que resultou nos registros relativamente modestos de 1.355 casos e 436 mortes por febre amarela entre as fileiras dos ianques. À medida que o Plano Anaconda apertava o cerco no Sul, essa doença se tornou cada vez menos provável. No entanto, não se pode dizer o mesmo da irmã, a malária. Embora a febre amarela tenha se mantido sob controle, a malária ganhou força.

Assim como a irmã, a malária já era crônica antes da Guerra Civil, mas, ao contrário da febre amarela, ela continuou assombrando os campos de batalha, debilitando milhões de pessoas entre 1861 e 1865. "Os mosquitos", decretou um soldado de Connecticut que padecia de malária, "foram os inimigos mais pavorosos" que ele já havia enfrentado. A mobilização militar total de 3,2 milhões de homens durante a guerra permitiu que a malária desabrochasse e se desenvolvesse. Soldados ianques não aclimados atravessaram a Linha Mason-Dixon e penetraram o Sul em grande quantidade, rompendo a barreira epidemiológica. "Conforme homens de todo o país se reuniam para resolver as questões de federalismo e escravidão no campo de batalha, os mosquitos do Sul foram inspirados pela grande quantidade de presas novas que apareceram de repente em seu território", destaca Bell. "Além disso, antes que os canhões se calassem, esses insetos minúsculos desempenharam papel importante, e até hoje subestimado, nos acontecimentos da Guerra de Secessão." Com o deslocamento e a migração em massa de soldados e civis pelas três zonas de contágio, as populações pulsantes de mosquitos alçaram voo e aceleraram a marcha da malária.

Sem a ajuda dos ingleses, as forças reduzidas e desabastecidas da Confederação foram obrigadas a combater sozinhas contra os mosquitos e a União. A máquina militar de Lincoln possuía uma vantagem e tanto em tudo que era necessário para vencer uma guerra, a exemplo de soldados, recursos, infraestrutura, indústria, comida e todo tipo de armamento — além de quinino, que era tão crucial para a vitória quanto balas e baionetas. Os únicos recursos que garantiam alguma vantagem para o Sul eram o algodão cru e os trabalhadores escravizados. No entanto, ainda assim a Confederação controlou, nas linhas de frente, os dois primeiros anos de batalhas.

Até as vitórias concomitantes da União em Gettysburg e Vicksburg, em julho de 1863, a Confederação estava ditando o ritmo da guerra, assim os soldados confederados e o mosquito dominaram os ianques, muito autoconfiantes em seus uniformes azuis e com seus generais atrapalhados. Para o Norte, que contava com todos os benefícios militares, aquele conflito não devia ter durado tanto tempo nem ter degringolado em uma guerra de atrito. Previsto para ser um embate breve e bastante favorável à União, quando foram disparados os primeiros e inofensivos tiros confederados contra o forte Sumter, a rebelião dos estados sulistas se incendiou furiosamente na Primeira Batalha de Bull Run.

Em um belo dia de sol, em julho de 1861, Wilmer McLean ouvia os estrondos da artilharia e a marcha dos soldados sentado na varanda de sua casa, em Manassas, na Virgínia, que fora ocupada para servir de base para o general confederado P. G. T. Beauregard. Ao longe, Wilmer via centenas de espectadores elegantes e bem-vestidos nas colinas ao redor, repousando em cadeiras sob guarda-sóis, comendo os petiscos depositados em cestos de piquenique. Esses eram os membros da elite social e econômica de Washington, D.C., incluindo vários senadores e parlamentares (e suas famílias), que tinham feito a viagem de quarenta quilômetros para assistir àquele acontecimento histórico e espetáculo sangrento, pois não queriam perder o momento em que a União esmagaria com um único golpe os rebeldes do Sul. O barulho foi se avolumando, até que McLean cobriu a cabeça e estremeceu quando uma bala de canhão da União explodiu a chaminé de sua cozinha, inspirando Beauregard a escrever que "um efeito cômico dessa batalha de artilharia foi a destruição do jantar que eu tinha com meu estado-maior". Foi o mosquito quem escolheu o quintal de McLean, perto do riacho Bull Run, como local para o primeiro embate importante da Guerra de Secessão, embora ele não possa ser responsabilizado pela destruição da cozinha.

Winfield Scott, o general que comandava o Exército dos Estados Unidos, era um veterano da Guerra de 1812, das Guerras Seminoles e da Guerra Mexicano-Americana. Com impressionantes 54 anos de carreira, ele conhecia por experiência própria os perigos que as doenças transmitidas pelo mosquito representavam para soldados não aclimados. No México, ele havia superado tanto Santa Anna quanto o mosquito e não estava disposto a entregar seus soldados para serem picados em uma campanha contra o território da Confederação no Sul. No início da Guerra de Secessão, Scott alertou o presidente Lincoln e o marechal de campo George McClellan, seu subordinado militar imediato, de que, se a União não atacasse imediatamente o Sul, o público começaria a ficar impaciente. No entanto, seu Plano Anaconda precisava sobretudo de tempo para exaurir a Confederação. Scott também sabia que o público, protegido pelo clima contra as doenças endêmicas transmitidas pelo mosquito, não chegava a compreender a realidade brutal dos campos de batalha nas áreas de mosquitos no Sul. "O público vai demandar ações vigorosas e instantâneas, e receio que não pensará nas consequências", afirmou ele. "Isto é, não estará disposto a esperar instruções lentas [...] e a volta dos ventos frios que matarão o vírus das febres malignas ao sul de Memphis."

Quando o Conselho de Guerra se reuniu em junho de 1861, um mês antes de Bull Run, a decisão que os integrantes precisavam tomar era se deviam realizar a ofensiva principal na Virgínia ou no vale do rio Mississippi. A Virgínia ganhou a disputa porque eles chegaram à conclusão de que seria suicídio militar "entrar em um território insalubre para combatê-los". Os médicos da União também haviam avisado a Lincoln que "as tropas do Norte, passando ao Sul já na região inferior de Chesapeake, entram em um clima totalmente estranho à sua constituição [com] miasma pantanoso". Em 21 de julho de 1861, no local escolhido pelo mosquito perto da casa de McLean, em Manassas, às margens do riacho Bull Run, os dois exércitos finalmente se digladiaram.

Após combates intensos durante a maior parte do dia, e uma resistência obstinada do general confederado Thomas J. Jackson, que seria imortalizado com o apelido "Stonewall" [Muralha] Jackson, as caóticas forças da União e uma turba desordenada de espectadores chocados e abalados fugiram em pânico, recuando sob a chuva para Washington e catapultando a nação a uma guerra generalizada. As forças excessivamente confiantes da União foram derrotadas no que tinha sido a maior e mais sangrenta batalha da história dos Estados Unidos até então. Essa conquista e esse feito militar seria solapado seguidamente nas batalhas brutais que o futuro reservava, com nomes como Antietam, Shiloh, Chancellorsville, Spotsylvania, Chickamauga e Gettysburg, que ainda ressoam pelo consciente coletivo do país. Corpos feridos, desfigurados e inchados de milhares de estadunidenses se espalharam pelo campo de batalha inundado de sangue do Bull Run, e ali se dissiparam quaisquer expectativas, delírios ou sonhos de que a guerra seria breve. O conflito seria extenso e funesto, e o mosquito faria tudo em seu poder para prolongá-lo.

Após a Primeira Batalha de Bull Run, McClellan hesitou por quase um ano, permitindo que a Confederação organizasse minimamente uma economia de guerra, mobilizasse seus recursos militares e se entrincheirasse. Cientes de um ataque iminente em Richmond, tanto Davis quanto Lee autorizaram a transferência de tropas do interior do Sul para Richmond, sabendo que a temporada de mosquitos evitaria operações da União nesse teatro sulista e seus soldados seriam poupados das doenças. "Nesta estação, creio que seja impossível o inimigo realizar qualquer expedição ao interior", escreveu Lee. "As tropas que forem mantidas aí sofrerão mais de doenças do que o inimigo." O presidente Davis acrescentou que "operações decisivas estão em aguardo aqui nesta parte, e o clima já restringe operações no litoral". Davis destacou que esses reforços só viriam "de posições onde a estação impedirá operações ativas". O Exército Confederado de Lee, com cerca de cem mil homens, entrincheirado nos arredores de Richmond, estava pronto para a Campanha da Península de McClellan pela União. As gerações posteriores dos mosquitos de Yorktown, cujos ancestrais haviam devorado os ingleses oitenta anos antes e transformado a história, agora voavam à espera dos homens de McClellan.

McClellan era um planejador obsessivo ao extremo, não tinha uma mente militar agressiva, costumava superestimar a força do inimigo e receava que derrotas ou uma quantidade considerável de baixas sob seu comando pudessem prejudicar e comprometer suas ambições presidenciais. O frustrado Lincoln e a imprensa hostil demandavam ação. McClellan, ou "Little Mac" [Pequeno Mac], acabou por ceder à pressão crescente e, forçado a isso, começou seu ataque contra Richmond em março de 1862. Ele conduziu 120 mil homens pela península, entre os já conhecidos rios York e James e seus muitos córregos e pântanos — espaços ideais para o mosquito fazer a festa. Ao desembarcar sua força numericamente superior, em vez de tomar a iniciativa, o equivocado McClellan empregou seu passatempo militar preferido: esperar sentado.

Após a União capturar Yorktown, em meados de abril, a trepidação de McClellan, junto com uma operação firme de protelação dos confederados, retardou o avanço da União por entre os rios cheios e os pântanos formados tanto pelo degelo da primavera quanto pelas chuvas de abril. Um soldado da União declarou que foi atacado por "um exército de mosquitos da Virgínia. [...] Eram os maiores espécimes que eu já vi e também os mais vorazes". Outro reclamou ter sido alfinetado por "batalhões de mosquitos enormes". O dr. Alfred Castleman, cirurgião da União, comentou: "Tudo estava encharcado de chuva, frio e tristeza. Mas aos poucos estamos nos tornando anfíbios." Ao longo dos dois meses seguintes, as forças da União avançaram menos de cinquenta quilômetros pelas colônias de mosquitos de Jamestown e Yorktown. O dr. Castleman descreveu o ambiente de doenças: "As enfermidades entre as tropas crescem rapidamente. Predominam febre remitente, diarreia e disenteria." A malária e a disenteria foram, de longe, as doenças mais debilitantes da guerra.

Conforme as forças da União se aproximavam lentamente de Richmond, a malária começou a se alastrar, agravando as baixas crescentes das batalhas. No fim de maio, com o exército às portas da cidade, McClellan estava delirante e acamado por causa da doença. A essa altura, 26% do Exército da União estava doente demais para lutar. Durante a ausência dele, motivada pela enfermidade, colunas divididas da União perambularam por uma área que os confederados chamavam de "brejos pestilentos da Península". A estrutura de comando da União se desintegrou, e os estoques de quinino foram deixados na retaguarda a fim de abrir caminho para munição, artilharia e outros artigos. A malária e a disenteria continuaram em ascensão ao longo de junho e julho.

John Beall, um soldado confederado, compreendia a dificuldade da posição da União. "McClellan está acampado [...] exposto aos ventos maláricos e miasmáticos", escreveu ele em uma carta que enviou para casa. "Seu exército, exaurido por fadiga, fome e agitação, além de desconsolado pela derrota, deve tombar aos milhares para as febres e a doença." O exército debilitado de McClellan não conseguiu romper o perímetro defensivo de Richmond. Para completar, no fim de junho, Lee lançou contra-ataques intensos que obrigaram as forças da União a uma retirada urgente de volta para o litoral. O índice de doentes inoperantes da União havia chegado a 40% do contingente total. "A malária sutil do solo rebelde", confessou Edwin Bidwell, cirurgião da União, "destrói e incapacita mais soldados do Norte do que todos os ferimentos sofridos por armas rebeldes." As forças confederadas estavam posicionadas em um terreno mais alto e afastado dos brejos e dos mosquitos. Embora a malária tenha reduzido o poderio do Sul, os danos da doença entre os confederados durante a campanha foram consideravelmente menores, flutuando entre 10% e 15%.

O brigadeiro Erasmus Keyes, subordinado de McClellan, escreveu para Lincoln e rogou que o presidente recolhesse o exército em vez de mandar reforços: "Trazer tropas recém-arregimentadas do Norte para o interior, nos meses de julho, agosto e setembro, seria lançar nossos recursos ao mar. Os novos soldados se desintegrariam e seriam arruinados para sempre." Embora McClellan suplicasse por reforços para mais uma tentativa em Richmond, ele foi instruído categoricamente a se retirar da península infestada de mosquitos, porque "manter seu exército na posição atual até que ele pudesse receber reforços quase o destruiria nesse clima. Os meses de agosto e setembro são os mais letais para os brancos que moram nessa parte do rio James". Assim como haviam obrigado Cornwallis a se render em Yorktown, os mosquitos maláricos da Virgínia ajudaram a prolongar a Guerra de Secessão ao contribuírem para o fracasso constrangedor de McClellan em sua tentativa de capturar a capital Richmond. "O elevado índice de malária durante a Campanha da Península ajudou a acelerar a retirada do Exército do Potomac para Washington", reitera Bell. "A derrota de McClellan, que pode ser atribuída em parte à doença, suscitou uma transformação na maneira como o Norte lidou com a guerra; a partir de então, ele trabalharia para suprimir a escravidão e gerar um novo nascimento da liberdade, em vez de lutar exclusivamente para preservar a antiga república." Assolado por mosquitos, McClellan não pôde proporcionar uma vitória para Lincoln a leste. Enquanto isso, seus comandantes a oeste, perturbados pelo mosquito, também não tiveram sucesso.

Enquanto corroía o exército de McClellan na Virgínia, o mosquito da malária prolongou a guerra a oeste ao rechaçar a primeira tentativa da União de tomar o bastião confederado de Vicksburg, no Mississippi, entre maio e julho de 1862. O marechal de campo também contribuiu para a decisão da União de não marchar rumo a Vicksburg a partir do norte depois da vitória ianque em Corinth, no norte do Mississippi, em maio de 1862. Tendo conseguido expulsar de Corinth, a cerca de 140 quilômetros a leste de Memphis, o Exército Confederado de Beauregard, o general Henry Halleck, comandante da União, não estava disposto a persegui-lo para o sul da "Linha de Memphis" de Scott, no início da temporada de febre amarela e malária. Ele acreditava, com razão, que um avanço ao sul rumo a Vicksburg seria entregar-se aos mosquitos, isto é, cometer suicídio. "Se perseguirmos o inimigo até os pântanos do Mississippi", relatou ele a seus superiores políticos de Washington, "não há dúvida de que nosso exército será incapacitado pela doença." Seu exército já estava sofrendo baixas para a dupla malária e disenteria. Acometido de malária, o marechal de campo William Tecumseh Sherman, ainda pouco conhecido, alertou aos superiores que apenas metade de seus dez mil soldados estava em condições de cumprir suas missões. Antes de recuar para o sul, a fim de preparar um futuro ataque, Beauregard relatou que cerca de 15% de seus homens padeciam de malária. O general Halleck continuou onde estava, recusando-se a perseguir o inimigo por temer as doenças transmitidas pelo mosquito.

Foi o almirante David Farragut que acabou liderando seus homens para a armadilha malárica formulada e preparada pelos mosquitos de Vicksburg. Tendo capturado Nova Orleans em abril de 1862, Farragut recebeu ordens para seguir ao norte pelo Mississippi, pois Vicksburg, como centro de comunicação, abastecimento e transporte, era importante demais para ser ignorado pela União. "Vicksburg", proclamou Jefferson Davis, "é o prego que mantém unidas as duas metades do Sul."

Farragut fez uma tentativa frouxa e logo abortada de capturar Vicksburg, a "Gibraltar do Oeste", em maio. Como este era o último bastião confederado no Mississippi, Lincoln e seus estrategistas militares ficaram frustrados com o esforço débil de Farragut, pois estavam ansiosos para assumir o controle do rio em toda a sua extensão e romper completamente a linha de abastecimento dos confederados. Farragut recebeu ordem para reavivar a ofensiva a Vicksburg em fins de junho, com uma frota combinada de dois mil soldados. "À sua espera, havia dez mil confederados", aponta Bell, "e um sem-número de mosquitos *Anopheles*. Os dois se revelaram dissuasores letais." A cidade-fortaleza de Vicksburg se encontra na ponta superior de uma península, na curva em forma de ferradura do rio, na margem leste, cercada por uma entrecortada malha inexplorada de pântanos e riachos. Além do rio, não havia acesso viável para a cidade alta. A geografia impedia Farragut de tirar proveito da superioridade naval ou de desembarcar tropas. Como solução, ele decidiu cavar um canal de um lado a outro da península para evitar os penhascos fortificados; todas as tentativas, porém, foram rechaçadas pelos mosquitos.

O brigadeiro Thomas Williams, de Vicksburg, relatou que as tropas da União foram "tão atingidas pela malária que não serviam para nada". Quando Farragut finalmente abandonou a operação, no fim de julho, 75% dos soldados sob seu comando estavam mortos ou hospitalizados com doenças transmitidas pelo mosquito. "A única medida a ser tomada agora", sugeriu alguém, "é render-se ao clima e adiar quaisquer ações futuras em Vicksburg, até que acabe a temporada das febres". O general Edmund Kirby Smith, comandante confederado, concordava. "O inimigo, creio, não tentará invadir o Mississippi ou o Alabama neste verão", informou Smith a seu superior, o general Braxton Bragg. "O caráter do terreno e o clima [...] são obstáculos intransponíveis." Com a retirada simultânea de McClellan diante do mosquito em Richmond, os estados confederados estavam vencendo sua guerra de independência.

Considerando as humilhações de 1862 na Virgínia e em Vicksburg, Salmon P. Chase, secretário do Tesouro e um dos primeiros defensores do alistamento de afro-americanos, disse em voz alta o que a maioria dos políticos e das mentes militares da União já estava pensando:

"Não podemos sustentar o confronto com as desvantagens de estarmos com tropas não aclimadas e as provisões distantes, justamente contra um inimigo capaz de armar metade da população e de manter a outra trabalhando sem ter de arcar senão com a subsistência básica da metade armada." Embora Chase tenha sido fundamental para a inclusão da frase "Em Deus Confiamos" na moeda norte-americana, em 1864, durante a Guerra de Secessão, Deus estava do lado de quem tivesse os maiores batalhões e o melhor estoque de quinino. Junto com questões de moralidade e contingente, o mosquito revirou e destronou as convenções culturais, raciais e jurídicas estabelecidas nos Estados Unidos ao orquestrar o ambiente para a Proclamação de Emancipação, com sua promessa de nova liberdade renascida para afro-americanos, mantida e garantida pelo general Ulysses S. Grant.

Tomadas em conjunto, as derrotas sofridas durante a primavera e o verão de 1862 fizeram a União mudar de estratégia. Lincoln e seus conselheiros decidiram seguir por um caminho diferente: a aniquilação total dos exércitos confederados e a erradicação da escravidão, para então provocar escassez e impor a capitulação completa do esforço de guerra e da economia sulista. "Aqueles que negam a outros a liberdade", declarou Lincoln, "tampouco a merecem." Para Bell, as perdas e os erros militares induzidos pelo mosquito em 1862 "ajudaram a convencer o governo Lincoln de que apenas a completa subjugação do Sul, incluindo o desmantelamento da escravidão, restauraria a União e levaria à paz". Charles Mann concorda que a malária "postergou a vitória da União em meses, se não anos. No longo prazo, talvez isso seja motivo de comemoração. A princípio, o Norte proclamou que seu propósito era preservar, não libertar trabalhadores escravizados. [...] Conforme a guerra se alongava, mais Washington se dispôs a considerar medidas radicais". Levando em conta o papel do mosquito no prolongamento do conflito desgastante, ele argumenta que "parte do crédito pela Proclamação de Emancipação deve ir para a malária". Após a primeira vitória da União (ou, mais precisamente, um empate) na sanguinária Batalha de Antietam, em setembro de 1862, Lincoln alterou para sempre a direção da guerra e da própria nação ao emitir seu decreto presidencial mais célebre e duradouro.[2]

Em 1º de janeiro de 1863, a Proclamação de Emancipação libertou por lei (pelo menos no papel) cerca de 3,5 milhões de afro-americanos escravizados em áreas pontuais da Confederação, especificamente nos estados ainda rebeldes.[3] Ela também aprovou e autorizou oficialmente o alistamento de afro-americanos para combater em uma guerra sobre a qual Lincoln murmurava que "era em algum sentido motivada pela escravidão". Embora o ímpeto de Lincoln para libertar a população escravizada dos estados confederados fosse de ordem moral, estava também associado diretamente ao pragmatismo militar. Conforme Chase destaca, as pessoas escravizadas que já eram aclimadas e libertas fortaleceriam os exércitos da União e, ao mesmo tempo, privariam a Confederação de mão de obra.

Ainda que esse componente da Proclamação de Emancipação costume ser ignorado, o decreto foi concebido especificamente como medida militar para reduzir a força laboral da Confederação, impondo a transferência de soldados para fazendas e fábricas. "A decisão do presidente de emancipar os escravizados e armá-los para que eles matassem seus antigos senhores representou um desvio radical das políticas anteriores", afirma Bell. "Contudo, os reveses militares de 1862 convenceram Lincoln de que a emancipação e o alistamento de negros eram uma necessidade militar. As duas políticas fortaleciam as

---

[2] Após sua vitória na Segunda Batalha de Bull Run, Lee invadiu o Norte e enfrentou forças da União no riacho Antietam, perto de Sharpsburg, Maryland, em 17 de setembro de 1862. Embora a batalha na verdade tenha terminado em empate, foi anunciada como vitória para a União, pois as tropas de Lee recuaram do Norte e voltaram para a Virgínia. O total de baixas dos dois lados, durante o único dia da batalha, chegou a quase 23 mil homens, incluindo 3.700 mortos (outros quatro mil feridos acabariam morrendo depois). O dia da Batalha de Antietam é até hoje o mais sangrento da história dos Estados Unidos.

[3] A Proclamação se aplicava apenas à população escravizada em territórios da Confederação e não incluía os estados escravagistas não confederados de Delaware, Maryland, Kentucky e Missouri, tampouco o Tennessee, que havia sido ocupado antes por forças da União.

tropas do Norte ao mesmo tempo que eliminavam a principal força de trabalho da Confederação." Lincoln também partilhava a crença de conselheiros e autoridades médicas de que soldados afro-americanos, equipados com suas defesas genéticas impenetráveis contra doenças transmitidas pelo mosquito, seriam inestimáveis para as operações nos teatros infestados do Sul e para "manter pontos do Mississippi durante a temporada de doenças". Segundo William A. Hammond, médico-chefe da União, era um "fato estabelecido" que africanos estavam "menos sujeitos a enfermidades de origem malárica do que um europeu". Dos cerca de duzentos mil afro-americanos que acabaram servindo nas forças da União, dois terços eram ex-escravizados sulistas. Com a liberdade recém-conquistada, eles se alistaram para garantir a emancipação de seus companheiros cativos e foram combater nas linhas de frente de uma guerra que estava sendo travada para decidir o destino da própria escravidão.

Além do objetivo principal de preservar a integridade econômica da União, a guerra agora também pretendia eliminar e expurgar o regime escravocrata, com o benefício extra da conveniência militar. "A Proclamação de Emancipação transformou a atmosfera moral da guerra", reconhece John Keegan, o respeitado historiador militar. "A partir desse momento, a guerra passou a ser em torno da escravidão." No entanto, sem a vitória da União, a Proclamação não passava de um tigre de papel. A liberdade de mais de quatro milhões de pessoas estava em jogo, e elas se aferraram à esperança de que a União venceria e a Confederação se renderia incondicionalmente. Ulysses S. Grant, com a ajuda do quinino e do general aliado Anófeles, atendeu às expectativas, dando vida às palavras inspiradoras da Proclamação de Lincoln e trazendo-as para a realidade oficial.

Ao contrário de McClellan, que foi derrotado por Lincoln na corrida presidencial de 1864, Grant não nutria qualquer projeto ou ambição política e não tinha medo de correr riscos no campo de batalha. Ele era introvertido, calado, desajeitado e excêntrico, mas também era incisivo e estava disposto a sacrificar vidas para chegar à vitória, o que lhe rendeu o apelido de "Açougueiro". Sua campanha em Vicksburg entre maio e julho de 1863 foi um exemplo ousado, genial e eficaz de comando. Anos depois, Grant destrinçou e analisou sua carreira e atuação na guerra. Fazendo a habitual autocrítica, ele afirmou que todas as suas campanhas durante a Guerra de Secessão podiam ser incrementadas e aprimoradas, menos uma: Vicksburg. Durante a temporada de mosquitos, Grant fez a frota da União atravessar a barreira dos canhões de Vicksburg e, assim, conseguiu desembarcar seus homens ao sul da cidade. A imprensa condenou suas primeiras ações. Devido às doenças transmitidas por mosquitos, repórteres metidos a generais concluíram que "a simples realidade é que um exército de 75 mil homens iria para o túmulo entre agora e o dia 1º de outubro sem jamais enfrentar o inimigo". O general Lee também acreditava que seria altamente improvável qualquer ofensiva da União contra Vicksburg durante os escaldantes meses de verão, repletos de mosquitos.

Mas Grant não estava preocupado com questionadores nem com as previsões bélicas sensatas de Lee. Ulysses S. Grant era um vencedor, ao contrário da série de generais claudicantes da União que o precederam. "Minha esperança é enganar os rebeldes e produzir um desembarque onde eles não esperam", comunicou ele aos oficiais de seu estado-maior. E foi exatamente o que ele fez, rompendo suas próprias linhas de abastecimento e marchando seu exército pelos pântanos, na retaguarda de Vicksburg. Como seus navios de abastecimento não tinham condições de passar pelos canhões elevados de Vicksburg junto ao rio, os soldados de Grant foram obrigados a extrair provisões do próprio terreno. Foi uma manobra militar brilhante. Enquanto contornava a cidade, ele capturou diversos portos menores e também Jackson, a capital do estado.

Em apoio à investida principal de Grant, um destacamento da União composto de trinta mil a quarenta mil soldados, incluindo nove regimentos recém-mobilizados de Tropas de Cor, como eram chamadas as tropas compostas majoritariamente de escravizados emancipados, cercou Port Hudson, situado a pouco mais de trinta quilômetros ao norte de Baton Rouge e 240 quilômetros ao sul do bastião fluvial sitiado de Vicksburg. Grande defensor do alistamento militar de afro-americanos, Grant lembrou a Lincoln de que "dei todo meu apoio ao projeto de armar os negros. Esse, em conjunto com a emancipação dos negros, é o golpe mais forte já infligido na Confederação". Após espremer as fortificações confederadas de Vicksburg com uma linha de 24 quilômetros formada pela União e incomodado por dois ataques frontais malsucedidos e custosos contra os confederados entrincheirados, Grant deu início ao cerco em 25 de maio — bem no começo da temporada de mosquitos.

Mas Grant sabia que tinha uma vantagem com que os confederados desabastecidos e cercados em Vicksburg não contavam. Ele havia demonstrado estar disposto a deixar as provisões e os carros de abastecimento para trás, mas de forma alguma ele atravessaria o lodaçal dos pântanos do Mississippi sem levar reservas de quinino. Um dos itens mais importantes no arsenal da União era o estoque abundante desse remédio antimalárico. "A vantagem que esse medicamento proporcionou às forças da União é inegável", ressalta Bell. "Na verdade", diz ele, referindo-se a seu livro, "não seria nenhum grande exagero o argumento de que um subtítulo mais adequado para este livro talvez fosse 'Como o quinino salvou o Norte'. [...] A Confederação, por sua vez, sofreu com a escassez de quinino durante a maior parte da guerra, e o resultado foi que as febres maláricas geralmente fugiam do controle entre os rebeldes. Os civis sulistas também sofreram."

Ao longo do conflito, a União distribuiu para seus soldados dezenove toneladas de quinino refinado e dez toneladas de casca de cinchona bruta, tanto para tratar a malária quanto como medida profilática. Já para a Confederação, "a eficácia do bloqueio naval da União fez com que os cirurgiões sulistas [...] sofressem com a escassez de quinino durante a maior parte da guerra", diz Bell. "Diante da prevalência da malária no Sul, é impressionante que houvesse tropas confederadas ainda com saúde para combater no fim do conflito, quando o estoque de quinino em Richmond estava extremamente baixo." Certamente esse quinino valioso não alcançava os soldados no campo de batalha.

Os políticos confederados, entre eles Jefferson Davis, tinham reservas robustas de quinino guardadas para si e suas famílias. Ironicamente, embora o bloqueio naval tenha contido a febre amarela, ele permitiu que a malária se alastrasse.

Ao longo da guerra, o aumento astronômico do preço do quinino na Confederação foi mais um sinal dos efeitos cumulativos do bloqueio pela União. Ele indica também que os contrabandistas sabiam muito bem da importância e da demanda para o estoque, cada vez menor, desse medicamento em uma população sulista que padecia de uma implacável malária endêmica. No primeiro ano da guerra, uma onça* de quinino valia em média 4 dólares, mas chegou a 23 dólares em 1863. No fim de 1864, contrabandistas vendiam ao preço de 400 a 600 dólares por onça. No fim da guerra, os contrabandistas de quinino, que vinham do Caribe, estavam obtendo um retorno de incríveis 2.500% sobre o investimento inicial.

Como o contrabando de quinino se tornou uma atividade cada vez mais lucrativa, tentava-se introduzi-lo de todas as formas possíveis na Confederação, incluindo alguns dos mesmos métodos criativos que narcotraficantes e mulas usam hoje em dia. O produto era embutido nas anquinhas e saias de mulheres disfarçadas de freiras itinerantes ou prestadoras de ajuda humanitária. Era escondido dentro de bonecas infantis, móveis e estofamentos. Para passar pelo controle alfandegário da União e atravessar barreiras, o pó de cinchona era embalado cuidadosamente e transportado no canal anal e no intestino de animais. No portão de Vicksburg, em certa ocasião, as sentinelas de Grant apreenderam um trio de mulheres que tentava contrabandear quinino debaixo de um fundo falso nas malas. O medicamento salvador foi confiscado e distribuído para soldados da União, embora, ao contrário dos oponentes confederados afligidos pela malária, eles já tivessem acesso a bastante quinino.

---

* Unidade de medida inglesa que corresponde a pouco mais de 28 gramas. (N. do T.)

> **ADVANTAGE OF "FAMINE PRICES."**
> Sick Boy. "I know one thing—I wish I was in Dixie."
> Nurse. "And why do you wish you was in Dixie, you wicked boy?"
> Sick Boy. "Because I read that quinine is worth one hundred and fifty dollars an ounce there; and if it was that here you wouldn't pitch it into me so!"

"Vantagem de 'Preços da Fome'": Uma charge de 1863 da *Harper's Weekly* que debochava da escassez e do aumento meteórico dos preços do quinino na Confederação. "Menino Doente: 'Uma coisa eu sei — quem me dera estar no Dixie.' Enfermeira: 'E por que você queria estar no Dixie, menino levado?' Menino Doente: 'Porque li que o quinino vale 150 dólares por onça lá; e se fosse assim aqui, você não enfiaria tanto disso em mim!'" (*Library of Congress*).

O estoque de quinino disponível para a equipe médica de Grant em Vicksburg era suficiente não só para tratar pacientes de malária, como também para distribuir doses preventivas diárias para soldados saudáveis. "As condições hospitalares e o atendimento médico eram tão perfeitos que as vidas perdidas foram muito menores do que seria de se esperar", disse Grant, satisfeito. "Arrisco afirmar que não há exército que tenha ido a campo com mais preparo." Havia quinino em tanta abundância que ele era administrado até para prisioneiros confederados que estavam febris, "com o rosto emagrecido e olhos fundos", e para civis locais "exaustos e abatidos". Ainda assim, a malária incapacitou 15% do exército de Grant durante a campanha, pois a droga — dependendo da dose, da qualidade e da concentração do ingrediente ativo, o quinino — não é uma proteção perfeita contra o mosquito, e muitos homens se recusavam a tomar o remédio amargo.

Os soldados e civis confederados, presos e sitiados em Vicksburg, com cada vez menos recursos e sem quinino, não tinham a mesma sorte e se encontravam diante de uma realidade desoladora, afligida pelo mosquito. "O antro pavoroso de pântanos e brejos asfixiantes", escreveu um correspondente de guerra inglês, era mais letal "que espadas ou balas". Sem quinino, "ninguém vivo poderia combater os efeitos desse clima". Ele confessou que os soldados rebeldes e os residentes desafortunados, presos pela estratégia deslumbrante de Grant e pelos mosquitos sanguinários, viram-se confrontados pela existência abjeta de "malária, carne de porco salgada, escassez de hortaliças, um sol escaldante e uma água quase venenosa". Sob as tormentas do bombardeio de artilharia da União, os sitiados naquela cidade foram afligidos por mosquitos, que um médico confederado descreveu em uma carta para a esposa como "os maiores, mais famintos e mais atrevidos dessa espécie. Que você nunca veja um mosquito desses!". Esses mesmos mosquitos que, no ano anterior, haviam atuado como anjos da guarda para Vicksburg e rechaçado as forças da União se tornaram emissários da morte para a cidade. "Os canhões do inimigo nos incomodavam, mas ainda precisávamos lidar com outro adversário", escreveu o dr. W. J. Worsham, um cirurgião confederado, sitiado em Vicksburg, "mais incômodo que as bombas do inimigo — os mosquitos, ou, como os rapazes chamam, *gallinippers*."*

---

* Um tipo de mosquito, *Psorophora ciliata*, consideravelmente maior que outras espécies comuns, podendo chegar a quase um centímetro de envergadura das asas. (N. do T.)

Passadas seis semanas após o início do cerco, a situação em Vicksburg era semelhante à da Época da Fome em Jamestown. Um jovem soldado confederado escreveu uma carta para os pais na qual suplicava por recursos, porque "*gallinippers*" de tamanho anormal o haviam agarrado "pelo pescoço" e roubado suas "botas, o chapéu e 5 mil dólares em notas". Civis e soldados famintos comiam cachorros, ratos, sapatos e cintos de couro, e após a guerra vieram à tona alguns relatos de canibalismo entre os três mil civis sitiados. Para evitar o bombardeio incessante, soldados e civis se abrigaram em mais de quinhentas cavernas escavadas nas colinas de terra argilosa e amarela que os soldados da União apelidaram de "Povoado dos Cães-de-Pradaria". A malária também matara ou adoecera 50% do contingente inicial de 33 mil soldados confederados, que eram retratados como "um exército de espantalhos". Soldados da União lamentavam o que era descrito como "a imagem trágica de um exército derrotado e desmoralizado — a humanidade no último limite da resistência. Emagrecidos, de olhares perdidos, maltrapilhos, com os pés feridos, ensanguentados, os homens claudicavam".

Em meio a fracas comemorações da independência dos Estados Unidos, em 4 de julho, um dia depois de o Exército Confederado de Lee sofrer a derrota em Gettysburg, Grant aceitou a rendição incondicional de Vicksburg. "O Pai das Águas", anunciou Lincoln, ao receber a notícia da vitória de Grant, "mais uma vez se lança inconteste ao mar". Como Grant previu, "a queda da Confederação foi decidida quando Vicksburg caiu". Com a crucial cidade portuária agora nas mãos da União, a Confederação foi partida ao meio, impedindo que os insumos vitais de gado, cavalos, grãos e outros produtos agrícolas a oeste do Mississippi alcançassem e mantivessem o Exército da Virgínia do Norte de Lee, enquanto os músculos do bloqueio se apertavam mais ainda em torno de um Sul já exaurido e desabastecido. O principal era que, conforme a malária corria nas veias dos soldados sulistas de uniforme cinza, esse cordão também impedia o acesso da Confederação ao quinino que eles tanto precisavam. Era só questão de tempo até que os povos escravizados fossem "doravante, e para sempre, livres". O nome do "Vitorioso de Vicksburg" ecoou pelos corredores do poder. Embora a maioria dos políticos, Lincoln inclusive, nunca tivesse conhecido Grant pessoalmente, ele não demorou a se tornar uma espécie de celebridade nos círculos da elite social e nas rodas de bajuladores de Washington.

A singular perícia militar de Grant, sua falta de ambição política e de maquinações burocráticas, além de suas opiniões particulares a respeito da emancipação e do uso militar de afro-americanos, logo o fizeram cair nas graças de Lincoln. Após tolerar uma sucessão de generais ineptos, incompetentes, traiçoeiros e politicamente ardilosos, Lincoln vinha procurando desesperadamente entre os quadros superiores seu próprio Robert E. Lee, desde a surra da Primeira Batalha de Bull Run. "Lincoln tinha ouvido falar que Grant dizia que não teria conquistado Vicksburg sem a Proclamação de Emancipação", afirma o aclamado escritor Ron Chernow, em sua superlativa obra-prima biográfica de 2017, cujo título é simplesmente *Grant*. "Mais uma vez, o alinhamento de Grant com os objetivos políticos gerais da guerra constituiu uma parte importante de seus atrativos para Washington." Chernow estabelece que, após o desempenho marcial de Grant em Vicksburg, o soldado discreto e autocrítico de 41 anos foi "uma estrela em ascensão no firmamento de Lincoln, pois estava se tornando rapidamente o modelo ideal de general do presidente: alguém que derrota repetidamente o inimigo ao mesmo tempo que apoia os objetivos maiores da guerra" de libertar e mobilizar a população escravizada do Sul.

Grant não apenas se opunha pessoalmente à guerra, como também era um defensor pleno dos princípios morais e militares da Proclamação de Emancipação. "Quando armamos os negros, obtemos um aliado poderoso", escreveu ele para Lincoln, pouco depois da tomada de Vicksburg. "Eles se tornam bons soldados, e tirá-los do inimigo o deixa mais fraco na mesma proporção em que nos fortalece. Sou, portanto, decididamente a favor da aplicação dessa política." As estratégicas avaliações militares de Grant e suas opiniões pessoais estavam em harmonia com as de Lincoln. Os dois líderes formaram imediatamente um vínculo de lealdade e confiança que transformaria os rumos da guerra e do próprio país.

Em março de 1864, Lincoln promoveu Grant a tenente-general,* um posto até então reservado exclusivamente para George Washington. "O Presidente [...] oito polegadas mais alto", medidos por Horace Porter, o ajudante de campo de Grant, durante a cerimônia oficial, "baixou o rosto e fitou com feição sorridente o convidado". Na condição de general comandante das forças da União, Grant agora respondia apenas ao presidente, que estava fascinado por seu novo líder militar. "Aquele homem, Grant, me proporciona mais tranquilidade que qualquer outro homem do meu exército", declarou Lincoln. "Grant é meu homem de confiança, e estarei com ele até o fim da guerra." Apreciador de charutos, alcoólatra, calado, taciturno, atarracado e desleixado, a figura de Grant contrastava fortemente com a de Lincoln, que não fumava, era abstêmio, articulado, eloquente, loquaz, alto e magro, mas que descrevia seu comandante em chefe como "um grande homem, muito grande. Quanto mais eu via dele, mais me impressionava. Ele era, indubitavelmente, o melhor homem que já conheci".[4] Com inabalável respeito, lealdade e admiração um pelo outro, a harmoniosa parceria militar e fiel amizade entre Grant e Lincoln, que haviam sido criticados, menosprezados e difamados por detratores como caipiras broncos das pradarias ocidentais, venceriam a guerra e criariam o futuro da nação.

A campanha de Grant em Vicksburg foi um microcosmo dos últimos dois anos da guerra. Forças maiores e mais saudáveis da União enfrentaram forças menores e mais debilitadas da Confederação. Pela primeira vez na história, o quinino ajudou a decidir os rumos de uma guerra. A combinação de tamanho populacional e soldados mais saudáveis levou a União à vitória. Segundo John Keegan, "a União acabou

---

* Aqui, como em casos anteriores, optou-se por traduzir o termo *"lieutenant general"* com o posto equivalente no Exército Imperial Brasileiro no século XIX. Hoje, o posto equivale ao nosso general de divisão. (N. do T.)

4 Grant tinha cerca de 1,70 metro de altura e pesava sessenta quilos, enquanto Lincoln media 1,93 metro e pesava 81 quilos.

triunfando só por causa de um contingente maior e mais disponibilidade de recursos". Nos últimos dois anos da guerra, os recursos humanos se tornaram um problema sério para a Confederação. Para compreender bem a influência da malária e do quinino na ruína da Confederação, precisamos antes fazer alguns cálculos.

Cerca de 2,2 milhões de soldados serviram nas forças da União, de uma população total de 22 milhões disponível. Aproximadamente um milhão de confederados lutaram, de uma população total de 4,5 milhões (sem contar 4,2 milhões de afro-americanos escravizados). No fim de 1864, dos homens entre 18 e 60 anos de idade, 90% dos confederados haviam servido ou continuavam no exército, em comparação com 44% no Norte. Mas, em 1865, as deserções eram um problema grave para os comandantes da Confederação, onde havia até cem mil soldados em licença médica não autorizada. Conforme se aproximava o fim da guerra e os índices de deserção aumentavam, os braços do alistamento obrigatório na Confederação se estenderam para incluir homens de catorze a sessenta anos. Mesmo assim, essa medida ampla não foi capaz de repor a carência e as deficiências militares que se acumulavam, reverter anos de matança, compensar o estoque declinante de material humano ou estancar a sangria de desertores. Em fevereiro de 1865, com 16% do exército desaparecido, o frustrado general Lee confessou a Jefferson Davis que "centenas de homens desertam a cada noite". Esses índices eram agravados por inúmeros casos de malária e uma grave escassez de quinino. As tropas da União, com seus estoques abundantes e a aliança dos mosquitos maláricos, haviam sugado o vigor e o espírito de luta da Confederação.

Vale a pena levar em conta, como as Forças Armadas estadunidenses viriam a descobrir mais tarde no Pacífico durante a Segunda Guerra Mundial e na Guerra do Vietnã, que um soldado doente é tão inútil para o esforço de guerra quanto um soldado ferido, além de ser um fardo duas vezes mais pesado que um soldado morto. Um soldado doente precisa ser substituído na linha de frente e continua consumindo recursos. Os mortos não demandam provisões e cuidados médicos.

No caso de doenças transmitidas por mosquitos, os enfermos também agem como vetores para a disseminação da praga entre os outros soldados, dando continuidade ao ciclo de contágio. Pode parecer frieza, mas, em termos práticos, soldados doentes são um peso morto e uma custosa desvantagem militar. "A escassez de quinino que a Confederação sofreu durante a guerra", reforça Margaret Humphreys, médica e professora da Faculdade de Medicina da Universidade Duke, "fez uma diferença considerável na quantidade de homens em condições de servir. […] O bloqueio da União provocou uma escassez severa de quinino no Sul, equilibrando ainda mais o jogo." Ao contrário da União, a Confederação não conseguia repor as baixas de combate, enquanto a malária recorrente exauria as fileiras já minguantes de forças confederadas. "Não há dúvida", continua Humphreys, "de que a Confederação não tinha quinino suficiente para tratar a malária de forma adequada."

Em 1864, o Plano Anaconda alcançou 95% de eficácia no estrangulamento do comércio sulista. Na primavera desse ano, o general William Tecumseh Sherman, amigo e subordinado leal e confiável de Grant, começou a política de terra arrasada denominada "Marcha ao Mar", indo desde o Tennessee, passando pela Geórgia, até as Carolinas, abrindo um corredor de mais de trezentos quilômetros de largura de caos e destruição. Soldados da União queimaram plantações, confiscaram cabeças de gado e destruíram ferrovias, sistemas de irrigação, represas e pontes. As táticas polêmicas de Sherman tiveram o resultado acidental de ampliar os hábitats do mosquito e a disseminação da malária pelo Sul. Soldados e civis confederados foram afligidos por fome, doenças e privações. Na prática, o Sul estava sendo subjugado pela fome e pelas doenças nas mãos do general Sherman, dos mosquitos e do bloqueio naval.

Enquanto isso, carregamentos confiscados de quinino, comida, armas e outros artigos vitais destinados aos exércitos confederados iam parar nas veias, na barriga e nas mãos de seus inimigos da União. "À medida que os soldados da União viam suas rações crescerem durante a guerra", explica Keegan, "as dos confederados encolhiam", concluindo que "o soldado da União era o mais bem nutrido da história". Durante a guerra, o presidente Lincoln seguiu o conselho de Napoleão de que "um exército marcha com a barriga". Principalmente, como já vimos, a União tinha grandes estoques de quinino. No entanto, com exceção do pó salvador de cinchona, o conhecimento e as práticas médicas durante a Guerra de Secessão ainda eram rudimentares e antiquados.

BEFORE PETERSBURG—ISSUING RATIONS OF WHISKY AND QUININE.—[SKETCHED BY A. W. WARREN.]

"Antes de Petersburg — distribuição de rações de uísque e quinino", março de 1865: Esta gravura da *Harper's Weekly* ilustra um "Desfile de Quinino" da União. O quinino foi uma arma decisiva da bem abastecida União. Para a Confederação, estoques exíguos e insuficientes resultaram em falta de pessoal diante da malária implacável (*U.S. National Library of Medicine*).

Embora experimentos com clorofórmio e éter como anestésicos tenham sido uma revolução médica da Guerra de Secessão, as amputações eram a intervenção cirúrgica mais utilizada, de modo que os hospitais de campanha eram dominados por montanhas de membros decepados. Os tratamentos de doenças continuavam arcaicos. Métodos medicinais da época da revolução, como mercúrio, sangrias, copos de sucção e outras curas supersticiosas, ainda eram comuns. Como antes, os soldados evitavam sistematicamente os hospitais, considerando-os mais necrotérios que espaços de cura. Os hospitais serviam como principais centros de intercâmbio de infecções, onde soldados trocavam umas por outras. Quem padecia de alguma doença geralmente respirava fundo e tentava aguentar sem procurar tratamento. Um soldado da cavalaria da União chamado John Kies, por exemplo, foi internado quando um tiro dos rebeldes estraçalhou seu braço na Segunda Batalha de Bull Run. Ele confessou ao médico que sofria de malária havia dois meses. Kies sobreviveu ao ferimento da batalha e até à amputação do braço. Não sobreviveu, porém, à luta contra a malária.

Conforme a guerra se prolongava e os pobres estoques de quinino se esgotavam ou se tornavam inacessíveis, os sulistas passaram a se medicar com vários tipos inúteis de casca de árvore e outros substitutos. O médico-chefe do Exército Confederado orientou os médicos a usarem remédios indígenas "que possam crescer nas cercanias de qualquer hospital e estação". Um manual denso, com o título *Resources of the Southern Fields and Forests* [Recursos dos campos e bosques do Sul], foi publicado em 1863 para médicos e comandantes confederados, relacionando um imenso catálogo de inúteis tratamentos homeopáticos para substituir o quinino e outros medicamentos. Por todo o Sul eram consumidas imitações baratas de inúmeros remédios e alimentos, incluindo o café.

Mais tarde, um oficial de artilharia da União escreveu: "O café era um dos artigos mais apreciados da ração. Se não dá para afirmar que o café ajudou Billy Yank a vencer a guerra, pelo menos deixou mais tolerável a participação dele no conflito." Na verdade, a sacola de papel foi inventada em 1862 para ser um modo leve, barato e compacto de os soldados da União guardarem café. Quando soldados rebeldes e ianques socializavam e se misturavam, o café sempre vinha no topo da lista de escambo dos confederados. "Os rapazes", escreveu Day Elmore, sargento da União, de Atlanta, em julho de 1864, no início da Marcha ao Mar do general Sherman, "foram se encontrar algumas vezes [...] para trocar café por tabaco." Os substitutos do café mais usados pelos confederados eram feitos de bolotas de carvalho, chicória, sementes de algodão e raiz de dente-de-leão. Com ou sem café, em 1865, não havia substituto criativo que fosse capaz de alimentar ou curar a população civil, muito menos o exército devassado de Lee, que estava sendo acossado por toda a Virgínia pelas robustas colunas da União comandadas por Grant. Depois de nove meses de obstinada resistência nos arredores de Richmond, em 2 de abril Lee abandonou a cidade.

"Tempos difíceis na velha Virgínia, e 'inda vai piorar! Cena: sentinelas rebeldes na Virgínia Ocidental", *Harper's Weekly*, janeiro de 1862: Dois soldados confederados reclamando e resmungando por "pegá mais uma Dose daquele Mal [malária] e nada de quinino na 'Federação! Mais pior ainda! Tô cum os Diabo Azul atrás de mim, e nem uma gota de uísque!" Conforme o bloqueio naval da União, chamado de Plano Anaconda, interrompia o comércio no Sul, a malária endêmica e uma escassez severa de quinino afligiram soldados e civis confederados durante toda a guerra (*Library of Congress*).

Em 9 de abril de 1865, depois de dez mil batalhas grandes e pequenas, a Guerra de Secessão terminou, em um lugar que Wilmer McLean, cuja cozinha havia sido destruída na Primeira Batalha de Bull Run, jamais teria imaginado. Ele havia deslocado toda a família para fugir da guerra após as batalhas de Bull Run, mudando-se para o que parecia ser um lugar de paz e sossego em uma comunidade minúscula no meio do nada chamada Appomattox Court House, na Virgínia. Mas a guerra o encontrou ali, e, por mais improvável que fosse, ele cedeu a sala de sua espaçosa casa, de estilo federal, para a negociação da rendição entre os generais Grant e Lee. Era o fim da Guerra de Secessão.

Lincoln atingiu seus dois objetivos na guerra: o de preservar a União e o de eliminar a chaga da escravidão, mas ao custo de 750 mil vidas, incluindo cerca de cinquenta mil civis (sobretudo do Sul) mortos por causas associadas à guerra. Para entendermos melhor a dimensão desse massacre, a proporção de mortes hoje seria o equivalente a mais de sete milhões de pessoas. Morreram mais norte-americanos durante a Guerra de Secessão do que em todas as outras guerras dos Estados Unidos juntas. Dos 360 mil mortos no lado da União, 65% sucumbiram a doenças. Foram registrados mais de 1,3 milhão de casos de malária nos hospitais da União e dez mil mortes, embora a quantidade real provavelmente seja muito maior. Em alguns teatros sulistas da guerra, especialmente nas Carolinas, os índices anuais de malária chegaram a perturbadores 235% (contando várias reinfecções ou recaídas por pessoa).

Embora os registros confederados tenham se perdido com a queda de Richmond, o principal cirurgião confederado estimou racionalmente que, das 290 mil fatalidades militares, 75% foram causadas por doenças. Só nos resta especular qual foi o impacto real da malária nas tropas confederadas. O consenso entre historiadores que pesquisam a Guerra de Secessão é que os índices de malária e mortes foram cerca de 10% a 15% maiores do que entre as forças da União. Considerando questões de contingente, os mosquitos da malária ajudaram a exaurir a força militar do Sul, promoveram a vitória do Norte, preservaram a União e desmantelaram a instituição da escravatura. Com a Proclamação de Emancipação, defendida pelo mosquito, os escravizados sulistas que foram libertados se converteram em soldados e ajudaram a salvaguardar as promessas de liberdade.

Mais de duzentos mil afro-americanos serviram no Exército da União durante a Guerra de Secessão, e foram registrados 152 mil casos de malária. "Eu havia imaginado que o homem negro fosse particularmente isento de doenças em função de influências maláricas", relatou John Fish, médico da União, em viagem com um Regimento de Cor ao longo do Mississippi, de Baton Rouge até Vicksburg, "mas eu não esperaria encontrar uma grande quantidade de casos de febre intermitente." Cerca de quarenta mil afro-americanos morreram durante a luta pela liberdade e 75% sucumbiram a doenças. O estereótipo científico da imunidade africana a doenças transmitidas pelo mosquito perdeu credibilidade. "Apesar da suposta imunidade dos negros contra as doenças climáticas do Sul, vejo constantemente casos das mesmas febres e diarreias entre eles, que predominam entre os soldados, e aparentemente com a mesma gravidade e frequência", relatou um cirurgião da União em Memphis. "Estou inclinado a crer que o poder deles de resistir às influências climáticas do Sul foi altamente superestimada, embora sem dúvida haja algo que justifique a opinião comum sobre o tema." A falácia dessas justificativas, formada a partir de imunidades hereditárias como a negatividade Duffy ou o traço falciforme, veio à tona com a inclusão e a participação de afro-americanos na Guerra de Secessão.

Os elevados índices de malária entre os negros nascidos no continente americano que já não possuíam as barreiras genéticas racharam a fundação da "ciência racial" anterior à guerra e as hipóteses pseudocientíficas que a sustentaram por gerações e haviam servido de exoneração conveniente para a escravidão. Um médico da União declarou rispidamente que a doutrina acadêmica acerca da resistência africana às doenças transmitidas pelo mosquito, "tão reiterada em nossos livros", revelou-se sem fundamento. Não apenas 4,2 milhões de afro-americanos deixaram de ser propriedade de fazendeiros, como também os estereótipos raciais relacionados às doenças transmitidas por mosquito estavam se desintegrando.

O serviço militar de afro-americanos como combatentes na Guerra de Secessão também contradisse as teorias predominantes sobre raças marciais. Após a letalidade inédita de Antietam, em setembro de 1862, Lincoln anunciou um esboço preliminar ou alerta para a Proclamação de Emancipação. Nesse mesmo mês, embora tecnicamente não tivesse caráter oficial, a primeira unidade de afro-americanos, a 1ª Guarda Nativa da Louisiana, foi absorvida formalmente pelo Exército dos Estados Unidos. Após a sanção oficial para arregimentar contingentes afro-americanos constituídos de escravizados libertos pela Proclamação de Emancipação, 175 regimentos segregados de Tropas de Cor serviram durante a guerra. No entanto, esses regimentos tinham menos de cem oficiais afro-americanos, nenhum com posto acima de capitão, e, até junho de 1864, soldados negros recebiam soldo menor que os companheiros brancos. Apesar de o Exército aceitar formalmente os afro-americanos, a integração oficial das Forças Armadas dos Estados Unidos só ocorreu com o decreto presidencial de Harry Truman, em 1948, depois da Segunda Guerra Mundial. Embora a União permitisse o serviço militar definido e controlado de afro-americanos, a Confederação não tinha interesse algum em armar seus afro-americanos escravizados.

O marechal de campo Howell Cobb, que havia servido como presidente do Congresso Provisório dos Estados Confederados antes da eleição de Jefferson Davis, em fevereiro de 1861, ofereceu um breve resumo da posição confederada e das questões de hierarquia racial associadas à conversão de afro-americanos escravizados em soldados. "Não se pode transformar escravos em soldados ou soldados em escravos", declarou ele. "No dia em que eles se tornarem soldados será o começo do fim da revolução. Se os escravos fossem bons soldados, toda a teoria da escravidão estaria errada." No fim de março, com a guerra praticamente perdida e o contingente confederado chegando à massa crítica, o Congresso Confederado cedeu e pediu que senhores de afro-americanos escravizados permitissem que 25% de suas posses humanas fossem alistadas. Só duas companhias confusas de soldados afro-americanos se formaram às pressas e foram exibidas em Richmond, antes de Lee se render e a Confederação, com sua cultura escravocrata, ruir.

Contudo, entre as trincheiras do adversário, os soldados afro-americanos lutaram com distinção e coragem pela União. Eles combateram em Port Hudson, perto de Vicksburg, inspirando Grant a exclamar: "Todos os que foram convocados lutaram com bravura!" Regimentos de cor também enfrentaram soldados confederados nos arredores de Nashville, combateram na Batalha da Cratera durante o cerco de Petersburg e foram uns dos primeiros a entrar na capital confederada de Richmond, abandonada e em chamas, na madrugada de 3 de abril de 1865. O famoso, mas inútil, ataque do 54º Regimento de Cor de Massachusetts em julho de 1863 contra o baluarte insular do forte Wagner, no porto de Charleston, entrou para a cultura pop em 1989 com o premiado filme *Tempo de Glória* (que incluía um jovem Denzel Washington).

O venerado abolicionista, escritor e ex-escravizado Frederick Douglass, cujos filhos também combateram nos regimentos de cor, declarou pouco após a Proclamação de Emancipação que "uma guerra promovida e conduzida de maneira gritante em nome da escravidão perpétua de homens de cor demanda, lógica e estrondosamente, que homens de cor ajudem a reprimi-la". Não só os afro-americanos atenderam ao chamado de Douglass de que, se lutassem, "nenhum poder na terra [seria capaz de] negar que foi conquistado o direito de cidadania nos Estados Unidos", como concretizaram com heroísmo e bravura a grande visão de vida e liberdade dele. Vinte e três soldados afro-americanos receberam a Medalha de Honra durante a Guerra de Secessão. Apesar dessas condecorações e homenagens, é certo que eles travaram uma guerra bem diferente da de outros soldados estadunidenses, tanto do lado da União quanto dos confederados.

Os afro-americanos estavam lutando pela liberdade em um exército segregado e cético contra um inimigo que não oferecia trégua e se deleitava em matá-los, tudo sob o olhar minucioso de uma nação curiosa, questionadora e crítica. Para os afro-americanos, a rendição não era opção. Os soldados confederados se horrorizavam de ter que lutar contra ex-escravizados em uma guerra que devia ter permanecido exclusividade dos brancos, e eles retaliavam contra os feridos e capturados. Soldados afro-americanos sofreram violências sádicas nas mãos de soldados confederados e foram alvo de tortura e execução em várias ocasiões.

A pior atrocidade e chacina aconteceu em abril de 1864, no forte Pillow, Tennessee, junto ao rio Mississippi. "O massacre foi horrível. Não existem palavras para descrever a cena. Os negros, pobres e iludidos, corriam até nossos homens, se prostravam de joelhos e imploravam por misericórdia com as mãos para o alto, mas nossos homens mandavam que eles se levantassem e os fuzilavam. Os brancos não tiveram destino melhor", escreveu o sargento confederado Achilles V. Clark. "O forte acabou se tornando um grande abatedouro. Sangue, poças de sangue humano pelo chão, e dava para reunir pedaços de cérebro aos montes. Eu e alguns outros tentamos impedir a chacina, e em certa ocasião tivemos algum sucesso, mas o gen. Forrest deu ordem para que eles fossem abatidos feito cães, e o massacre continuou. Por fim nossos homens se cansaram do sangue, e os tiros pararam." As tropas confederadas sob o comando do marechal de campo Nathan Bedford Forrest, que em 1867 foi eleito o primeiro Grande Mago da Ku Klux Klan, torturaram e assassinaram impiedosamente soldados afro-americanos e os oficiais brancos da União que foram capturados ou se renderam, no que Forrest chamou de "abatimento em massa da guarnição do forte Pillow". "O rio se tingiu com o sangue dos mortos por duzentos metros", relatou ele, três dias depois do massacre. "Espera-se que esses fatos demonstrem aos nortenhos que os soldados negros não são capazes de lidar com os sulistas." Cerca de 80% dos soldados afro-americanos e 40% dos oficiais brancos foram executados. Só 58 afro-americanos viraram prisioneiros, o que talvez tenha sido um destino pior que a morte por execução, já que o cativeiro geralmente era também uma sentença de morte, só que prolongada e agonizante.

Os campos de prisioneiros da Confederação eram um pesadelo explícito cheio de fome, imundície, desolação, miséria e doenças. Milhares de prisioneiros esqueléticos e extenuados da União eram acossados constantemente pela morte. Antes da libertação em maio de 1865, como no notório campo de prisioneiros de guerra de Andersonville, na Geórgia, em menos de um ano treze mil soldados da União morreram de um catálogo de doenças que incluía escorbuto, malária, disenteria, febre tifoide, gripe e ancilostomíase. Os relatos de sofrimento e as condições deploráveis de Andersonville são tão pavorosos que superam qualquer capacidade de imaginação ou descrição.[5] Mas os campos de prisioneiros apenas replicaram e seguiram as engrenagens temáticas gerais da Guerra de Secessão — massacres, mosquitos, doenças, sanguinolência e morte.

E assim a Guerra de Secessão, como tantas outras que vieram antes e tantas que vieram depois, foi consumida por doenças e pestilências letais transmitidas pelo mosquito. Contudo, ao contrário da maioria das guerras, a chacina sem precedentes teve como resultado um efeito positivo e humanizador que iluminou a nação. Amparada pelo mosquito, a Proclamação de Emancipação de Lincoln foi "dedicada à proposição de que todos os homens foram criados iguais [e] todas as pessoas escravizadas [...] haverão de ser, doravante e para sempre, livres". Com a aprovação da Décima Terceira Emenda da Constituição, em 6 de dezembro de 1865, a escravidão foi proibida para sempre nos Estados Unidos.

O custo da liberdade foi assombroso: 750 mil mortos. Sempre um eloquente e comovente artesão das palavras, o presidente-poeta Lincoln ofereceu aos que tombaram na guerra, incluindo os filhos da sra. Bixby, de Boston, a consolação de que, "no fim, não são os anos da sua vida que contam. É a vida dos seus anos". As mortes da Guerra de Secessão, definitivamente, não foram em vão. Apesar de todos os horrores mórbidos e da letalidade da guerra, o general Grant concluiu: "Somos melhores agora do que teríamos sido sem ela." Ele acreditava, assim como Lincoln, que a guerra era um "castigo por pecados nacionais [a

---

5 O capitão Henry Wirz, comandante de Andersonville, foi executado por crimes de guerra em novembro de 1865.

escravidão] que haveria de chegar mais cedo ou mais tarde de alguma forma, e provavelmente com sangue".

Após a carnificina estarrecedora da Guerra de Secessão, os Estados Unidos mereciam um bom descanso da morte. Contudo, não haveria tempo para o país devastado pela guerra lamber suas feridas. O mosquito não respeita o período de luto e tira proveito tanto de conflitos mesquinhos quanto de guerras totais. Lamentavelmente, embora as mortes em combate tenham cessado, o mosquito não reconheceu as saudações de paz entre Lee e Grant, na varanda de Wilmer McLean. Milhões de soldados se dispersaram para casa com imagens das batalhas gravadas a fogo na memória e com doenças de mosquitos fervendo no sangue. Durante as décadas politicamente tumultuosas e racialmente turbulentas da Reconstrução, passando pela presidência maculada e prenhe de escândalos de Grant, o mosquito desencadeou a pior epidemia da história norte-americana, contra uma população já em luto e esgotada pela guerra.

CAPÍTULO 16

MOSQUITO DESMASCARADO:
doenças e imperialismo

O dr. Luke Blackburn, médico do Kentucky e grande especialista em febre amarela, era velho demais para se alistar. Mas, como confederado convicto, estava determinado a servir à causa sulista. Ele concebeu um plano maníaco para derrotar a União produzindo uma praga bíblica de febre amarela no Distrito de Columbia e matando Lincoln no processo. Ao saber que as Bermudas, um santuário para contrabandistas confederados, estava sendo afligida por uma epidemia severa de vômito preto, em abril de 1864, ele viajou à ilha. Ao chegar lá, o dr. Blackburn começou a encher diversos baús com vestimentas sujas e roupas de cama usadas por vítimas de febre amarela. As caixas foram carregadas em um barco a vapor com a intenção de espalhar o temido vírus e a letal febre escaldante em uma população desavisada. Em agosto, seguindo instruções de Blackburn, Godfrey Hyams, um cúmplice que seria pago com a vultosa quantia de 60 mil dólares no momento da entrega, vendeu os baús de artigos "contaminados" em um bazar situado a algumas quadras da Casa Branca. Blackburn tinha dito a seu mensageiro que as roupas "contaminadas [...] os matariam a sessenta metros de distância". Essa história, já estranha e chocante, de armamento biológico do mosquito passa por uma reviravolta inesperada e entra no campo do bizarro, seguindo a realidade de Mark Twain de que "a verdade é mais estranha que a ficção".

Em abril de 1865, enquanto os generais Lee e Grant discutiam cordialmente os termos da rendição na sala de Wilmer McLean, em Appomattox Court House, Blackburn estava de novo nas Bermudas, conspirando para deslanchar uma segunda dose de febre amarela, usando o mesmo método de transporte. Dessa vez, ele contratou outro agente, chamado Edward Swan, para levar baús de roupas e lençóis contaminados para Nova York, visando à "destruição das massas de lá". Contudo, Blackburn tinha mais uma surpresa para a cidade. Quando a febre amarela tivesse se estabelecido e infestado a população aterrorizada, ele lançaria uma onda de terror subsequente — Blackburn tinha concebido planos para envenenar as reservas hídricas de Nova York. Os "malditos ianques" seriam consumidos pelo caos e pela morte.

Em 12 de abril, dois dias antes do assassinato do presidente Lincoln, o ressentido Godfrey Hyams, ainda sem ter recebido, entrou tranquilamente no consulado dos Estados Unidos em Toronto. Com uma fala calma e metódica, ele relatou às autoridades detalhes de sua participação nas intrigas macabras de Blackburn. Quando a notícia chegou às Bermudas, autoridades fizeram uma batida no hotel em que Swan estava hospedado e encontraram os baús e o conteúdo deles, saturados de vômito preto. Swan foi preso e condenado por infringir normas sanitárias locais. Com a revelação do complô, Blackburn também foi preso, mas acabou sendo absolvido.

Tal como os cobertores de varíola dos ingleses na Revolta de Pontiac, e como as infrutíferas tentativas de transmitir varíola por meio dos homens escravizados na Revolução Americana, a nefasta e engenhosa tramoia de Blackburn, apesar de todos os esforços, também foi frustrada e terminou em fracasso. As conspirações arruinadas do dr. Blackburn, uma das principais autoridades em febre amarela no país, também revelam os limites do conhecimento médico a respeito de doenças transmitidas por mosquitos. Nosso maior assassino continuou anônimo, e sua subversão letal se manteve em segredo.

Só os mosquitos *Aedes*, não roupas ou lençóis sujos, são capazes de transmitir o mortífero vírus da febre amarela, e nas décadas que se seguiram à guerra eles fizeram exatamente isso. Durante a era da Reconstrução, após a Guerra de Secessão, o mosquito provocou uma das piores epidemias da história dos Estados Unidos. Em Memphis, as multidões de doentes e moribundos seriam tratadas por ninguém menos que o ilustre dr. Luke Blackburn, o que lhe rendeu o mórbido apelido de "Dr. Vômito Preto". Memphis, que se erguia das ribanceiras do plácido rio Mississippi, era uma cidade cansada e soturna. A Guerra de Secessão havia exaurido a vida vibrante do movimentado porto da indústria algodoeira e terminal ferroviário de quatro linhas importantes. Na primavera de 1878, a cidade contava com uma população diversificada de 45 mil habitantes, incluindo ex-escravizados recém-emancipados, arrendatários rurais, imigrantes alemães recentes, simpatizantes da Confederação e proprietários de fazendas de algodão, além de empresários nortenhos que investiam no mercado de frete e em outras áreas. Essa população eclética era quase o dobro da de Atlanta ou Nashville, e ao sul da Linha Mason-Dixon a cidade só perdia em tamanho para Nova Orleans. A cidade de Memphis, cheia de contrastes e situada na encruzilhada cultural entre o Norte e o Sul, servindo também como portal para a nova fronteira do oeste, havia adquirido a reputação de antro de miséria, podridão e doenças. Logo após a Guerra de Secessão, ela foi engolida por mosquitos assassinos sanguinários.

Entretanto, Memphis não era a única cidade do Sul ao som melancólico do delta blues sob a regência do mosquito. Os insetos famintos, insidiosos — e bastante diligentes — despedaçaram a antiga Confederação. Durante a devastadora epidemia de febre amarela que se alastrou pelo Sul nos anos 1870, o dr. Luke Blackburn viajou, assim como o vírus, de cidade em cidade, incluindo Memphis, para tratar os enfermos, rejeitando qualquer compensação.

A primeira grande epidemia após a guerra explodiu em 1867, e o mosquito devorou tudo pelo caminho nos estados do golfo, matando mais de seis mil pessoas. Tendo escapado à condenação pelas tentativas de guerra biológica, Blackburn estava em Nova Orleans, o epicentro da epidemia, tratando dos infectados. Apesar de seus esforços, que do ponto de vista médico-científico revelavam um total desconhecimento sobre a doença, a febre amarela fez 3.200 vítimas na "Big Easy". Seis anos depois, a febre amarela ceifou mais cinco mil vidas, incluindo 3.500 em Memphis, onde o dr. Blackburn tinha aberto seu consultório. Ele então levou seu circo médico itinerante para o leste, na Flórida, em 1877, durante mais uma epidemia de febre amarela que matou cerca de 2.200 pessoas. Um ano depois, ele voltou a Memphis enquanto o mosquito devassava o vale do Mississippi e ceifava almas humanas.

No fim de agosto de 1878, Luke Blackburn estava exausto. Além de atender milhares de vítimas trôpegas da febre amarela que padeciam sob o calor escaldante de Memphis, ele também era o candidato democrata na disputa para o governo do Kentucky. Uma atmosfera sinistra pairava inerte sobre a cidade enquanto Blackburn, confederado inveterado, descansava um pouco para contemplar os locais históricos de Memphis, incluindo a casa de Jefferson Davis na rua Court. Não havia nenhum transeunte, exceto fantasmas, circulando pela avenida Union; a rua Beale estava silenciosa e sem vida; e a rua Main era assombrada apenas pelo lixo que o vento soprava e pela circulação de alguns poucos cidadãos andando às pressas, com medo. Cerca de 25 mil habitantes, mais da metade da população, já haviam fugido em pânico. Dos cerca de vinte mil que restavam, dezessete mil contrairiam a febre amarela. Memphis estava tomada pelo mosquito.

Em fins de julho, foi registrado o primeiro caso de febre amarela. Um marinheiro, em um navio que tinha vindo de Cuba para Memphis através de Nova Orleans, instigou a epidemia. "Em 1878, muitos daqueles navios vieram de Cuba, onde a Guerra dos Dez Anos pela independência estava terminando e havia uma epidemia de febre amarela desde março", diz Molly Caldwell Crosby, em seu eletrizante e cuidadoso *The American Plague: The Untold Story of Yellow Fever, the Epidemic That Shaped Our History* [A praga americana: A história não contada da febre amarela, a epidemia que moldou a nossa história], delineando a epidemia de febre amarela de 1878 que flagelou o sul dos Estados

Unidos. "Os refugiados vieram às centenas para Nova Orleans. [...] O porto se enchia de embarcações que balançavam na água, e a *Yellow Jack* se alastrava pelos conveses." Em um mês, os moradores atordoados e confusos que restavam na traumatizada Memphis começaram a se afogar nos suores febris de verão da doença. A cidade foi paralisada em uma sepultura de morte, luto e medo. Ao longo de setembro, morreram diariamente, em média, duzentas pessoas. O mosquito havia sugado a vida de Memphis e transformado a cidade em criptas e cadáveres. Enquanto o país observava atentamente e com sedentos olhos comerciais a longa insurreição cubana contra o poder espanhol, a epidemia de febre amarela correu solta por Memphis, estendendo-se pelas vias aquáticas dos rios Mississippi, Missouri e Ohio.

A essa altura, Blackburn já estava em Louisville para tratar as vítimas doentes e moribundas da *"Yellow Jack"*. A epidemia de 1878 rasgou o trêmulo Sul até que os ventos frios e os primeiros congelamentos de outubro mataram o desconhecido mosquito agressor e deram um fim a mais de cinco meses de sofrimento. Blackburn retomou sua campanha política, vencendo a eleição por uma vantagem significativa de 20% em relação ao adversário republicano. Entre 1879 e 1883 ele serviu como governador do Kentucky e continuou clinicando até morrer, em 1887. Em sua lápide está gravado o simples bordão: O BOM SAMARITANO. Em homenagem ao "dr. Vômito Preto", o Blackburn Correctional Complex, uma prisão de segurança mínima perto de Lexington, Kentucky, foi inaugurado em 1972. Considerando a sua fracassada campanha de bioterrorismo (incluindo um atentado indireto contra a vida de Lincoln), pela qual jamais foi punido, nesse caso foi a ironia quem riu por último.

Durante a pandemia de 1878, das 120 mil pessoas infectadas, a febre amarela ceifou mais de 20 mil vidas: 1.100 em Vicksburg, 4.100 em Nova Orleans e 5.500 em Memphis — espantosos 28% dos que ficaram para trás, ou 12% da população original. Imagine o caos e o pandemônio no clima sociocultural de hoje em dia se 165 mil pessoas na região metropolitana de Memphis morressem de febre amarela ou alguma outra doença nos próximos meses. A epidemia de 1878, a maior tragédia de febre amarela na história dos Estados Unidos, foi também, felizmente, o último grande surto da doença. O vírus reverberou pelos estados sulistas de tempos em tempos até a última pequena epidemia, que chegou importada de Cuba em 1905 e fez quinhentas vítimas em Nova Orleans.

As epidemias que nos anos 1870 arrasaram o país assolado pela guerra e picado pelo mosquito foram provocadas pelo crescimento acelerado do comércio e pela expansão dos mercados não só nos Estados Unidos, mas também nas Américas Central e do Sul e no Caribe. A epidemia viral de 1878, por exemplo, foi adquirida desse tardio satélite espanhol de Cuba, por Memphis, através de Nova Orleans. Os Estados Unidos viam essas poucas colônias ainda espanholas, vestígios de um império que já fora dominante, com olhos cheios de cobiça para impulsionar seu poder industrial e seu sistema econômico mercantilista em águas internacionais. Quando os Estados Unidos declararam guerra à Espanha, em abril de 1898, a máxima "Por que negociar quando se pode invadir?" entrou para o arsenal norte-americano. O primeiro alvo dos Estados Unidos nesse grande jogo global de construção de impérios foi Cuba.

Durante essa investida inicial de colonização americana em Cuba, o mosquito se pôs entre os Estados Unidos e as montanhas de dinheiro. A riqueza é um motivador potente, mesmo quando se ousa enfrentar e provocar os letais mosquitos cubanos. Alguns combatentes determinados e resolutos, liderados pelo dr. Walter Reed, acompanharam o primeiro flerte genuíno dos Estados Unidos com o imperialismo durante a Guerra Hispano-Americana. Enquanto soldados norte-americanos do 5º Corpo do Exército apontavam suas armas para defensores espanhóis não aclimados, a Comissão de Febre Amarela de Reed mirou o microscópio nos mosquitos de Cuba.

Como seria de se esperar, a infraestrutura e o comércio americano se desenvolveram após a Guerra de Secessão, assim como se desenvolveram as doenças transmitidas pelo mosquito. Além das epidemias associadas ao mosquito, inclusive a doença trazida de Cuba em 1878, que se agravou tanto em dimensão quanto em ferocidade, o inseto também estava sugando as contas bancárias de comerciantes e investidores norte-

Surpresa amarela: Um cartum de 1873 na *Leslie's Weekly* representa o estado da Flórida nas garras de um demônio da febre amarela que lembra o Gollum, saído de uma caixa com o rótulo COMÉRCIO, enquanto Columbia, a personificação dos Estados Unidos da América, pede socorro. Atrás do trio, norte-americanos assustados fogem para se salvar. Como o comércio, principalmente com o Caribe, foi revitalizado e energizado após a Guerra de Secessão, a febre amarela deslanchou uma matança pelo país durante os anos 1870 (*Library of Congress*).

-americanos. Antes da deflagração da Guerra Hispano-Americana, o mosquito abatia pessoas e lucros a um ritmo extraordinário.

A carnificina do mosquito em 1878, por exemplo, arrancou perturbadores 200 milhões de dólares da economia dos Estados Unidos. O Congresso anunciou abertamente que "para nenhuma outra grande nação na Terra a febre amarela é tão calamitosa quanto para os Estados Unidos da América". O mosquito se balançou pelo Sul feito uma bola de demolição e destruiu os níveis econômicos, esvaindo as finanças e a estabilidade comercial do país. A reação do Congresso foi criar, no ano seguinte, o National Board of Health [Conselho Nacional de Saúde] para atender a essas questões de economia e de fragilização da saúde. Contudo, não havia muito a ser feito, já que a causa verdadeira das doenças transmitidas pelo mosquito, entre elas a febre amarela, continuava anônima. Embora ela estivesse debaixo do nariz dos cientistas e pesquisadores, eles ainda estavam vagando pela escuridão em busca do assassino mais procurado do mundo. Incapaz de invadir e tomar as bases das doenças transmitidas por mosquitos, o recém-instituído National Board of Health não tinha como saber que foi justamente esse apreciado e desejado comércio que instigou o massacre do mosquito após a guerra. O flagelo de febre amarela no Sul girou em torno do crescimento meteórico do comércio norte-americano (e global), da expansão e capilaridade da infraestrutura de transporte — incluindo uma treliça de ferrovias — e da última grande onda de imigração nos Estados Unidos.

Embora a Guerra de Secessão tenha criado terras improdutivas, as fazendas de algodão, que haviam estagnado durante o conflito, foram reativadas e ampliadas com ex-escravizados, que passaram a ser chamados de arrendatários. O complexo militar-industrial que alimentara a União na guerra foi reformulado e passou a produzir bens manufaturados para exportação. O comércio global intenso voltou a se concentrar nos portos do Sul. Para o mosquito, e para suas doenças da febre amarela, malária e dengue, o Sul abriu de novo suas portas. O afluxo de imigrantes após a guerra agravou as dificuldades com a importação de novos tipos de doença. A malária endêmica, por exemplo, após décadas de ausência, foi reintroduzida na Nova Inglaterra.

A Guerra de Secessão havia revigorado o mosquito, e, embora a malária tenha continuado fazendo estrago durante a paz que se seguiu ao conflito, a febre amarela também recebeu novas energias. "O progresso estadunidense foi o outro aliado do vírus. Um grande afluxo de imigrantes — da Irlanda, da Alemanha e do Leste Europeu — vinha se encaminhando para o Sul desde a Guerra de Secessão", confirma Molly Caldwell Crosby. "Eles serviram de lenha para um incêndio de febre, um estoque novo de sangue sem imunidade contra o vírus. Os transportes abriram caminho para esses imigrantes. Pela primeira vez, todos os cantos do país foram ligados por trens — de leste para oeste, de norte a sul." Em 1878, conforme o Sul se retorcia e convulsionava com a febre amarela, havia mais de 120 mil quilômetros de ferrovias em atividade nos Estados Unidos. Na virada do século, eram quase 420 mil quilômetros, que depois de apenas quinze anos subiram para 660 mil. Essa expansão enorme das ferrovias e de outros elementos de infraestrutura foi feita para impulsionar a crescente carteira de iniciativas econômicas dos Estados Unidos no mercado global.

As estradas de ferro também facilitaram o acesso à fronteira do oeste para colonizadores em busca de terras. Bem no quintal de casa, os Estados Unidos continuaram a expansão econômica ao oeste do Destino Manifesto e a subjugação dos povos indígenas. O "Cavalo de Ferro" transportou para as Grandes Planícies e as montanhas Rochosas uma quantidade cada vez maior de pioneiros lavradores, mineradores em busca de fortuna e a proteção da Cavalaria dos Estados Unidos, e lá eles se viram diante de povos indígenas orgulhosos e insubmissos que estavam dispostos a lutar em defesa de suas terras. Soldados da cavalaria e assassinos de aluguel, como William "Buffalo Bill" Cody, exterminaram os bisões, fonte de alimento dos indígenas, combateram, chacinaram e expulsaram à força para reservas lúgubres os poucos indivíduos remanescentes.

Seguindo as diligências e as ferrovias, a malária se infiltrou pelo oeste junto com os migrantes e vicejou na nova fronteira. Não à toa ela foi uma presença constante em *Uma casa na campina*, o romance autobiográfico de Laura Ingalls Wilder, que retratava a infância dela nos anos 1870, em Independence, Kansas. Por exemplo: cerca de 10% da 7ª Cavalaria, sob o comando do tenente-coronel George Armstrong Custer, sofria de malária quando eles foram derrotados pelos sioux, cheyennes e arapahos, sob a liderança de Touro Sentado e Cavalo Louco, em junho de 1876, na Batalha de Little Bighorn. Embora essa ocasião tenha sido a "Resistência Final de Custer", em certo sentido foi também a resistência final da autonomia dos indígenas norte-americanos. Os sioux venceram a batalha, mas, com o massacre que sofreram em Wounded Knee, em 1890, perderam a guerra, o que selou o destino dos povos indígenas por todo o território dos Estados Unidos. Essa expansão econômica interna do país, à custa da população indígena, produziu uma ânsia por portos e recursos no exterior que abastecessem a indústria doméstica e as exportações.

O incremento acelerado do comércio e do mercado estava associado ao conjunto do tabuleiro colonial crescente das Américas. Essa era de expansão norte-americana apontava para uma ruptura permanente com a doutrina isolacionista estabelecida pelo presidente James Monroe em 1823.[1] O imperialismo estadunidense desencadeou uma extensa série de acontecimentos, que se sucederam pelas duas guerras mundiais. Durante o centenário entre a conclusão da Guerra de 1812 e o início da Primeira Guerra Mundial, em 1914, os Estados Unidos expandiram drasticamente sua presença territorial, conquistando a Flórida, todo o oeste para além das montanhas Rochosas, o Alasca, Cuba, Porto Rico, o Havaí, Guam, a parte oriental de Samoa, as Filipinas e o Canal do Panamá.

Enquanto os tentáculos econômicos imperiais dos Estados Unidos se espalhavam pelo Caribe, pelo Pacífico e pelo mundo, a Europa dava seus últimos e trôpegos passos imperialistas na África e nas Índias Orientais. Entre a derrota de Napoleão, em 1815, e o início da Primeira Guerra Mundial, em 1914, as nações europeias se concentraram sobretudo em lamber as próprias feridas, manter uma relação cordial e

---

[1] A Doutrina Monroe, que se opunha à presença colonialista da Europa nas Américas, para que os Estados Unidos pudessem deter o monopólio do comércio no hemisfério ocidental, foi redigida por John Quincy Adams, o secretário de Estado de Monroe.

dividir pacificamente o restante do mundo não dominado. Conforme o hemisfério ocidental era arrebanhado e acolhido sob a esfera de influência dos Estados Unidos, o imperialismo europeu, com a ajuda do quinino, deslocou-se das Américas para a África. O "continente negro" foi cenário de uma grande partida simultânea de Banco Imobiliário mercantil e War militar, que de tempos em tempos se espalhou também para a Índia, a Ásia Central, o Cáucaso e o Extremo Oriente.

Foi nesses lances derradeiros da última corrida imperialista global que o mosquito finalmente foi desmascarado. O agente assassino clandestino da filariose, da malária e da febre amarela, entre outros instrumentos de morte, até que enfim seria revelado. Como a maioria das invenções científicas e das inovações tecnológicas, a descoberta do mosquito como causa de doenças se ligou diretamente ao capitalismo nas colônias britânicas na Índia e em Hong Kong, bem como na presença francesa na Argélia, e ao conflito com a invasão norte-americana em Cuba.

A partir dos anos 1870, os Estados Unidos despejaram empreendedores e capital em Cuba, e a ilha foi comprada pouco a pouco por empresas estadunidenses, o que fragilizou cada vez mais o vínculo econômico dela com a Espanha. Já em 1820, Thomas Jefferson afirmou que Cuba seria "o acréscimo mais interessante que poderia ser feito ao nosso sistema de estados" e refletiu que os Estados Unidos "deveriam, à primeira oportunidade, conquistar Cuba". Na realidade, a Espanha rejeitou propostas de cinco presidentes norte-americanos — Polk, Pierce, Buchanan, Grant e McKinley — para adquirir a ilha. Uma americanização comercial semelhante também estava ocorrendo nas ilhas havaianas, independentes. Como nem Cuba nem o Havaí eram territórios dos Estados Unidos, fazendeiros norte-americanos contrariados eram obrigados a pagar impostos sobre seus "bens importados" em portos norte-americanos. Apesar dessas taxas de importação, em 1877 os Estados Unidos compraram impressionantes 83% dos produtos exportados por Cuba (mas a febre amarela era um produto cubano isento de tributação).

Nas décadas que se seguiram à Guerra de Secessão, a economia industrial norte-americana se desenvolveu. Em 1900, os Estados Unidos já eram um líder global de bens manufaturados, que constituíam quase a metade das exportações norte-americanas. Embora o país definitivamente tivesse uma abundância de recursos naturais e o Canadá suprisse a maioria das necessidades do vizinho ao sul, nenhum dos dois tinha borracha, seda, uma indústria açucareira robusta e outras *commodities* tropicais. O crescimento das frotas mercantis que permitiram essa expansão relativamente rápida do comércio norte-americano também precisava de depósitos de carvão e proteção naval. O capitalismo estadunidense precisava de colônias mercantilistas. Os olhos ávidos do Tio Sam se voltaram para a volátil e rebelde colônia espanhola de Cuba, que havia sido consumida por insurreições contra o domínio imperial desde 1868.

Cuba foi uma beneficiária direta da bem-sucedida revolta de escravizados que havia sido liderada por Toussaint Louverture e apoiada pelo mosquito no Haiti. O custo, ou castigo, financeiro da desejada liberdade do Haiti em 1804 foi a destruição de suas fazendas e sua marginalização econômica global. Para preencher esse vazio pecuniário comercial, Cuba logo destronou e suplantou o Haiti como maior produtor mundial de açúcar (com metade da oferta global), ao mesmo tempo que se tornava o principal exportador de tabaco e café. Conforme investimentos e riquezas inundavam a ilha, Havana e seu majestoso calçadão à beira da praia se transformaram rapidamente em um caldeirão étnico, um parque de diversões para as elites multinacionais e uma meca cosmopolita de glamour e deslumbramento que rivalizavam com Nova York. Embora tenham ocorrido diversas rebeliões contra o que restava do domínio espanhol ao longo do século XIX, elas não possuíam coesão nem apoio internacional e foram reprimidas brutalmente pelos espanhóis e seus fantoches políticos cubanos.

No entanto, a partir de 1868, uma longa insurreição tomou a ilha, e nesse período uma grande porção de escravizados, que representavam cerca de 40% da população, conquistou a liberdade. A reação da Espanha foi despejar contingentes vultosos de soldados novos e não aclimados. Ao contrário de muitas outras ilhas caribenhas, Cuba abrigava uma diáspora considerável de colonos espanhóis e seus descendentes, que constituíam a maioria da população total de 1,7 milhão de pessoas. Entre 1865 e 1895, mais de quinhentos mil imigrantes espanhóis se instalaram em Cuba. O alto índice de recém-chegados, mercenários sazonais e soldados espanhóis que desembarcavam em Cuba proporcionou um estoque sempre bem abastecido de sangue virgem para os mosquitos notoriamente letais da ilha. Nas últimas décadas do século XIX, Cuba foi consumida por virulentas epidemias anuais de febre amarela, que chegaram a matar sessenta mil pessoas.

Quando a escravidão foi proibida em 1886, a rica elite hispano-cubana viu os lucros desabarem. Como já vimos, o crescimento do mercado global de açúcar de beterraba, iniciado pela França de Napoleão após a perda do Haiti, também prejudicou os rendimentos da cana. Em apuros econômicos, a Espanha instituiu em Cuba políticas tributárias semelhantes às impostas pela Grã-Bretanha nas colônias norte-americanas antes da revolução. Para apertar as amarras financeiras de Cuba, seu último bastião de comércio colonial, a Espanha aumentou impostos e retirou privilégios jurídicos e eleitorais. Os estadunidenses certamente entendiam o motivo da revolta dos cubanos contra essa tirania espanhola coroada por pesados tributos estabelecidos sem o consentimento ou a representação política da colônia. Essa aflição cubana era algo que os Estados Unidos podiam amparar para servir a seus interesses imperialistas. Com apoio cada vez maior, tanto no exterior quanto na ilha, os "Filhos da Liberdade" cubanos, muitos formados à sombra e pelas histórias das lutas de Simón Bolívar pela independência, começaram gradualmente a ganhar força e tamanho. Em 1895, deflagrou-se uma revolta generalizada em Cuba.

Durante as hostilidades, cerca de 230 mil soldados espanhóis liderados pelo general Valeriano Weyler, o "Açougueiro", lutaram para reprimir a insurreição. Camponeses foram recolhidos para "reconcentração" e abrigados em campos lotados construídos às pressas. Colheitas e rebanhos foram confiscados ou eliminados e fazendas e aldeias foram incendiadas. Em 1896, mais de um terço de toda a população cubana já havia sido transferida para esses campos de concentração, e 150 mil, quase 10% da população da ilha, morreram de doenças. Das 45 mil mortes entre os soldados espanhóis, mais de 90% foram causadas por doenças, sobretudo febre amarela e malária. Em janeiro de 1898, dos 110 mil soldados espanhóis que restavam, 60% estavam incapacitados em decorrência de doenças transmitidas por mosquitos. Conforme os mosquitos cubanos amotinados seguiam devorando as forças espanholas, sem resultados militares perceptíveis, a oposição à guerra se intensificava na metrópole. "Depois de enviar duzentos mil homens e derramar tanto sangue", clamou o líder do partido de oposição na Espanha, "somos senhores da ilha apenas no território em que nossos soldados se encontram". Reforços não aclimados despachados diretamente da Espanha foram destroçados pelos mosquitos em questão de semanas. As internações hospitalares para tratar doenças transmitidas pelo mosquito chegaram a novecentas mil — com várias repetições por pessoa.

Os idealizadores da revolução compreendiam que a febre amarela, a malária e a dengue eram aliadas formidáveis e exaltavam "junho, julho e agosto" como seus generais mais destacados, com menção honrosa para setembro e outubro. Para os cubanos aclimados, só 30% das mortes entre os militares foram resultado dessas doenças. Segundo J. R. McNeill, os líderes revolucionários "incitaram os espanhóis a adotar políticas impopulares, buscaram apoio estrangeiro — especialmente dos Estados Unidos — e, acima de tudo, usaram a mobilidade para evitar as forças espanholas, salvo quando encontravam patrulhas em situação de vulnerabilidade. Assim preservaram a vida da revolta, tal como Washington, Toussaint e Bolívar haviam feito no passado, e conquistaram a vitória porque o tempo e o 'clima' estavam do lado deles".

A imprensa norte-americana, liderada pelos magnatas rivais Joseph Pulitzer e William Randolph Hearst, de Nova York, usou as atrocidades de Weyler para mobilizar a legitimação da guerra contra a Espanha (e vender jornais), inflamando a opinião pública estadunidense a favor da intervenção. O presidente William McKinley acusou os espanhóis de executar uma "guerra de extermínio". E, mais importante, empresários norte-americanos, salivando com a perspectiva de anexar Cuba, rogavam pela resolução do conflito. A guerra estava exaurindo cada vez mais suas fortunas pessoais e reduzindo os lucros, enquanto também prejudicava a economia geral dos Estados Unidos com quedas de produção agrícola, ataques a transportes e desvios de mão de obra local.

Quando a Espanha desprezou os esforços de arbitragem dos Estados Unidos, o encouraçado USS *Maine* foi enviado ao porto de Havana para proteger navios mercantes, propriedades, lucros e demais recursos econômicos norte-americanos. Em fevereiro de 1898, uma explosão misteriosa, atribuída a uma mina espanhola, atingiu o *Maine* e matou 266 marinheiros.[2] O público estadunidense, enfurecido e instigado por reportagens sensacionalistas, exigiu respostas com o bordão popular "Lembrem-se do Maine! Vá para o inferno, Espanha!". Em abril de 1898, a Marinha dos Estados Unidos iniciou um bloqueio à ilha e o Congresso aprovou uma declaração de guerra contra a Espanha e suas colônias. Quando os primeiros norte-americanos desembarcaram em fins de junho, no início da temporada de mosquitos, só 25% do contingente espanhol ainda tinha saúde para combater. "É uma cena horrível", relatou o cirurgião-chefe espanhol em Cuba. "Os camponeses ignorantes e doentes que foram trazidos da Espanha até aqui para defender a bandeira espanhola estão morrendo às centenas, dia após dia". Os estadunidenses, porém, também foram picados pelos lendários mosquitos cubanos.

Quando seus superiores foram mortos ou incapacitados pela febre amarela, um jovem e disposto oficial chamado Theodore Roosevelt assumiu de forma inesperada o comando de seu regimento. A fortuita promoção em batalha, por influência do mosquito, colocaria Roosevelt sob os holofotes de toda nação. "A batalha que ocorreria nas colinas de

---

[2] A causa verdadeira do afundamento, um incêndio acidental no depósito de carvão, só veio a público muitos anos depois.

San Juan", explica David Petriello, "lançaria o jovem subsecretário da Marinha à presidência, uma situação que só foi viabilizada devido à doença que abalou a hierarquia preestabelecida". Na realidade, quando o coronel Roosevelt e seu pequeno destacamento de Rough Riders voluntários subiu a colina, eles foram recebidos pelo tenente John "Black Jack" Pershing e um grupo de "Buffalo Soldiers" afro-americanos que já haviam tomado o cume e dispersado os defensores. Ainda assim, Roosevelt se gabou para repórteres, exagerou seus dotes militares e dominou as manchetes nacionais.

A guerra em Cuba durou só alguns meses, adquirindo a reputação de "Esplêndida Pequena Guerra". A rápida vitória norte-americana foi obtida por um total de 23 mil soldados, ao custo de apenas 379 homens mortos em combate. Mas outros 4.700 morreram de doenças transmitidas por mosquitos. Quando esse índice chocante de baixas chegou a Washington, políticos e investidores logo compreenderam que o mosquito era o principal obstáculo para destravar o potencial econômico de Cuba e incorporar suas riquezas ao capitalismo mercantilista estadunidense. Essa situação atroz de doenças letais transmitidas por mosquitos também não foi ignorada pelos militares que estavam *in loco*, orientando a estratégia em Cuba. Um envolvimento militar prolongado na ilha seria sinônimo de suicídio, devido à exposição ao mosquito. Tudo bem expulsar os espanhóis, mas enfrentar o mosquito com um exército de ocupação era outra história. Contudo, o socorro logo estaria a caminho.

As viagens imperialistas iniciais dos Estados Unidos durante a Guerra Hispano-Americana estavam ligadas à epidemiologia e transformaram para sempre a Ordem Mundial. Inovações científicas e tecnológicas nos proporcionaram armas novas em nossa guerra contra o mosquito. Ele não tinha mais como fugir do nosso radar. A antiga teoria miasmática, que por mais de três milênios havia sido a corrente predominante para estabelecer a causa de doenças, foi eliminada e retirada de circulação. Como a maioria dos acontecimentos históricos, a descoberta do mosquito como vetor de diversas enfermidades, incluindo a filariose, a malária e a febre amarela, teve relação direta com os impérios globais, o mercantilismo e o capitalismo em Cuba, no Panamá e no restante do mundo.

Nos anos 1880, os modelos miasmático e humoral da medicina hipocrática já estavam dando lugar às teorias modernas dos germes. Pesquisadores pioneiros de doenças transmitidas pelo mosquito trabalhavam sob o conceito científico geral da teoria dos germes que Louis Pasteur (francês), Robert Koch (alemão) e Joseph Lister (inglês) haviam postulado e comprovado desde os anos 1850.[3] Avanços no instrumental científico e médico, inclusive o microscópio, permitiram um estudo mais completo e sofisticado das doenças. O mosquito e seus patógenos não tinham mais como se esconder nas sombras da simplicidade científica e da ignorância médica. É claro que, consumindo o mundo com uma população de 110 trilhões, os mosquitos nunca tentaram ser discretos ou agir clandestinamente. Afinal, eles voam debaixo do nosso nariz desde sempre.

Nas décadas que se seguiram à monumental descoberta da teoria dos germes ou microrganismos para as doenças, um grupo de caçadores de mosquitos finalmente encurralou o inseto e declarou ao mundo que, até que enfim, nosso inimigo máximo, antes indestrutível, havia sido levado a julgamento pelos crimes que ele vem cometendo contra a humanidade ao longo de centenas de milhares de anos. Conforme vários médicos caçadores de recompensa saíam à caça do mosquito por todo o planeta, a prisão dele foi um esforço coletivo internacional.

Depois de atuar por milhões de anos como contrabandista de sofrimento e morte, o mosquito foi desmascarado em uma sequência rápida de descobertas científicas. A primeira foi em 1877, quando o médico inglês Patrick Manson incriminou diretamente o mosquito como vetor da filariose, ou elefantíase, quando em missão na base inglesa de Hong Kong. Pela primeira vez na história, Manson associara definitivamente um inseto à transmissão de uma doença. Mesmo sem fatos científicos

---

3 Daí a utilização do termo *pasteurização* para se referir ao processo de remover patógenos de líquidos e alimentos, bem como a denominação da marca Listerine de produtos antissépticos.

que corroborassem, Manson então postulou que o mosquito também disseminava a malária.

Três anos depois, em 1880, enquanto olhava através do seu microscópio rudimentar, o dr. Alphonse Laveran, um médico militar francês na colônia da Argélia, percebeu algo peculiar. Havia pequenos corpos estranhos esféricos boiando na amostra de sangue de um paciente que tinha sido internado com "febre do pântano". Após estudá-los, ele identificou corretamente esses corpos como quatro formas distintas do ciclo vital do parasita da malária. Em 1884, ele apresentou a teoria de que o mosquito era o método de transmissão desse assassino biológico. Um médico estadunidense e veterano da Guerra de Secessão (que atuou como cirurgião para ambos os lados) que tinha o incrível nome de Albert Freeman Africanus King incriminou o mosquito em 1882, fazendo a sugestão audaciosa de que "é possível ter mosquitos sem malária [...] mas não é possível ter malária sem mosquitos". A afirmação impecável de King foi rejeitada e ridicularizada quando ele propôs que a capital Washington fosse cercada por uma tela de 180 metros de altura.[4] As descobertas de Mason, King e Laveran deram origem ao campo da malariologia, levando ao que o historiador James Webb chama de "trinca de descobertas de 1897", com Ronald Ross, Giovanni Grassi e Robert Koch, nosso teórico dos germes.

Ronald Ross era um médico inglês um tanto medíocre nascido na Índia, filho de um general do Exército britânico. Ross era um candidato extremamente improvável e duvidoso para expor o principal assassino da humanidade. Relutante, ele cursou medicina para agradar ao pai, mas passou a maior parte do tempo procrastinando, escrevendo peças e contos, entregando-se a devaneios. As notas de Ross eram tão baixas que, quando ele se formou, em 1881, seu diploma só o autorizava a praticar medicina na Índia Britânica, onde durante os treze anos seguintes ele ficou saltando de missão em missão. Durante uma viagem curta a Londres,

---

[4] King estava na plateia do Ford's Theatre em 14 de abril de 1865, quando Lincoln foi assassinado por John Wilkes Booth. Foi um dos primeiros médicos a tratar o presidente moribundo e ajudou a carregar Lincoln para a Petersen House, do outro lado da rua, onde ele morreu na manhã seguinte.

em 1894, ele conheceu Manson, que acolheu o jovem e fraco médico e o instruiu com sua pesquisa sobre a malária. Devido à malária endêmica na Índia, Manson instou que Ross voltasse e obtivesse indícios concretos para sua hipótese da relação entre o mosquito e a doença. "Se você conseguir, sua reputação vai disparar, e você vai poder trabalhar com o que quiser", disse ele ao jovem aprendiz e auxiliar. "Pense que é o Cálice Sagrado e que você é sir Galahad." Ao voltar à Índia, Ross imediatamente saiu em busca de pacientes de malária nos hospitais.

Ele passou os três anos seguintes com o rosto grudado no microscópio, observando mosquitos dissecados. Suas anotações e descrições sobre o que estava espiando pelas lentes indicam que, de modo geral, ele nem imaginava o que estava procurando. Ele detestava as ciências naturais e não fazia a menor ideia de como eram os mecanismos biológicos dos mosquitos. Seus primeiros experimentos com mosquitos, por exemplo, foram realizados com espécies que não atuavam, nem podiam atuar, como vetores da malária. Ele se queixou de que esses mosquitos usados eram "teimosos feito mulas" por se recusarem a picar, o que é o mesmo que chamar uma castanha de preguiçosa por se recusar a cair. Enquanto isso, um zoólogo italiano chamado Giovanni Grassi também cutucava e espetava mosquitos insistentemente para desmascarar o parasita da malária que causava sofrimento endêmico e morte em seu país.

Em 1897, tanto Ross quanto Grassi finalmente tiveram seus momentos de revelação. Ross descobriu que mosquitos transmitiam a malária aviária e postulou, com dados insuficientes obtidos de estudos em andamento, que o mesmo devia valer para a malária humana. Grassi atravessou a linha de chegada primeiro, comprovando de forma definitiva que o mosquito *Anopheles* era o distribuidor da malária humana. Essas descobertas simultâneas deflagraram uma rivalidade profissional e uma campanha de difamação entre os dois que foi comparável ao conflito entre Thomas Edison e Nikola Tesla no início do século XX.[5] Para a raiva e o ressentimento

---

[5] Em 1915, Tesla e Edison foram escolhidos, simultaneamente, vencedores do prêmio Nobel. Quando ambos se recusaram a dividir o prêmio um com o outro, o prêmio foi transfe-

de Grassi, a campanha de relações públicas de Ross se saiu melhor, e ele venceu o Nobel em 1902, seguido por Laveran em 1907.

O último membro da trinca de descobertas de 1897 foi Robert Koch, que venceu o Nobel em 1905. Trabalhando na colônia alemã da África Oriental, afligida pela malária, o respeitado bacteriologista confirmou cientificamente que o quinino eliminava o parasita malárico do sangue humano, tal como se afirmava havia 250 anos, desde que se soube que a substância supostamente havia curado a bela condessa de Chinchón, no Peru. "Essas três descobertas momentosas infligiram um golpe desestabilizador na teoria miasmática", conclui Webb. "Nos anos que se seguiram a 1897, a teoria miasmática naufragou."

A malária transmitida por mosquitos, causa de sofrimento incontável e incomparável, ocasionando milhões de mortes desde os primórdios da humanidade, foi trazida à luz. Nosso arqui-inimigo anônimo que nos perseguira desde a nossa criação finalmente fora desmascarado. Esse vínculo letal entre o mosquito e o flagelo da malária foi exposto pelo peso coletivo da ciência. Agora que se conhecia a causa dessa afronta para a humanidade, certamente um tratamento infalível chegaria logo. Ou, talvez, essa abominação verminosa, destruidora de mundos, pudesse ser exterminada. Afinal, a malária era causada só pelo pequeno e imprestável mosquito. Certo?

Com essa revelação, o mosquito se tornou alvo de intenso estudo e escrutínio. Se ele era o único sistema de transmissão da filariose e da malária, quais outros venenos letais sua probóscide dispensava? E, embora sua letal munição viral de febre amarela continuasse oculta, ela também não conseguiria se esconder por muito tempo, uma vez que o mosquito estava atraindo tanta atenção da ciência. Enroscados com a Espanha e a febre amarela em Cuba desde abril de 1898, a fim de aproveitar a onda de oportunidades capitalistas na ilha, os estadunidenses precisavam desarmar de uma vez por todas o temido Vômito Preto.

---

rido para a dupla William e Lawrence Bragg, pai e filho, por seus trabalhos com radiologia, campo em que Tesla também havia sido pioneiro.

Ao constatar o poder destrutivo da febre amarela em suas forças em Cuba, o general William Shafter, o comandante norte-americano, declarou que o mosquito era "mil vezes mais resistente do que os projéteis do inimigo". Com a rendição dos espanhóis em agosto de 1898, depois de apenas quatro meses de combate, os comandantes militares se deram conta do perigo inerente de se manter uma força de ocupação em Cuba. A febre amarela e a malária começaram a se alastrar pelas tropas estadunidenses. Em uma carta para o presidente McKinley, Shafter relatou que suas forças eram "um exército de convalescentes" em que 75% não estavam aptos para servir.

Outra carta explícita assinada por diversos generais (e pelo coronel Roosevelt), conhecida como "*Round Robin*",⁶ ofereceu um alerta sincero ao Congresso: "Se formos mantidos aqui, é inteiramente possível que o resultado seja um desastre pavoroso, pois os cirurgiões estimam que mais da metade do exército, se permanecermos onde estamos durante a temporada de doenças, morrerá." A missiva concluía com uma advertência franca: "Este exército precisa ser mobilizado imediatamente, ou será destruído. Nessa condição de exército, ele pode ser mobilizado em segurança agora. Pessoas responsáveis por impedir tal ação serão também responsabilizadas pela perda desnecessária de milhares de vidas." Embora as forças americanas tenham vencido com facilidade os defensores espanhóis em Cuba, elas recuaram às pressas diante do bombardeio brutal de malária e febre amarela pelos mosquitos. A evacuação das tropas norte-americanas foi iniciada em meados de agosto. "Cuba se tornou um território norte-americano até 1902. Depois, passou a ser teoricamente livre [...] graças à febre amarela e à malária", conclui J. R. McNeill. "Os cubanos tratam seus heróis como celebridades. Os estadunidenses tratam os seus como objetos de adoração, e um deles, Theodore Roosevelt, foi eleito para a presidência antes de ter a efígie esculpida no monte Rushmore. Mas não existem

---

6 O termo *Round robin* se refere a um tipo de documento cujas assinaturas são dispostas de modo a formar um círculo no papel, para esconder a identidade do líder.

monumentos para mosquitos, que de longe foram os algozes mais letais do Exército espanhol em Cuba." O mosquito também poupou Cuba da anexação pura e simples pelos Estados Unidos, instigando quase um século de relações hostis e acontecimentos dramáticos.

Como as doenças transmitidas por mosquitos representaram um obstáculo a qualquer ocupação militar por parte dos Estados Unidos, Cuba recebeu a independência oficial em 1902, com um governo fantoche subordinado a Washington. Essa independência simbólica tinha certas condições escondidas em letra miúda. Cuba não podia estabelecer alianças com outros países, os Estados Unidos tinham direito de preferência em qualquer negociação comercial, carteira de investimentos ou contrato de infraestrutura, além do direito de realizar intervenções militares à vontade. Para completar, o país também adquiriu posse perpétua da baía de Guantánamo. Sob o novo regime amparado pelos Estados Unidos, Cuba se tornou uma república das bananas ditatorial e uma festa para a economia e o hedonismo epicurista dos Estados Unidos, à custa da população cubana miserável.

Em 1959, revolucionários socialistas liderados por Fidel Castro e Ernesto "Che" Guevara deram fim ao regime autoritário e corrupto, chancelado pelos Estados Unidos, do presidente Fulgencio Batista e logo se firmaram como satélite comunista da União Soviética. A Invasão da Baía dos Porcos, em 1961, ordenada pelo presidente John F. Kennedy e com contrarrevolucionários treinados pela CIA, foi um desastre. "A vitória tem cem pais e a derrota é órfã", declarou o presidente ao aceitar toda a responsabilidade pelo fiasco. A missão fracassada aproximou ainda mais Cuba e os soviéticos, levando à quase apocalíptica Crise dos Mísseis, em outubro de 1962. Embora a calma tenha prevalecido e os diálogos racionais com o tempo tenham afastado a possibilidade de aniquilação nuclear, a população mundial prendeu a respiração por treze dias enervantes, enquanto o planeta balançava à beira da destruição. Demorou mais de cinquenta anos para que as relações entre Cuba e os Estados Unidos se normalizassem, o que ocorreu no governo do presidente Barack Obama.

No entanto, a Guerra Hispano-Americana não se limitou a Cuba. Ela cruzou o Pacífico e alcançou a colônia espanhola das Filipinas, onde a Marinha dos Estados Unidos arrasou a adversária espanhola na baía de Manila, em 1º de maio de 1898. Ao mesmo tempo, forças norte-americanas desembarcaram em Porto Rico, Guam e no Havaí.

"Bata com força!: Presidente McKinley: 'Os mosquitos daqui das Filipinas parecem piores que os de Cuba.'" As invasões norte-americanas em Cuba e nas Filipinas durante a Guerra Hispano-Americana destacaram o perigo das incursões imperialistas estrangeiras nos trópicos. Essa ilustração de fevereiro de 1899 da revista *Judge*, criticando o presidente McKinley, representa os insurgentes cubanos e filipinos como mosquitos letais e teimosos. Contudo, a invasão norte-americana de 1898 em Cuba também levou à revelação de que o mosquito *Aedes* causa a febre amarela, descoberta feita pela Comissão de Febre Amarela do Exército dos Estados Unidos sob a liderança do dr. Walter Reed (*Library of Congress*).

O Japão, uma potência industrial e militar crescente, viu com receio a expansão da influência estadunidense pelas ilhas do Pacífico. O presidente McKinley garantiu ao mundo que, apesar da fachada imperialista, "a Bandeira Americana não foi cravada em solo estrangeiro para adquirir território, e sim pelo bem da Humanidade". A Guerra Hispano-Americana terminou oficialmente quando os Estados Unidos capturaram Manila, a capital filipina, em 13 de agosto de 1898.

Após a rendição dos espanhóis nas Filipinas, o presidente McKinley anunciou que "não nos resta outra opção senão acolher todos eles, educar os filipinos, elevá-los, civilizá-los e cristianizá-los, e, com a graça de Deus, faremos de tudo para ajudá-los". O que aconteceu foi que as forças de ocupação norte-americanas iniciaram a eliminação e "reconcentração" brutal e bárbara de civis filipinos, imitando as táticas de contrainsurgência do general Weyler em Cuba. Um general estadunidense, que mais tarde foi submetido à corte marcial, deu ordem para que seus homens executassem todos os filipinos do sexo masculino com mais de dez anos de idade. Contudo, a imprensa veiculou as palavras do presidente McKinley "de que a missão oficial dos Estados Unidos é de assimilação benevolente".

Durante essa esquecida Guerra Filipino-Americana, revolucionários filipinos, que haviam combatido a ocupação colonial espanhola desde 1896, empregaram táticas de guerrilha contra as forças norte-americanas até 1902. Eles queriam independência de toda e qualquer potência estrangeira. William Taft, governador-geral das Filipinas e futuro presidente dos Estados Unidos, afirmou que seria preciso um século de sangue para que os filipinos conseguissem aprender a dar valor à "liberdade anglo-saxã". Com o tempo, não foi possível continuar bloqueando ou censurando relatos sobre as atrocidades dos norte-americanos. A revista *Nation*, um semanário de grande circulação, cobriu a guerra não tão "esplêndida" ou "pequena" que havia se degenerado até virar "uma guerra de conquista, caracterizada por pilhagens e crueldade dignas de selvagens". Durante o primeiro envio de tropas para fora do hemisfério ocidental, os Estados Unidos despejaram mais de 126 mil homens nas Filipinas.[7] Dos cerca de 4.500 mortos, 75% sucumbiram a doenças, incluindo a malária e a dengue. Ao longo dos três anos desse conflito brutal, as estimativas mais confiáveis calculam que ao todo trezentos mil filipinos foram mortos em decorrência de combates, assassinatos, fome e doenças, além da miséria nos campos de concentração. Os filipinos permaneceram sob alguma forma de tutela estadunidense (ou japonesa), até finalmente obterem a independência completa em 1946.[8]

A Guerra Hispano-Americana não foi responsável apenas por forjar um império global norte-americano. Ela também levou à revelação do mosquito como vetor de transmissão da febre amarela. Quando as forças americanas invadiram Cuba, em 1898, os militares, os médicos e os políticos que conduziam a guerra compreendiam muito bem a ameaça da doença. Cuba havia adquirido a merecida e notória reputação de catacumba, por causa das doenças transmitidas por mosquitos. Considerando que o mistério do mosquito da malária havia sido desvendado no ano anterior, diversos pesquisadores importantes também identificaram o mosquito como mercador da febre amarela. Em 1881, Carlos Finlay, um médico cubano que estudou na França e nos Estados Unidos, isolou o mosquito *Aedes* como vetor da febre amarela, embora admitisse na ocasião que seus experimentos não foram conclusivos. O mosquito permanecia inocente até que se provasse cientificamente o contrário.

Os idealizadores norte-americanos da guerra dissecaram com grande interesse e ansiedade os relatos clínicos que chegavam de Cuba. Eles reconheceram que, assim como no passado, os mosquitos cubanos foram capazes de manipular o destino dos planos dos Estados Unidos

---

[7] Não estou contando os marinheiros enviados pelo presidente Jefferson em 1801 (nem os enviados por Madison em 1815) durante as breves e intermitentes Guerras de Trípoli contra piratas otomanos do Norte da África.

[8] Essa autonomia, fruto de uma árdua conquista, só ocorreu após a invasão japonesa em 1942 e a evacuação dos estadunidenses, uma ocupação japonesa agressiva, e uma nova invasão e saída dos estadunidenses em 1944 durante a Segunda Guerra Mundial.

para a ilha. A tarefa de combater a febre amarela, um inimigo muito mais letal que os espanhóis, coube ao dr. Walter Reed.

Reed formou-se médico em 1869, aos dezessete anos. Ele se alistou no corpo de médicos do Exército estadunidense em 1875 e foi despachado majoritariamente para unidades situadas do outro lado da fronteira ocidental, encarregadas de pacificar, massacrar e realocar povos indígenas. Reed atendia tanto soldados estadunidenses quanto indígenas, incluindo o famoso apache Gerônimo. Em 1893, como professor de bacteriologia e microscopia clínica, Reed entrou para a recém-criada Faculdade de Medicina do Exército, onde pôde conduzir as pesquisas que queria sem qualquer restrição. No início da Guerra Hispano-Americana, ele foi enviado a Cuba para investigar uma epidemia de febre tifoide, que concluiu ser resultado de contato com coliformes fecais ou alimentos e bebidas contaminados por moscas. Entretanto, durante sua permanência em Cuba, ele ficou mais interessado pela febre amarela, que estava debilitando soldados estadunidenses a um ritmo preocupante. Em junho de 1900, Reed foi designado para estabelecer e chefiar a Comissão de Febre Amarela do Exército dos Estados Unidos. Reed era um admirador ferrenho do currículo de Carlos Finlay, e sua pesquisa era baseada no conjunto da obra dele.

Embora sua equipe de quatro pessoas em Cuba, constituída por ele próprio, outro estadunidense, um canadense e um cubano, contasse com apoio total dos superiores militares, a imprensa difamou sua hipótese de que o mosquito transmitia a doença. Uma matéria do *Washington Post*, por exemplo, ridicularizava-o: "De todas as baboseiras estúpidas e sem sentido que já se publicou a respeito da febre amarela — e houve o bastante para formar uma frota inteira —, as mais estúpidas, para além de qualquer comparação, são os argumentos e as teorias geradas pela hipótese do mosquito." Em outubro de 1900, após realizar estudos com participantes humanos, muitos dos quais morreram, entre eles um integrante da equipe, Reed anunciou que havia desmascarado científica e definitivamente a fêmea do mosquito *Aedes* como causa da febre amarela, identificando também a cronologia cíclica do contágio entre humanos e mosquitos.⁹ O general Leonard Wood, que era médico e atuava como governador norte-americano em Cuba, reconheceu e celebrou: "A confirmação da doutrina do dr. Finlay é o maior avanço nas ciências médicas desde que Jenner descobriu a vacina [da varíola]." Walter Reed levou o crédito e a fama (várias instituições foram batizadas em sua homenagem) pela captura do mosquito assassino *Aedes*. Contudo, antes de sua morte prematura, em 1902, em decorrência de complicações após uma ruptura do apêndice, ele compartilhou publicamente o mérito com sua equipe e Carlos Finlay, seu herói e mentor.¹⁰

Após o anúncio de Reed, o dr. William Gorgas, a principal autoridade militar sanitária em Havana, tomou ações enérgicas para livrar a ilha da febre amarela, implementando um programa sistemático e deliberado de saneamento e extermínio dos mosquitos. Gorgas, que na juventude havia sobrevivido à febre amarela no Texas, não estava associado à "Comissão de Reed" nem era um cientista pesquisador. Era um médico militar que executava fanaticamente suas ordens de destruir a febre amarela em Havana. Em primeiro lugar, Gorgas mapeou meticulosamente a cidade e os arredores, antes de organizar mais de trezentos homens em seis equipes para trabalhar sem parar em sua guerra igualmente meticulosa contra os mosquitos de Havana. Essas "unidades de saneamento" atacaram os métodos caprichosos de reprodução e o alcance de voo limitado dos mosquitos *Aedes*, drenando lagos e pântanos, evitando focos de água parada e barris abertos, instalando telas, liberando áreas localizadas de vegetação, fumigando enxofre e inseticidas em pó à base de píretro e crisântemo e espargindo uma solução de querosene com píretro em todas as áreas inalcançáveis ou suspeitas, além de outras medidas gerais de saneamento por toda a cidade. Pela primeira vez desde 1648, graças à firme determinação de Gorgas, a febre amarela foi

---

9 Os participantes remunerados do estudo de Reed sabiam dos riscos e, pela primeira vez na história da medicina, assinaram termos de consentimento, estabelecendo o precedente para o uso comum e oficial desses documentos.

10 Apesar de ter sido indicado para o Nobel sete vezes, ele nunca foi agraciado com o prêmio.

totalmente erradicada de Havana, em 1902. Após o último surto norte-americano, em 1905, em Nova Orleans, "equipes de limpeza" voltaram a ocupar Cuba. Em 1908, todo o país foi libertado das garras da febre amarela. No entanto, a malária e a dengue continuaram a assolar a ilha.

Mas o vírus da febre amarela propriamente dito só foi identificado em 1927. Com apoio filantrópico da Fundação Rockefeller, houve um esforço bem-sucedido de vacinação uma década mais tarde, em 1937, graças a Max Theiler, estadunidense de origem sul-africana. Em 1951, quando Theiler aceitou o prêmio Nobel pela realização, perguntaram-lhe o que ele faria com o dinheiro. Sua resposta: "Comprar uma caixa de uísque e ver os Dodgers." A febre amarela foi desarmada e destituída do impacto monumental que ela produzia na geopolítica mundial. A cortina se fechou em sua temida e habilidosa carreira de assassina e agente intrometida com grande influência na história da humanidade. Já a malária se revelou uma sobrevivente incansável e uma inimiga determinada.

Após a retirada militar dos norte-americanos de Cuba e o sucesso de sua cruzada pessoal contra os mosquitos cubanos, Gorgas foi substituído no posto de autoridade máxima em saúde na ilha por ninguém menos que o dr. Carlos Finlay. Os talentos especiais de Gorgas e sua experiência com erradicação eram necessários em outro lugar. Ele havia sido chamado para lançar sua magia antimosquitos contra a histórica letalidade dos insetos no Panamá. Depois de já ter vencido e expulsado os espanhóis, os ingleses, os escoceses e os franceses, o invicto mosquito panamenho agora disputava com os confiantes Estados Unidos, encabeçados pelo obstinado presidente Teddy Roosevelt, a supremacia na Zona do Canal. "Se desejamos perseverar na luta pela supremacia naval e comercial, precisamos aumentar nosso poder sem fronteiras", anunciou o jovem e dinâmico presidente. "Precisamos construir o canal do istmo, e precisamos tomar as posições estratégicas que nos permitirão ter voz ativa na determinação do destino dos oceanos no leste e no oeste." Para viabilizar economicamente as colônias recém-adquiridas no Pacífico, incluindo as Filipinas, Guam, Samoa, o Havaí e as cadeias de atóis e ilhas menores, e para unir seu novo império global, os Estados Unidos precisavam abrir um canal de 77 quilômetros de um lado a outro do Panamá. Esse atalho para ligar os oceanos Atlântico e Pacífico substituiria a perigosa, demorada e custosa viagem pelo cabo Horn, na extremidade sul do continente sul-americano. Teddy acreditava categoricamente que, ao contrário do fracasso dos espanhóis, dos ingleses, dos escoceses e dos franceses, os norte-americanos conseguiriam construir uma via expressa econômica pelo istmo. Sua ordem para os engenheiros foi simplesmente "Façam a terra voar!".

Essa ideia não era inovadora, mas a engenharia e o controle dos mosquitos, sim. A primeira tentativa dos espanhóis de abrir uma trilha pelo Panamá em Darién, em 1534, foi rechaçada pelos mosquitos. Posteriormente, outras iniciativas coloniais por parte da Espanha tiveram o mesmo destino e foram consumidas pelas doenças. Depois de mais de quarenta mil homens sacrificados ao mosquito, o resultado dos esforços persistentes foi pouco mais que uma trilha estreita e miserável para mulas através da selva, cercada por dois vilarejos lânguidos e febris. O mosquito frustrou uma tentativa dos ingleses em 1668, antes de escrever o roteiro do filme escocês de terror de William Paterson, em 1698, cujo clímax foi o fim da independência da Escócia.

Em 1882, Ferdinand de Lesseps, o aclamado engenheiro francês que havia concluído o canal de Suez em 1869, tentou repetir o sucesso no Panamá. Ele subornou autoridades do governo e atraiu investidores para financiar seu projeto. O esforço francês degringolou na lama e nos mosquitos. Enquanto combatia a malária após uma visita ao Panamá, em 1887, o pintor francês Paul Gauguin, expoente do pós-impressionismo, lembrou os trabalhadores esqueléticos que abriam trilhas pelo mato e eram "devorados por mosquitos". A popular revista *Harper's Weekly* publicou um artigo com o título "M de Lesseps abre canais ou covas?". Quase 85% dos trabalhadores sofreram doenças transmitidas por mosquitos. Mais de 23 mil homens (25% do contingente) morreram, sobretudo de febre amarela, antes que o projeto, com menos de 40% concluído, fosse abandonado em 1889, em meio a escândalos e falência. Ao todo, 300 milhões de dólares de mais de oitocentos mil investidores haviam sido engolidos pelos mosquitos panamenhos. Vários políticos e empreiteiros foram presos por conspiração e corrupção, inclusive Gustave Eiffel, que naquele mesmo ano de 1889 havia apresentado sua torre na Feira Mundial de Paris, em comemoração ao centenário da Tomada da Bastilha.

Para obter os direitos sobre a Zona do Canal, os Estados Unidos, usando diplomacia das canhoneiras e dando apoio militar a revolucionários locais, separou da Colômbia o país independente do Panamá. Em 1903, os Estados Unidos reconheceram a soberania da República do Panamá e, duas semanas depois, receberam controle exclusivo permanente sobre a faixa de dezesseis quilômetros de largura conhecida como Zona do Canal. Os norte-americanos encararam o desafio em 1904, armados com o conhecimento recém-descoberto de que mosquitos transmitem doenças letais. Quando estava a caminho da vala que os franceses tinham abandonado, Gorgas foi abordado por um morador local: "Os brancos são idiotas de ir para lá, e mais idiotas ainda de ficar." Tendo concluído com sucesso a campanha de erradicação em Cuba, Gorgas levou 4.100 trabalhadores e erradicou sistematicamente a febre amarela da Zona do Canal.

Gorgas e suas unidades de saneamento usaram os mesmos sistemas que haviam destruído o mosquito *Aedes* em Cuba, além de técnicas novas experimentais de erradicação. Segundo Sonia Shah, a *"Blitz"* de saneamento consumiu "todo o estoque americano de enxofre, píretro e querosene". Ao longo do canal, 21 pontos de distribuição de quinino também forneciam diariamente doses preventivas para a maioria dos trabalhadores. Em 1906, dois anos após o início das obras, a febre amarela desapareceu completamente e os índices de malária caíram 90%. Embora Gorgas lamentasse que "não eliminamos a malária do istmo do Panamá, como fizemos em Cuba", ele compreendia a imensa importância de seu trabalho. Em 1905, o canal tinha uma taxa de mortalidade três vezes maior que a dos Estados Unidos. Quando a construção foi concluída, em 1914, a mortalidade havia caído para a metade da do território estadunidense. Oficialmente, 5.609 trabalhadores (do total de sessenta mil) morreram de doenças e ferimentos entre 1904 e 1914. Em agosto de 1914, o canal foi liberado para o tráfego, poucos dias depois do início da Primeira Guerra Mundial.

À luz das descobertas de Manson, Ross, Grassi, Reed e Gorgas, entre outros, países no mundo inteiro estabeleceram departamentos nacionais de saúde; escolas de medicina tropical; instituições de apoio à pesquisa científica, como a Fundação Rockefeller; departamentos de higiene militar; regimentos de enfermagem; comissões de saneamento; infraestrutura de esgoto; e leis sanitárias codificadas. Em seu estudo sobre os impactos do controle de mosquitos durante a construção do Canal do Panamá, Paul Sutter relata que "a expansão comercial e militar dos Estados Unidos na América Latina tropical e no Pacífico Asiático foi a principal força que ligou a experiência entomológica federal a campanhas de saúde pública. De fato, essas campanhas imperiais ajudaram a desenvolver a capacidade da saúde pública e a transformar o controle de doenças [...] em uma questão federal durante o início do século XX". Os Estados Unidos foram acompanhados por vários outros países na reformulação da saúde pública não apenas como uma prioridade civil (ou talvez até um direito constitucional), mas também como necessidade militar. O mosquito estava no topo da lista de ameaças de todo o mundo.

A construção do Canal do Panamá garantiu o domínio econômico e a supremacia naval dos Estados Unidos.[11] "O controle concreto da malária e da febre amarela", aponta J. R. McNeill, "mudou o equilíbrio de poder nas Américas e no mundo." A balança do poder global pendeu para o crescimento de uma superpotência industrial, econômica e militar norte-americana. Ao mesmo tempo que Teddy Roosevelt abria novas fronteiras econômicas para os Estados Unidos, suas políticas também lançaram o país de cabeça no grande jogo da política mundial.

---

[11] Os Estados Unidos controlaram o canal até 1977, quando o Panamá começou gradualmente a administrá-lo conjuntamente com os estadunidenses, até a transferência definitiva do controle para o Panamá, em 1999.

"Façam a terra voar!": O controle inovador e eficaz de mosquitos no Panamá sob a liderança do dr. William Gorgas permitiu que os estadunidenses tivessem sucesso onde espanhóis, ingleses, escoceses e franceses haviam fracassado em suas tentativas de construir um canal no Panamá. Os esforços dos Estados Unidos durante o governo do presidente Theodore Roosevelt começaram em 1904, e o canal foi liberado para o tráfego em 1914. Aqui, um membro de uma Unidade de Saneamento borrifa óleo em áreas de reprodução de mosquitos, Panamá, 1906 (*Library of Congress*).

Ele participou pessoalmente desse tabuleiro internacional, recebendo em 1906 o prêmio Nobel da Paz por mediar as negociações que encerraram a Guerra Russo-Japonesa.

A vitória decisiva do Japão sobre a Rússia, em 1905, espantou observadores mundiais e representou um ponto de virada na história global. Foi o primeiro grande triunfo militar de uma potência asiática sobre uma europeia desde a máquina de guerra mongol, criada por Gêngis Khan setecentos anos antes. O Japão pareceu surgir do nada ao entrar no cenário mundial. Antes uma nação introvertida e reticente, o Japão tratou de se modernizar, se industrializar e mergulhar nas correntezas do comércio global. Os Estados Unidos agora também estavam estabelecidos como uma potência do Pacífico, não mais confinados ao oceano Atlântico, desde que obtiveram os espólios coloniais da Guerra Hispano-Americana e o Canal do Panamá. O Japão não apreciou o avanço econômico dos Estados Unidos nas ilhas do Pacífico. Com a demanda de petróleo, borracha, estanho e outros recursos, a nação de ilhas acabou por aspirar a constituir sua "Esfera [imperial] de Coprosperidade da Grande Ásia Oriental", tal como os Estados Unidos haviam feito durante a virada do século. O conflito entre as duas nações concorrentes do Pacífico continuaria latente, por enquanto.

Além dos espólios coloniais da Guerra Hispano-Americana, os Estados Unidos usaram o conflito como desculpa para anexar o Havaí. Em 1893, um grupo de fazendeiros, empresários e investidores norte-americanos, com a ajuda de fuzileiros navais dos Estados Unidos, derrubou o governo havaiano tradicional e manteve a rainha Lili'uokalani em prisão domiciliar, obrigando-a a abdicar do trono dois anos depois. O objetivo desses conspiradores norte-americanos era simples. Como em Cuba, o domínio americano no Havaí eliminaria as taxas de importação sobre o carregamento de açúcar em portos norte-americanos. Os proponentes da anexação afirmavam que o Havaí era um bastião econômico e militar estrategicamente crucial, um pré-requisito para promover e proteger os interesses dos Estados Unidos na Ásia. Apesar dos protestos da maioria dos havaianos nativos, o Congresso aprovou a anexação oficial do Território do Havaí em 1898, pouco antes do início da guerra contra a Espanha. No ano seguinte, o país instalou uma base naval permanente em Pearl Harbor.

CAPÍTULO 17

ESTA É A ANN:
ela está morrendo de vontade de conhecê-lo:
A SEGUNDA GUERRA MUNDIAL,
DR. SEUSS E O DDT

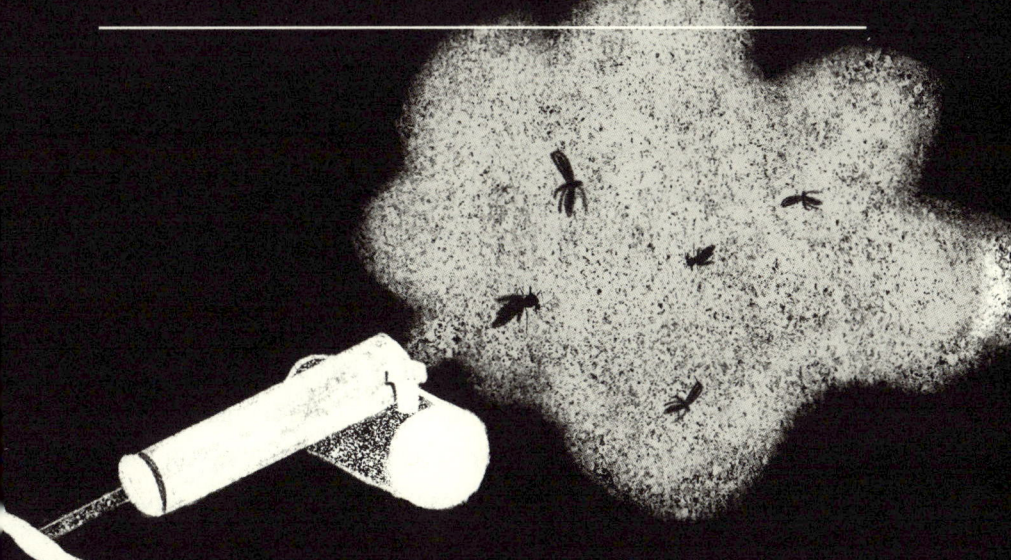

Após o ataque japonês a Pearl Harbor, em dezembro de 1941, mais de dezesseis milhões de estadunidenses viriam a assumir o fardo da guerra e seriam enviados para combater tanto as potências do Eixo quanto os mortíferos mosquitos. Aquele dia infame lançou os Estados Unidos no turbilhão da guerra total e desencadeou uma série de acontecimentos transformadores que reordenaram e fundiram a placa de circuitos e os condutores do poder global, inclusive a posição do mosquito nessa nova e complexa ordem mundial. Apesar dos riscos para o mosquito, seu envolvimento era indissociável desses fatos históricos globais. Assim como nossas disputas de vida ou morte eram mediadas pelos tiros nos campos de batalha sangrentos da maior guerra jamais vista, para o mosquito o momento era também de dificuldades e perigos letais.

No início da Segunda Guerra Mundial, "a incidência de malária nos Estados Unidos era", segundo o Gabinete de Controle da Malária em Regiões em Guerra, um predecessor do Centers for Disease Control and Prevention (CDC), "a menor de todos os tempos". Conforme a guerra se prolongava, veio à tona uma história bem diferente. O combate contra o mosquito, assim como contra o inimigo humano, era crucial para a vitória em todas as frentes. A Segunda Guerra Mundial foi um divisor de águas em termos de ciência, medicina, tecnologia e aparato militar, incluindo a modernização e o aprimoramento de nosso arsenal contra os mosquitos. Durante o conflito e a "paz" da Guerra Fria subsequente, antimaláricos sintéticos eficazes, como a atabrina e a cloroquina, assim como o composto pesticida DDT, barato e produzido em massa, lançaram o mosquito e suas doenças em uma espiral de morte e o fizeram bater em retirada no mundo todo.[1] Pela primeira vez na história, a humanidade estava em vantagem na nossa eterna guerra contra os mosquitos.

Equipados com as descobertas recentes de Ross, Grassi, Finlay, Reed e outros sobre a transmissão de doenças pelos mosquitos, governos e forças armadas nacionais puderam, durante as duas guerras mundiais, e definitivamente mais na segunda, lidar de maneira mais eficaz com o controle de mosquitos, epidemias e tratamentos. Após encurralar o mosquito e identificá-lo como disseminador de malária, febre amarela e outras doenças letais e debilitantes, a humanidade afinal estava aprendendo a lutar cientificamente contra as picadas.

Mas as pesquisas, o desenvolvimento e as tribulações experimentais em busca de munição para matar o mosquito levaram tempo. A corrida entrou na velocidade máxima quando os japoneses despertaram o gigante norte-americano adormecido em Pearl Harbor. O leviatã industrial-militar dos Estados Unidos deu grande prioridade às pesquisas sobre mosquitos e encarava a aniquilação do inseto como uma engrenagem fundamental para o esforço de guerra dos Aliados. O quinino foi substituído por medicamentos antimaláricos sintéticos mais proficientes, como a atabrina e a cloroquina, bem como as propriedades pesticidas do composto milagroso que era o DDT, descoberto em 1939, revelaram-se uma salvação universal.

Um lado mais sinistro desses avanços científicos foi que o mosquito também representou um acréscimo preocupante ao nosso arsenal mi-

---

[1] DDT: Diclorodifeniltricloretano.

litar, na condição de agente biológico. O mosquito e suas doenças foram objeto de experimentos perturbadores e pesquisas na área médica e de armamentos, tanto pelas potências do Eixo quanto pelos Aliados. Agora era possível utilizar o poder destrutivo do inseto e seu domínio sobre a morte para eliminar nossos inimigos humanos. Nos pântanos pontinos, em torno de Anzio, os nazistas empregaram deliberadamente os mosquitos da malária como arma biológica para combater o avanço dos Aliados contra Roma.

Embora o mosquito tenha sido capturado pela ciência, por medicamentos sintéticos e pela panaceia do DDT, de forma alguma isso marcou o fim de seu ciclo influente de alimentação e carnificina. Apesar da revelação de seus segredos, entre o início da Primeira Guerra Mundial, em 1914, e as rendições incondicionais da Segunda, em 1945, o mosquito ainda incapacitou e matou milhões de soldados e civis pelo planeta. Entretanto, durante a Segunda Guerra Mundial, pesquisadores norte-americanos e combatentes antimosquito do "Projeto Malária", confidencial e ultrassecreto, finalmente decifraram o código enigmático do inseto usando a fórmula química do DDT. A esperança surgiu no horizonte.

Ao contrário das circunstâncias da Segunda Guerra Mundial, durante a Primeira o mosquito ficou afastado dos principais e decisivos campos de batalha, ainda que sempre tenha se mantido um combatente disposto e motivado. Não havia nada de novo para ele no *front* ocidental. Os gélidos teatros de guerra europeus se localizavam muito ao norte para que ele pudesse se alistar e contribuir para o massacre inútil. No entanto, o mosquito teve participações frequentes em concentrações consideravelmente mais modestas de tropas em outras campanhas "secundárias", muito menores, na África, nos Bálcãs e no Oriente Médio. Mas, de modo geral, a influência do mosquito se limitou aos confrontos pessoais com a morte e não abocanhou as questões mais amplas da guerra ou seu resultado.[2]

---

[2] Na frente da Macedônia/Salonica, por exemplo, os ingleses e os franceses que estavam enfrentando os búlgaros foram devassados pela malária. "Lamento que meu exército esteja

Mais de 65 milhões de homens serviram na Primeira Guerra Mundial entre 1914 e 1919. Cerca de dez milhões foram mortos e outros 25 milhões ficaram feridos.[3] Estima-se que 1,5 milhão de soldados tenham contraído alguma doença transmitida por mosquitos, inclusive William Winegard, meu bisavô, que naquela época era adolescente e foi premiado com a malária. Felizmente, ao contrário de outros 95 mil, ele sobreviveu. Levando em conta a imensa quantidade de homens que combateram e morreram, esses números são irrisórios. As doenças transmitidas por mosquitos corresponderam a menos de 1% de todas as mortes relacionadas à guerra — muito longe de seu currículo anterior. Devido à quarentena isolada na terra de ninguém, o mosquito solitário não alterou o resultado dessa Grande Guerra global pela civilização. O conflito foi decidido longe do alcance aniquilador do inseto, em uma guerra de atrito travada nas trincheiras estagnadas da Frente Ocidental, em um zigue-zague que parecia uma cicatriz feia de mais de setecentos quilômetros, entre os Alpes suíços e o litoral da Bélgica, no mar do Norte, e também, em grau muito menor, na Frente Oriental antes da Revolução Russa de 1917 e da guerra civil subsequente.

---

hospitalizado com malária", respondeu o comandante francês ao receber a ordem de atacar em outubro de 1915. "Não é possível fazer algo estando desprovido de tudo." Cerca de 50% do contingente francês de 120 mil homens contraiu malária. Dos 160 mil ingleses, foram 163 mil internações por malária (mais de uma por homem). Um jornalista acamado descreveu os soldados ingleses como "letárgicos, anêmicos, infelizes e pálidos, de modo que a vida era um martírio para eles próprios e um fardo para o Exército". Quando os búlgaros finalmente se renderam, em setembro de 1918, o exército Aliado havia perdido dois milhões de dias de serviço para a malária nessa frente salonicense. Como já vimos, o avanço inglês ao longo do Levante no leste do Mediterrâneo, desde o Egito até a Síria, passando pela Palestina, sob a liderança do general Edmund Allenby, foi acossado pela malária, mas não com a violência esperada, graças em parte à insistência obstinada de Allenby de tirar proveito de quinino, telas antimosquito e terreno elevado. Dos 2,5 milhões de soldados imperiais britânicos que serviram no Norte da África, no Oriente Médio, em Galípoli e no sul do Cáucaso russo, foram registrados apenas 110 mil casos de malária. Por outro lado, a malária arrasou com mais afinco os defensores turco-otomanos, desabastecidos e famintos, infectando cerca de 460 mil soldados.

3 O número de mortes entre civis é impreciso e discutido, mas geralmente fica entre sete e dez milhões.

Contudo, na paz fraudulenta da era pós-Versalhes que se seguiu, as doenças foram muito mais letais do que haviam sido durante a guerra propriamente dita. Com a ajuda das condições miseráveis nas trincheiras apertadas e dos centros de repatriação que abrigavam soldados dos quatro cantos do mundo, a epidemia global de gripe de 1918 e 1919 contaminou mais de quinhentos milhões de pessoas e matou entre 75 milhões e cem milhões no mundo todo, cinco vezes mais do que a guerra mundial que havia ajudado a viralizá-la.[4] A gripe não foi a única doença disseminada pelos veteranos que estavam voltando para casa, embora tenha ofuscado todas as outras na nossa memória coletiva. A Austrália, a Inglaterra, o Canadá, a China, a França, a Alemanha, a Itália, a Rússia e os Estados Unidos, e várias outras nações, sofreram surtos de malária. Durante o período entreguerras, o mosquito correu atrás do prejuízo e deslanchou um dilúvio de doenças. Apesar da descoberta de que o mosquito causava malária, febre amarela, filariose e dengue, ainda era difícil refrear seu afã assassino, até mesmo em países ricos.

O índice de contágio da malária no mundo durante a década de 1920, por exemplo, foi estimado em uma média impressionante de oitocentos milhões de casos por ano, resultando em uma taxa de mortalidade anual de 3,5 a quatro milhões. Nos Estados Unidos, 1,2 milhão de pessoas contraiu a malária durante os anos 1920, e esse número caiu para seiscentos mil na década seguinte, incluindo cinquenta mil mortes. A dengue também corria solta pelo sul do país, infectando seiscentos mil texanos em 1922, sendo que foram trinta mil só na cidade de Galveston. Um observador ocasional professou que tentar disfarçar as consequências de doenças transmitidas por mosquitos era tão inútil quanto "um homem maneta [tentar] esvaziar os Grandes Lagos com uma colher". Se na virada do século essas doenças custaram 100 milhões de dólares por ano aos Estados Unidos, durante a década de 1930 esse

---

4 A localização do paciente zero dessa epidemia de "gripe espanhola" ainda é tema de debates acalorados no mundo acadêmico. Ainda que seja certo que ela não se originou na Espanha, há teorias que a situam em Boston, no Kansas, na França, na Áustria ou na China. Boston parece ser a opção mais provável.

valor subiu para uma média de 500 milhões. Quando o rio Yangtsé, na China, transbordou em 1932, os casos de malária nas regiões afetadas chegaram a 60%, provocando mais de trezentas mil mortes. Ao longo dos cinco anos seguintes, estima-se que a malária tenha devassado entre quarenta e cinquenta milhões de chineses. A recém-criada União Soviética, forjada pela revolução e pela guerra civil, foi engolida pelos mosquitos.

A Revolução Bolchevique de 1917 arrancou a Rússia da guerra e erodiu a Frente Oriental. A subsequente Guerra Civil Russa destruiu populações, paisagens e serviços de saúde por todo o ex-Império Romanov czarista. Logo em seguida houve um trágico desastre ecológico malthusiano de enchentes, fome e pestilência que matou perto de doze milhões de russos até o fim da Guerra Civil, em 1923. Embora o triunfo do Exército Vermelho de Lenin, Trotsky e Stalin tenha resultado na momentosa apresentação da União Soviética e do comunismo como uma nova ameaça global política, militar e econômica para as democracias ocidentais, esse acontecimento histórico também veio acompanhado de uma onda de doenças e privações.

Enquanto Lenin se consolidava impiedosamente, as malárias *vivax* e *falciparum* se juntaram tanto à Grande Fome quanto a um surto catastrófico de tifo e se alastraram por toda a União Soviética, até o porto glacial de Arcangel, situado cerca de duzentos quilômetros abaixo do Círculo Polar Ártico e na mesma latitude de Fairbanks, no Alasca. Essa epidemia de 1922 e 1923 no Ártico revela que, com a combinação perfeita de temperatura, comércio, tumultos civis, mosquitos adequados e o sangue quente de uma população humana hospedeira, o flagelo da malária fica sem qualquer limite ou parâmetro territorial. Estima-se que essa onda peculiar e estranha de malária polar tenha infectado trinta mil pessoas e matado nove mil. Segundo o historiador James Webb, "entre 1922 e 1923, aconteceu a maior epidemia de malária da Europa nos tempos modernos". Nas áreas mais atingidas, na bacia do rio Volga, no sul da Rússia, na Ásia Central e no Cáucaso, o índice de contágio regional ficou entre 50% e 100%. Só no ano de 1923, estima-se que tenha havido dezoito milhões de casos de malária na União Soviética e seiscentas mil mortes. A epidemia correspondente de tifo, transmitido por pulgas, atingiu o pico entre 1920 e 1922, afligindo trinta milhões de russos e matando três milhões, até arrefecer em 1923, o mesmo ano

"Destrua as larvas do mosquito": A frase no canto inferior esquerdo deste cartaz soviético de 1942 sobre a erradicação de mosquitos faz alusão à guerra contra mosquitos e pântanos. A história da União Soviética/Rússia com a malária é longa. Durante o pior surto europeu de que se tem notícia, nos anos de 1922 e 1923, após a Revolução Russa e a guerra civil subsequente, a malária subiu ao norte até o porto Ártico, em Arcangel. Só no ano de 1923, estima-se que tenha havido dezoito milhões de casos de malária, com seiscentas mil mortes, na União Soviética (*U.S. National Library of Medicine*).

em que o pesticida Zyklon B, feito à base de cianureto, foi desenvolvido na Alemanha.[5] A malária apresentou outro pico em 1934, na União Soviética, com quase dez milhões de casos. Com esse aumento pertur-

---

[5] Inventado e promovido inicialmente como inseticida, o Zyklon B viria a ganhar notoriedade quando os nazistas passaram a usá-lo como agente químico no assassinato em massa de judeus e outros prisioneiros durante as atrocidades do Holocausto.

bador de doenças transmitidas por mosquitos no período entreguerras, o movimento de pesquisas médicas e programas de erradicação de mosquitos ganhou embalo. O triturador da Grande Guerra e da violência subsequente pode ter sido brecado, mas a batalha nas trincheiras contra nosso arqui-inimigo inseto continuou.

Em meio a essa luta científica tanto contra as doenças transmitidas pelo mosquito quanto contra o mosquito propriamente dito, uma descoberta muito estranha aconteceu em 1917. Enquanto pesquisava tratamentos para neurossífilis, o dr. Julius Wagner-Jauregg, um psiquiatra austríaco, bolou uma ideia estapafúrdia de injetar uma dose não letal, ainda que debilitante, de malária para curar a insanidade causada por sífilis tardia. Deu certo. Febres maláricas de até 42 graus centígrados cozinharam as bactérias suscetíveis ao calor. Os pacientes trocaram a morte certa e agonizante da sífilis pelo arreio da malária, e imagino que seja dos males o menor. O mosquito agora era ao mesmo tempo assassino e salvador, embora Jauregg tenha advertido que "a terapia com malária continua sendo malária". Seu tratamento ganhou proeminência e, em 1922, já era recomendado para pacientes sifilíticos em vários países, incluindo os Estados Unidos. Em 1927, o ano em que Jauregg recebeu o prêmio Nobel por seu método maluco, porém inovador, clínicas estadunidenses tinham filas de espera para "tomar" malária, como se ela fosse uma cura rápida em forma de comprimido. Felizmente, com a descoberta revolucionária da penicilina antibiótica, por Alexander Fleming, um ano depois, a demanda pelo antídoto malárico de Jauregg caiu. Os pacientes agora podiam se curar da sífilis (e de outras infecções bacterianas) sem que fosse necessário injetar malária. A produção global em massa da penicilina começou em 1940.

Entretanto, em termos gerais, o período entreguerras viu avançarem tratamentos menos invasivos ao nosso organismo no combate ao nosso inimigo mais letal. Plantações de cinchona se expandiram da América do Sul, do México e da Indonésia holandesa para outras regiões do mundo. Pequenos arvoredos e bosques esparsos de cinchona acabaram por se estabelecer na Índia Britânica, no Ceilão (atual Sri Lanka) e nos territórios norte-americanos das Filipinas, de Porto Rico, das Ilhas Virgens e do Havaí. Os Estados Unidos e outras nações e colônias formaram comissões de controle de mosquitos. Em 1924, a Liga das Nações, uma precursora frágil da Organização das Nações Unidas, estabeleceu sua Comissão da Malária dentro da estrutura mais ampla de sua organização internacional para a saúde. A Fundação Rockefeller, concebida em 1913 pelo magnata John D. Rockefeller, da American Standard Oil, foi um modelo revolucionário de filantropia que seria replicado por muitas organizações de caridade no futuro, incluindo a exemplar Fundação Gates. Em 1950, sob o slogan de "promover o bem-estar da humanidade no mundo todo", a Fundação Rockefeller já havia investido 100 milhões de dólares em controle de mosquitos e nas pesquisas sobre a malária e a febre amarela, entre outras iniciativas relacionadas à saúde.

Mas o programa de erradicação de mosquitos mais audacioso e bem-sucedido do período entreguerras foi realizado nos famosos pântanos pontinos por Benito Mussolini. O ditador italiano estabeleceu como uma de suas maiores prioridades a erradicação da malária através da drenagem dos pântanos. Para seu Partido Nacional Fascista, era uma forma de conquistar corações e mentes, expandir o desenvolvimento agrícola da região desabitada, criar "grandes guerreiros rurais" e iluminar para o mundo a "nova Renascença italiana" de Mussolini. Seu programa completo de recuperação começou para valer em 1929, quando a expectativa de vida de um agricultor nas regiões de malária endêmica da Itália era de míseros 22,5 anos. Um censo preliminar dos pântanos pontinos não identificou nenhum assentamento permanente, mas sim apenas 1.637 "corticeiros enfermiços com pé de sapo" morando em palhoças decadentes. O texto alertava também que 80% das pessoas que passassem um dia nos pântanos provavelmente contrairiam a malária.

Na primeira das três fases, os pântanos e as áreas de enchente foram drenados ou bloqueados por barragens. A "batalha dos pântanos", como o Partido Fascista chamou, exigiu um contingente de trabalhadores forçados, que em 1933 chegou a um ápice de 125 mil homens, muitos dos quais eram apelidados de italianos "racialmente inferiores". Mais de duas mil pessoas também foram submetidas a experimentos médicos com a malária. Na segunda fase, foram construídas residências de pedra e serviços públicos, e as terras foram divididas entre pessoas obrigadas a morar naquela região. A terceira fase adotou medidas contra os mosquitos, como janelas teladas, aprimoramentos sanitários e serviços de saúde, e contra a malária, como a distribuição de quinino a partir de depósitos bem abastecidos e situados em locais estratégicos.

A partir de 1930, trabalhadores acometidos de malária liberaram áreas de vegetação, plantaram mais de um milhão de pinheiros e instalaram estações de bombeamento hidráulico ao longo de impressionantes dezesseis mil quilômetros de canais e barragens recém-construídas, incluindo o canal Mussolini, que desagua de forma inofensiva no mar Tirreno, perto de Anzio. Mussolini usou a operação, que se estendeu por décadas, como campanha de propaganda, posando frequentemente sem camisa e segurando uma pá, manuseando uma debulhadora de trigo, ou sentado em sua motocicleta vermelha para fotos ou cinejornais em meio aos trabalhadores enfermos (porém sorridentes) ou aos apreciadores de piqueniques. Entre 1932 e 1939, foram erigidas cinco cidades-modelo arquitetonicamente distintas, incluindo Latina, Aprilia e Pomezia, além de dezoito vilarejos-satélites rurais. Descontando a publicidade de Mussolini, seu programa de recuperação e erradicação, um dos primeiros do tipo, foi um sonoro sucesso. As ocorrências de malária nos antigos pântanos, e por toda a Itália, desabaram 99,8% entre 1932 e 1939. Contudo, durante algumas semanas de 1944, em um ato brutal de guerra biológica, os nazistas reverteram sistematicamente anos de realizações contra a malária.

Embora as pesquisas sobre o mosquito tenham atingido um pico de intensidade durante o período entreguerras, seria preciso um programa confidencial norte-americano da Segunda Guerra Mundial comparável ao nuclear Projeto Manhattan para finalmente revidar as picadas, com o uso de inovadoras drogas antimaláricas sintéticas e os serviços mosquiticidas do DDT. Ainda que o DDT tenha sido produzido originalmente em 1874 por químicos alemães e austríacos, foi só em 1939 que um cientista suíço-alemão chamado Paul Hermann Müller reconheceu suas propriedades inseticidas, o que lhe rendeu o prêmio Nobel de 1948 "por sua descoberta da grande eficiência do DDT como veneno de contato contra diversos artrópodes".

Inicialmente, Müller trabalhava com corantes e agentes de curtimento orgânicos à base de plantas, mas seu amor pela natureza, pela flora e fauna (e por comer frutas) o levou a fazer experimentos com compostos químicos, que incluíam desinfetantes, como protetores de plantas. Ao observar e estudar os insetos, Müller se deu conta de que a absorção de substâncias químicas por essas criaturas era diferente da que acontecia com seres humanos e outros animais. Ele também foi impulsionado, em 1935, por uma severa escassez de alimentos na Suíça, causada por infestações de insetos em lavouras e pela epidemia letal de tifo na Rússia, já mencionada, que havia se difundido amplamente pelo Leste Europeu. Determinado a salvar vidas, proteger fazendas e preservar seus adorados pomares, Müller se lançou em uma missão para "sintetizar o inseticida de contato ideal: um que tivesse efeito tóxico rápido e potente na maior quantidade possível de espécies de inseto, mas que causasse pouco ou nenhum dano a plantas ou animais de sangue quente". Passados quatro anos de experimentos em laboratório sem resultado, com 349 compostos inadequados, o composto 350 — o DDT — foi a bala de prata.

Após experimentos bem-sucedidos com a mosca-doméstica comum e o desastroso besouro-da-batata, uma série de testes rápidos com outras pragas revelou que o DDT, com incrível eficácia e eficiência, matava pulgas, piolhos, carrapatos, flebótomos, mosquitos e todo um enxame de outros insetos, eliminando no processo o tifo, a tripanossomíase, a peste bubônica, a leishmaniose, a malária, a febre amarela e várias outras doenças vetoriais. Os mecanismos inseticidas do DDT atuam embaralhando rapidamente as proteínas e o plasma de neurotransmissores e canais iônicos de sódio, obstruindo o sistema nervoso do alvo, o que produz espasmos, convulsões e morte. Em setembro de 1939, enquanto os nazistas e os soviéticos dividiam a Polônia com o Pacto

Molotov-Ribbentrop e davam início à Segunda Guerra Mundial, Paul Müller trabalhava no laboratório da Geigy AG (hoje a gigante farmacêutica Novartis) na Basileia, na Suíça, ativando a era química do DDT. Apesar das origens germânicas do DDT, Hitler, por orientação de seu médico pessoal, que considerava o DDT inútil e perigoso para a saúde do Reich, proibiu o uso da substância pelas forças alemãs, até ela passar a ser usada de forma criteriosa em 1944. Por outro lado, em 1942, os Estados Unidos já haviam começado a produção em massa para o esforço de guerra. Tanto as armas atômicas quanto os tanques de DDT entraram para o arsenal dos Aliados.

Dentro da recém-criada Divisão de Medicina Tropical das Forças Armadas, o Departamento de Guerra dos Estados Unidos criou a Escola de Malariologia do Exército em maio de 1942 e treinou quadros especializados, que eram conhecidos como "Brigadas de Mosquitos" ou "Soldados Varetas", mas que eram chamados oficialmente de Unidades de Sondagem de Malária. Armados com varinhas de condão borrifadoras de DDT, esses soldados pioneiros e pouco convencionais foram à guerra em áreas de operação dos Aliados no início de 1943, na esperança de fazer os mosquitos se dissolverem e sumirem. Embora o DDT atuasse diretamente sobre o mosquito, ele não atacava a doença da malária propriamente dita. No começo da guerra, essa era uma exclusividade do quinino. Outro catalisador para a criação do Projeto Malária foi o controle japonês sobre as plantações de cinchona e os estoques de quinino no mundo.

A expansão acelerada do Japão pelo Pacífico, no início de 1942, cobriu as Índias Orientais holandesas e a produção de 90% de toda a cinchona mundial. A captura desse quinino, além do petróleo, da borracha e do estanho, foi crucial para o planejamento militar japonês, além de beneficiar também a Alemanha com carregamentos grandes. Para os Aliados, a escassez de quinino constituía um problema considerável e um grave revés militar. Diante do abastecimento limitado e insuficiente de cinchona a partir da Índia, da América do Sul e de territórios estadunidenses ultramarinos, era essencial encontrar alternativas artificiais para a atuação na guerra. Trabalhando sob a alçada e com o patrocínio do Projeto Malária, químicos estadunidenses entraram em ação. Assim começou a caçada por um substituto sintético para o quinino da cinchona.

Foram testados mais de catorze mil compostos, entre eles os derivados de mefloquina e malarone, que seriam engavetados até o surgimento da resistência à cloroquina, em 1957. Como Leo Slater explica em *War and Disease* [Guerra e doença], seu estudo sobre as pesquisas biomédicas em torno da malária, "em 1942 e 1943, o programa antimalárico estabeleceria três prioridades científicas (e clínicas) principais: sintetizar compostos novos, compreender a atabrina e desenvolver a cloroquina. [...] Logo após o desenvolvimento da atabrina como medicamento preferencial, para substituir o quinino, viria a cloroquina, uma droga nova e promissora [...] mas os testes clínicos só seriam concluídos depois do fim das hostilidades". Em 1943, a produção de atabrina chegou a 1,8 bilhão de comprimidos e subiu para 2,5 bilhões em 1944.[6] Embora todo o contingente dos Aliados recebesse a injeção da vacina contra a febre amarela, os comandantes não tinham como garantir que seus soldados fossem ingerir os comprimidos semieficazes de atabrina.

Devido aos efeitos colaterais, tanto os reais quanto os imaginados, muitos não ingeriam. Os comprimidos deixavam um gosto amargo na boca, alteravam a cor da urina, causavam amarelamento na pele e nos olhos e provocavam dores musculares e de cabeça. Em casos raros, causavam vômito, diarreia e psicose.[7] No entanto, a atabrina não causava impotência nem esterilidade, como um boato de caserna se espalhou e não tardou a ser explorado pelas propagandas alemã e japonesa, a fim de atacar o moral, a força de combate e os contingentes dos Aliados.

---

6 A atabrina também era conhecida como mepacrina e quinacrina.

7 Em anos recentes, tem-se dado atenção à associação entre militares contemporâneos e casos de psicose permanente causada pela mefloquina, o mesmo medicamento antimalárico que me deu sonhos psicodélicos e delirantes em 2004.

A esperança do inimigo era que, se dispensassem a atabrina, os soldados aliados trocariam malária entre si com a mesma facilidade com que trocavam e negociavam cigarros, chicletes, barras de "Ração D" da Hershey e beldades de *pinup*, como Rita Hayworth, Betty Grable e Jane Russell.[8]

Ainda que telas contra mosquitos fossem também um artigo obrigatório, um soldado resumiu a verdadeira utilidade delas. As tropas, segundo ele, "não tinham tempo nem energia para pensar em barras antimosquito e telas para a cabeça e luvas". Alguns soldados ignoravam deliberadamente todas as precauções contra a malária para serem afastados, algo que os comandantes chamavam de "deserção por malária", extremamente difícil de provar e processar como infração militar. Oficiais prudentes e atentos chegavam até a distribuir os comprimidos de atabrina durante a chamada e a mandar os soldados urinarem à vista para apresentar provas visuais de que estavam obedecendo às ordens. Mas, de modo geral, para combatentes de todas as nacionalidades no teatro do Pacífico, a malária era, como disse um soldado, "inevitável e parte do dia a dia". Até mesmo com o DDT e a atabrina, as estatísticas das doenças transmitidas por mosquitos eram incrivelmente altas. Impossível saber qual teria sido o impacto da malária sem essas duas inovações científicas salvadoras.

Foram registrados cerca de 725 mil casos de doenças transmitidas por mosquitos entre as forças norte-americanas durante a guerra, incluindo aproximadamente 575 mil casos de malária, 122 mil de dengue e catorze mil de filariose. As doenças transmitidas pelo mosquito corresponderam a 3,3 milhões de dias de licença médica de soldados. Estima-se que 60% de todos os norte-americanos no Pacífico contraíram malária pelo menos uma vez. A lista de beneficiários famosos da época da guerra inclui o capitão-tenente John F. Kennedy, o correspondente de guerra Ernie Pyle e o soldado Charles Kuhl. Em agosto de 1943, durante

---

8 Durante a guerra, a Hershey Chocolate Company forneceu três bilhões de barras de "Ração D" ou "Tropical". Em 1945, a produção da fábrica era de 24 milhões de unidades por semana.

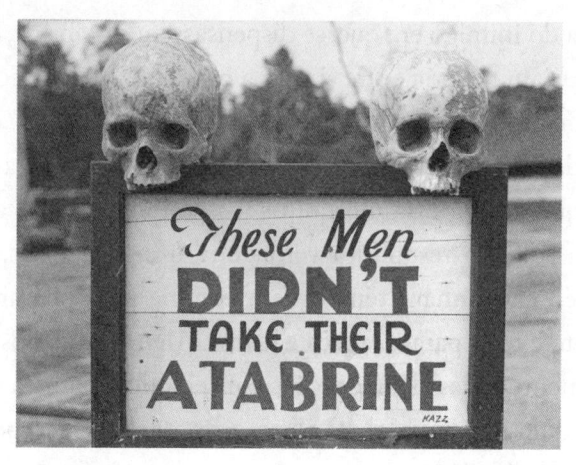

"Estes homens não tomaram atabrina": Uma placa instalada na frente do 363º Hospital de Guarnição dos Estados Unidos, em Port Moresby, Papua-Nova Guiné, após a Segunda Guerra Mundial, alerta as forças dos Aliados a tomar o medicamento antimalárico atabrina. Muitos soldados não tomavam a dose diária, pois a droga deixava a pele e os olhos amarelos, alterava a cor da urina e provocava dores de cabeça, dores musculares, vômito e diarreia. Em casos raros, ela causava psicose temporária ou permanente, semelhante à mefloquina moderna (*National Museum of Health and Medicine*).

a invasão dos Aliados na Sicília, Kuhl foi um dos dois soldados que receberam o famoso tapa do furioso general George S. Patton, que os acusou de covardia por fingirem "fadiga de combate" ou "neurose de guerra". Com uma febre escaldante de 39 graus, Kuhl na verdade estava sofrendo de malária, que logo depois seria diagnosticada. Os arquivos militares do Eixo são vagos no que diz respeito a estatísticas sobre doenças transmitidas por mosquitos. Contudo, levando em conta as estimativas mais confiáveis, o índice de contágio entre eles era comparável ao dos Aliados, se não ligeiramente maior.

As tropas dos Aliados, especialmente no teatro do Pacífico, estavam se afogando em doenças transmitidas pelo mosquito, o que levou um inquieto general Douglas MacArthur, comandante do Exército dos Estados Unidos no Extremo Oriente, a vaticinar, esbravejante: "Esta será uma longa guerra se, para cada divisão minha que enfrentar o inimigo, eu precisar considerar uma segunda divisão hospitalizada com malária e uma terceira convalescente dessa doença debilitante!" O bombardeio de saturação dos atóis vulcânicos minúsculos durante a campanha norte-americana pelas ilhas do Pacífico aumentou as áreas de reprodução dos mosquitos, e as populações do inseto proliferaram. A 1ª Divisão de Fuzileiros Navais foi destroçada pela malária durante a Batalha de Guadalcanal, em 1942, que recebeu o apelido de "Operação Pestilência", durante a qual foram registrados sessenta mil casos de malária entre as forças dos Estados Unidos. Após a evacuação japonesa em fevereiro de 1943, ficou evidente que os japoneses também estavam mergulhados nas febres da malária. Quase 80% dos soldados australianos e neozelan-

"Operação Pestilência": Um membro da 1ª Divisão de Fuzileiros Navais (Estados Unidos) é evacuado com malária durante a Batalha de Guadalcanal, em setembro de 1942. Foram registrados mais de sessenta mil casos de malária nas tropas estadunidenses entre agosto de 1942 e fevereiro de 1943, durante a Campanha de Guadalcanal (*Library of Congress*).

deses em Papua-Nova Guiné contraíram malária, e as forças japonesas em Saipan foram arrasadas pela malária durante a invasão norte-americana, no verão de 1944. Em Bataan, o mosquito lutou do lado do Japão e reduziu os defensores estadunidenses e seus aliados filipinos a esqueletos, além de milhares terem marchado para a morte a caminho de acampamentos decadentes para prisioneiros de guerra, onde muitos outros sofreram o mesmo fim.

Sob a liderança do dr. Paul Russell, que contava com o apoio de MacArthur, em 1943 começou uma pulverização generalizada com DDT no Pacífico e na Itália. Quando os dois se conheceram, MacArthur se levantou e murmurou prontamente: "Doutor, estou com um problema sério de malária." Russell, que chegara dos Estados Unidos havia menos de três dias, não percebeu que MacArthur o escolhera pessoalmente após enviar ao general George Marshall, chefe do Estado-Maior, o pedido simples: "Encontre o dr. Russell. Mande-o para mim." Em Nova Guiné, Russell logo foi abordado por um comandante de infantaria calejado, que debochou: "Se você quiser brincar com mosquitos, volte para Washington e pare de me importunar, porque estou ocupado lutando contra os japas." Outro anônimo complementou: "Estamos aqui para matar japas, danem-se os mosquitos." Quando Russell comunicou a conversa a MacArthur, o tal oficial é que foi dispensado.

Unidades de Sondagem de Malária americanas começaram a agir nas áreas de operação de MacArthur em março de 1943, pulverizando DDT, higienizando focos de reprodução de mosquito e saturando os combatentes de atabrina e propaganda. Os soldados brincavam que, se cuspissem ou derramassem uma mísera gota d'água no chão, em questão de segundos um "vareta" saía do nada para enxugar ou borrifar. Os "caça-mosquitos" também espalharam cerca de 45 milhões de litros de querosene em focos de mosquitos por todo o Pacífico, um volume equivalente ao infame derramamento de óleo do *Exxon Valdez*, em 1989, no Alasca. No fim de 1944, havia mais de quatro mil "matadores de mosquito" em atividade em 2.070 acampamentos espalhados por mais de novecentas áreas de conflito. O DDT parecia implacável. A produção estadunidense foi de 69 mil quilos, em 1943, para dezesseis milhões, em 1945. Finalmente tínhamos encontrado a munição decisiva para nossa guerra contra os mosquitos. Enquanto o DDT atacava os insetos, um componente educacional do Projeto Malária era apontado para os soldados propriamente ditos. Por todo o Pacífico (e em outras frentes maláricas), uma torrente de propaganda relacionada aos mosquitos complementou e reforçou as equipes de erradicação de Russell, dedicadas à missão de afogar os mosquitos em DDT.

Projeto Malária: Um soldado norte-americano recebe um banho de DDT em 1945. Durante a Segunda Guerra Mundial, o DDT foi uma arma indispensável na guerra contra os mosquitos, deflagrada pela Divisão de Medicina Tropical dos Estados Unidos e por suas Unidades de Sondagem de Malária, conhecidas como "Brigadas de Mosquitos" ou "Soldados Varetas". O DDT se revelou um composto químico salvador no extermínio de mosquitos (*Public Health Image Library-CDC*).

The Winged Scourge [A praga alada], um filme de 1943, de Walt Disney, criado para auxiliar na prevenção contra a malária, trazia a participação especial dos Sete Anões da Branca de Neve e foi um sucesso estrondoso entre os soldados. O libidinoso guia antimosquitos *This Is Ann: She's Dying to Meet You* [Esta é a Ann: ela está morrendo de vontade de conhecê-lo], que também foi lançado em 1943, fez um sucesso enorme e se tornou um dos livros de cabeceira mais populares das tropas. A obra, carregada de conotações sexuais, foi escrita e ilustrada por ninguém menos que Dr. Seuss. Seu mosquito lascivo foi personificado

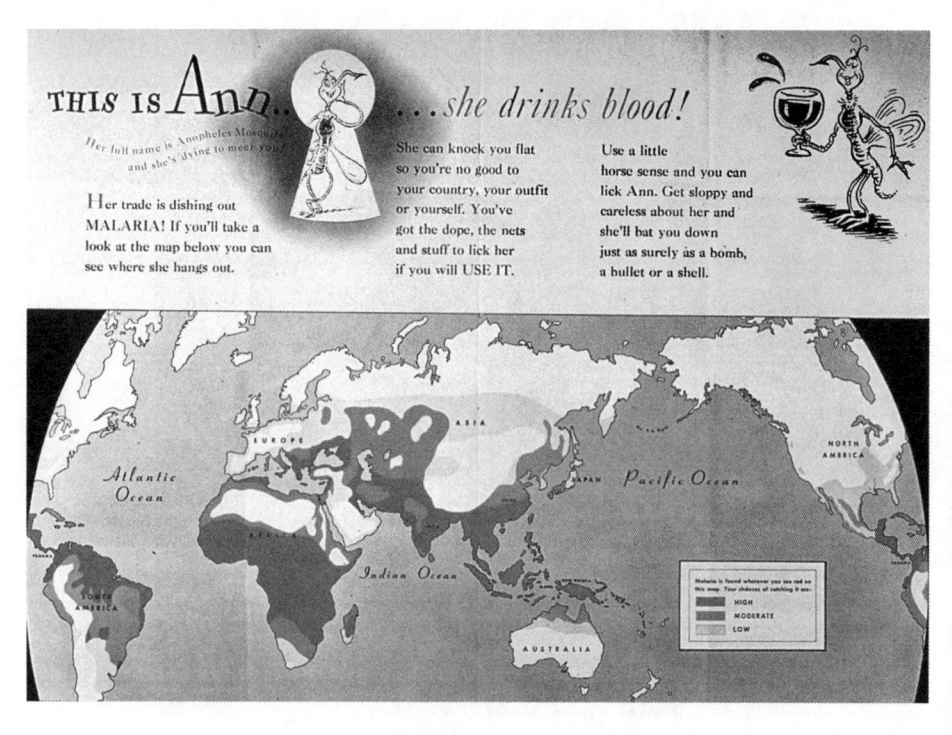

"Esta é a Ann [...] ela bebe sangue! Seu nome completo é Anófeles, e ela está morrendo de vontade de conhecê-lo!": Este panfleto de 1943 era um dos muitos cartazes e folhetos sobre a malária e os mosquitos criados pelo capitão Theodor Seuss Geisel, nosso adorado Dr. Seuss, para o departamento de animação da Divisão de Serviço Especial, chamando atenção para os perigos dos mosquitos e promovendo medidas de proteção e defesa. O mapa mostra a distribuição geográfica da malária. Ann, um mosquito lascivo extremamente sensualizado, aparece com frequência nas animações e nas ilustrações impressas dele durante a guerra (*U.S. National Library of Medicine*).

por uma súcubo sedutora tangível, mas provocante, uma prostituta local que fisga e devora soldados ávidos e desprotegidos. "Ann é bem rodada. O nome completo dela é Anófeles e seu ofício é provocar Malária. [...] Ela trabalha muito, e Ann... entende do riscado. [...] Ann vai para a rua à noite, entre o pôr do sol e o amanhecer (*uma garota bem festeira*), e ela tem sede. Ann não quer saber de uísque, gim, cerveja ou rum com Coca [...] ela bebe Sangue. [...] Logo, logo, Ann vai querer só mais um gole, e lá vai ela atrás de um mané que não tem juízo e não se protege."

Durante a guerra, Dr. Seuss criou para o departamento de animação do Exército diversos cartazes, panfletos e filmes de treinamento sobre os perigos de "Ann".[9] Embora não chegasse aos pés de beldades como Rita, Betty ou Jane, a atriz, mosquito e modelo *pinup* Ann aparece com frequência nas obras de Seuss na época da guerra, incluindo *Private Snafu* (acrônimo informal da caserna para "*Situation Normal: All Fucked Up*" [Situação normal: toda fodida]), como protagonista de três episódios das animações sensualizadas sobre mosquitos, criados com fins humorísticos e educativos para os militares. A famosa série de animação, produzida pela Warner Bros., era cheia de músicas do tipo *Looney Tunes*, além da voz conhecida de Mel Blanc, o dublador de Pernalonga, Patolino e Gaguinho em inglês.

A Divisão de Serviços Especiais produziu centenas de desenhos, panfletos e cartazes com informações e alertas para os perigos dos mosquitos e da malária durante a guerra. Para chamar a atenção de soldados solitários, muitos, como esses de Dr. Seuss, eram bastante sugestivos. Uma bela mulher seminua e de seios fartos estampava um outdoor em Papua-Nova Guiné com uma legenda de quatro palavras: LEMBREM-SE DISTO, TOMEM ATABRINA! Anúncios parecidos, com mulheres nuas e mensagens semelhantes, alertavam soldados em todo o Pacífico, pela Itália e pelo Oriente Médio. Outros pintavam os mosquitos como ja-

---

[9] Dr. Seuss também ilustrou os personagens e a arte no seu estilo particular para os materiais publicitários do inseticida Flit, à base de DDT, com o famoso bordão "Rápido, Henry! O Flit". Ele também desenhou cartazes para a Esso e a Standard Oil.

poneses de dentes salientes tentando enxergar com óculos redondos. O general MacArthur elogiou os esforços combinados da propaganda antimalárica e dos caçadores de mosquitos de Russell armados com DDT para eliminar doenças e reduzir o efeito debilitante que elas causavam no contingente operacional. MacArthur "não estava nem um pouco preocupado quanto a derrotar os japoneses", lembrou Russell, "mas estava bastante atento à dificuldade até então de se derrotar o mosquito *Anopheles*".

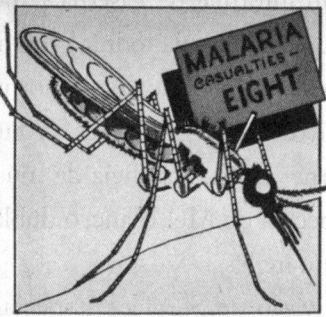

"Sua organização está preparada para combater esses dois inimigos?": Um cartaz norte-americano extremamente racista sobre a malária no teatro do Pacífico, durante a Segunda Guerra Mundial, ressalta a letalidade do mosquito e a influência que ele exercia na eficiência e na força de combate. Foram registrados cerca de 725 mil casos de doenças transmitidas por mosquitos entre as tropas estadunidenses na guerra *(U.S. National Archives)*.

Assim como o colega norte-americano Douglas MacArthur, o marechal sir William Slim, no comando das forças britânicas que combatiam os japoneses na Birmânia (Mianmar), também se lastimava: "Para cada homem evacuado com ferimentos, tínhamos 120 doentes." O que Slim não sabia era que suas forças, na verdade, detinham a vantagem da malária durante a brutal campanha na Birmânia, que foi caracterizada por tormentas sazonais fustigantes, em terreno selvático impiedoso, com doenças irrefreadas e debilitantes. O índice de casos de infecção entre os japoneses na Birmânia alcançava espantosos 90%, em comparação com *apenas* 80% entre os ingleses. A China, devassada pela guerra (e pelos ocupantes japoneses), continuava sofrendo, com uma média de cerca de trinta milhões de casos de malária por ano durante a guerra.

Nas campanhas do norte da África e da Itália, o mosquito mudava de lado ao sabor do vento. Pelas areias ancestrais do deserto, desde Marrocos até o Egito, passando pela Tunísia e pela Líbia, o índice de casos de malária entre alemães e italianos era duas vezes maior que entre os Aliados, até os números se equilibrarem na Sicília. Como os alemães ocuparam posições defensivas em terreno mais elevado, a malária (e o tifo, transmitido por piolhos) atingiu os Aliados com mais força durante a campanha italiana no continente europeu, especificamente nos arredores de Salerno/Nápoles, Anzio e dos rios Arno e Pó, ao norte. Contudo, de modo geral, à medida que equipes armadas com borrifadores de DDT contra o mosquito seguiam o penoso avanço dos Aliados, a incidência de malária e tifo caiu continuamente entre combatentes e civis na península Itálica. "Pontos cruciais na execução eficaz do programa de controle do tifo", declarou o coronel Charles Wheeler, foram "o uso de um pó piolhicida [*sic*] como o DDT". Essa mesma "pulverização" de DDT também se aplicava à malária, transmitida pelos mosquitos.

Para todas as nações engalfinhadas no teatro do Pacífico e na Itália, a malária se revelou a "Grande Debilitadora". Resumindo: em uma escala estratégica, as doenças transmitidas pelo mosquito eram um inimigo oportunista e atingiam todos os beligerantes de forma relativamente igualitária, sem desequilibrar o combate a favor dos Aliados, tanto na Europa quanto no Pacífico. O saldo de 25 milhões de mortos da União Soviética ajudou a ganhar a guerra. O calcanhar de aquiles das potências do Eixo — escassez severa de petróleo e aço, entre outros produtos em falta — ajudou os Aliados a ganhar a guerra. A incomparável e inconteste capacidade de produção militar-industrial dos Estados Unidos, incluindo petróleo e DDT, e tecnologias futuristas, como armas nucleares, ajudou os Aliados a ganhar a guerra.

"Um dia na vida": Cercados pelas areias ancestrais do deserto, dois soldados britânicos escrevem cartas para casa através da lente e da proteção das telas para mosquitos, Egito, 1941 (*Library of Congress*).

Enquanto as unidades de combate de Russell usavam o DDT e Dr. Seuss ilustrava propagandas provocativas contra o mosquito "Ann", os nazistas preparavam o inseto como assassino de aluguel para uma operação sinistra de sabotagem clandestina. No ano de 1944, em Anzio, eles lançaram mão do mosquito para táticas de guerra biológica contra a invasão dos Aliados e o povo italiano, que havia acabado de renegar os parceiros nazistas. Foi em setembro de 1943 que a Itália substituiu o Eixo pelos Aliados. Hitler ficou furioso. Essa traição só solidificou seus delírios de antes da guerra quanto à má qualidade do *pedigree* racial dos italianos. Na opinião dele, os traidores italianos precisavam ser castigados. A defesa da Itália e a repressão da população insurgente foram relegadas à Wehrmacht, com uma política de ocupação de "guerra contra civis".

Após as perdas na Sicília em 1943, os alemães conseguiram defender a Linha Gustav ao sul dos pântanos pontinos, o que suscitou um desembarque dos Aliados em Anzio, a fim de tentar flanquear as posições alemãs. Contudo, a essa altura os mosquitos e a malária já haviam sido restabelecidos metodicamente aos pântanos e, depois, à Itália. Em outubro de 1943, o marechal Albert Kesselring, ou talvez o próprio Hitler, deu ordem para que os mosquitos e as doenças fossem deliberadamente regenerados nos pântanos pontinos — um exemplo clássico de guerra biológica. Kesselring determinara que suas unidades agissem "com todos os meios à nossa disposição e com máxima agressividade. Darei apoio a qualquer oficial que, por escolha e meios agressivos, exceda nossos limites habituais". Hitler concordava assinalando que "a batalha há de ser travada com ódio sagrado".

Para começo de conversa, os alemães fizeram para si um estoque com todas as reservas de quinino e telas antimosquito que confiscaram de civis, além de danificar as janelas e as telas instaladas em residências particulares. Além disso, os veteranos italianos que chegavam da frente nos Bálcãs trouxeram casos de *falciparum*, que era resistente ao quinino. Os alemães então inverteram o fluxo das bombas de drenagem e abriram as barragens, voltando a encher 90% dos pântanos com água salobra em meio a minas terrestres e obstáculos defensivos. Para completar, derrubaram os pinheiros que haviam sido plantados com tanto cuidado durante o projeto de recuperação. Malariologistas alemães informaram a cúpula nazista de que a volta da água salgada estimularia a proliferação do *Anopheles labranchiae*, uma espécie letal de mosquito que prospera em ambientes salobros (o mosquito perfeito, já que ele transmite a *falciparum*).

A enchente não foi só um ato de guerra biológica contra o avanço dos Aliados, mas também uma vingança contra a população civil vira-casaca da Itália, que sofreria os efeitos por muito tempo após o fim da guerra. "Visando a essa ambição dupla", observa Frank Snowden, historiador da Universidade Yale, em seu minucioso estudo sobre a malária na Itália, "os alemães executaram o único exemplo conhecido de guerra biológica na Europa no século XX. [...] A emergência médica provocada pelo plano alemão se estendeu por três temporadas de epidemia e infligiu uma intensa carga de sofrimento." Foi no canal Mussolini, em Anzio, em 1944, que o sargento Walter "Rex" Raney, avô da minha esposa, um típico soldado raso, recebeu sua aclimação à malária. Ele só descobriu 73 anos depois, quando eu falei na primavera de 2017, que ele havia sido vítima de um premeditado ato de guerra biológica realizado pelos nazistas.

Nascido em uma pequena comunidade rural no oeste do Colorado, Rex se alistou na 45ª Divisão de Infantaria "Thunderbird" do Exército dos Estados Unidos. Na primavera de 1943, ele lutou no Norte da África e, em julho do mesmo ano, participou da invasão à Sicília. Durante as cinco semanas de combate na ilha, houve 22 mil casos de malária entre as tropas estadunidenses, canadenses e britânicas, e uma quantidade comparável entre os defensores italianos e alemães. Em setembro, Rex desembarcou na península Itálica em Salerno e enfrentou batalhas até alcançar os portões de Montecassino e a Linha Gustav da Alemanha, em janeiro de 1944. Nesse mesmo mês, participou também das operações anfíbias em Anzio, atrás da Linha Gustav.

Entre janeiro e junho, Rex e a 45ª Divisão ficaram presos ao longo do canal Mussolini. "A gente se entrincheirou naquele canal inundado e ficou sem se mexer por um tempão, até nos mobilizarem em junho para preparar a invasão ao sul da França, em agosto de 1944", contou Rex. Ele então traduziu o nome de alguns lugares pelos quais passou em Anzio, que sugerem uma longa batalha contra mosquitos letais: Campo de Morte, Mulher Morta, Cavalo Morto, Campo de Carne e Caronte, em homenagem ao barqueiro do além que transporta almas pelo rio Estige. "Aqueles mosquitos de sangue frio estavam por toda parte em Anzio. Acho que aqueles bichos de lá eram piores ainda do que na época do treinamento e das manobras que tivemos em Pitkin, na Louisiana. Aqueles mosquitos desgraçados eram mais persistentes que o fogo alemão", relatou Rex para mim, sentado em sua poltrona reclinável e bebericando o uísque habitual pós-jantar. "Quando aquele pessoal chegou para borrifar os mosquitos e encharcar de DDT tudo que eles viam pela frente, inclusive nós, acho que, pelo que você falou daqueles mosquitos alemães no pântano, já era tarde demais para mim." Rex relembrou uma placa escrita e instalada com o clássico humor de caserna no canal Mussolini: "Ela dizia algo na linha de 'Companhia de Febre dos Pântanos Pontinos: Vende-se Malária'." Ele se virou para mim com um sorrisinho maroto e, com o sarcasmo de sempre, disse: "Devo ter comprado umas rodadas dessa malária para mim." Durante os quatro meses de operações em Anzio, 45 mil soldados norte-americanos, incluindo o sargento Rex Raney, receberam tratamento para malária e outras enfermidades, apesar do uso de mais de 1.800 litros de DDT. Mark Harrison destaca, em seu intrincado estudo *Medi-*

"Jane está bem — Não está em Anzio": Um soldado britânico admira uma placa de advertência sobre a malária no *front* de Anzio, na Itália, maio de 1944. Para chamar a atenção de soldados solitários, muitas placas como essa eram bastante sugestivas. Anúncios parecidos, com mulheres nuas e mensagens semelhantes, alertavam soldados em todo o Pacífico, pela Itália e pelo Oriente Médio (*Imperial War Museum*).

cine and Victory, que, como seria de esperar, essa guerra biológica foi "uma decisão que saiu como um tiro pela culatra para os alemães, que como consequência também acabaram sofrendo muitos casos de malária".

Depois da aclimação à malária em Anzio, Rex, já promovido a subtenente, persistiu apesar da doença e, em agosto de 1944, participou das operações dos Aliados no sul da França, antes de penar na Batalha do Bolsão, no rigoroso inverno de 1944-1945. A 45ª Divisão dele então abriu caminho pela Linha Siegfried em meados de março de 1945, atravessou o rio Reno e entrou na Alemanha. Em 28 de abril, Rex recebeu "ordens intrigantes e estranhas para as forças de combate". O informe dizia: "Amanhã nossa zona de ação será o notório campo de concentração de Dachau. Concluída a captura, nada deve ser alterado. Comissões internacionais chegarão para investigar as condições após o fim dos combates. Quando algum batalhão capturar Dachau, deve ser estabelecida guarda rigorosa, e ninguém terá permissão para entrar ou sair." Em 29 de abril, na véspera do suicídio de Hitler, Rex e seus companheiros liberaram o campo de concentração de Dachau, na periferia de Munique, e deram de cara com os horrores infligidos pelo já decadente Terceiro Reich do Führer. Quando pedi a Rex que desse mais detalhes, ele baixou os olhos lacrimejantes, solene, e sua mão trêmula apoiou o uísque na mesa. "Foi um dia feio", murmurou ele, abalado. "Um que eu gostaria de esquecer." Não insisti mais.

Dachau abrigava o programa de medicina tropical dos nazistas, no qual prisioneiros judeus eram usados como cobaias humanas em estudos sobre a malária. Segundo os históricos de unidade do 157º Regimento, ao qual Rex pertencia, "havia 'pacientes' submetidos a experimentos desumanos inomináveis. Outros eram infectados com doenças para testar a eficácia de tratamentos diversos. [...] Um professor, Schilling, provocou a contaminação de prisioneiros com várias doenças, como a malária". Em Dachau, Rex contraiu sua segunda dose de malária de guerra devido a um mosquito dos experimentos nazistas. "Essa segunda rodada de malária foi muito pior. Por mais que eu quisesse ter continuado com a minha unidade, o médico falou que eu tinha de ir para

"Achei que já era para mim": O sargento Rex Raney em Anzio, na Itália, em maio de 1944, pouco antes de contrair malária, utilizada deliberadamente como arma biológica pelos nazistas nos pântanos pontinos para refrear o avanço dos Aliados. Durante a liberação do campo de concentração de Dachau, em abril de 1945, Rex foi infectado pela segunda vez, devido aos mosquitos experimentais que faziam parte do programa de medicina tropical dos nazistas (*Família Raney*).

casa", relatou Rex, com pesar. "Os alemães não conseguiram me pegar, mas essa malária me derrubou para valer. Achei que já era para mim." A guerra dele, após 511 dias de combates, tinha terminado. Rex passou onze dias no hospital, alternando-se entre estados de consciência e de delírio por causa da malária, até receber dispensa médica. O subtenente Rex Raney faleceu na cama em sua casa no oeste do Colorado, em 2018, pouco antes de completar 97 anos, e foi enterrado com honras militares.

Enquanto o médico nazista Claus Schilling, residente-chefe do programa de medicina tropical dos nazistas em Dachau, realizava pesquisas tenebrosas sobre a malária com cobaias involuntárias, os médicos estadunidenses do Projeto Malária realizavam seus próprios experimentos clínicos.[10] A malária era uma questão tão preocupante para os estrategistas e planejadores militares estadunidenses que códigos de ética e protocolos científicos normais foram suspensos durante o período de guerra total. A partir de fins de 1943, a Divisão de Medicina Tropical dos Estados Unidos autorizou o uso de norte-americanos presos ou acometidos de sífilis como cobaias humanas voluntárias (em troca de redução da pena ou de cura para a sífilis), no âmbito do Projeto Malária. Os experimentos estadunidenses eram semelhantes aos que os nazistas realizaram nos prisioneiros judeus em Dachau, "onde Claus Schilling ia trabalhar todo dia", informa Karen Masterson em seu incrivelmente detalhado *The Malaria Project*. "Ele chegou no começo de 1942 com uma missão não muito diferente da que os Estados Unidos tinham para o Projeto Malária: encontrar uma cura para a doença." A *única* diferença era que Schilling impunha à força seus testes e experimentos sadistas em cobaias involuntárias, e, ao ser capturado, ele foi julgado por crimes de guerra em um tribunal dos Estados Unidos.[11]

O argumento pueril da defesa de Schilling para suas transgressões incomensuravelmente malignas e cruéis — de que ele teria recebido ordens do Reichsführer-SS Heinrich Himmler para realizar pesquisas experimentais sobre a malária — não colou. Seus advogados então

---

[10] Nos primeiros anos após a "trinca de descobertas" de 1897 por Ross, Grassi e Koch, o mundo científico internacional da malariologia era pequeno. Schilling, por exemplo, foi o primeiro diretor da Divisão de Medicina Tropical, entre 1905 e 1936, no Instituto Robert Koch, fundado por esse teórico dos germes em 1891 como uma instituição de pesquisa voltada para o estudo e a prevenção de doenças. Após se aposentar, em 1936, Schilling aceitou um convite de Mussolini para realizar experimentos com malária em residentes de manicômios psiquiátricos e hospitais italianos.

[11] Das cerca de mil cobaias que Schilling usou, mais de quatrocentas morreram de doenças transmitidas por mosquitos ou de doses letais de antimaláricos sintéticos usados nos experimentos.

pediram que o tribunal explicasse a diferença entre a obra de Schilling e os estudos conduzidos pelos cientistas norte-americanos, durante a guerra, com detentos da Penitenciária Federal de Atlanta e do notório Centro Correcional Stateville, perto de Chicago, ou em vários hospitais psiquiátricos. A defesa de Schilling também fez alusão a experimentos em voluntários com malária na Austrália, incluindo soldados feridos e refugiados judeus. Esse raciocínio deturpado também não colou. Schilling foi executado na forca por crimes contra a humanidade, em 1946, e as experiências com a malária em detentos pelos Estados Unidos continuaram até a década de 1960. No entanto, esse esforço multinacional de pesquisa também serviu a um propósito mais sinistro — o uso como armas biológicas.

Em 1941, a Conferência Americano-Britânico-Canadense (ABC-1) estabeleceu a coordenação conjunta de recursos e estratégias de guerra com vistas a "cooperar para uma defesa ampla". Em 1943, pesquisadores de armas biológicas associados à ABC já estavam atuando em harmonia em Fort Detrick, Maryland, que abrigava os Laboratórios de Guerra Biológica do Exército dos Estados Unidos. A equipe internacional conduziu projetos diversos (alguns com cobaias humanas, por exemplo, pessoas adventistas, que se opunham à guerra por princípio) com uma grande quantidade de toxinas, como peste bubônica, varíola, antraz, botulismo e febre amarela, ou seja, os suspeitos de sempre, e duas novatas: a encefalite equina venezuelana e a encefalite japonesa, ambas transmitidas por mosquitos. "Foram feitos esforços inovadores para adaptar diversos vírus para uso militar", diz Donald Avery em *Pathogens for War*, seu exame das armas biológicas na aliança ABC, "e a febre amarela era considerada a mais promissora." Pesquisadores investigavam ideias sobre sistemas de transmissão de febre amarela, as quais incluíam duas possibilidades: uma era infectar milhões de mosquitos *Aedes* com a febre amarela e então lançar tropas de mosquitos no Japão, outra era infectar prisioneiros de guerra alemães com alguma doença, talvez a febre amarela, e jogá-los de paraquedas de volta no Reich, para provocar epidemias.

A equipe da ABC não estava sozinha nesse mundo sinistro das pesquisas em armas biológicas. O centro de pesquisa voltado para a guerra biológica do Japão, que estava instalado na China e era chamado de Unidade 731, usou milhares de prisioneiros de guerra chineses, coreanos e Aliados como cobaias. A Unidade 731 realizava experimentos com vários agentes, incluindo febre amarela, peste bubônica, cólera, varíola, botulismo, antraz e diversas doenças venéreas, entre outras. As experiências com cobaias humanas e testes aéreos frequentes em cidades, principalmente com peste bubônica e moscas da cólera, mataram mais de 580 mil civis chineses. Em 2002, o Japão finalmente admitiu essa contaminação biológica intencional. O objetivo dos testes era realizar um ataque biológico na Califórnia, usando bombas de peste transportadas por voos sem volta, ou por balões com temporizador levados ao alvo pelas correntes de ar. O Japão se rendeu para evitar a aniquilação nuclear antes que a ameaça biológica da "Operação Flores de Cerejeira à Noite" pudesse ser executada.

O *Blitzableiter* [para-raios], o programa de armas biológicas da Alemanha nazista, que funcionava sobretudo nos campos de concentração e extermínio de Mauthausen, Sachsenhausen, Auschwitz-Birkenau, Buchenwald e Dachau, realizava experimentos humanos com prisioneiros judeus e soviéticos. Pesquisadores alemães, que compartilharam informações e resultados com seus parceiros japoneses da Unidade 731, formularam ideias semelhantes às da aliança ABC para a transmissão de febre amarela. Sem contar, mas sem minimizar, os testes biológicos dos japoneses em povoados chineses, a única ocasião que se sabe de armas biológicas sendo usadas deliberadamente durante a guerra foi na proliferação de mosquitos da malária pelos nazistas, em 1944, nos pântanos pontinos. Em 1948, os danos estavam controlados graças ao DDT e à infraestrutura que Mussolini havia instalado antes da guerra em seu projeto de recuperação. Anzio e os pântanos pontinos, ou a Itália como um todo, são um excelente exemplo estatístico de como o DDT eliminava os mosquitos de forma mágica.

A Batalha de Anzio transformou a região em um atoleiro. Quase tudo que Mussolini havia realizado foi sabotado. As cidades foram arruinadas; as estepes, despovoadas; os mosquitos se refestelavam nos charcos; e a malária abriu um buraco na população italiana. O número de mortes por malária nos pântanos cresceu exponencialmente de 33 mil, em 1939, para 55 mil em 1944. No fim da guerra, a quantidade de casos de malária pelo país já era quatro vezes maior, chegando a meio milhão em 1945. Contudo, mais uma vez o destino dos pântanos se reverteu. Com a chuva de DDT na Itália, em poucos anos o desvio de cursos d'água e a infraestrutura de erradicação nos pântanos se restabeleceram. O inseticida foi tão eficaz que havia relatos de que italianos, alegres, "agora jogam DDT nos noivos, em vez de arroz". A malária italiana terminou de ser dominada em 1948, com a ajuda do DDT e da cloroquina, uma nova droga antimalárica que substituiu o já ineficaz quinino, ao qual a malária adquirira resistência.

A Segunda Guerra Mundial, com seus terrores tecnológicos e avanços científicos, deu origem a um admirável, se não assustador, mundo novo. "O DDT foi só um entre um sem-número de tecnologias do pós-guerra que caracterizaram o mundo moderno", defende David Kinkela em seu livro *DDT and the American Century: Global Health, Environmental Politics, and the Pesticide That Changed the World* [DDT e o Século Americano: Saúde global, políticas ambientais e o pesticida que transformou o mundo], que delineia a evolução do inseticida. Nesse mundo moderno, pela primeira vez, a humanidade se libertava das doenças transmitidas por mosquitos. Essas inovações, incluindo a energia atômica e o DDT, poderiam ser usadas em benefício da humanidade, fornecendo eletricidade para o planeta e condenando o mosquito às cinzas da história.

Em 1945, o DDT já era comercializado para agricultores nos Estados Unidos e, combinado à eficácia de baixo custo da cloroquina, era usado tanto por organizações humanitárias internacionais quanto por países individuais para erradicar doenças transmitidas pelo mosquito. A Escola de Malariologia do Exército e o Gabinete de Controle da

Malária em Regiões em Guerra, criados nos Estados Unidos durante a guerra, foram expandidos e renomeados em 1946, quando passaram a ser chamados de Communicable Disease Center (hoje conhecido como Centers for Disease Control and Prevention, ou CDC [Centro de Controle e Prevenção de Doenças]) e deram continuidade aos ataques contra o mosquito. Situada no coração da zona meridional de infecção de malária endêmica, Atlanta estava em posição estratégica para sediar essa nova divisão do sistema de saúde pública dos Estados Unidos. No início, com um orçamento anual de cerca de 1 milhão de dólares, 60% dos 370 funcionários originais do CDC (dispostos sistematicamente em um fluxograma em forma de mosquito) foram dedicados à erradicação de mosquitos e da malária. Em 1949, a agência lançou programas criados para combater a guerra biológica, que em 1951 constituíram oficialmente o Epidemic Intelligence Service [Serviço de Inteligência em Epidemias] do CDC. Naqueles primeiros anos após a fundação do CDC, equipes de controle de mosquitos, determinadas a assassinar o veículo mortífero da malária, borrifaram DDT em 6,5 milhões de residências nos Estados Unidos.

Em 1948, dois anos após o estabelecimento do CDC, a Organização das Nações Unidas, nova em folha e cheia de otimismo, fundou a Organização Mundial da Saúde (OMS). A manutenção do sucesso na erradicação de mosquitos durante a guerra era prioridade máxima. Em 1955, com apoio financeiro dos Estados Unidos, a OMS lançou seu Programa Global de Erradicação da Malária. Travada com DDT e cloroquina, a guerra contra os mosquitos seria a próxima guerra mundial. Implementado com sucesso em grandes áreas do mundo em desenvolvimento, essa iniciativa não demorou a reduzir em pelo menos 90% a incidência de malária em diversos países da América Latina e da Ásia. Até mesmo na África, parecia que o fim desse flagelo ancestral despontava no horizonte. Em 1970, parecia que finalmente havíamos virado o jogo na batalha contra nosso temido inimigo alado e estávamos obtendo uma vitória global.

Entre 1947 e 1970, o ano em que as vendas chegaram a um auge de mais de 2 bilhões de dólares, a produção de DDT, concentrada sobretudo nos Estados Unidos, aumentou em mais de 900%. Em 1963, por exemplo, quinze empresas norte-americanas, incluindo Dow, DuPont, Merck, Monsanto (hoje uma divisão da Bayer), Ciba (hoje Novartis), Pennwalt/Pennsalt, Montrose e Velsicol, disponibilizaram 82 mil toneladas de DDT, no valor de 1,04 bilhão de dólares. Nosso planeta foi embebido em cerca de 1,8 milhão de toneladas de DDT, sendo que só os Estados Unidos foram revestidos com seiscentas mil toneladas.

Em 1945, a destruição provocada por insetos em plantações nos Estados Unidos causou um prejuízo de 360 milhões de dólares (o equivalente a 4 bilhões em valores atuais). Entre 1945 e 1980, a indústria agrícola global aplicou quarenta mil toneladas de DDT por ano em plantações de alimentos, levando a um aumento das safras e a colheitas abundantes livres da predação de insetos irritantes. Na Índia, o uso generalizado de DDT não só afogou os mosquitos e eliminou a malária endêmica, como também, nos anos 1950, resultou em um aumento anual médio de 1 bilhão de dólares da produtividade agrícola e industrial. Por todo o planeta, as colheitas aumentaram e os custos de alimentos básicos, como o trigo, o arroz, a batata, o repolho e o milho, para o consumidor caíram até 60% em algumas regiões da África, da Índia e da Ásia. O DDT foi um sucesso universal, exaltado como composto salvador. Esse composto foi a *kriptonita* do mosquito e proporcionou um futuro para milhões de pessoas no mundo todo.

Nos lugares onde o DDT era usado em grande quantidade, a incidência de malária despencava. Na América do Sul, por exemplo, o número de casos caiu 35% entre 1942 e 1946. Em 1948, não houve uma morte sequer relacionada à malária na Itália. Os Estados Unidos foram declarados livres da doença em 1951. Nesse mesmo ano, a quantidade de casos na Índia era de 75 milhões, mas na década seguinte já havia caído para apenas cinquenta mil. No Sri Lanka, onde se registravam em média cerca de três milhões de casos de malária por ano, as pulverizações de DDT foram iniciadas em 1946. Em 1964, irrisórios 29 indivíduos no país contraíram malária. Em 1975, a Europa conseguiu

"DDT é bom para mim!": Um anúncio publicitário de 1947 para produtos de DDT da Pennsalt na revista *Time*. Em 1945, o DDT já era comercializado para agricultores nos Estados Unidos e, combinado à eficácia de baixo custo da cloroquina, era usado tanto por organizações humanitárias internacionais quanto por países individuais para erradicar doenças transmitidas pelo mosquito. Nos primeiros anos após a guerra, parecia que o DDT era a arma que nos levaria à vitória contra nosso predador mais letal (*Science History Institute*).

expulsar a doença. No restante do mundo, entre 1930 e 1970, as doenças transmitidas por mosquitos foram reduzidas em impressionantes 90% (em uma população que praticamente dobrou de tamanho).

Não bastasse a derrota de regimes totalitários, finalmente estávamos também infligindo uma derrota decisiva contra nosso inimigo mais letal: o mosquito. "Esta é a era do DDT na malariologia", declarou o dr. Paul Russell, o paladino antimosquito na guerra, em *Man's Mastery of Malaria* [O domínio humano da malária]. "Pela primeira vez", anunciou ele em 1955, era possível "eliminar completamente a malária." Aparentemente, o DDT matador de mosquitos, os medicamentos antimaláricos sintéticos e a vacinação contra a febre amarela eram implacáveis. Tínhamos virado o jogo na guerra, de modo que o mosquito e seu exército de doenças estavam batendo em retirada. Pela primeira vez na batalha épica e sangrenta contra nosso predador mais persistente, estávamos vencendo em todas as frentes. Mas a guerra estava longe de acabar. Para o mosquito e seu parasita da malária, na luta pela sobrevivência contra o DDT, a cloroquina e nossas outras armas de extermínio, não era inútil resistir.

CAPÍTULO 18

PRIMAVERAS SILENCIOSAS
E SUPERMICRÓBIOS:
a Renascença dos mosquitos

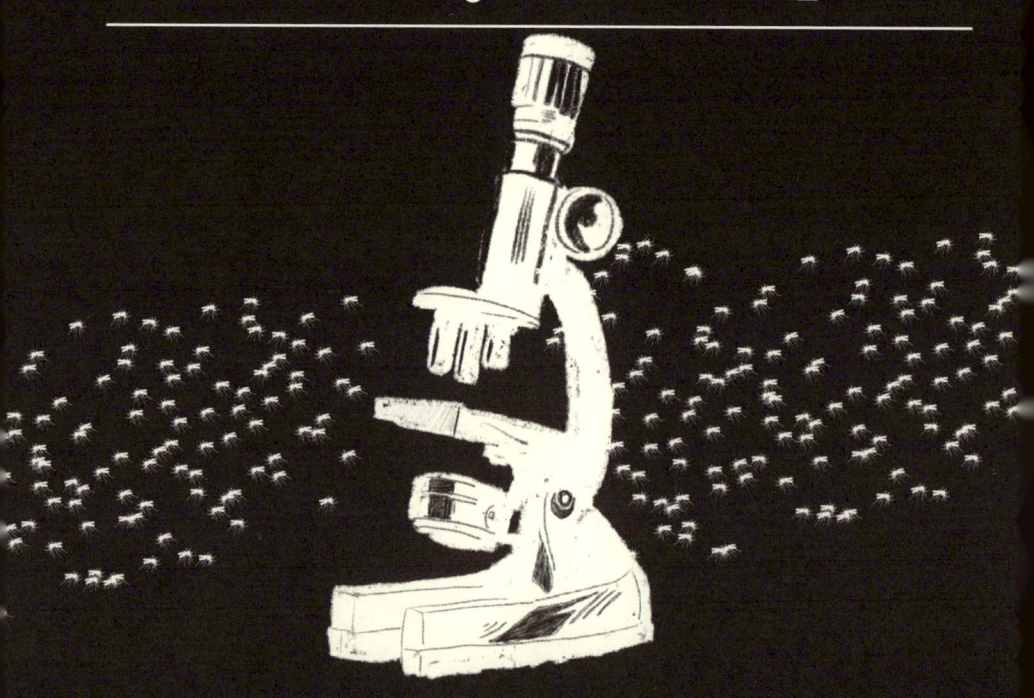

Em 2012, ambientalistas do mundo todo celebraram o aniversário de cinquenta anos de publicação de *Primavera silenciosa*, a obra seminal de Rachel Carson. O vilão na história de Carson, claro, era o "elixir da morte", ou DDT. "Poucos livros publicados nos Estados Unidos foram tão influentes quanto *Primavera silenciosa*", diz James McWilliams em *American Pests: The Losing War on Insects from Colonial Times to DDT* [Pestes americanas: A guerra perdida contra insetos da era colonial ao DDT]. "O ataque de Rachel Carson contra o DDT e outros compostos inseticidas produziu um impacto que já foi comparado a *Senso comum*, de Thomas Paine, e *A cabana do Pai Tomás*, de Harriet Beecher Stowe [...] e deu origem ao movimento ambientalista moderno." McWilliams afirma que o livro "*Primavera silenciosa*, da mesma forma como *Senso comum* e *A cabana do Pai Tomás*, tocou em uma emoção bastante arraigada na psiquê norte-americana, uma crença genuína e indelével". Após o lançamento de *Primavera silenciosa*, Judy Hansen, ex-presidente da American Mosquito Control Association [Associação Americana para o Controle de Mosquitos], lembra que "de repente estava na moda ser ambientalista". O livro permaneceu no topo da lista de mais vendidos do *The New York Times* por incríveis 31 semanas. Em 1964, apenas dezoito meses depois da publicação, Carson morreu tragicamente de câncer, com 56 primaveras e a consciência de que havia feito uma diferença heroica.

Durante a tumultuosa década de protestos dos anos 1960, a semente da revolução ambiental foi plantada, em 1962, pela perspectiva ecológica de Carson, fertilizada pelo uso do desfolhante Agente Laranja no Vietnã e irrigada pela canção "Big Yellow Taxi", sucesso de Joni Mitchell, de 1970. Enquanto pesquisas acadêmicas e estudos de campo confirmavam a filosofia fatalista de Carson, a cantora canadense implorava para que agricultores trocassem o DDT por pássaros e abelhas, assim como pelas maçãs sarapintadas e árvores que Paul Müller, o químico pioneiro por trás do DDT, tanto amava. Mitchell, que contava com a vantagem de poder ver os dois lados das antigas nuvens de DDT, tinha razão ao criticar os fazendeiros por cimentar o paraíso com o inseticida. Foi o uso amplo e indiscriminado do DDT na agricultura que criou a degradação ambiental e a insolência dos mosquitos, não o uso relativamente limitado e cirúrgico como exterminador de mosquitos.

Embora sejam bastante conhecidas e estabelecidas as ramificações tóxicas e nocivas que o uso indiscriminado do DDT na agricultura tem para o meio ambiente, nem todo comentarista recente concorda com a visão profetizada por Carson de douradas cidades paradisíacas que abandonaram os borrifadores de DDT e se encheram de selvas acolhedoras de rosas orgânicas. "A propósito", informou o American Institute of Medicine da National Academies em 2004, "quando usado em ambientes fechados e quantidades limitadas, a inserção do DDT na cadeia alimentar global é mínima." O bate-boca a respeito dos dados científicos e da metodologia de Carson, bem como do restabelecimento do DDT como agente contra doenças transmitidas por mosquitos, continua em curso, mas a realidade na maioria das regiões infestadas por mosquitos no planeta é que o DDT simplesmente não funciona mais. A animosidade rancorosa entre os ambientalistas e as pessoas que criticam Rachel por sua participação na queda do DDT, ao que se soma a retomada subsequente das doenças transmitidas pelo mosquito, gira sem parar em um círculo vicioso inútil. Rachel é inocente. Se a capacidade de colocar a culpa em algo ou alguém serve para fornecer algum sossego ou consolo, podemos apontar o dedo apaziguador para os instintos evolutivos de sobrevivência do mosquito. Durante sua resistência final nos limites da guerra de atrito entre a humanidade e os mosquitos, o inseto suportou o choque e o espanto iniciais de nosso massacre inseticida. Conforme ganhava tempo como aliado, o poderoso mosquito adquiriu força biológica e acabou conseguindo contra-atacar geneticamente e derrotar o DDT, resistindo e passando uma rasteira na ciência. Em meio às palavras de ordem das manifestações de contracultura e das revoluções sociais, na turbulenta década de 1960, o mosquito e a malária lançaram movimentos próprios de insurgência ao rejeitarem a ordem estabelecida do DDT e dos medicamentos antimaláricos.

Em 1972, dez anos após *Primavera silenciosa* viralizar e os Estados Unidos proibirem o uso agrícola do DDT no país, já não fazia mais diferença. A marcha fúnebre para o DDT como primeira defesa contra os mosquitos já havia sido tocada. O mosquito vencera tanto a eficácia quanto a utilidade do inimigo e não tinha mais medo. Diante do extermínio, o inseto e seu império de doenças revidaram, adaptaram-se e evoluíram durante as primaveras silenciosas dos anos 1960. Para os parasitas da malária, a cloroquina era um petisco saboreado entre as refeições constituídas por outras drogas antimaláricas, e os mosquitos se cobriram com uma espuma extravagante de imunidade durante seus banhos de DDT.

A verdade é que o DDT foi proibido nos Estados Unidos em 1972, mas a causa tem mais a ver com a constatação de sua ineficácia contra os mosquitos resistentes, que haviam sido identificados conclusivamente pela primeira vez em 1956 (ou talvez já em 1947), do que graças a algum movimento ambientalista com forte influência política ou qualquer coisa que Carson tenha escrito. Ela própria admitia em *Primavera silenciosa* que "a verdade, raramente dita, mas que está diante de todos, é que não é tão fácil moldar a natureza e que os insetos estão encontrando formas de escapar dos nossos ataques químicos". Dependendo da espécie de mosquito, a resistência ao DDT levou de dois a vinte anos. Em média, demorava sete anos para o mosquito se amotinar contra o DDT. Nos anos 1960, o mundo estava infestado de mosquitos imunes ao DDT e carregados de parasitas da malária que eram resistentes aos melhores medicamentos à nossa disposição.

A consequência imprevista do aclamado sucesso inicial do DDT foi que, durante seu reinado, as pesquisas sobre drogas antimaláricas e outros pesticidas esmoreceram. Afinal, "não se mexe em time que está ganhando". As pesquisas e o desenvolvimento de alternativas ficaram estagnados entre as décadas de 1950 e 1970. Após a disseminação da resistência do mosquito ao DDT, o mundo se viu desarmado na luta contra a reorganização e a ressurgência do nosso inimigo. "Entre 1950 e 1972, diversas agências norte-americanas gastaram cerca de 1,2 bilhão de dólares em atividades de controle da malária, e quase todas utilizavam o DDT", destaca Randall Packard em seu cuidadoso trabalho *The Making of a Tropical Disease*. "A declaração da Assembleia Mundial da Saúde, que encerrou o Programa de Erradicação da Malária em 1969, resultou em uma redução do interesse por atividades de controle dessa doença." Em decorrência desse fato, afirma Packard, esse "interesse reduzido pelo controle da malária, junto com o entendimento geral da dificuldade de se demonstrar os benefícios econômicos desse controle, levou a uma redução paralela dos estudos dedicados a esse problema no fim dos anos 1970 e na década de 1980". Nesse período, os pássaros e as abelhas voltaram, na companhia de um massacre global de mosquitos pomposos e uma onda devastadora de doenças transmitidas por eles. A imunidade do inseto ao DDT se desenvolveu de forma relativamente rápida, seguindo o provérbio da vontade de potência nietzschiana, de 1888: "Da escola de guerra da vida: o que não me mata me torna mais forte." Envolto pelo invencível manto da imunidade, o mosquito ressuscitou da hibernação com mais força e mais fome do que nunca.

Em 1968, por exemplo, o Sri Lanka interrompeu a pulverização de DDT, mas essa decisão se revelou prematura. A malária logo se alastrou pela ilha, infectando cem mil pessoas. No ano seguinte, o número de casos havia subido para meio milhão. Em 1969, o ano em que a OMS encerrou seu Programa de Erradicação da Malária, que durou catorze anos e custou 1,6 bilhão de dólares (o equivalente a cerca de 11 bilhões em 2018), a Índia registrou 1,5 milhão de casos de malária. Em 1975, foram confirmados mais de 6,5 milhões de casos no país. Nas Américas do Sul e Central, no Oriente Médio e na Ásia Central, as doenças transmitidas por mosquitos chegaram a índices pré-DDT já no início da década de 1970. A África, como sempre, foi consumida por doenças transmitidas pelo mosquito, e até a Europa sofreu um surto de malária em 1995, com noventa mil casos. Hoje em dia, o número de pacientes com malária em clínicas e hospitais da Europa é oito vezes maior do que nos anos 1970, e a quantidade de casos na Ásia Central e no Oriente Médio se multiplicou por dez.

Enquanto os mosquitos resistentes se reproduziam e se disseminavam, o DDT, com suas propriedades tóxicas e carcinogênicas, estava sob ataque, fustigado por uma tempestade de atenção da mídia, da academia e de instituições governamentais. Ao contornar biologicamente nossa melhor arma de extermínio, as populações de mosquitos, bem como suas doenças, deram a volta por cima e retomaram o plano de dominação mundial. Não que o inseto tivesse se aposentado oficialmente no jogo de evolução da natureza ou na eterna luta darwinista da sobrevivência do mais apto. "Em 1969, a OMS desistiu oficialmente da meta de erradicação na maioria dos países", explica Nancy Leys Stepan, professora de história na Universidade Columbia, com seu abrangente *Eradication*, "passando a recomendar que se retomasse o controle da malária — uma orientação que, em muitos casos, revelou-se uma receita para o colapso dos esforços de combate à doença. A malária voltou, geralmente em forma de epidemia." O dr. Paul Russell, paladino antimosquito do general MacArthur durante a guerra, disse que foi por causa de "variações resistentes de *Homo sapiens*" que o programa fracassou, acusando explicitamente burocratas corruptos, ambientalistas ignorantes e alarmistas, acompanhado por uma cruzada capitalista que desperdiçava dinheiro e recursos.

Embora os problemas do DDT fossem bem conhecidos e os Estados Unidos tenham proibido o uso em seu território em 1972, o país, que era o maior produtor mundial do pesticida, continuou exportando--o até janeiro de 1981. Cinco dias antes de deixar o governo, o presidente Jimmy Carter publicou um decreto em que barrava a exportação de substâncias de uso proibido nos Estados Unidos através da Environmental Protection Agency [Agência de Proteção Ambiental], que havia sido criada em 1970, na esteira da revolução ecológica de Rachel Carson. "Isso destaca para outros países", anunciou Carter, "que é possível confiar nos produtos identificados com a frase 'Fabricado nos EUA'." A partir do exemplo norte-americano, uma reação em cadeia de proibições derrubou o breve reinado do DDT. A China interrompeu a produção em 2007, deixando a Índia e a Coreia do Norte como os únicos fabricantes (cerca de três mil toneladas por ano) da relíquia esquecida que, no passado recente, fora promovida como uma cura milagrosa. O DDT, antes um galante salvador de vidas e incomparável assassino de mosquitos, chegava então ao seu fim. Infelizmente, também estavam acabados nossos medicamentos da linha de frente na guerra contra a malária.

Enquanto o mosquito reforçava sua blindagem contra o DDT, o plasmódio da malária evoluiu para resistir a cada nova geração de remédios. "Apesar do fato de conhecermos a malária desde a Antiguidade", resume Sonia Shah, "essa doença tem algo que ainda derruba nossos arsenais." O quinino, a cloroquina, a mefloquina e outras drogas se tornaram obsoletas, superadas pelo instinto primal de sobrevivência dos determinados e teimosos parasitas da malária. A resistência ao quinino foi descoberta decisivamente em 1910, mas é quase certo que tenha começado a ocorrer muito antes. Em 1957, doze anos após a introdução da cloroquina, médicos norte-americanos encontraram parasitas resistentes à droga no sangue de petroleiros, mochileiros, geólogos e prestadores de ajuda humanitária que voltaram da Colômbia, da Tailândia e do Camboja. Testes posteriores em populações locais confirmaram o pior medo dos malariologistas.

Em pouco mais de dez anos, o parasita resoluto se rearmou para confrontar e desafiar o antimalárico de elite que era a cloroquina. Nos anos 1960, "a cloroquina era consumida no mundo em volumes extraordinários", aponta Leo Slater, "e os parasitas estavam se adaptando." A essa altura, a droga já era inútil na maior parte do Sudeste Asiático e da América do Sul, enquanto mosquitos resistentes proliferavam nas regiões de consumo pesado da Índia e da África. Nos anos 1980, ela já não funcionava mais em lugar nenhum. Sem alternativas adequadas ou novos tratamentos, estoques baratos de cloroquina continuaram sendo administrados por organizações de ajuda humanitária na África até meados dos anos 2000, o que constituía quase 95% de todas as doses de medicações antimaláricas.

O parasita continuou despachando nossas principais drogas defensivas, uma atrás da outra, no mesmo ritmo em que conseguíamos produzi-las. A resistência à mefloquina foi confirmada apenas um ano após ela começar a ser comercializada, em 1975. Uma década depois, casos de malária resistente à mefloquina já estavam aparecendo no mundo todo. Com o destacamento de forças de coalizão em zonas de conflito recentes, como a Somália, Ruanda, o Haiti, o Sudão, a Libéria, o Afeganistão e o Iraque, os efeitos colaterais da mefloquina surgiram feito fantasmas da atabrina da Segunda Guerra Mundial. Em 2012, durante uma audiência no Senado dos Estados Unidos, pesquisadores listaram "pesadelos vívidos, ansiedade profunda, agressão, paranoia delirante, psicose dissociativa e severa perda de memória" entre os efeitos colaterais comuns, e às vezes permanentes, identificados como "síndrome de intoxicação grave". Esses sintomas, definitivamente, não ajudam um soldado em combate. Além do transtorno de estresse pós-traumático (TEPT) e do traumatismo craniano, os especialistas relataram que essa síndrome era "o terceiro tipo de ferimento característico das guerras modernas". Essa intoxicação por mefloquina vem recebendo cada vez mais atenção da mídia, conforme soldados e veteranos relatam seus sintomas e sofrimentos. Embora a quantidade seja relativamente reduzida, soldados estadunidenses, e os de outras nações da coalizão, contraíram malária e dengue em todas essas operações recentes.

As melhores opções de tratamento disponíveis hoje em dia, particularmente para a mortífera *falciparum*, são chamadas de terapias combinadas com artemisinina (TCA) — em essência, um coquetel de diversos medicamentos antimaláricos agrupados em torno de um núcleo de artemisinina (imagine uma bala com várias camadas de açúcar cristalizado em volta de um recheio de chiclete). Contudo, as TCAs são relativamente caras e custam cerca de vinte vezes mais que outros medicamentos antimaláricos menos eficazes, como a primaquina. As terapias combinadas com artemisinina bombardeiam o parasita com diversas drogas que atuam sobre as proteínas e as vias específicas do plasmódio da malária, o que na prática ataca em várias frentes simultâneas a capacidade de combate do parasita. É difícil para a malária manter seu impressionante ciclo generativo, incluindo seu estado furtivo de dormência no fígado, enquanto ela luta pela vida. A artemisinina é o componente mais bruto, pois reforça as outras drogas ao obstruir e atacar vários pontos e processos, não uma única proteína ou via.

O conhecimento sobre as propriedades médicas da artemisinina, derivada da artemísia, uma planta que se desenvolve naturalmente em toda a Ásia, existe, e foi também esquecido, há milênios na China. Você talvez se lembre de ter visto no Capítulo 2, guardada em um texto de medicina chinês de 2.200 anos com o título sem graça de *52 receitas*, uma descrição direta dos benefícios antitérmicos proporcionados pelo chá amargo feito da pequena e discreta *Artemisia annua*. Voltamos às origens com a artemisinina, que, curiosamente, é ao mesmo tempo um dos antimaláricos mais antigos e novos em nosso armário de remédios em constante evolução.

Suas propriedades antimaláricas só foram redescobertas em 1972, no Projeto 523, de Mao Tsé-tung — uma iniciativa secreta e altamente confidencial de pesquisa em malária conduzida pelo Exército da Libertação Popular a pedido do Vietnã do Norte, que estava envolvido em um lodaçal de guerra e doenças contra os Estados Unidos. A malária foi um fardo constante para todos os combatentes durante o longo conflito. Devido à inserção de soldados estrangeiros, e suas pílulas ineficazes de cloroquina, e à desmobilização e migração em massa de populações não aclimadas no Vietnã, no Laos, no Camboja e nas províncias do sul da China, a malária se alastrou nesse paraíso tropical conhecido como "Pérola do Extremo Oriente". "A selva do Vietnã logo se tornou a maior incubadora mundial da malária resistente", destaca Sonia Shah em sua análise sobre o Projeto 523.

Zhou Yiqing, um médico chinês que participou do Projeto 523, lembrou a

> ordem de realizar estudos de campo sobre doenças tropicais no Vietnã. A China estava dando apoio ao Vietnã do Norte e fornecia assistência médica. Eu e meus companheiros obedecemos à ordem e viajamos pelo golfo de Beibu (ou golfo de Tonkin) e pela Trilha Ho Chi Minh na mata — era o único jeito de manter o abastecimento do Vietnã do Norte, por causa da intensidade do bombardeio feito pelos Estados Unidos da América. Tivemos a companhia de uma chuva de bombas pelo caminho todo. Ali, observei uma disseminação imensa de malária que reduziu pela metade a força de combate, e às vezes chegava a 90%, quando os soldados adoeciam. Corria um ditado, 'Não temos medo de imperialistas americanos, mas temos medo de malária', apesar do fato de a doença causar um impacto enorme nos dois lados.

Durante o auge da temporada de mosquitos, conforme as tropas vietnamitas transitavam pela Trilha Ho Chi Minh e atravessavam as matas do Laos e do Camboja em direção ao sul, os casos registrados de malária chegaram a 90%, dado confirmado pelo relato em primeira mão de Zhou Yiqing. A situação dos norte-americanos era apenas relativamente melhor. Entre 1965 e 1973, foram cerca de 68 mil *internações* por malária no país, equivalentes a 1,2 milhão de dias de licença médica. Provavelmente o número real de casos, incluindo as pessoas que não procuraram tratamento, foi muito maior.[1] Como já vimos em mais de uma ocasião, os conflitos humanos foram catalisadores para a inovação e a inventividade em nossa guerra contra os mosquitos. Com a ressurreição da artemisinina como exterminadora de malária saída das páginas da Antiguidade, não foi diferente.

"Combate ao inimigo mosquito em Hoa Long, Vietnã do Sul, 1968": O cabo Les Nunn, da 1ª Unidade de Assuntos Civis da Austrália, usa um fumigador portátil para espalhar uma nuvem de inseticida em um vilarejo vietnamita, a fim de tentar reduzir a alta incidência de malária entre soldados australianos e civis vietnamitas. As equipes de fumigadores eram precedidas por veículos com alto-falantes que anunciavam uma mensagem de explicação para os residentes (*Australian War Memorial*).

Em 1967, Ho Chi Minh, líder e figura paterna do Vietnã do Norte, pediu ajuda a Zhou Enlai, um político chinês experiente que havia sobrevivido ao extenso expurgo da Revolução Cultural de Mao. Como a China já estava fortificando o aliado vietnamita com equipamentos militares e auxílio financeiro, o apelo não teve nada a ver com os sul--vietnamitas ou os norte-americanos. A assistência foi solicitada para

---

[1] Em comparação, durante a Guerra da Coreia, foram 35 mil casos de malária nas tropas norte-americanas, entre 1950 e 1953.

neutralizar e anular um inimigo muito mais letal e debilitante. A malária estava exaurindo a força de combate e prejudicando as campanhas do Exército norte-vietnamita de Ho Chi Minh e seus guerrilheiros comunistas vietcongues. Zhou Enlai recomendou que Mao iniciasse um programa para a malária "a fim de deixar as tropas aliadas [do Vietnã do Norte] prontas para lutar". Não foi difícil convencer Mao, pois vinte milhões de chineses contraíram malária durante os anos 1960. "Resolver seu problema", respondeu Mao, atendendo ao pedido de Ho Chi Minh, "é o mesmo que resolver o nosso."

Em 23 de maio de 1967, cerca de quinhentos cientistas deram início ao programa militar de pesquisas sobre malária que recebeu o codinome Projeto 523, em referência à data do lançamento oficial (5/23). "A história que vou contar hoje", começou a farmacologista Tu Youyou, ao aceitar o prêmio Nobel em 2015, "é sobre a diligência e a dedicação dos cientistas chineses que há quarenta anos procuraram remédios antimaláricos na medicina tradicional chinesa, sob um orçamento de pesquisa consideravelmente baixo." Ironicamente, a pesquisa de ponta que Tu Youyou e sua equipe conduziram se materializou durante a Revolução Cultural de Mao, que, tal como o fiasco anterior do Grande Salto Adiante, caracterizou-se por realizar uma opressão sistemática, a fome generalizada e execuções em massa. Durante a cruzada sociocultural de Mao para instalar sua própria versão deturpada de coletivismo socialista industrial e agrícola, as universidades e instituições de educação superior foram fechadas, além de acadêmicos e cientistas, entre outros intelectuais, terem sido submetidos à execução ou "reeducação". O Projeto 523 provavelmente salvou a vida de muitos pesquisadores dessa vanguarda da malária. Trabalhando em condições de sigilo e isolamento absoluto, esses cientistas foram divididos em duas linhas de estudo: uma procurava drogas sintéticas enquanto a outra esquadrinhava textos tradicionais de medicina e testava remédios orgânicos à base de plantas.

Depois de quatro anos de testes sem sucesso com mais de duas mil "receitas" e mais de duzentas plantas, em 1971 Tu Youyou e seus colegas encontraram uma referência antiga à artemísia como cura para a febre.

Em março de 1972, após aperfeiçoar os preparativos adequados para a planta e refinar a artemisinina (*qinghaosu*), o composto medicinal ativo sensível ao calor, ela anunciou que um remédio antigo era o antimalárico mais promissor já descoberto, ou, nesse caso, redescoberto. "No fim dos anos 1970, a China relatou que havia alcançado uma grande conquista contra a malária", diz o historiador James Webb, "e que o índice de contágio tinha caído quase 97%." A malária, pelo menos na China, finalmente havia encontrado um adversário à altura. Em 1990, a China registrou apenas noventa mil casos de malária, quando uma década antes o índice havia sido de até dois milhões.

A princípio, os chineses protegeram sua potente arma contra a malária. Os participantes do Projeto 523 juraram guardar segredo. Após a saída apressada dos norte-americanos de Saigon, o que marcou o fim do envolvimento direto dos Estados Unidos no Vietnã, o poder da artemisinina foi demonstrado e publicado pela primeira vez (fora da China) em inglês, em um artigo de 1979, no periódico *Chinese Medical Journal*, sob a autoria do coletivo "Qinghaosu Antimalaria Coordinating Research Group" [Grupo Coordenador de Pesquisa da *Qinghaosu* Antimalárica]. Sete anos depois da descoberta salvadora, a artemisinina finalmente foi anunciada e liberada para o mundo. Contudo, fora da China e do Sudeste Asiático, a comunidade científica internacional não demonstrou apreço imediato, ou grande interesse, pelo antigo folclore chinês e pelos analgésicos homeopáticos. Quando o Projeto 523 foi encerrado oficialmente, em 1981, a descoberta de Tu Youyou não havia produzido nenhum grande impacto global nem chamado a atenção de investidores da indústria farmacêutica. O único lugar fora da China onde se produzia e estudava a artemisinina era a divisão de biomedicina do Walter Reed Army Institute of Research, estabelecido em 1953, perto de Fort Detrick, em Maryland.

Embora tenha publicado anonimamente seu trabalho na China em 1977, Tu Youyou apresentou seu grande salto com a artemisinina em um congresso de especialistas em malária na Organização Mundial da Saúde, em 1981. A produção em massa atrasou mais ainda devido ao

"Estamos determinados a erradicar a malária": Com a ajuda do DDT e da artemisinina, uma droga antimalárica secreta que foi redescoberta pelo Projeto 523, os chineses lançaram uma campanha dinâmica, vigorosa e muito bem-sucedida de erradicação de mosquitos e da malária, entre os anos 1950 e meados da década de 1970. As seis imagens inseridas neste cartaz de 1970 contra a malária ilustram a propagação e a prevenção da doença (*U.S. National Library of Medicine*).

fato de a OMS se negar a aprovar a substância caso a produção não fosse concentrada em instalações norte-americanas. Afinal, eram os Estados Unidos que bancavam a maior parte do orçamento operacional e da receita da agência internacional. O auge da Guerra Fria também demandava que a produção de uma *commodity* tão valiosa, especialmente em uma época de conflito acentuado, fosse situada em uma nação "amiga". Os chineses se recusaram categoricamente. A essa altura, o interesse e a lucratividade dos antimaláricos haviam desaparecido pouco a pouco. A demanda e os dólares estavam se esvaindo das pesquisas sobre malária para uma corrida feroz e ensandecida em busca de uma cura lucrativa para uma nova ameaça global: a aids.

Para os ocidentais ricos imersos na cultura pop e ligados na MTV, esse novo perigo aterrorizante era consideravelmente mais palpável do que doenças transmitidas por mosquitos. Quando em 7 de novembro de 1991, diante de uma imprensa estarrecida, Magic Johnson, o astro da NBA (National Basketball Association), foi à televisão e anunciou que tinha contraído HIV, para dezessete dias depois Freddie Mercury, o extraordinário vocalista do Queen, morrer de pneumonia associada à aids, o potencial de lucro dos antimaláricos desapareceu. O misterioso e estranho vírus da imunodeficiência humana (HIV) e sua consequência sintomática, a síndrome de imunodeficiência adquirida (aids), consumiram o debate público, provocaram medo cultural e dominaram orçamentos de pesquisa médica. A promessa de cura prenunciava uma fortuna em faturamento com remédios.

Quando as gigantes farmacêuticas finalmente adquiriram os direitos à artemisinina, em 1994, os governos ocidentais começaram o longo processo de estudos e testes das terapias combinadas com artemisinina (TCA), que foram disponibilizadas em 1999, sendo aprovadas uma década depois pela Food and Drug Administration, nos Estados Unidos. As TCAs logo se tornaram o tratamento de referência contra a malária, finalmente rendendo a Tu Youyou, a pioneira do Projeto 523, o prêmio Nobel em 2015 "por suas descobertas relativas a uma nova terapia contra a malária". Ela dividiu a honra com William Campbell e

Satoshi Omura, que desenvolveu a ivermectina como vermífugo contra infecções parasitárias, incluindo as transmitidas por mosquitos, como a filariose humana e a dirofilariose canina.

Hoje em dia, as TCAs não são baratas, e as campanhas de marketing são voltadas para viajantes e mochileiros ricos — para recuperar os custos de pesquisa e desenvolvimento, mas também porque o relógio da resistência está contando para as TCAs. A indústria farmacêutica precisa ganhar dinheiro antes que o parasita evolua e se adapte e o tempo da artemisinina acabe, como aconteceu com a maioria dos outros antimaláricos. "Por mais que a artemisinina seja eficaz e robusta hoje", alertou o Institute of Medicine em 2004, "é mera questão de tempo até cepas geneticamente resistentes surgirem e se disseminarem." Quatro anos depois, essa frase se tornou realidade.

Não foi surpresa para ninguém, visto que o medicamento novo teve uso mais prolongado no Sudeste Asiático, quando foram confirmados no Camboja, em 2008, os primeiros casos de resistência. Em 2014, variações da malária blindadas para a artemisinina já haviam se alastrado para os países vizinhos: Vietnã, Laos, Tailândia e Mianmar. Como informa Sonia Shah, a malária era lucrativa, e várias indústrias farmacêuticas do mundo inteiro "faturaram bastante com a venda da artemisinina — desvinculada de medicamentos parceiros. [...] A exposição do parasita da malária a uma artemisinina sem a fortificação proporcionada por outras drogas estimulou o parasita a desenvolver a resistência". Em outras palavras, quando a artemisinina foi utilizada sem o complemento de outros antimaláricos (lembre-se da nossa bala de várias camadas), o parasita pôde contra-atacar e se adaptar. Enquanto esses remédios fajutos eram oferecidos pela África e pela Ásia, o parasita fez justamente isso. Nesse drama da artemisinina, o que Paul Russell falou de "variações resistentes de *Homo sapiens*", uma queixa que ele fez em relação à evolução de mosquitos imunes ao DDT, poderia ser alterado ligeiramente para "variações gananciosas de *Homo sapiens*". Às vezes, em nossa guerra eterna contra os mosquitos, como Russell destaca abertamente, nós somos nosso pior inimigo.

Baseado nessa caracterização, também somos responsáveis por criar essas resistências devido ao nosso desastroso comportamento como "variações hipocondríacas de *Homo sapiens*" na cultura de massa. Nossa ignorância ao abusar de antibióticos ou usá-los de forma completamente errada, *já que eles só combatem bactérias*, não vírus como os do resfriado ou da gastroenterite, resultou em "supermicróbios" bacterianos letais e invulneráveis. Não tem como maquiar a verdade aqui, já que esse hábito horrível, ou talvez seja uma ignorância genuína, põe milhões de vidas em risco. A Organização Mundial da Saúde já suplicou mais de uma vez que "essa ameaça grave não é mais uma previsão do futuro, ela está acontecendo agora mesmo em todas as regiões do mundo e tem potencial para afetar qualquer pessoa, de qualquer idade, em qualquer país. A resistência a antibióticos — quando as bactérias se adaptam de modo que antibióticos parem de funcionar em pessoas que precisam deles para tratar infecções — é agora um sério problema de saúde pública".

No entanto, lamentavelmente, as pessoas ainda saem correndo para ver o médico ao primeiro sinal de nariz entupido e exigem um antibiótico para enfermidades cotidianas que não são causadas por bactérias. Infelizmente, muitos médicos, que deveriam ter juízo, cedem a esses pedidos absurdos. Segundo o CDC, "nos Estados Unidos, todo ano, pelo menos dois milhões de pessoas contraem bactérias resistentes a antibióticos e pelo menos 23 mil morrem como resultado direto dessas infecções", a um custo anual de 1,6 bilhão de dólares. O abuso indiscriminado de antibióticos, o surgimento de supermicróbios e a mortalidade correspondente a esses dois fatores não são exclusividade dos Estados Unidos: essa tendência é um problema global para nossa imunidade de rebanho comunal. Segundo estimativas da OMS, se esse crescimento acentuado continuar, em 2050 os supermicróbios já serão responsáveis por dez milhões de mortes por ano no mundo todo.

Como nossos supermicróbios bacterianos, o mosquito também passou por uma espécie de Renascença nas últimas décadas do século XX.

Ele voltou a prosperar, seus parasitas e vírus esbanjaram criatividade evolutiva, e algumas zoonoses letais novas pegaram carona pelo caminho, incluindo a febre do Nilo Ocidental e a zika. Isso tudo contribuiu para mais sofrimento e morte na humanidade. A incidência de zoonoses triplicou nos últimos dez anos e hoje representa 75% de todas as doenças humanas. O objetivo de pesquisadores na área da saúde é identificar micróbios com potencial de dar o salto zoonótico para seres humanos. Um dos que despertam preocupação é a mutação do vírus Usutu, originário de aves e transmitido por mosquitos. Embora só tenham sido identificados três casos em seres humanos — na África, em 1981 e em 2004, e na Itália, em 2009 —, o vírus é capaz de saltar das aves para os humanos pelo vetor dos mosquitos. O vírus do ebola é outro que fez a transição recente, embora tenha sido feita por morcegos e primatas, não mosquitos. Os primeiros casos registrados ocorreram no Sudão e no Congo, em 1976. Trazendo à mente o filme *Epidemia*, uma superprodução de Hollywood, o "paciente zero" do surto recente de ebola foi um menino da Guiné de dois anos de idade, que foi infectado ao brincar com um morcego, em dezembro de 2013.

Sob o espírito derrotista após o encerramento do Programa de Erradicação da Malária da OMS, em 1969, para o mundo foi mais fácil esquecer ou ignorar essa renascença do mosquito do que despejar em um esforço de pesquisa e erradicação bilhões de dólares que jamais seriam recuperados. Afinal, 90% dos casos de malária ocorriam na África, onde a maior parte das vítimas não tinha condições de comprar remédios antimaláricos. "Os custos crescentes associados a cada nova geração de medicamentos antimaláricos podem aumentar ainda mais o preço do controle e a capacidade dos países de manter programas de contenção", afirma Randall Packard em sua minuciosa história da malária. "O desenvolvimento e a adoção de terapias combinadas com artemisinina já aumentaram muito o custo do tratamento medicamentoso." Em nosso mundo material moderno, o capitalismo, quando associado à margem de lucros e à relação custo-benefício da investigação médica, pode ser um tirano cruel.

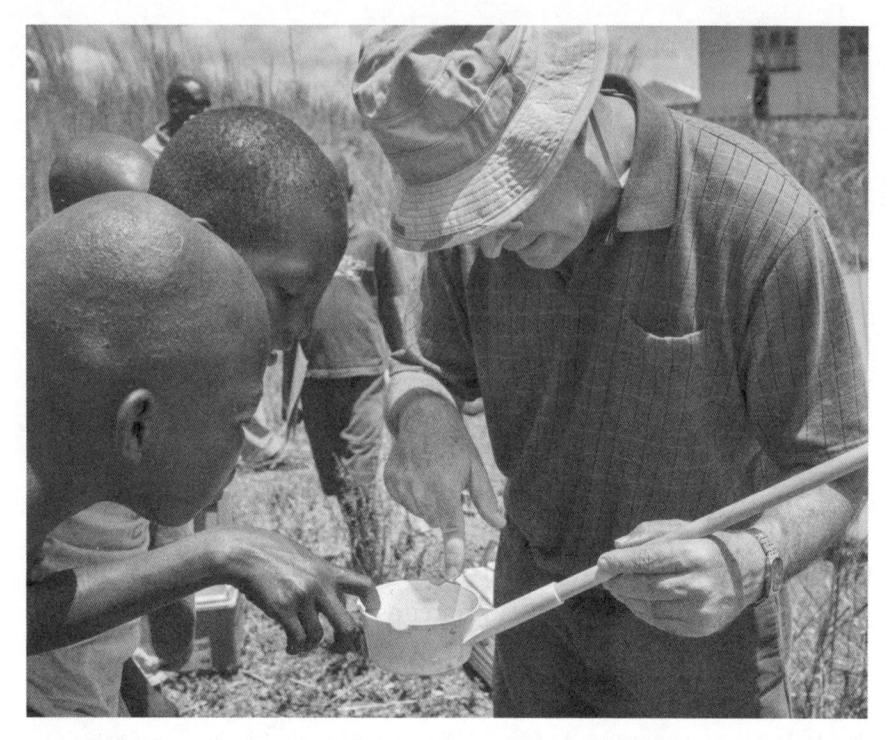

"Testes de resistência a inseticidas em Uganda": O entomólogo David Hoel ensina crianças a reconhecer larvas de mosquito no norte de Uganda, em 2013 (*Dr. BK Kapella [CDR, USPHS]/Public Health Image Library-CDC*).

A dra. Susan Moeller, professora de mídia e assuntos internacionais da Universidade de Maryland, também responsabiliza a mídia por esse espírito de apatia que ela chama de "fadiga da compaixão". Novas doenças de grife e chiques, como Sars, gripe aviária (H5N1), gripe suína (H1N1) e, especialmente, o temido ebola, têm o potencial de prejudicar países ricos, enquanto que doenças transmitidas por mosquitos ficaram relativamente inativas durante décadas. A aids também lembrou as nações ricas que doenças epidêmicas não são fenômenos históricos nem se limitam a continentes distantes. As gerações mais jovens de norte-americanos, canadenses, europeus e outros ocidentais abastados não vivem no mesmo mundo de malária de seus antepassados e não têm medo de doenças transmitidas por mosquitos, se é que já ouviram falar que isso existe.

Graças ao sensacionalismo da mídia e a uma torrente constante e nauseabunda de clichês hollywoodianos, em forma de filme ou seriado sobre "zumbis virais" e "cultura do medo", como *Epidemia*, *Os 12 macacos*, *Eu Sou a Lenda*, *Contágio*, *Extermínio*, *Guerra Mundial Z*, *The Walking Dead*, *O Enigma de Andrômeda* e *The Passage*, só para citar alguns, nossas gerações que cresceram na frente das telas realmente têm medo do ebola e do Sars, das gripes, ou de algum vírus futurista e ainda desconhecido devorador de pessoas. "Com certeza a entrada do ebola no superestrelato metafórico teve muito a ver com a fama da doença", admite Moeller. "Quando o ebola é representado de forma tão sensacionalista pela mídia e por Hollywood, outras doenças ficam parecendo sem graça. Assim, histórias de doenças mais prosaicas mal chamam atenção; elas são ignoradas, omitidas. O conceito de valor noticioso muda." Howard French, por exemplo, repórter do *The New York Times*, escreveu que "milhares de mortes em surtos anuais de sarampo, ou milhões de vítimas da malária, não significam nada para um mundo exterior que já passou a associar a África a uma presença endêmica de HIV e achou uma imagem ainda mais mórbida e espetacular de continente enfermo: o ebola". Se você contraiu uma doença transmitida por mosquitos quando viajou de férias ou fez mochilão (ou acampou, como no nosso primeiro capítulo), bom, a culpa é toda sua, ou então foi puro azar. A malária, afirma Karen Masterson, "provavelmente é *a* doença mais estudada de todos os tempos, e ainda assim ela persiste".

Depois que o DDT caiu em desgraça, levaria quase quarenta anos para o mosquito voltar a ser considerado nosso inimigo público número um, o bandido mais procurado do mundo. Na maior parte do mundo ocidental, livre do flagelo das doenças transmitidas por mosquitos, vigorava a sentença de "o que o olho não vê o coração não sente". Ao longo das últimas duas décadas, uma ofensiva revigorada e cada vez mais letal do mosquito, lançada pelos veteranos calejados da malária e da dengue, bem como pelos recrutas novatos da zika e da febre do Nilo Ocidental, mudou o cenário. Saído aparentemente do nada, em 1999, o mosquito atacou a cidade de Nova York e instilou medo no coração de uma superpotência apavorada. Os Estados Unidos reagiram prontamente com um contra-ataque sustentado e crescente sob o comando de Bill e Melinda Gates.

CAPÍTULO 19

O mosquito moderno E SUAS DOENÇAS: ÀS PORTAS DA EXTINÇÃO?

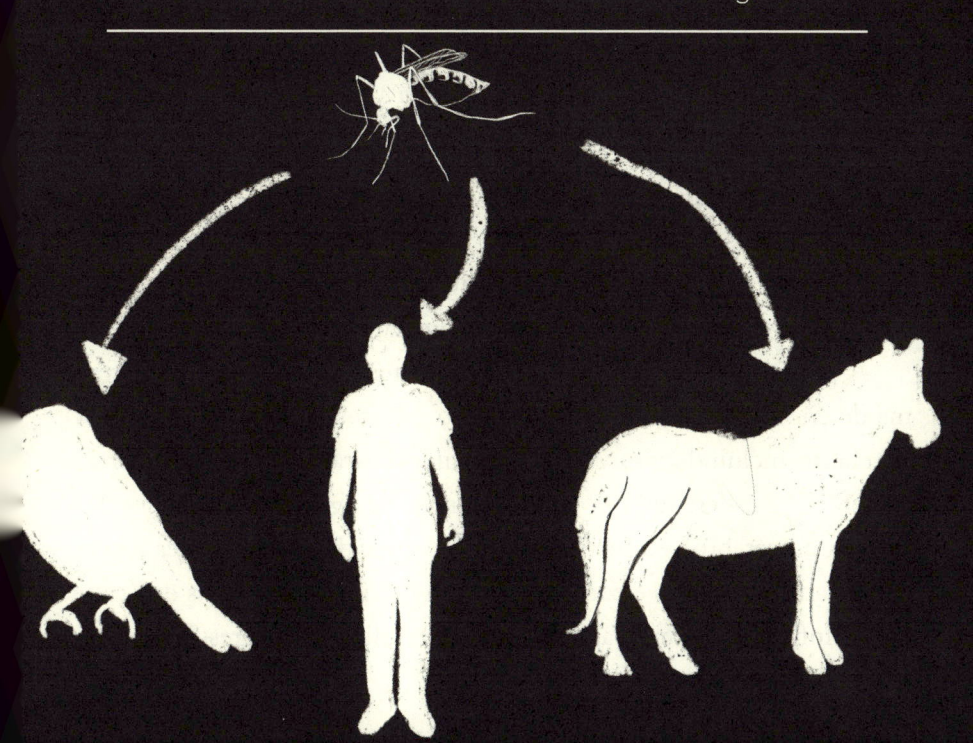

O Bureau of Communicable Disease Control [Gabinete de Controle de Doenças Contagiosas], do Departamento de Saúde da Cidade de Nova York, recebeu, em 23 de agosto de 1999, um telefonema inesperado e estranho da dra. Deborah Asnis, especialista em doenças infecciosas no Flushing Hospital Medical Center, no Queens. Ela estava intrigada e queria algumas respostas urgentes e salvadoras. Quatro pacientes tinham chegado com sintomas misteriosos e peculiares de febre, confusão, desorientação, fraqueza muscular e, com o tempo, paralisia dos membros. O quadro dos pacientes estava se agravando rapidamente. Sem tempo a perder, a dra. Asnis precisava descobrir que diabos estava provocando essa doença preocupante.

A princípio, testes feitos no dia 3 de setembro sugeriram uma forma de encefalite, ou inchaço do cérebro. Muitos fatores podem causar encefalite, incluindo vírus, bactérias, fungos, parasitas ou hiponatremia acidental (um desequilíbrio na proporção de água e solúveis ou eletrólitos no cérebro). Amostras de sangue e tecido dos pacientes foram examinadas às pressas e comparadas com os vírus conhecidos que causavam inflamações cerebrais e sintomas semelhantes. Os resultados deram positivo para encefalite de St. Louis, uma doença transmitida de aves para seres humanos através do mosquito *Culex* comum.

As aplicações de concentrados de inseticida e larvicida começaram na cidade e arredores no dia seguinte, mas a conta não estava batendo no quadro clínico. A essa altura, o CDC de Atlanta já havia entrado no circuito. Após uma busca rápida no banco de dados deles, a situação e o contexto ficaram mais estranhos ainda. Desde o fim da Segunda Guerra Mundial e a criação do CDC, em 1946, os Estados Unidos haviam registrado apenas cinco mil casos de encefalite de St. Louis, nenhum na cidade de Nova York. O CDC não estava muito convencido de que o culpado era essa doença. Devia ter algo mais passando despercebido.

Especialistas em armas biológicas na CIA e no centro de pesquisas em guerra biológica, em Fort Detrick, também estavam acompanhando atentamente a situação em Nova York. E não eram os únicos. Uma multidão de jornalistas curiosos disputava a chance de dar o furo jornalístico e revelar a notícia com exclusividade. Depois de farejar os boatos, mas ainda sem respostas definitivas, a mídia aproveitou a oportunidade para propagar suas teorias. Tanto jornais respeitados no mundo todo quanto tabloides sensacionalistas e um extenso perfil na *New Yorker* apontaram o dedo para um ato de bioterrorismo feito com um vírus transmitido por mosquitos, um presente de Saddam Hussein. Em 1985, diziam as matérias, o CDC tinha enviado para um pesquisador iraquiano amostras de um vírus relativamente novo e raro que era transmitido por mosquitos. O Iraque, envolvido em uma guerra brutal contra o vizinho Irã, entre 1980 e 1988, recebia dos Estados Unidos bilhões de dólares em auxílio econômico, tecnologia, treinamento militar e armamentos, incluindo armas químicas. Na ausência de fatos concretos, a entrega de um vírus letal transmitido por mosquitos definitivamente não parecia impossível para os jornalistas.

Conforme a história ganhava vida própria, Mikhael Ramadan, ex--dublê de corpo e sósia político de Saddam Hussein que desertou do Iraque e se tornou um informante, alegou que Saddam havia fabricado uma arma com esse vírus estranho que os Estados Unidos tinham dado de presente. "Em 1997, quase na última ocasião em que nos vimos", afirmou Ramadan, "Saddam me chamou à sala dele. Foram raras as vezes em que o vi tão feliz. Ele destrancou a primeira gaveta da direita da escrivaninha, tirou um dossiê grosso com capa de couro e leu alguns trechos." Saddam se gabou de que tinha criado a "cepa SV1417 do vírus do Nilo Ocidental — capaz de destruir 97% de todos os seres vivos em um ambiente urbano".

Enquanto essas acusações estapafúrdias sobre o supervírus rebelde e rearmado do Nilo Ocidental de Saddam contaminavam as notícias pelo mundo todo, os telefones nas delegacias e em diversas agências de saúde, em Nova York e no CDC, começaram a tocar sem parar. O zoológico do Bronx registrou a morte peculiar de flamingos e as baixas incompreensíveis de outras espécies de aves abrigadas lá. Várias pessoas ligaram para dizer que viram pássaros mortos, principalmente corvos, em parques, ruas e praças pela cidade. Embora o vírus de St. Louis seja transmitido para seres humanos pelo mosquito a partir das aves (e não por mosquitos a partir de outros seres humanos, como é o caso da malária, da febre amarela e da maioria das doenças transmitidas por mosquito), a verdade é que as aves são imunes à doença. Ou seja, o vírus não prejudica nossos amigos alados. Começaram a chegar também relatos sobre cavalos da região que estavam se comportando de forma estranha e ficando misteriosamente enfermos. Essa pandemia não era de encefalite de St. Louis nem um dos vírus de encefalite equina transmitidos por mosquitos, nem era de qualquer um dos patógenos aviários comuns e conhecidos. Era algo muito diferente e, pelo menos nos Estados Unidos, totalmente novo. A epidemia, que contaminava aves, cavalos e seres humanos, era na verdade o vírus do Nilo Ocidental, transmitido por mosquitos. O supervírus mítico que a mídia tinha inventado não havia sido lançado em Nova York por Saddam Hussein. Ele foi absolvido de todas as acusações.

Durante o surto de 1999, da estimativa de dez mil pessoas que contraíram a febre do Nilo Ocidental, 62 foram hospitalizadas e sete morreram. Foram detectados também vinte casos da doença em cavalos. O maior índice de mortalidade coube aos pássaros. Estima-se que até dois terços da população de corvos na cidade de Nova York e arredores tenham morrido do vírus. A febre do Nilo Ocidental também matou aves de pelo menos outras vinte espécies, incluídos gralhas, águias, falcões, pombos e sabiás.

Levando-se em conta que nossos companheiros animais sofreram o maior impacto da epidemia, se tivesse sido um ataque bioterrorista, falando em termos exclusivamente hipotéticos, é claro, o resultado teria sido um completo fracasso. Em tempos de terrorismo, armas de destruição em massa e paranoia com perigos reais ou imaginários, o mosquito não está imune à inclusão na lista de possíveis armas biológicas. "Se eu fosse planejar um atentado bioterrorista", admitiu um experiente consultor científico do FBI, em condição de anonimato, "eu agiria com sutileza, para passar a impressão de que era um surto natural." Richard Danzig, secretário da Marinha, acrescentou que, embora bioterrorismo seja algo "difícil de provar", é "igualmente difícil de refutar".

Dois anos depois de a febre do Nilo Ocidental se infiltrar em Nova York, os ataques da Al-Qaeda em 11 de setembro deixaram os Estados Unidos e sua abalada população em alerta máximo. Se esses terroristas eram capazes de financiar e organizar secretamente ataques contra o World Trade Center e o Pentágono, o que mais eles podiam fazer? Esse medo se intensificou nas semanas que se seguiram aos ataques, quando cartas estilo "Unabomber" contaminadas com a bactéria do antraz foram enviadas para a sede de diversas empresas de mídia importantes e para o gabinete de dois senadores norte-americanos, matando cinco pessoas e contaminando outras dezessete. O mundo obscuro das instituições secretas americanas, incluindo as várias agências de armas biológicas instaladas em Fort Detrick, começaram a preparar simulações de risco para tudo que era cenário, como a ameaça de um ataque bioterrorista. Varíola, peste bubônica, ebola, antraz e botulismo estavam no topo da lista. A febre amarela e uma versão de malária criada geneticamente também receberam bastante atenção.

Em *The Mosquito War*, de V. A. MacAlister, um *thriller* de ficção sobre biotecnologia lançado em 2001, é exatamente isso que acontece quando terroristas liberam, sem qualquer pudor, mosquitos geneticamente modificados no National Mall de Washington no Dia da Independência. Essa ideia não é nenhuma novidade. Essa fórmula maliciosa e estratégia sinistra é mais antiga que a febre de Walcheren de Napoleão, que as macabras missões de febre amarela do dr. Luke Blackburn e que o repovoamento intencional de mosquitos da malária nos pântanos pontinos pelos nazistas em Anzio, entre outros exemplos históricos de artimanha biológica. No livro *Taktikon hypomnema peri tou pos chre poliorkoumenous antechein* [Tratado tático sobre a resistência a cercos], do século IV a.C., o escritor grego Eneias, o Tático, um dos primeiros pensadores sobre a arte da guerra, defendia "a liberação de insetos que picam" nos túneis feitos pelos escavadores inimigos. Em 2010, um grupo de setenta especialistas em mosquitos se reuniu na Flórida para debater o "Controle de Mosquitos para o Combate a uma Introdução Bioterrorista de Mosquitos Infectados com Patógenos" com base em um questionamento simples: "Imagine o que aconteceria se um único bioterrorista contaminado com febre amarela usasse o próprio sangue para infectar quinhentos *Aedes aegypti* e, uma semana depois, os liberasse no French Quarter de Nova Orleans ou em South Beach, na Flórida." Considerando o rastro de destruição que a febre amarela deixou no passado, sobreposto a uma população contemporânea geral que não foi vacinada ou aclimada e não possui imunidade de rebanho, a situação ficaria rapidamente muito feia.

A chegada súbita, inesperada e avassaladora da febre do Nilo Ocidental endêmica aos Estados Unidos em 1999 nos despertou de nossa apatia sonolenta. Nós havíamos esquecido quem era nosso inimigo mais perigoso e imortal. O Iraque não tinha os laboratórios móveis de armas biológicas que o governo Bush-Cheney alegava que eles mantinham em segredo. Contudo, genuínas armas de destruição em massa de fato estavam voando e se multiplicando pelo planeta havia milhões de anos. Elas eram muito mais letais do que qualquer peça no arsenal de Saddam, além de serem distintamente mais conhecidas por nós: essas armas são nosso antigo inimigo, o mosquito, e seu arsenal de doenças.

A febre do Nilo Ocidental, parente próxima da dengue, foi identificada pela primeira vez em Uganda, em 1937, e reaparecia de tempos em tempos na África e na Índia. A partir dos anos 1960, houve registros de surtos reduzidos no Norte da África, na Europa, no Cáucaso, no Sudeste Asiático e na Austrália. No fim dos anos 1990, a quantidade de casos confirmados de febre do Nilo Ocidental aumentava tanto em escala geográfica quanto em dimensão de contágio. Contudo, antes de 1999, essa doença não foi captada pelo radar da mídia hegemônica, pois os surtos eram raros e limitados a uma pequena quantidade de ocorrências em áreas remotas. E o mais importante: porque a febre do Nilo Ocidental não estava nos Estados Unidos. Em suma, era uma doença estrangeira.

Isso mudou quando ela deixou Nova York paralisada de medo no verão de 1999. Acredita-se que essa cepa viral, que provavelmente se originou em Israel (e não em uma fábrica itinerante de mosquitos iraquianos), tenha pegado carona em aves migratórias, mosquitos imigrantes ou turistas humanos. O surto de Nova York foi o primeiro a atingir o hemisfério ocidental. Os cientistas do CDC logo se deram conta de que a febre do Nilo Ocidental não iria embora. Quando a doença atacou de novo no verão seguinte, o CDC admitiu: "Já passamos da fase de contenção. Precisamos conviver com isso e fazer o que for possível." Desde 1999, já foram diagnosticados cerca de 51 mil casos de febre do Nilo Ocidental nos Estados Unidos, com 2.300 mortes. A mortalidade infligida pelo vírus no país atingiu o auge em 2012. Segundo o CDC, "foram comunicados ao todo 5.674 casos da doença do Nilo Ocidental em pessoas, com 286 mortes, em 48 estados (sem contar o Alasca e o Havaí)". Antes disso, o pior ano e a maior incidência tinham sido em 2003, com 9.862 casos e 264 mortes. Para comparar, em 2018, foram 2.544 casos confirmados de febre do Nilo Ocidental, com 137 mortes por todo o país, salvo New Hampshire e Havaí.

Após o susto do verão de 1999 em Nova York, a doença viralizou pelos Estados Unidos, pelo sul do Canadá e pelas Américas do Sul e Central, e também se intensificou na Europa, na África, na Ásia e no oceano Pacífico. Após uma década da estreia na "Big Apple", a febre do Nilo Ocidental se tornou uma doença global. Tal como a encefalite de St. Louis, a complicada sequência de transmissão do vírus vai de aves para mosquitos e, depois, para seres humanos. Cerca de 80% a 90% dos infectados (dezenas de milhões de pessoas) não vão perceber nunca, nem apresentar sintomas. Os demais geralmente exibem sintomas brandos, semelhantes à gripe, durante alguns dias. Uma taxa de 0,5% de azarados vai desenvolver sintomas graves que podem resultar em inchaço do cérebro, paralisia, coma e morte.

Com o perigo da febre do Nilo Ocidental em ascensão, especificamente nos Estados Unidos, o mosquito virou o centro das atenções e caiu nas graças da mídia, embora definitivamente ninguém quisesse abraçar esse capeta. Um comercial famoso da Microsoft Cloud, que promovia o software de Bill Gates e a avidez dele de livrar o mundo das doenças transmitidas por mosquitos, dominou as televisões para ajudar a transformar nosso pior "inimigo em aliado". O Discovery Channel lançou o filme *Mosquito: Uma Ameaça no Ar*, em 2017, para destacar o que seria "o maior agente de morte em toda a história moderna da humanidade". Enquanto os Estados Unidos e o restante do mundo contaminado se acostumavam com a febre do Nilo Ocidental, outra doença com nome mais chamativo ainda virava os holofotes do planeta para o mosquito.

Em meio aos preparativos e à expectativa para os Jogos Olímpicos de 2016, no Rio de Janeiro, a zika abalou o mundo. O vírus, parecido com o da febre do Nilo Ocidental e o da dengue, foi identificado pela primeira vez em um macaco em Uganda, em 1947, e o primeiro caso registrado da doença em seres humanos aconteceu cinco anos depois. Entre 1964 e 2007, quando a zika apareceu em Yap, uma ilha isolada no Pacífico, foram registrados apenas catorze casos confirmados, todos na África e no Sudeste Asiático. Mas, em 2013, o vírus já havia se disseminado pouco a pouco de Yap para diversas ilhas do Pacífico, até chamar a atenção do mundo inteiro para sua aparição no Brasil, em 2015. Essa epidemia de 2015 e 2016 se alastrou para outros países do hemisfério ocidental.

No epicentro do Brasil, cerca de 1,5 milhão de pessoas pegou a doença, e foram registrados mais de 3.500 casos de microcefalia (bebês nascidos com cabeça pequena e outras malformações ou anomalias cerebrais) causada por "transmissão vertical" da mãe para o feto. Mais perturbador ainda foi o anúncio a respeito de vias de contágio. O mosquito *Aedes* atua como vetor comum. No entanto, ao contrário de todas as outras doenças transmitidas por mosquito, a zika pode ser transmitida sexualmente (conforme registrado em nove países) ou da mãe para o feto, fato comprovado pelos casos trágicos de microcefalia, que causam uma série de complicações neurológicas e físicas. As características sintomáticas são quase idênticas às da febre do Nilo Ocidental, e de 80% a 90% das pessoas infectadas não apresentam qualquer sinal. Os que adoecem exibem sintomas brandos semelhantes ao da febre do Nilo Ocidental, da dengue ou da chikungunya. Assim como ocorre com a febre do Nilo Ocidental, menos de 1% dos casos é grave. A zika também é causadora da síndrome neurológica de Guillain-Barré, que pode resultar em paralisia e morte.

A zika, assim como a febre do Nilo Ocidental, também viralizou pelo planeta, e a incidência das primas dengue e chikungunya cresceu trinta vezes desde 1960, produzindo um prejuízo de mais de 10 bilhões de dólares por ano no mundo todo. Em 2002, na cidade do Rio de Janeiro, foram registrados quase trezentos mil casos de dengue em uma epidemia prolongada que apresentou outro salto em 2008, com mais cem mil casos. Hoje em dia, estima-se que sejam quatrocentos milhões de casos de dengue por ano no mundo. Sonia Shah afirma que "a dengue está em vias de se tornar endêmica na Flórida, já apareceu no Texas, e provavelmente também vai se expandir para o norte e afetar milhões de pessoas". Além de cultivar uma variação local de dengue e febre do Nilo Ocidental, em 2016 o Texas sediou o primeiro caso de transmissão doméstica de chikungunya nos Estados Unidos.

Após a experiência de quase morte nos anos que se seguiram à Segunda Guerra Mundial, o mosquito renasceu como a fênix de suas cinzas impregnadas de DDT e voltou a se tornar uma força global. A tocha da erradicação e do extermínio que se apagara durante as primaveras silenciosas dos anos 1960 foi erguida e acesa de novo por uma coalizão multinacional engajada, sob a liderança de Bill e Melinda Gates.

Uma série de reuniões internacionais, durante a década de 1990, levou à criação da Parceria Roll Back Malaria em 1998, que dez anos depois anunciou o Plano de Ação Global contra a Malária. O movimento internacional de erradicação foi sustentado por uma campanha informativa liderada por Jeffrey Sachs, economista e professor da Universidade Columbia, chamando atenção para a desigualdade econômica e as dificuldades financeiras provocadas pelas doenças transmitidas por mosquitos. Em 2001, Sachs estimou que a malária sozinha seria responsável por 12 bilhões de dólares em perda de produção todo ano na África. Em 2000, Bill e Melinda Gates estabeleceram formalmente sua fundação e puseram a erradicação da malária no radar global, conforme descrito nos "Objetivos de Desenvolvimento do Milênio", tanto da ONU quanto da OMS.

O Fundo Global de Combate à Aids, Tuberculose e Malária, bancado em grande parte pela Fundação Gates (FG), foi criado em 2002 para disponibilizar financiamento em larga escala, a fim de contribuir para esses objetivos do milênio relacionados ao mosquito. Em 1998, todos os esforços globais de controle da malária gastaram um total de cerca de 100 milhões de dólares. Entre 2002 e 2014, o Fundo Global aprovou quase 10 bilhões de dólares em subsídios para a malária. Contudo, a FG estima que sejam necessários mais 90 a 120 bilhões de dólares até 2040, o ano previsto para a erradicação da malária, com um investimento máximo de 6 bilhões de dólares no ano de 2025. Nesse mesmo período, espera-se que a erradicação resulte em ganhos econômicos diretos com produtividade na faixa dos 2 trilhões de dólares.

Embora 10 bilhões de dólares pareçam uma quantia exorbitante, isso representa 21% do valor total do fundo. O HIV/aids recebe 59%

dos investimentos e a tuberculose, 19%. Nesta última década, o número de mortes relacionadas à aids foi de menos da metade das causadas pela malária. Mas esse "Top 3" de doenças tem um contrato de parceria e uma espécie de sinergia. A tuberculose é ainda a principal causa de morte entre pacientes com aids, responsável por 35% das fatalidades. A malária aumenta a replicação viral do HIV, enquanto o HIV, ao debilitar o sistema imunológico, deixa seus portadores mais suscetíveis à malária. É um golpe duplo. Desde 1980, pesquisadores estimam que o HIV seja responsável por mais de um milhão de casos de malária na África, e que a malária tenha doado mais de dez mil infecções com HIV devido à sua participação direta no incremento da reprodução. E não deve ser esquecido que a negatividade Duffy, como já vimos, confere imunidade à malária *vivax*, mas também aumenta em 40% o risco de infecção com o HIV. Para azar das pessoas mais afetadas e atormentadas, a malária (junto com seu escudo genético), o HIV e a tuberculose são uma quadrilha de meliantes atuando em reciprocidade.

Nas últimas décadas, a Fundação Gates e outras iniciativas e organizações filantrópicas estiveram à frente da guerra global contra os mosquitos. "O exemplo mais marcante do poder e da influência do filantrocapitalismo é a Fundação Bill e Melinda Gates", diz Nancy Leys Stepan. "Criada por Bill Gates em 1999 com ações da Microsoft, hoje em dia a fundação dispõe de 1 bilhão de dólares do patrimônio pessoal de Gates, além de outros 37 bilhões em ações da Berkshire Hathaway Inc., um fundo de *hedge* gerido por Warren Buffett (entregues em 2006). Os gastos anuais com saúde foram de 1,5 bilhão de dólares em 2001 para 7,7 bilhões em 2009. A FG é, digamos, a Fundação Rockefeller da era global." A influência de Gates e Buffett foi maior ainda. Segundo Alex Perry, em seu livro *Lifeblood*, que detalha esforços recentes de erradicação, "houve uma alta nova em 4 de agosto de 2010, quando Gates e Buffett convenceram quarenta das pessoas mais ricas do mundo — incluindo Larry Ellison, fundador da Oracle; Sandy Weill, criador do Citigroup; George Lucas, diretor da saga *Star Wars*; Barry Diller, magnata da mídia; e Peter [*sic*] Omidyar — a anunciar que todos doariam pelo menos metade de suas fortunas". O sr. e a sra. Gates, assim como seus apoiadores, merecem uma sonora salva de palmas.

A Fundação Gates é a terceira maior financiadora de pesquisas em saúde no mundo, perdendo apenas para o governo dos Estados Unidos e o do Reino Unido. É também a instituição privada que mais doa para a OMS e o Fundo Global de Combate à Aids, Tuberculose e Malária. Ao contrário de alguns governos e empresas, a Fundação Gates não tem nenhum interesse corrupto ou secreto além da erradicação da malária e de outras doenças transmitidas por mosquito em meio a toda uma série de programas voltados para a saúde. Ela é administrada com transparência e suas atividades filantrópicas não têm rabo preso, só boas intenções.

Após o "Dia de Conscientização para a Malária", encontro promovido pela primeira-dama Laura Bush, em 2007, na Casa Branca, todos os *reality shows* entraram na briga contra a malária. Em abril desse ano, o *American Idol* exibiu o episódio "Idol Gives Back", um espetáculo estrelado com duas horas de duração e a participação especial de dezenas

"Uma nova esperança": Duas estudantes esperando para fazer o teste de filariose e malária no Haiti, no departamento Nordeste, em 2015 (*Dra. Alaine Kathryn Knipes/Public Health Image Library-CDC*).

de atores e músicos famosos de primeira grandeza. O programa fechou com a voz angelical da canadense Celine Dion em um dueto com o holograma de um jovem, e talvez confuso, Elvis Presley. A festa televisiva, vista por 26,4 milhões de estadunidenses, criou uma reação contagiante nas mídias sociais e levantou 75 milhões de dólares para pesquisas sobre a malária. Em abril de 2008, outro "Idol Gives Back" cheio de figuras de Hollywood levantou mais 64 milhões. A guerra contra a malária e os mosquitos é realmente internacional.

Embora os esforços altruístas de Gates, Sachs e Simon Fuller (o produtor do *American Idol*, cujo pai contraiu malária na então Birmânia durante a Segunda Guerra Mundial) sejam louváveis, a guerra global mais ampla contra os mosquitos ainda atua sob as asas do capitalismo e de interesses corporativos. As ações de ajuda rumo à erradicação da malária e dos mosquitos, assim como a presença na mídia, aumentaram drasticamente na última década, mas é comum que os programas sejam prejudicados por complicações administrativas, corrupção e outros obstáculos. Empresas farmacêuticas gastam bilhões de dólares com a pesquisa e o desenvolvimento de medicamentos e vacinas antimaláricas, e é compreensível que elas tenham que recuperar o investimento, mas com isso os tratamentos ficam inacessíveis para quem mais precisa. "A malária e a pobreza", destaca Randall Packard, "se sustentam mutuamente." Hoje em dia, por exemplo, 85% dos casos de malária acontecem na África Subsaariana, onde 55% da população vive com menos de 1 dólar por dia. O Sudeste Asiático abriga 8% dos casos de malária, com 5% na região do Mediterrâneo Oriental, 1% no Pacífico Ocidental, e cerca de 0,5% nas Américas.

Os povos desprivilegiados nos países mais afetados da África e da Ásia não têm condições de adquirir remédios e, até pouco tempo atrás, não despertavam o interesse médico e comercial em pesquisa e desenvolvimento (P&D) para as doenças "deles". Ao contrário da aids, que recebe a maior parcela dos fundos globais para a pesquisa, a malária e outras "doenças negligenciadas" são raras no mundo rico, então passam despercebidas no radar de P&D. Cerca de 10% dos recursos particulares de P&D são voltados para doenças, como a malária, que correspondem a 90% da carga global. Entre 1975 e 1999, de todos os milhares de drogas desenvolvidas e testadas no mundo todo, só quatro eram antimaláricas. Mas ainda resta esperança, pois essas gigantes farmacêuticas foram recrutadas recentemente para nossa guerra contra os mosquitos, graças tanto a uma campanha midiática prolongada quanto a contribuições financeiras da Fundação Gates e mais alguns benfeitores.

A Fundação Gates e outras organizações de caridade financiaram diversas iniciativas de pesquisa para produzir a primeira vacina do mundo contra a malária. Até o momento, a Fundação Gates dedicou 2 bilhões de dólares a subsídios só para a malária, sem contar um total de quase 2 bilhões de dólares em investimentos para o Fundo Global de Combate à Aids, Tuberculose e Malária, que entre 2002 e 2013 gastou 8 bilhões só no confronto com a malária. A Fundação Gates aloca recursos em vários projetos de vacina para a malária, incluindo a PATH Malaria Vaccine Initiative e o Malaria Research Institute na Universidade Johns Hopkins. Em 2004, uma quantidade considerável de equipes independentes em várias universidades e instituições de pesquisa de países diversos, todas com apoio financeiro da Fundação Gates, estava a toda a velocidade na corrida para desenvolver o soro mágico contra a malária.

O primeiro a cruzar a linha de chegada da vacina para a malária foi a GlaxoSmithKline, gigante farmacêutica sediada em Londres. Depois de 28 anos de pesquisa e 565 milhões de dólares da Fundação Gates e outros financiadores, sua vacina RTS,S, ou Mosquirix, finalmente seguiu para a terceira e última fase de testes clínicos com humanos em Gana, no Quênia e em Malaui, no verão de 2018. Contudo, considerando os resultados iniciais, a RTS,S não era nenhuma garantia. Quatro anos após a primeira dose e uma série de reforços, o índice de sucesso da RTS,S era de 39%, com uma redução brusca para 4,4% depois de sete anos. "O problema com a maioria das vacinas é que, muitas vezes, a eficácia dura pouco", explica o dr. Klaus Früh, sobre a RTS,S. "Com mais pesquisa e desenvolvimento, ela poderia fornecer proteção vitalícia contra a malária." Outras vacinas experimentais também estão se aproximando do ponto da primeira fase de testes clínicos com seres humanos, incluindo a Pamvac (Vacina para a Malária Associada à Gravidez, na sigla em inglês), desenvolvida pela ExpreS²ion Biotechnologies, em parceria com a Universidade de Copenhague, e a vacina atenuada PfSPZ (esporozoíto do plasmódio *falciparum*, na sigla em inglês), formulada pela Sanaria, outra empresa de biotecnologia. No verão de 2018, a GlaxoSmithKline também anunciou o novo e radical tratamento em dose única com a droga tafenoquina, ou Krintafel, que bloqueia a recaída da malária *vivax* atacando a forma em hibernação do parasita que se abriga no fígado. Embora essa investigação em curso seja promissora, nossa batalha com o plasmódio metamorfo da malária parece longe de acabar, ou, no caso das vacinas, parece estar só começando.

Com esses avanços exploratórios nas pesquisas e na medicina em torno do mosquito, é fácil ficar com a impressão de que a humanidade entrou em uma nova era. Agora parece que todos os problemas e percalços do mundo podem ser resolvidos com ciência de última geração ou uma repaginada por meio de tecnologias de ponta. A cada dia, nos vastos oceanos da academia, mentes brilhantes produzem descobertas milagrosas. Tudo está ao alcance das nossas mãos, tudo parece possível. Em nossas muitas vias de investigação, estamos explorando mundos novos e estranhos, procurando formas de vida novas em nossa esfera e fora dela e navegando audaciosamente pelas fronteiras desconhecidas do espaço. Falamos de povoar outros planetas como se fosse só questão de tempo.

E não foi diferente com as visões palpitantes e os horizontes estimulantes dos heróis e das figuras lendárias da história e dos conquistadores curiosos da colonização, incluindo Alexandre, o Grande, Leif Erikson, Gêngis Khan, Colombo, Fernão de Magalhães, Raleigh e Drake. Eles também encontraram as margens estranhas dos "confins do mundo" ilimitados de Alexandre. Durante suas eras inquisitivas do passado, assim como na nossa, a trajetória do progresso parecia quase infinita. Até sir Isaac Newton, o grande gênio narcisista, gravitava em torno da noção de que, se "enxergamos mais longe, foi por subirmos nos ombros de gigantes". Friedrich Nietzsche acrescentou a isso sua própria iluminação, declarando que o progresso é possibilitado apenas quando "um gigante chama pelo outro durante o árido intervalo das épocas". Nossos avanços nos permitiram alcançar, ou forçar, os limites do que agora parece ser o infinito. Falar de imortalidade terrena deixou de ser considerado um conceito irracional, um desejo a pedir para o gênio da lâmpada. Em nosso pensamento e ponto de vista moderno, o "se" deu lugar ao "quando".

Contudo, no turbilhão vertiginoso desse mundo tecnológico fervilhante que nos cerca, o humilde mosquito nos lembra que, em muitos sentidos, não somos muito diferentes de Lucy e nossos ancestrais hominídeos ou nossos progenitores *Homo sapiens* africanos. Eles também estavam imersos em uma guerra pela sobrevivência contra o mosquito e nos puseram em rota de colisão com nosso predador historicamente mais letal. Realmente, quanto mais nosso mundo moderno acelera, mais ele replica aqueles primeiros encontros acidentais entre seres humanos, como os bantos plantadores de inhame, e os mosquitos letais. Quando os humanos emigraram ou foram arrancados da África, patógenos mortais, incluindo doenças transmitidas pelo mosquito, pegaram carona. Com o tempo, nossos meios de transporte e de transferência de doenças deixaram de se limitar aos nossos pés e passaram a incluir animais de carga, navios, carroças, aviões, trens e automóveis. Com esses avanços tecnológicos, apenas aumentamos o ritmo de nossos primeiros passos vacilantes e da disseminação generalizada das doenças. Embora os meios de transmissão de microrganismos tenham mudado, a forma de propagação de infecções é relativamente a mesma, só que agora o tempo de viagem encolheu drasticamente e as doenças podem ir de uma porta a outra em questão de horas, em vez de meses ou anos, ou até de milênios, no caso dos primeiros movimentos migratórios e colonizadores da humanidade.

Como a paleopatologista Ethne Barnes destaca, "os vírus letais estão sendo instigados a despertar de seu isolamento à medida que a guerra, a fome e a ganância aumentam o contato das pessoas com eles. As migrações e as viagens aéreas põem as pessoas em contato com micróbios que elas nunca enfrentaram antes". Em 2005, por exemplo, 2,1 bilhões de passageiros transitaram pelos céus. Cinco anos depois, a quantidade de viajantes subiu para 2,7 bilhões e explodiu para 3,6 bilhões em 2015. No mundo todo, os aeroportos processaram 4,3 bilhões de passageiros em 2017. Uma seleção especial de doenças, incluindo Sars, gripes suína e aviária, ebola e enfermidades transmitidas por mosquitos, como a febre do Nilo Ocidental e a zika, passam pela revista nos aeroportos e perambulam pelo planeta junto com uma quantidade cada vez maior de passageiros, rumo a uma quantidade que também cresce cada vez mais de destinos em uma turnê mundial cíclica, incessante, com tudo pago. Seja pegando carona, seja subindo (ou entrando) de gaiato nos primeiros migrantes humanos que saíram da África, ou em um navio negreiro em direção às Américas nos ventos do Intercâmbio Colombiano, ou em um 747 ou Airbus A380, pouca coisa mudou. As doenças são uma bagagem persistente e intrínseca à humanidade.

Desde que Thomas Malthus postulou em 1798 a existência de limites ecológicos para a demografia humana (ou talvez desde 81-96 d.C., quando João de Patmos escreveu sua profecia apocalíptica com o cavalo amarelo do Armagedom), sempre surge algum arauto do fim do mundo ou paranoico metido a oráculo prevendo pragas e fomes malthusianas, enquanto a tecnologia amplia os limites supostamente irremovíveis do crescimento populacional. No entanto, a situação agora parece diferente. Havia cerca de um bilhão de pessoas no planeta na época em que Malthus escreveu (mais do que o dobro da população dos últimos dois milênios, que tinha se mantido mais ou menos constante). Atualmente, a população global proliferou e se reproduziu a ponto de crescer mais que o dobro desde 1970, chegando a 7,7 bilhões de *Homo sapiens*. Se você ainda estiver com vida em 2055, sua vizinhança global infestada de supermicróbios vai estar na faixa dos dez a onze bilhões de pessoas. À medida que nossos números crescem, nossos recursos vão encolhendo.

Como o mosquito é, de longe, nosso maior algoz, muita gente parte de uma posição malthusiana para se opor aos esforços de erradicação de doenças transmitidas por mosquitos. Tanto os seres humanos quanto os mosquitos fazem parte da ecologia global e da biosfera, existindo em um sistema natural e vivo de pesos e contrapesos. A erradicação do nosso principal predador criaria uma perturbação na força e seria como jogar uma partida perigosa de roleta-russa. Pela ótica malthusiana, considerando os limites e a sustentabilidade de nossos recursos, o crescimento populacional irrestrito geraria repercussões que poderiam resultar em angústias inimagináveis, fome, doenças, morte catastrófica — uma barreira malthusiana em si mesma.

Por outro lado, se o que queremos é igualdade e justiça para todos, não é difícil compreender a lógica urgente do contra-argumento: a erradicação incondicional e absoluta do mosquito e suas doenças. Atualmente, quatro bilhões de pessoas, distribuídas em 108 países pelo mundo, estão em risco de contrair doenças transmitidas por mosquitos.[1] Como nossos ancestrais podem dizer, nossa batalha contra o mosquito sempre foi uma questão de vida ou morte. Hoje, conforme vetores de doença cruzam pelo mundo a um ritmo sem precedentes e nossa espécie ultrapassa a carga ecológica máxima do planeta, parece que nosso embate histórico com o inseto está se aproximando do clímax.

Rachel Carson escreveu que nossa postura em relação a plantas e animais é particularmente limitada, e que, "se acharmos, por qualquer motivo, que a presença é indesejável ou apenas indiferente, eles podem acabar condenados à destruição sumária". Mas ela não tinha como prever o advento da tecnologia Crispr de edição genética, que acelerou drasticamente o sentido de "sumária" e até mudou os parâmetros e a definição da expressão "condenados à destruição". Agora, dentro de um laboratório, somos capazes de invadir a seleção natural e o projeto biológico para impor a extinção de qualquer espécie indesejável ou indiferente.

---

[1] Se as previsões e a tendência do aquecimento global se confirmarem, podem ser acrescentados 600 milhões de pessoas a esse número em 2050.

Desde que foi descoberta por uma equipe da Universidade da Califórnia em Berkeley, sob a liderança da bioquímica Jennifer Doudna, em 2012, a inovação revolucionária de alteração genética que conhecemos como Crispr abalou o mundo e transformou as noções preconcebidas que tínhamos sobre nosso planeta e a nossa posição nele.[2] As capas de revistas e periódicos de grande circulação hoje em dia são consumidas pelo assunto do Crispr e dos mosquitos. Usado com sucesso pela primeira vez em 2013, o Crispr é um método que remove um trecho de DNA de um gene e o substitui por outro, alterando permanentemente o genoma de forma rápida, barata e precisa. Imagine que é como "cortar e colar" genes à vontade.

Em 2016, a Fundação Gates investiu 75 milhões de dólares em pesquisas com Crispr e mosquitos, o maior valor individual já direcionado para a tecnologia genética. "Nossos investimentos em controle de mosquitos", explica a fundação, "incluem métodos biológicos e genéticos não tradicionais, assim como novas intervenções químicas direcionadas para o esgotamento ou a incapacitação de populações de mosquitos transmissores de doenças". Entre esses métodos genéticos se inclui o uso de tecnologia Crispr para erradicar doenças transmitidas por mosquitos, em especial a malária. Em um artigo com o título "Gene Editing for Good: How Crispr Could Transform Global Development" [Edição genética para valer: Como o Crispr poderia transformar o desenvolvimento global], publicado pela *Foreign Affairs* na primavera de 2018, Bill Gates listou os benefícios factíveis do uso da tecnologia Crispr, bem como as áreas de pesquisa específicas contempladas e financiadas pela fundação que leva seu nome (e o de Melinda):

> Mas, em última análise, a eliminação das doenças e das causas mais persistentes de pobreza demandará inovações tecnológicas e descobertas científicas. Isso inclui o Crispr e outras tecnologias

---

[2] Crispr: sigla em inglês para "repetições palindrômicas curtas agrupadas regularmente interespaçadas".

de edição genética direcionada. Ao longo da próxima década, a edição genética pode ajudar a humanidade a superar alguns dos maiores e mais persistentes desafios para a saúde e o desenvolvimento global. A tecnologia está fazendo com que seja muito mais fácil para os cientistas descobrir diagnósticos e tratamentos melhores, além de outras ferramentas para combater doenças que ainda matam e incapacitam milhões de pessoas a cada ano, principalmente entre a população pobre. Ela também está acelerando as pesquisas que podem contribuir para o fim da pobreza extrema ao permitir que milhões de agricultores no mundo em desenvolvimento cultivem plantações e criem gados mais produtivos, nutritivos e resistentes. Tecnologias novas costumam ser recebidas com ceticismo. Mas, se o mundo pretende continuar o progresso impressionante das últimas décadas, é crucial que cientistas, de acordo com normas de segurança e ética, tenham incentivo para seguir tirando proveito de ferramentas promissoras como o Crispr.

Não é difícil entender o motivo. Uma equipe de biólogos em Berkeley anunciou que o Crispr devorou a zika, o HIV e outras doenças "feito Pac-Man".

O alvo estratégico e a meta da Fundação Gates é, e sempre foi, o extermínio da malária e de outras doenças transmitidas pelo mosquito, não a quase extinção do inseto — que é inofensivo quando voa sozinho, sem dar carona a nenhum microrganismo. Das mais de 3.500 espécies de mosquito, só algumas centenas são capazes de agir como vetores de doenças. Mosquitos pré-fabricados com uma modificação genética para não terem condições de abrigar o parasita (um traço hereditário transmitido pela linhagem do inseto) poderiam dar um fim ao eterno flagelo da malária. Mas, como a dra. Doudna e a Fundação Gates sabem muito bem, a tecnologia Crispr de manipulação genética também tem potencial para deflagrar mapas genéticos mais sinistros e tenebrosos, com possibilidades perigosas e ameaçadoras. A pesquisa em Crispr é um fenômeno global, e Doudna e a fundação não detêm monopólio sobre suas perspectivas ilimitadas, os instrumentos para sua implementação, ou sua execução operacional.

O Crispr já foi chamado de instrumento, máquina ou gene da extinção, pois é exatamente isso que ele pode realizar — o extermínio dos mosquitos mediante esterilização genética. Essa teoria vem circulando na comunidade científica desde os anos 1960. Agora, o Crispr pode botar esses princípios em prática. De fato, o mosquito já alterou nosso DNA, com o traço falciforme e outras barreiras genéticas contra a malária; talvez seja hora de retribuir o favor. Mosquitos machos especiais, alterados geneticamente pelo Crispr com "genes egoístas" dominantes, são liberados em populações de mosquitos para cruzar com fêmeas e produzir apenas descendentes natimortos, inférteis ou exclusivamente machos. O mosquito seria extinto em uma ou duas gerações. Com essa arma decisiva para a guerra, a humanidade nunca mais precisaria ter medo das picadas de um mosquito. Nós acordaríamos em um admirável mundo novo, livres das doenças transmitidas pelo inseto.

Uma simples alternativa para a inclusão do mosquito na ala de espécies extintas dos museus seria deixá-los inofensivos, uma estratégia defendida e financiada pela Fundação Gates. Com a tecnologia de "instrumento genético", explicou Gates em outubro de 2018, "na prática, os cientistas poderiam introduzir um gene em uma população de mosquitos que acabaria por abatê-la — ou impedi-la de transmitir malária. Durante décadas, foi difícil testar essa ideia. Mas, com a descoberta do Crispr, a pesquisa ficou muito mais fácil. Há pouquíssimo tempo, uma equipe do consórcio de pesquisadores Target Malaria anunciou a conclusão de estudos que conseguiram eliminar completamente populações de mosquitos. Que fique claro: o teste foi feito só em uma série de gaiolas de laboratório, cada uma com seiscentos mosquitos. Mas é um começo promissor". O dr. Anthony James, geneticista molecular na Universidade da Califórnia em Irvine, que admite "estar obcecado com mosquitos há trinta anos", usou o Crispr para deixar uma espécie de mosquito *Anopheles* incapaz de transmitir malária, eliminando o parasita no momento em que ele é processado pela glândula salivar do inseto. "Acrescentamos um conjunto pequeno de genes", explica James, "que permite que os mosquitos continuem atuando do mesmo jeito de sempre, exceto por uma pequena diferença": eles não conseguem abrigar o parasita da malária. Com o gênero *Aedes* é mais difícil, pois ele transmite uma variedade de doenças, como a febre amarela, a zika, a febre do Nilo Ocidental, a chikungunya, a febre do Mayaro, a dengue e outras encefalites. "O importante é desenvolver um instrumento genético que deixe os insetos estéreis", disse James sobre os mosquitos *Aedes*. "Não faz sentido criar um mosquito resistente à zika se ele ainda for capaz de transmitir dengue e outras doenças." Chegamos ao ponto da história em que podemos escolher que seres vivos erradicar quase com a mesma facilidade com que pedimos pratos em um cardápio, selecionamos uma série para maratonar na Netflix ou clicamos em algum produto na Amazon.

Temos motivos válidos, mas ainda desconhecidos, para tomar cuidado com o que pedimos. Se erradicarmos espécies de mosquito vetores de doenças, como *Anopheles*, *Aedes* e *Culex*, é possível que outros mosquitos ou insetos aproveitem esse nicho ecológico e preencham a lacuna zoonótica, dando continuidade à transmissão? Se eliminássemos mosquitos (ou qualquer animal, diga-se de passagem, ou se reintroduzíssemos espécies há muito extintas), qual seria o efeito sobre o equilíbrio de forças e a harmonia biológica da Mãe Natureza? O que aconteceria se exterminássemos espécies que possuem uma função essencial, mas desconhecida, em ecossistemas globais? Onde iríamos parar? Como estamos só começando a fazer essas perguntas moralmente complicadas e biologicamente ambíguas, ninguém sabe responder muito bem.

A única doença humana que já foi totalmente exterminada é a varíola. Durante o século XX, antes ser condenada à extinção e relegada à história, estima-se que a varíola tenha matado trezentos milhões de pessoas. A OMS se dedicou a erradicá-la não só por causa da letalidade, mas também porque o vírus não tinha como se esconder. Os seres humanos são a única espécie hospedeira, e o vírus não sobrevivia mais do que algumas horas por conta própria. O último caso natural dessa assassina lendária foi registrado na Somália em 1977. O ciclo de transmissão da varíola, que durou três mil anos, havia sido aniquilado de vez. Contudo, na mesma época o HIV, ainda não identificado, começava aos poucos sua saída da África para o restante do mundo. Uma doença mortal deu lugar a outra. Para a poliomielite e vários vermes parasitários, incluindo a filariose, o fim também estava próximo. Mas essas também estão dando lugar a doenças novas em ascensão, como o ebola, a zika, a febre do Nilo Ocidental e outras. Desde 2000, por exemplo, o recente vírus de Jamestown Canyon, uma imitação branda transmitida por mosquitos do vírus do Nilo Ocidental que foi isolada pela primeira vez em Jamestown, Colorado, em 1961, espalhou-se pela América do Norte até Newfoundland.

Com o Crispr, nossa espécie hoje é capaz de provocar a extinção deliberada de qualquer organismo que quisermos. Também somos capazes de trazer espécies extintas de volta à vida, desde que haja DNA antigo viável. Em fevereiro de 2017, uma equipe de cientistas de Harvard anunciou que "o mamute deixará de ser extinto em dois anos". Eu já não vi esse filme quando era pequeno? Na época, era ficção científica, e a gente conhecia como *O Parque dos Dinossauros*. Hollywood tem um pendor dramático para explorar e capitalizar os descaminhos de nossas maravilhas científicas e os equívocos tecnológicos inspirados pela nossa prepotência. O mal uso da tecnologia Crispr pode ter consequências reais, ainda que não sejam velociraptores tocando o terror na Times Square ou na Piccadilly Circus nem um tiranossauro batendo perna pela Disney ou na Champs-Élysées. "Podemos recriar a biosfera do jeito que quisermos, desde mamutes a mosquitos que não picam", comenta Henry Greely, professor de direito e diretor do Center for Law and the Biosciences da Universidade Stanford. "O que devemos pensar disso? Queremos viver na natureza ou na Disney?" Nós, como espécie, estamos diante de um dilema moral inédito, com repercussões incomensuráveis e, com quase toda a certeza, não intencionais. O tsunami de transformações cataclísmicas afetaria todos os setores da civilização. A ficção científica viraria realidade, se é que já não virou.

Segundo o dr. Thomas Walla, professor de biologia em ecologia tropical e meu colega na Universidade Colorado Mesa, "a tecnologia é tão simples, barata e difundida que alunos de pós-graduação poderão fazer experimentos com aplicações de Crispr em laboratório com relativa facilidade. É bem possível que o lançamento do Crispr tenha aberto a caixa de Pandora". Com o Crispr, os tijolos de DNA que constituem qualquer organismo, incluindo os seres humanos, podem ser reorganizados livremente. "Quais são as consequências imprevistas da edição de genomas?", perguntou-se Doudna. "Não sei se sabemos o bastante", respondeu ela. "Mas as pessoas vão usar a tecnologia, quer saibamos o suficiente sobre ela, quer não. Parecia incrivelmente assustadora a possibilidade de estudantes trabalharem com algo assim. É importante as pessoas entenderem do que essa tecnologia é capaz." Revolucionária, sim, mas ao mesmo tempo apavorante. Como J. Robert Oppenheimer, chefe do Projeto Manhattan, lamentou após o primeiro teste bem-sucedido com uma bomba atômica em julho de 1945: "Eu me lembrei de uma frase do Bhagavad Gita, o livro sagrado do hinduísmo. Vishnu está tentando convencer o príncipe a cumprir seu dever e, para impressioná-lo, assume uma forma de vários braços e fala: 'Agora me tornei a Morte, destruidora de mundos.'"

Embora esse tipo de manipulação genética aplicada a humanos possa ser capaz de erradicar doenças, distúrbios biológicos ou, em essência, qualquer traço considerado "indesejável", ela também poderia ser direcionada para projetos de eugenia, armas biológicas de destruição em massa, outros fins escusos ou a erradicação de "indesejáveis", imitando o roteiro do filme *Gattaca*, de 1997. Em fevereiro de 2016, James Clapper, diretor de inteligência nacional dos Estados Unidos, alertou o Congresso e o presidente Barack Obama, em seu relatório anual, para que o Crispr fosse considerado uma arma de destruição em massa viável e potencial. "Assim como instrumentos genéticos podem impedir que mosquitos disseminem o parasita da malária", avisa

David Gurwitz, professor de genética molecular humana e bioquímica na Universidade de Tel-Aviv, "seria possível também que os mosquitos fossem criados com instrumentos genéticos carregados com toxinas bacterianas letais para seres humanos". Embora vetores zoonóticos animais, como o mosquito, possam ser alterados geneticamente para interromper a disseminação de patógenos, eles também poderiam ser manipulados para se tornar sistemas de transmissão supercarregados dessas mesmas doenças. Ainda que tenhamos destravado os segredos dessa tecnologia, o que estamos explorando não vai além da superfície de todo o potencial que ela tem. O lado negativo do Crispr é praticamente a definição de distopia.

Em 2016, os chineses realizaram os primeiros testes humanos com Crispr, seguidos de perto pelos Estados Unidos e pela Grã-Bretanha, no início de 2017. "Tudo é possível com Crispr", diz o geneticista Hugo Bellen, na Baylor College of Medicine. "Sem brincadeira." Em meio ao turbilhão de reprogramação genética do Crispr, em laboratórios do mundo todo existem em curso mais de 3.500 experimentos com instrumentos genéticos em humanos. Embora sejamos capazes de eliminar os mosquitos, também podemos remodelar a humanidade. Como qualquer outra espécie, somos o resultado de milhões de anos de um processo sofisticado de evolução. Agora, com o Crispr, estamos colocando a mão na massa.

Em 26 de novembro de 2018, na Segunda Cúpula Internacional sobre a Edição do Genoma Humano, o geneticista chinês He Jiankui anunciou ao mundo que havia desafiado as normas e orientações do governo, pois havia usado Crispr com sucesso no embrião de duas gêmeas, conferindo a uma delas, Nana, imunidade completa ao HIV, enquanto a irmã, Lulu, recebeu apenas imunidade parcial.[3] A declaração agitou um vespeiro de polêmica, revolta, críticas e, principalmente, questionamentos e debates internacionais sobre o uso do Crispr no futuro. Importantes

---

[3] Mais tarde, investigadores relataram que, no processo, o cérebro das "gêmeas Crispr" talvez tenha sido incrementado sem querer (ou talvez deliberadamente).

geneticistas e biólogos, entre eles Jennifer Doudna, ficaram chocados com a revelação e reagiram com declarações como: "Irresponsável", "Se for verdade, o experimento é monstruoso", "Estamos lidando com os fundamentos operacionais de um ser humano. É sério" e "Condeno o experimento, inequivocamente". Uma matéria na *Nature* afirmou que os colegas chineses dele ficaram especialmente consternados, e as críticas foram "particularmente intensas na China, onde os cientistas lamentam a reputação do país como Velho Oeste das pesquisas em biomedicina".

Em sua "2018 Year in Review", ou "retrospectiva" anual, Bill Gates abordou os "bebês Crispr" que He Jiankui havia criado sem autorização, afirmando que "concordo com quem disse que esse cientista foi longe demais". Contudo, em sua visão esperançosa e inspiradora para o futuro, Gates acrescentou:

> Mas seu trabalho pode levar a algo positivo, se incentivar mais pessoas a se informarem e conversarem sobre edição genética. Talvez este seja o debate público mais importante que não temos feito o bastante ultimamente. As dúvidas éticas são enormes. A edição genética está gerando muito otimismo para o tratamento e a cura de doenças, incluindo algumas em que nossa fundação está trabalhando (embora nós invistamos em alteração de plantas e insetos, não de humanos) [...]. Acho surpreendente que essas questões não tenham gerado mais atenção do público. Hoje em dia, a inteligência artificial é tema de intensos debates. No mínimo, a edição genética merece os holofotes tanto quanto a inteligência artificial.

Para o bem ou para o mal, é um fato amplamente estabelecido que o Crispr logo entrará em cena e dominará os holofotes, se é que já não entrou.

Quando este livro for publicado, posso prometer e prever com toda a tranquilidade que "bebês projetados" modificados geneticamente com Crispr terão causado uma tempestade de polêmicas e discussões, bem como uma onda de questionamentos morais e jurídicos na comunidade internacional. Como declarou o dr. George Church, geneticista de Harvard, o Crispr "agora já estava à solta". Muitas pessoas envolvidas nas pesquisas e discussões querem prendê-lo de novo o mais rápido possível. Se o anúncio do dr. He Jiankui for verdadeiro e seus resultados forem autenticados, pode ser que essa janela de oportunidade já tenha se fechado.

A ideia de que podemos controlar esses códigos genéticos e ecossistemas de complexidade inimaginável é o mesmo que achar que podemos controlar o clima. De fato, podemos afetá-lo, mas com certeza também podemos piorar a situação. Não temos absolutamente nenhum motivo para acreditar que somos capazes de formular um resultado totalmente intencional ou construir um produto impecável *100% das vezes*. Basta um único equívoco, deslize, erro humano acidental para entrarmos em uma rota de colisão desastrosa. O aumento recente de desastres naturais, ou barreiras malthusianas, incluindo doenças novas ou renovadas, furacões devastadores, tsunamis, incêndios florestais, secas e terremotos, nos lembra que somos relativamente vulneráveis e não tão espertos e onipotentes quanto costumamos acreditar. Somos uma entre oito a onze milhões de espécies que, segundo estimativas, ocupam este planeta.[4] Não há diferença alguma entre nós e qualquer organismo do projeto evolutivo de Darwin na luta constante pela sobrevivência do mais apto. A natureza sempre dá um jeito de firmar o nosso pé (e a prepotência do *Homo sapiens* de se considerar "homem sábio") de volta no chão.

Charles Darwin declarou em seu tratado seminal de 1859, *A origem das espécies*, que "a seleção natural, como veremos nesta obra, é uma força em constante prontidão para agir, e é desmedidamente superior aos pífios esforços do homem, pois as obras da Natureza são obras de Arte".

---

[4] As estimativas são complicadas e têm uma variação considerável. Vi com alguma frequência os números comuns 8,7 milhões e onze milhões. Também encontrei materiais acadêmicos que iam de dois bilhões a um trilhão, incluindo quarenta milhões de espécies só entre os insetos. Assim como os organismos vivos em questão, a taxonomia é também um processo em andamento, evoluindo constantemente.

Imagino que o Crispr seja seleção natural por outros meios, embora eu não saiba se o sr. Darwin concordaria necessariamente. À medida que medicamentos e inseticidas tombam diante de nosso predador vampírico, parece que, graças às balas de prata das vacinas contra a malária e ao Crispr, estamos nos encaminhando para a batalha decisiva do Armagedom em nossa guerra eterna contra os mosquitos.

Agora que podemos manipular o genoma do mosquito, finalmente temos a chance de contra-atacar, mas precisamos lembrar e considerar algumas lições históricas. Como já vimos com o DDT, nada é tão simples assim. O destino da nossa espécie tem se mantido ligado ao do mosquito durante toda a nossa louca trajetória coevolutiva, desde o primeiro contato atrapalhado na África até o traço falciforme e os Super Bowls de Ryan Clark. Não tivemos a chance de escolher nossa aventura. Para o bem ou para o mal, o destino e a história interativa das nossas espécies estão ligados para sempre, presos em uma mesma trama de luta e sobrevivência que levará a um resultado em comum. Seria ingenuidade achar que podemos nos desvencilhar agora com facilidade e sem consequências. Ora, no fim das contas, ainda estamos todos aqui.

CONCLUSÃO

Continuamos em guerra com os mosquitos.

Em 1909, o dr. Rubert Boyce, fundador da Escola de Medicina Tropical de Liverpool, declarou que o destino da civilização humana seria decidida por uma simples equação: "Mosquito ou Homem?" Essa é a pergunta a respeito de sobrevivência mais importante já feita tanto pela nossa espécie moderna quanto por nossos ancestrais hominídeos. Na verdade, essa pergunta foi tão crucial para a propagação dos primeiros *Homo sapiens* que o mosquito determinou e impulsionou modificações ao sequenciamento genético do nosso DNA. Por meio da seleção natural, a humanidade desenvolveu defesas hereditárias contra a malária e evoluiu para resistir às picadas letais. Com a tecnologia Crispr de edição genética, agora pretendemos retribuir o favor.

O mosquito dominou o planeta por 190 milhões de anos e matou com uma potência inabalável durante a maior parte de seu inigualável reinado de terror. Esse inseto minúsculo e tenaz tem se superado com absoluta fúria e ferocidade. Ao longo das eras, ele impôs sua vontade à raça humana e determinou os rumos da história. O mosquito foi instigador, estimulando e gerando a criação da ordem global moderna. Consumiu praticamente todos os cantos do nosso planeta, devorou uma imensa variedade de animais, incluindo os dinossauros, e ainda por cima estima-se que ele tenha sido responsável por 52 bilhões de cadáveres humanos.

O mosquito promoveu a ascensão e a queda de impérios antigos, da mesma forma como gerou nações independentes ao mesmo tempo que dominou e subjugou outras. Comprometeu, e até destruiu, economias. Infiltrou-se pelas batalhas mais grandiosas e decisivas, ameaçou e massacrou os maiores exércitos de suas gerações e venceu os mais célebres dentre os generais e pensadores militares que pegaram em armas, sacrificando muitos desses homens em sua chacina. Ao longo de toda a nossa história de violência, os generais Anófeles e Aedes foram poderosas armas de guerra, atuando também como inimigos formidáveis ou aliados glutões.

Embora tenhamos refreado um pouco a carnificina do mosquito em anos recentes, ele continua injetando sua influência nas populações humanas. À medida que o aquecimento global, intensificado pela emissão de gases de efeito estufa, consome nosso planeta, o inseto expande o campo de batalha abrindo novas linhas de frente e penetrando áreas de operação que antes eram livres de suas doenças. Seu alcance está crescendo, expandindo-se tanto ao norte quanto ao sul, e também para áreas de maior altitude, conforme regiões até então inexploradas se aquecem para recebê-lo. As obstinadas doenças transmitidas pelo mosquito seguem decididas a preservar o impulso evolutivo de sobrevivência e representam uma ameaça crescente às populações humanas cada vez mais móveis e misturadas. Mesmo diante da ciência e da medicina modernas, o inseto se mantém como o animal mais nocivo para a humanidade.

Em 2018, ele matou *só* 830 mil pessoas, mas ainda foi muito mais do que nossa sanguinolência contra nossa própria espécie. Em tempos recentes, nossos guerreiros veteranos contra o mosquito, mercadores de armas científicas e guerrilheiros médicos acrescentaram armas novas e sofisticadas de destruição em massa ao nosso arsenal, na forma de instrumentos de extinção genética do Crispr e vacinas antimaláricas. Estamos empregando esse material bélico nas linhas de frente mais ativas do teatro de operações para combater a ameaça crescente do inseto, em função de armas novas e eficientes como a zika e a febre do Nilo Ocidental e do aprimoramento de soldados veteranos e historicamente confiáveis, incluindo a malária e a dengue. Essa guerra total contra nosso predador mais letal só pode terminar de um jeito: com a rendição incondicional do mosquito e suas doenças. Talvez só haja uma forma de atingir esse resultado final: a absoluta destruição e eliminação do mosquito e suas doenças.

O extermínio de 110 trilhões de mosquitos inimigos, junto com seus patógenos, trocaria a sequência atual da história humana, que eles ajudaram laboriosamente a criar, por uma realidade divergente com repercussões desconhecidas. Contudo, o mosquito ainda assim marcaria a história, embora fosse sua última participação na trajetória da humanidade. É bem possível que o Crispr escreva o epílogo de sua história extraordinária.

No entanto, como já vimos ao longo da história, o mosquito sobreviveu a tudo de bom e de ruim que a natureza e a humanidade já fizeram, causando mortes através dos séculos com insuperável intensidade. Ele resistiu ao fenômeno de extinção dos dinossauros e se transformou repetidas vezes para frustrar todos os nossos esforços de exterminá-lo. Durante toda a nossa existência, ele determinou o destino de nações, decidiu guerras marcantes e ajudou a organizar nossa disposição global, matando quase metade dos seres humanos no processo. No entanto, o Crispr, assim como o DDT e outros instrumentos de execução, talvez também acabe sucumbindo à picada evolutiva. A história já demonstrou que o mosquito é um sobrevivente obstinado. Por enquanto, o inseto infatigável é ainda nosso predador mais letal.

Sim, entendo que, para a maioria dos leitores, pode ser difícil se identificar emocionalmente com o choque de estatísticas e mortalidades perturbadoras que este livro examina. Temos visto o mosquito fazer estragos na humanidade desde os primórdios da nossa espécie e matar ou contaminar uma grande variedade de populações em sua jornada sangrenta. Durante a maior parte dessa aventura épica, navegamos pelo passado, em uma viagem pela Antiguidade, visitamos os locais renomados e os campos de batalha heroicos de impérios antigos e nações aspirantes, e folheamos as páginas marcadas e os episódios destacados da história. Contudo, o mosquito e suas doenças continuam trabalhando a pleno vapor, inserindo registros novos em nossa odisseia humana.

Pode ser que muitos leitores deste livro morem em regiões que hoje estejam livres de doenças transmitidas pelo mosquito, mas, se você leu, não deve ser surpresa nenhuma o fato de que o mosquito ainda afeta a vida de centenas de milhões de pessoas, e não só por causa do zumbido irritante ou pela coceira incômoda e incessante. É só um palpite, mas eu diria que talvez algum conhecido seu responda com um sim ou um gesto de cabeça afirmativo se você perguntar a ele sobre a dengue, a malária, a febre do Nilo Ocidental, a zika ou, quem sabe, sobre a presença de uma barreira genética como o traço falciforme.

Tendo em vista que Grand Junction, no Colorado, a cidade que me acolheu, se encontra na área de atuação da febre do Nilo Ocidental, vários colegas e alunos na Universidade Colorado Mesa, onde leciono, já contraíram a doença, e alguns sofreram paralisia permanente ou outras sequelas. Eles foram contaminados no próprio quintal de casa, andando de bicicleta ou fazendo trilha pelo mato, ou pescando ou descendo de *rafting* pelos rios Colorado e Gunnison, que atravessam o centro da cidade que, por sua vez, serve de "grande entroncamento" [*grand junction*] para os dois cursos de água. Também sei de alunos, amigos e conhecidos que padeceram das febres intensas da malária e da dengue quando viajaram ou fizeram trabalho voluntário. Um aluno que teve dengue quando passou duas semanas de férias mochilando pelo Camboja descreveu o episódio como um inferno. Além dos vômitos, das febres delirantes e das erupções cutâneas, ele disse que a dor excruciante "era como se alguém estivesse enfiando pregos nos meus ossos e apertando meus músculos e minhas articulações lentamente com um torninho". Muitos soldados e veteranos que conversaram comigo contraíram malária ou dengue em missões militares exóticas ou quando estavam prestando serviço como civis para as Forças Armadas na África. Recentemente, um amigo meu, que agora presta serviço para as Forças Armadas, me ligou um dia de Mali quando estava de cama com malária. Também conheço duas pessoas que têm o traço falciforme. Embora eu tenha tido a experiência dos sonhos caleidoscópicos surreais induzidos pela mefloquina, felizmente, que eu saiba, nunca contraí nenhuma doença transmitida por mosquitos. No entanto, devo a minha vida, minha própria existência, a um mosquito *Anopheles* africano que lutou na Primeira Guerra Mundial.

Pela primeira vez na vida, aos quinze anos de idade, meu bisavô, William Winegard, saiu da sua tranquila cidadezinha no Canadá, em 1915, e entrou para o exército. O início da Primeira Guerra Mundial, em agosto de 1914, despertou os sonhos de glória que ele tinha a serviço do rei e de sua nação. Essas ilusões de nobreza sucumbiram nas industrializadas trincheiras massacrantes da Frente Ocidental. Em março de 1916, William levou um tiro e sofreu intoxicação com gás perto de Ypres, na Bélgica. Após um período de convalescência no hospital, ele recebeu baixa e foi despachado para o Canadá por ser menor de idade. William nunca chegou a voltar para sua cidadezinha idílica e jovial. Imediatamente após desembarcar em Montreal, ele entrou para a Marinha canadense, mentindo mais uma vez acerca da idade.

"Os muitos rostos da malária": o soldado/marinheiro William Winegard foi um dos 1,5 milhão de soldados que contraíram malária durante a Primeira Guerra Mundial. Para sorte minha, ele, ao contrário de outros 95 mil, sobreviveu. Aqui, William, aos dezesseis anos de idade, posa para a foto ao se alistar na Marinha canadense, em agosto de 1916, depois de servir (e se ferir) como soldado na Frente Ocidental (*Família Winegard*).

William passou o resto da guerra servindo em um navio-varredor em patrulha no litoral da África Centro-Ocidental, berço ancestral das doenças transmitidas por mosquitos. No verão de 1918, ele contraiu de uma vez só "gripe espanhola", febre tifoide e malária *vivax*. Quando o médico do navio declarou o óbito e estava se preparando para lançar o cadáver ao mar, William, um adolescente de 1,77 metro que antes pesava robustos oitenta quilos, estava esquelético, com 44 quilos. Quis o destino que um membro da tripulação o visse piscar, e assim ele foi poupado do mesmo túmulo submarino do cofre de Davy Jones. Assim como o sargento Rex Raney, avô da minha esposa, meu bisavô William também sobreviveu às agruras da malária na guerra. Depois de um ano na enfermaria em Freetown, em Serra Leoa, e mais um ano em um hospital na Inglaterra, ele voltou para o Canadá, em 1920. Haviam se passado quase seis anos desde que William embarcara para a guerra. Ele serviria de novo na Marinha canadense durante a Segunda Guerra Mundial e teria uma longa vida, chegando a maduros 87 anos de idade.

Quando eu era pequeno, escutava com reverência e admiração as histórias de guerra que ele narrava com estoicismo, incluindo as batalhas contra a malária. Ele aceitava as recaídas de malária como uma doença sazonal típica, mas teimava em dizer que a culpa era do cáiser Guilherme II, imperador alemão, em vez do mosquito. Apesar de ter um nome parecido com o do monarca alemão, a frase que meu bisavô William mais gostava de falar era "Maldito cáiser Bill!". Eu só existo graças àquele mosquito *Anopheles* faminto da África, que sugou o sangue dele durante o verão conflituoso de 1918. Esse mosquito da malária e a sereia com cabeça de hidra das doenças atrasaram em quase dois anos a volta dele ao Canadá. Em 1920, durante a viagem, ele foi falar com uma adolescente que estava passando mal, com enjoo e vomitando no mar, então passou uma cantada debochada. Ela levantou a cabeça e, segundo minha bisavó Hilda, "soltou os cachorros". O casamento dos dois durou felizes e tempestuosos 67 anos. Contudo, as doenças transmitidas pelo mosquito não são coisa do passado ou uma relíquia de outras eras que só afetou nossos ancestrais. Elas continuam vivas, e passam bem.

Ao fim desta viagem épica, uma corrida maluca, minha perspectiva e opinião sobre o mosquito nunca mais serão as mesmas. Talvez sua postura em relação ao mosquito, aquele ódio genuíno comum que apareceu na introdução deste livro, também tenha se adaptado, evoluído ou se modificado de alguma forma. Minha visão sobre o inseto agora se alterna entre aquela repulsa sincera e aguda e um verdadeiro sentimento de respeito e admiração. Talvez sejam as duas coisas ao mesmo tempo. Afinal, nessa guerra entre o nosso mundo e a lei natural da selva, não existe nenhuma diferença entre nós e o mosquito. Assim como nós, ele só está tentando sobreviver.

AGRADECIMENTOS

Quando terminei de escrever meu quarto livro, como de costume, meu pai e eu nos sentamos para trocar ideias e sugestões para o seguinte. Embora seja médico de emergência, ele devia ter sido historiador. Depois de me interromper educadamente para me mandar ir com mais calma, ele disse apenas: "Doença!" Essa resposta lacônica não me deixou plenamente convencido, mas, como sempre, meu pai tinha delimitado minhas opções, e agora eu podia lidar com um mapa menor. Foi a partir dessa pista simples de "doença" que nasceu este livro e que comecei minha caça persistente ao nosso predador mais letal.

Para aqueles que, como eu, adoram história, foi a mais perfeita caça ao tesouro. Eu não podia desbravar as selvas desconhecidas em busca do Eldorado ou de Cíbola, tal qual um conquistador espanhol ou Nicolas Cage, nem tentar descobrir a Cidade Perdida de Z. E também não podia embarcar em uma missão para encontrar o Cálice Sagrado do *Código Da Vinci*, como Robert Langdon, nem procurar o Tesouro dos Templários, nem reproduzir qualquer uma das aventuras épicas de Indiana Jones ou completar o Percurso Kessel pelo hiperespaço em menos de doze parsecs. Mas talvez eu conseguisse solucionar esse mistério.

Vasculhei minhas estantes e peguei os livros obrigatórios que eu peço que meus alunos universitários leiam para minhas aulas. Minha caixa de ferramentas pedagógicas contempla uma ampla gama de assuntos e se estende por uma grande variedade de temas que se entrecruzam: história americana; estudos dos povos nativos; política comparada; guerra e política do petróleo; e as civilizações ocidentais em geral. Os livros estavam cheios de narrativas galantes sobre grandes batalhas, guerras decisivas e a ascensão e queda das gloriosas civilizações da Antiguidade, incluindo o Egito, a Grécia e Roma. Todos eles relatam a gênese e a explosão sociocultural do cristianismo e do Islã. As histórias destacam a genialidade de líderes militares influentes como Alexandre, o Grande, Aníbal e Cipião, Gêngis Khan, George Washington, Napoleão, Tecumseh e os generais Ulysses S. Grant e Robert E. Lee. Elas exibem a trajetória de exploradores, piratas e personagens colonizadores, como Colombo, Cortés, Raleigh, Rolfe e Pocahontas, nossa princesa de Hollywood. Todos os livros tratam de explicar a evolução da civilização e as causas que levaram à nossa ordem global.

Essa noção simples de como nosso mundo de ontens criou e moldou nossos hojes e amanhãs me fez pensar. Quais e quem foram os maiores catalisadores para a mudança em nosso passado que deram forma ao presente e ao futuro? Avaliei todos os suspeitos de sempre — comércio, política, religião, invasões imperiais europeias, escravidão e guerra. Depois de relacionar tudo e todos em meu índice mental, concluí que ainda estava faltando alguma coisa. Quando fechei o último livro, a resposta continuava escondida, mas minha curiosidade e a palavra "doença", que a essa altura já dominava meus pensamentos e meu raciocínio acadêmico, haviam me lançado ainda mais fundo pelo buraco.

Havia, claro, a infame Peste Negra do século XIV, deflagrada pela letal bactéria *Yersinia pestis*, que era transmitida pelas pulgas de ratos e aniquilou metade da população na Europa (acumulando uma lista de fatalidades globais na ordem de duzentos milhões de pessoas). Eu também sabia que, dos cerca de cem milhões de indígenas que habitavam o hemisfério ocidental, 95% seriam exterminados por uma série de doenças, ocorridas durante as várias ondas de colonização europeia iniciadas por Colombo em 1492, e pela posterior transferência de ecossistemas globais no "Intercâmbio Colombiano". Eu estava ciente dos surtos ocasionais de cólera e tifo na Europa e nas colônias americanas, e do surto devastador de "gripe espanhola" em 1918 e 1919, que matou entre 75 e cem milhões de pessoas, cinco vezes mais do que a guerra mundial que a ajudou a viralizar. Essas epidemias conhecidas e suas repercussões históricas já haviam sido desvendadas e não me aproximaram do meu objetivo. Eu acabaria encontrando meu prêmio no lugar mais improvável de todos.

Gosto de ir ao mercado. Eu sei que é bizarro, mas acho relaxante. Tem gente que medita ou faz ioga. Eu faço compras no mercado. Uma vez, pouco depois do papo sobre doenças com meu pai e de folhear todos aqueles livros, eu estava caminhando pelos corredores do mercado, reparando na variedade impressionante de produtos. Li os rótulos e fiquei admirado pelo fato de que eu podia escolher entre 26 tipos diferentes de tomate em lata, dezenove variações ou torras de café, 57 opções de ketchup, além dos 31 sabores supostamente deliciosos de ração para Steven, meu cachorro. Empurrei meu carrinho pelo vilarejo global do mercado, topando com insumos diversos de cada recanto do planeta. Pensei com meus botões que o mundo realmente virou um lugar pequeno e somos a espécie mais proeminente. Depois de colocar um saco de batata Ruffles no carrinho, olhei para cima. Ali, bem na minha cara, estava a resposta. Meu tesouro, finalmente, estava estampado em um cartaz gigantesco dentro de um supermercado de Grand Junction, Colorado, a cidade que havia me acolhido.

Li o anúncio de novo. DEEP WOODS OFF!: repele mosquitos que podem transmitir os vírus da zika, da dengue e da febre do Nilo Ocidental. Balancei a cabeça, incrédulo e irritado comigo mesmo por não ter ligado os pontos antes. O assunto que eu procurava para o meu livro, este que você está segurando agora, era óbvio: o mosquito. Nenhum daqueles livros acadêmicos fazia qualquer menção à influência proeminente do inseto ao longo da história e o impacto inescapável com que ele moldou nossa trajetória humana. Eu finalmente havia encontrado meu Eldorado. Estava decidido a pôr tudo em pratos limpos. Este livro é a conclusão de minha caça ao tesouro.

Quando estava botando o papo em dia com o historiador Tim Cook, no Canadian War Museum, cerca de um ano após aquela reveladora ida ao mercado (e ter devorado aquele pacote de Ruffles), comentei sobre essa ideia que eu estava desenvolvendo para o livro e sobre a vasta pesquisa que estava reunindo. Tim me apresentou imediatamente a seu agente, e agora meu também: Rick Broadhead. Obrigado, Tim, por ter feito aquela ligação rápida e, principalmente, pelos anos de apoio e amizade. Rick, você me acompanhou desde os primeiros passos desta aventura, e fico muito grato de tê-lo a meu lado. Você, meu caro, é simplesmente incrível, e não tenho palavras para agradecer por tudo o que você faz. Depois de terminar o manuscrito, entre minhas atividades na sala de aula e como técnico do time de hóquei (sou canadense, afinal) da Universidade Colorado Mesa, apresentei o rascunho aos meus editores, John Parsley, Nicholas Garrison e Cassidy Sachs, na Penguin Random House. Obrigado pelos olhos atentos, pelo fôlego e pelas orientações durante o processo de revisão e edição. Suas observações e análises foram inestimáveis.

Como sempre, muitos amigos, colegas e conhecidos novos ofereceram suas experiências, colaborações e ajudas. Agradeço especialmente a sir Hew Strachan, meu orientador do doutorado na Universidade de Oxford, que me ensinou a enxergar além das palavras no papel e a interagir com a história como se ela fosse uma criatura viva. Tive o imenso privilégio de poder me beneficiar de seu conhecimento e seus conselhos. Eu também gostaria de agradecer, em nenhuma ordem especial, a: Bruno e Katie Lamarre, dr. Alan Anderson, dr. Hoko-Shodee, Jeff Obermeyer, dr. Tim Casey, dr. Douglas O'Roark, dr. Justin Gollob, dra. Susan Becker, dr. Adam Rosenbaum e dr. John Seebach. Adam e John, gostei das nossas várias conversas cheias de mosquitos (hominídeos ou homininios?). John, suas respostas cultas aos meus questionamentos sobre a evolução do homem primitivo e os padrões migratórios, misturadas aos papos agradáveis sobre Guns N' Roses e The Tragically Hip, foram extremamente úteis e proveitosas. Agradeço também a todos os que me ofereceram generosamente seus relatos e conhecimentos pessoais sobre o mosquito. Seria negligência da minha parte não expressar gratidão aos bibliotecários da Universidade Colorado Mesa por atender à minha série interminável de pedidos, incluindo muitos títulos obscuros ou fora de catálogo. Vocês são os verdadeiros caçadores de tesouros. Também quero agradecer à Universidade Colorado Mesa por financiar parte dos custos da pesquisa iconográfica.

Milhares de pessoas dedicaram carreiras inteiras na academia ou na medicina ao vasto mundo dos mosquitos. Estou em dívida com esses soldados e seus esforços incansáveis contra o mosquito, e com os acadêmicos em cujos trabalhos este relato se baseia parcialmente, por isso ofereço minha mão simbólica para expressar gratidão: J. R. McNeill, James L. A. Webb Jr., Charles C. Mann, Randall M. Packard, Mark Harrison, Jared Diamond, Peter McCandless, Andrew McIlwaine Bell, Sonia Shah, Margaret Humphreys, David R. Petriello, Frank Snowden, Alfred W. Crosby, William H. McNeill, Nancy Leys Stepan, Karen M. Masterson, Andrew Spielman, Jeff Chertack, na Fundação Gates, e Bill e Melinda Gates.

Por fim, agradeço a meus pais por terem me ensinado os caminhos da Força. Vocês são dois mestres Jedi e, que me desculpem Alexandre, o Grande, sir Isaac Newton e Yoda, ocupam o topo da minha lista de heróis. Amo vocês e sinto sua falta, e também de nossa casa junto ao lago no Canadá. Jaxson, meu garoto lindo, você é pequeno demais para entender por que eu passo tanto tempo longe, mas pode acreditar que eu preferia passar "dias de cara" com você também. Quem mais consegue defender sua tacada de Wayne Gretzky, pegar seus passes de Matthew Stafford ou ser o Dario III do seu Alexandre, o Grande? Amo você para sempre e em toda a galáxia muito, muito distante. À minha esposa, Becky, obrigado por segurar a barra durante minhas ausências em função do trabalho e minha aparente ausência em casa, enquanto escrevia. Você seguiu o sábio conselho de "paciência" proferido pelo estimado filósofo Axl Rose e o dominou.

Obrigado a todos,
Tim

BIBLIOGRAFIA SELECIONADA

45ª DIVISÃO DO EXÉRCITO DOS ESTADOS UNIDOS. *The Fighting Forty-Fifth: The Combat Report of an Infantry Division*. Organizado por Leo V. Bishop, Frank J. Glasgow e George A. Fisher. Baton Rouge: Army & Navy Publishing Company, 1946.

157º REGIMENTO DE INFANTARIA DO EXÉRCITO DOS ESTADOS UNIDOS. *History of the 157th Infantry Regiment: 4 June '43 to 8 May '45*. Baton Rouge: Army & Navy Publishing Company, 1946.

ABERTH, John. *The First Horseman: Disease in History*. Nova Jersey: Pearson-Prentice Hall, 2006.

_____. *Plagues in World History*. Nova York: Rowman & Littlefield, 2011.

ADELMAN, Zach N. (org.). *Genetic Control of Malaria and Dengue*. Nova York: Elsevier, 2016.

ADLER, Jerry. "A World Without Mosquitoes". *Smithsonian*, jun 2016, pp. 36-43, 84.

AKYEAMPONG, Emmanuel, Robert H. Bates, Nathan Nunn e James A. Robinson (orgs.). *Africa's Development in Historical Perspective*. Cambridge: Cambridge University Press, 2014.

ALLEN, Robert S. *His Majesty's Indian Allies: British Indian Policy in the Defence of Canada, 1774-1815*. Toronto: Dundurn, 1992.

ALTMAN, Linda Jacobs. *Plague and Pestilence: A History of Infectious Disease*. Springfield, NJ: Enslow, 1998.

AMALAKANTI, Sridhar *et al.* "Influence of Skin Color in Dengue and Malaria: A Case Control Study". *International Journal of Mosquito Research*, v. 3, n. 4, 2016, pp. 50-2.

ANDERSON, Fred. *Crucible of War: The Seven Years' War and the Fate of Empire in British North America, 1754-1766*. Nova York: Alfred A. Knopf, 2000.

ANDERSON, Virginia DeJohn. *Creatures of Empire: How Domestic Animals Transformed Early America*. Oxford: Oxford University Press, 2004.

ANDERSON, Warwick. *Colonial Pathologies: American Tropical Medicine, Race, and Hygiene in the Philippines*. Durham, NC: Duke University Press, 2006.

APPLEBAUM, Anne. *A fome vermelha: A guerra de Stalin na Ucrânia*. Tradução de Joubert de Oliveira Brízida. Rio de Janeiro: Record, 2019.

ARROW, Kenneth J., Claire B. Panosian e Hellen Gelband (orgs.). *Saving Lives, Buying Time: Economics of Malaria Drugs in an Age of Resistance*. Washington, DC: National Academies Press, 2004.

ATKINSON, John, Elsie Truter e Etienne Truter. "Alexander's Last Days: Malaria and Mind Games?". *Acta Classica*, v. LII, 2009, pp. 23-46.

AVERY, Donald. *Pathogens for War: Biological Weapons, Canadian Life Scientists, and North American Biodefence*. Toronto: University of Toronto Press, 2013.

BAKKER, Robert T. *The Dinosaur Heresies: New Theories Unlocking the Mystery of the Dinosaurs and Their Extinction*. Nova York: William Morrow, 1986.

BARNES, Ethne. *Diseases and Human Evolution*. Albuquerque: University of New Mexico Press, 2005.

BEHE, Michael J. *The Edge of Evolution: The Search for the Limits of Darwinism*. Nova York: Free Press, 2007.

BELL, Andrew McIlwaine. *Mosquito Soldiers: Malaria, Yellow Fever, and the Course of the American Civil War*. Baton Rouge: Louisiana State University Press, 2010.

BLOOM, Khaled J. *The Mississippi Valley's Great Yellow Fever Epidemic of 1878*. Baton Rouge: Louisiana State University Press, 1993.

BOORSTIN, Daniel J. *Os descobridores: De como o homem procurou conhecer a si mesmo e ao mundo*. Tradução de Fernanda Pinto Rodrigues. Rio de Janeiro: Civilização Brasileira, 1989.

BORNEMAN, Walter R. *1812: The War That Forged a Nation*. Nova York: HarperCollins, 2004.

BOSE, Partha. *Alexandre, o Grande: A arte da estratégia*. Rio de Janeiro: Best Seller, 2006.

BOYD, Mark F. (org.). *Malariology: A Comprehensive Survey of All Aspects of This Group of Diseases from a Global Standpoint*. 2 v. Filadélfia: W. B. Saunders, 1949.

BRABIN, Bernard J. "Malaria's Contribution to World War One — the Unexpected Adversary". *Malaria Journal*, v. 13, n. 1, 2014, pp. 1-22.

BRAY, R. S. *Armies of Pestilence: The Impact of Disease on History.* Nova York: Barnes and Noble, 1996.

BUECHNER, Howard A. *Dachau: The Hour of the Avenger (An Eyewitness Account).* Metairie, LA: Thunderbird Press, 1986.

BUSVINE, James R. *Disease Transmission by Insects: Its Discovery and 90 Years of Effort to Prevent It.* Nova York: Springer-Verlag, 1993.

_____. *Insects, Hygiene and History.* Londres: Athlone Press, 1976.

CAMPBELL, Brian e Lawrence A. Tritle (orgs.). *The Oxford Handbook of Warfare in the Classical World.* Oxford: Oxford University Press, 2013.

CANTOR, Norman F. *Alexander the Great: Journey to the End of the Earth.* Nova York: HarperCollins, 2005.

CAPINERA, John L. (org.). *Encyclopedia of Entomology.* 4 vols. Dordrecht: Springer Netherlands, 2008.

CARRIGAN, Jo Ann. *The Saffron Scourge: A History of Yellow Fever in Louisiana, 1796-1905.* Lafayette: University of Louisiana Press, 1994.

CARSON, Rachel. *Primavera silenciosa.* Tradução de Claudia Sant'Anna Martins. São Paulo: Gaia, 2010.

CARTLEDGE, Paul. *Alexander the Great: The Hunt for a New Past.* Nova York: Overlook Press, 2004.

CARTWRIGHT, Frederick F. e Michael Biddis. *Disease and History.* Nova York: Sutton, 2004.

CENTERS FOR DISEASE CONTROL AND PREVENTION (CDC). *Fact Sheets; Diseases and Conditions; Annual Reports.* Disponível em: <www.cdc.gov>.

CHAMBERS, James. *The Devil's Horsemen: The Mongol Invasion of Europe.* Nova York: Atheneum, 1979.

CHANG, Iris. *The Rape of Nanking: The Forgotten Holocaust of World War II.* Nova York: Penguin, 1998.

CHARTERS, Erica. *Disease, War, and the Imperial State: The Welfare of the British Armed Services During the Seven Years' War.* Chicago: University of Chicago Press, 2014.

CHERNOW, Ron. *Grant.* Nova York: Penguin, 2017.

CHURCHILL, Winston S. *O novo mundo*, Col. História dos povos de língua inglesa, v. 2. Tradução de Enéas Camargo. São Paulo: Ibrasa, 2006.

CIRILLO, Vincent J. *Bullets and Bacilli: The Spanish-American War and Military Medicine.* New Brunswick, NJ: Rutgers University Press, 1999.

CLARK, Andrew G. e Philipp W. Messer. "An Evolving Threat: How Gene Flow Sped the Evolution of the Malarial Mosquito". *Science, jan.* 2015, pp. 27-8, 42-3.

CLARK, David P. *Germs, Genes, and Civilization: How Epidemics Shaped Who We Are Today.* Upper Saddle River, NJ: FT Press, 2010.

CLIFF, A. D., M. R. Smallman-Raynor, P. Haggett, D. F. Stroup e S. B. Thacker. *Emergence and Re-Emergence: Infectious Diseases; A Geographical Analysis.* Oxford: Oxford University Press, 2009.

CLINE, Eric H. *1177 B.C.: The Year Civilization Collapsed.* Princeton: Princeton University Press, 2014.

CLOUDSLEY-THOMPSON, J. L. *Insects and History.* Nova York: St. Martin's Press, 1976.

CLUNAN, Anne L., Peter R. Lavoy e Susan B. Martin. *Terrorism, War, or Disease?: Unraveling the Use of Biological Weapons.* Stanford, CA: Stanford University Press, 2008.

COLEMAN, Terry. *The Nelson Touch: The Life and Legend of Horatio Nelson.* Oxford: Oxford University Press, 2004.

COOK, Noble David. *Born to Die: Disease and New World Conquest, 1492-1650.* Cambridge: Cambridge University Press, 1998.

CRAWFORD, Dorothy H. *Deadly Companions: How Microbes Shaped Our History.* Oxford: Oxford University Press, 2007.

CROOK, Paul. *Darwinism, War and History: The Debate over the Biology of War from the "Origin of Species" to the First World War.* Cambridge: Cambridge University Press, 1994.

CROSBY, Alfred W. *The Columbian Exchange: Biological and Cultural Consequences of 1492.* Nova York: Praeger, 2003.

_____. *Imperialismo ecológico: A expansão biológica da Europa 900-1900.* São Paulo: Companhia das Letras, 2011.

CROSBY, Molly Caldwell. *The American Plague: The Untold Story of Yellow Fever, the Epidemic That Shaped Our History.* Nova York: Berkeley, 2006.

CUETO, Marcos. *Cold War, Deadly Fevers: Malaria Eradication in Mexico, 1955-1975.* Washington, DC: Woodrow Wilson Center Press, 2007.

CUSHING, Emory C. *History of Entomology in World War II.* Washington, DC: Smithsonian Institution, 1957.

DABASHI, Hamid. *Persophilia: Persian Culture on the Global Scene.* Cambridge, MA: Harvard University Press, 2015.

DELAPORTE, François. *A doença de Chagas: História de uma calamidade continental*. Ribeirão Preto, SP: Holos, 2003.

DESOWITZ, Robert S. *The Malaria Capers: More Tales of Parasites and People, Research and Reality*. Nova York: W. W. Norton, 1991.

_____. *Tropical Diseases: From 50,000 BC to 2500 AD*. Londres: Harper Collins, 1997.

_____. *Who Gave Pinta to the Santa Maria?: Torrid Diseases in the Temperate World*. Nova York: Harcourt Brace, 1997.

DE BEVOISE, Ken. *Agents of Apocalypse: Epidemic Disease in the Colonial Philippines*. Princeton: Princeton University Press, 1995.

D'ESTE, Carlo. *Bitter Victory: The Battle for Sicily, 1943*. Nova York: Harper Perennial, 2008.

DEICHMANN, Ute. *Biologists Under Hitler*. Tradução de Thomas Dunlap. Cambridge, MA: Harvard University Press, 1996.

DIAMOND, Jared. *Armas, germes e aço: Os destinos das sociedades humanas*. Rio de Janeiro: Record, 2001.

DICK, Olivia Brathwaite *et al*. "The History of Dengue Outbreaks in the Americas". *American Journal of Tropical Medicine and Hygiene*, v. 87, n. 4, 2012, pp. 584-93.

DINIZ, Debora. *Zika: Do Sertão nordestino à ameaça global*. Rio de Janeiro: Civilização Brasileira, 2016.

DOHERTY, Paul. *The Death of Alexander the Great: What—or Who—Really Killed the Young Conqueror of the Known World?*. Nova York: Carroll & Graf, 2004.

DOUDNA, Jennifer e Samuel Sternberg. *A Crack in Creation: The New Power to Control Evolution*. Nova York: Vintage, 2018.

DOWNS, Jim. *Sick from Freedom: African-American Illness and Suffering during the Civil War and Reconstruction*. Oxford: Oxford University Press, 2012.

DREXLER, Madeline. *Secret Agents: The Menace of Emerging Infections*. Nova York: Penguin Books, 2003.

DUBOIS, Laurent e John D. Garrigus (orgs.). *Slave Revolution in the Caribbean, 1789-1804: A Brief History with Documents*. Nova York: Bedford-St. Martin's, 2ª ed., 2017.

DUMETT, Raymond E. *Imperialism, Economic Development and Social Change in West Africa*. Durham, NC: Carolina Academic Press, 2013.

EARLE, Rebecca. "'A Grave for Europeans'?: Disease, Death, and the Spanish-American Revolutions". *War in History*, v. 3, n. 4, 1996, pp. 371-83.

ENGEL, Cindy. *Wild Health: Lessons in Natural Wellness from the Animal Kingdom*. Nova York: HoughtonMifflin, 2003.

ENSERINK, Martin e Leslie Roberts. "Biting Back". *Science*, out. 2016, pp. 162-3.

FAERSTEIN, Eduardo e Warren Winkelstein Jr. "Carlos Juan Finlay: Rejected, Respected, and Right". *Epidemiology*, v. 21, n. 1, jan. 2010, p. 158.

FENN, Elizabeth A. *Pox Americana: The Great Smallpox Epidemic of 1775-82*. Nova York: Hill and Wang, 2001.

FERNGREN, Gary B. *Medicine and Health Care in Early Christianity*. Baltimore: Johns Hopkins University Press, 2009.

_____. *Medicine & Religion: A Historical Introduction*. Baltimore: Johns Hopkins University Press, 2014.

FOWLER, William M., Jr. *Empires at War: The Seven Years' War and the Struggle for North America, 1754-1763*. Vancouver: Douglas & McIntyre, 2005.

FRANKOPAN, Peter. *The Silk Roads: A New History of the World*. Nova York: Vintage, 2017.

FREDERICKS, Anthony C. e Ana Fernandez-Sesma. "The Burden of Dengue and Chikungunya Worldwide: Implications for the Southern United States and California". *Annals of Global Health*, v. 80, 2014, pp. 466-75.

FREEMAN, Philip. *Alexandre, o Grande*. Barueri, SP: Amarilys, 2014.

FREEMON, Frank R. *Gangrene and Glory: Medical Care During the American Civil War*. Chicago: University of Illinois Press, 2001.

FUNDAÇÃO BILL E MELINDA GATES. *Press Releases; Fact Sheets; Grants; Strategic Investments; Reports*. Disponível em: <www.gatesfoundation.org/>.

GABRIEL, Richard A. *Hannibal: The Military Biography of Rome's Greatest Enemy*. Washington, DC: Potomac Books, 2011.

GACHELIN, Gabriel e Annick Opinel. "Malaria Epidemics in Europe After the First World War: The Early Stages of an International Approach to the Control of the Disease". *História, Ciências, Saúde-Manguinhos*, v. 18, n. 2, abr.-jun. 2011, pp. 431-69.

GATES, Bill. "Gene Editing for Good: How CRISPR Could Transform Global Development". *Foreign Affairs*, v. 97, n. 3, maio/jun. 2018, pp. 166-70.

GEHLBACH, Stephen H. *American Plagues: Lessons from Our Battles with Disease*. Lanham, MD: Rowman & Littlefield, 2016.

GEISSLER, Erhard e Jeanne Guillemin. "German Flooding of the Pontine Marshes in World War II: Biological Warfare or Total War Tactic?". *Politics and Life Sciences*, v. 29, n. 1, mar. 2010, pp. 2-23.

GERNET, Jacques. *La vie quotidienne en Chine à la veille de l'invasion mongole: 1250-1276*. Paris: Hachette, 1959.

GESSNER, Ingrid. *Yellow Fever Years: An Epidemiology of Nineteenth-Century American Literature and Culture*. Nova York: Peter Lang, 2016.

GILLETT, J. D. *The Mosquito: Its Life, Activities, and Impact on Human Affairs*. Nova York: Doubleday, 1971.

GOLDSMITH, Connie. *Battling Malaria: On the Front Lines Against a Global Killer*. Minneapolis: Twenty-First Century Books, 2011.

GOLDSWORTHY, Adrian. *Pax Romana: War, Peace and Conquest in the Roman World*. New Haven, CT: Yale University Press, 2016.

_____. *The Punic Wars*. Londres: Cassell, 2001.

GORNEY, Cynthia. "Science vs. Mosquitoes". *National Geographic*, ago. 2016, pp. 56-9.

GREEN, Peter. *Alexander of Macedon, 356-323 B.C.: A Historical Biography*. Berkeley: University of California Press, 1991.

GREENBERG, Amy S. *A Wicked War: Polk, Clay, Lincoln, and the 1846 U.S. Invasion of Mexico*. Nova York: Vintage, 2013.

GRUNDLINGH, Albert. *Fighting Their Own War: South African Blacks and the First World War*. Johanesburgo: Ravan Press, 1987.

HAMMOND, N. G. L. *The Genius of Alexander the Great*. Chapel Hill: University of North Carolina Press, 1997.

HARARI, Yuval Noah. *Sapiens: Uma breve história da humanidade*. Porto Alegre: L&PM, 2015.

HARDYMAN, Robyn. *Fighting Malaria*. Nova York: Gareth Stevens, 2015.

HARPER, Kyle. *The Fate of Rome: Climate, Disease, and the End of an Empire*. Princeton: Princeton University Press, 2017.

HARRISON, Gordon. *Mosquitoes, Malaria and Man: A History of the Hostilities Since 1880*. Nova York: E. P. Dutton, 1978.

HARRISON, Mark. *Contagion: How Commerce Has Spread Disease*. New Haven, CT: Yale University Press, 2012.

_____. *Disease and the Modern World: 1500 to the Present Day*. Cambridge: Polity Press, 2004.

_____. *Medicine and Victory: British Military Medicine in the Second World War*. Oxford: Oxford University Press, 2004.

_____. *Medicine in an Age of Commerce and Empire: Britain and Its Tropical Colonies 1660-1830*. Oxford: Oxford University Press, 2010.

_____. *The Medical War: British Military Medicine in the First World War*. Oxford: Oxford University Press, 2010.

HAWASS, Zahi. *Discovering Tutankhamun: From Howard Carter to DNA*. Cairo: American University in Cairo Press, 2013.

HAWASS, Zahi e Sahar N. Saleem. *Scanning the Pharaohs: CT Imaging of the New Kingdom Royal Mummies*. Cairo: American University in Cairo Press, 2018.

HAWASS, Zahi et al. "Ancestry and Pathology in King Tutankhamun's Family". *Journal of the American Medical Association*, v. 303, n. 7, 2010, pp. 638-47.

HAWKINS, Mike. *Social Darwinism in European and American Thought, 1860-1945: Nature as Model and Nature as Threat*. Nova York: Cambridge University Press, 1997.

HAYES, J. N. *The Burdens of Disease: Epidemics and Human Response in Western History*. New Brunswick, NJ: Rutgers University Press, 1998.

HICKEY, Donald R. *The War of 1812: A Forgotten Conflict*. Champaign, IL: University of Illinois Press, 2012.

HINDLEY, Geoffrey. *The Crusades: Islam and Christianity in the Struggle for World Supremacy*. Londres: Constable & Robinson, 2003.

HOLCK, Alan R. "Current Status of the Use of Predators, Pathogens and Parasites for Control of Mosquitoes". *Florida Entomologist*, v. 71, n. 4, 1988, pp. 537-46.

HOLT, Frank L. *Into the Land of Bones: Alexander the Great in Afghanistan*. Berkeley: University of California Press, 2012.

HONG, Sok Chul. "Malaria and Economic Productivity: A Longitudinal Analysis of the American Case". *Journal of Economic History*, v. 71, n. 3, 2011, pp. 654-71.

HONIGSBAUM, Mark. *The Fever Trail: In Search of the Cure for Malaria*. Londres: Pan MacMillan, 2002.

HORWITZ, Tony. *Uma longa e estranha viagem: Rotas dos exploradores norte-americanos*. Rio de Janeiro: Rocco, 2010.

HOSLER, John D. *The Siege of Acre, 1189-1191: Saladin, Richard the Lionheart, and the Battle That Decided the Third Crusade*. New Haven, CT: Yale University Press, 2018.

HOYOS, Dexter. *Hannibal: Rome's Greatest Enemy*. Exeter: Bristol Phoenix Press, 2008.

HUGHES, J. Donald. *Environmental Problems of the Greeks and Romans: Ecology in the Ancient Mediterranean*. Baltimore: Johns Hopkins University Press, 2ª ed., 2014.

HUME, Jennifer C. C., Emily J. Lyons e Karen P. Day. "Malaria in Antiquity: A Genetics Perspective". *World Archaeology*, v. 35, n. 2, out. 2003, pp. 180-92.

HUMPHREYS, Margaret. *Intensely Human: The Health of the Black Soldier in the American Civil War*. Baltimore: Johns Hopkins University Press, 2008.

_____. *Malaria: Poverty, Race, and Public Health in the United States*. Baltimore: Johns Hopkins University Press, 2001.

_____. *Marrow of Tragedy: The Health Crisis of the American Civil War*. Baltimore: Johns Hopkins University Press, 2013.

_____. *Yellow Fever and the South*. New Brunswick, NJ: Rutgers University Press, 1992.

HUNT, Patrick N. *Hannibal*. Nova York: Simon & Schuster, 2017.

IOWA STATE UNIVERSITY BIOETHICS PROGRAM. "Engineering Extinction: CRISPR, Gene Drives and Genetically-Modified Mosquitoes". *Bioethics in Brief*, set. 2016. Disponível em: <https://bioethics.las.iastate.edu/2016/09/20/engineering-extinction-crispr-gene-drives-and-genetically-modified-mosquitoes/>.

JACKSON, Peter. *The Mongols and the West, 1221-1410*. Nova York: Routledge, 2005.

JONES, Richard. *Mosquito*. Londres: Reaktion Books, 2012.

JONES, W. H. S. *Malaria: A Neglected Factor in the History of Greece and Rome*. Cambridge: Macmillan & Bowes, 1907.

JORDAN, Don e Michael Walsh. *White Cargo: The Forgotten History of Britain's White Slaves in America*. Nova York: New York University Press, 2008.

JUKES, Thomas H. "DDT: The Chemical of Social Change". *Toxicology*, v. 2, n. 4, dez. 1969, pp. 359-70.

KARLEN, Arno. *Man and Microbes: Disease and Plagues in History and Modern Times*. Nova York: Simon & Schuster, 1996.

KEEGAN, John. *The American Civil War*. Nova York: Vintage, 2009.

_____. *A máscara do comando*. Rio de Janeiro: Biblioteca do Exército, 1999.

KEELEY, Lawrence H. *A guerra antes da civilização: O mito do bom selvagem*. São Paulo: É Realizações, 2011.

KEITH, Jeanette. *Fever Season: The Story of a Terrifying Epidemic and the People Who Saved a City*. Nova York: Bloomsbury Press, 2012.

"Kill Seven Diseases, Save 1.2m Lives a Year". *The Economist*, 10-16 out. 2015.

KINKELA, David. *DDT and the American Century: Global Health, Environmental Politics, and the Pesticide That Changed the World*. Chapel Hill: University of North Carolina Press, 2011.

KIPLE, Kenneth F. e Stephen V. Beck (orgs.). *Biological Consequences of the European Expansion, 1450-1800*. Aldershot, Reino Unido: Ashgate, 1997.

KOTAR, S. L. e J. E. Gessler. *Yellow Fever: A Worldwide History*. Jefferson, NC: McFarland, 2017.

KOZUBEK, James. *Modern Prometheus: Editing the Human Genome with CRISPR-CAS9*. Cambridge: Cambridge University Press, 2016.

LANCEL, Serge. *Hannibal*. Oxford, Reino Unido: Blackwell Publishers, 1999.

LARSON, Greger *et al.* "Current Perspectives and the Future of Domestication Studies". *Proceedings of the National Academy of Sciences of the United States of America*, v. 111, n. 17, abr. 2014, pp. 6139-46.

LEDFORD, Heidi. "CRISPR, the Disruptor". *Nature*, v. 522, jun. 2015, pp. 20-4.

LEONE, Bruno. *Disease in History*. San Diego: ReferencePoint Press, 2016.

LEVINE, Myron M. e Patricia M. Graves (orgs.). *Battling Malaria: Strengthening the U.S. Military Malaria Vaccine Program*. Washington, DC: National Academies Press, 2006.

LEVY, Elinor e Mark Fischetti. *The New Killer Diseases: How the Alarming Evolution of Germs Threatens Us All*. Nova York: Crown, 2003.

LITSIOS, Socrates. *The Tomorrow of Malaria*. Wellington, NZ: Pacific Press, 1996.

LIU, Weimin et al. "African Origin of the Malaria Parasite *Plasmodium vivax*". *Nature Communications*, v. 5, 2014.

LOCKWOOD, Jeffrey A. *Soldados de seis pernas: Usando insetos como armas de guerra*. Florianópolis: Editora UFSC, 2015.

LOVETT, Richard A. "Did the Rise of Germs Wipe Out the Dinosaurs?". *National Geographic News, jan*. 2008. Disponível em: <https://news.nationalgeographic.com/news/2008/01/080115-dino-diseases.html>.

MACALISTER, V. A. *The Mosquito War*. Nova York: Forge, 2001.

MACK, Arien (org.). *In Time of Plague: The History and Social Consequences of Lethal Epidemic Disease*. Nova York: New York University Press, 1991.

MACNEAL, David. *Bugged: The Insects Who Rule the World and the People Obsessed with Them*. Nova York: St. Martin's Press, 2017.

MACPHERSON, W.G. *History of the Great War Based on Official Documents: Medical Services*. Col. Diseases of the War, v. 2. Londres: HMSO, 1923.

MACPHERSON, W. G. et al. (orgs.). *The British Official Medical History of the Great War*. 2 v. Londres: HMSO, 1922.

MADDEN, Thomas F. *The Concise History of the Crusades*. Lanham, MD: Rowman & Littlefield, 2013.

MAJOR, Ralph H. *Fatal Partners, War and Disease*. Nova York: Scholar's Bookshelf, 1941.

MANCALL, Peter C. (org.). *Envisioning America: English Plans for the Colonization of North America, 1580-1640; A Brief History with Documents*. Nova York: Bedford-St. Martin's Press, 2017.

MANGUIN, Sylvie, Pierre Carnevale e Jean Mouchet. *Biodiversity of Malaria in the World*. Londres: John Libbey Eurotext, 2008.

MANN, Charles C. *1491: Novas revelações das Américas antes de Colombo*. Rio de Janeiro: Objetiva, 2007.

_____. *1493: Como o intercâmbio entre o novo e o velho mundo moldou os dias de hoje*. Rio de Janeiro: Verus, 2012.

MARKEL, Howard. *When Germs Travel: Six Major Epidemics That Have Invaded America and the Fears They Unleashed*. Nova York: Pantheon, 2004.

MARKS, Robert B. *Tigers, Rice, Silk, and Silt: Environment and Economy in Late Imperial South China*. Cambridge: Cambridge University Press, 1998.

MARTIN, Sean. *A Short History of Disease: Plagues, Poxes and Civilisations*. Harpenden, Reino Unido: Oldcastle Books, 2015.

MARTIN, Thomas e Christopher W. Blackwell. *Alexander the Great: The Story of an Ancient Life*. Cambridge: Cambridge University Press, 2012.

MASTERSON, Karen M. *The Malaria Project: The U.S. Government's Secret Mission to Find a Miracle Cure*. Nova York: New American Library, 2014.

MAX, D.T. "Beyond Human: How Humans Are Shaping Our Own Evolution". *National Geographic*, abr. 2017, pp. 40-63.

MAYOR, Adrienne. *Greek Fire, Poison Arrows, and Scorpion Bombs: Biological and Chemical Warfare in the Ancient World*. Nova York: Overlook Duckworth, 2009.

MCCANDLESS, Peter. "Revolutionary Fever: Disease and War in the Lower South, 1776-1783". *Transactions of the American Clinical and Climatological Association*, v. 118, 2007, pp. 225-49.

———. *Slavery, Disease, and Suffering in the Southern Lowcountry*. Cambridge: Cambridge University Press, 2011.

MCGUIRE, Robert A. e Philip R. P. Coelho. *Parasites, Pathogens, and Progress: Diseases and Economic Development*. Cambridge, MA: MIT Press, 2011.

MCLYNN, Frank. *Genghis Khan: His Conquests, His Empire, His Legacy*. Cambridge, MA: Da Capo Press, 2016.

MCNEILL, J. R. *Mosquito Empires: Ecology and War in the Greater Caribbean, 1620-1914*. Cambridge: Cambridge University Press, 2010.

MCNEILL, William H. *Plagues and Peoples*. Nova York: Anchor, 1998.

MCPHERSON, James M. *Battle Cry of Freedom: The Civil War Era*. Oxford: Oxford University Press, 1988.

MCWILLIAMS, James E. *American Pests: The Losing War on Insects from Colonial Times to DDT*. Nova York: Columbia University Press, 2008.

MEIER, Kathryn Shively. *Nature's Civil War: Common Soldiers and the Environment in 1862 Virginia*. Chapel Hill: University of North Carolina Press, 2013.

MEINERS, Roger, Pierre Desrochers e Andrew Morriss (orgs.). *Silent Spring at 50: The False Crises of Rachel Carson*. Washington, DC: Cato Institute, 2012.

MIDDLETON, Richard. *Pontiac's War: Its Causes, Course and Consequences*. Nova York: Routledge, 2007.

MITCHELL, Piers D. *Medicine in the Crusades: Warfare, Wounds and the Medieval Surgeon*. Cambridge: Cambridge University Press, 2004.

MOBERLY, F. J. *The Campaign in Mesopotamia, 1914-1918*. Londres: HMSO, v. 4, 1927.

MOELLER, Susan D. *Compassion Fatigue: How the Media Sell Disease, Famine, War and Death*. Nova York: Routledge, 1999.

MONACO, C. S. *The Second Seminole War and the Limits of American Aggression*. Baltimore: Johns Hopkins University Press, 2018.

MURPHY, Jim. *An American Plague: The True and Terrifying Story of the Yellow Fever Epidemic of 1793*. Nova York: Clarion Books, 2003.

NABHAN, Gary Paul. *Why Some Like It Hot: Food, Genes, and Cultural Diversity*. Washington, DC: Island Press, 2004.

NICHOLSON, Helen J. (org.). *The Chronicle of the Third Crusade: The Itinerarium Peregrinorum et Gesta Regis Ricardi*. Londres: Routledge, 2017.

NIKIFORUK, Andrew. *The Fourth Horseman: A Short History of Epidemics, Plagues, Famine and Other Scourges*. Nova York: M. Evans, 1993.

NORRIE, Philip. *A History of Disease in Ancient Times: More Lethal Than War*. Nova York: Palgrave Macmillan, 2016.

O'BRIEN, John Maxwell. *Alexander the Great: The Invisible Enemy; A Biography*. Nova York: Routledge, 1992.

O'CONNELL, Robert L. *The Ghosts of Cannae: Hannibal and the Darkest Hour of the Roman Republic*. Nova York: Random House, 2011.

OFFICER, Charles e Jake Page. *The Great Dinosaur Extinction Controversy*. Boston: Addison-Wesley, 1996.

ORGANIZAÇÃO MUNDIAL DA SAÚDE. *Annual Reports; Data and Fact Sheets; Mosquito Borne Diseases*. Disponível em: <www.who.int/news-room/fact-sheets>.

_____. *Guidelines for the Treatment of Malaria*. Roma: OMS, 3ª ed., 2015.

OVERY, Richard. *Why the Allies Won*. Londres: Pimlico, 1996.

PACKARD, Randall M. *The Making of a Tropical Disease: A Short History of Malaria*. Baltimore: Johns Hopkins University Press, 2007.

_____. "'Roll Back Malaria, Roll in Development'?: Reassessing the Economic Burden of Malaria". *Population and Development Review*, v. 35, n. 1, 2009, pp. 53-87.

PAICE, Edward. *Tip and Run: The Untold Tragedy of the Great War in Africa*. Londres: Weidenfeld & Nicolson, 2007.

PATTERSON, David K. "Typhus and Its Control in Russia, 1870-1940". *Medical History*, v. 37, 1993, pp. 361-81.

_____. "Yellow Fever Epidemics and Mortality in the United States, 1693-1905". *Social Science & Medicine*, v. 34, n. 8, 1992, pp. 855-65.

PATTERSON, Gordon. *The Mosquito Crusades: A History of the American Anti-Mosquito Movement from the Reed Commission to the First Earth Day*. New Brunswick, NJ: Rutgers University Press, 2009.

PENDERGRAST, Mark. *Uncommon Grounds: The History of Coffee and How It Transformed Our World*. Nova York: Basic Books, 1999.

PERRY, Alex. *Lifeblood: How to Change the World One Dead Mosquito at a Time*. Nova York: PublicAffairs, 2011.

PETRIELLO, David R. *Bacteria and Bayonets: The Impact of Disease in American Military History*. Oxford, Reino Unido: Casemate, 2016.

POINAR, George, Jr. e Roberta Poinar. *What Bugged the Dinosaurs? Insects, Disease, and Death in the Cretaceous*. Princeton: Princeton University Press, 2008.

POWELL, J. H. *Bring Out Your Dead: The Great Plague of Yellow Fever in Philadelphia in 1793*. Filadélfia: University of Pennsylvania Press, 1993.

QUAMMEN, David. *Spillover: Animal Infections and the Next Human Pandemic*. Nova York: W. W. Norton, 2012.

RABUSHKA, Alvin. *Taxation in Colonial America*. Princeton: Princeton University Press, 2008.

REFF, Daniel T. *Plagues, Priests, and Demons: Sacred Narratives and the Rise of Christianity in the Old World and the New*. Cambridge: Cambridge University Press, 2005.

REGALADO, Antonio. "The Extinction Invention". *MIT Technology Review*, 13 abr. 2016. Disponível em: <www.technologyreview.com/s/601213/the-extinction-invention/>.

_____. "Bill Gates Doubles His Bet on Wiping Out Mosquitoes with Gene Editing". *MIT Technology Review*, 6 set. 2016. Disponível em: <www.technologyreview.com/s/602304/bill-gates-doubles-his-bet-on--wiping-out-mosquitoes-with-gene-editing/>.

_____. "US Military Wants to Know What Synthetic-Biology Weapons Could Look Like". *MIT Technology Review*, 19 jun. 2018. Disponível em: <www.technologyreview.com/s/611508/us-military-wants-to-know--what-synthetic-biology-weapons-could-look-like/>.

REICH, David. *Who We Are and How We Got Here: Ancient DNA and the New Science of the Human Past*. Nova York: Pantheon, 2018.

REILLY, Benjamin. *Slavery, Agriculture, and Malaria in the Arabian Peninsula*. Athens: Ohio University Press, 2015.

RILEY-SMITH, Jonathan. *The Crusades: A History*. Londres: Bloomsbury Press, 2014.

ROBERTS, Jonathan. "Korle and the Mosquito: Histories and Memories of the Anti-Malaria Campaign in Accra, 1942-5". *Journal of African History*, 51:3, 2010, pp. 343-65.

ROCCO, Fiammetta. *The Miraculous Fever-Tree: Malaria, Medicine and the Cure That Changed the World*. Nova York: HarperCollins, 2003.

ROCKOFF, Hugh. *America's Economic Way of War: War and the US Economy from the Spanish-American War to the Persian Gulf War*. Cambridge: Cambridge University Press, 2012.

ROGERS, Guy MacLean. *Alexander: The Ambiguity of Greatness*. Nova York: Random House, 2005.

ROMM, James. *Ghost on the Throne: The Death of Alexander the Great and the Bloody Fight for His Empire*. Nova York: Vintage, 2012.

ROSEN, Meghan. "With Dinosaurs Out of the Way, Mammals Had a Chance to Thrive". *Science News*, v. 191, n. 2, 2017, pp. 22-33.

ROSENWEIN, Barbara. *A Short History of the Middle Ages*. Toronto: University of Toronto Press, 2014.

ROY, Rohan Deb. *Malarial Subjects: Empire, Medicine and Nonhumans in British India, 1820-1909*. Cambridge: Cambridge University Press, 2017.

RUSSELL, Paul F. *Man's Mastery of Malaria*. Londres: Oxford University Press, 1955.

SAEY, Tina Hesman. "Gene Drives Unleashed". *Science News*, dez. 2015, pp. 16-22.

SALLARES, Robert. *Malaria and Rome: A History of Malaria in Ancient Italy*. Oxford: Oxford University Press, 2002.

SATHO, Tomomitsu et al. "Coffee and Its Waste Repel Gravid *Aedes albopictus* Females and Inhibit the Development of Their Embryos". *Parasites & Vectors*, v. 8, n. 272, 2015.

SCHANTZ, Mark S. *Awaiting the Heavenly Country: The Civil War and America's Culture of Death*. Ithaca, NY: Cornell University Press, 2008.

SCOTT, Susan e Christopher J. Duncan. *Biology of Plagues: Evidence from Historical Populations*. Cambridge: Cambridge University Press, 2001.

SERVICK, Kelly. "Winged Warriors". *Science, out.* 2016, pp. 164-7.

SHAH, Sonia. *The Fever: How Malaria Has Ruled Humankind for 500,000 Years*. Nova York: Farrar, Straus and Giroux, 2010.

_____ *Pandemic: Tracking Contagions, from Cholera to Ebola and Beyond*. Nova York: Farrar, Straus and Giroux, 2016.

SHANNON, Timothy (org.). *The Seven Years' War in North America: A Brief History with Documents*. Nova York: Bedford-St. Martin's Press, 2014.

SHAW, Scott Richard. *Planet of the Bugs: Evolution and the Rise of Insects*. Chicago: University of Chicago Press, 2015.

SHERMAN, Irwin W. *The Power of Plagues*. Washington, DC: ASM Press, 2006.

_____. *Twelve Diseases That Changed Our World*. Washington, DC: ASM Press, 2007.

SHORE, Bill. *The Imaginations of Unreasonable Men: Inspiration, Vision, and Purpose in the Quest to End Malaria*. Nova York: PublicAffairs, 2010.

SINGER, Merrill e G. Derrick Hodge (orgs.). *The War Machine and Global Health*. Nova York: AltaMira Press, 2010.

SLATER, Leo B. *War and Disease: Biomedical Research on Malaria in the Twentieth Century*. New Brunswick, NJ: Rutgers University Press, 2014.

SMALLMAN-RAYNOR, M. R. e A. D. Cliff. *War Epidemics: An Historical Geography of Infectious Diseases in Military Conflict and Civil Strife, 1850-2000*. Oxford: Oxford University Press, 2004.

SMITH, Billy G. *Ship of Death: A Voyage That Changed the Atlantic World*. New Haven, CT: Yale University Press, 2013.

SMITH, Joseph. *The Spanish-American War: Conflict in the Caribbean and the Pacific, 1895-1902*. Nova York: Taylor & Francis, 1994.

SNOW, Robert W., Punam Amratia, Caroline W. Kabaria, Abdisaian M. Noor e Kevin Marsh. "The Changing Limits and Incidence of Malaria in Africa: 1939-2009". *Advances in Parasitology*, v. 78, 2012, pp. 169-262.

SNOWDEN, Frank M. *The Conquest of Malaria: Italy, 1900-1962*. New Haven, CT: Yale University Press, 2006.

SOREN, David. "Can Archaeologists Excavate Evidence of Malaria?". *World Archaeology*, v. 35, n. 2, 2003, pp. 193-205.

SPECTER, Michael. "The DNA Revolution: With New Gene-Editing Techniques, We Can Transform Life — But Should We?". *National Geographic*, ago. 2016, pp. 36-55.

SPENCER, Diana. *Roman Landscape: Culture and Identity*. Cambridge: Cambridge University Press, 2010.

SPIELMAN, Andrew e Michael D'Antonio. *Mosquito: A Natural History of Our Most Persistent and Deadly Foe*. Nova York: Hyperion, 2001.

SRIKANTH, B. Akshaya, Nesrin Mohamed Abd alsabor Ali e S. Chandra Babu. "Chloroquine-Resistance Malaria". *Journal of Advanced Scientific Research*, v. 3, n. 3, 2012, pp. 11-4.

STANDAGE, Tom. *História do mundo em 6 copos*. Rio de Janeiro: Zahar, 2005.

STEINER, Paul E. *Disease in the Civil War: Natural Biological Warfare in 1861-1865*. Springfield, IL: Charles C. Thomas, 1968.

STEPAN, Nancy Leys. *Eradication: Ridding the World of Diseases Forever?*. Ithaca, NY: Cornell University Press, 2011.

STRACHAN, Hew. *The First World War in Africa*. Oxford: Oxford University Press, 2004.

STRATTON, Kimberly B. e Dayna S. Kalleres (orgs.). *Daughters of Hecate: Women and Magic in the Ancient World*. Oxford: Oxford University Press, 2014.

STROMBERG, Joseph. "Why Do Mosquitoes Bite Some People More Than Others?". *Smithsonian, jul.* 2013. Disponível em: <www.smithsonianmag.com/science-nature/why-do-mosquitoes-bite-some-people--more-than-others-10255934/>.

SUGDEN, John. *Nelson: A Dream of Glory, 1758-1797*. Nova York: Henry Holt, 2004.

SUTTER, Paul S. "Nature's Agents or Agents of Empire?: Entomological Workers and Environmental Change During the Construction of the Panama Canal". *Isis*, v. 98, n. 4, 2007, pp. 724-54.

SVERDRUP, Carl Fredrik. *The Mongol Conquests: The Military Operations of Genghis Khan and Sübe'etei*. Warwick, Reino Unido: Helion, 2017.

TABACHNICK, Walter J. et al. "Countering a Bioterrorist Introduction of Pathogen-Infected Mosquitoes Through Mosquito Control". *Journal of the American Mosquito Control Association*, v. 27, n. 2, 2011, pp. 165-7.

TAYLOR, Alan. *The Civil War of 1812: American Citizens, British Subjects, Irish Rebels, and Indian Allies*. Nova York: Alfred A. Knopf, 2010.

THAN, Ker. "King Tut Mysteries Solved: Was Disabled, Malarial, and Inbred". *National Geographic, fev.* 2010. Disponível em: <https://news.nationalgeographic.com/news/2010/02/100217-health-king-tut-bone--malaria-dna-tutankhamun/>.

THUROW, Roger e Scott Kilman. *Enough: Why the World's Poorest Starve in an Age of Plenty.* Nova York: PublicAffairs, 2009.

TOWNSEND, John. *Pox, Pus & Plague: A History of Disease and Infection.* Chicago: Raintree, 2006.

TYAGI, B. K. *The Invincible Deadly Mosquitoes: India's Health and Economy Enemy #1.* Nova Délhi: Scientific Publishers India, 2004.

UEKOTTER, Frank (org.). *Comparing Apples, Oranges, and Cotton: Environmental Histories of Global Plantations.* Frankfurt: Campus Verlag, 2014.

VAN CREVELD, Martin. *The Transformation of War.* Nova York: Free Press, 1991.

VAN DEN BERG, Henk. "Global Status of DDT and Its Alternatives for Use in Vector Control to Prevent Disease". Programa das Nações Unidas para o Meio Ambiente: Convenção de Estocolmo sobre Poluentes Orgânicos Persistentes UNEP/POPS/DDTBP.1/2 (out. 2008), pp. 1-31.

VANDERVORT, Bruce. *Indian Wars of Mexico, Canada, and the United States, 1812-1900.* Nova York: Routledge, 2006.

VOSOUGHI, Reza, Andrew Walkty, Michael A. Drebot e Kamran Kadkhoda. "Jamestown Canyon Virus Meningoencephalitis Mimicking Migraine with Aura in a Resident of Manitoba". *Canadian Medical Association Journal,* v. 190, n. 9, mar. 2018, pp. 40-2.

WATSON, Ken W. "Malaria: A Rideau Mythconception". *Rideau Reflections, inverno/primavera* 2007, pp. 1-4.

WATTS, Sheldon. *Epidemics and History: Disease, Power and Imperialism.* New Haven, CT: Yale University Press, 1997.

WEATHERFORD, Jack. *Genghis Khan and the Making of the Modern World.* Nova York: Broadway Books, 2005.

WEBB, James L. A., Jr. *Humanity's Burden: A Global History of Malaria.* Cambridge: Cambridge University Press, 2009.

WEIL, David N. "The Impact of Malaria on African Development over the Longue Durée". In Emmanuel Akyeampong, Robert H. Bates, Nathan Nunn e James Robinson *(orgs.). Africa's Development in Historical Perspective.* Cambridge: Cambridge University Press, 2014, pp. 89-111.

WEISZ, George. *Chronic Disease in the Twentieth Century: A History.* Baltimore: Johns Hopkins University Press, 2014.

WEIYUAN, Cui. "Ancient Chinese Anti-Fever Cure Becomes Panacea for Malaria". *Bulletin of the World Health Organization*, v. 87, 2009, pp. 743-4.

WELSH, Craig. "Why the Arctic's Mosquito Problem Is Getting Bigger, Badder". *National Geographic*, 15 set. 2015. Disponível em: <https://news.nationalgeographic.com/2015/09/150915-Arctic-mosquito--warming-caribou-Greenland-climate-CO2/>.

WERNSDORFER, Walther H. e Ian McGregor (orgs.). *Malaria: Principles and Practice of Malariology.* Londres: Churchill Livingstone, 1989.

WHEELER, Charles M. "Control of Typhus in Italy 1943-1944 by Use of DDT". *American Journal of Public Health*, v. 36, n. 2, fev. 1946, pp. 119-29.

WHITE, Richard. *The Middle Ground: Indians, Empires, and Republics in the Great Lakes Region, 1650-1815.* Cambridge: Cambridge University Press, 1991.

WHITLOCK, Flint. *The Rock of Anzio: From Sicily to Dachau; A History of the U.S. 45th Infantry Division.* Nova York: Perseus, 1998.

WILD, Antony. *Coffee: A Dark History.* Nova York: W. W. Norton, 2005.

WILLEY, P. e Douglas D. Scott (orgs.). *Health of the Seventh Cavalry: A Medical History.* Norman: University of Oklahoma Press, 2015.

WILLIAMS, Greer. *The Plague Killers.* Nova York: Scribner, 1969.

WINEGARD, Timothy C. *Indigenous Peoples of the British Dominions and the First World War.* Cambridge: Cambridge University Press, 2011.

_____. *The First World Oil War.* Toronto: University of Toronto Press, 2016.

WINTHER, Paul C. *Anglo-European Science and the Rhetoric of Empire: Malaria, Opium, and British Rule in India, 1756-1895.* Nova York: Lexington Books, 2003.

ZIMMER, Carl. *A Planet of Viruses.* Chicago: University of Chicago Press, 2ª ed., 2015.

ZIMMERMAN, Barry E. e David J. Zimmerman. *Killer Germs: Microbes and Diseases That Threaten Humanity.* Nova York: McGraw--Hill, 2003.

ZINSSER, Hans. *Rats, Lice and History.* Nova York: Bantam Books, 1967.

ZYSK, Kenneth G. *Religious Medicine: The History and Evolution of Indian Medicine.* Londres: Routledge, 1993.

NOTAS

Este livro foi escrito tomando-se por base uma vasta gama de livros, periódicos e publicações de uma ampla variedade de áreas acadêmicas. Em geral, os autores que forneceram a estrutura principal e as bases de sustentação já foram lembrados nos Agradecimentos e citados no decorrer do texto, inclusive em citações diretas, para destacar o peso e a importância deles. Tendo em vista o assunto desta obra, e o fato de que às vezes o impacto histórico do mosquito é medido pela quantidade de mortos, as estatísticas são complicadas e, de fato, muitas são apenas estimativas. Essa é a natureza da análise estatística histórica, e não há como evitar. Os dados usados no livro representam as informações ou estimativas mais atuais, atendem ao consenso entre especialistas ou se situam em um meio-termo de faixas de valores.

Nem todas as fontes consultadas serão listadas aqui, ainda que a maioria apareça na Bibliografia. Muitos livros apenas contribuíram para meu raciocínio e não chegaram a ser aplicados diretamente. As notas abaixo, separadas por capítulos, pretendem oferecer sugestões adicionais de leitura para quem tiver curiosidade ou quiser explicações mais detalhadas e, principalmente, para destacar e reconhecer os autores que forneceram os materiais de construção para cada capítulo e ressaltar suas extensas pesquisas e incríveis publicações.

Capítulo I

A participação do mosquito e de outros insetos como ameaça e redutor do reinado dos dinossauros pode ser vista em *What Bugged the Dinosaurs: Insects, Disease, and Death in the Cretaceous*, dos paleobiólogos George e Roberta Poinar. Outras fontes que oferecem um vislumbre dessa teoria são *The Great Dinosaur Extinction Controversy*, de Charles Officer e Jake Page, *Planet of the Bugs: Evolution and the Rise of Insects*, de Scott Richard Shaw, e *The Dinosaur Heresies: New Theories Unlocking the Mystery of the Dinosaurs and Their Extinction*, de Robert T. Bakker. Muitos livros sobre ciência e biologia tratam do ciclo vital e dos mecanismos internos tanto dos mosquitos quanto dos micróbios que pegam carona neles. As explicações de leitura mais palatáveis aparecem em *Mosquito: A Natural History of Our Most Persistent and Deadly Foe*, de Andrew Spielman e Michael D'Antonio, e em *The Mosquito: Its Life, Activities, and Impact on Human Affairs*, de J. D. Gillett. Dois excelentes trabalhos de pesquisa muito bem escritos forneceram o grosso de informações sobre a coevolução da malária, dos nossos ancestrais hominídeos e do *Homo sapiens*: *Humanity's Burden: A Global History of Malaria*, de James L. A. Webb Jr. e *The Making of a Tropical Disease: A Short History of Malaria*, de Randall M. Packard. Esses dois trabalhos brilhantes também registram a disseminação global e a história da malária ao longo da nossa existência, por isso foram citados ou consultados em muitos capítulos deste livro. Minhas sinopses sucintas e meus resumos sobre doenças transmitidas por mosquitos foram um amálgama de uma compilação de fontes longa demais para listar aqui. A *Encyclopedia of Entomology*, de John L. Capinera, com quatro volumes e 4.350 páginas, foi extraordinária como referência e guia durante a cronologia do meu trabalho de escrita. *Yellow Fever: A Worldwide History*, de S. L. Kotar e J. E. Gessler, e o artigo "Yellow Fever Epidemics and Mortality in the United States, 1693–1905", de David K. Patterson, apresentam uma excelente investigação detalhada sobre o vírus letal.

Capítulo 2

Além das obras esplêndidas de Webb e Packard, o livro *The Fever: How Malaria Has Ruled Humankind for 500,000 Years*, de Sonia Shah, oferece uma cronologia excelente do impacto que a malária produziu na humanidade, incluindo a resistência genética, assim como *Biodiversity of Malaria in the World*, de Sylvie Manguin, ainda que com um pendor muito mais científico. O livro *Who We Are and How We Got Here: Ancient DNA and the New Science of the Human Past*, de David Reich, fornece uma ilustração bem escrita do título. Várias outras obras forneceram descrições resumidas sobre as imunidades genéticas da humanidade contra a malária, incluindo *Killer Germs: Microbes and Diseases That Threaten Humanity*, de Barry e David Zimmerman, *Diseases and Human Evolution*, de Ethne Barnes, *Why Some Like It Hot: Food, Genes, and Cultural Diversity*, de Gary Paul Nabhan, *The Edge of Evolution: The Search for the Limits of Darwinism*, de

Michael J. Behe, e *Armas, germes e aço: Os destinos das sociedades humanas*, de Jared Diamond. As associações entre o café (e chá) e o mosquito (também africanos escravizados e revoluções) são destacadas em *Coffee: A Dark History*, de Antony Wild, *Uncommon Grounds: The History of Coffee and How It Transformed Our World*, de Mark Pendergrast, e *História do mundo em 6 copos*, de Tom Standage, não só neste capítulo, mas também no livro todo. As migrações dos bantos e sua dominação subsequente do sul da África aparecem em Diamond, Shah, Packard e Webb. Ryan Clark recebeu uma dose razoável de atenção da mídia durante e após seu sofrimento. Foram utilizadas diversas entrevistas, matérias e histórias publicadas e disponíveis em muitos veículos.

Capítulos 3 e 4

Grande parte desses capítulos foi escrita a partir das fontes primárias de escribas e médicos da Antiguidade, tais como Hipócrates, Galeno, Platão e Tucídides, entre vários outros. Outras fontes valiosas que versam sobre a Grécia e a Roma Antigas são *The Burdens of Disease: Epidemics and Human Response in Western History*, de J. N. Hays, *Armies of Pestilence: The Impact of Disease on History*, de R. S. Bray, *Rats, Lice and History*, de Hans Zinsser, *Insects and History*, de J. L. Cloudsley-Thompson, *Malaria: A Neglected Factor in the History of Greece and Rome*, de W. H. S. Jones, *Environmental Problems of the Greeks and Romans: Ecology in the Ancient Mediterranean*, de Donald J. Hughes, *1177 B.C.: The Year Civilization Collapsed*, de Eric H. Cline, *A History of Disease in Ancient Times: More Lethal Than War*, de Philip Norrie, *Plagues and Peoples*, de William H. McNeill, *The Punic Wars* e *Pax Romana: War, Peace and Conquest in the Roman World*, de Adrian Goldsworthy, *The Oxford Handbook of Warfare in the Classical World*, organizado por Brian Campbell e Lawrence A. Tritle, *Greek Fire, Poison Arrows, and Scorpion Bombs: Biological and Chemical Warfare in the Ancient World*, de Adrienne Mayor, *The Ghosts of Cannae: Hannibal and the Darkest Hour of the Roman Republic*, de Robert L. O'Connell, *Hannibal*, de Patrick N. Hunt, *Hannibal*, de Serge Lancel, *Hannibal: The Military Biography of Rome's Greatest Enemy*, de Richard A. Gabriel, e dois volumes robustos e abrangentes de A. D. Cliff e M. R. Smallman-Raynor: *War Epidemics: An Historical Geography of Infectious Diseases in Military Conflict and Civil Strife, 1850-2000* e *Emergence and Re-Emergence of Infectious Diseases: A*

Geographical Analysis. O Egito, a vida e a morte do rei Tut são abordados pelas obras de Zahi Hawass, além de muitos dos títulos citados acima. Para ler sobre Alexandre, o Grande, seu recuo imperial em função da malária, e sua vida e morte, veja as várias fontes incluídas na Bibliografia. Ao longo de toda a história, os pântanos pontinos em torno de Roma foram uma região infestada de malária e serviu para moldar a civilização ocidental primitiva, talvez mais do que qualquer outra área geográfica fora da África. O imenso catálogo de fontes primárias e secundárias sobre a malária e Roma trata de períodos desde o Império Romano até a Segunda Guerra Mundial. *The Fate of Rome: Climate, Disease, and the End of an Empire*, de Kyle Harper, é uma joia acadêmica, assim como as obras de Hughes, Bray e Jones já citadas. Dois outros livros inestimáveis e muito bem-feitos são *Malaria and Rome: A History of Malaria in Ancient Italy*, de Robert Sallares, e *The Conquest of Malaria: Italy, 1900-1962*, de Frank M. Snowden. Os artigos de David Soren e Jennifer C. Hume oferecem indícios arqueológicos do reinado da malária em todo o mundo antigo, e as obras de Webb e Shah também revelam fragmentos do mosquito na Antiguidade.

Capítulo 5

A correlação entre doenças, como a malária endêmica, e a ascensão e disseminação do cristianismo é detalhada em *The Burdens of Disease*, de Hays, *Germs, Genes, and Civilization: How Epidemics Shaped Who We Are Today*, de David Clark, *Medicine and Health Care in Early Christianity* e *Medicine & Religion*, de Gary B. Ferngren, *Plagues, Priests, and Demons: Sacred Narratives and the Rise of Christianity in the Old World and the New*, de Daniel T. Reef, *Religious Medicine: The History and Evolution of Indian Medicine*, de Kenneth G. Zysk, *Daughters of Hecate: Women and Magic in the Ancient World*, organizado por Kimberly B. Stratton e Danya S. Kalleres, e na obra de Cloudsley-Thompson, Zinsser, Irwin W. Sherman e Alfred W. Crosby. Webb e Packard apresentam um panorama geral da disseminação da malária na Europa durante a Idade das Trevas e a época das Cruzadas. *Imperialismo ecológico: A expansão biológica da Europa, 900-1900*, de Alfred W. Crosby, destaca com extraordinária clareza a participação de doenças transmitidas por mosquitos durante as Cruzadas, tanto que citei um trecho de tamanho considerável desse texto (um dos poucos casos ao longo do livro). A descrição dele serviu de estrutura básica e recebeu como acabamento os trabalhos *Medicine in the Crusades: Warfare, Wounds and the Medieval Surgeon*, de Piers D. Mitchell, *The Chronicle of the Third Crusade: The Itinerarium Peregrinorum et Gesta Regis Ricardi*, organizado por Helen J. Nicholson, *The Siege of Acre, 1189-1191: Saladin, Richard the Lionheart, and the Battle That Decided the Third Crusade*, de John D. Hosler, *The Crusades: Islam and Christianity in the Struggle for World Supremacy*, de Geoffrey Hindley, *The Concise History of the Crusades*, de Thomas F. Madden, e *The Crusades: A History*, de Jonathan Riley-Smith.

Capítulo 6

As melhores representações de Gêngis Khan e da era mongol podem ser vistas em *The Silk Roads: A New History of the World*, de Peter Frankopan, *Genghis Khan: His Conquests, His Empire, His Legacy*, de Frank McLynn, *Genghis Khan and the Making of the Modern World*, de Jack Weatherford, *The Devil's Horsemen: The Mongol Invasion of Europe*, de James Chambers, *A máscara do comando*, de John Keegan, *Tigers, Rice, Silk, and Silt: Environment and Economy in Late Imperial South China*, de Robert B. Marks, *La vie quotidienne en Chine à la veille de l'invasion mongole: 1250-1276*, de Jacques Gernet, *The Mongols and the West, 1221 1410*, de Peter Jackson, e *The Mongol Conquests: The Military Operations of Genghis Khan and Sübe'etei*, de Carl Fredrik Sverdrup. Os textos de Bray, Crosby, Capinera e William H. McNeill também oferecem um vislumbre do mundo mongol.

Capítulos 7 e 8

A bibliografia sobre o Intercâmbio Colombiano é extremamente rica. Fontes primárias (incluídas citações), como os escritos de Bartolomé de las Casas, por exemplo, foram utilizadas sempre que possível. As pesquisas nos arquivos do Reino Unido, do Canadá, da Austrália, da Nova Zelândia, dos Estados Unidos e da África do Sul que fiz para *Indigenous Peoples of the British Dominions and the First World War*, um de meus livros anteriores, foi usada nestes capítulos também. As fontes secundárias mais relevantes para estes dois capítulos são: *The Columbian Exchange: Biological and Cultural Consequences of 1492* e *Imperialismo ecológico: A expansão biológica da Europa 900-1900*, de Alfred W. Crosby, *1493: Como o intercâmbio entre o novo e o velho mundo moldou os dias de hoje*, de Charles C. Mann, *Plagues and Peoples*, de William H. McNeill, *Disease and the Modern World: 1500 to the Present*

Day, de Mark Harrison, *Biological Consequences of the European Expansion, 1450-1800*, organizado por Kenneth F. Kiple e Stephen V. Beck, *Who Gave Pinta to the Santa Maria?: Torrid Diseases in the Temperate World*, de Robert S. Desowitz, *Uma longa e estranha viagem: Rotas dos exploradores norte-americanos*, de Tony Horwitz, *Born to Die: Disease and New World Conquest, 1492-1650*, de Noble David Cook, *Os descobridores*, de Daniel J. Boorstin, *Deadly Companions: How Microbes Shaped Our History*, de Dorothy H. Crawford, *Armas, germes e aço: Os destinos das sociedades humanas*, de Jared Diamond, de quem tomei emprestado o termo "conquistadores acidentais", *A guerra antes da civilização: O mito do bom selvagem*, de Lawrence H. Keeley, *Africa's Development in Historical Perspective*, organizado por Emmanuel Akyeampong, Robert H. Bates, Nathan Nunn e James A. Robinson, *Parasites, Pathogens, and Progress: Diseases and Economic Development*, de Robert A. McGuire e Philip R. P. Coelho, *Slavery, Disease, and Suffering in the Southern Lowcountry*, de Peter McCandless, *Yellow Fever and the South*, de Margaret Humphreys, e *Epidemics and History: Disease, Power and Imperialism*, de Sheldon Watts. Para a descoberta e a influência da cinchona e do quinino, ver: *The Miraculous Fever-Tree: Malaria, Medicine and the Cure That Changed the World*, de Fiammetta Rocco, *The Fever Trail: In Search of the Cure for Malaria*, de Mark Honigsbaum, e *Malarial Subjects: Empire, Medicine and Nonhumans in British India, 1820-1909*, de Rohan Deb Roy. Sobre a malária e o mercado do ópio, ver *Anglo-European Science and the Rhetoric of Empire: Malaria, Opium, and British Rule in India, 1756-895*, de Paul C. Winther.

Capítulos 9 e 10

Foram consultadas fontes primárias sempre que necessário, mas *1493: Como o intercâmbio entre o novo e o velho mundo moldou os dias de hoje*, de Mann, foi uma cornucópia de informações concisas com uma narrativa clara. Webb, Packard, Kiple e Beck, Spielman, e Petriello descrevem, com grande articulação e riqueza de detalhes, a expansão da malária na Europa e na Inglaterra, bem como a chegada e a disseminação dela nas Américas. *Creatures of Empire: How Domestic Animals Transformed Early America*, de Virginia DeJohn Anderson, também foi uma referência robusta. O plano escocês em Darién é descrito em *Mosquito Empires: Ecology and War in the Greater Caribbean, 1620-1914*, de Shah, Mann e J. R. McNeill, *Mosquito*

Empires: Ecology and War in the Greater Caribbean, 1620-1914, entre outras fontes. O conceito das três zonas de contágio e a Linha Mason-Dixon nas Américas foi retirado, modificado e agrupado a partir de Webb, J. R. McNeill e Mann.

Capítulo 11

Obras-primas sobre esse período são *Crucible of War: The Seven Years' War and the Fate of Empire in British North America, 1754-1766*, de Fred Anderson, *Taxation in Colonial America*, de Alvin Rabushka, *Disease, War, and the Imperial State: The Welfare of the British Armed Services during the Seven Years' War*, de Erica Charters, *His Majesty's Indian Allies: British Indian Policy in the Defence of Canada, 1774-1815*, de Robert S. Allen, *Empires at War: The Seven Years' War and the Struggle for North America, 1754-1763*, de William M. Fowler, e *Pontiac's War: Its Causes, Course and Consequences*, de Richard Middleton. *Bacteria and Bayonets: The Impact of Disease in American Military History*, de David R. Petriello, acompanha o tema indicado no título desde Colombo até as campanhas militares recentes dos Estados Unidos e foi uma referência útil em muitos capítulos deste livro. J. R. McNeill descreve o papel do mosquito em guerras coloniais, a exemplo do desastre francês em Kourou/Ilha do Diabo, que levaram a rebeliões em todas as Américas, incluindo a Revolução Americana.

Capítulos 12 e 13

Duas publicações indispensáveis, excepcionais e extremamente bem pesquisadas acerca da participação do mosquito como força determinante para o resultado da Revolução Americana (e outras insurreições contra o domínio colonial nas Américas) são *Mosquito Empires*, de J. R. McNeill, e *Slavery, Disease, and Suffering in the Southern Lowcountry*, de Peter McCandless. Um artigo de McCandless, com o título "Revolutionary Fever: Disease and War in the Lower South, 1776-1783", é um suplemento para este livro. Os textos de Sherman, Mann, Shah e Petriello também abordam a influência do mosquito como agente facilitador para o conceito de nação americana. As revoluções subsequentes (e a explosão da febre amarela) nas Américas, incluindo as lideradas por Toussaint Louverture, no Haiti, e Simón Bolívar, nas colônias espanholas, são detalhadas a fundo por J. R. McNeill, Mann, Sherman, Cliff e Smallman-Raynor, por Watts, e em *Ship of Death: A Voyage That Changed the Atlantic World*, de Billy G. Smith, *An American Plague: The True and Terrifying Story of the Yellow Fever Epidemic of 1793*, de Jim Murphy, *Bring Out Your Dead: The Great Plague of Yellow Fever in Philadelphia in 1793*, de J. H. Powell, e "'A Grave for Europeans'?: Disease, Death, and the Spanish-American Revolutions", de Rebecca Earle.

Capítulos 14 e 15

Para a Guerra de 1812, ver: *The Civil War of 1812: American Citizens, British Subjects, Irish Rebels, and Indian Allies*, de Alan Taylor, *1812: The War That Forged a Nation*, de Walter R. Borneman, e *The War of 1812: A Forgotten Conflict*, de Donald R. Hickey. As obras de J. R. McNeill e de Petriello, e *A Wicked War: Polk, Clay, Lincoln, and the 1846 U.S. Invasion of Mexico*, de Amy S. Greenberg, destacam o papel do mosquito na Guerra Mexicano-Americana e no novo oeste americano. O espetacular e genial *Mosquito Soldiers: Malaria, Yellow Fever, and the Course of the American Civil War*, de Andrew McIlwaine Bell, apresenta um relato minucioso e erudito da relação entre o mosquito, a malária, os estoques de quinino e as estratégias gerais durante o conflito, que acabou por consolidar e fundamentar tanto a Proclamação de Emancipação quanto uma vitória para a União. Outras referências inestimáveis sobre a Guerra de Secessão são *Marrow of Tragedy: The Health Crisis of the American Civil War* e *Intensely Human: The Health of the Black Soldier in the American Civil War*, de Margaret Humphreys, *Nature's Civil War: Common Soldiers and the Environment in 1862 Virginia*, de Kathryn Shively Meier, *Sick from Freedom: African-American Illness and Suffering during the Civil War and Reconstruction*, de Jim Downs, *Awaiting the Heavenly Country: The Civil War and America's Culture of Death*, de Mark S. Schantz, *Gangrene and Glory: Medical Care During the American Civil War*, de Frank R. Freemon, *Disease in the Civil War: Natural Biological Warfare in 1861-1865*, de Paul E. Steiner, e *The American Civil War*, de John Keegan. A excelente biografia *Grant*, de Ron Chernow, situa o general Grant e o presidente Lincoln em meio às questões mais amplas e às mudanças de objetivos durante a guerra, incluindo a Proclamação de Emancipação. Entre outras fontes que fornecem contexto incluem-se Mann, McGuire e Coelho, Petriello, Mark Harrison, e Cliff e Smallman-Raynor.

Capítulo 16

A disseminação de doenças transmitidas por mosquitos nos Estados Unidos durante a era da Reconstrução, após a Guerra de Secessão, incluindo as epidemias de febre amarela dos anos 1870, é detalhada tanto por Webb e Packard quanto em *The American Plague: The Untold Story of Yellow Fever, the Epidemic That Shaped Our History*, de Molly Caldwell Crosby, *Fever Season: The Story of a Terrifying Epidemic and the People Who Saved a City*, de Jeanette Keith, *The Mississippi Valley's Great Yellow Fever Epidemic of 1878*, de Khaled J. Bloom, e *American Plagues: Lessons from Our Battles with Disease*, de Stephen H. Gehlbach. As descobertas e os programas de erradicação de Manson, Laveran, Ross, Grassi, Finlay, Reed, Gorgas e outros foram extraídos de uma imensa gama de fontes, inclusive das publicações dos próprios pesquisadores. *Mosquitoes, Malaria and Man: A History of the Hostilities Since 1880*, de Gordon Harrison, oferece um relato detalhado, assim como *The Plague Killers*, de Greer Williams, *Disease Transmission by Insects: Its Discovery and 90 Years of Effort to Prevent It*, de James R. Busvine, *The Mosquito Crusades: A History of the American Anti-Mosquito Movement from the Reed Commission to the First Earth Day*, de Gordon Patterson, *American Pests: The Losing War on Insects from Colonial Times to DDT*, de James E. McWilliams, e *Eradication: Ridding the World of Diseases Forever?*, de Nancy Leys Stepan. A influência das doenças transmitidas por mosquito em Cuba e nas Filipinas durante a Guerra Hispano-Americana e na construção do Canal do Panamá é conhecida e pode ser vista em *Agents of Apocalypse: Epidemic Disease in the Colonial Philippines*, de Ken de Bevoise, *Colonial Pathologies: American Tropical Medicine, Race, and Hygiene in the Philippines*, de Warwick Anderson, *The Spanish-American War: Conflict in the Caribbean and the Pacific, 1895-1902*, de Joseph Smith, *Bullets and Bacilli: The Spanish-American War and Military Medicine*, de Vincent J. Cirillo, e "Nature's Agents or Agents of Empire?: Entomological Workers and Environmental Change during the Construction of the Panama Canal", de Paul S. Sutter, e também em J. R. McNeill, Petriello, Watts, Shah, Cliff e Smallman-Raynor, Rocco, e Honigsbaum.

Capítulo 17

As guerras mundiais são tratadas no genial *The Malaria Project: The U.S. Government's Secret Mission to Find a Miracle Cure*, de Karen M. Masterson, e em *War and Disease: Biomedical Research on Malaria in the Twentieth Century*, de Leo B. Slater, *Man's Mastery of Malaria*, de Paul F. Russell, *The Conquest of Malaria*, de Snowden, *History of Entomology in World War II*, de Emory C. Cushing, *DDT and the American Century: Global Health, Environmental Politics, and the Pesticide That Changed the World*, de David Kinkela, *Medicine and Victory: British Military Medicine in the Second World War* e *The Medical War: British Military Medicine in the First World War*, de Mark Harrison, *Pathogens for War: Biological Weapons, Canadian Life Scientists, and North American Biodefence*, de Donald Avery, *Terrorism, War, or Disease?: Unraveling the Use of Biological Weapons*, organizado por Anne L. Clunan, Peter R. Lavoy e Susan Martin, *Biologists Under Hitler*, de Ute Deichmann, e "Malaria's Contribution to World War One — the Unexpected Adversary", de Bernard J. Brabin. As obras de Gordon Harrison, Stepan, Webb, McWilliams, Petriello, Cliff e Smallman-Raynor também ajudaram a compor estes capítulos. Arquivos e materiais secundários da pesquisa para meu livro anterior, *The First World Oil War*, também foram importantes para estes capítulos ao tratar dos índices de casos de doenças transmitidas por mosquitos nos teatros secundários da Primeira Guerra Mundial (incluindo o Oriente Médio, Salonica, a África e o Cáucaso russo) e durante a intervenção dos Aliados na Guerra Civil Russa.

CAPÍTULOS 18 E 19

As décadas de erradicação pós-guerra, a ascensão do DDT, as primaveras silenciosas de Rachel Carson e o movimento ambientalista moderno, e a ressurgência relativamente recente de doenças transmitidas por mosquitos são abordados em detalhes por trabalhos em vários campos acadêmicos e na mídia. De modo geral, estes capítulos foram formados a partir da obra de Slater, Masterson, Stepan, McWilliams, Spielman e D'Antonio, Packard, Cliff e Smallman-Raynor, Webb, Patterson, Kinkela, Russell e Shatt, mas também com *Lifeblood: How to Change the World One Dead Mosquito at a Time*, de Alex Perry, o extremamente detalhado *Saving Lives, Buying Time: Economics of Malaria Drugs in an Age of Resistance*, organizado por Kenneth J. Arrow, Claire B. Panosian e Hellen Gelband, e *Compassion Fatigue: How the Media Sell Disease, Famine, War and Death*, de Susan D. Moeller, *Contagion: How Commerce Has Spread Disease*, de Mark Harrison, bem como os relatórios e as publicações da OMS, do CDC e da Fundação Gates.

Especificamente sobre o surto de febre do Nilo Ocidental de 1999, em Nova York, ver *Killer Germs*, de Barry E. Zimmerman e David Zimmerman, *Pandemic: Tracking Contagions, from Cholera to Ebola and Beyond*, de Shah, *Secret Agents: The Menace of Emerging Infections*, Madeline Drexler, além de diversas reportagens e declarações oficiais do CDC. Em vista do advento recente da tecnologia Crispr de edição genética, a mídia tradicional, revistas e jornais foram de vital importância para produzir uma análise atualizada da guerra que estamos travando contra os mosquitos e de nossos esforços para erradicar certas espécies e suas doenças. Periódicos acadêmicos e revistas, incluindo *The Economist, Science, National Geographic, Nature* e *Discover*, bem como publicações e comunicados da OMS, do CDC e da Fundação Gates, contribuíram com informações e notícias cruciais (e atualizadas) a respeito das iniciativas de desenvolvimento de uma vacina contra a malária e a evolução do uso do Crispr. Jennifer Doudna, criadora do Crispr, e Samuel Sternberg acabaram de lançar um livro: *A Crack in Creation: The New Power to Control Evolution. Modern Prometheus: Editing the Human Genome with CRISPR-CAS9*, de James Kozubek, também foi publicado recentemente. Com todas as possibilidades capazes de transformar mundos e mentes, imagino que uma onda de livros de não ficção (e de ficção apocalíptica e distópica) inspirada no Crispr invada o mercado em um futuro próximo.

ÍNDICE

Nota: Os números de página em itálico indicam fotografias e legendas.

A cabana do Pai Tomás (Stowe), 374-375, 383-384, 489-490
"A máscara da Morte Rubra" (Poe), 374-376
A origem das espécies (Darwin), 54n, 535-536
A riqueza das nações (Smith), 209-211
A tempestade (Shakespeare), 254-255
Abdul Rahman al-Ghafiqi, 144-145
abelhas, 200-201
acadianos, 300-301, 306-309
açúcar, 200-201, 222-223, 223-224, 255-256, 264-265, 353-355, 429-430
Adams, John, 320-321, 321-322
Aedes, mosquitos:
 Aedes aegypti, 513-514
 capacidade de aprendizado, 19n
 como vetor de febre amarela, 442-445
 e colonização europeia das Américas, 284-285
 e escravidão africana, 210-213
 e esforços de esterilização genética, 530-531
 e guerras de expansão colonial, 303
 e guerras de independência nas Américas, 350-351
 e Intercâmbio Colombiano, 184-185
 e invasões mongóis, 175-176
 e o Sul americano na era da Reconstrução, 419-420
 e projeto do Canal do Panamá, 447-448
 e Revolução Americana, 335-336
 e vírus da zika, 516-518
 hábitos alimentares e reprodutivos, *34*, 34-35
 impacto histórico de, 538
 variedade de doenças transmitidas por, 36, 37-38, 530-531
África Centro-ocidental, 223-224, 280
África Ocidental, 51-52, 60, 216-217, 226-228
agricultura e economia de plantation, 206, 214-215, 220, 236-237, 262-263, 271-272, 284-285. *Ver*

também escravizados e escravidão
Alarico, 124-125, 148-149
Alexandre III (o Grande) da Macedônia, 71-72, 80-82, 94-104, 106-108, 115-116, 139-140, 166-168, 523-524
Alexandre IV da Macedônia, 102
Alexandre VI, papa, 140-141
algodão, cultivo, 196-197, 286-287, 341-342, 362-363, 366-370, 374-375, 382-387, 408, 419-421, 423-425
algonquino, povo, 250-251, 298-299
All About Coffee (Ukers), 200-201
Allenby, Edmund, 156-157, 157-158
Alto Canadá, 288-289, 289n
América do Sul, 188-189, 284-285, 291, 422-423, 484-485
American Institute of Medicine, 489-490, 503-504
American Pests (McWilliams), 489-490
Amherst, Jeffrey, 291-295, 301-302, 310, 331-332, 355-356
Anderson, Fred, 311-312, 313-314
Aníbal Barca, 104, 106-107, 109-115, 127-128, 131-132, 148-149
Anopheles, mosquitos
  Anopheles labranchiae, 475-476
  e colonização europeia das Américas, 243-244, 250-251, 284-285
  e cultura grega, 94-95
  e dimensão de doenças transmitidas por mosquitos, 37-38
  e escravidão africana, 210-211, 211-212
  e esforços de esterilização genética, 530-531
  e Guerra de Secessão americana, 395-397
  e Guerras Médicas, 86-87
  e história do autor, 540-541
  e Império Romano, 113-114, 121-122, 123-124, 127-129
  e Intercâmbio Colombiano, 184-185
  e invasões mongóis, 175-176
  e pesquisas sobre malária, 436-437
  e Revolução Americana, 321-324, 329, 331-336
  e Segunda Guerra Mundial, *470*, 471, 472-473, 474-475
  hábitos alimentares e reprodutivos, 21-23, *35*
  impacto histórico de, 538
Appomattox Court House, 410, 418-419
aquecimento global, 120, 538. *Ver também* mudança climática
Aquisição da Louisiana, 352-353, 353-355
Aristófanes, 78-79, 87-88, 91-93, 103-104, 108-109
Aristóteles, 78-80, 87-88, 94-95, 101, 103-104

Arnold, Benedict, 319-320, 323-324
artemísia, 56-57, 496-497, 499-500. *Ver também* artemisinina
artemisinina, 56-58, 495-504, *501*, 505
As viagens de Marco Polo (Polo), 175-176
Asnis, Deborah, 510-511
Assembleia Mundial da Saúde, 491-492
asteca, povo, 192-194, 361-362
atabrina, 452-454, 464-465, *466*, 468, 471, 495-496
Atenas, 78-79, 78n, 82-85, 87-88, 89-92, 94-95
Átila, o Huno, 126-128, 148-149
Austrália, 172-173, 186-187, 195n, 196-197, 212n, 259-260, 334-335, 481-482, *498*

Bacteria and Bayonets (Petriello), 252-253
Baltimore, Maryland, 363-365
banto, povo, 48-49, 60-62, 63-64, 73-76, 524-525
Barbados, 213, 255-256, 270-271, 301-303
Basílica de São Pedro, 139-141
Batalha da Cratera, 412-413
Batalha da Floresta de Teutoburgo, 118-120
Batalha das Colinas de San Juan, 432-434
Batalha de Áccio, 102
Batalha de Antietam, 394-395, 395n
Batalha de Anzio, 355-356, 453-454, 460-461, 473-479, *477*, *479*, 482-483, 513-514
Batalha de Bull Run (Primeira e Segunda), 386-389, 394-395, 403, 407-408, 410
Batalha de Canas, 112-115
Batalha de Ebenézer, 69
Batalha de Gettysburg, 386-387, 401-402
Batalha de Guadalcanal, 465-468, *467*
Batalha de Guilford Court House, 330
Batalha de Hidaspes, 96-97
Batalha de Little Bighorn, 426
Batalha de Maratona, 84-85
Batalha de Nova Orleans, 364-365
Batalha de Plateias, 86-87
Batalha de Queroneia, 94-95
Batalha de Salamina, 86-87
Batalha de Stalingrado, 112
Batalha de Termópilas, 85-87
Batalha de Tours, 145
Batalha de Trafalgar, 325-327, 353-355
Batalha de Waterloo, 353-355
Batalha de Yorktown, 332-335
Batalha de Zama, 114-115
Batalha do Bolsão, 477-478
Batalha do Trasimeno, 110-112
Beauregard, P.G.T., 386-388
Belisário, 130-131
Bell, McIlwaine, 227-228, 381-382, 385-386, 394-395
Bellamy, Samuel, 241-242
Bellen, Hugo, 532-533
beothuks, povo, 192-193, 243-245
Bermuda, 254-256, 257, 418-419
Bidwell, Edwin, 391

Blackburn, Luke, 418-422, 513-514
Blakeney, William, 300-301
Blitzableiter, programa de armas biológicas, 482-483
Bolívar, Simón, 291, 335-337, 356-358
Boorstin, Daniel, 187-188
botulismo, 24, 481-482, 513-514
Bouquet, Henry, 293-294
Boyce, Rubert, 537
Bradford, William, 282-283, 282n
Bragg, Braxton, 373-374, 393-394
Brasil, 222-223, 516-517
Bray, R.S., 89-90, 171
Breno, 113-114, 127-128
Brevíssima relação da destruição das Índias (Casas), 179-180
Buchanan, James, 428-429
budismo, 56-57, 98-99, 171, 174-175
Burgoyne, John, 323-324
Burnside, Ambrose, 373-374
Byron, Lorde, 69, 141-142

caçadores e coletores, 54-55, 61-62
café, 55-56, 57-60, 199-201, 222-223, 320-321, 347-348, 407-410
Caiena, assentamento de, 308-309
Califórnia, 371-373, 373-374
Calígula, 102, 139-140
Campanha da Península, 388-391
Campânia de Roma, 106-107, 113-114, 118-119, 121-122, 124-125, 128-129, 140-143, *142*, 148-149
Campeche, México, 180-182, 213

Canadá
    Ártico canadense, 26-27
    Carta Canadense de Direitos e Liberdades, 160
    e Guerra de 1812, 362-364, 364-365
    e guerras de expansão colonial, 296, 298-302, 306-310
    e guerras de independência nas Américas, 291
    e Intercâmbio Colombiano, 187-188
    e Revolução Americana, 334-335
    e zonas de contágio nas Américas, 287-289
Canal Mussolini, 460-461, 475-476, 477-478
Canal Rideau, 287-289
Caribe
    comércio do açúcar, 255-256
    e colonização europeia das Américas, 243-244, 255-259, 284-285
    e epidemias de febre amarela, 37-38
    e guerras de expansão colonial, 294-303, 305-308, 311-313, 314-315
    e guerras de independência nas Américas, 291, 342-343
    e imperialismo americano, 422-423, *424*, 427-428, 429-430
    e imperialismo espanhol, 224-225

e Intercâmbio Colombiano,
  181-182, 185-186
e Revolução Americana,
  317-318, 325-327
Carlos Magno, 145-147, 149-150
Carson, Rachel, 489-492, 493-494, 526-527
Carta Magna, 160, 195n
Cartagena, Colômbia, 109-110, 296-298, 300-301, 325-326
Cartago e Império Cartaginês, 107-108, 108-111, 122-124, 148-149
Carter, Jimmy, 493-494
Cartier, Jacques, 237-238, 237n
Castleman, Alfred, 389-390
Çatalhöyük, 70-71
catolicismo, 140-141, 205-206, 219, 270-271, 272-273, 282-283
Cavalo Louco, 367-368, 426
Centers for Disease Control and Prevention (CDC), 452-453, 483-484, 510-512, 515
César, Júlio, 102, 117-119
Charleston, Carolina do Sul, 213, 228-230, 229n, 284-286, 317-318, 327-328, 331-332
Charters, Erica, 300-301
Chase, Salmon P., 393-394, 395-396
Chernow, Ron, 403
Chesapeake, baía, 249-250, 258-259, 331-332
chikungunya, *34*, 36, 352-353, 517-518
China, 55-56, 63-64, 72-73, 457
Church, George, 535-536
Churchill, Winston, 168-169

cinchona, casca e pó
  cultivo e produção em massa, 216-217, *218*, 459-460
  descoberta como supressor antimalárico, 57-58
  e colonialismo europeu na África, 216-219
  e condessa de Chinchón, 201-205, 436-437
  e Guerra Civil inglesa, 272-273
  e Guerra de Secessão americana, 398-399, 399-401, 407-408
  e Revolução Americana, 317-318
  e Segunda Guerra Mundial, 462-463
  Ver também quinino
52 receitas (texto chinês), 56-57, 496-497
Ciro, o Grande, 71-72, 81-83, 82-83n, 86-87, 96-97, 98-99
Clapper, James, 532-533
Clark, Achilles V., 413-414
Clark, David, 137-138
Clark, Ryan, Jr., 46-52, 60, 73-74, 536
Cleópatra, 70n, 102, 103n
Clinton, Henry, 326-328, 331-334
cloroquina, 53, 452-453, 453-454, 482-483, 493-496
Cloudsley-Thompson, J.L., 89-90, 129-130, 139-140
Cobb, Howell, 412-413
Cochrane, Alexander, 363-365
Cody, William "Buffalo Bill", 426
Coelho, Philip, 222-223, 224-225

Coeno, 96-98, 98-99
Coffee: A Dark History (Wild),
  199-200
Colombo, Cristóvão, 150-151,
  175-177, 180-182, 184-185,
  186-188, 194-195, 215-217,
  221-222
Colônia Perdida de Roanoke,
  projeto de DNA, 247-248
colonialismo holandês, 75, *218*,
  219
comércio de peles, 237-239,
  247-248, 250-251,
  298-299
Comissão de Febre Amarela do
  Exército Americano, 422-423,
  442-443
Communicable Disease Center,
  483-484
Confederação Iroquesa, 250-251,
  298-299, 320n
Confederação Powhatan,
  233-236, 248-250, 252-254,
  257, 259-263
Confederação, 286-287, 382-383,
  388-389, 410, 412-413. *Ver
  também* Guerra de Secessão
  americana
Conferência Americano-
  -Britânico-Canadense (ABC-1),
  481-482, 482-483
Congresso Americano, 320-321,
  346-347, 423-425, 437-438,
  450
conquistadores, 185-187, 191-193,
  206
Constantino, 123-125, 138-141
Constantinopla, 123-125, 153
Cooper, Mary, 280

Coração das trevas (Conrad),
  217-218
Cornwallis, Charles, 291, 327-
  333, 355-356, 419-420
Coronado, Francisco Vázquez
  de, 191-193
Corpo de Médicos do Exército
  Americano, 442-443
Cortés, Hernán, 185-186, 193-194
Costa do Mosquito, 180-181,
  185-186, 244n, 275-276
Costa do Tabaco, 258-259
Costa dos Escravos, 220
"Crise do Século III", 123-124,
  135-137, 160
cristianismo
  como religião de cura, 135-141
  e Cruzadas, 103-104, 132-133,
    144-145, 149-163, 169-
    170
  e disseminação de doenças
    transmitidas por
    mosquitos, 143
  e expansão do Império
    Romano, 143-145
  e Império Romano, 126-
    128, 131-132
  e ligação com insetos/
    doenças, 67-68
croata, povo, 246-248
Cromwell, Oliver, 270-273
Crosby, Alfred W., 32n, 62-63,
  152-153, 161, 182-183
Crosby, Molly Caldwell, 421-422,
  426
Crucible of War (Anderson),
  311-312, 313-314
Cruzadas, 103-104, 132-133,
  144-145, 149-163, 169-170

Cuba
Crise dos Mísseis de Cuba, 439-440
e africanos escravizados nas Américas, 213
e Guerra Civil Inglesa, 271-272
e guerras de expansão colonial, 297-298, 301-307, 310-312, 313-314
e imperialismo americano, 421-434, 437-445, *440*, 447-448, 450
e imperialismo espanhol, 224-225
e Intercâmbio Colombiano, 179-180
e ocorrências de El Niño, 345
e Revolução Americana, 325-326
Revolução Cubana, 439-440
Culex, mosquitos, 32-34, 37-38, 510-512, 530-531
Culler, Lauren, 26-27
cultivo de arroz, 285-286
cultivo de tabaco
e colonização europeia das Américas, 235-237, 240-241, 253-254, 255-256, 280-282, 284-287, 290-291
e Destino Manifesto americano, 366
e escravidão africana, 223-225
e Guerra de Secessão americana, 404-405, 408
e guerras de expansão colonial, 296, 298-299, 308-309
e guerras de independência nas Américas, 341-342
e imperialismo espanhol, 208-209
e Intercâmbio Colombiano, 191, 196-200
e mudança para economia algodoeira, 369-370
e Revolução Haitiana, 429-430
culto a Febris, 116-118, 136-137, 138-141
cultura caldeia, 67, 100
cultura filisteia, 67
Custer, George Armstrong, 426-428

Dachau, campo de concentração, 477-480, *479*, 482-483
Daileader, Philip, 172-174
Dante Alighieri, 140-141
Danzig, Richard, 512-513
Darien, assentamento de, 180-181, 274-279, 446
Dario I, 82-84, 86-87
Dario III, 80-81, 95-97
Darwin, Charles, 25-26, 31-33, 54-55, 54n, 195-196, 219, 535-536
Daughters of Hecate (Luijendijk), 137-138
Davis, Jefferson, 373-374, 373n, 382-383, 388-389, 392-393, 398-399, 412-413, 420-422
DDT
e evolução de mosquitos resistentes, 489-494, 503-504, 506-507, 517-518, 536, 539-540

e Segunda Guerra Mundial,
  452-455, 461-462, 465,
  498-471, *469*, 473-475,
  477-478, 482-487
promoção de, *486*, *501*
De Aguilers, Raimundo, 153
defesas hereditárias contra
  doenças transmitidas por
  mosquitos, 12n, 31n, 44, 46-
  76, 162-163, 202-204, 210-
  212, 226, 369-370, 411-412,
  537
dengue
  chegada às Américas, 276n
  disseminação atual de, 539-
    540, 540-541
  e campanhas militares
    recentes dos Estados
    Unidos, 495-496
  e evolução de mosquitos,
    538
  e febre do Nilo Ocidental,
    515
  e guerras de expansão
    colonial, 310
  e guerras de independência
    nas Américas, 352-353
  e imperialismo americano,
    444-445
  e período entreguerras, 455-
    456
  e Revolução Americana,
    325-326, 329, 330
  e Revolução Cubana, 430-
    431
  e Segunda Guerra Mundial,
    465-468
  e vírus da zika, 516-518
  impacto histórico de, 36

mosquito *Aedes* como vetor,
  34
no Extremo Oriente, 227-
  228
relação com a febre amarela,
  37-38
Destino Manifesto, 195-196,
  312-313, 340-341, 359, 362-
  363, 372-373, 375-376, 380-
  381, 426
dG6PD (deficiência de glicose-
  6-fosfato-deidrogenase;
  favismo), 51-53, 162-163,
  223-224
Diamond, Jared, 14-15, 75, 76,
  185-187, 196-197, 211-212
Diller, Barry, 519-520
dinossauros, 25-30, 43-44
Divisão de Medicina Tropical
  dos Estados Unidos, 462-
  463, 479-480, 480n
doença de Chagas, 25-26
doenças sexualmente
  transmissíveis, 24-26, 195-
  196n, 516-518
Doudna, Jennifer, 526-527, 529,
  531-533, 533-534
Douglass, Frederick, 413-414
Drake, Francis (El Draque),
  241-243, 262-265, 274
Drummond, Henry, 38-39

ebola, vírus, 123-124, 504-505,
  506-507, 513-514, 531-532
Ecuyer, Simeon, 294-295
Egito, 58-59, 69-72, 90-91,
  101-102, 117-118
Eisenhower, Dwight D., 112
El Niño, 43, 271-272, 303, 345

Elizabeth I, 240-242, 243-244,
    245-247, 248
Elmore, Day, 408
encefalite de St. Louis, 36,
    510-513
encefalite japonesa, 36, 481-482
encefalite, 30, *34*, 36, 510-511,
    530-531. *Ver também* formas
    específicas de encefalite
Enríquez de Ribera, Dona
    Francisca, condessa de
    Chinchón, 202-204, *203*
Ensaio sobre a população
    (Malthus), 33-34
epidemia de febre amarela em
    Memphis, 419-423
Epidemic Intelligence Service,
    483-484
Época da Fome, 235-236, 252-
    255, 401-402
Era de Migrações, 123-124,
    136-137, 147-148
Eradication (Stepan), 492-494
Escócia, 120, 264-265, 272-273,
    278-279
Escola de Medicina Tropical de
    Liverpool, 537
escravizados e escravidão
    e colonização europeia das
        Américas, 233-234,
        235-237, 239-241,
        254-256, 258-259,
        260-265, 290-291
    e como substitutos para
        europeus com contratos
        de servidão, 278-279
    e cultivo de algodão, 196-
        197, 286-287, 341-342,
        366-370, 374-375,

382-384, 386-387,
    419-421
e defesas imunológicas
    hereditárias, 54-55
e fazendas de café, 59-60
e Guerra Civil Inglesa,
    271-272
e Guerra de Secessão
    americana, 380-384,
    385-387, 391, 394-396,
    396-397, 403-405,
    410-416
e guerras de independência
    nas Américas, 345
e imperialismo espanhol,
    208-211, 216-217,
    220-226
e Império Romano, 108-109
e Intercâmbio Colombiano,
    174-177, 189-190, 205-
    206, 216-217, 221-223
e plano da Escócia em
    Darien, 275-276
economia escravagista,
    271-272
mercado de transporte de
    escravizados, 215-216,
    220
revoltas de africanos
    escravizados, 224-226
    (*Ver também* Haiti)
Espanha
    colonialismo e imperialismo,
        221-222, 223-224, 290-
        291, 335-336
    e escravidão africana, 208-
        211, 216-217, 220-226
    e guerras de expansão
        colonial, 294-299,

300-302, 305-308, 311-
312, 314-315
e guerras de independência
nas Américas, 345, 348-
349, 355-357
e imperialismo americano,
429-430
e Intercâmbio Colombiano,
181-187, 189-190,
201-205
e mercantilismo europeu,
176-177
e Revolução Americana,
334-335
Esparta, 82-83, 85, 87-88, 89-
92, 95-96
*Essay on Diseases Incidental to
Europeans in Hot Climates*
(Lind), 313-315
estradas de ferro, 426
evolução e seleção natural
do parasita da malária,
30-33, 39-41, 44
e "sobrevivência do mais
apto", 54n
e defesas hereditárias contra
doenças transmitidas por
mosquitos, 12-16, 12n,
31n, 44, 46-76, 162-163,
210-212, 226, 369-370
e escravidão africana,
221-223
e extinção dos dinossauros,
28-29
e Intercâmbio Colombiano,
202-204
e mosquitos resistentes a
DDT, 489-494
e racismo científico, 411-412

e relação entre insetos e
doenças, 22-26
e tecnologia CRISPR,
533-536, 537
Ver também defesas
hereditárias contra
doenças transmitidas por
mosquitos
Exército da Libertação Popular,
496-497
Exército da União, 389-390,
410-412
Expedição à Sicília, 93, 108-110
expedição de Lewis e Clark, 335-
336, 339-340, 352-353, 359
Expedição do Corpo de
Descobrimento, 335-340

Farragut, David, 392-394
Fausto (Goethe), 131-132
favismo, 53, 162-163
febre amarela
avanços científicos no
combate à, 487
como candidata a arma
biológica, 418-420,
481-483
e colonialismo europeu,
216-218, 227-231,
236-237, 239, 255-256,
280, 283-291
e cultura grega, 91-92
e Destino Manifesto
americano, 374-376
e escravidão africana,
210-215, 221-225
e expansão ao oeste nos
Estados Unidos, 426-
428

e fazendas de algodão americanas, 369-370, 373-374
e fiasco de Nelson na Nicarágua, 325-327
e Guerra Civil Inglesa, 271-272
e Guerra de 1812, 363-364
e Guerra de Secessão americana, 381-382, 383-386, 392-393, 398-399
e Guerra Mexicano-Americana, 372-374
e guerras de expansão colonial, 296, 298-299, 300-301, 303-306, 310
e guerras de independência nas Américas, 340-342, 343-351, 357-359
e Guerras Seminoles, 368-369
e história antiga da China, 72-73
e imperialismo americano, 422-425, 427-434, 437-438, 441, *440*, 442-448, 449-450
e imperialismo espanhol, 208-209
e Império Romano, 123-124
e Intercâmbio Colombiano, 176-177, 186-187, 189-190, 194-195, 202-204
e mosquitos fossilizados, 27-28
e período entreguerras, 455-456
e plano da Escócia em Darien, 275-278
e Revolução Americana, 314-315, 318-319, 329-330, 334-336
e Segunda Guerra Mundial, 453-454, 460-461, 462-465
e Sul americano na era da Reconstrução, 418-423, 423-426
e surto de febre do Nilo Ocidental, 512-514
e tratamentos naturopáticos, 55-56
e zoonoses, 30
erradicada em Cuba, 442-445
impacto histórico da, 34-38
malária em comparação com, 40-41
sintomas da doença, 67
vetores de, *34*, 418-435, 437-438, 442-443, 530-531
febre do Nilo Ocidental, 30, *34*, 36, 101, 346-347, 504-505, 507-508, 511-518, 524-526, 530-532, 538-541
febre tifoide, 84, 91-92, 98-99, 100, 101
febres hemorrágicas, 36, 123-124. *Ver também* Ebola, vírus
fenícios, 108-109
Fenlands, pântanos, 254-255, 264-270, 280-283, 291
Fernando II de Aragão, 179-180, 181-183
Festa do Chá de Boston, 318-320, 320-321
Fidípides, 84-85
filariose (elefantíase)

descoberta do mosquito
 como vetor, 433-435,
 437-438
descrição, 37-39, *38*
e esforços de erradicação,
 531-532
e espécimes de mosquito
 fossilizados, 27-28
e imperialismo americano,
 427-428
e período entreguerras, 455-
 456
e primeiras civilizações
 humanas, 69-71
e Segunda Guerra Mundial,
 465-468
no Extremo Oriente, 227-
 228
sintomas da doença, 67
testes para, *520*
tratamentos farmacológicos
 para, 502-504
Filipe II da França, 150-151,
 155-156, 157-158
Filipe II da Macedônia, 79-81,
 94-96
Filipinas, 439-442, *440*, 465-
 468
Finlay, Carlos, 442-444, 445n,
 453-454
Fish, John, 411-412
Fleming, Alexander, 173-174,
 459-460
Food and Drug Administration
 (FDA), 502
Forrest, Nathan Bedford, 413-
 415
fortes escravagistas (barracões),
 219

França
 comércio de peles, 250-253
 e colonização europeia das
  Américas, 239
 e guerras de expansão
  colonial, 293-295,
  297-302, 305-313
 e imperialismo espanhol,
  224-225
 e Revolução Americana,
  320-322, 323-324,
  330-333, 334-336
 Revolução Francesa,
  209-210, 310, 335-336,
  340-341, 342-343
 Sistema Continental, 352-355
 Ver também Guerra dos Sete
  Anos
Franklin, Benjamin, 88-89,
 209-210, 305-306, 313-314,
 321-322
Frederico I (Barbarossa), 149-
 151, 155-156
French, Howard, 506-507
Fruh, Klaus, 522-524
Fuller, Simon, 521
Fundação Bill & Melinda
 Gates, 11-12, 459-460,
 507-508, 517-520, 522,
 526-527, 529
Fundação Rockefeller, 444-445,
 459-461
Fundo Global de Combate à
 Aids, Tuberculose e Malária,
 518-519, 519-520, 522

Gabinete de Controle da
 Malária em Regiões de
 Guerra, 452-453, 483-484

Galeno, 67, 116-117
Gália, 113-115, 123-128
Gama, Vasco da, 215-216
Gates, Bill, 516-517, 521, 527-528, 533-534
Gates, Horatio, 323-324, 329
Geisel, Theodore (Dr. Seuss), 469-471, 474-475
genética
    descendentes de Gengis Khan, 172-173
    e defesas imunológicas hereditárias, 12n, 31n, 44, 46-76, 162-163, 202-204, 210-212, 226, 369-370
    e escravidão africana nas Américas, 221-223
    tecnologia de manipulação genética, 526-527, 529-531, 532-534, 538
Gengis Khan (Temujin), 101, 163-170, 172-173, 448-450, 523-524
Genserico, 126, 128-130, 148-149
Germânico César, 118-119
Gerônimo, 367-368, 442-443
Gilbert, Humphrey, 245
Goldsworthy, Adrian, 114-115
Gorgas, William, 288-289, 443-444, 444-445, 447-448, *449*
Grande Fome, 173-174, 272-273, 457
Grandes esperanças (Dickens), 268-270
Grant, Ulysses S., 371-374, 393-399, 399-406, 415-419, 428-429

Grassi, Giovanni, 435-436, 436-437, 447-448, 453-454, 480n
gravidez, 20-21, 267-269, 523-524
Grécia e cultura grega, 78-104, 115-116
Greely, Henry, 531-532
Greene, Nathanael, 329, 330
Gregório VIII, papa, 149-150, 150-151, 155-156
gripe espanhola, 456n, 541-542
gripe suína, 506-507
gripe, 62-63, 185-186, 208-209, 455-456, 506-507
Guerra Anglo-Espanhola, 241-242, 243-244, 246-250
Guerra Anglo-Zulu, 75-76
guerra biológica, 118-119, 355-356, 357-358, 418-423, 453-455, 481-483, 511-514, 532-533. *Ver também* Batalha de Anzio
Guerra Civil Inglesa, 269-273, 278-279
Guerra da Rainha Ana, 228-229
Guerra de 1812, 363-364, 380-381, 387-388, 427-428
Guerra de Independência do México, 371-373
Guerra de Secessão americana, 226-228, 286-287, 286n, 369-370, 374-377, 379-416, 419-421, 423-425
Guerra do Iraque, 513-515
Guerra do Peloponeso, 80-82, 87-88, 89-92, 94-95, 103-104
Guerra do Vietnã, 496-499, *498*

Guerra dos Dez Anos, 421-422
Guerra dos Sete Anos, 250-251,
    283-284, 287-288, 293-301,
    305-306, 307-315, 318-319,
    322-326, 327-328, 340-342
Guerra Hispano-Americana,
    422-423, 423-425, 432-434,
    439-444, *440*, 448-450
Guerra Mexicano-Americana,
    362-363, 373-374, 380-381,
    387-388
Guerra Russo-Japonesa, 448-450
Guerras dos Castores, 249-251,
    298-299
Guerras Médicas, 80-82, 84,
    86-87
Guerras Napoleônicas, 64-65,
    335-336, 341-342, 356-357
Guerras Seminoles, 367-369,
    387-388
Guilherme II, 541-542
Guilherme III, 276-277
Guillain-Barré, síndrome de,
    517-518
Gurwitz, David, 532-533
Guy de Lusignan, 155-156

Haiti, 240-241, 288-289, 299-
    300, 313-314, 314-315, 335-
    336, 340-359, 428-429
Halleck, Henry, 392-393
Hammond, William A., 395-396
Hancock, John, 319-320
Hansen, Judy, 489-490
Harari, Yuval Noah, 61-62, 198
Harper, Kyle, 103-104, 121n,
    121-122, 128-129
Harriot, Thomas, 248-249
Harrison, Mark, 383-384, *477*
Harrison, William Henry,
    361-362
Havana, Cuba, 297-298,
    301-307, 310-312, 313-314,
    325-326, 345, 429-430, 432,
    443-445
Hawk, Henry, 242-243
He Jiankui, 533-536
Hearst, William Randolph, 432
Helesponto (Dardanelos), 85
Henrique II, 148-149, 154-156
Henrique IV, 148-149
Henrique VIII, 195n, 240-241,
    240-241n
Henrique, o Navegador, 215-216
Henry, Patrick, 319-320
Henson, Josiah, 374-375
Heródoto, 71-72, 78-79, 82-84,
    87-88, 103-104
herpes-zóster, 62-63
Hidácio, 127-128
hinduísmo, 171, 174-175
Hipócrates, 67, 78-79, 87-90,
    103-104, 115-117, 140-141,
    433-434
Hispaniola, 179-180, 182-186,
    208-210, 341-342
Hitler, Adolf, 112, 149-150
HIV/aids, 19n, 51-52, 502, 506-
    507, 518-519, 522, 530-532,
    533-534
Ho Chi Minh, 498-499
Hobbes, Thomas, 64-68
Holanda, 75, 176-177, *218*, 219,
    323-326
hominídeos, 30-32, 44, 50-51
Homo erectus, 198
Horowitz, Tony, 182-183
Humanity's Burden (Webb), 31-32

Humphreys, Margaret, 405-406
hunos, 131-132, 147-148,
    148-149
Hussein, Saddam, 511-512,
    512-513
Hyams, Godfrey, 418-419

Idade das Trevas, 103-104,
    132-133, 144-145, 163
Ilha do Diabo, 300-301,
    307-308, 310, 310n
ilhas havaianas, 428-429, 448-450
Ilíada (Homero), 87-88
Iluminismo, 174-175, 199-200
Império Bizantino, 129-131
Império Otomano, 124-125,
    181-182, 214-215
Império Persa, 81-88, 95-97, 98-
    99, 103-104, 107-108, 144
Império Romano do Ocidente,
    129-130, 146-147
Império Romano do Oriente,
    126, 129-131
incas, povo, 192-193, 361-362
Índia
    e colonialismo europeu,
        202-205
    e concorrência imperial
        global, 427-429
    e febre do Nilo Ocidental,
        515
    e guerras de Alexandre, o
        Grande, 97-99
    e guerras de expansão
        colonial, 306-307
    e guerras de independência
        nas Américas, 352-353
    e Império Mongol, 167-168
    e Império Romano, 130-131
    e pesquisas sobre malária,
        435-436
    e plantações de cinchona,
        459-460
    e Revolução Americana,
        317-318, 325-326
    e Segunda Guerra Mundial,
        464-465
    e tráfico português de
        africanos escravizados,
        215-216
    e uso de DDT, 484-485,
        492-496
Índias Ocidentais, 222-223, 303,
    326-327, 343-345
Inglaterra, 176-177, 224-225,
    278-279. *Ver também* Reino
    Unido
Intercâmbio Colombiano,
    179-206
    e colonialismo europeu na
        África, 220-222
    e colonização europeia das
        Américas, 229-230,
        236-237, 264-265,
        269-270, 290-291
    e comércio de café, 58-59
    e defesas hereditárias contra
        doenças transmitidas por
        mosquitos, 53
    e doenças transmitidas por
        mosquitos nas Américas,
        174-177
    e escravidão africana, 174-
        177, 189-190, 205-206,
        216-217, 221-223
    e guerras de independência
        nas Américas, 340-341,
        345, 357-358

impacto das Cruzadas no,
162-163
Into the Land of Bones (Holt),
97-99
Irlanda do Norte, 264-265,
269-270
Isabel I de Castela, 179-180,
181-183
Islã, 58-59, 124-125, 132-133,
144-145, 169-170, 215-216
ivermectina, 502

Jackson, Andrew, 364-369,
380-381
Jackson, Thomas J. "Stonewall",
373-374, 387-389
Jaime I, da Inglaterra, 247-249
Jamaica, 179-180, 271-272,
276-277
James, Anthony, 529
James, Bartholomew, 343-344
Jamestown Canyon, vírus de,
531-532
Jamestown, Virgínia
  crescimento populacional,
    283-284
  doenças e epidemias,
    250-255, 257-260,
    280-282
  e colonização europeia das
    Américas, 229-231, 233-
    237
  e cultivo de tabaco, 262-265,
    366
  e Guerra de Secessão
    americana, 389-390,
    401-402
  e Intercâmbio Colombiano,
    189-190

  e mitologias coloniais
    americanas, 248-249
  e Revolução Americana,
    331-333
  extensão de terras úmidas,
    250n
  fundação de, 230n
Japão, 63-64, *294*, 448-450,
  452-454, 462-465, 465-468,
  471-473, 481-483
Jefferson, Thomas, 189-190,
  209-210, 305-306, 321-323,
  331-332, 339-340, 346-347,
  348-349, 428-429, 441-442
Jenner, Edward, 332-333
Jerusalém, 69, 150-151, 153,
  155-157
João de Patmos, 525-526
João, rei da Inglaterra, 155-156,
  157-160
Johnston, Joseph E., 373-374
Jones, Richard, 32-33
Jorge III, 321-322
Justiniano, 129-131

Kaffa, 167-168, 172-173
Kaldi, 57-59, 199-201
Karakorum, 56-57, 174-175
Keegan, John, 169-170, 395-396,
  404-405
Kennedy, John F., 465-468
Kesselring, Albert, 474-475
Keyes, Erasmus, 391
Khmer, civilização, 171
khoisan, povo, 60, 73-76
Kies, John, 407-408
King, Albert Freeman
  Africanus, 434-436
King, Martin Luther, Jr., 73-74

Koch, Robert, 433-437, 480n
Kotansky, Roy, 137-138
Kourou, 308-310
Kublai Khan, 169-171, 175-176
Kuhl, Charles, 465-468

La Mal'aria (Hébert), 141-142
Lafayette, Gilbert du Motier, marquês de, 323-324, 331-333
Langland, William, 158-159
Las Casas, Bartolomé de, 179-182, 208-209, 274
Laveran, Alphonse, 434-436
Leão I, papa, 126-128
Leão III, papa, 145-147
Leclerc, Charles, 348-350
Lee, Robert E., 114-115, 373-374, 391, 396-397, 401-403, 408-410, 412-413, 418-419
Lei de Remoção de Índios, 367-368, 380-381
Lei de Residência, 346-347
Lei do Açúcar, 312-313
Lei do Chá, 319-320
Lei do Selo, 319-320
Leis Intoleráveis, 312-313, 318-320
Leis Townshend, 319-320
Leônidas I, 85
Leonor de Aquitânia, 154-156, 157-158
Leopoldo II da Bélgica, 216-218
Leopoldo V da Áustria, 150-151, 155-156
Lesseps, Ferdinand de, 446
Levante, 149-155, 156-158, 161, 163, 169-170, 454-455n

Lido, João, 140-141
Lifeblood (Perry), 320-321, 519-520
Lili'uokalani, rainha, 450
Lincoln, Abraham
 e estratégias na Guerra de Secessão, 386-389, 391-393, 394-395, 406-408, 410
 e Grant, 401-405
 e origens da Guerra de Secessão, 374-375, 377, 379-384
 e Proclamação de Emancipação, 377, 381-382, 393-396, 403, 410-415
 e soldados afro-americanos, 393-397, 403, 411-412
Linha da Proclamação, 311-313, 335-336, 361-362
Lisístrata (Aristófanes), 87-88, 91-92, 108-109
Lister, Joseph, 433-435
Livro das profecias (Colombo), 205
Longstreet, James, 373-374
Lúcio Vero, 122-123
Luís VII, 154-155
Luís XVI, 341-342

MacArthur, Douglas, 465-468, 471-473
Madagascar, 219-220
Madeira, 220, 275-276
Madison, Dolley, 363-364
Madison, James, 361-362, 364-365
Magalhães, Fernão de, 241-242

magiares, 145-148
maia, civilização, 176-177,
    180-182, 361-362
malária
    associações mitológicas,
        67-69, *68*
    ciclo vital de, 39-41
    e colonização europeia das
        Américas, 235-236,
        236-237, 239, 241-244,
        246-249, 250-259,
        262-263, 284-287
    e Cruzadas, 149-163
    e desenvolvimento fetal, 20-21
    e difusão do cristianismo,
        137-138
    e escravidão africana, 208-
        209, 210-212, 214-231
    e Fenlands, na Inglaterra,
        265, 268-270
    e Guerra de Secessão
        americana, *409*
    e guerras de Alexandre, o
        Grande, 95-100
    e Guerras Médicas, 84-89
    e Império Romano, 110-
        111, 117-118, 118-123,
        124-130, 138-150
    e índices de fertilidade, 93
    e Intercâmbio Colombiano,
        176-182, 184-187,
        189-195, 198-204, *203*
    e mosquitos fossilizados,
        27-28
    e plano da Escócia em
        Darien, 276-277
    e pressões evolutivas, 30-32
    e primeiras civilizações no
        Oriente Médio, 81-82
    e Revolução Americana,
        330
    e tratamentos naturopáticos,
        54-56
    impacto histórico de, 34-36
    malária cerebral, 40-41
    mosquito como vetor, *35*,
        433-435
    presidentes americanos com,
        317-318
    representação da febre
        malárica, *268*
    tipo *knowlesi*, 39-40, 41-42,
        51-52, 67
    tipo *malariae*, 39-40, 67,
        143, 280, 352-353
    tipo ovale, 39-40, 67
    variedades de parasitas da
        malária, 38-40
    Ver também malária
        falciparum; malária
        vivax
Malaria and Rome (Sallares),
    113-115
malária *falciparum*
    ciclo vital de, 39-42
    e ascensão da agricultura,
        63-64
    e colonização europeia das
        Américas, 241-243, 280,
        284-287
    e colonos ingleses, 269-270
    e Cruzadas, 156-157
    e defesas hereditárias contra
        doenças transmitidas por
        mosquitos, 78-50, 51-52,
        60-62, 63-64
    e guerras de Alexandre, o
        Grande, 100

e guerras de independência
 nas Américas, 352-353
e Império Romano, 129-130
e primeiras civilizações
 humanas, 70-71
e Revolução Americana, 330
e terapias combinadas com
 artemisinina, 495-497
impacto histórico de, 70-71
limites climáticos de, 143
progressão típica da doença,
 67
sintomas da doença, 67
malária *ovale*, 39-40, 67
Malaria Research Institute, 522
malária *vivax*
 disseminação da, 40-42, 143
 e ascensão da agricultura,
  63-64
 e colonização europeia das
  Américas, 280, 284-288
 e Cruzadas, 156-157
 e defesas hereditárias contra
  doenças transmitidas por
  mosquitos, 51-52, 223-
  224
 e história pessoal do autor,
  541-542
 e HIV/aids, 518-519
 e Revolução Americana, 330
 e Revolução Bolchevique, 457
 sintomas da doença, 67
 tratamentos farmacológicos
  para, 523-524
Malariology (Boyd), 374-375
malarone, 464-465
Malthus, Thomas, 33-35, 525-526
Man's Mastery of Malaria
 (Russell), 487

mandês, povo, 60, 73-74
Mann, Charles, 184-185, 194-
 195, 211-212, 227-228, 264-
 265, 274, 277-278, 394-395
Manson, Patrick, 219, 434-436,
 447-448
Mao Tsé-tung, 56-57, 496-497,
 498-500
Maomé, 58-59, 144
maoris, povo, 195n, 214-215
Marinha Real, 213
Martel, Carlos, 144-145
Martinica, 276n, 299-302,
 306-307
Marx, Karl, 13-14, 222-223
Mason-Dixon, Linha, 285-287,
 369-370, 385-386, 420-421
Masterson, Karen, 479-480,
 506-507
Mayaro, febre do, 36, 352-353
Mayor, Adrienne, 118-119
McCandless, Peter, 228-229,
 321-323, 329-357
McClellan, George, 373-374,
 387-391, 393-394, 396-397
McGuire, Robert, 222-223,
 224-225
McKinley, William, 428-429,
 432, 437-438, *440*, 441-442
McLean, Wilmer, 386-388, 410,
 415-416
McNeill, J.R.
 sobre a independência de Cuba,
  437-440
 sobre a influência da
  humanidade sobre o meio
  ambiente, 65-66
 sobre a Revolução Americana,
  318-319

sobre a Revolução Cubana,
    430-431
sobre a Revolução Haitiana,
    342-344
sobre africanos escravizados nas
    Américas, 211-212
sobre as origens da
    independência americana,
    314-315
sobre guerras de independência
    nas Américas, 337
sobre imperialismo americano,
    448-450
sobre o Cerco de Yorktown,
    332-333, 333-335
sobre o cerco inglês a Havana,
    304
sobre o fiasco de Nelson na
    Nicarágua, 325-327
sobre o impacto evolutivo dos
    mosquitos em humanos,
    13-14
sobre o impacto histórico de
    doenças transmitidas por
    mosquitos, 34-35
sobre o legado de Winfield
    Scott, 372-374
sobre o plano da Escócia em
    Darien, 278-279
sobre zonas de contágio nas
    Américas, 284-285
McNeill, William H., 72-73,
    130-131, 191, 216-217
McWilliams, James E.,
    188-189, 489-490
Medicine and Victory (Harrison),
    477
mefloquina, 464-465, 464n,
    495-496, 540-541

mercantilismo, 176-177,
    210-211n, 220, 222-224,
    236-237, 278-279, 356-359,
    428-429, 433-434
Mesopotâmia, 63-64, 67, 122-123
Middleton, Richard, 313-314
*1493: como o intercâmbio entre o
    novo e o velho mundo moldou os
    dias de hoje* (Mann), 194-195
Mississippi Company, 239
Moeller, Susan, 506-507
molulu, arbusto, 54-57
mongóis, 56-57, 101, 146-147,
    163, 165-173, 174-176,
    200-201, 214-215, 320n,
    448-450
Mônica, Santa, 126
Monroe, James, 427-428
Montcalm, Louis-Joseph de,
    291, 301-302
monte Vesúvio, 121-122, 139-
    140
More, Thomas, 194-195, 195n,
    245
Morgan, Henry, 274
Mosquirix, 522-524
Mosquito Empire (McNeill),
    314-315
Mosquito Soldiers (Bell), 381-382
mosquitos fossilizados, 22-23,
    27-28
Motte, Jacob, 368-369
mudança climática, 13-14, 120,
    166-167, 173-174, 187-188,
    252-253, 345, 538
Muller, Paul Hermann, 461-463
Mussolini, Benito, 118-119,
    121-122, 460-462, 480n,
    482-483

Napoleão Bonaparte, 114-115, 118-119, 291, 340-342, 347-348, 350, 352-356, 355n, 406-408, 429-430
neandertais, 198
negatividade Duffy, 51-53, 162-163, 210-211, 226, 411-412, 518-519
Nelson, Horatio, 325-327, 353-355, 356-357
Nergal, 67, 81-82
Newfoundland, 184-185, 187-188, 243-247, 257, 306-307
Newton, Isaac, 523-524
Nietzsche, Friedrich, 492-493, 523-524
Noivas do Tabaco, 259-260
nórdicos, povo, 184-185, 187-188
Norrie, Philip, 129-130
Norte da África, 53, 215-216, 472-473
Nott, Josiah, 375-376
Nova Caledônia, 275-276
Nova Cartago, 109-110
Nova Edimburgo, 275-276
Nova Espanha, 191-193
Nova França, 237-238, 250-251
Nova Granada, 356-357
Nova Orleans, Louisiana, 55-56, 237-241, 348-349, 353-355, 383-386, 422-423
Nuvem Vermelha, 367-368

O livro das maravilhas (Polo), 175-176
Obama, Barack, 439-440, 532-533
Omidyar, Peter, 519-520
Operação Flores de Cerejeira à Noite, 482-483
Oppenheimer, J. Robert, 532-533
Organização Mundial da Saúde (OMS), 173-174, 483-484, 492-493, 502, 503-505
Oriente Médio, 81-83, 132-133, 454-455
Otaviano, 102, 117-119
Oto I, 146-147, 147-148, 148-149

Packard, Randall, 281-282, 491-493, 505, 521-522
pagãos, 136-137, 138-139, 152
Paine, Thomas, 321-322, 329
Panamá e Canal do Panamá, 180-181, 243-244, 274, 276n, 444-450, *449*
pântanos pontinos, *142*
  como proteção para Roma, 147-149, 150-151
  e ascensão do catolicismo romano, 140-142
  e Império Romano, 106-108, 113-114, 118-122, 126, 131-132, 136-137
  e Intercâmbio Colombiano, 202-204
  e medo de bioterrorismo, 513-514
  e Segunda Guerra Mundial, 453-454, 460-461, 474-475, 477-478, *469*, 482-483
  Ver também Batalha de Anzio

Papua-Nova Guiné, 195n, *466*,
  465-468
Parceria Roll Back Malaria,
  517-518
Pasteur, Louis, 65-67, 433-435,
  343n
Paterson, William, 274-279, 446
PATH Malaria Vaccine
  Iniciative, 522
Pathogens of War (Avery),
  481-482
Paulo de Tarso, 126-128
Paulus, Friedrich, 112
Pearl Harbor, Havaí, 450,
  452-454
Pedro Damião, São, 148-149
Pedro, São, 139-140
Percy, George, 252-253
peregrinos, 282-283
Péricles, 89-91
Peru, 57-58, 192-193, 201-202,
  203, 361-362, 436-437
Peste Antonina, 122-123, 123-124
peste bubônica, 25-26, 129-130,
  172-173, 481-482, 513-514
Peste Negra, 101, 130-131,
  172-174, 196-197, 200-201,
  267-268
Petriello, David, 252-253,
  262-263, 314-315, 333-334,
  339-340, 363-365, 432-434
pigmeus, povo, 51-52, 60
pirataria, 229-230, 233-235,
  241-247, 262-263, 265,
  270-271, 274, 442n, 545
Pitágoras, 53
Pitt, William, 312-313
Pizarro, Francisco, 192-193,
  193-194

Plano Anaconda, 383-386,
  387-388, 405-406, *409*
Plano de Ação Global contra a
  Malária, 517-518
plantadores de inhame, 60-62,
  73-74, 524-525
Platão, 78-80, 81-82, 87-90,
  93-95, 103-104
Plymouth, assentamento e
  colônia, 189-190, 228-230,
  230n, 241-242, 249-251,
  264-265, 280-283, 282n
Pocahontas (Matoaka), 231,
  233-237, 248-249, 254-255,
  259-261, 261n, 264-265
Poinar, George e Rebecca,
  25-26, 27-29
Polk, James K., 371-372, 428-429
Polo, Marco, 56-57, 101,
  169-170, 175-176
Pompeia, 102, 117-118
Ponce de León, Juan, 189-190
Pontiac, cacique, 291-295, 310-
  314, 363-364
Porto Rico, 224-225, 249-250
Portugal, 176-177, 216-217,
  219-220
Povos Originários das Américas,
  182-185, 183n
Powell, Nathaniel, 250-251
Praga de Atenas, 90-91, 91-92
Praga de Cipriano, 122-124
Praga de Galeno, 122-123
Praga de Justiniano, 129-131,
  173-174
Prêmio Nobel, 436-437,
  436-437n, 445n, 444-445,
  448-450, 459-460, 461-462,
  498-499, 502

primaquina, 53, 496-497
Primavera silenciosa (Carson), 489-492
Primeira Guerra Mundial, 112, 156-157, 427-428, 447-448, 453-455, 540-541
Primeira Guerra Púnica, 104, 106-108, 108-110, 113-114
Princípios de medicina interna do imperador Amarelo (Huangdi Neijing), 71-72
Private Snafu (Geisel), 471
Proclamação de Emancipação, 377, 381-382, 393-396, 395n, 403, 410-415
Proclamação Real, 294-295, 311-314, 318-319
Procópio, 130-131
programa de armas biológicas dos Estados Unidos, 481-482
Programa de Erradicação da Malária, 483-485, 491-493, 505
Programa de Recuperação e Erradicação, 460-461
Projeto 523, 56-57, 496-502, *501*
Projeto Malária, 454-455, 462-465, *469*, 469-470, 479-480
protestantismo, 270-271, 272-273
Ptolomeu XIII, 70n, 117-118
Públio Cipião (o Africano), 114-115
Pulitzer, Joseph, 432
puritanos, 189-190, 228-230, 255-256, 281-284

quarentenas, 27-28, 175-176, 385-386, 454-455
quéchua, povo, 57-58, 201-202

quinino
   descoberto como supressor antimalárico, 57-58
   e a condessa de Chinchón, *203*
   e colonialismo europeu na África, 220
   e cultivo de cinchona, 216-217, *218*
   e defesas hereditárias contra doenças transmitidas por mosquitos, 53
   e formas resistentes de malária, 493-494
   e Guerra Civil Inglesa, 270-271, 272-273
   e Guerra de Secessão Americana, 386-387, 389-390, 393-394, 395-396, 398-402, *400*, 404-408, *407*, *409*
   e guerras de expansão colonial, 296, 305-306
   e guerras de independência nas Américas, 339-340
   e Guerras Seminoles, 368-369
   e imperialismo americano, 427-428
   e imperialismo britânico, 76
   e Intercâmbio Colombiano, 200-205
   e pesquisas sobre malária, 436-437
   e projeto do Canal do Panamá, 447-448
   e representações da febre malárica, *268*

e Revolução Americana,
 317-318, 333-334
e Segunda Guerra Mundial,
 453-454, 454-455n, 460-
 461, 462-465, 474-476
substitutos modernos para,
 482-483

Raleigh, Walter, 241-243,
 245-249, 258-259, 264-265,
 274, 523-524
Ramadan, Mikhael, 511-512
Raney, Walter "Rex", 475-478,
 479, 541-542
Rasis, 58-59
Rebelião de Bacon, 262-263
Reconquista da Espanha,
 150-151
Reconstrução, 415-416, 419-420
Redpath, John, 287-288
Reed, Walter, 288-289, 422-423,
 442-444, 444n, 447-448,
 453-454
Reforma Protestante, 195n,
 282-283
Registros históricos (Sima Qian),
 72-73
Reino Unido
 e Guerra de Secessão
  americana, 383-384,
  386-387, 388-389, 399-
  401
 e guerras de expansão
  colonial, 293-315
 e guerras de independência
  nas Américas, 342-344,
  347-349, 351-359
 e imperialismo americano,
  428-429

e pesquisas em armas
 biológicas, 481-482,
 482-483
e Revolução Americana,
 317-336
embargo de portos
 americanos, 362-364
Guerra Anglo-Zulu, 75-76
imperialismo, 76, 204-205,
 238-239, 264-265
Marinha Real Britânica,
 226, 313-315, 322-323
Ver também Inglaterra
República (Platão), 79-80
Resources of the Southern
 Fields and Forests, 407-408
Revere, Paul, 319-320
Revolta de Pontiac, 310-312,
 419-420
Revolução Americana, 200-201,
 281-284, 317-337, 340-341,
 342-343, 348-349, 359, 366,
 419-420
Revolução Científica, 58-59
Revolução Cultural (China),
 498-500
Ricardo de Devizes, 162-163
Ricardo I "Coração de Leão",
 150-151, 155-159,
 169-170
Roanoke, colônia de, 233-237,
 242-243, 245-250, 252-253,
 257, 277-278, 280
Rochambeau, Jean-Baptiste-
 -Donatien de Vimeur,
 323-324, 332-333
Rolfe, John, 199-200, 235-236,
 248-249, 254-261, 262-265,
 366

Roma e Império Romano, 103-104, 106-133, 135-137, 139-140, 143, 169-170, 214-215, 335-336
Roman Landscapes (Spencer), 114-116
Rômulo e Remo, 107-109
Roosevelt, Theodore, 432-434, 437-440, 444-446, *449*, 448-450
Rosenwein, Barbara, 175-176
Ross, Ronald, 435-437, 447-448, 453-454, 480n
Rota da Seda, 172-173, 181-182, 214-215
Rough Riders, 432-434
Roundtree, Helen, 235-236
Royal Commission on Opium, 198-200
Royal Military College, Canadá, 91-92
RTS, S, 522-524
rus, povo, 147-148, 167-168
Ruskin, John, 141-142
Russell, Paul, 468, 469-470, 471-473, 474-475, 487, 493-494, 503-504
Rússia, 64-65, 167-168, 168-169, 353-355, 448-450, 457-459, *458*

Sacagawea, 352-353
Sachs, Jeffrey, 517-518, 521
Sachsenhausen, campo de concentração, 482-483
Sacro Império Romano, 140-141, 145-150
Saladino, 149-151, 155-156
salmonela, 24

san, povo, 60, 73-74
Santa Anna, Antonio López de, 291, 371-372, 372-373
Santayana, George, 343-344
Santo Domingo, 224-225, 271-272, 341-342, 343-344, 350
Sapiens: Uma breve história da humanidade (Harari), 61-62
sarampo, 62-63, 122-123, 123-124, 185-186
Saratoga, 323-324
Sardenha, 109-110
SARS, 506-507
Schantz, Mark, 375-376
Schilling, Claus, 479-482
Schlieffen, Alfred von, 112
Schwarzkopf, Norman, 112
Scott, Winfield, 368-369, 371-374, 383-384, 387-388
secotan, povo, 247-248
Sedgwick, Robert, 271-272
Segunda Guerra Mundial, 41-42, 64-65, 107-108, 121-122, 412-413, 452-487, 517-518
Segunda Guerra Púnica, 104, 106-108, 113-114
Segundo Congresso Continental, 321-322
Senaqueribe, 69
Serra Leoa, 226-228
Shafter, William, 437-438
Shah, Sonia, 61-62, 320-321, 447-448, 493-494, 496-497, 503-504, 517-518
Shaka, rei dos zulus, 75
Shakespeare, William, 103n, 117-118, 158-159, 254-255
Shelley, Percy, 141-142

Shen Nung, 55-56
Sherman, Irwin W., 136-137
Sherman, William Tecumseh, 373-374, 392-393, 406, 408
sífilis, 195-196n, 205, 459-460
Simcoe, John Graves, 288-291, 289n
Sinton, J. A., 41-42
sioux, povo, 196n, 367-368, 426
Siracusa, 91-93, 108-109
sistema de saúde pública americano, 483-484
sistema imunológico e imunizações, 14-15, 186-187, 193-194, 332-334. *Ver também* defesas hereditárias contra doenças transmitidas por mosquitos
Slater, Leo, 464-465, 495-496
Slavery, Disease, and Suffering in the Southern Lowcountry (McCandless), 321-323
Slim, William, 472-473
Smith, Billy G., 350
Smith, Edmund Kirby, 393-394
Smith, John, 233-237, 249-250, 253-255, 257, 260-261, 264-265
Snowden, Frank, 475-476
Sócrates, 78-80, 78n, 87-88, 93, 103-104
Sófocles, 78-79, 87-88
Soto, Hernando de, 191-193
Spielman, Andrew, 32-33, 184-185, 282-283
Sri Lanka, 484-487, 492-493
St. Augustine, Flórida, 242-243
St. John's, Newfoundland, 245
Stanhope, Philip, 294-295

Stepan, Nancy Leys, 492-494, 519-520
Stephen, Saint, 146-147
Sun Tzu, 32-33
Sushruta, 73-74, 76, 97-98
Sutter, Paul, 448-450
Swan, Edward, 418-420

Tácito, 121-122
Taft, William, 441-442
tainos, povo, 179-180, 184-186, 192-193, 208-210
Taktikon hypomnema peri tou pos chre poliorkoumenous antechein [Tratado tático sobre a resistência a cercos] (Eneias, o Tático), 513-514
talassemia, 51-53, 162-163, 210-211, 223-224
taoismo, 56-57
Target Malaria, 529
Taylor, Zachary, 371-372, 373n
Teach, Edward (Barba Negra), 229-230
Tebas, 94-95, 95-96
tecnologia CRISPR, 27-28, 526-529, 531-536, 537-540
Tecumseh, 361-362, 363-364
Temístocles, 86-87
Teodósio, 123-125, 138-139
teoria dos germes, 65-67, 75-76, 433-435
teoria miasmática, 65-66, 88-90, 93, 118-119, 249-250, 269-270, 433-434, 436-437
Terra Santa, 150-152, 156-157, 169-170
Território da Louisiana, 239-241, 305-307, 311-312, 335-336,

339-341, 348-349, 353-355, 359
terrorismo, 512-514
The American Plague (Crosby), 421-422
The Columbian Exchange (Crosby), 182-183
"The Farewell" (Whittier), 369-370
The Fate of Rome (Harper), 103-104
The Fever (Shah), 320-321
The Making of a Tropical Disease (Packard), 280-282, 491-493
The Malaria Project (Masterson), 479-480
The Mosquito War (MacAlister), 513-514
"The Star-Spangled Banner", 364-365
Theiler, Max, 444-445
This is Ann: She's Dying to Meet You (Geisel), 470, 469-471
tifo, 25-26, 91-92, 473
Tiggert, W.D., 31-32
timucua, povo, 242-243
Tito Lívio, 108-109, 122-123
Touro Sentado, 367-368, 426
Toussaint Louverture, 240-241, 288-289, 291, 335-337, 340-341, 347-351, 355-356, 428-429
traço falciforme
  como reação à malária, 529
  disseminação atual de, 539-540, 540-541
  e africanos escravizados nas Américas, 210-211, 226
  e Cruzadas, 162-163

e disseminação da malária, 60
  e escravizados nascidos nas Américas, 369-370, 411-412
  e expansão agrícola dos bantos, 48-49, 60-62, 73-76
  evolução de, 47-52
Tratado de 1818, 364-365
Tratado de Ghent, 364-365
Tratado de Londres, 248-249
Tratado de Middle Plantation, 262-263
Tratado de Paris, 334-335, 347n, 361-362
Tratado Rush-Bagot, 364-365
Trébia, 109-111, 112
Trent, William, 294-295
Treze Colônias, 231, 283-284
Trilha de Lágrimas, 368-369
tripanossomíase (doença do sono africana), 25-26
Tropas de Cor dos Estados Unidos, 396-397, 411-414
Tu Youyou, 498-502
tuberculose, 62-63, 185-186, 208-209, 245, 260-261, 357-358
Tubman, Harriet, 374-375
Tucídides, 78-79, 87-88, 90-92
Tutancâmon, 70-72, 70n
Twain, Mark, 31-32, 342-343, 418-419

Ucrânia, 167-168, 168-169
Ukers, William, 200-201
União Soviética, 457-459, 474-475

Unidade 731, 481-483
Unidades de Sondagem de
    Malária, 462-463, 468, *469*
Urbano III, papa, 149-150
USS *Maine*, 432
Utopia (More), 194-195, 245

vacina de esporozoíto do
    plasmódio falciparum
    (PfSPZ), 523-524
Vacina para a Malária Associada
    à Gravidez (PAMVAC),
    523-524
vacinas, 332-334, 444-445, 522-524, 538. *Ver também* sistema
    imunológico e imunizações
vale do rio Indo, 73-74, 76, 96-98
Vale dos Reis, 69, *70*
vândalos, 126-130, 131-132,
    147-149
varíola
    como candidata a arma
        biológica, 481-482,
        513-514
    e colonização europeia das
        Américas, 245
    e guerras de expansão colonial,
        293-295, 299-300
    e imperialismo espanhol,
        208-209
    e Império Romano, 122-124
    e Intercâmbio Colombiano,
        179-180, 185-186, 189-193, 195-196
    e Revolução Americana,
        331-332, 332-333
    e zoonoses, 62-63
    erradicação da, 530-531
Varro, 115-116

Veracruz, México, 371-373
Vernon, Edward "Velho Grogue",
    296-298, 296n
Vicksburg, 386-387, 391-394,
    396-399, 399-405, 411-413,
    422-423
Virginia Company, 255-256,
    258-260, 281-282
visigodos, 124-125, 127-128,
    131-132, 147-149

Wagner-Jauregg, Julius, 459-460
Walcheren Fever, 355-356,
    513-514
Walla, Thomas, 531-532
Wallace, William, 277-279
Walpole, Horace, 141-142
Walter Reed Army Medical
    Center, 31-32, 499-500
Washington, George
    e guerras de expansão
        colonial, 297-298, 299-301, 313-315
    e guerras de independência
        nas Américas, 291, 346-348
    e Revolução Americana,
        317-318, 323-324, 326-329, 332-333, 335-337
    posto militar de, 403-405
Washington, Lawrence, 297-298
Wayler, Valeriano "Açougueiro",
    430-431, 432
Webb, James, 31-32, 63-64, 144,
    281-282, 435-436, 457,
    499-500
Weill, Sandy, 519-520
Wellington, Arthur Wellesley,
    duque de, 353-355

What Bugged the Dinosaurs?
   (Poinar e Poinar), 25-26
Wheeler, Charles, 473
White, John, 246-247
Williams, Thomas, 393-394
Winegard, William, 454-455,
   540-543, *541*
Winther, Paul, 198-200
Wolfe, James, 291, 301-302
Wood, Leonard, 443-444
Worsham, W.J., 401-402

Xerxes, 82-83, 85, 86-87
xhosa, povo, 75-76

Yeardley, George, 281-282
Yucatán, península, 180-182, 213

Zhou Enlai, 498-499
Zhou Yiqing, 496-497
zika, vírus da
   disseminação atual da, 539-540
   e desenvolvimento fetal, 20-21
   e disseminação de doenças
      transmitidas por
      mosquitos, 36
   e evolução de mosquitos, 538
   e ressurgência de doenças
      transmitidas por
      mosquitos, 507-508
   e tecnologia CRISPR, 527-528
   e viagens aéreas, 524-523
   e zoonoses, 30, 504-505
   mosquito *Aedes* como vetor,
      34, 530-532
   no Haiti, 352-353
   transmissão entre humanos,
      516-518
Zinsser, Hans, 91-92
zoonose e doenças zoonóticas,
   30, 39-40, 62-63, 123-124,
   185-186, 187-189, 196-197,
   504-505, 530-531
Zózimo, 124-125
zulu, povo, 75
Zyklon B, 457-459, 54-55

1ª edição	MARÇO DE 2022
impressão	PANCROM GRÁFICA
papel de miolo	POLÉN SOFT 70 G/M²
papel de capa	CARTÃO SUPREMO ALTA ALVURA 250G/M²
tipografia	ADOBE CASLON PRO